内容简介

本教材由水产动物病害学基本原理和水产动物病害学各论两大部分组成：基本原理部分包括绪论、水产动物病原学、渔药的药物学基础、病理学基础、水产动物疾病的检查与病原的检测技术、水质污染与赤潮等；各论部分包括鱼类病害，虾蟹类病害，贝类病害，海参、鳖、龟、蛙的病害等。

本教材系统地阐述了水产动物病害学的基本原理和防治方法，着重介绍我国水产养殖动物常见疾病的病原、症状和病理变化、流行情况、检测诊断方法、治疗方法和预防措施，同时，还对国外危害较大的有代表性的水产动物疾病，特别是OIE（世界动物卫生组织）规定的必检疫病，也做了较详细的介绍。

本教材涉及淡海水无脊椎动物、棘皮动物、脊椎动物、爬行动物、两栖动物的病害240余种，适宜水产养殖专业本专科生使用，也可供水产科研单位、动物检疫单位、渔业生产等单位技术人员参考。

普通高等教育"十一五"国家级规划教材

水产动物病害学

第 二 版

战文斌　主编

中国农业出版社

图书在版编目（CIP）数据

水产动物病害学/战文斌主编．—2版．—北京：中国农业出版社，2011.6（2024.6重印）
普通高等教育"十一五"国家级规划教材
ISBN 978-7-109-15816-0

Ⅰ.①水… Ⅱ.①战… Ⅲ.①水生动物－病害－防治－高等学校－教材 Ⅳ.①S94

中国版本图书馆 CIP 数据核字（2011）第 125423 号

中国农业出版社出版
（北京市朝阳区麦子店街 18 号楼）
（邮政编码 100125）
责任编辑　曾丹霞
文字编辑　曾丹霞

三河市国英印务有限公司印刷　新华书店北京发行所发行
2004 年 5 月第 1 版　2011 年 6 月第 2 版
2024 年 6 月第 2 版河北第 10 次印刷

开本：787mm×1092mm　1/16　印张：24.25
字数：588 千字
定价：54.50 元

（凡本版图书出现印刷、装订错误，请向出版社发行部调换）

第二版编者名单

主　编　战文斌（中国海洋大学）

副主编　杨先乐（上海海洋大学）

　　　　汪开毓（四川农业大学）

参　编　（按姓名笔画排序）

　　　　文春根（南昌大学）

　　　　孙金生（天津师范大学）

　　　　纪荣兴（集美大学）

　　　　李　华（大连海洋大学）

　　　　宋春华（山东大学）

　　　　周　丽（中国海洋大学）

　　　　周永灿（海南大学）

　　　　夏艳洁（吉林农业大学）

　　　　鲁义善（广东海洋大学）

　　　　简纪常（广东海洋大学）

主　审　孟庆显（中国海洋大学）

　　　　俞开康（中国海洋大学）

第一版编者名单

主　编　战文斌（中国海洋大学）

副主编　杨先乐（上海水产大学）

　　　　汪开毓（四川农业大学）

参　编　（按姓名笔画排序）

　　　　纪荣兴（集美大学）

　　　　李　华（大连水产学院）

　　　　宋春华（山东大学威海分校）

　　　　周　丽（中国海洋大学）

　　　　夏艳洁（吉林农业大学）

　　　　简纪常（湛江海洋大学）

第二版前言

本教材第一版于2004年出版。根据近年来水产养殖业的发展需求和水产动物病害发生的新动态以及水产养殖专业教学计划和大纲的变化，本书在第一版基础上进行了修订。

本次修订将第一版第一章的第三节疾病的控制和第四节水产养殖动物的健康管理进行了合并，减少了篇幅和重复；因多数院校有动物免疫学课程设置，删除了第一版第三章免疫学基础的内容；增加了水质污染与赤潮一章；增加了水产动物疾病的检查一节；第七至第十章补充了近几年新发生的重要疾病；删除了第十一章水产动物病害与人类健康的关系；增加了索引。

本教材第二版仍分上下两篇，上篇包括绪论、水产动物病原学、渔药的药物学基础、病理学基础、水产动物疾病的检查与病原的检测技术、水质污染与赤潮；下篇包括鱼类病害，虾蟹类病害，贝类病害，海参、鳖、龟、蛙的病害。

本教材编写分工如下：第一章由战文斌、周永灿编写，第二章由纪荣兴、周丽编写，第三章由杨先乐、文春根编写，第四章由汪开毓、文春根编写，第五章由战文斌、鲁义善编写，第六章由战文斌、孙金生编写，第七章由周丽、汪开毓、夏艳洁、战文斌、周永灿编写，第八章由战文斌、李华、简纪常、孙金生编写，第九章由宋春华、战文斌编写，第十章由李华、战文斌、杨先乐编写。

在本教材的编写过程中，得到孟庆显先生、俞开康先生的鼓励、关心和支持，特别是二位先生对本教材进行了审定，提出了许多宝贵意见，使教材内容更加完善，在此谨致衷心感谢。在教材图片和文字整理过程中得到唐小千博士的协助，在此深表谢意。

由于我们水平所限，本教材的不足之处敬请同行及师生指正。

战文斌

2011年1月

第一版前言

我国是水产养殖大国，近20年来发展尤为迅速，如今水产养殖产量已经超过了捕捞产量。水产养殖业不仅在养殖动物的种类上不断增多，养殖面积和放养密度逐渐增大，而且区域间及国际间水产养殖动物的交流也日益频繁。与此同时，制约水产养殖业持续发展的病害问题也越来越突出，表现为疾病的种类增多，发病的次数频繁，疾病传播的速度快、范围广，危害的程度增大，发病后死亡率高，经济损失严重。水产动物病害学作为水产养殖专业的一门专业课，应肩负起水产养殖新形势下的使命。

20世纪末在我国乃至东南亚各国的养殖对虾中暴发的白斑症病毒（White spot syndrome virus）病和在我国淡水鱼类养殖中暴发的细菌性败血症（Bacterial septicemia）或称主要淡水养殖鱼类暴发性流行病（Acutely epidemic disease of important cultured fishes in freshwater），引起了各级政府和管理部门对水产病害科学研究的高度重视。国家科技攻关、国家高技术研究发展计划（863计划）、国家重点基础研究规划（973规划）、国家自然科学基金、农业部等部委以及地方各部门都给予了水产动物病害研究项目侧重资助，取得了一批丰硕成果。本教材根据编著者的研究积累和实践，以水产院校通用的《海水养殖动物病害学》（孟庆显主编）和《水产动物疾病学》（黄琪琰主编）两部教材为蓝本，并汇集了国内外最近研究成果编著而成。

本教材分上下两篇十一章，上篇包括绪论、水产动物病原学、免疫学基础、药物学基础、病理学基础、水产动物病原的检测技术等，下篇包括鱼类病害、虾蟹类病害、贝类疾病、特种水产养殖动物病害等。

本教材编写分工为：第一章战文斌，第二章纪荣兴，第三章简纪常、战文斌，第四章杨先乐，第五章汪开毓，第六章战文斌、简纪常，第七章周丽、汪开毓、夏艳洁、战文斌、李华，第八章战文斌、纪荣兴、周丽、李华，第九章宋春华、周丽、战文斌，第十章战文斌、杨先乐，第十一章战文斌。

在教材的编著过程中我们得到了孟庆显教授和黄琪琰教授等老一辈无私的支持和帮助；得到了许多同行的大力支持并引用和参考了他们的有关资料，在此一并致以衷心感谢！在教材图片和文字整理过程中得到刘洪明博士、姜有声博士、王民权同学的协助，在此深表谢意！

由于我们水平所限，本书不妥和错误之处在所难免，仅供读者参考，敬请读者批评指正。

编　者

2004.2

目录

第二版前言
第一版前言

上篇 水产动物病害学基本原理

第一章 绪论 ········· 2
第一节 水产动物病害学及其发展简史 ········· 2
第二节 疾病发生的病（原）因 ········· 4
一、病因的类别 ········· 4
二、病原、宿主和环境的关系 ········· 5
第三节 疾病的控制 ········· 7
一、诊断要点 ········· 7
二、综合预防措施 ········· 7
三、疾病的治疗时机 ········· 11
复习题 ········· 11

第二章 水产动物病原学 ········· 12
第一节 病毒 ········· 12
一、病毒的形态与结构 ········· 12
二、病毒的分类 ········· 13
三、病毒的增殖 ········· 14
四、病毒的致病机理与病毒感染 ········· 15
第二节 细菌 ········· 16
一、细菌的形态与结构 ········· 16
二、细菌的分类与命名 ········· 18
三、细菌的生长繁殖 ········· 18
四、细菌的致病机理与感染 ········· 19
第三节 真菌 ········· 21
一、真菌的形态与结构 ········· 21
二、真菌的分类 ········· 21
三、真菌的生长繁殖 ········· 22
四、真菌的致病性 ········· 22
第四节 寄生虫 ········· 22
一、寄生的概念 ········· 22

二、寄生生活的起源 …………………………………………………………………… 23
　　三、寄生方式与寄主种类 ……………………………………………………………… 23
　　四、寄生虫的感染方式 ………………………………………………………………… 24
　　五、寄生虫、寄主和外界环境三者间的相互关系 …………………………………… 25
  复习题 …………………………………………………………………………………………… 28
第三章　渔药的药物学基础 …………………………………………………………………… 29
  第一节　渔药与渔药研究内容 ……………………………………………………………… 29
　　一、渔药的概念和特点 ………………………………………………………………… 29
　　二、渔药研究内容 ……………………………………………………………………… 31
　　三、渔药的发展趋势 …………………………………………………………………… 35
  第二节　渔药的使用 ………………………………………………………………………… 35
　　一、渔药制剂与剂型 …………………………………………………………………… 35
　　二、渔药的给药方法 …………………………………………………………………… 36
　　三、影响渔药作用的因素 ……………………………………………………………… 37
  第三节　渔药的残留及其控制 ……………………………………………………………… 39
　　一、渔药的残留及其危害 ……………………………………………………………… 39
　　二、渔药残留产生的原因 ……………………………………………………………… 40
　　三、最高残留限量 ……………………………………………………………………… 40
　　四、渔药残留的检测与控制 …………………………………………………………… 41
  复习题 …………………………………………………………………………………………… 41
第四章　病理学基础 …………………………………………………………………………… 42
  第一节　血液循环障碍 ……………………………………………………………………… 42
　　一、充血 ………………………………………………………………………………… 42
　　二、出血 ………………………………………………………………………………… 43
　　三、血栓形成 …………………………………………………………………………… 44
　　四、栓塞 ………………………………………………………………………………… 46
　　五、梗死 ………………………………………………………………………………… 46
　　六、水肿 ………………………………………………………………………………… 46
  第二节　细胞和组织的损伤 ………………………………………………………………… 48
　　一、萎缩 ………………………………………………………………………………… 48
　　二、变性 ………………………………………………………………………………… 49
　　三、细胞死亡 …………………………………………………………………………… 52
  第三节　适应与修复 ………………………………………………………………………… 55
　　一、代偿 ………………………………………………………………………………… 55
　　二、化生 ………………………………………………………………………………… 55
　　三、肥大 ………………………………………………………………………………… 56
　　四、再生 ………………………………………………………………………………… 56
　　五、肉芽组织 …………………………………………………………………………… 57
　　六、机化 ………………………………………………………………………………… 58
　　七、创作愈合 …………………………………………………………………………… 58

第四节　炎症 … 59
一、炎症的概念 … 59
二、炎症的原因 … 59
三、炎症的基本病理过程 … 60
四、炎症的类型及病变特点 … 63
五、炎症的结局 … 65
复习题 … 66

第五章　水产动物疾病的检查与病原的检测技术 … 67
第一节　水产动物疾病的检查 … 67
一、现场检查 … 67
二、实验室常规检查 … 68
第二节　免疫学检测技术 … 69
一、抗原-抗体反应的一般规律和特点 … 69
二、抗原-抗体反应的影响因素 … 69
三、免疫凝集试验 … 70
四、免疫沉淀试验 … 70
五、与补体相关的试验 … 71
六、酶联免疫试验 … 72
七、荧光免疫技术 … 74
八、免疫电镜技术 … 75
第三节　PCR技术 … 75
一、PCR原理 … 75
二、PCR条件的优化 … 76
三、PCR引物的选择和设计 … 77
四、PCR的试验步骤 … 78
第四节　核酸分子杂交技术 … 78
一、概述 … 78
二、核酸分子印迹的类型 … 79
三、核酸分子的杂交 … 80
复习题 … 82

第六章　水质污染与赤潮 … 84
第一节　水质污染 … 84
第二节　赤潮 … 85
复习题 … 87

下篇　水产动物病害学各论

第七章　鱼类的病害 … 90
第一节　病毒性疾病 … 90

一、草鱼出血病（Hemorrhage disease of grass carp） ········· 90
　　二、传染性胰脏坏死病（Infectious pancreatic necrosis，IPN） ········· 93
　　三、病毒性神经坏死病（Viral nervous necrosis，VNN）［病毒性脑病和视网膜病（Viral encephalopathy and Retinopathy，VER）］ ········· 95
　　四、鰤幼鱼病毒性腹水病（Yellowtail ascites virus disease） ········· 96
　　五、红鳍东方鲀白口病（Snout ulcer disease） ········· 97
　　六、鳗鱼的狂游病（Irritable swimming disease） ········· 98
　　七、疱疹病毒病（Herpesvirus disease） ········· 99
　　八、虹彩病毒病（Iridovirus disease） ········· 104
　　九、弹状病毒病（Rhabdovirus disease） ········· 110
　第二节　立克次体病及衣原体感染 ········· 118
　　一、鱼立克次体病（Piscirickettsiosis） ········· 119
　　二、上皮囊肿病（Epithelial cystis disease）［嗜黏液病（Mucophilosis）］ ········· 119
　第三节　细菌性疾病 ········· 120
　　一、细菌性烂鳃病（Bacterial gill-rot disease） ········· 120
　　二、白皮病（White skin disease）［白尾病（White tail disease）］ ········· 122
　　三、白头白嘴病（White head-mouth disease） ········· 123
　　四、赤皮病（Red-skin disease） ········· 124
　　五、竖鳞病（Lepmorthosis） ········· 126
　　六、鲤白云病（White cloud disease of carp） ········· 127
　　七、细菌性败血症（Bacterial septicemia） ········· 128
　　八、细菌性肠炎病（Bacteral enteritis） ········· 130
　　九、打印病（Stigmatosis）［腐皮病（Putrid-skin disease）］ ········· 132
　　十、鲤科鱼类疖疮病（Furuneulosis of carps） ········· 133
　　十一、斑点叉尾鮰肠型败血症（Enteric septicemia of catfish，ESC） ········· 134
　　十二、细菌性肾病（Bacterial kidney disease，BKD） ········· 136
　　十三、弧菌病（Vibriosis） ········· 138
　　十四、假单胞菌病（Pseudomonasis） ········· 141
　　十五、巴斯德氏菌病（类结节症）（Pasteurellosis） ········· 142
　　十六、爱德华氏菌病（Edwardsiellosis） ········· 144
　　十七、屈挠杆菌病（Flexibacteriasis）［烂尾病（Tail-rot disease）］ ········· 145
　　十八、链球菌病（Streptococcosis） ········· 147
　　十九、诺卡氏菌病（Nocardiosis） ········· 148
　　二十、分枝杆菌病（Mycobacteriosis） ········· 149
　第四节　真菌性疾病 ········· 150
　　一、水霉病（Saprolegniasis）［肤霉病（Dermatomycosis）］ ········· 151
　　二、鳃霉病（Branchiomycosis） ········· 153
　　三、虹鳟内脏真菌病（Visceral mycosis of salmon） ········· 153
　　四、鱼醉菌病（Ichthyophonosis of fishes） ········· 154
　　五、流行性溃疡综合征（Epizootic Ucerative Syndrome，EUS） ········· 155

第五节 寄生原生动物疾病 ... 157
一、由鞭毛虫引起的疾病 ... 157
二、由孢子虫引起的疾病 ... 161
三、由纤毛虫引起的疾病 ... 175

第六节 寄生蠕虫病 ... 184
一、由单殖吸虫引起的疾病 ... 184
二、由复殖吸虫引起的疾病 ... 194
三、由绦虫引起的疾病 ... 200
四、由线虫引起的疾病 ... 204
五、由棘头虫引起的疾病 ... 208
六、由环节动物引起的疾病 ... 211

第七节 寄生甲壳动物病 ... 212
一、由桡足类引起的疾病 ... 212
二、由鳃尾类引起的疾病 ... 218
三、由等足类引起的疾病 ... 220
四、由软体动物引起的疾病 ... 223

第八节 非寄生性疾病 ... 224
一、碰伤或擦伤 ... 224
二、气泡病 ... 224
三、泛池（窒息） ... 225
四、中毒 ... 226
五、饥饿及营养不良病 ... 231

复习题 ... 233

第八章 虾蟹类的病害 ... 235

第一节 病毒性疾病 ... 235
一、对虾白斑症病毒病（White spot syndrome virus disease） ... 235
二、对虾杆状病毒病（Baculovirus penaei disease） ... 238
三、桃拉综合征病毒病（Taura syndrome virus disease） ... 239
四、黄头病（Yellow head disease，YHD） ... 241
五、传染性皮下和造血组织坏死病（Infection hypodermal and hematopoietic necrosis virus disease） ... 242
六、肝胰脏细小病毒状病毒病（Hepatopancreatic parvo‐like virus disease） ... 244
七、斑节对虾杆状病毒病（Penaeus monodon baculovirus disease） ... 245
八、日本对虾中肠腺坏死杆状病毒病（Baculoviral midgut gland necrosis virus disease） ... 247
九、罗氏沼虾肌肉白浊病（Cloudy muscle disease） ... 248
十、河蟹颤抖病（Picornvirus disease） ... 249
十一、蓝蟹疱疹状病毒病（Herpes‐like virus disease of blue crab） ... 250
十二、蓝蟹呼肠孤病毒状病毒和弹状病毒状病毒病（Reolike virus and rhabdolike virus "A" disease） ... 251
十三、细小核糖核酸病毒状病毒病（Chesapeake Bay virus disease） ... 251

第二节 细菌性疾病 ... 252
一、红腿病（Red appendages disease） ... 252
二、烂鳃病（Gill rot disease） ... 253
三、瞎眼病（Eye rot disease） ... 253
四、甲壳溃疡病（Shell ulcer disease） ... 254
五、气单胞菌病（Aeromonasis） ... 255
六、幼体弧菌病（Vibriosis of larvae） ... 256
七、幼体肠道细菌病（Bacterial intestine disease of larvae） ... 258
八、荧光病（Fluorescent disease） ... 258
九、丝状细菌病（Filamentous bacterial disease） ... 259

第三节 真菌性疾病 ... 261
一、对虾卵和幼体的真菌病（Mycosis of shrimp egg and larvae） ... 261
二、镰刀菌病（Fusariumsis） ... 264

第四节 寄生虫病 ... 266
一、细滴虫病（Leptomoniasis） ... 266
二、微孢子虫病（Microsporidiasis） ... 267
三、单孢子虫病（Haplosporidiasis） ... 269
四、尾单孢子虫病（Urosporidiasis） ... 269
五、簇虫病（Gregarinidaosis） ... 269
六、固着类纤毛虫病（Sessilinasis） ... 271
七、拟阿脑虫病（Paranophrysiasis） ... 273
八、吸管虫病（Acinetasis） ... 275
九、孔肠吸虫病（Opecoeliodiasis） ... 277
十、原克氏绦虫病（Prochristianelliasis） ... 278
十一、线虫病（Nematosis） ... 278

第五节 其他生物性疾病 ... 279
一、虾疣虫病（Bopyrusiasis 或 Epipenaeonsis） ... 279
二、蟹奴病（Sacculinasis） ... 280
三、海藻附生病（Seaweed caused disease） ... 281
四、水螅病（Hydrozoasis） ... 283
五、藤壶病（Balanusiasis） ... 283

第六节 非寄生性疾病 ... 284
一、白黑斑病（White and black spot disease） ... 284
二、维生素 C 缺乏病（Vitamin C deficiency） ... 285
三、肌肉坏死病（Muscle necrosis） ... 285
四、痉挛病（Cramp disease） ... 286
五、蓝藻中毒（血细胞肠炎 Hemocytic enteritis, HE） ... 287
六、黄曲霉素中毒（Aflatoxin toxicosis） ... 288
七、畸形（Monstrosity） ... 289
八、黑鳃病（Black gill disease） ... 289

九、粘污病（Smeared） ··· 291
　　十、软壳病（Soft shell disease） ·· 291
　　十一、水疱病（Water blister disease） ·· 292
　　十二、气泡病（Gas‑bubble disease） ·· 292
　　十三、浮头与泛池（Floating and suffocation） ·· 293
　第七节　虾类的敌害 ··· 294
　　一、鱼类 ·· 294
　　二、水鸟 ·· 294
　　三、桡足类 ·· 294
　　四、其他虾蟹类 ·· 295
　复习题 ··· 295

第九章　贝类的病害 ·· 297
　第一节　病毒性疾病 ··· 297
　　一、牡蛎的面盘病毒病 ··· 297
　　二、疱疹病毒病 ·· 297
　　三、鲍的"裂壳"病 ··· 298
　　四、栉孔扇贝的病毒病 ··· 298
　第二节　衣原体病、立克次体病、支原体病 ·· 299
　　一、衣原体病 ·· 299
　　二、立克次体病 ·· 299
　　三、支原体病 ·· 300
　第三节　细菌性疾病 ··· 300
　　一、牡蛎幼体的细菌性溃疡病 ·· 300
　　二、幼牡蛎的弧菌病 ··· 301
　　三、海湾扇贝幼体的弧菌病 ··· 301
　　四、鲍弧菌病 ·· 302
　　五、文蛤弧菌病 ·· 302
　　六、点状坏死病 ·· 304
　　七、鲍的脓疱病 ·· 304
　　八、三角帆蚌气单胞菌病 ··· 305
　第四节　真菌性疾病 ··· 306
　　一、牡蛎幼体的离壶菌病 ··· 306
　　二、鲍海壶菌病 ·· 306
　　三、壳病 ·· 307
　第五节　寄生虫病 ··· 308
　　一、寄生原虫疾病 ·· 308
　　二、寄生蠕虫病 ·· 315
　　三、寄生甲壳类疾病 ··· 322
　　四、其他寄生虫病 ·· 325
　第六节　非寄生性疾病 ··· 326

一、气泡病 ………………………………………………………………………………… 326
　　二、鲍外伤感染 …………………………………………………………………………… 326
　　三、瘤 ……………………………………………………………………………………… 327
　复习题 ………………………………………………………………………………………… 327
第十章　海参、鳖、龟、蛙的病害 ……………………………………………………………… 329
　第一节　海参的疾病 …………………………………………………………………………… 329
　　一、溃烂病（Skin ulcer disease） ……………………………………………………… 329
　　二、烂胃病（Stomach ulcer disease） ………………………………………………… 330
　　三、脱板病（Adhesion dysfunction disease） ………………………………………… 331
　　四、腹足类寄生病（Pleopodiasis） ……………………………………………………… 331
　　五、猛水蚤病 ……………………………………………………………………………… 332
　第二节　鳖的疾病 ……………………………………………………………………………… 332
　　一、鳖红脖子病（Red neck disease of soft-shelled turtle） ………………………… 332
　　二、鳃腺炎（Parotitis of soft-shelled turtle） ………………………………………… 333
　　三、红底板病（Red abdominal shell disease of soft-shelled turtle） ……………… 334
　　四、出血性肠道坏死症（Heamorrhage intestinal necrosis of soft-shelled turtle） … 335
　　五、腐皮病（Ulcerate disease of soft-shelled turtle） ………………………………… 336
　　六、穿孔病（Caverred disease of soft-shelled turtle） ………………………………… 337
　　七、疖疮病（Furuncle of soft-shelled turtle） ………………………………………… 338
　　八、爱德华氏菌病（Edwardsiella disease of soft-shelled turtle） …………………… 339
　　九、白毛病（White down disease of soft-shelled turtle） …………………………… 339
　　十、鳖钟形虫病（Vorticella of soft-shelled turtle） …………………………………… 340
　　十一、萎瘪病（Atrophy of soft-shelled turtle） ……………………………………… 341
　　十二、脂肪代谢不良症（Bad fat metabolism of soft-shelled turtle） ……………… 341
　　十三、氨中毒症（Ammonia poisoning of soft-shelled turtle） ……………………… 342
　第三节　龟的疾病 ……………………………………………………………………………… 343
　　一、龟颈溃疡病（Neck ulcer of tortoise） ……………………………………………… 343
　　二、腐甲病（Shell ulcer of tortoise） …………………………………………………… 344
　　三、烂板壳病（Ulcerous shell disease of tortoise） …………………………………… 344
　　四、肠胃炎（Enterogastritis of tortoise） ……………………………………………… 345
　　五、口腔炎（Stomatopathy） …………………………………………………………… 346
　　六、溃烂病（Skin ulcer of tortoise） …………………………………………………… 346
　　七、绿毛秃斑症（Moult of adhesive algae of tortoise） ……………………………… 347
　第四节　蛙的疾病 ……………………………………………………………………………… 348
　　一、红腿病（Red-leg disease of frog） ………………………………………………… 348
　　二、肠胃炎（Enterogastritis of frog） …………………………………………………… 349
　　三、脑膜炎黄杆菌病（Encephalitis of frog） …………………………………………… 349
　　四、链球菌病（Strepto coccicosis of frog） …………………………………………… 350
　　五、腹水病（Ascitic disease of frog） …………………………………………………… 351
　　六、爱德华氏菌病（Edwardsiellosis of frog） ………………………………………… 351

七、车轮虫病（Trichodiniasis of frog） ………………………………………………… 352
八、纤毛虫病（Sessilinasis of frog） …………………………………………………… 353
九、锚头鳋病（Lernaeosis of frog） …………………………………………………… 353
复习题 …………………………………………………………………………………… 354

生物名称索引 ……………………………………………………………………………… 355
主要参考文献 ……………………………………………………………………………… 366

上 篇

水产动物病害学基本原理

第一章

绪 论

第一节 水产动物病害学及其发展简史

水产动物病害学是研究水产养殖动物疾病发生的病因、致病机理、流行规律以及检测、诊断技术、预防措施和治疗方法的科学，是一门理论性和实践性都很强的科学。一方面是以免疫学、分子生物学、微生物学、动物生理学、动物组织学、寄生虫学、病理学、流行病学、水环境学等学科为基础，另一方面还密切结合水产动物养殖生产实践，通过对水产动物病害的检测、诊断、预防和治疗，为水产养殖业服务，并发展其学科体系。迄今，水产动物病害学已成为一门具有明确研究对象，形成较为完善的科学理论体系，并且具有独特的研究思路和解决问题方法的科学。

水产动物病害学是一门古老而又年轻的科学。如果从人类对于水产动物病害的认识来讲，那可以追溯到几千年以前。尤其是对于鱼类病害的知识，在我国不少古籍中都有所描述和记载。据考证，我国的池塘养鱼开始于商的末期（前1142—前1135年）。从周初到战国，有七百年历史，当时用鱼作祭品和馈赠的礼物，池塘养鱼业逐渐发展起来，生产经验也日益丰富。春秋末期，大约在公元前460年，范蠡根据当时劳动人民的养鱼经验，写出了《养鱼经》，这是世界上最早的一部养鱼著作。《养鱼经》中强调了养鱼环境条件必须适合于鱼类的生活习性，使它们能愉快地像在天然的江河湖泊中生活一样。如"以六亩地为池，池中有九洲，多蓄菱荇水草，迭折为之……，（鱼）在池中周绕九洲无穷，自谓江湖也"。这些见解，在近代防病养鱼技术上，还是具有重要的意义。

宋代有关鱼病的资料中，如北宋（960—1127）大文学家苏轼（1030—1101）所著的《物类相感志》，有"鱼瘦而生白点者名虱，用枫树皮投水中则愈"句。根据倪达书等的论证（水生生物学集刊，1960年2期）认为，这是我国最早发现小瓜虫的记载。"用枫树皮投水中则愈"记录了劳动人民防治鱼病的经验。因而可以推断小瓜虫病在很早以前已相当流行了。

在明朝，淡水养殖已有相当的发展，青鱼、草鱼、鲢、鳙的饲养方法到明末已有较高的水平。当时，黄省曾的《养鱼经》和徐光启的《农政全书》全面地总结了明代和明代以前的鱼种养法及鱼病的预防。根据《农政全书》（1628）记载："凡凿池养鱼必以二，有三善焉，可以蓄水，鬻（音yu）时可去大而存小，可以解汛"。又说："不可以沤麻，一日即汛"，"池中不可着碱水石灰"，"凡鱼遭毒反白，急疏去毒水，别引新水"，"鱼之自粪多而返复食之则汛，亦以圊（音qing）粪解之"，"汛"就是池鱼浮头或泛池。当时，池塘养鱼业已很兴盛，鱼的放养密度很大，一到夏季，常因池水缺氧而发生浮头，以至死亡，遭受损失。徐光启总结了渔农长期实践的经验，对池鱼浮头、中毒的死亡原因进行了分析，并找出不少解救的方法。

徐光启在《农政全书》中科学地总结分析了池塘水质肥瘦与池鱼健康和寄生虫之间的相互关系，认为"池瘦伤鱼，令生虱"。他还最早地记述了鱼虱（鲺），比欧美公认的发现人鲍德纳（F. Baldner，1666）的记述还早 38 年。他对鱼虱的形态和检治方法，做了简要的描述："鱼虱如小豆大，似团鱼，凡取鱼见鱼瘦，宜细检视之，有，则以松毛遍池中浮之则除"。

明代杨慎的《异鱼图赞》中说："滇池鲫鱼冬月可荐，中含胰白，号'水母线'，北客乍餐，认为'面缆'"。说明鲫鱼腹中含的胰白，呈面条状，可食，就其性状来看，应为舌状绦虫，这是我国对舌状绦虫最早的记载。

徐光启有"鱼食杨花则病"的记述，据倪达书推测，明代（1368—1644）在重要养鱼地区，可能已有肠炎病的流行，浙江吴兴一带渔农至今还有"草鱼吃了杨花就生病"的说法，经解剖和镜检，发现所谓"吃了杨花的病鱼"实际上是患了肠炎病。杨花本身是没有致病毒素的，也没有带病原体的可能，经查对当地实际情况发现，春季是一龄以上的草鱼肠炎流行季节，当地称"桑尖瘟"，正是杨花凋谢脱落的时候，因此看作"鱼食杨花则病"是很自然的。

清代在鱼病方面很少有新的发展。

1949 年以前，对于鱼病防治问题更不重视，虽有极少数鱼类寄生虫方面的分类研究报道，也根本不能解决生产上的问题。

1949 年中华人民共和国成立以后，鱼病学和其他学科一样，有了迅速的发展。防治鱼病被列为《全国农业发展纲要》（修正草案）内容之一，鱼病研究和教学机构也相继建立起来，为鱼病研究工作的开展创造了有利的条件。

1949 年中华人民共和国成立初期，广大渔民生产热情空前高涨，但是对鱼病危害仍无法避免，养殖鱼类的死亡率很高，严重影响了渔业生产的发展，渔民迫切地盼望在科学上得到指导。党和政府开始重视水产生产和科学技术事业，在科研部门和高等院校中成立了鱼病学教学和科研的专门机构；在国家的科研规划和计划中列入了对鱼病研究的项目，这不仅使鱼病研究工作有了保证，而且使之进入了系统研究阶段。1950 年成立的中国科学院水生生物研究所，开始了对"四大家鱼"寄生虫方面的调查，建立了寄生虫组。为了使工作顺利进行，1951 年又在无锡五里湖畔的蠡园设立了太湖淡水生物研究室。1952 年秋寄生虫组调整，改称为鱼病组，该组在倪达书教授的主持下，组织了鱼病调查队，到江苏、浙江两省主要养鱼地区做调查，取得了第一手资料，同时又在我国四大淡水养鱼区之一的浙江省吴兴县菱湖镇，设立鱼病工作站，建立了鱼病门诊，从"防"和"治"上直接为生产服务，开展了实验研究工作。在 1953—1956 的四年间，鱼病组取得了很大成绩：如①草鱼的寄生虫种类、构造、生活史以及对寄主的危害性等问题，基本上已研究清楚，青鱼、鲢和鳙的寄生虫，大部分已收集整理完毕，对致病菌方面的研究正努力进行；②鲺病以及寄生草鱼的鳃隐鞭虫、车轮虫、毛管虫、中华鳋等已找到有效的防治方法；③科学地分析了我国饲养的草鱼、青鱼、鲢、鳙的生活习性与疾病的关系；④对草鱼、青鱼肠炎和烂鳃病症状进行了描述，并提出初步预防办法；⑤对湖靛提出防治方法，并进行了鱼种防病试验；⑥四年中培养和训练了鱼病工作者 93 人。上述大量的工作，有力地促进了我国淡水养殖事业的发展。其后，水生生物研究所成立了第三研究室（鱼病研究室），在倪达书、陈启鎏教授的主持下，进行了系统的科研工作，做出很大成绩。国内一些水产研究机构、水产院校相继建立，在我国高等水产院校中开设了水生生物方面课程，出版了有关鱼病学的著作，培养出一批从事鱼病工作的专业技术人才，从而为我国鱼病学的研究和教学奠定了基础。

如果说从 1950—1956 年是鱼病研究打基础的第一阶段，那么从 1956—1966 年则是鱼病学大发展的第二阶段。10年间，同当时淡水鱼养殖生产的发展同步，开展了淡水鱼类寄生虫病、细菌性病、真菌性病和非寄生性疾病的研究，解决了当时淡水养殖鱼类常见的危害较大的15种寄生虫病、4种细菌性病、1种真菌性病和7种非寄生性病的防治问题，从而积累了关于病原、诊断和防治技术的大量知识和经验。水生生物研究所、水产研究所、水产院校及一些大学的生物系，先后发表了对我国淡水养殖鱼类危害严重的疾病的病原生物学、病理变化、流行情况及防治方法等一系列研究论文和报告，使鱼病学内容更加丰富和完善，从而建立了我国自己的鱼病学体系。第三阶段（1966—1976），由于历史原因，鱼病学研究的成果寥寥无几，仅在烂鳃病、白鲢疯狂病、白头白嘴病、卵甲藻病、沙市刺头虫病、土法疫苗的使用及金藻中毒等研究方面有较大进展。第四阶段（1976年以后），鱼病研究进入一个新的历史时期。

1977—1978年，水生生物研究所发表了草鱼出血病病原的初步研究结果，证明了病毒性病原，这是我国鱼病研究史上鱼类病毒病的首次发现，为病原研究开拓了新领域，由显微结构进入超显微结构的研究。20世纪70年末我国又开始了鱼类免疫学、鱼类病毒病、鱼类病理学、药理学和鱼类肿瘤的研究，从20世纪70年代后期到20世纪末的二十多年是我国水产养殖动物病害学发展最快的阶段之一，在海水养殖病害方面尤为突出。在养殖鱼类（真鲷、黑鲷、鲈、梭鱼、牙鲆、大菱鲆、石斑鱼、河鲀、海马等）、虾类（中国对虾、日本对虾、斑节对虾、凡纳滨对虾等）、贝类（鲍鱼、牡蛎、扇贝等）、特种水产养殖品种（海参、海胆、鳖、蛙等）的病毒、细菌、原生动物、单殖吸虫和寄生甲壳类疾病的研究上都取得了较大的成果。在这一时期较为突出的病害是，1993年暴发的对虾白斑症病毒（White spot syndrome virus，WSSV）病。经过近二十年的研究，解决了虾类WSSV病的流行病学、病原学、感染机理、传播途径、检测诊断、预防控制等关键技术问题。

同时也正是从20世纪80年代以来，国内外相继出版了一些有里程碑意义的专著。国外 Sindermann 和 Lightner（1988）、Kinne（1980）、伊沢久夫等（1983）、江草周三等（1983）、Austin（1987），国内孟庆显等（1991，1994）、黄琪琰等（1993）、潘炯华等（1990）、张剑英等（1999）、俞开康等（2000）都有比较全面、系统的专著。

进入新世纪，我国加入世界贸易组织（WTO），我国的水产病害研究也进入了一个新的历史时期。当前，我国水产养殖业迅速发展，养殖规模不断扩大，集约化程度不断提高，与此同时伴随着池塘老化、水质环境污染、管理与技术措施滞后等诸多问题。因此，应当实施水产动物健康养殖技术，把病害的控制与环境的改善紧密联系起来。水产动物的病害影响着人类的健康，水产病害的无公害防治既是渔业可持续发展的方向，也是环境和人类健康发展的要求。随着物质文明的提高，人们对水产品无公害化的强烈要求亦日益提高，对水产病害防治的无公害化呼声也将越来越高，从而使我们从种苗引进的选择与检疫、鱼池改造与清淤、水质改良与维护、饲料选择与使用、渔药生产与使用等方面更加注重绿色环保与无公害化，以便全面促进渔业的可持续发展。新的形势对水产动物病害学提出了新的要求和任务，也给这一学科的发展带来了巨大推动力。

第二节　疾病发生的病（原）因

一、病因的类别

了解病因是制订预防疾病的合理措施、做出正确诊断和提出有效治疗方法的根据。水产动物疾病发生的原因虽然多种多样，但基本上可归纳为下列五类：

1. 病原的侵害 病原就是致病的生物，包括病毒、细菌、真菌等微生物和寄生原生动物、单殖吸虫、复殖吸虫、绦虫、线虫、棘头虫、寄生蛭类和寄生甲壳类等寄生虫。

2. 非正常的环境因素 养殖水域的温度、盐度、溶氧量、酸碱度、光照等理化因素的变动或污染物质等，超越了养殖动物所能忍受的临界限度就能致病。

3. 营养不良 投喂饲料的数量或饲料中所含的营养成分不能满足养殖动物维持生活的最低需要时，饲养动物往往生长缓慢或停止，身体瘦弱，抗病力降低，严重时就会出现明显的症状甚至死亡。营养成分中容易发生问题的是缺乏维生素、矿物质、氨基酸。其中最容易缺乏的是维生素和必需氨基酸。腐败变质的饲料也是致病的重要因素。

4. 动物本身先天的或遗传的缺陷 例如某种畸形。

5. 机械损伤 在捕捞、运输和饲养管理过程中，往往由于工具不适宜或操作不小心，使饲养动物身体受到摩擦或碰撞而受伤。受伤处组织损伤，机能丧失，或体液流失，渗透压紊乱，引起各种生理障碍以至死亡。除了这些直接危害以外，伤口又是各种病原微生物侵入的途径。

这些病因对养殖动物的致病作用，可以是单独一种病因的作用，也可以是几种病因混合的作用，并且这些病因往往有互相促进的作用。

二、病原、宿主和环境的关系

由病原生物引起的疾病是病原、宿主和环境三者互相影响的结果。

（一）病原 养殖动物的病原种类很多。不同种类的病原对宿主的毒性或致病力各不相同，就是同一种病原的不同生活时期对宿主的毒性也不相同。

病原在宿主上必须达到一定的数量时，才能使宿主生病。有些病原（如病菌）侵入宿主后，开始增殖，达到一定数量后，宿主就显示出症状。从病原侵入宿主体内后到宿主显示出症状的这段时间叫做潜伏期。各种病原一般都有一定的潜伏期，了解疾病的潜伏期可以作为预防疾病和制订检疫计划的依据和参考。但是应当注意，潜伏期的长短不是绝对固定不变的，它往往随着宿主身体条件和环境因素的变化而有所延长或缩短。

病原对宿主的危害主要有下列三个方面：

1. 夺取营养 有些病原是以宿主体内已消化或半消化的营养物质为食，有些寄生虫则直接吸食宿主的血液，另外一些寄生物是以渗透方式吸取宿主器官或组织内的营养物质。无论以哪种方式夺取营养都能使宿主营养不良，甚至贫血，身体瘦弱，抵抗力降低，生长发育迟缓或停止。

2. 机械损伤 有些寄生虫（如蠕虫类）利用吸盘、钩子、铗子等固着器官损伤宿主组织，也有些寄生虫（如甲壳类）可用口器刺破或撕裂宿主的皮肤或鳃组织，引起宿主组织发炎、充血、溃疡或细胞增生等病理症状。有些个体较大的寄生虫，在寄生数量很多时，能使宿主器官腔发生阻塞，引起器官的变形、萎缩、机能丧失。有些体内寄生虫在寄生过程中能在宿主的组织或血管中移行，使组织损伤或血管阻塞。

3. 分泌有害物质 有些寄生虫（如某些单殖吸虫）能分泌蛋白分解酶溶解口部周围的宿主组织，以便摄食其细胞。有些寄生虫（如蛭类）的分泌物可以阻止伤口血液凝固，以便吸食宿主血液。有些病原（包括微生物和寄生虫）可以分泌毒素，使宿主受到各种毒害。

有许多种病原对宿主有严格的种别性（或叫专一性，specificity），即一种病原仅寄生在某一种或与该种亲缘关系相近的宿主上，除此以外的其他动物则不能作为它的宿主，例如鰤本尼登虫（*Benedenia seriolae*）专寄生在鰤的皮肤上。但是也有的病原对宿主几乎没有种别性，可以寄生在很多种宿主上，例如刺激隐核虫（*Cryptocaryon irritans*）可以寄生在数十种海水鱼上。

病原在宿主身上一般也是寄生在一定的器官或组织内，有的专寄生在消化道内，有的专寄生在胆囊内，有的专寄生在肌肉中，有的必须在血液中才能生活，有的则生活在宿主的鳃和体表。寄生在体内组织或器官腔及体腔内的叫做内寄生物（endoparasite）。寄生在体表（包括皮肤和鳃）的叫做外寄生物（ectoparasite）。

（二）宿主　宿主对病原的敏感性（sensitivity）有强有弱。宿主的遗传性质、免疫力、生理状态、年龄、营养条件、生活环境等都能影响宿主对病原的敏感性。

（三）环境条件　水域中的生物种类、种群密度、饵料、光照、水流、水温、盐度、溶氧量、酸碱度及其他水质情况都与病原的生长、繁殖和传播等有密切的关系，也严重地影响着宿主的生理状况和抗病力。现择其主要者阐明如下：

水质和底质影响养殖池水中的溶解氧，并直接影响水产养殖动物的生长和生存。各种水产动物对溶解氧的需要量不同，鱼虾类正常生活所需的溶解氧为 4mg/L 以上，当溶解氧不足时，鱼虾的摄食量下降，生长缓慢，抗病力降低。当溶解氧严重不足时，鱼虾就大批浮于水面，这叫做浮头。此时，如果不及时解救，溶氧量继续下降，鱼虾就会窒息而死，这就叫做泛池。发生泛池时水中的溶氧量随着鱼虾的种类、个体大小、体质强弱、水温、水质等的不同而有差异。患病的鱼虾特别是患鳃病的鱼虾对缺氧的耐力特别差。

温度对水产养殖动物疾病的发生也起着关键的作用，温度不仅影响水产养殖动物的生长，也同时影响病原的繁殖。当温度适合养殖动物的生长，不利于病原的生长和繁殖时，疾病一般不易发生，反之，极易发生疾病。温度还影响疾病的潜伏期，如果温度不利于病原的繁殖（增殖）则呈潜伏感染。如鲤春病毒血症（SVC），水温 12℃ 左右时，鲤被 SVC 病毒感染后，极易发病；水温 20℃ 左右时，鲤感染 SVC 病毒也不易发病，呈潜伏感染。

池塘中饵料残渣和鱼虾粪便等有机物质腐烂分解，产生许多有害物质，使池水发生自身污染。这些有害物质主要为氨和硫化氢。

除了养殖水体的自身污染以外，有时外来的污染更为严重。这些外来的污染一般来自工厂、矿山、油田、码头和农田的排水。工厂和矿山的排水中大多数含有重金属离子（如汞、铅、镉、锌、镍等）或其他有毒的化学物质（如氟化物、硫化物、酚类、多氯联苯等）；油井和码头排水往往有石油类或其他有毒物质；农田排水中往往含有各种农药。这些有毒物质都可能使鱼虾等水产养殖动物急性或慢性中毒。

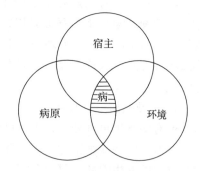

图 1-1　疾病的发生与病原、宿主、
　　　　环境条件之间的关系
　　　　　　（Snieszko，1976）

总之，病原、宿主和环境条件三者有极为密切的相互影响的关系，这三者相互影响的结果决定疾病的发生和发展（图 1-1）。在诊断和防治疾病时，必须全面考虑这些关系，才能找出其主要病因所在，采取有效的预防和治疗方法。

第三节 疾病的控制

鱼、虾、蟹、贝等各种水产经济动物在人工养殖以后往往在环境条件、种群密度、饲料的质和量等方面与生活在天然环境中有较大的差别，很难完全满足这些动物的需要，这样就会降低动物对疾病的抵抗力，这些对养殖动物不利的条件对某些病原的增殖和传播却很有利，再加上捕捞、运输和养殖过程中的人工操作，常使动物身体受伤，病菌乘机侵入，所以养殖动物比在天然条件下容易生病。生病后，轻者影响其生长繁殖，使产量减少，并且外形难看，商品价值下降；重者则引起死亡。因此，水产经济动物在育苗和养成过程中，疾病往往成为生产成败的关键问题之一。

对于水产动物疾病的控制包括三个重要组成部分，即诊断、预防措施和治疗方法。要做好这三部分工作必须具备病原生物的形态构造、分类方法、生态习性、繁殖习性、生活史和传播方式、药物学和药理学等知识。

一、诊断要点

只有诊断正确，才能对症下药。正确的诊断来自宿主、病原（因）和环境条件三方面的综合分析。

检查的主要内容：①观察症状和寻找病原。症状和病原是最重要的诊断依据。②了解以往的病历和防治措施，以作为诊断和治疗的参考。③观察发病池塘中养殖动物的活动情况，例如游动和摄食等有无异常变化。④询问生病动物的来源，是在当地繁殖的还是从外地引进的。⑤了解投喂的饲料及水源有无污染等。

由病毒或细菌引起的疾病，对其病原的鉴定比较困难，单纯靠光学显微镜检查，病毒粒子无法看到，细菌在数量较少时也难以发现，在数量多时，比较容易发现，但要确定它是否为病原时，需要用微生物学的方法，进行分离、培养、鉴定和人工感染等一系列试验。如果生病的动物呈现细菌性或病毒性疾病的症状，并且在检查时没有发现任何致病的寄生虫或其他可疑病因时，可做出初步诊断。对有些病毒性和细菌性疾病，可用免疫和核酸的方法做出较迅速的诊断，如血清中和试验、荧光抗体、酶标抗体、PCR、核酸探针等方法。

由真菌或寄生虫引起的疾病，用肉眼观察时多数没有明显的特殊症状，根据显微镜观察到的病原，多数能做出确诊。

如果在生病动物身上同时存在几种病原时，就应按其数量的多少和危害性的大小，确定其主要病原。例如车轮虫（*Trichodina*）往往在许多种鱼类的鳃上和皮肤上与其他病原生物同时存在，数量多时可以致病，但数量少时危害性就不明显。不过有时也会发现同时由两种以上的病原引起的并发症。对于患病动物的环境条件，应实地观察养殖池塘的面积、结构、进排水系统、土质、水质及其变化等；还应了解，池塘中生物的优势种类和数量，饲料的质量，投饵的方法和数量及日常饲养管理中的操作情况等。所有这些情况对于正确地诊断、制订合理的预防措施及提出有效的治疗方法都有非常重要的帮助。

二、综合预防措施

水产养殖是在人工管理的水环境系统中进行水生生物的生产活动。因此水产动物生病后往往不如陆生动物生病时那样容易被发现，一般在发现时已有部分动物死亡。因为它们栖息于水中，所以给药的方法也不如治疗陆生动物那么容易，剂量很难准确。患病的个体大多数失去食欲，即使是特效药也难以按要求的剂量进入体内，口服仅限于那些尚未失去食欲的个体和群体；对养殖水体用药，如全池泼洒，只适用于小面积水体，对大池塘、养殖海区就不适用了，因为用药量大，成本高，也不便操作。另外，在发现疾病后即便能够治愈，也耗费了药品和人工，影响了动物的生长和繁殖，在经济上已造成了损失。而且治病药物多数具有一定的毒性：一方面或多或少地直接影响养殖动物的生理和生活，使动物呈现消化不良、食欲减退、生长发育迟缓、游泳反常等，甚至有急性中毒现象；另一方面可能杀灭水体和底泥中的像硝化细菌那样的有益微生物，从而破坏水体中的物质循环，扰乱水体的化学平衡；有大量浮游生物存在的水体中，往往在泼药以后，大批的浮游生物被杀死并腐烂分解，引起水质的突然恶化，可能会发生全池动物死亡的事故。有些药物还会在池水中或养殖动物体内留有残毒。因此防重于治的观点一定要树立。综合防病措施主要有下列几项：

（一）彻底清池　池塘是养殖动物栖息生活的场所，同时也是各种病原生物潜藏和繁殖的地方，池塘环境清洁与否，直接影响到养殖动物的生长和健康。因此，彻底清池是预防疾病和减少流行病暴发的重要环节。清池包括清除池底污泥和池塘消毒两个内容。育苗池、养成池、暂养池或越冬池在放养前都应清池。育苗池和越冬池一般都用水泥建成。新水泥池在使用前一个月左右就应灌满清洁的水，浸出水泥中的有毒物质，浸泡期间应隔几天换一次水，反复浸洗几次以后才能使用。已用过的水泥池，在再次使用前只要彻底洗刷，清除池底和池壁污物后，再用1/10 000左右的高锰酸钾或漂粉精等含氯消毒剂溶液消毒，最后用清洁水冲洗，就可灌水使用。

养成池和暂养池一般为土池。新建的池塘一般不需要浸泡和消毒，如果灌满水浸泡2~3d，再换水后放养更加安全。已养过鱼、虾的池塘，因在底泥中沉积有大量残饵和粪便等有机物质，形成一层厚厚的黑色污泥。这些有机质腐烂分解后，不仅消耗溶解氧，产生氨、亚硝酸盐和硫化氢等有毒物质，而且成为许多种病原体滋生基地，因此应当在养殖的空闲季节即冬或春季将池水排干，将污泥尽可能地挖掉。放养前再用药物消毒。消毒时应在池底留有少量水，盖过池底即可，然后用漂粉精20~30mg/L，或漂白粉50~80mg/L，或生石灰400mg/L左右，溶于水中后均匀泼洒全池，过1~2d后灌入新鲜海水，再过3~5d后就可放养。

（二）保持适宜的水深和优良的水质及水色

1. 水深的调节　在养殖的前期，因为养殖动物个体较小，水温较低，池水以浅些为好，有利于水温回升和饵料生物的生长繁殖。以后随着养殖动物个体长大和水温上升，应逐渐加深池水，到夏秋高温季节水深最好达1.5m以上。

2. 水色的调节　水色以淡黄色、淡褐色、黄绿色为好，这些水色一般以硅藻为主。淡绿色或绿色以绿藻为主，也还适宜。如果水色变为蓝绿、暗绿，则蓝藻较多；水色为红色可能甲藻占优势；黑褐色，则溶解或悬浮的有机物质过多，这些水色对养殖动物都不利。透明度的大小，主要说明浮游生物数量的多少，以40~50cm为好。无论哪种浮游生物，如果繁殖过量，在水面漂浮一层，此时透明度一般很低，说明水质已老化，应尽快换水。

3. 换水　换水是保持优良水质和水色的最好办法，但要适时适量才有利于鱼虾的健康和生长。当水色优良、透明度适宜时，可暂不换水或少量换水。在水色不良或透明度很低时，或养殖动物患病时，则应多换水、勤换水。

在换水时应注意水源中的水质情况。当水源中发现赤潮时或有其他污染物质时应暂停换水。也可用增氧机或充气增加池水的含氧量。

4. 科学用水和管水 维护良好的水质不仅是养殖动物生存的需要，同时也是养殖动物抵抗病原生物侵扰的需要。科学用水和管水，是通过对水质各参数的监测，了解其动态变化，及时进行调节，纠正那些不利于养殖动物生长和健康的各种因素。一般来说，必须监测的主要水质参数有pH（7.5～8.5）、溶解氧（≥5mg/L）、盐度（15～30，海水养殖）、氨氮（<0.01mg/L）、亚硝酸盐（<0.1mg/L）、硫化氢（<0.005mg/L）、透明度（30～40cm）等。

（三）培育和放养健壮苗种 放养健壮和不带病原的苗种是养殖生产成功的基础。苗种生产期应重点做好以下几点：①选用经检疫不带传染性病原的亲本，亲本投入产卵池前，用10mg/L高锰酸钾浸洗5～10min，以杀灭可能携带的病原；②受精卵移入孵化培育池前，用50mg/L聚乙烯吡咯烷酮碘（PVP-I）（含有效碘10%）浸洗5～10min；③育苗用水经沉淀、过滤或消毒处理；④切忌高温育苗和滥用药物；⑤如投喂动物性饵料应先检测和消毒，并保证鲜活，不投喂变质腐败的饵料。

放养的种苗应体色正常，健壮活泼。必要时应先用显微镜检查，确保种苗上不带有危害严重的病原。放养密度应根据池塘条件、水质和饵料状况、饲养管理技术水平等决定。

（四）饵料应质优量适 质优是指饵料及其原料绝对不能发霉变质，饵料的营养成分要全，特别不能缺乏必要的维生素和矿物质。要根据不同养殖对象及其发育阶段，科学地选用饵料原料，合理调配，精细加工。量适是指每天的投饵量要适宜，每天的投喂量要分多次投喂。每次投喂前要检查前次投喂的摄食情况，以便调整投饵量。

饵料的质量和投喂方法，不仅是保证养殖产量的重要因素，同时也是增强鱼、虾类等养殖动物对疾病抵抗能力的重要措施。

（五）改善生态环境

1. 合理放养 合理放养包含两方面的内容，一是放养的某一种类密度要合理，二是混养的不同种类的搭配要合理，因地制宜地选择适于配养的种类和适当的配养数量。这是人为地改善池塘中的生物群落，使之有利于水质的净化，增强养殖动物的抗病能力，抑制病原生物的生长繁殖。如在鱼、虾池塘中混养贝类（如海湾扇贝、文蛤、牡蛎、菲律宾蛤仔等），贝类有滤水的作用，可抑制浮游生物的过量繁殖。

2. 适时适量使用环境保护剂 能够改善和优化养殖水环境，并且有促进养殖动物正常生长和发育的一些物质，称为水环境保护剂。通常是在产业化养殖的中后期根据养殖池塘底质、水质情况每月使用1～2次。常用的有①生石灰，每立方米水体用15～30g；②沸石，每立方米水体撒布30～50g（60～80目的粒度）；③过氧化钙，每立方米水体用10～20g；④光合细菌，每立方米水体施5～10mL（每毫升含光合细菌10亿～15亿细胞）或均匀拌入沙土后撒布于全池。

在水源条件差的养殖池塘或养殖区内，在集约化养殖系统中，适时、适量使用环境保护剂，有利于：①净化水质，防止底质酸化和水体富营养化；②抑制氨、硫化氢、甲烷等并使其氧化为无害物质；③补充氧气，增强鱼、虾类的摄食能力；④补充钙元素，促进鱼、虾类生长和增强对疾病的抵抗能力；⑤抑制有害细菌繁殖，减少疾病感染等。

（六）操作要细心 在对养殖动物捕捞、搬运及日常饲养管理过程中操作应细心、谨慎，不使动物受伤，因为受伤的个体最容易感染细菌。对池塘或网箱进行定期或经常清除残饵、粪便及动物尸体等清洁管理，勤除杂草，以免病原生物繁殖和传播。另外，流行病季节和高温时期尽量不惊扰养殖动物。

（七）经常进行检查　在动物的饲养过程中，应每天至少巡塘1～2次，以便及时发现可能引起疾病的各种不良因素，如水污染、投饲的技术与方法、暴雨、高温、缺氧等因素造成的水质变化。尽早采取改进措施，防患于未然。也可及时发现疾病的一般症状，如鱼、虾类离群独自漫游于水面、失掉平衡、体色反常、不吃食等，就应立即进行诊断检查，尽早采取措施。

（八）在日常管理中要防止病原传播

1. 实施消毒措施

（1）苗种消毒　即使是健康的苗种，亦难免带有某些病原体，尤其是从外地运来的养殖苗种。因此，在苗种放养时，必须先进行消毒。可用 50mg/L PVP-I 或 10～20mg/L 高锰酸钾，给苗种药浴 10～30min。药浴的浓度和时间根据不同的养殖种类、个体大小和水温灵活掌握。

（2）工具消毒　养殖用的各种工具，如网具、塑料和木制工具等，常是病原体传播的媒介，特别是在疾病流行季节，因此，在日常生产操作中应做到各池分开使用，如果工具数量不足，可用 50mg/L 高锰酸钾或 200mg/L 漂白粉等浸泡 5min，然后用清水冲洗干净，再行使用；也可在每次使用完后，置于太阳下晒干后再使用。

（3）饲料消毒　投喂的配合饲料可以不进行消毒；如投喂鲜活饵料，无论是从外地购进或自己培养生产的（含冷冻保存）都应以 10～20mg/L 高锰酸钾浸泡消毒 5min，然后用清水冲洗干净后再投喂。

（4）食场消毒　定点投喂饲料的食场及其附近，常有残饵剩余，时间长了或高温季节为病原菌的大量繁殖提供了有利场所，很容易引起鱼、虾类的细菌感染，导致疾病发生。所以，在疾病流行季节，应每隔 1～2 周在鱼、虾吃食后，对食场进行消毒。

2. 建立隔离制度　养殖动物一旦发病，不论是哪种疾病，特别是传染性疾病，首先应采取严格的隔离措施，以防止疫病传播、蔓延，殃及四邻。

（1）对已发病的池塘或地区首先进行封闭，池内的养殖动物在治愈以前不向其他池塘和地区转移，不排放池水，工具应当用浓度较大的漂白粉、硫酸铜或高锰酸钾等溶液消毒，或在强烈的阳光下晒干，然后才能用于其他池塘，有条件的也可以在生病池塘设专用工具。

（2）清除发病死亡的尸体，及时掩埋、销毁，切勿丢弃在池塘岸边或水源附近，以免被鸟兽或雨水带入养殖水体中。

（3）对发病池塘及其周围包括进、排水渠道，均应消毒处理，并对发病动物及时做出诊断，确定防治对策。

（九）药物预防　水产养殖动物在运输之前或运达目的地之后，最好先用适当的药物将体表携带的病原杀灭，然后放养。一般的方法是在 8mg/L 的硫酸铜，或 10mg/L 的漂白粉，或 20mg/L 的高锰酸钾等溶液内浸洗 15～30min，然后放养。在对某些重要疾病做出准确预警的基础上，投喂药饵或全池泼洒药物预防疾病的发生。

药物具有防病治病的作用，但经常使用就可能使病原菌产生抗药性和污染环境。因此药物不能滥用，应在正确诊断的基础上对症下药，并按规定的剂量和疗程，选用疗效好、毒副作用小的药物。药物和毒物没有严格的界限，只有量的差别。用药量过大，超过了安全浓度就可能导致养殖动物中毒甚至死亡；有的还会污染环境，使生态平衡失调。

（十）免疫接种　对一些经常发生的危害严重的病毒性及细菌性疾病，可研制人工疫苗，用口服、浸洗或注射等方法接种，达到人工免疫的作用。免疫接种是控制水产养殖动物暴发性流行病有效的方法。近些年来，已陆续有一些疫苗、菌苗应用于预防鱼类的重要流行病，而且国内、外都有相关机构在研究探索免疫接种的最佳方法和途径。

（十一）完善和严格执行检疫制度，建立疫病预警预报体系

1. 强化疾病检疫 由于水产养殖业迅速发展，地区间苗种及亲本的交流日益频繁，对国外养殖种类的引进和移殖也不断增加，如果不经过严格的疫病检测，就可能造成病原体的传播和扩散，引起疾病的流行。因此必须强化疾病检疫，严格遵守《中华人民共和国动物防疫法》，做好对养殖动物输入和输出的疾病检疫工作。

2. 建立疫病预警预报体系 目前我国绝大多数养殖场和养殖企业，没有能力和条件对传染性流行病进行早期、快速检测，而地区间亲本、苗种及不同养殖种类的交往、运输又频繁，因此有关行政管理部门和科研单位，应配合地方建立疫病检测网络和预警预报体系。病害一旦发生，首先要通报，并采取断然隔离措施，避免疾病传播和蔓延。现在，我国已建立和组成水产养殖病害网络，应充分发挥其在水产动物疾病控制中的作用。

（十二）选育抗病力强的种苗 利用某些养殖品种或群体对某种疾病有先天性或获得性免疫力的原理，选择和培育抗病力强的苗种作为放养对象，可以达到防止该种疾病的目的。最简单的办法是从生病池塘中选择始终未受感染的或已被感染但很快又痊愈了的个体，进行培养并作为繁殖用的亲体，因为这些动物本身及其后代一般都具有免疫力。这同样是预防疾病的途径之一。

三、疾病的治疗时机

疾病的治疗是用药品消灭或抑制病原，或改善养殖动物的环境及营养条件。发生疾病以后要得到有效的治疗，必须掌握治疗时机。水产养殖动物，特别是鱼和虾的疾病，只要发现得早，及时适当地进行治疗，大多数疾病是可以治愈的。但是如果不仔细检查，在患病的初期往往不能及时发现，及至动物病情严重，大部分已停止吃食或发生大批死亡时，口服药物已不起作用，外用药也难以见效，这时已错过了最佳治疗时机，即使一部分病轻者尚能治愈，也会造成严重损失。

复 习 题

1. 水产动物病害学的任务是什么？
2. 水产动物病害学经历了哪几个重要历史发展时期，各个时期的主要成就如何？
3. 水产动物疾病发生的主要病因（原）有哪些？
4. 水产动物疾病的发生与病原、宿主和环境三者之间的相互关系怎样？
5. 水产动物疾病的综合预防措施有哪些？

第二章 水产动物病原学

第一节 病　毒

一、病毒的形态与结构

（一）病毒的大小与形态　病毒颗粒很小，大多数比细菌小得多，能通过细菌滤器。用以描述病毒大小的单位为纳米（nanometer，nm）。不同病毒的粒子大小差别很大，小型病毒直径只有20nm左右，必须用电子显微镜才能观察到，而大型病毒可达300～450nm，用普通光学显微镜即可看到。病毒颗粒的形状有球形、杆状、弹状、二十面体等（图2-1）。

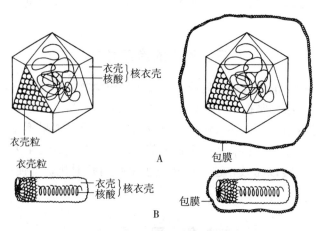

图 2-1　病毒粒子的模式构造
A. 二十面体对称病毒　B. 螺旋对称病毒
（周德庆，1993）

（二）病毒的结构　病毒是由一种核酸和包着核酸的蛋白衣壳（capsid）组成。核酸和包着核酸的衣壳一起称为核衣壳（nucleocapsid）。有些病毒具有包膜（envelope）包在核衣壳的外面，有的病毒在包膜上具有包膜突起（peplomer）。

一种病毒只含有一种核酸，DNA或RNA。病毒的核酸主要是4种类型，即单链DNA（ssDNA）、双链DNA（dsDNA）、单链RNA（ssRNA）和双链RNA（dsRNA）。

病毒的衣壳通常呈螺旋对称（helical symmetry）或二十面对称（icosahedral symmetry）。螺旋对称即蛋白质亚基有规律地以螺旋方式排列在病毒核酸周围。而二十面体是一种有规则的立体结构，它由许多蛋白质亚基的重复聚集组成，从而形成一种类似于球形的结构。还有的病毒衣壳呈复合对称，这类病毒体的结构较为复杂，其壳粒排列既有螺旋对称，又有立体对称（complex symmetry），如痘病毒和噬菌体。

二、病毒的分类

（一）病毒的分类原则 按照1995年国际病毒分类委员会（International Committee on Taxonomy of Viruses，ICTV）的分类原则，病毒分类的主要根据为：①病毒的形态和大小；②核衣壳的对称性；③有无病毒包膜；④基因组；⑤理化特性；⑥抗原性等。

（二）病毒的分类 病毒分类系统采用目（order）、科（family）、属（genus）、种（species）为分类等级。病毒的目是由一些具共同特征的病毒科组成，科是由一些具共同特征、明显区别于其他科的病毒属组成，科名的词尾是"viridae"。病毒的属是由一些具共同特征的病毒种组成，属名的词尾是"virus"。表2-1概括了一些重要病毒科及其主要特征。

表2-1 一些重要病毒科及其主要特征

核酸类型	病毒科	壳体对称[a]	包膜	壳体大小（nm）[b]	壳粒数目	宿主范围[c]
dsDNA	痘病毒科（Poxviridae）	C	+	200~260×250~290 (e)		A
	疱疹病毒科（Herpesviridae）	I	+	100，180~200 (e)	162	A
	虹彩病毒科（Iridoviridae）	I	+	130~180		A
	杆状病毒科（Baculoviridae）	H	+	40×300 (e)		A
	腺病毒科（Adenoviridae）	I	−	60~90	252	A
	乳多空病毒科（Papoviridae）	I	−	95~55	72	A
	肌尾噬菌体科（Myoviridae）	Bi	−	80×110，110 (d)		B
	长尾噬菌体科（Siphoviridae）	Bi	−	60，150×8 (d)		B
ssDNA	丝杆噬菌体科（Inoviridae）	H	−	6×900~1 900		B
	细小病毒科（parvoviridae）	I	−	20~25	12	A
	双粒病毒科（Geminiviridae）	I	−	18×30（成对颗粒）		P
	微噬菌体科（Microviridae）	I	−	25~35		B
转录DNA或RNA	嗜肝DNA病毒科（Hepadnaviridae）	C	+	28 (core)，42 (e)	42	A
	花椰菜花叶病毒科（Caulimoviridae）	I		50		P
	逆转录病毒科（Reoviridae）	I	+	100 (e)		A
dsRNA	囊噬菌体科（Cystoviridae）	I	+	100 (e)		B
	呼肠孤病毒科（Reoviridae）	I	−	70~80	92	A，P
ssRNA	披膜病毒科（Togaviridae）	I	+	45~75 (e)	32	A
	黄病毒科（Flaviviridae）					
	冠状病毒科（Coronaviridae）	H	+	14~16 (h)，80~160 (e)		A
	小RNA病毒科（Picornaviridae）	I	−	22~30	32	A
	光滑噬菌体科（Leviviridae）	I	−	26~27	32	B
	雀麦花叶病毒科（Bromoviridae）	I	−	25		P
-ssRNA	副黏病毒科（Paramyxoviridae）	H	+	18 (h)，125~250 (e)		A
	弹状病毒科（Rhabodovindae）	H	+	18 (h)，70~80×130~240		A，P

（续）

核酸类型	病毒科	壳体对称[a]	包膜	壳体大小（nm）[b]	壳粒数目	宿主范围[c]
	正黏病毒科（Orthomyxoviridae）	H	+	9（h），80～120（e）		A
	布尼亚病毒科（Bunyaviridae）	H	+	2～2.5（h），80～100（e）		A
	沙粒病毒科（Arenaviridae）	H	+	100～130（e）		A

注：a. 对称类型：I. 二十面体；H. 螺旋；C. 复杂；Bi. 双对称。
　　b. 壳体大小：螺旋壳体直径（h）；有包膜毒粒直径（e）；（d）第一个数字是头部直径，第二个数字是尾部长度。
　　c. 宿主范围：A. 动物；P. 植物；B. 细菌。

三、病毒的增殖

病毒是严格细胞内寄生物，只能在活细胞内复制。复制周期的长短与病毒的种类有关，多数动物病毒的复制周期至少在 24h 以上。病毒复制包括以下几个步骤：

（一）吸附、穿入和脱壳　吸附是病毒表面蛋白与细胞质膜上的受体特异性的结合，导致病毒附着于细胞表面。穿入是指病毒吸附后，立即引发细胞的内化作用而使病毒进入（penetration）细胞。不同的宿主病毒穿入机制不同。有的病毒通过细胞内吞（endocytosis）作用或通过细胞膜的移位（translocation）侵入细胞，有的通过病毒膜与细胞质膜融合，将病毒的内部组分释放到细胞质中。脱壳是病毒穿入后，病毒的包膜或/和壳体除去而释放出病毒核酸的过程。不同病毒的脱壳方式不同，多数病毒进入细胞后与内质体或溶酶体相互作用脱去衣壳，释放病毒核酸。

（二）增殖　不同基因组病毒的大分子合成场所不同。大多数 DNA 病毒的基因组复制与转录在细胞核中进行，但是 DNA 病毒中的痘病毒和虹彩病毒却在细胞质内合成 DNA 和病毒蛋白。RNA 病毒基因组的复制与转录都在细胞质中进行，但正黏病毒（Orthomyxovirus）基因组的复制在细胞核内进行，反转录病毒（Retrovirus）基因组的复制在细胞质和细胞核中进行。

增殖过程包括核酸的复制和蛋白质的生物合成。病毒以其核酸中的遗传信息向宿主细胞发出指令并提供"蓝图"，使宿主细胞的代谢系统按次序地逐一合成病毒的组分和部件。合成所需"原料"可通过宿主细胞原有核酸等的降解、代谢库内的储存物或从环境中取得。

（三）装配和释放　在病毒感染的细胞内，新合成的病毒结构组分以一定的方式结合，组装成完整的病毒颗粒，这一过程称做病毒的装配，或称成熟（maturation）或形态发生（morphogenesis）。成熟的子代病毒颗粒然后依一定的途径释放到细胞外，病毒的释放标志病毒复制周期

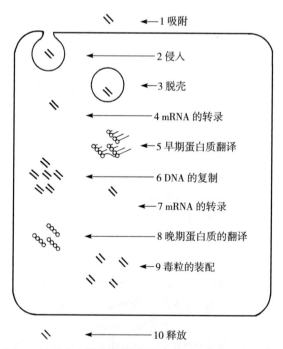

图 2-2　病毒的复制周期示意图（以 DNA 病毒为例）
(沈萍，2000)

结束。

裸露的、有包膜的和复杂的动物病毒的形态结构都不相同，它们的成熟和释放过程也各有特点，病毒形态发生的部位也因病毒而异。裸露的二十面体病毒首先装配成空的前壳体，然后与核酸结合成为完整的病毒颗粒。有包膜动物病毒包括所有具螺旋对称壳体和某些具二十面体壳体的病毒，其装配首先是形成核衣壳，然后再包装上包膜，而且这一过程往往与病毒释放同时发生。有些病毒是在从宿主细胞核出芽的过程中从核膜上获得包膜（如疱疹病毒）；有的则是从宿主细胞质膜出芽的过程中裹上包膜（如流感病毒）（图 2-2）。

四、病毒的致病机理与病毒感染

（一）病毒的传播途径　病毒感染的传播途径与病毒的增殖部位、进入靶组织的途径、病毒排出途径和病毒对环境的抵抗力有关。无包膜病毒对干燥、酸和去污染的抵抗力较强，故以粪-口途径为主要传播方式。有包膜病毒对干燥、酸和去污染的抵抗力较弱，必须维持在较为湿润的环境，故主要通过飞沫、血液、唾液、黏液等传播，注射和器官移植亦为重要的传播途径。

病毒的传播方式包括水平传播和垂直传播。

1. 水平传播　指病毒在群体的个体之间的传播方式。通常是通过口腔、消化道或皮肤黏膜等途径进入机体。

2. 垂直传播　指通过宿主繁殖，病毒直接由亲代传给子代的传播方式。

（二）病毒的致病机理　病毒对细胞的致病作用主要包括病毒感染细胞直接引起细胞的损伤和免疫病理反应。细胞被病毒感染后，一般表现为顿挫感染、溶细胞感染或非溶细胞感染。

1. 顿挫感染　亦称流产型感染（abortive infection），病毒进入非容纳细胞（nonpermissive cell）后，由于该类细胞缺乏病毒复制所需酶或能量等必要条件，致使病毒不能合成自身成分，或虽能够合成病毒核酸和蛋白质，但不能装配成完整的病毒颗粒。

有的细胞对某种病毒为非容纳细胞，但对另一些病毒则表现为容纳细胞，能导致病毒增殖造成感染。

2. 溶细胞感染　溶细胞感染指病毒感染容纳细胞（permissive cell）后，细胞提供病毒生物合成的酶、能量等必要条件，支持病毒复制，从而以下列方式损伤细胞功能：①阻止细胞大分子合成；②改变细胞膜的结构；③形成包涵体；④产生降解性酶或毒性蛋白。

急性病毒感染都属溶细胞感染。

3. 非溶细胞感染　被感染的细胞多为半容纳细胞（semipermissive cell）。该类细胞缺乏足够的物质支持病毒完成复制周期，仅能选择性表达某些病毒基因，不能产生完整的病毒颗粒，出现细胞转化或潜伏感染。有些病毒虽能引起持续性、生产性感染，产生完整的子代病毒，但由于通过出芽或胞吐方式释放病毒，不引起细胞的溶解，表现为慢性病毒感染。

4. 免疫病理作用　抗病毒免疫所致的变态反应和炎症反应是主要的免疫病理反应。

（三）病毒的感染类型　病毒感染表现为显性或隐性感染，引起急性和慢性疾病。病毒隐性感染表示感染组织未受损害，病毒在到达靶细胞前，感染已被控制，或组织轻微损伤但不影响正常功能。虽然隐性感染使机体获得免疫力，但无症状感染者可能是重要的传染源。

病毒的显性感染有急性感染和持续性感染，后者包括慢性感染、潜伏感染和慢发病毒感染。

1. 急性感染（acute infection） 一般潜伏期短，发病急，病程数日至数周。恢复后机体不再存在病毒。

2. 慢性感染（chronic infection） 显性或隐性感染后，病毒持续存在于血液或组织中，并不断排出体外，病程长达数月至数十年，临床症状轻微或为无症状携带者。

3. 潜伏感染（latent infection） 经急性或隐性感染后，病毒基因组潜伏在特定组织或细胞内，但不能产生感染性病毒，用常规法不能分离出病毒，但在某些条件下病毒被激活而急性发作。

4. 慢发病毒感染（slow virus infection） 病毒感染后，引起进行、退化性神经系统疾病。潜伏期长达数年至数十年，且一旦症状出现，病情逐渐加剧直至死亡。

第二节 细 菌

一、细菌的形态与结构

细菌是一类体积微小、结构简单、细胞壁坚韧的原核微生物，以二分裂方式繁殖并能在人工培养基上生长。

（一）**细菌的大小与形态** 细菌的大小通常以微米（μm）作为计量单位，必须借助光学显微镜才能观察。不同种类的细菌大小不一，绝大多数细菌直径为 $0.2 \sim 2\mu m$，长度为 $2 \sim 8\mu m$。细菌的大小因生长繁殖的阶段不同而有所差异，也可受环境条件影响而改变。

细菌的形态基本上为球状、杆状和螺旋状。球状的细菌称为球菌（coccus），根据其相互联结的形式又可分为：单球菌、双球菌、四联球菌、八叠球菌、链球菌和葡萄球菌等。杆状的细菌称为杆菌（bacillus），常有短杆状、棒杆状、梭状、分枝状。螺旋状的细菌称为螺旋菌（spirilla），包括菌体有一弯曲，呈逗点状或香蕉状的弧菌（vibrio），菌体有数个弯曲的螺菌（spirillum）和呈多个螺旋形的螺旋体（spirochaeta）。

（二）**细菌的结构** 细菌的结构包括基本结构和特殊结构，基本结构指细胞壁、细胞膜、细胞质、核质、核糖体、质粒等各种细菌都具有的细胞结构；特殊结构包括荚膜、鞭毛、菌毛、芽孢等仅某些细菌才有的细胞结构（图 2-3）。

1. 细胞壁（cell wall） 是位于细胞最外的一层厚实、坚韧而有弹性的膜状结构。主要由肽聚糖（peptidoglycan）构成，有固定外形和保护细胞等多种功能，与细菌的抗原性、致病性有关。革兰氏阳性菌和革兰氏阴性菌的细胞壁均含肽聚糖成分，只是含量多少、肽链性质和连接方式有差别。革兰氏阳性菌的胞壁较厚但组成较简单，主要由肽聚糖和革兰氏阳性菌特有的组分磷壁酸（teichoic acid）组成。革兰氏阴性菌的细胞壁较薄，但结构较复杂，在肽聚糖层外还有由脂蛋白（lipoprotein）、脂质双层（lipid bilayer）和脂多糖（lipopolysaccharide，LPS）构成的外膜（outer membrane）。

2. 细胞膜（cytoplasmic membrane）又称为胞质膜（plasma membrane 或

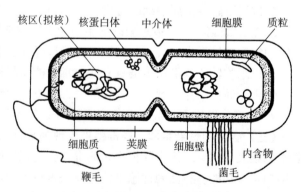

图 2-3 细菌的结构
（钱利生，2000）

cell membrane），位于细胞壁内侧，直接包裹细胞质，具双层膜结构，厚 5~10nm，化学组成主要为磷脂和蛋白质，不含固醇类物质。细菌细胞膜具有选择性通透作用，控制营养物质及代谢产物进出细胞；是合成细胞壁组分和胞膜磷脂的重要场所；参与呼吸过程，与能量的产生、储存和利用有关。

由细胞膜内褶形成的一种管状、层状或囊状结构，称为间体（mesosome）或中介体，多见于革兰氏阳性菌。其化学组成与细胞膜相同，功能主要是促进细胞间隔的形成，与细菌的 DNA 复制、细胞分裂有密切关系。

3. 细胞质（cytoplasm） 被细胞膜包围着的除核质体外的一切透明、胶状、颗粒状的物质总称为细胞质。其组成中 80% 为水，还有蛋白质、脂质、核酸及少量糖类和无机盐。细胞质是细菌的内在环境，是细菌合成蛋白质、核酸的场所，也是许多酶系反应的场所。细胞质中还含有核糖体、无固定形态质粒等重要的微细结构。

核糖体（ribosome）是游离于细胞质中，由 RNA 和蛋白质组成的颗粒结构，是细菌合成蛋白质的场所。细菌细胞中 90% 的 RNA 和 40% 的蛋白质存在于核糖体中。

质粒（plasmid）是核基因组以外的遗传物质，可独立复制，决定细菌的耐药性、毒素的产生、性菌毛产生等性状。

4. 核质体（nuclear body） 核质体是原核生物所特有的无核膜结构、无固定形态的原始细胞核，又称核区（nuclear region）、核基因组（genome）或拟核（nucleoid），是一个大型环状的双链 DNA 分子。每个细胞所含的核质体数与其生长速度有关，一般为 1~4 个。核质体的功能是控制细菌的基本遗传性状。

5. 细菌的特殊结构

（1）糖被（glycocalyx） 包被于某些细菌细胞壁外的一层厚度不定的胶状物质，称为糖被。糖被的有无、厚薄除与菌种的遗传性相关外，还与环境（尤其是营养）条件密切相关。糖被按其有无固定层次、层次厚薄又可细分为荚膜（capsule 或大荚膜 macrocapsule）、微荚膜（microcapsule）、黏液层（slime layer）和菌胶团（zoogloea）。糖被的主要成分是多糖、多肽或蛋白质，尤以多糖居多。

荚膜与细菌的致病力有关，可保护细菌抵抗吞噬细胞的吞噬、消化作用，还能使细菌免受补体、溶菌酶等杀菌物质的损伤，使病菌侵入机体后不被杀灭。此外，荚膜还有黏附、抗干燥等功能。

（2）鞭毛（flagellum） 附着于某些细菌体表的细长、波浪状弯曲的丝状物，称为鞭毛。长度一般为 15~20μm，直径为 0.01~0.02μm，为细菌的运动器官，多见于弧菌、螺菌、部分杆菌及极少数球菌（如动球菌属 *Planococcus*）。鞭毛在细菌表面的着生方式多样，主要有单端鞭毛菌（monotricha）、端生丛毛菌（lophotricha）、两端鞭毛菌（amphitricha）和周毛菌（peritricha）等几种。鞭毛的有无和着生方式在细菌的分类和鉴定工作中，是一项十分重要的形态学指标。

（3）菌毛（pilus 或 fimbria） 附着于菌体表面的比鞭毛更细、短而直的毛发样结构。在革兰氏阴性菌中较为常见。它的结构较鞭毛简单，功能是使细菌较牢固地粘连在物体表面上。

另一种特殊的菌毛称为性菌毛（sex pilus 或 F-pili）。其构造和成分与菌毛相同，但比菌毛长，数量仅 1~4 根。性菌毛一般见于革兰氏阴性细菌的雄性菌株（即供体菌）中，其功能是向雌性菌株（即受体菌）传递 DNA 片段。有的性菌毛还是 RNA 噬菌体的特异性吸附受体。

(4) **芽孢（spore）** 某些细菌在一定条件下，细胞质脱水浓缩，在菌体内形成一个圆形或椭圆形、折光性较强的抗逆性休眠体，称为芽孢或内芽孢（endospore）。由于每一细胞仅形成一个芽孢，故它无繁殖能力。芽孢对营养、能量的需求均很低，抵抗力强，能保护细菌度过不良环境。芽孢具有含水量少、包膜厚而致密、壳无通透性、核心中含有多种耐热酶等特点，因此对热、干燥、化学消毒剂等理化因素的抵抗力极强。产生芽孢的细菌一般都是革兰氏阳性菌。芽孢的大小及在菌体内的位置因菌种不同而异，对于鉴别产生芽孢的细菌很有帮助。

二、细菌的分类与命名

（一）细菌的分类 和其他生物分类一样，细菌的分类单元也分为七个基本的分类等级，依次是：界、门、纲、目、科、属、种。在分类中，若这些分类单元的等级不足以反映某些分类单元之间的差异时也可以增加"亚等级"，即亚界、亚门……亚种。还可以在科（或亚科）和属之间增加族和亚族等级。

在细菌的分类中，还常常使用一些非正式的类群术语。如亚种以下常用培养物（culture）、菌株（strain）、居群（population）和型（form 或 type）；种以上常使用群（group）、组（section）、系（series）等类群名称。

理想的分类系统应该是反映生物进化规律的自然分类系统，所采用的方法称为自然分类法，其分类依据主要是细菌大分子（核酸、蛋白质等）在组成上的同源性程度。常用的具体分析法有：①DNA 碱基组成测定；②DNA 相关度测定；③核糖体 16s 核糖核酸（16s rRNA）相关度测定。其中以测定 16s rRNA 最为准确。但自然分类法操作复杂，工作量极大，而且目前的分类结果与细菌生长代谢特性、致病性等医学有关的重要性状缺乏相关性。因此除研究工作特殊需要外，一般采用人工分类法，即选择一些较为稳定的生物学性状如菌体形态与结构、染色性、生化反应、抗原性等作为分类标记，分析各菌的相关程度与亲疏关系，然后将性状相同或相近的细菌归于一类，以此划分菌种和菌属。人工分类法较为简便与实用。

（二）细菌的命名 细菌的命名采用拉丁双名法，每个菌名由两个拉丁单词组成。前一单词为属名，用名词，第一个字母大写；后一单词为种名，用形容词，小写。中文的命名次序与拉丁文相反，种名在前，属名在后。例如 *Staphylococcus aureus*，金黄色葡萄球菌。在前后有两个或数个学名排在一起，且在其属名相同的情况下，后一学名中的属名可缩写成一个大写字母加上一点的形式，如 *Staphylococcus aureus* 可缩写成 *S. aureus*。有时泛指某一属细菌，不特指其中某个菌种，或种名还未确定时，可在属名后加 sp.，如 *Staphylococcus* sp. 表示葡萄球菌属中的某一细菌，属名后加 spp. 则表示该属的某些细菌。

三、细菌的生长繁殖

（一）细菌生长繁殖的条件和方式 细菌生长繁殖的基本条件包括：充足的营养物质、合适的酸碱度、适宜的温度和必要的气体环境。

1. 营养物质 包括细菌所需要的碳源、氮源、水、无机盐和必要的生长因子。

2. 酸碱度 大多数病原菌生长最适宜的酸碱度为 pH7.2～7.6，个别细菌需要在偏酸或偏碱的条件下生长。有些细菌在代谢过程中发酵糖类产酸，不利于细菌生长，因此在培养基中应适当加入缓冲物质。

3. 温度 细菌生长的最适温度因菌种而异，按对温度要求的不同可将细菌分为嗜冷菌、嗜温菌和嗜热菌。多数病原菌为嗜温菌，在15~40℃范围内均能生长，最适生长温度与人的体温相同，为37℃。

4. 二氧化碳 多数细菌在代谢过程中需要二氧化碳，但在分解糖类时产生的二氧化碳即可满足需要，且空气中还有微量二氧化碳，所以不必额外补充。

5. 氧气 不同细菌在其生长时对氧气有不同的要求，通常可将其分为四类。

（1）专性需氧菌（obligate aerobe） 必须在有氧环境中生长，因其具有完整的呼吸酶系统，可将分子氧作为受氢体。

（2）微需氧菌（micro aerophilic bacterium） 适于在氧浓度较低的环境中生长，最适氧条件为5%~6%，氧压>10%对其有抑制作用。

（3）兼性厌氧菌（facultative anaerobe） 在有氧或无氧环境中均能生长，但以有氧条件下生长较好。

（4）专性厌氧菌（obligate anaerobe） 只能在无氧环境中生长。

（二）细菌的生长繁殖规律 细菌的繁殖方式是无性二分裂法（binary fission），在适宜条件下，多数细菌分裂一次仅需20~30min。若将一定数量的细菌接种于适宜的液体培养基中，在不补充营养物质或移去培养物，保持整个培养体积不变的条件下，以培养时间为横坐标，以菌数为纵坐标，根据不同培养时间里细菌数量的变化，可以作出一条反映细菌在整个培养期间菌数变化规律的曲线，称为细菌的生长曲线（growth curve）。生长曲线可人为分为4个时期（图2-4）：

1. 延迟期（lag phase） 为细菌适应环境和繁殖的准备阶段。此期中细菌体积增大，代谢活跃，但不分裂，菌数不增加。

2. 对数生长期（logarithmic growth phase） 细菌生长迅速，以恒定的速率分裂繁殖，菌数以几何级数增长，此期细菌的形态、染色性、生理活性等都比较典型，对环境因素的作用较为敏感，进行细菌性状的研究或做药敏试验等多采用此期细菌。

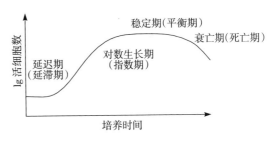

图2-4 细菌典型生长曲线
（林稚兰，2002）

3. 稳定期（stationary phase） 细菌生长速率逐渐下降，死亡率渐增，细菌繁殖数与死亡数趋于平衡，活菌数保持相对稳定。

4. 衰亡期（decline phase 或 death phase） 细菌死亡数大于繁殖数，活菌急剧减少，细菌死亡自溶后总菌数也开始下降。

四、细菌的致病机理与感染

侵入生物机体并引起疾病的细菌称为病原细菌。

感染是机体与病原体在一定条件下相互作用而引起的病理过程。一方面，病原体侵入机体，损害宿主的细胞和组织；另一方面，机体运用种种免疫防御功能，杀灭、中和、排除病原体及其毒性产物。两者力量的强弱和增减，决定着整个感染过程的发展和结局。此外，环境因素对这一过程也产生很大影响。因此，通常认为病原体、宿主和环境是决定传染结局的三个因素。

（一）细菌的致病机理　病原菌具有克服机体防御、引起疾病的能力称为致病性（pathogenicity）。病原菌致病能力的强弱，称为毒力（virulence）。细菌的毒力分侵袭力（invasiveness）和毒素（toxin）。

病原菌突破宿主防线，并能在宿主体内定居、繁殖、扩散的能力，称为侵袭力。细菌通过具有黏附能力的结构如菌毛黏附于宿主的消化道等黏膜上皮细胞的相应受体，于局部繁殖，积聚毒力或继续侵入机体内部。细菌的荚膜和微荚膜具有抗吞噬和体液杀菌物质的能力，有助于病原菌于体内存活。细菌产生的侵袭性酶亦有助于病原菌的感染过程。如致病性葡萄球菌产生的血浆凝固酶有抗吞噬作用；链球菌产生的透明质酸酶、链激酶、链道酶等可协助细菌扩散。

细菌毒素按其来源、性质和作用不同可分为外毒素（exotoxin）和内毒素（endotoxin）。细菌在生长过程中合成并分泌到胞外的毒素，或存在于细胞内当细菌溶解后才释放出来的毒素，称为外毒素。外毒素通常为蛋白质，可选择作用于各自特定的组织器官，其毒性作用强。

内毒素即革兰氏阴性菌细胞壁脂多糖（LPS），于菌体裂解时释放，作用于白细胞、血小板、补体系统、凝血系统等多种细胞和体液系统。各种革兰氏阴性菌的内毒素作用相似，且没有器官特异性。

（二）细菌的感染途径　来源于宿主体外的感染称为外源性感染，主要来自患病机体及健康带菌（毒）者（carrier）。而当滥用抗生素导致菌群失调或某些因素致使机体免疫功能下降时，宿主体内的正常菌群可引起感染，称为内源性感染。病原体一般通过以下几种途径感染：

1. 接触感染　某些病原体通过与宿主接触，侵入宿主完整的皮肤或正常黏膜引起感染。

2. 创伤感染　某些病原体可通过损伤的皮肤或黏膜进入体内引起感染。

3. 消化道感染　宿主摄入被病菌污染的食物而感染。

细菌的致病性是对特定宿主而言，能使宿主致病的病原菌与不使宿主致病的非致病菌（nonpathogen）二者之间并无绝对界限。有些细菌在一般情况下不致病，但在某些条件改变的特殊情况下亦可致病，称为条件致病菌（opportunistic pathogen）或机会致病菌。

（三）细菌的感染类型　病原菌侵入宿主后，由于病原菌、宿主与环境三方面力量的对比，通常会出现以下几种结局：

1. 隐性感染（inapparent infection）　如果宿主免疫力较强，病原菌数量少、毒力弱，感染后对机体损害轻，不出现明显临床表现称为隐性感染。隐性感染后，可使机体获得特异性免疫力，亦可携带病原菌作为重要传染源。

2. 潜伏感染（latent infection）　如果宿主在与病原菌的相互作用过程中保持相对平衡，使病原菌潜伏在病灶内，一旦宿主抵抗力下降，病原菌大量繁殖就会致病。

3. 带菌状态　如果病原菌与宿主双方都有一定的优势，但病原仅被限制于某一局部且无法大量繁殖，两者长期处于相持状态，就称带菌状态。宿主即为带菌者。带菌者经常或间歇排出病菌，成为重要传染源之一。

4. 显性感染（apparent infection）　如果宿主免疫力较弱，病原菌入侵数量多、毒力强，使机体发生病理变化，出现临床表现称为显性感染或传染病。

按发病时间的长短可把显性传染分为急性传染（acute infection）和慢性传染（chronic infection）。前者的病程仅数日至数周，后者的病程往往长达数月至数年。

按发病部位的不同，显性感染又分为局部感染（local infection）和全身感染（systemic infection）。全身感染按其性质和严重性的不同，大体可以分为以下四种类型：

（1）毒血症（toxemia）　病原菌限制在局部病灶，只有其所产的毒素进入全身血流而引起的全身性症状，称为毒血症。

（2）菌血症（bacteremia）　病原菌由局部的原发病灶侵入血流后传播至远处组织，但未在血流中繁殖的传染病，称为菌血症。

（3）败血症（septicemia）　病原菌侵入血流，并在其中大量繁殖，造成宿主严重损伤和全身性中毒症状，称为败血症。

（4）脓毒血症（pyemia）　一些化脓性细菌在引起宿主的败血症的同时，又在其许多脏器中引起化脓性病灶，称为脓毒血症。

第三节　真　　菌

真菌（fungus）是一类具有典型细胞核，不含叶绿素，不分根、茎、叶的低等真核生物。它们主要有以下特点：不能进行光合作用；以产生大量孢子进行繁殖；一般具有发达的菌丝体；营养方式为异养吸收型；陆生性较强。真菌的种类繁多，形态各异，大小悬殊，细胞结构多样，多数对动物、植物和人类有益，少数有害的称为病原性真菌。

一、真菌的形态与结构

（一）真菌的形态　真菌比细菌大几倍至几十倍，用光学显微镜放大 100~500 倍就可看清。

真菌分单细胞真菌和多细胞真菌两大类型。单细胞真菌的细胞呈圆形或椭圆形，称酵母菌（yeast）。多细胞真菌可生成菌丝（hypha）和孢子（spore），交织成团，称丝状菌（filamentous fungus）或霉菌（mold）。

菌丝生长并分支，形成菌丝体（mycelium）。部分伸入被寄生物体或培养基中吸取和合成营养物质以供生长的菌丝称为营养菌丝；另一部分向空中生长的，称为气生菌丝；产生孢子的气生菌丝称为生殖菌丝。菌丝可有多种形态：螺旋状、球拍状、结节状、鹿角状和梳状等。不同种类可有不同形态的菌丝，为分类的依据。

（二）真菌的结构　菌丝按结构可分为无隔菌丝与有隔菌丝两类。无隔菌丝的菌丝中无横隔将其分段，整条菌丝就是一个多核的单细胞。有隔菌丝的菌丝中在一定间距有横隔膜，将菌丝分成一连串的细胞。隔膜中有小孔，可允许胞质流通。大部分致病性真菌为有隔菌丝。

孢子分有性孢子与无性孢子两大类。病原性真菌的孢子绝大多数是无性孢子。

二、真菌的分类

真菌的分类主要以形态特征和有性生活史作为分类的依据，但分类较复杂，目前较多采用的是 Ainsworth（1995）的真菌分类系统，把真菌分成五个门。

壶菌门（Chytridiomycota）：菌丝无中隔，多数生于水中。无性繁殖产生具鞭毛的游动孢子，有性繁殖形成卵孢子。能寄生于动物和植物。

接合菌门（Zygomycota）：菌丝多为无中隔。无性繁殖形成孢子囊，有性繁殖形成接合孢子。多数腐生，少数寄生。

子囊菌门（Ascomycota）：多数为有隔菌丝，少数为单细胞。无性繁殖为出芽或形成分生孢子，有性繁殖形成子囊孢子。腐生或寄生。能寄生于植物和动物。

担子菌门（Basidiomycota）：为大型腐生真菌，由有隔菌丝形成的各种子实体。多数不具无性繁殖，有性繁殖产生担孢子。

半知菌门（Deuteromycota）：菌丝具中隔，无性繁殖产生分生孢子。有的能引起植物、动物和人的疾病。由于目前只知其无性繁殖，不知其有性繁殖，故称"半知"。

三、真菌的生长繁殖

真菌的生长繁殖，与细菌有相同的一面，另有其独特之处。丝状真菌的生长繁殖能力很强，可通过断裂繁殖、无性孢子繁殖和有性孢子生长繁殖。菌丝如果断裂成断片，这些断片又可长成新的菌丝，称为断裂繁殖。

一般菌丝生长到一定阶段先产生无性孢子，进行无性繁殖，到后期，在同一菌丝体上产生有性繁殖结构，形成有性孢子，进行有性繁殖。

无性繁殖是指不经过两性细胞的结合，只是营养细胞的分裂或营养菌丝的分化而形成两个新个体的过程。

有性繁殖是指经过两个不同性细胞结合而产生新个体的过程。丝状真菌的有性繁殖复杂而多种多样，但一般都经过质配（plasmogamy）、核配（karyogamy）和减数分裂（meiosis）三个阶段。有性繁殖方式因菌不同而异，有的丝状真菌以直接结合的方式进行有性繁殖，而大多数丝状真菌则是由菌丝分化形成特殊的性细胞相互交配，然后形成有性孢子。丝状真菌有性孢子的特征常作为分类的依据。

四、真菌的致病性

不同种类的真菌以不同形式致病。

1. 致病性真菌感染 主要是外源性真菌感染，可引起皮肤、皮下和全身性真菌感染。致病真菌侵袭机体，遭吞噬细胞吞噬后，不被杀死而能在细胞内繁殖，引起组织慢性肉芽肿炎症和坏死。

2. 条件致病性真菌感染 主要是内源性真菌感染。有些真菌是机体正常菌群的成员，致病力弱，只有在机体全身与局部免疫力降低或菌群失调情况下才引起感染。

3. 真菌性中毒 有些真菌在粮食或饲料上生长，人、动物食用后可导致急性或慢性中毒，称为真菌中毒症（mycotoxicosis）。引起中毒的可以是真菌的菌体，但主要是真菌生长后产生的真菌毒素。

第四节 寄 生 虫

一、寄生的概念

生存于自然界的有机体，对环境条件的需求，取决于有机体的不同种类、不同生活方式和不同的发育阶段。有机体的种类繁多，它们的生活方式极为复杂。有的营自由生活；有的必须与特定的生物营共生生活；有的在某一部分或全部生活过程中，必须生活于另一生物的体表或体内，夺取该生物的营养而生存，或以该生物的体液及组织为食物来维持其本身的生存并对该生物发生危害作用，此种生活方式称为寄生生活，或谓之寄生。凡营寄生生活的生物都称为寄生物。寄生物中包括植物性寄生物及动物性寄生物。植物性寄生物大多属于病毒、细菌、真菌等，这部分内容在微生物学中叙述。动物性寄生物依生物进化的程度而言，皆属于低等动物，故一般称为寄生虫。营寄生生活的动物称为寄生虫，被寄生虫寄生而遭受损害的动物称为寄主。例如鳃隐鞭虫寄生于草鱼鳃上，则鳃隐鞭虫称为寄生虫，草鱼称为寄主。寄主不但是寄生虫食物的来源，同时又成为寄生虫暂时的或永久的栖息场所。寄生虫的活动及寄生虫与寄主之间相互影响的各种表现称为寄生现象，系统研究各种寄生现象的科学称为寄生虫学。

二、寄生生活的起源

寄生生活的形成是同寄主与寄生虫在其种族进化过程中，长期互相影响分不开的。一般说来，寄生生活的起源可有下列两种方式。

（一）由共生方式到寄生 共生是两种生物长期或暂时结合在一起生活，双方都从这种共同生活中获得利益（互利共生），或其中一方从这样的共生生活中获得利益（片利共生）的生活方式。但是，营共生生活的双方在其进化过程中，相互间的那种互不侵犯的关系可能发生变化，其中的一方开始损害另一方，此时共生就转变为寄生。如痢疾内变形虫的小型营养体在人的肠腔中生活就是一种片利共生现象，这时痢疾内变形虫的小型营养体并不对人发生损害作用，而它却可利用人肠腔中的残余食物作为营养。当人们受到某种因素的影响（如疾病、损伤、受凉等）而抵抗力下降时，小型营养体能分泌溶蛋白酶，溶解肠组织，钻入黏膜下层，并转变为致病的大型营养体，共生变成寄生。

（二）由自由生活经过兼性寄生到真正寄生 寄生虫的祖先可能是营自由生活的，在进化过程中由于偶然的机会，它们在另一种生物的体表或体内生活，并且逐渐适应了那种新的环境，从那里取得它生活所需的各种条件，开始损害另一种生物而成为寄生生活。由这种方式形成的寄生生活，大体上都是通过偶然性的无数次重复，即通过兼性寄生而逐渐演化为真正的寄生。

自由生活方式是动物界生活的特征，但是由于不同程度的演变，在动物界的各门中，不少动物由于适应环境的结果，不断以寄生姿态出现，因此寄生现象散见于各门，其中以原生动物、扁形动物、线形动物及节肢动物门为多数。寄生虫的祖先在其长期适应于新的生活环境的过程中，它们在形态结构上和生理特性上也大都发生了变化。一部分在寄生生活环境中不需要的器官逐渐退化，乃至消失，如感觉器官和运动器官多半退化或消失；而另一部分由于保持其种族生存和寄生生活得以继续的器官，如生殖器官和附着器官则相应地发达起来。这些由于客观环境改变所形成的新的特性，被固定下来，而且遗传给了后代。

三、寄生方式与寄主种类

（一）寄生方式 寄生虫在自然界寄生的方式很多，一般可分为下列几种类型：

1. 按寄生虫寄生的性质分类

（1）兼性寄生　亦称假寄生。营兼性寄生的寄生虫，在通常条件下过着自由生活，只有在特殊条件下（遇有机会）才能转变为寄生生活。例如，马蛭与小动物相处时和欧洲蛭一样营自由生活，当它和大动物相处时就营寄生生活。

（2）真性寄生　亦称真寄生。寄生虫部分或全部生活过程从寄主取得营养，或更以寄主为自己的生活环境。真性寄生从时间的因素来看，又可分为暂时性寄生和经常性寄生。

①暂时性寄生：亦称一时性寄生。寄生虫寄生于寄主的时间甚短，仅在获取食物时才寄生。如鱼蛭吸食鱼的血液。

②经常性寄生：亦称驻留性寄生。寄生虫的一个生活阶段、几个生活阶段或整个生活过程必须寄生于寄主。经常性寄生方式又可分为阶段寄生和终身寄生。

阶段寄生：寄生虫仅在发育的一定阶段营寄生生活，它的全部生活过程由营自由生活和寄生生活的不同阶段组成。如中华鳋仅雌性成虫寄生在草鱼鳃上营寄生生活，其余阶段都营自由生活。

终身寄生：寄生虫的一生全部在寄主体内渡过，它没有自由生活的阶段，所以一旦离开寄主，就不能生存。如秉志锥体虫终身寄生在鱼蛭的肠内和鲫的血液中。

2. 按寄生虫寄生的部位分类

（1）体外寄生　寄生虫暂时地或永久地寄生于寄主的体表。寄生在鱼的皮肤、鳍、鳃等处的寄生虫均属体外寄生，如小瓜虫和锚头鳋寄生在鱼的皮肤和鳃上。

（2）体内寄生　寄生虫寄生于寄主的脏器、组织和腔道中。如九江头槽绦虫寄生在草鱼肠内。

此外，寄生虫还有一种特异的现象——超寄生，即寄生虫本身又成为其他寄生虫的寄主。如三代虫寄生在鱼体上，而车轮虫又寄生在三代虫上。

（二）寄主种类

1. 终末寄主　寄生虫的成虫时期或有性生殖时期所寄生的寄主，称为终末寄主或终寄主。

2. 中间寄主　寄生虫的幼虫期或无性生殖时期所寄生的寄主。若幼虫期或无性生殖时期需要两个寄主时，最先寄生的寄主称为第一中间寄主；其次寄生的寄主称为第二中间寄主。

3. 保虫寄主　寄生虫寄生于某种动物体的同一发育阶段，有的可寄生于其他动物体内，这类其他动物常成为某种动物体感染寄生虫的间接来源，故站在某种动物寄生虫学的立场可称为保虫寄主或储存寄主。如华枝睾吸虫的成虫寄生于人、猫、狗等肝脏的胆道内，其幼虫先寄生于长角豆沼螺的体内，其后又寄生在淡水鱼体内，则螺为其第一中间寄主，淡水鱼为第二中间寄主，人、猫、狗皆为其终末寄主；而站在人体寄生虫学的立场上，猫及狗又是保虫寄主。因此，要彻底消灭某种寄生虫病，除消灭中间寄主外，还必须消灭保虫寄主中的寄生虫，否则保虫寄主随时可以把储存的寄生虫传播开来。在鱼类中，有些寄生虫原来对草鱼是严重的致病者，但转移到鲢、鳙体上时，并不使寄主发生疾病。鳃隐鞭虫是草鱼鳃病中危害严重的一种寄生虫，但在冬、春两季常常大量寄生在鲢、鳙的鳃耙上，在这种情况下，鲢、鳙成为鳃隐鞭虫病的保虫寄主。众所周知，我国鱼类养殖一般采取鲢、鳙、草鱼、青鱼等多种鱼类适当搭配的混合饲养方式。因此，为了防止这种疾病的保虫寄主起传播作用，在放养前必须仔细检查，并严格地实施鱼体消毒处理，这对于疾病的预防具有特别重要的意义。

四、寄生虫的感染方式

寄生虫感染的方式甚多，其中主要的有以下两种。

（一）经口感染 具有感染性的虫卵、幼虫或胞囊，随污染的食物等经口吞入所造成的感染称为经口感染。如艾美虫、毛细线虫均借此方式侵入鱼体。

（二）经皮感染 感染阶段的寄生虫通过寄主的皮肤或黏膜（在鱼类还有鳍和鳃）进入体内所造成的感染称为经皮感染。此种感染一般又可分为两种方法：

1. 主动经皮感染 感染性幼虫主动地由皮肤或黏膜侵入寄主体内。如双穴吸虫的尾蚴主动钻入鱼的皮肤造成的感染。

2. 被动经皮感染 感染阶段的寄生虫并非主动地侵入寄主体内，而是通过其他媒介物之助，经皮肤将其送入体内所造成的感染。如秉志锥体虫须借鱼蛭吸食鱼血而传播。

五、寄生虫、寄主和外界环境三者间的相互关系

寄生虫、寄主和外界环境三者间的相互关系十分密切。寄生虫和寄主相互间的影响，是人们经常可以见到的，它们相互间的作用往往取决于寄生虫的种类、发育阶段、寄生的数量和部位，也同时取决于寄主有机体的状况；而寄主的外界环境条件，也直接与间接地影响着寄主、寄生虫及它们间的相互关系。

（一）寄生虫对寄主的作用 寄生虫对寄主的影响有时很显著，可引起生长缓慢、不育、抵抗力降低，甚至造成寄主大量死亡；有时则不显著。寄生虫对寄主的作用，可归纳为以下几个方面：

1. 机械性刺激和损伤 寄生虫对寄主所造成的刺激及损伤的种类甚多，是最普遍的一类影响。如鲺寄生鱼体，用其倒刺及口器刺激或撕破寄主皮肤，因而使寄主极度不安，常在水中狂游或时而跳出水面。机械性损伤作用是一切寄生虫病所共有，仅是在程度上有所不同而已，严重的可引起组织器官完整性的破坏、脱落、形成溃疡、充血、大量分泌黏液等病变，损伤神经、循环等重要器官系统时，还可引起寄主大批死亡，如双穴吸虫急性感染。

2. 夺取营养 寄生虫在其寄生时期所需要的营养都来自寄主，因此寄主营养或多或少地被寄生虫所夺取，故对寄主本身造成或多或少的损害；但其后果仅在寄生虫虫体较大，或寄生虫数量较多时才明显表现出来。如寄生在鲟鳃上的鲟尼氏吸虫（$Nitzschia\ siturionis$），每只虫每天要从鲟体上吸血0.5mL，在严重时，一尾鲟鳃上寄生300～400只虫，这样鲟每天损失的血液达150～200mL之多，因而鱼体很快消瘦。

3. 压迫和阻塞 体内寄生虫大量寄生时，对寄主组织造成压迫，引起组织萎缩、坏死，此种影响以在肝脏、肾脏等实质器官为常见。如寄生在鲤科鱼类体腔内的双线绦虫，可引起内脏严重萎缩，甚至鱼的死亡。当寄生虫的数量很多，且又寄生在管道内时，则可发生阻塞作用，如九江头槽绦虫的大量寄生，可引起夏花草鱼肠管的阻塞；有时虽然寄生虫的数量不很多，但由于刺激了中枢神经后，引起痉挛收缩，也可发生阻塞现象。

4. 毒素作用 寄生虫在寄主体内生活过程中，其代谢产物都排泄于寄主体内，有些寄生虫还能分泌出特殊的有毒物质，这些代谢产物或有毒物质作用于寄主，能引起中毒现象。如鲺的口刺基部有一堆多颗粒的毒腺细胞，能分泌毒液；寄生在草鱼鳃上的鳃隐鞭虫分泌的毒素可引起溶血。

5. 其他疾病的媒介 吸食血液的外寄生虫往往是另一些病原体入侵的媒介，如鱼蛭在鱼体吸食鱼血时，常可把多种鱼类的血液寄生虫（如锥体虫）由病鱼传递给健康鱼。

（二）寄主对寄生虫的影响 寄主机体对寄生虫的影响问题，比较广泛而复杂，目前关于这方面的研究还不多，其影响程度如何尚难以估计，现简单叙述于下：

1. 组织反应 由于寄生虫的侵入而刺激了寄主，引起寄主的组织反应，表现为在寄生虫寄生的部位形成结缔组织的包囊，或周围组织增生、发炎，以限制寄生虫的生长，减弱寄生虫附着的牢固性，削弱对寄主的危害；有时更能消灭或驱逐寄生虫。例如四球锚头鳋侵袭草鱼鳃弧时，寄主形成结缔组织包囊将虫体包围，不久虫体即死亡消灭。

2. 体液反应 寄主受寄生虫刺激后也能产生体液反应。体液反应表现多样性，如发炎时的渗出，既可稀释有毒物质，又可增加吞噬能力，清除致病的异物和坏死细胞；但体液反应主要为产生抗体，形成免疫反应。

有机体不仅对致病微生物会产生免疫，对寄生原虫、蠕虫、甲壳类等也有产生免疫的能力，不过一般较前者为弱。

3. 寄主年龄对寄生虫的影响 随着寄主年龄的增长，其寄生虫也相应发生变化。某些寄生虫的感染率和感染强度随寄主年龄递减，如寄生在草鱼肠内的九江头槽绦虫，其感染率和感染强度随寄主年龄的增长而降低。因为草鱼在鱼种阶段以浮游生物（九江头槽绦虫的中间寄主为剑水蚤）为食，一龄以上的草鱼则以草为主。另一些寄生虫的感染率和感染强度随寄主年龄增长而递增，其主要原因是寄主食量增大，所食中间寄主增加；对体外寄生虫而言，则由于附着面积增大及逐年积累，以及幼体和成体生态上的差别所引起，如寄生在长尾大眼鲷的大眼鲷匹里虫和寄生在对虾的对虾特汉虫，均随寄主年龄增长而增加。还有一些寄生虫与寄主年龄无关，它们多为无中间寄主的种类，如鲤科管虫、显著车轮虫和鲩指环虫等，因而这些寄生虫也就成为最早感染寄主的种类，常会引起鱼苗、鱼种发病而成批死亡。

4. 寄主食性对寄生虫的影响 水产动物与寄生虫在生物群落中的联系，除了外寄生虫和通过皮肤而进入寄主的内寄生虫之外，皆通过食物链得以保持，因此寄主食性对寄生虫区系及感染强度起很大作用。根据食性的不同，可将鱼类分为温和性鱼类和凶猛性鱼类两类：第一类主要是以水生植物及小动物为食，第二类则以其他鱼类和大动物为食，因此，它们的寄生虫区系成分有显著差别。例如草鱼为温和性鱼类，因此就没有以其他鱼类为中间寄主的寄生虫；鳜为凶猛性鱼类，故有以其他鱼类为中间寄主的寄生虫，如道佛吸虫等。

5. 寄主的健康状况对寄生虫的影响 寄主健康状况良好时，抵抗力强，不易被寄生虫所侵袭，即使感染，其强度小，病情也较轻，如多子小瓜虫很难寄生到强壮的鱼体上去，即使寄生了，也很容易发生中途夭折；反之，抵抗力弱的鱼，则易受寄生虫侵袭，且感染强度大，病情也较严重。

（三）寄生虫之间的相互作用 在同一寄主体内，可以同时寄生许多同种或不同种的寄生虫，处在同一环境中，它们彼此间不能不发生直接影响，它们之间的关系表现有对抗性和协助性两种。例如，寄生在鱼鳃上的钩介幼虫、单殖吸虫和甲壳类三者之间互有对抗作用。因此，通常在有钩介幼虫寄生时，单殖吸虫和甲壳类就很少再有寄生；反之，亦然。而寄生在鲤鱼鳃上的伸展指环虫和坏鳃指环虫则具有协助性。这些也都影响着寄生虫的区系。

（四）外界环境对寄生虫的影响 寄生虫以寄主为自己的生活环境和食物来源，而寄主又有自己的生活环境，这样对寄生虫来说，它具有第一生活环境（寄主有机体）及第二生活环境（寄主本身所处的环境）。因此，外界环境的各种因子，无不直接或通过寄主间接地作用于寄生虫，从而影响寄主的疾病发生及其发病程度。现将水生动物生活的环境因子的作用简述于下：

1. 水化学因子的影响 水中溶氧对水产动物寄生虫的直接影响尚未查明，但初步可以看出，生活于静水富氧情况下的鱼类，其单殖吸虫往往寄生较多；而部分有特殊呼吸适应的寄主，如乌鳢、泥鳅、刺鳅等的单殖吸虫则寄生较少。盐度不同的水体，除影响水产动物的区系外，同时中间寄主亦有差异；盐度增高常限制淡水中间寄主的存活，盐度对无中间寄主的寄生虫有直接影响，一般指环虫在盐度高的水体中几乎绝迹；在河口地带，淡水和海产动物区系形成交叉群落，水产动物寄生虫区系亦相应复杂，如在镇江附近的长江，鱼类寄生虫区系大致和太湖相似，但在近长江口处，淡水鱼类寄生虫区系减少或消失，增加了若干耐受淡水的海产种类，因而鱼类寄生虫区系变得复杂。软体动物及甲壳动物都需碳酸盐作为造壳物质，而这些动物是吸虫及棘头虫等的中间寄主，因此在软水及咸淡水中，此类寄生虫很少。蛭类在硬水中一般较软水中多；在酸性腐殖质底质的水体及咸淡水中，蛭类很少能生存，因此可减少锥体虫病传播的机会。

2. 季节变化的影响 水生动物遭受寄生虫的感染在很大程度上是随季节而定。因为一年中季节的变化反映在水体各种环境因子的变化上，因此水生生物的群落组成，包括寄生虫及寄主，也相应表现出这种环境因子的变化。一般而言，在夏秋季节，由于水温升高，生物群落的成员包括寄主及其寄生虫的生长发育加速，数量及活动增多，寄主的摄食增强，因此寄生虫的种类及数量增加；相反，在春冬季，由于水温低，生物的生长发育减慢，寄生虫、中间寄主数量减少，寄生虫的传播多数停止，因此除少数耐寒性种类外，一般感染率及感染强度下降；但冬季在水底深穴中，由于寄主聚集，部分寄生虫的传播反可能增多。寄生虫区系的季节变化，一般可归纳成四种曲线类型：第一类属于四季出现的种类，如一些原生动物、单殖吸虫、线虫等种类；第二类为倒"U"形曲线，包括多数消化道寄生虫，夏秋增高，主要由于寄主摄食增强；第三类为"U"形曲线，主要包括部分耐寒性种类；第四类为逐季上升类型，如血居吸虫，是逐季感染的积累的结果。

3. 人为因子的影响 人类的生产活动对于寄生虫的传播有很大影响，如围垦、捕捞以及使用农药等。人类有意识地改变自然水体的生态环境以控制或消灭寄生虫，如为了预防血吸虫病，在岸边喷洒五氯酚钠，不仅消灭了钉螺，且将岸边的椎实螺及鱼怪幼虫也杀灭，从而该地区以椎实螺为中间寄主的寄生虫病和鱼怪病的感染率、感染强度大为降低。水产动物的引入或移出也会对寄生虫区系产生影响。

4. 密度因子的影响 在同一水体内，寄主或寄生虫的数量影响着寄生现象的发生。如在池塘内，寄主的密度较高，虽然寄生虫的种类较少，但感染率及感染强度往往较天然水体中同种寄主为高。水体中双穴吸虫尾蚴的密度和寄主的死亡时间相关，密度愈大，鱼的死亡愈快；密度愈小，则死亡愈慢。如水体中尾蚴密度相同，其死亡时间的快慢与鱼体的大小成反比。在一定寄生部位，寄生虫个体的大小，常与寄生虫的密度成反比，此种情况称为"拥挤影响"。草鱼被九江头槽绦虫感染时，寄生的密度亦影响寄主的生长，寄生的密度低，寄主生长较快，成熟绦虫个体的比例也高，部分个体生长达到最高峰。但寄生密度不影响原尾蚴的生长和成熟。

5. 散布因子的影响 寄主种群周期性的转移，即迁徙或洄游，使得寄主以及其寄生虫皆遭受到不同的外界环境，引起生理状态的改变，原有的寄生虫从寄主脱落，而从新的环境中获得新的寄生虫。例如，鲑在三四龄之前一直生活在淡水中，以后入海，在海内生活二三年后再回到淡水产卵。在入海之前幼鲑有多种寄生蠕虫感染，当鲑进入海洋之后，就失去原有的淡水寄生蠕虫，而获得一系列海洋寄生虫；以后鲑由于产卵时又返回河流，此时鲑在淡水内不摄食，所以在产卵期间，除了失去海洋寄生虫外，不再获得淡水经口感染的体内寄生虫。部分绦虫幼虫，由于其终末寄主鸟类的迁徙活动，因此分布极为广泛，如舌型绦虫。青蛙、鸟类及其他吃水产动物的动物皆可携带病原体或发病机体，由一口池塘转至另一口池塘。寄生虫的卵、成虫或其他发育阶段可主动或被动地散布各处，而影响到寄生虫种群的分布和数量。

除了上面提到的一些因素，对水产动物寄生虫区系及水产动物疾病的发生与否、发病的程度等有决定性的意义外，地理因素、气候条件等都或多或少地起着作用。所有这些条件都是外界环境的一个因素、一个方面，它们都是彼此联系、互相制约、综合地起着作用。总而言之，水产动物寄生虫和寄主是一个复杂的综合体，它们和周围环境又是一个更复杂的综合体，我们不可能离开寄主来研究寄生虫，也不能离开周围环境来讨论寄生虫。

复 习 题

1. 病毒区别于其他生物的特点是什么？
2. 病毒核酸有哪些类型？其结构特征怎样？
3. 病毒的基本结构有哪些？
4. 病毒的分类原则和病毒命名规则最主要包括哪些？
5. 病毒复制可分为哪几个阶段？各个阶段的主要过程如何？
6. 病毒的传播途径是什么？其传播方式有哪些？
7. 病毒对细胞的致病作用有哪些？
8. 病毒有哪几种感染类型？
9. 绘出细菌细胞构造的模式图，注明其一般构造和特殊构造，并说明各构造的生理功能。
10. 什么叫细菌的生长曲线？典型生长曲线可分几期？各期都有哪些主要特征？
11. 细菌的生长繁殖条件如何？
12. 细菌的致病机理怎样？
13. 细菌的感染途径如何？细菌感染后出现哪几种感染类型？
14. 真菌有哪些基本特点？
15. 多细胞真菌的基本形态构造怎样？
16. 真菌的繁殖方式怎样？
17. 寄生虫有哪几种寄生方式？
18. 寄主可分为几种类型？其特征如何？
19. 寄生虫主要通过什么方式感染？
20. 寄生虫、寄主和外界环境三者的相互关系如何？

第三章

渔药的药物学基础

第一节 渔药与渔药研究内容

一、渔药的概念和特点

（一）渔药的概念 药物是能影响或改变机体的生理、生化和病理过程，用于预防、治疗和诊断疾病和控制生育的化学物质。药物也可根据药物的应用范围分为人药、兽药、禽药、渔药、蚕药等。但它无论对人还是对动物（包括水生动物）都是用以预防、治疗和诊断疾病的一类物质。

渔药（fishery drug）是药物的一种，是与渔业生产以及观赏水生生物有关的药物，是人类与水产动植物病、虫、害作斗争的重要武器。渔药是为提高渔业养殖产量，用以预防、控制和治疗水产动植物病、虫、害，促进养殖品种健康生长，调节机体的生理机能以及改善养殖水体质量所使用的物质。较多国家将渔药归于兽药的范畴。根据我国《兽药管理条例》的规定，渔药被称为"水产养殖用兽药"，它的使用、残留检测、监督管理以及违法用药的行政处罚由渔业主管部门负责管理。渔药包括与人药、兽药有较紧密联系的水生动物用药和与农药关系较紧密的水生植物用药。

一般来说，渔药具有下列作用：①预防和治疗疾病；②消灭、控制敌害；③改善水产养殖环境；④增进机体的健康和抗病力；⑤促进水产动植物的生长和调节其生理机能；⑥诊断疾病。此外还有一些渔药不是直接作用于水产动物，而是添加在饲料中保证饲料质量，以确保水产动物健康，如抑制霉菌生长、防止饲料发霉变质的防霉剂，阻止或延迟饲料氧化、提高饲料稳定性和延长储存期的抗氧化剂等。渔药的作用不是孤立的，有的时候一种渔药的作用会影响到另一种渔药的作用，有的时候只有通过多种渔药的相互作用，才能达到治疗水产动植物疾病的目的。此外，水环境和水产品均与人类生活息息相关，药物和毒物之间并无绝对的界限，渔药使用不当，可直接或间接地影响人类和动植物机体健康或环境与生态的安全。因此，作为渔药还必须考虑它的安全性、蓄积性以及它对环境可能造成的污染和危害。

（二）渔药的特点 由于渔药的作用对象不是陆生动物，而是水生动物，而与陆生动物相比，水生动物较低等，药物对它们的作用方式与效果与陆生动物有着较大的区别。因此，渔药有着与兽药明显不同的特点。

1. 渔药涉及对象广泛、众多 水产养殖动物种类繁多，包括贝类、甲壳类、鱼类、两栖类、爬行类等，从低等的软体动物蛤、牡蛎到较高等的爬行动物龟、鳖，跨越了分类地位的七个门数十余个纲，这一大群动物对药物的耐受性以及药物对它们所产生的效应和药物在它们体内的代谢规律会存在较大的区别，不同种类之间很难相互借鉴。仅就鱼类而言，有淡水鱼和海水鱼之分，或温水性鱼和冷水性鱼之分，或有鳞鱼和无鳞鱼之分，对于不同的鱼类，我们不仅要考虑药物对它们的作用的相同之处，而且更注重它们间的不同特点。如海水鱼用药要比淡水鱼较多考虑渗透压、盐度、pH 等因素的影响，温水鱼用药时则要比冷水鱼较多考虑水温条件的影响等，无鳞鱼对药物的耐受性往往比有鳞鱼低。除鱼类外，还有爬行类如中华鳖，两栖类如牛蛙，甲壳类如虾、蟹以及贝类如蛤、鲍等。因此，要根据养殖动物的特性以及它们的生态环境选择和使用渔药。

2. 渔药给药要以水作为媒介 由于水产动物长期生活在水中，因此渔药不能像兽药那样，直接将其投喂或作用于动物，而是先将它们（大部分药物）投入水中，通过水的媒介，再被动物服用或通过水作用于动物。这就要求渔药制剂在水中应具有一定的稳定性，口服药物应具有一定的适口性和诱食性，外用药物具有一定的分散性和可溶性。在某种程度上要求渔药应具备更高的技术标准及更加符合自然物质的属性。另外，渔药在使用时还可能面临某些复杂的情况，要考虑水产动物特定的生活习性，如日本对虾昼伏夜出，宜在夜间投药。某些肉食性鱼类需要通过饵料鱼给药，须了解药物在饵料鱼及摄食饵料鱼两者鱼体内的药代动力学。同一水体养殖两种以上的不同动物（如鱼虾贝混养的池塘），应注意正确地选择药物、适当的给药时间、合理的给药方法等。

3. 渔药对水产养殖动物是群体用药 兽药和人药都是针对患病的个体，而渔药则针对的是水产动物群体，这是因为衡量水产动物疾病是否发生、发展是以群体为判断依据。当使用药物防治水产动物疾病时，渔药所作用的是全部水产动物，包括健康的、亚健康的、患病的以及濒死的所有个体，因此在计算用药量时应考虑全体水产动物，而不仅仅是患病的个体；选择用药方法时要以群体疾病得以控制为目的，又不能忽视那些带病的个体；评价用药效果时不是仅仅以患病个体是否痊愈为依据，而更要考虑整个水体中的养殖动物活动状况是否得以恢复、死亡趋势是否有所缓解。

4. 渔药的药效易受环境影响 由于渔药是以水为媒介给予，所以水环境因素对渔药作用的影响较大。水温是影响渔药药效的一个重要因素，水温升高可以导致渔药药效增强（如表面活性剂新洁尔灭），毒性提高（如硫酸铜、漂白粉等），也可以相反（如溴氰菊酯，其药效与水温呈负相关）。除了水温之外，水体盐度、酸碱度、氨氮和有机质（包括溶解和非溶解态）等理化因子，微生物、浮游生物、病原生物、养殖生物等生物因子也可影响渔药的作用，而且理化因子之间、理化因子与生物因子之间、生物因子之间以及渔药与水体的各因子之间构成的复杂关系，也使渔药的作用复杂化。这些因素既影响渔药药效的发挥，也影响作用的强度，甚至还会影响作用的性质。

5. 渔药具有一些特殊的给药方式 渔药除了口服（包括口灌）和注射的体内用药方式外，还有将药物分散于水中、作用于水产动物体表的体外用药方法。这种方法种类较多，根据作用水体的大小可分为遍洒法和浸浴法，根据药液作用的浓度和时间的不同，可以分为瞬间浸浴法、短时间浸浴法、长时间浸浴法、流水浸浴法，此外还派生有挂篓（袋）法、浸沤法、浅水泼洒法等。这些体外用药方法仅在渔药上使用，简便有效，是渔药重要而且常用的给药方式。

6. 渔药的安全使用具有重要的意义 由于渔药作用的对象大多是水产经济动物，是供人类食用的水产品，因此它既不能对使用对象造成危害，更要保证渔药使用后不能造成人类安全的隐患；此外，渔药也不能对水环境造成污染和难以修复的破坏，因为水环境的破坏将会间接地影响水生动植物的生存和人的生态环境安全。

7. 渔药的经济、价廉、易得是选择时的重要因素 由于渔药不是直接作用于水产动物，其使用的药量较大时才能发挥药效，加上水产动物的经济价值有限，渔药使用的成本不可能高于养殖对象的价值，因此在选择渔药时，应特别重视它的价格低廉、来源方便。

（三）渔药的分类 药物分类方法较多，若按照药理作用，可分为麻醉药、镇痛药、抗菌药等；若按来源分，则可分为天然药物、合成药物、生物技术药物和生物制品等。由于鱼类药理研究尚不充分，药物的来源也很有限，故目前基本按其使用目的进行分类。一般来说，渔药可分为以下几类：

1. 环境改良剂 以改良养殖水域环境为目的所使用的药物，包括底质改良剂、水质改良剂和生态条件改良剂等，如生石灰、沸石等。

2. 消毒剂 以杀灭水体中的有害微生物（包括有害原生动物）为目的所使用的药物，如漂白粉、高锰酸钾等。

3. 抗微生物渔药 指通过内服或注射，杀灭或抑制体内病原微生物繁殖、生长的药物。包括抗病毒药、抗细菌药、抗真菌药等，如土霉素、氟哌酸等。

4. 杀虫驱虫渔药 指通过药浴或内服，杀死或驱除体外或体内寄生虫的药物以及杀灭水体中有害无脊椎动物的药物。包括抗原虫药、抗蠕虫药和抗甲壳动物药等，如硫酸铜、敌百虫等。

5. 代谢改善和强壮渔药 指以改善养殖对象机体代谢、增强机体体质、病后恢复、促进生长为目的而使用的药物。通常以饵料添加剂方式使用，如维生素C、磷酸酯、蛋氨酸等。

6. 中草药 指为防治水产动植物疾病或改善养殖对象健康为目的而使用的经加工或未经加工的药用植物（或动物），又称天然药物。如大黄、穿心莲等。

7. 生物制品 通过生物化学、生物技术制成的药剂，通常有特殊功用。包括疫苗、免疫激活剂、某些激素、诊断试剂、生物水质净化剂等。

8. 其他 包括抗氧化剂、麻醉剂、防霉剂、增效剂等用作辅助疗效等药物，如山梨酸、叔丁基对羟基茴香醚等。

渔药的分类是为了方便应用。实际上某些渔药具多种功能，如生石灰既具改良环境的功效，又有消毒的作用。某些商品药，经科学配伍，可兼有抗菌和保健的功用。随着渔药研究与开发的深入，渔药的分类也会合理地改变。

二、渔药研究内容

（一）渔药效应动力学 渔药效应动力学是指，研究渔药进入机体后，对机体的某些器官、组织的作用机制、作用规律和作用方式，以及所引起的生物效应的科学。

1. 药物的基本作用和作用方式 药物的作用是指药物作用于机体而引起机体改变的反应，如兴奋性改变、新陈代谢改变、适应性改变等，但主要是兴奋性改变。药物的作用表现在两个方面：其一是机能活动的增强和提高，被称为兴奋，如鱼体黏液的分泌、呼吸频率的增高等；其二是机能的减弱或降低，被称为抑制，如MS-222对鱼类活动的抑制等。兴奋和抑制并非固定不变的，随着药物用量的增加或减少，兴奋和抑制可以互相转化，如丁香酚小剂量时会刺激大黄鱼胃的兴奋起到健胃作用，而中剂量时，使胃的兴奋加强，有止泻作用，而在大剂量时，则对胃的作用转化为抑制，起到泻下的作用。药物对病原的作用主要是通过干扰病原体的代谢而抑制其生长繁殖，如青霉素抑制细菌细胞壁的合成，从而抑制细菌的生长与繁殖。

药物作用的方式，如从药物的作用范围来看，有发生在用药部位的局部作用，也有药物进入血液循环运送到各组织器官并发生效果的全身作用或吸收作用；如果从药物作用顺序或作用发生的原理来看，有药物进入机体与器官组织接触后首先或直接发生作用的直接作用或原发性作用，也有药物通过神经或体液的联系而间接发生作用的间接作用或继发性作用。由于机体各器官对药物的敏感性不同，表现出明显的选择作用，这就为药物的临床治疗奠定了基础，有些化学药物就是利用它对体内病原体的选择作用而对机体无显著影响而应用于临床的。一般来说，选择性越高的药物，其药理活性越强。药物的选择性，也是药物的分类原则之一。

2. 药物的治疗作用与不良反应 用药后能达到控制疾病的目的，称为防治作用，有时也分别称为预防作用和治疗作用。对于群体给药的水产动物，防和治是一体的，往往很难区别。治疗作用一般分为对因治疗和对症治疗两种，前者又称治本，用药目的在于消除原发性致病因子，彻底治愈疾病，后者又称治标，用药的目的在于改善症状。在水产动物疾病防治上，通常采用对因、对症兼顾的综合治疗方法；在病因未明，症状严重的情况下，对症治疗比对因治疗更为重要。

药物是具有两重性的，它既能治病又能致病，也就是说药物除了具有防治作用外，还会产生不良反应。常见的不良反应有副反应和毒性反应。前者是指药物在治疗剂量内出现的与治疗目的无关的作用，它是药物所固有的药物作用，也是药物因选择性低、作用范围广所产生的，副反应一般较轻微，可预测；后者是指在剂量过大或用药时间过久、蓄积过多导致药理作用的延伸和加重而产生对机体的危害性反应。毒性反应分为急性毒性（acute toxicity）和慢性毒性（chronic toxicity）。致癌（carcinogenesis）、致畸（teratogenesis）、致突变（mutagenesis）"三致"反应也属于慢性毒性反应。此外药物的不良反应还有变态反应（allergic reaction）、继发反应（secondary reaction）、后遗反应（sesidual effect），以及停药反应（withdrawal reaction）等。

3. 量效关系与量效曲线 渔药的效应与剂量之间的关系称为量效关系（dose effect reactionship）。如果以纵坐标表示药物效应强度，横坐标表示药物剂量，就可得到一条长尾 S 曲线，如改用对数剂量则得到对称的 S 曲线（图 3-1），称之为量效曲线。它们从量效的角度上阐明了药物的规律，从理论上说明了药物作用的性质。

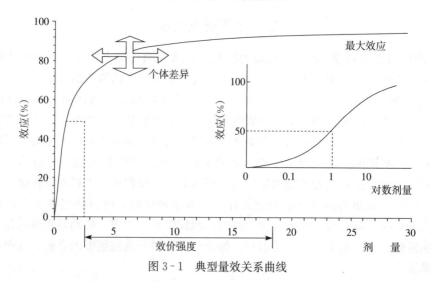

图 3-1 典型量效关系曲线

量效曲线有几个特定位点：①药物必须达到一定的剂量才能产生效应，这个剂量称为阈剂量（threshold dose）；②在一定的范围内，效应随着剂量的增加而增强；但效应的增强是有一定极限的，达到极限的剂量称之为极量。③量效曲线在对称点50%处斜率最大，对剂量的变化也最灵敏，可准确代表药物效应，此时的剂量即为半数有效量（median effective dose，ED_{50}）。药物的安全指标常通过治疗指数（therapeutic index，TI）表示，TI 是 TD_{50}/ED_{50} 或 TC_{50}/EC_{50} 的比值（TD_{50}、TC_{50} 分别为半数中毒剂量和半数中毒浓度）。药物安全指标是 ED_{50}/TD_{50} 之间的距离，也称安全范围（margin safety），其值越大越安全。

（二）渔药代谢动力学　渔药代谢动力学是研究机体对药物的作用，研究渔药浓度在机体内随时间变化规律的科学，是临床用药监测、预测渔药不良反应和制定最佳合理给药方案的理论依据。

1. 渔药在体内的基本过程　渔药在体内的过程主要是吸收（absorption）、分布（distribution）、代谢（metabolism）和排泄（excretion），又称为 ADME。这个过程均与渔药的转运方式有关，它可通过被动转运、主动转运、胞饮/吞噬作用和离子对转运等方式完成。吸收是指从用药部位运转到血液的过程，其吸收的快慢、难易受到渔药本身的理化性质、渔药的浓度、给药途径、吸收面积以及局部血液速度等各因素的影响。渔药吸收后随血液循环转运到全身的过程叫分布，分布有的是均匀的，也有的是不均匀的。影响渔药分布的主要因素有渔药对不同屏障（如毛细血管壁、血脑、胎盘等）的透过作用，渔药与组织的亲和力，渔药与血浆蛋白的结合力，以及生物膜两侧的 pH 差异与渔药的解离度等。多数渔药在体内会经过氧化、还原、分解或结合等不同方式进行转化，这个过程叫代谢。肝脏是渔药代谢的主要器官，各种药酶在转化中起着重要作用。渔药代谢的生物意义在于：①渔药代谢钝化，即由活性渔药变成无活性的代谢物；②渔药产生活性，由无活性的渔药变成有活性渔药；③由活性渔药变成另一活性代谢物；④形成水溶性的极性化合物，有利于排泄。渔药的代谢是机体对渔药的防御反应。排泄是渔药的最终消失方式，水产动物的肾脏是主要排泄器官，其次是鳃和肠。不同的渔药排泄速度不同，有的渔药可在水产动物体内形成蓄积。蓄积是渔药进入机体的速度大于渔药在机体消除的速度时产生的。在反复用药时，若水产动物体内解毒或排泄发生障碍，极易形成蓄积性中毒。

渔药的吸收、分布、排泄，即转运，是渔药在体内位置的变化；而渔药的代谢，即转化，是渔药的化学结构的改变。由于转运和转化，渔药在血液或组织内的浓度随时间移行而发生相应的动态变化。渔药在体内的这种变化过程极大地影响着渔药的作用。

2. 血液药物浓度与药时曲线　药物的效能决定于体内特别是作用部位的药物浓度，而血液药物浓度是反映作用部位药物浓度的重要指标。血液药物浓度随着药物的剂量、给药间隔时间以及药物在体内过程的变化而变化。当给药量较大，给药间隔时间较短，以及吸收速度超过消除速度时，血液药物浓度相应增高；反之，血液药物浓度则降低。血液药物浓度是确定合适给药剂量，规定合适给药间隔，指导临床合理用药、安全用药的重要依据。以血药浓度或药效为纵坐标，给药后的时间为横坐标，即可得到药时曲线（time-concentration curve），或称为时效（量）曲线（图 3-2）。

3. 半衰期与用药剂量　药时曲线反映了药物在体内经代谢和排泄的总消除过程。曲线在峰值浓度（C_{max}）时吸收速度与消除速度相等。从给药时至峰值浓度的时间称为达峰时间（T_{peak}），血药浓度下降一半的时间称为半衰期（$T_{1/2}$）它反映了药物在体内的消除速度。半衰期是个固定的数值，它不因血药浓度的高低而改变，也不受药物剂量和给药方法的影响。

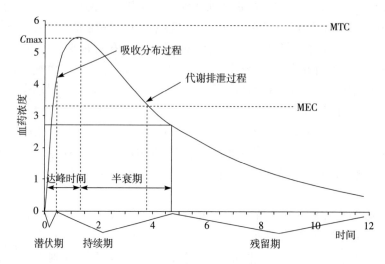

图 3-2 典型的药时曲线

为了维持比较稳定有效的血药浓度,给药间隔时间不宜超过药物半衰期,但为了避免药物的蓄积中毒,给药间隔又不宜短于该药的半衰期。一般按以下方法确定水产动物的给药方法:①确定药物产生疗效所需的最小量(即维持量)和该药的最小中毒浓度;②血药浓度在维持量 2 倍范围内变动无毒性反应时,先使用一个维持量 2 倍的初剂量;③每隔 1 个半衰期再使用 1 个维持量;④根据防治要求确定适当给予剂量。对于个别半衰期特别短或特别长的药物,则必须采取另外的方式给药。

(三)渔药毒理学 渔药毒理主要是研究渔药对水产动物的有害影响,包括这些有害影响发生的程度、频率和机制,以及评估渔药对人类和生态环境的潜在危害,从而达到控制和预防这类危害发生的目的。

毒理学涉及范围很广,包括毒物的来源、化学结构、理化特性、毒性、影响毒性的因素、毒物代谢动力学、毒物的生物转化、中毒症状、组织病理、中毒诊断、毒物的检验、中毒的治疗及预防等。此外,毒理学还研究毒物的一些特殊作用,如"三致"作用、对生态的影响以及毒物与其他化学物质之间的联合作用和相互作用等。其中急性毒性、亚急性毒性以及慢性毒性是渔药毒理所涉及的主要内容。

1. 急性毒性 急性毒性(acute toxicity)是指实验水产动物 1 天内单次或者多次(2~3 次)接触药物后,7 天内该动物所产生的毒性反应及死亡情况。毒性反应包括中毒的表现、毒性所涉及的主要组织和器官、毒性反应出现的时间、毒性损害的严重程度,以及是否可以逆转消失等。如果实验动物中毒死亡应及时解剖,进行尸检,如果发现病变器官就应该进一步做病理学检查。急性毒性试验是为了确定受试药物的毒性强度,计算治疗指数和观察毒性症状,为临床检测毒性提供依据,此外还可为亚急性、慢性毒性的试验设计提供参考。

2. 亚急性毒性 亚急性毒性(subacute toxicity)是为了观察受试水产动物在较长的时间内(一般相当于 1/10 左右的生命时间),少量、多次、反复地接触药物而引起的损害作用或产生的中毒作用。进行亚急性毒性试验的目的是为了进一步了解渔药在受试水产动物体内有无蓄积作用,实验动物能否对受试渔药产生耐药性以及测定受试渔药毒性作用的靶器官和靶组织,初步估计出最大无作用剂量及中毒阈剂量。此外还可为确定是否需要进行慢性毒性试验,并为慢性试验的剂量选择提供依据。

3. 慢性毒性　慢性毒性（chronic toxicity）是指受试水产动物在生命周期的大部分时间反复、多次地接触药物所产生的毒性反应。进行慢性毒性试验的目的是为了观察受试水产动物长期连续接触药物后，药物对水产动物机体在短期试验所不能观察到的反应。慢性毒性试验一般是在急性毒性试验和亚急性试验的基础上进行的，根据急性和亚急性毒性试验设置试验渔药的浓度。试验可从胚胎或苗种阶段开始，也可以从性腺还未发育成熟的阶段开始，一直延续到生长发育成熟，以至产卵孵化。由于慢性毒性试验时间较长，实验期间一般需要使用流水装置，以保持药液浓度恒定和鱼类良好的生存条件。此外，还要注意饲料、氧气、pH 等适宜鱼类的生长；所获得到的存活率、产卵率和孵化率等数据，应采取统计的方法进行分析处理，从而求出渔药对试验对象的最大使用剂量。

三、渔药的发展趋势

无论是人药、兽药还是渔药，人们都希望有更多、更好的新药问世。仅就渔药来说，只有更多的新品种、新剂型、新规格的出现，才能更好地满足渔业生产发展的需要，才能促进水产养殖健康、高效、持续地发展。渔药发展趋势主要表现在以下几个方面：

1. 逐步建立并完善渔药药理学的基础理论　只有建立和完善渔药药效学、药动学和毒理学的理论，才能制定出合理的渔药休药期，才能做到科学、合理地使用渔药。此外针对水产动物的特点和特殊的生存环境，开展渔药的稳定性、渔药可能产生的降解产物的毒性、渔药可能对养殖对象产生的应激反应和控制应激反应的措施等研究。

2. 加强无公害渔药研究和开发　主要方向是：①筛选高效、低毒、低残留的渔药。②采用新的技术和新的工艺，提高养殖对象对渔药吸收，减少渔药对环境和水产动物的毒副作用。③应用生物工程技术有目的地合成所需要的渔药。④改变传统的用药观念，开发窄谱的抗生素和水产专用药物。⑤加强渔药复方制品、渔药制剂方面的研究，充分发挥药物组分的均衡与协同作用，发挥渔药剂型的作用，以达到增强药效、降低毒性的目的。⑥加强中草药在水产动物病害防治上的研究。⑦研究与水产动物病原竞争的生物制剂等。

3. 规范渔药生产　近年来，按《中国兽药 GMP》的规定，我国渔药产业发展迅猛，但或多或少存在渔药配方陈旧、生产工艺落后、疗效较差的现象。

第二节　渔药的使用

一、渔药制剂与剂型

渔药制剂是指具体药物按某一种剂型制成的适合临床需要，并具有较高的质量要求和一定规格的药品。由于原料药（供配制各种制剂使用的药物原料）不能直接用于水产养殖动物疾病的预防和治疗，所以必须制成适合于水产动物的最佳给予形式的药物制剂才能使用。

渔药剂型通常是指药物根据预防和治疗的需要经过加工制成适合于使用、保存和运输的一种制品形式，或是指药物制剂的类别。

由于渔药发展的历史较短，根据目前研究和使用的情况，一般按形态分类。

（一）气体剂型　以气体为分散介质所制成的剂型，也就是医药、兽药常用的气雾剂。渔药的气体剂型常应用于水产养殖动物的体表、皮肤或创面给药。如臭氧、气态氯作为消毒剂应用于水族馆鱼病的防治，杀灭鱼体表、鳃上的病原体以及水中的部分微生物。

（二）液体剂型　以液体为分散介质所制成的剂型，是应用较广泛的剂型之一。在这个分散体系中，药物可以是气体、液体或固体，在一定条件下它们分别以分子或离子、胶粒、颗粒、液滴等状态分散于液体介质中。液体药剂最常用的溶媒是水、乙醇、甘油等。渔药中常用的液体剂型有：①溶液剂，为非挥发性化学物质的均匀澄清液体，可内服或外用，如福尔马林（甲醛水溶液）、氨溶液等。②注射剂，又称针剂，是将药物制成的灭菌或无菌的溶液、混悬液、乳浊液或临用前配成的粉针剂等专供注入体内的一种制剂。③煎剂和浸剂，如槟榔煎剂、大黄浸剂等。④乳剂，是用油、脂或石油产品等乳化剂在水中乳化成乳状悬浊液，作杀虫剂使用，也有作处理池塘用水或添加到饲料中供口服。此外尚有一些液体制剂如酊剂、芳香水剂、搽剂等，但在渔药中很少应用。

（三）**半固体剂型** 主要有两种：①软膏剂，是将药物均匀地加入到适宜的基质中制成的一种具有适当稠度的膏状剂型，在体表皮肤或创面上容易涂抹，如四环素软膏等；②糊剂，是一种含较大粉末成分的制剂。通常有两类：一类为油脂性糊剂，多用植物油等为基质，将脂溶性维生素溶于基质中，然后与一定量的亲水性固体粉末均匀混合，制成软硬适中的半固体药饵；另一类为水溶性糊剂，渔药上常用淀粉，加水，加温先制成糊状物，然后将药物（如磺胺脒药末、捣烂的大蒜泥等）均匀混合其中，再将这些含有药物的半固体糊状物黏附于饵料上制成药饵。

（四）**固体剂型** 这是渔药中最常见的剂型，主要有以下几种：①散剂，又称粉剂，常由一种或两种以上药物混合而成。粉剂可以是由分子、离子聚集而成的固体微细粒子的集合体，也可以是由块状固体或结晶体粉碎而成，其直径为 $0.1\sim100\mu m$。这种剂型主要作为外用或内服，如抗生素、磺胺类药物等。②片剂，是药物与赋形剂混合后，加压制成的一定量的片状剂型。有的片剂外还有一层衣膜，称为包衣片。片剂的赋形剂，又称为辅料。辅料的理化性质必须稳定，不与主药起反应，不影响主药的释放、吸收和含量测定，对水产动物体无害，而且来源广、成本低。最常用的辅料是淀粉和糊精。渔药常用的片剂有漂白精（次氯酸钙）片、三氯异氰尿酸片等。③颗粒剂，它是药物与适宜的辅料（主要是基础饲料原料）制成的颗粒状内服制剂，特别适用于吞食性鱼类疾病的预防和治疗。颗粒剂类同于兽药中的丸剂，通常又称为药饵。④微囊剂，它是利用天然的或合成的高分子材料将固体或液体药物包裹而成的微型胶囊，如微囊大蒜素、维生素C微囊等。

二、渔药的给药方法

渔药的给药方法会影响水产动物对渔药吸收的速度、吸收量以及血药浓度，从而影响渔药作用的快慢与强弱，甚至会影响作用的性质。一般来说，制剂和剂型决定了给药方法。体外用药一般是发挥药物的局部作用，体内用药除了驱除肠内寄生虫和治疗由细菌导致的肠炎外，主要是发挥药物的吸收作用。水产动物疾病防治常用的给药方法有：

（一）**口服法** 将药物与水产动物饲料拌以黏合剂制成适口的颗粒药饵投喂，以杀灭体内的病原体或增强抗病力的给药方法。一般来说，易被消化液破坏的渔药不宜口服，如链霉素等；当患病的水产动物食欲下降或停食时，由于摄取药饵较少，或根本没有摄取，则渔药达不到理想防治效果；在饲料中添加抗生素类渔药或长期、大量投喂药饵，易使病原体产生耐药性；对滤食性动物投喂药饵难以达到其药效；有些有异味的渔药口服，会影响水产动物的摄食而不能达到防治效果。

（二）**药浴法** 是将渔药溶解于水中，使水产动物与含有药物的水溶液接触，以达到驱除体外病原体的一种给药方法。渔药的水溶性、渗透性以及毒性常会直接影响它的使用范围与作用效果。该法主要有以下几种类型：①浸浴。将水产动物集中在较小容器、较高浓度药液中进行短期强迫药浴，以杀灭体外病原体的方法。此法常会因浸浴的水产动物数量的增加而使渔药的浓度降低影响药效，因而对浸浴浓度控制是较重要的，如果使用不当，不是达不到渔药相应的药效，就是导致对水产动物的毒性。②遍洒。将药液全池遍洒，使池水达到一定浓度，杀灭体外及池水中的病原体的方法。渔药分散的均匀度会影响其作用效果。水位较深的养殖水体在高温时易形成温跃层，若按常规剂量给药，由于水体上下密度不同，使得上层渔药浓度较高，下层渔药浓度较低，易造成上层水产动物中毒。遍洒法使用方便，效果较好，是水产动物疾病防治中常用的方法，但它还存在一些缺点，其一是生物选择性差，在杀灭病原体的同时也杀灭水体中有益生物，其二是会对养殖水体环境造成污染，其三是溶解性较差的渔药会导致水产动物误食而引起中毒。③挂袋（篓）。在食场周围悬挂盛药的袋或篓，形成一消毒区，当水产动物来摄食时达到消灭体外病原体的目的的给药方法。渔药是否具有缓释性，药物浓度是否安全以及水产动物对该药的回避性是影响该法给药效果的重要因素。如硫酸铜、硫酸亚铁合剂挂袋时，因该药对鱼类有较强的刺激作用，鱼类会极力回避而达不到用药的目的。④浸沤。该法只适用于中草药，是将中草药置于池塘的上风处或将捆扎好的中草药分成数堆浸沤在池塘中，以杀灭池水中及水产动物体外的病原体。

（三）注射法 是将浓度较高的药液注入水产动物体内，使其通过血液（体液）循环迅速达到用药部位，以控制水产动物疾病的方法。常用的注射法有腹腔注射、肌肉或皮下注射。注射给药须具备一定的技术，否则会因操作不当导致水产动物产生较大的应激反应而出现死亡。一般来说肌肉注射比皮下注射吸收快，但皮下注射药效持久；腹腔注射吸收速度快，效果好，但一些有刺激性的渔药会对水产动物产生不良效果，对这类渔药不宜采取这种注射方式。

（四）涂抹法 将较浓的药液（膏）涂抹在患病水产动物体表处以杀灭病原体的方法。使用涂抹法时，应防止药液（膏）流入鳃、口等对渔药敏感部位。此外，渔药的渗透性、药液（膏）涂抹鱼体后离水放置的时间以及涂抹的操作对其药效作用有较大的影响。

三、影响渔药作用的因素

药物的作用是药物与机体相互作用的综合表现。药物在机体内产生的作用（效应）常常受到多种因素的影响，如药物的剂量、剂型，给药途径，水产动物的生理及病理状况等。这些因素不仅影响药物作用的强度，而且有时还能改变药物作用的性质。因此临床用药时，除应了解各种药物的作用与用途外，还有必要了解影响药物作用的相关因素，以便更好地掌握药物使用的规律，充分发挥药物的防治作用，避免引起不良反应，以达到理想的防治效果。

（一）渔药的自身因素

1. 渔药的化学结构和理化性质 药物的化学结构与药理作用有着密切的关系。药物的构效关系不仅影响药物作用的效果，而且还会影响药物的毒副作用。如氯霉素由于其苯环上的硝基存在会引起再生障碍性贫血，导致白血病，已被禁用；氯霉素的衍生物——甲砜霉素由 CH_3-SO_2 取代了苯环上的硝基，不仅保留了它的药理作用，而且避免了氯霉素可造成的毒副作用。大多数药物是通过参加机体组织的生化过程而发挥其药理作用，所以药物的理化性质也会对药物的作用造成影响。影响药物发挥作用的性质有药物的稳定性、酸碱性、解离度、溶解度（脂溶性、水溶性）、挥发性、吸附力及物理性状等。

2. 渔药的剂型 由于渔药大部分是以水为媒介间接作用于水产动物，这就要求渔药制剂在水中具有一定的稳定性，口服药物还应具有一定的适口性和诱食性，外用药物应具有一定的分散性和可溶性。不同的药物剂型尽管具有相等的药量，但它们的药效不一定相等。渔药应根据水产动物的种类和规格、发病类型及程度、药物性质等采用不同的剂型。只有采用合理的剂型并通过正确的给药方法，才能保证它们发挥出最大的疗效。

3. 渔药的剂量　剂量是指用药量。在安全范围内，药物作用随剂量不同而有相应的差异，有的药物还会因剂量的变化发生质的变化。如硫酸锌用于局部作用时，低浓度表现收敛作用，中等浓度则出现刺激作用，高浓度时则表现出腐蚀作用。因此，对于不同的水产动物，或同一种水产动物的不同养殖阶段，给药剂量应有所不同。

4. 渔药的储藏与保管　药物的储藏与保管方式会直接影响药效，有的因保管不当会丧失药效。如漂白粉在CO_2、光和热的作用下会加速失效；硫酸亚铁如果保管不善，与空气接触即会生成碱性硫酸亚铁，失去药效作用。

5. 渔药的相互作用　药物之间的相互作用会使药物的作用、治疗效果以及不良反应产生质和量的变化。从药效学的角度来说，药物之间会产生协同作用和拮抗作用；以药动学的观点考虑，如一种药物能够使另一种药物在体内的吸收、分布、代谢、排泄等任何一个环节发生变化，亦即影响另一种药物的血药浓度，从而改变其作用强度。掌握药物的相互作用，通过合理配伍制成相应的制剂就会使药物的作用加强。有的时候常在主药中添加合适的辅药以达到增强主药药效的目的。如在使用硫酸铜时，常加入硫酸亚铁，使硫酸铜杀灭原虫的效果有较大的提高；又如磺胺类药物常与少量的甲氧苄胺嘧啶（TMP）同时使用，药效可提高4～8倍。如果配伍不当，则会降低药效，或会产生较大的毒副作用。如敌百虫与生石灰联合使用，产生敌敌畏，不仅会降低敌百虫的药效，而且生成的敌敌畏会使毒性增强100倍，对水产动物产生较大的危害。

（二）给药方法方面的因素

1. 给药途径　不同的药物或不同的疾病所采取的给药方式应该有所不同。一般来说，易被消化液破坏的药物，不宜口服，如青霉素等。口服给药时要注意胃肠内食糜的充盈度、酸碱度等，因为这些因素会影响药物作用的效果。注射给药可采取肌肉、皮下和腹腔给予的方式，肌肉给予要比皮下吸收快，但皮下给予药效持久；腹腔给予吸收面积大，吸收速度快，效果较好，但刺激性药物不能采取这种方式。药浴是水产动物给药的一种重要而特殊的途径，它对治疗水产动物的皮肤病有较好的效果，采取这种给药途径一般要求药物要有较好的水溶性和渗透性，同时要求药物的毒性较低，不会对水环境产生较大副作用。

2. 给药时间　给药时间应根据情况而定。同一药物，相同的剂量，但不同的给药时间，会产生不同的效果。应根据水产动物的生理特性、摄食习性、给药途径和环境条件等选择适宜的给药时间，如全池遍洒消毒剂，一般常选择在晴天上午9：00～11：00，或下午15：00～17：00时给药。

3. 给药次数　给药的次数要根据病情的需要以及药物在体内的消除速度而定，要保证药物在血液中维持有效的药物浓度。一般来说消除快的药物，给药次数要相应增加，而对毒性大、消除慢的药物应减少用药次数和减少用药量。同时，为避免病原产生耐药性，应注意给药次数和剂量，避免长期、低剂量的反复给药。

（三）水产动物方面的因素

1. 种属差异　不同的水产动物对同一种药物的敏感性存在着差异。如一般鱼类对敌百虫的耐受性较强，可用于杀灭寄生虫，但淡水白鲳对敌百虫极为敏感，微量的敌百虫就会导致其死亡。

2. 生理差异 随着年龄的不同，水产动物许多生理机能也发生变化，研究表明年龄对药物的吸收、分布和消除具有明显的影响。不同年龄的水产动物对药物的反应差别很大。在对药物的敏感性上，一般幼龄、老龄的水产动物对药物比较敏感。如草鱼、鲢鱼苗对漂白粉的敏感性比成鱼高，这可能由于幼龄水产动物体内酶活性较低，或肝肾功能发育不健全，对药物的转化能力较弱，易引起毒性反应。

3. 个体差异 同种水产动物不同的个体对药物作用的反应也有所不同，有的对药物特别敏感，而有的表现其耐受性较强。产生个体差异的原因比较复杂，但其中很多都与遗传因素有关。但由于水产动物大部分是群体给药，个体差异常被忽略。

4. 机体的机能和病理状况 一般瘦弱、营养不良的水产动物和处在病理情况下的水产动物对药物比较敏感，如饲料中缺乏蛋白质、维生素或钙、镁等营养元素，可使肝微粒体酶活性降低而导致药物中毒。肝功能发生障碍时，水产动物对药物的转化能力降低，药物的半衰期延长，而使得药物的作用加强或时间延长，此外还可导致药物不良反应的加强；肾功能不全，药物排泄发生障碍，会导致药物在体内的蓄积中毒；循环机能减退，会使药物的吸收、运转发生障碍而影响药物的作用。

(四) 水环境方面的因素

1. 水温 一般情况下，药物的药效与水温呈正相关，即水温升高时，药物作用的强度增加，作用的速度加快，如含氯消毒剂等。但也有少数药物，如丙酮溶解的 4.5% 高效氯氰菊酯的药效、毒性与水温呈负相关，水温升高，药效反而降低。

2. 酸碱度 由于水体 pH 的变化，药物会产生不同的作用效果。酸性药物、阴离子表面活性剂、四环素等药物，在偏碱性的水体中其作用减弱，而碱性药物（如卡那霉素）、阳离子表面活性剂（如新洁尔灭）、磺胺类药物等则会随水体 pH 的升高作用增强。有的药物由于水体酸碱度的变化，会产生相应的化学变化而使药效与毒性发生较大的变化，如敌百虫在碱性环境下可转化为剧毒的敌敌畏，且转化速度随 pH 和水温的升高而加快。

3. 有机物 养殖水体是一个富含有机物的水体，水体有机物的种类与含量与养殖动物种类与密度，投喂饵料的种类与次数，施肥的种类与次数等因素密切相关。由于有机物的存在，在一定程度上会干扰渔药的作用效果，特别是外用药物。有机物影响渔药作用的原因是：①有机物在病原微生物或寄生虫表面可形成一层保护层，阻碍它们与病原体接触；②有机物与药物作用后形成溶解度比原来更低或杀菌、杀虫作用比原来更弱的化合物，而形成的这种化合物又能在病原体周围起到机械保护作用；③有机物直接与药物作用，降低了药物的浓度。

4. 溶氧 溶氧较高，水产动物对药物的耐受性增强；而当溶氧较低时，则易发生中毒现象。

第三节 渔药的残留及其控制

一、渔药的残留及其危害

根据食品兽药残留立法委员会（CCRVDF）的定义，兽药残留是指动物产品的任何可食部分所含药物的母体化合物和（或）其代谢物，以及与药物有关的杂质的残留。因此，药物残留既包括原药，也包括药物在动物体内的代谢产物。此外，药物或其代谢产物还能与内源大分子共价结合，形成结合残留，对靶动物也可能具有潜在的毒性作用。

一般来说，水产品中的药物残留大部分不会对人产生急性毒性作用，但是如果人们经常摄入含有低剂量药物残留的水产品，残留的药物即可在人体内慢慢蓄积而导致体内各器官的功能紊乱或病变，严重危害人类的健康。具体来说，药物残留具有以下的危害：

1. 毒性作用 人类长期摄入含有药物残留的水产品，药物会不断在体内蓄积，当浓度达到一定量时，就会对人体产生毒性作用。如磺胺类可引起肾脏损害，特别是乙酰化磺胺在酸性尿中溶解性降低，析出结晶后损害肾脏；又如氯霉素，可以引起再生障碍性贫血，导致白血病的发生。

2. 产生过敏反应和变态反应 有些药物具有抗原性，它们能刺激机体产生抗体，发生过敏反应，严重者可引起休克，短时期内出现血压降低、皮疹、喉头水肿、呼吸困难等症状，如青霉素、四环素、磺胺类及某些氨基糖苷类抗生素等。

3. 导致耐药菌株产生 由于药物在水产动物体内残留，有药物残留的水产品有可能在人体内诱导某些耐药性菌株的产生，给临床上感染性疾病的治疗带来困难。已发现长期食用低剂量的抗生素能导致金黄色葡萄球菌耐药菌株的出现。

4. 导致菌群失调 在正常情况下，人体肠道内的各种菌群是与人体的机能相互适应的，但是药物残留会使这种平衡发生紊乱，造成一些非致病菌的死亡，使菌群的平衡失调，从而导致长期的腹泻或引起维生素缺乏等反应，对人体产生危害。

5. 致畸、致癌、致突变 药物残留对人类会产生"三致"作用，如孔雀石绿等。

6. 激素作用 激素类药物的残留会使人类生理功能发生紊乱，产生较大的影响。

二、渔药残留产生的原因

1970年美国食品和药品管理局（FDA）对造成兽药残留原因的调查结果表明：未遵守休药期的占76%，饲料加工或运输错误的占12%，盛过药物的储藏器没有充分清洗干净的占6%，使用未经批准的药物的占6%。1985年美国兽医中心（CVM）的调查结果则是：不遵守休药期的占51%，使用未经批准的药物的占17%，未做用药记录的占12%。

造成我国水产品药物残留的主要原因有：①不遵守休药期有关规定。休药期是指水产品允许上市前或允许食用时的停药时间。②不正确使用药物。使用渔药时，在用药剂量、给药途径、用药部位等方面不符合用药规定，因此造成药物在体内的残留。③饲料加工、运送或使用过程中受到药物的污染。④使用未经批准的药物。由于这些药物在水产动物体内的代谢情况缺乏研究，休药期不明确，如作为饲料添加剂来喂养水产动物，极易造成药物残留。⑤未做用药记录。⑥上市前使用渔药。为了掩饰水产品上市前的临床症状，或为提高水产动物的运输成活率使用药物，极易造成水产动物中的药物残留。⑦养殖用水中含有药物。使用药物污染的水，也极易引起水产养殖动物的药物残留。

三、最高残留限量

最高残留限量（maximum residue limits，MRL）是指药物或其他化学物质允许在食品中残留的最高量，是在食品（或水产品）中的残留药量不会对人体的健康造成危害的含量。它是确定水产品是否安全，保护人类健康的一个重要标准。MRL属于国家公布的强制性标准，决定着水产品的安全性和渔药的休药期。

根据残留的水平，可将残留限量分为三类：①零残留或零容许量。指药物的残留等于或小于检测方法的检测限。②可忽略的容许量。即常说的微容许量,其残留量稍高于检测限而低于安全容许量。③安全容许量,又称为有限的容许量或法定的容许量,即最高残留限量。

四、渔药残留的检测与控制

1. 渔药残留的检测 渔药残留检测所采取的主要方法有:

(1) 高效液相色谱法及反相高效液相色谱法 这是一种普遍使用的方法,它对样品的分离鉴定不受挥发度、热稳定性及分子质量的影响,具有分离效果好、测定精度高等优点,但设备造价高,要求的技术程度高,因此应用受到一定的限制。

(2) 微生物测定法 该法简单、快速、便宜,但操作繁琐,灵敏度也有一定的局限。

(3) 气相色谱法 该法具有一定的局限性,对那些不易汽化的物质测定不准确,而且设备较昂贵,使用不普遍,但灵敏度较高,可测定某些特异性的药物。

(4) 分光光度法 该法比较简单、易操作、检测费用便宜,主要缺点是精度较低,特别是代谢物与原药结构相似,以至吸收光产生叠加不易区分,生物样品中内源性杂质干扰大时,则会出现测定结果偏高的现象。

(5) 免疫学方法。该法是利用抗原、抗体的特异性反应的原理研制的试剂盒,具有快速、灵敏、特异的优点,但须制备相应药物的特异抗体。

2. 渔药残留的控制 我国渔药发展历史相对较短,对渔药残留的控制还处于起步阶段,直到20世纪90年代才有较大的发展。渔药残留的控制是一个系统工程,需要多方面的共同努力。通过完善和建设规范用药的法规、标准体系,完善渔药残留监控体系,加强渔药生产、销售和使用的科学管理,实现对渔药残留的控制。

复 习 题

1. 什么是渔药?你认为渔药应朝什么方向发展?
2. 药效学和药动学二者有何联系和区别?
3. 举例说明量效关系和药时关系在指导临床合理用药方面的意义。
4. 什么叫半衰期?它在实践中有什么意义?
5. 举例说明影响药物作用的因素。
6. 渔药有哪些种类?它具有哪些功能?
7. 什么叫渔药的制剂和剂型?渔药的制剂和剂型对渔药的使用效果影响如何?
8. 水产品药残所指的内容是什么?它是怎样产生的?
9. 什么是渔药最高残留限量标准?确定它的依据是什么?

第四章

病理学基础

第一节 血液循环障碍

血液循环是指血液在心脏和血管中循环流动的过程。正常的血液循环是动物机体新陈代谢和机能活动的重要保证。血液循环的正常运行有赖于心血管系统的正常结构和机能。当心血管系统受到损害时，血容量的异常、血液性状的改变以及血管壁的损伤，则可导致血液循环障碍。

血液循环障碍可分为局部性和全身性两类。局部性血液循环障碍通常由局部因素引起，表现为局部组织或个别器官的血液循环障碍，主要包括三个方面的内容：一是局部血液量变化，如局部充血和局部淤血；二是血液性状的改变及其后果，如血栓形成、栓塞、梗死和弥散性血管内凝血；三是血管壁的完整性和通透性的改变，如出血和水肿。全身性血液循环障碍主要是由心脏血管系统损伤所引起的波及全身各器官、组织的血液循环障碍。

一、充　血

器官或局部组织的血管内血液含量增多称为充血（hyperemia），可分为动脉性充血和静脉性充血两种。

（一）**动脉性充血**　由于小动脉扩张而流入局部组织或器官中的血量增多，称为动脉性充血（arterial hyperemia），又称为主动性充血（active hyperemia），简称充血（hyperemia）。充血可见于生理情况下器官或组织的机能活动增强时，如鱼激烈游泳时的肌组织及鳃，消化吸收食物时的肠管。

1. 原因和发生机理　能引起动脉性充血的原因很多，包括机械、物理、化学、生物性因素等，只要达到一定强度都可引起充血。细动脉扩张引起充血是由于神经、体液因素作用于血管，使血管舒张神经兴奋性增高或血管收缩神经兴奋性降低的结果。充血的发生还与局部刺激的冲动引起的轴突反射有关。炎症过程中产生的组胺、5-羟色胺、激肽等可直接作用于血管壁，使小动脉扩张、局部充血。此外，体内还有不少反应性的动脉性充血，例如，长期受压而引起局部贫血的器官和组织（如胃肠臌气和腹水压迫腹腔器官时），组织内的血管张力降低，若一旦压力突然解除，受压器官的小动脉发生反射性扩张而充血，称为贫血后充血或减压后充血。

2. 病理变化　充血局部由于动脉血液流入增多，血液供氧丰富，组织代谢旺盛，故局部温度升高，呈鲜红色，功能增强。光镜下，毛细血管和微动脉扩张，充满红细胞。由于充血多见于急性炎症，在充血组织中还伴有炎性白细胞和浆液的渗出。随着血液中液体成分渗出增多，各组织、器官体积增大。如患传染性胰脏坏死症、传染性造血器官坏死症和弧菌病的鲑鳟，因眼球脉络膜毛细血管严重充血而引起眼球网膜剥离，眼球突出。

3. 结局和对机体的影响 短时间轻度的充血对机体影响不大，消除病因即可恢复正常。若病因持续作用时，可使血管壁紧张度下降或丧失，导致血流逐渐减慢，甚至停滞。充血对机体也有有利的一面，充血可使组织的机能、代谢及防御能力增强，并可迅速排出病理产物。

（二）静脉性充血 由于静脉血液回流受阻而引起局部组织或器官中的血量增多，称为静脉性充血（venous hyperemia），又称被动性充血，简称淤血（congestion），可分为局部性和全身性两种。

1. 原因和发生机理

（1）局部性淤血 局部性淤血的发生是由于局部静脉受压和静脉管腔阻塞，如肠套叠、肿瘤压迫、血栓形成和栓塞时，可使血液回流受阻，局部器官或组织发生淤血。

（2）全身性淤血 多见于心功能衰竭，急性全身性淤血常发生于传染性疾病和其他疾病的后期；慢性多见于心肌变性等心脏疾患。当鳗患赤点病、鲕患链球菌症时，可因心脏功能不良造成全身性的淤血。

2. 病理变化 淤血的组织和器官由于大量血液淤积而肿胀。由于血流缓慢，血氧消耗过多，血液内氧合血红蛋白减少，还原血红蛋白增多，局部可呈暗红色，甚至紫色。光镜下，淤血的组织中，小静脉和毛细血管扩张，充满血液，有时还伴有水肿。

3. 结局和对机体的影响 静脉性充血的结局和对机体的影响取决于淤血的范围、淤血的器官、淤血的程度。短暂的淤血，当病因消除后，可以完全恢复正常的血液循环，长期淤血时，毛细血管内流体静压升高和局部缺氧可致毛细血管通透性增高，引起水肿和漏出性出血。由于血液缓慢或停滞、组织缺氧和营养物质不足，以及代谢产物堆积，可引起实质细胞变性、坏死。同时结缔组织增多可使组织器官发生硬化。淤血的组织，局部抵抗力降低，容易继发感染，发生炎症和坏死。当鳃小片上皮感染时，鳃小片微血管基膜内的病原菌增殖时，微血管被阻塞引起血液循环停滞，严重时，其壁状结构被破坏形成血肿。

二、出 血

血液流出心脏或血管之外，称为出血（hemorrhage）。血液流出体外，称为外出血，血液流入组织间隙或体腔内，称为内出血。

（一）原因和类型 根据出血发生的机理可分为破裂性出血和漏出性出血两类。

1. 破裂性出血 是由心血管破裂造成的出血，可发生于心脏、动脉、静脉和毛细血管的任何部分。引起破裂性出血的原因有以下两种：

（1）机械性损伤 如刺伤、咬伤等外伤时损伤血管壁，血液流出血管之外。

（2）侵蚀性损伤 在炎症、肿瘤、溃疡、坏死等过程中，血管壁受周围病变的侵蚀作用，以致血管破裂而出血。

2. 漏出性出血 又称渗出性出血，是由于小血管壁通透性增高，血液通过扩大的内皮细胞间隙和损伤的血管基底膜缓慢漏出血管外。淤血、缺氧、感染、中毒（磷、砷、铜）等因素对毛细血管壁可造成直接损伤；维生素C缺乏可引起血管基底膜破裂；毛细血管因胶原减少及内皮细胞连接处分开可致血管通透性升高；此外，血栓细胞减少或凝血因子不足所致凝血障碍以及某些药物引起机体变态反应性血管炎也是引起出血的诱因。

（二）病理变化 出血可发生于体内任何部位，血液积聚于体腔内者称体腔积血，如腹腔积血。发生于组织内较大量的出血，可挤压周围组织形成局部性血液凝块，称为血肿。血肿多发生于破裂性出血时，常见于皮下、肌间、黏膜下、浆膜下和脏器内。皮肤、黏膜、浆膜和实质器官的点状出血称为瘀点，斑块状出血称为瘀斑，主要见于漏出性出血。如鳗赤点病在腹部皮肤出现许多瘀点、瘀斑；嗜水气单胞菌引起鱼类体表头部、腹部、鳍条基部等处出血，形成瘀斑。近年来，在养殖生产中出现一种所谓的"鱼类应激性出血症"，当鱼类受到捕捞、运输等应激因素刺激时，鱼体很快发生应激反应，在鱼体表特别是嘴部、腹部、鳍条基部发生明显充血和出血，严重时血管破裂（特别是鳃部的血管破裂），大量的血液流出，把水体染成红色。

（三）结局和对机体的影响　一般缓慢的小血管出血，多可自行止血，这是由于受损的血管收缩，局部血栓形成和流出的血液凝固所致。流出的红细胞可通过巨噬细胞的吞噬而被吸收。大量局部性出血（如血肿），因吸收困难，通常被新生的肉芽组织取代（机化）或包裹（包囊形成）。

出血对机体的影响取决于出血量、出血速度和出血部位。心脏和大血管破裂，短时间内可丧失大量血液，若失血量达循环血量的20%～25%以上时，即可发生失血性休克。发生在心、脑等重要器官的出血，即使出血量不多，亦可造成严重后果。慢性小量的出血，可致贫血。

三、血栓形成

在活体的心脏或血管内，血液发生凝固或血液中某些有形成分析出、黏集形成固体质块的过程，称为血栓形成（thrombosis），在这个过程中所形成的固体质块称为血栓（thrombus）。

（一）血栓形成的条件和机理　在生理情况下，体内血液中的凝血因子与抗凝血因子保持动态平衡，一旦这种平衡被破坏，凝血因子超过抗凝血因子，触发了凝血过程，血液便可在心血管内凝固，即有血栓形成。血栓形成必须具备的条件有：

1. 心血管内膜的损伤　完整光滑的心血管内膜在保证血液的流体状态和防止血栓形成方面具有重要作用。当心脏或血管内膜受到损伤时，内皮细胞破坏，血管内膜变粗糙和内膜下胶原暴露，血流通过时，血液中的血栓细胞就易在这些部位黏集，并且释放血栓细胞凝血因子及二磷酸腺苷（ADP）等，后者又进一步促使血栓细胞凝集。胶原还能刺激血栓细胞合成大量血栓素 A_2（TXA_2），TXA_2 可使血栓细胞黏集进一步加剧。内膜下的胶原纤维暴露后与凝血因子Ⅻ接触，可激活因子Ⅻ，进而启动内源性凝血系统。同时，内膜损伤释放出组织因子（Ⅲ因子）可启动外源性凝血系统，从而促使血液凝固，导致血栓形成。

2. 血流状态的改变　是指血流缓慢、漩涡和血流停滞等。正常血流中，血液中的有形成分（红细胞、白细胞和血小板）位于血流的中央部分（轴流），与血管壁之间隔着一层血浆带（边流）。当血流缓慢或产生漩涡时，血栓细胞便离开轴流进入边流，增加了与血管内膜接触的机会，并与损伤的内膜接触而发生黏集；同时血流缓慢和产生漩涡还有助于激活各种凝血因子在局部达到凝血所需的浓度，为血栓形成创造条件。

3. 血液凝固性的增高　是指血液比正常易于发生凝固的状态，或称血液的高凝状态。通常由于血液中凝血因子被激活，血栓细胞增多或血栓细胞黏性增加所致。可见于弥散性血管内凝血、严重创伤、变态反应、某些毒素作用等。

上述血栓形成的条件往往是同时存在并相互影响、共同作用的，但在不同阶段的作用又不完全相同。

（二）血栓形成的过程和血栓的形态 血栓形成起始于血栓细胞在受损伤的血管内膜上黏集形成血栓细胞黏集堆，与此同时，内源性和外源性凝血系统启动后所产生的凝血酶作用于纤维蛋白原使之转变为纤维蛋白。纤维蛋白和内皮下的纤维连接蛋白共同使黏集的血栓细胞堆牢固地黏附在受损的内膜表面。如此反复进行，血栓细胞黏集堆不断增大，形成小丘状、以血栓细胞为主要成分的血栓（图4-1A）。这种血栓眼观呈灰白色，故称为白色血栓。因为它是血栓的起始点，又称为血栓的头部（血栓头）。光镜下白色血栓为均匀一致、无结构的血栓细胞团块，血栓细胞之间有少量的纤维蛋白存在。白色血栓形成后，因其突入管腔，阻碍血流，引起局部血流变慢及漩涡运动，这不仅使血栓头部增大，而且沿血流方向又形成新的血栓细胞黏集堆，结果形成许多分支小梁状或珊瑚状的血栓细胞嵴，其表面黏附许多白细胞（图4-1B）。此时小梁之间的血流缓慢，被激活的凝血因子可达到较高的浓度，于是发生凝血过程。可溶性纤维蛋白原变为不溶性纤维蛋白，呈细网状位于血栓细胞梁之间，并网罗有白细胞和大量红细胞，形成红白相间的层状结构，故称为混合血栓（图4-1C）。这是血栓头部的延续，构成血栓的主体，故又称为血栓体。此后随着血栓的头、体部进一步增大，并顺血流方向延伸。当血管腔大部分或完全阻塞后，局部血流停止。血液发生凝固，形成条索状血凝块，称为红色血栓，构成血栓的尾部（图4-1D）。

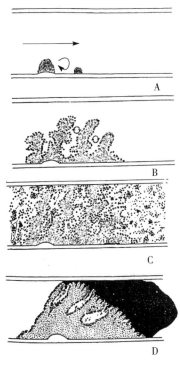

图4-1 血栓的形成过程示意图
A. 血管内膜粗糙，血小板黏集成堆，使局部血流形成漩涡
B. 血小板继续黏集形成多数小梁，小梁周围有白细胞黏附
C. 小梁形成纤维素网，网眼中充满红细胞
D. 血管腔阻塞，局部血流停滞，停滞之血液凝固

（《病理学》，2000）

此外，还有一种透明血栓，又称为微血栓，发生于微循环小血管内，只能在显微镜下见到，主要由纤维蛋白构成，多见于弥散性血管内凝血。

（三）血栓的结局

1. 软化、溶解、吸收 血栓形成后，血栓中纤维蛋白可吸附大量的纤维蛋白溶酶，使纤维蛋白变为可溶性多肽，血栓由此而软化。同时，血栓的白细胞崩解释出蛋白分解酶，使血栓中的蛋白质溶解，最后被巨噬细胞所吞噬。较小的血栓可被溶解吸收而完全消失；较大的血栓在软化过程中，可部分或全部脱落，构成血栓栓子，随血流运行至其他器官，形成栓塞。

2. 血栓的机化与再通 较大而未完全溶解的血栓，可由血管壁向血栓内长入肉芽组织，逐渐溶解、吸收、取代血栓，称为血栓的机化。在血栓机化过程中，由于血栓自溶或收缩，在血栓内部或与血管壁之间出现裂隙，裂隙被增殖的血管内皮细胞覆盖可形成相互联结的管道，血流又得以通过，这种使已阻塞的血管重新恢复血流的现象称为再通（recanalization）。

3. 钙化　较久的血栓既不能被溶解又不能被充分机化时，可发生钙盐沉着，变成坚硬的钙化团块，如静脉血栓钙化后形成静脉结石（phlebolith）。

（四）血栓对机体的影响　血栓形成在一定条件下对机体具有积极的防御意义。血栓形成能对破坏的血管起堵塞破裂的作用，阻止出血；被腐蚀的血管内壁血栓形成，可阻止血管破裂；炎症时，炎症灶周围小血管内的血栓形成，有防止病原体蔓延扩散的作用等。但血栓的形成造成血管管腔阻塞和其他影响，可对机体造成严重的危害，甚至是致命的。

四、栓　　塞

循环血液中出现不溶于血液的异常物质，随血流运行并阻塞血管腔的过程称为栓塞（embolism），引起血管栓塞的异常物质称为栓子。栓子可以是固体、液体或气体。最常见的是血栓栓子，其次为空气栓子、脂肪栓子、细菌栓子、寄生虫栓子等。栓子的运行一般与血流方向一致。栓塞对机体的影响取决于栓子的性状、栓塞器官的重要性以及能否迅速建立侧支循环等。

五、梗　　死

组织或器官的血液供应减少或停止称为缺血（ischemia）。由于动脉血流断绝，局部缺血引起的坏死称为梗死（infarct）。

（一）原因和条件　任何可引起血管腔的闭塞并导致缺血的原因，都可引起梗死。

1. 动脉阻塞　血栓形成和栓塞是引起动脉阻塞而导致梗死的最常见的原因。如心、肾的动脉发生血栓形成或栓塞时分别引起心肌和肾的梗死。

2. 动脉痉挛　动脉痉挛可引起或加重局部缺血，通常在动脉有病变的基础上发生持续性痉挛而加重缺血，导致梗死形成。

3. 动脉受压　动脉受肿块或其他机械性压迫而致管腔闭塞时可引起局部组织梗死。

（二）病理变化　梗死的基本病理变化是局部组织坏死，梗死灶的形状与器官血管分布有关。血管呈锥形分布的器官其梗死灶也呈锥形，切面呈扇形，其尖端位于血管阻塞处，底部位于器官的表面。心肌梗死灶形状不规则，而脑梗死则为液化性坏死。梗死灶以后可被机化成为瘢痕。梗死灶的颜色取决于病灶内的含血量，含血量少者，颜色呈灰白色，称为贫血性梗死或白色梗死；含血量多时呈暗红色，称为出血性梗死或红色梗死。

（三）结局和对机体的影响　梗死形成时，其周围出现充血、出血，并有白细胞和巨噬细胞浸润，随着肉芽组织从梗死周围长入坏死灶内，将其溶解、吸收并完全取代（机化），不能完全机化时，则由肉芽组织将其包裹。梗死对机体的影响取决于梗死灶的大小和发生部位。心、脑梗死，范围小者出现相应的功能障碍，反之则可危及生命，其他部位小范围的梗死对机体影响不大。

六、水　　肿

等渗性体液在细胞间隙积聚过多称为水肿（edema）。正常时浆膜腔内亦有少量液体，当过多的液体在浆膜腔内积聚时称为积水（hydrops），如胸腔积水（hydrothorax）、腹腔积水（ascites）等。水肿不是一种独立性疾病，而是在许多疾病中都可出现的一种重要的病理过程。

水肿液主要来自血浆，除蛋白质外其余成分与血浆基本相同。水肿液的密度决定于蛋白质含量，与血管通透性的改变以及局部淋巴液回流状态有关。密度低于 1.015kg/L 的水肿液通常称为漏出液（transudate），出现在非炎性水肿；高于 1.018kg/L 时称为渗出液（exudates），见于炎性水肿。

（一）水肿发生的原因和机理 不同类型水肿的发生原因和机理不尽相同，但多数都具有一些共同的发病环节，其中主要是血管内外液体交换失去平衡引起细胞间液生成过多，以及球-管失平衡导致钠、水在体内潴留。

1. 血管内外液体交换失平衡引起细胞间液生成过多 正常情况下细胞间液的生成与回流保持着动态平衡，这种平衡是由血管内外多种因素决定的。这些因素若发生异常可导致细胞间液生成过多、回流减少而引起水肿。

（1）毛细血管流体静压升高　主要原因是静脉压升高，常见于心功能不全、静脉阻塞或静脉管壁受压迫等。当毛细血管流体静压升高时，其动脉端有效滤过压增大，细胞间液生成增多，即可发生水肿。

（2）血浆胶体渗透压降低　主要原因是白蛋白含量减少，因为血浆胶体渗透压主要由白蛋白浓度决定。白蛋白含量显著减少，可引起组织间液体回流到血管的力量不足。当肝功能不全或严重营养不良时合成白蛋白减少，肾功能不全时大量白蛋白可随尿丢失，慢性疾病时蛋白质消耗过多等都会引起血浆胶体渗透压降低而发生水肿。

（3）微血管通透性增高　当毛细血管和微静脉受到损伤使其通透性增高时，血浆蛋白质可从管壁滤出，使血管内血浆胶体渗透压降低而细胞间液的胶体渗透压升高而导致水肿。病原微生物感染、创伤、化学性损伤、缺氧、酸中毒等因素，可直接损伤毛细血管和微静脉管壁；在变态反应和炎症过程中产生的组胺、缓激肽等多种活性物质，可引起血管内皮细胞收缩，细胞间隙扩大使管壁通透性增高。

（4）淋巴回流受阻　细胞间液的一小部分正常时经毛细淋巴管回流入血，若淋巴回流受阻，即可引起细胞间液积聚，常见于淋巴管炎或淋巴管受到肿瘤压迫时。严重心功能不全引起静脉淤血和静脉压升高时，也可导致淋巴回流受阻。

2. 球-管失平衡导致钠、水潴留 肾脏在维持体内外液体交换的平衡中起重要作用。平时从肾小球滤出的水、钠，只有少量被排出体外，绝大部分被肾小管重吸收。肾小球滤出量与肾小管重吸收量之间的相对平衡称为球-管平衡。这种平衡关系被破坏引起球-管失平衡，当某些因素导致球-管平衡失调时，就可引起水肿。如肾小球的病变、有效循环血量和肾灌流量明显减少时，肾小球滤过率降低，肾小管对水、钠重吸收增加时可导致钠、水潴留，引起水肿。

（二）病理变化 水肿的组织器官体积增大，重量增加，颜色苍白，弹性降低，剖开时有液体流出。皮肤水肿，水肿液在皮下组织间隙中大量积聚，指压遗留压痕，称为凹陷性水肿。镜检观察，见皮下组织的纤维和细胞成分距离增大，排列无序，其中胶原纤维肿胀，甚至崩解。结缔组织细胞、实质细胞肿大，胞浆内出现水泡，甚至发生核消失（坏死）。

（三）水肿的结局及对机体的影响 水肿是一种可逆的病理过程。原因去除后，水肿液可被吸收，水肿组织可恢复正常的机能和形态。但长期水肿的部位可因组织缺氧缺血、继发结缔组织增生而发生纤维化或硬化。水肿可引起器官的功能障碍，如鳃水肿可导致氧交换障碍，脑水肿可使颅内压升高，压迫脑组织可出现神经系统机能障碍。由于水肿组织缺血、缺氧、物质代谢障碍，对感染的抵抗力降低，易发生感染，并且水肿部位的外伤或溃疡往往不易愈合。

第二节　细胞和组织的损伤

细胞、组织的损伤是由于细胞、组织的物质代谢障碍所致的形态结构、功能和代谢三方面的变化。这种损伤性病变包括萎缩、变性和细胞死亡。前两者是可逆性病变，而后者是不可逆性病变。

一、萎　缩

发育成熟的器官、组织或细胞发生体积缩小的过程，称为萎缩（atrophy）。器官、组织的萎缩是由于实质细胞的体积缩小或数量减少所致，同时伴有功能降低。它与发育不全（hypotrophy）不同，发育不全是指器官和组织不能达到正常的体积。

（一）原因和分类　根据萎缩发生的原因，可分为生理性萎缩和病理性萎缩两类。

1. 生理性萎缩　是指在生理状态下所发生的萎缩，多与年龄有关，例如，动物成年后胸腺的萎缩，老龄动物全身各器官不同程度的萎缩等。

2. 病理性萎缩　是指在致病因素作用下引起的萎缩，是在物质代谢障碍的基础上发生的。引起病理性萎缩的原因很多，依据病因和病变波及范围的不同可分为全身性萎缩和局部性萎缩。

病理性萎缩常见类型有：

（1）营养不良性萎缩　长期营养不足、慢性消化道疾病（如慢性肠炎）和严重消耗性疾病（如蠕虫病和恶性肿瘤等）均可引起营养物质的供应和吸收不足而导致全身性萎缩。全身性萎缩时，体内各器官、组织都发生萎缩，但其程度是不同的，并呈现出一定的规律性。通常相对不太重要的器官先萎缩，脂肪组织的萎缩发生得最早且最显著，其次是肌肉，再次是肝、肾、脾等器官；而脑、心萎缩发生较晚，也较轻微。发生全身性萎缩的动物多表现衰竭征象，精神委顿，严重消瘦，贫血和全身水肿。在鱼类，由于饵料不足，长期处于饥饿状态时，全身肌肉萎缩，背薄如刀刃，头大尾小，呈干瘪状，称萎瘪病。

（2）压迫性萎缩　指器官或组织长期受压迫而引起的萎缩，例如，肿瘤、寄生虫包囊压迫相邻组织、器官引起的萎缩；尿液潴留于肾盂，使其扩张并压迫肾实质而引起肾萎缩等。

（3）缺血性萎缩　指动脉不全阻塞，血液供应不足所致的萎缩。多见于动脉硬化、血栓形成或栓塞造成动脉内腔狭窄。

（4）神经性萎缩　指神经系统损伤引起功能障碍，使受其支配的器官、组织因失去神经的调节作用而发生的萎缩。如脑、脊髓损伤所致的肌肉麻痹而萎缩。

（二）病理变化　肉眼观察，萎缩的组织和器官体积缩小，呈深褐色，硬度增加，但一般保持原有的形状，重量减轻。镜下观察，萎缩器官的实质细胞体积变小或伴有数量减少，但萎缩的细胞仍保持原细胞形态，胞质减少，核较正常浓染，有时可见胞质内有黄褐色细颗粒状的脂褐素。而间质内的纤维结缔组织、脂肪组织增生。电镜下可见，萎缩细胞的胞浆内除溶酶体外，细胞器的数量减少和体积缩小，而自噬体增多。

（三）萎缩的结局和后果　萎缩的器官或组织功能降低，如肌肉萎缩时收缩力减弱，腺体萎缩时分泌减少等。萎缩一般是可复性的，如能及早去除病因，萎缩的器官或组织仍可恢复原状。如病因继续加重，萎缩的细胞则逐渐消失。发生于生命重要器官（如脑）的局部性萎缩就可引起严重后果；发生于一般器官的萎缩，特别是程度较轻时，通常可由健康部分的机能代偿而不产生明显的影响。

二、变　　性

变性（degeneration）是指细胞或细胞间质内，出现各种异常物质或原有正常物质的异常增多。发生变性的细胞和组织的功能降低，严重的变性可发展为坏死。变性的种类较多，常见有以下几种：

（一）细胞肿胀　细胞肿胀（cellular swelling）是指细胞内水分增多，胞体增大，胞浆内出现微细颗粒或大小不等的水泡。细胞肿胀多发生于心、肝、肾等实质细胞，也可见于皮肤和黏膜的被覆上皮细胞。它是一种常见的细胞变性。

1. 病因和发病机理　细胞肿胀的主要原因是缺氧、感染、中毒等，故多出现于急性病理过程。这些致病因素可直接损伤细胞膜的结构，也可使细胞内线粒体受损，破坏氧化酶系统，使三羧酸循环和氧化磷酸化发生障碍，ATP生成减少，细胞膜 Na^+-K^+ 泵出现功能障碍，导致细胞内钠、水增多，细胞因而肿大。线粒体和内质网等细胞器也因大量水分进入而肿胀和扩张，甚至形成囊泡。

2. 病理变化　眼观病变器官体积肿大，被膜紧张，切面隆起，色泽变淡，混浊无光泽，质地脆软。重量增加。镜下观察，早期见细胞肿大，胞浆内出现多量微细红染的颗粒，又称为颗粒变性（granular degeneration，图4-2A）。随着病变的发展，变性细胞的体积进一步增大，胞浆基质内水分增多，微细颗粒逐渐消失，并出现大小不一的水泡，胞核也肿大、淡染。小水泡可相互融合成大水泡。水泡在HE染色的组织切片上呈空泡，故有时又称为空泡变性。这种以胞浆内出现水泡为特征的细胞肿胀又称为水泡变性（vacuolar degeneration，图4-2B）。严重时胞浆呈空网状或呈透明状，细胞肿大如气球状，故称为气球样变性（ballooning degeneration），由病毒引起的鱼类肝炎常见到这种变性。

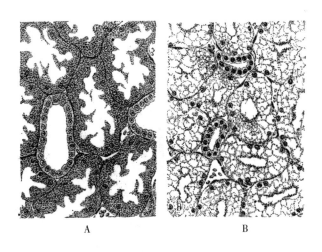

图4-2　肾近曲小管上皮细胞的病理变化

A. 肾近曲小管上皮细胞混浊肿胀，示上皮细胞肿胀，胞浆内出现细颗粒，细胞境界不清，管腔变小
B. 肾近曲小管上皮细胞水泡变性，示上皮细胞胞浆内出现空泡，细胞肿胀，管腔变小

3. 结局和对机体的影响　细胞肿胀是一种可复性过程，当病因消除后一般可恢复正常；若病因持续作用，则可发展为细胞坏死。发生细胞肿胀器官的生理机能有不同程度的降低。

（二）脂肪变性　脂肪变性（fatty degeneration）是指细胞胞浆内出现脂滴或脂滴增多。

在电镜下脂滴为有膜包绕的圆形小体,即脂质小体。脂滴的主要成分为中性脂肪(甘油三酯),也可能有磷脂和胆固醇。脂肪变性多发生于肝、肾、心等实质器官的细胞,其中尤以肝细胞脂肪变性最为常见。

1. 病因和发病机理 引起脂肪变性的原因有感染、中毒(如磷、砷和真菌毒素等)、缺氧、饥饿和缺乏必需的营养物质等。以上因素均可干扰、破坏细胞脂肪代谢。现以肝细胞脂肪变性为例分析其发生机理。正常情况下,进入肝细胞的脂肪酸和甘油三酯主要来自脂库和从肠道吸收,肝细胞中少量脂肪酸在线粒体内进行β氧化以供给能量;大部分脂肪酸在光面内质网中合成磷脂和甘油三酯,并与胆固醇和载脂蛋白结合组成脂蛋白,通过高尔基复合体、经细胞膜进入血液;还有部分磷脂及其他类脂与蛋白质、碳水化合物结合,形成细胞的结构成分(即结构脂肪)。其中任何一个或几个环节发生障碍均可导致肝细胞的脂肪变性。

(1)中性脂肪合成过多 常见于某些疾病造成的饥饿状态,此时体内从脂库动用大量脂肪,大部分以脂肪酸的形式进入肝脏,肝细胞内合成甘油三酯剧增,超过了肝细胞将其氧化和合成脂蛋白输出的能力,脂即在肝细胞内蓄积。

(2)脂蛋白合成障碍 常见于合成脂蛋白所必需的磷脂或组成磷脂的胆碱等物质缺乏,以及缺氧和中毒破坏内质网结构或抑制酶活性而使脂蛋白及组成脂蛋白的磷脂、蛋白质的合成障碍,使甘油三酯不能组成脂蛋白运输出去,从而在肝细胞内蓄积。

(3)脂肪酸氧化障碍 如缺氧、中毒等因素可引起细胞内线粒体受损,影响β氧化,造成脂肪酸氧化障碍,并转向合成甘油三酯,使脂肪在细胞内堆积。

(4)结构脂肪破坏 见于感染、中毒和缺氧,此时细胞结构破坏,细胞的结构脂蛋白崩解,脂质析出形成脂滴。

2. 病理变化 肉眼观察,脂肪变性的器官组织体积肿大,被膜紧张,边缘钝圆,色变黄,切面隆起,有油腻感,质地脆软。镜下观察,变性的细胞体积增大,胞质内出现大小不等的脂滴,大的脂肪滴可充满整个细胞,并将胞核挤到一边,状似脂肪细胞。在石蜡切片中脂滴被脂溶剂(二甲苯、酒精等)溶解而呈圆形空泡状。为了与水泡变性的空泡区别,可作脂肪染色,即组织作冰冻切片,用能溶解于脂肪的染料进行染色,如苏丹Ⅲ将脂肪染成橘红色,苏丹Ⅳ将脂肪染成红色,锇酸将其染成黑色(图4-3)。当鱼饲料中粗脂肪和糖类营养指标过高、饲料中长期添加较高剂量的某些药物(如呋喃唑酮、喹乙醇和磺胺类)、饲料中维生素E和微量元素硒缺乏、氧化脂肪含量过高以及水体杀虫施用的某些农药过度时,常引起鱼体发生肝脂肪变性。其特点是肝脏肿大、色泽变淡或发黄,有的呈花斑状,质地脆弱,严重时一触即碎;胆囊肿大,胆汁充盈、稀薄如水,或胆囊萎缩、胆汁浓稠。目前水产养殖上常发生的所谓"鱼类肝胆综合征",即主要是指这种变化。

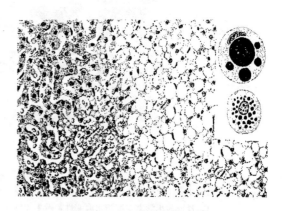

图4-3 肝细胞脂肪变性

肝细胞胞浆内出现大小不等的脂滴空泡,右上角为
锇酸染色的脂肪变性细胞,脂滴染成黑色

(《病理学》,2000)

3. 结局和对机体的影响 脂肪变性是一种可复性过程,在病因消除后通常可恢复正常。严重的脂肪变性可发展为

坏死。发生脂变的器官，其生理功能降低，如肝脏脂肪变性可导致肝脏糖原合成和解毒能力的降低。

（三）透明变性 透明变性（hyaline degeneration）是指在间质或细胞内出现一种均质、无结构的物质，可被伊红染成红色，又称玻璃样变性。透明变性包括多种性质不同的病变，它们只是在形态上都出现相似的均质、玻璃样物质。

1. 常见类型 透明变性有以下三类：

（1）血管壁的透明变性 常见于小动脉壁。动脉壁透明变性的发生是由于小动脉持续痉挛使内膜通透性升高，血浆蛋白经内皮渗入内皮细胞下并凝固成均质无结构、红染的玻璃样物质，使管壁增厚、变硬、弹性减弱、脆性增加，管腔狭窄甚至闭塞。

（2）结缔组织的透明变性 常见于瘢痕组织、纤维化的肾小球及硬性纤维瘤等。病变呈灰白色、半透明、质坚韧、无弹性。其发生机制可能是由于胶原纤维肿胀、变性、融合，多量的糖蛋白蓄积其间所致。

（3）细胞内透明变性 又称细胞内透明滴状变，是细胞质内出现大小不等、均质红染的玻璃样圆滴。这种病变常见于肾小球性肾炎时，肾小管上皮细胞的胞浆内可出现多个大小不等的红染玻璃样圆滴（图4-4）。其发生机理是由于肾小球毛细血管通透性增高而使血浆蛋白大量滤出，肾小管上皮细胞吞饮了这些蛋白质并在胞浆内形成玻璃样圆滴。细胞内透明变性还可见于慢性炎灶中的浆细胞，在浆细胞胞浆内出现一椭圆形、红染、均质的玻璃样小体，即Russell小体（复红小体），电镜下见该小体为浆细胞，胞浆中大量充满免疫球蛋白而扩张的粗面内质网。

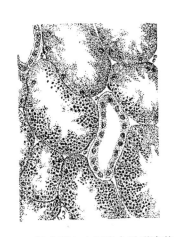

图4-4 肾小管上皮细胞内透明滴状变，上皮细胞胞浆内出现大小不等的均质圆形小滴
（《病理学》，2000）

2. 结局和对机体的影响 轻度透明变性是可以恢复的。小动脉壁透明变性可导致局部组织缺血和坏死。结缔组织透明变性可使组织变硬，失去弹性，引起不同程度的机能障碍。肾小管上皮细胞透明滴状变一般无细胞功能障碍，透明滴状物可被溶酶体消化。浆细胞的复红小体形成是免疫合成功能旺盛的一种标志。

（四）黏液样变性 黏液样变性（mucoid degeneration）是指细胞间质内出现类黏液的积聚。类黏液（mucoid）是由结缔组织细胞产生的蛋白质与黏多糖复合物，呈弱酸性，HE染色为淡蓝色。而黏液（mucin）是由消化道和呼吸道黏膜上皮细胞和黏液腺上皮细胞分泌的物质，具有保护黏膜的功能。当黏膜受刺激时，上皮细胞分泌黏液机能亢进，产生大量黏液被覆于黏膜表面，是机体对致病因素损伤作用的一种防御性反应。鱼类有一种与陆生动物不同的特点，在其皮肤和鳃上有大量的黏液细胞存在，当鱼体受到不良物质的刺激时，可反射性地分泌大量的黏液附着在皮肤和鳃上。

结缔组织发生黏液样变性时，眼观病变部位失去原来的组织形态，变成透明、黏稠的黏液样结构。光镜下见结缔组织变疏松，其中充以大量染成淡蓝色的类黏液和一些散在的星状或多角形细胞，这些细胞间有突起相互连接。结缔组织黏液样变性常见于全身性营养不良和甲状腺机能低下时，一些间叶性肿瘤也可继发黏液样变性。黏液样变性在病因去除后可以消退，但如病变长期存在可引起纤维组织增生而导致硬化。

（五）淀粉样变性 淀粉样变性（amyloid degeneration）是指组织内出现淀粉样物质（amyloid）沉着，此物质常沉着于一些器官的网状纤维、小血管壁和细胞之间。淀粉样物质是具有片层结构的一种纤维性蛋白质，在电镜下是由不分支的原纤维（直径7.5～10.0nm）相互交织成的网状结构；在光镜下为均匀无结构的物质。它可被碘染成赤褐色，再加1%硫酸则呈蓝色，与淀粉遇碘时的反应相似，故称为淀粉样物质。此物质在HE染色切片中为淡红色，对刚果红有高度亲和力而被染成红色。淀粉样变性常继发于一些长期伴有组织破坏的慢性炎症性疾病，多发生于肝、脾、肾等器官。淀粉样变性的器官肿大，呈棕黄色，质软易碎。发生淀粉样变性的器官由于实质细胞受损和结构破坏均发生机能障碍，轻度淀粉样变性一般是可以恢复的，重症淀粉样变性不易恢复。

（六）纤维素样变性 纤维素样变性（fibrinoid degeneration）是指间质胶原纤维和小血管壁失去原有组织的结构特点，变为无结构、强嗜伊红染色的纤维素样物质，也称其为纤维素样坏死（fibrinoid necrosis）。

纤维素样变性主要见于变态反应性疾病。其发生可能是抗原抗体反应形成的生物活性物质使局部胶原纤维崩解，小血管壁损伤而通透性增高，以致血浆渗出，其中的纤维蛋白原可转变为纤维蛋白沉着于病变部。

三、细胞死亡

细胞因受严重损伤，出现代谢停止、结构破坏和功能丧失等不可逆性变化，称为细胞死亡（cell death）。细胞死亡包括坏死和凋亡两种。

（一）坏死 活体内局部组织或细胞的死亡称为坏死（necrosis）。坏死组织、细胞的物质代谢停止，功能完全丧失，并出现一系列形态学改变，坏死是不可恢复的；多数坏死往往是由变性进一步发展的结果。从变性到坏死，是一个由量变到质变的渐进过程，故常称为渐进性坏死。

1. 病因和发病机理 任何致病因素只要其作用达到一定强度和时间都能引起坏死。常见的病因有以下几类：

（1）缺氧 局部缺氧多见于缺血，使细胞的有氧呼吸、氧化磷酸化和ATP合成发生严重障碍，导致细胞死亡。

（2）生物性因素 各种病原微生物和寄生虫以及毒素能直接破坏细胞内酶系统、代谢过程和膜结构，或通过变态反应引起组织、细胞的坏死。

（3）化学性因素 强酸、强碱、某些重金属盐类、有毒化合物、有毒植物等均可引起细胞坏死。

（4）物理性因素 机械力的直接作用可引起组织断裂和细胞破裂；高温可使细胞内蛋白质（包括酶）变性；低温能使细胞内水分结冰，破坏胞浆胶体结构和酶的活性，从而导致细胞死亡。

（5）神经损伤 当神经损伤后，失去了神经调节的组织出现代谢紊乱，引起细胞的萎缩、变性及坏死。

2. 病理变化 肉眼观察，早期坏死组织肉眼不易识别。临床诊断上把已失去生活能力的组织称为失活组织。失活组织有下述特征：外观无光泽，暗淡混浊；失去正常组织的弹性，组织提起或切断后回缩不良，无血液供应，故局部温度降低，血管无搏动，清创术中切割失活组织时无鲜血流出，丧失感觉（如痛觉、触觉）及运动功能（如肠管蠕动）等。

镜下观察，细胞坏死几小时后，出现明显的细胞核、细胞质和间质的变化。

（1）细胞核的变化 是细胞坏死的主要形态学标志，表现为：核浓缩，染色质浓缩，染色加深，核体积缩小；核碎裂，核染色质崩解成碎片，核膜破裂，染色质散布于胞质中，核溶解，染色质中的DNA和核蛋白被DNA酶和蛋白酶分解后，核失去对碱性染料的亲和力而淡染，以致仅能见到核的轮廓最后完全消失（图4-5）。

图4-5 细胞坏死时核的变化模式图
（《病理学》，2000）

（2）细胞浆的变化 细胞坏死后胞浆可呈现以下几种变化：胞浆呈颗粒状，这是胞浆内微细结构崩解所致，胞浆红染，胞浆与酸性染料伊红的结合增强；胞浆溶解液化；胞浆水分脱失而固缩为圆形小体，呈强嗜酸性显深红色，形成所谓嗜酸性小体（acidophilic body）。

（3）间质的变化 基质解聚，胶原纤维肿胀、崩解、液化消失。最终坏死的细胞和崩解的间质融合成一片模糊、无结构的颗粒状红染物质。间质坏死一般比实质细胞坏死晚些。

3. 坏死的类型 根据坏死形态变化的特点及发生的原因不同，坏死可分为以下几种类型：

（1）凝固性坏死（coagulation necrosis） 以坏死组织发生凝固为特征，常见于心、肾、脾等器官。特点是坏死组织失去原有的弹性，质坚实而干燥，混浊无光泽，呈灰白或黄白色。坏死处细胞结构消失，但组织结构还保持其轮廓残影。

凝固性坏死还有两种特殊类型：

①蜡样坏死（waxy necrosis）：是肌肉组织的凝固性坏死。坏死的肌组织混浊、干燥，呈灰白色，形似石蜡一样；光镜下见肌纤维肿胀、断裂，横纹消失，胞浆呈红染、均质、无结构的玻璃样物质。这种坏死常见于动物的肌肉白浊病。鱼类维生素E缺乏和长期投喂含氧化油脂较高的饲料时，也会发生这种坏死。

②干酪样坏死（caseous necrosis）：主要见于结核杆菌引起的坏死，其特征是坏死组织彻底崩解，并含有较多脂质（主要来自结核杆菌）。坏死组织灰白或灰黄，质松软易碎，外观像干酪，因而称为干酪样坏死。镜下，组织的固有结构完全破坏，实质细胞和间质都彻底崩解，仅见一片无定形的颗粒状物质。在患细菌性肾病的鲑内脏的肉芽肿结节中可见到这种干酪样坏死。

（2）液化性坏死（liquefaction necrosis） 以坏死组织迅速溶解成液状为特征，一些动物在维生素E和硒缺乏时，可发生脑液化性坏死。常发于含磷脂和水分多而蛋白质较少的脑、脊髓，坏死后不易凝固而形成软化灶。化脓性炎症时，由于炎症灶内有大量的中性粒细胞，当其崩解后释放出蛋白溶解酶将炎性坏死组织溶解液化而形成脓液，也属于液化性坏死。

（3）坏疽（gangrene） 是组织坏死后受到外界环境影响和不同程度的腐败菌感染所引起的一种变化。坏疽眼观呈黑褐色或黑色，这是腐败菌分解坏死组织产生的硫化氢与红细胞破坏后血红蛋白中分解出来的铁结合，形成黑色的硫化铁的结果。

4. 结局 坏死的结局有以下几种：

（1）溶解吸收 较小范围的坏死组织可被中性粒细胞或组织崩解所释放的蛋白溶解酶溶解液化后，经淋巴管、血管吸收，或被巨噬细胞吞噬。缺损的组织由周围健康细胞再生或肉芽组织形成予以修复。

（2）分离、排出 较大范围的坏死组织难以吸收时，与正常组织交界处出现炎症反应，中性粒细胞不断向坏死组织崩解释放蛋白溶解酶，将坏死组织分解，使其与正常组织分离、脱落排出，形成缺损。皮肤与黏膜的坏死组织脱落后形成浅表的缺损称为糜烂，较深的缺损称为溃疡。与外界相通的器官内，较大范围的坏死组织经溶解后，由自然管道排出后残留的空腔，称为空洞。

（3）机化 坏死组织不能完全溶解吸收或分离排出，而由新生的肉芽组织将坏死组织取代，最后形成疤痕的过程，称为机化。

（4）包裹 坏死灶如较大或坏死物难以溶解吸收，或不能完全机化，而由周围新生肉芽组织将其包绕，称为包裹。

（5）钙化 陈旧的坏死组织可继发钙盐沉积，称为钙化（calcification）。

5. 对机体的影响 坏死组织的机能完全丧失。坏死对机体的影响取决于其发生部位和范围大小，坏死范围越大则对机体的影响也越大。发生在重要器官的较大范围的坏死，其后果比较严重，脑和心脏等重要器官的坏死往往由于其功能障碍而威胁生命。发生在非重要器官的小范围的坏死，一般无严重的后果。

（二）凋亡（apoptosis） 又称程序性细胞死亡（programmed cell death）或细胞自杀（cell suicide），是细胞自身的一种主动的、生理性死亡机制，是一个多步骤发生的、受基因调控的遗传机制。表现为散在发生的单个细胞坏死，从不累及大片细胞，是细胞死亡的另一种形式和途径。

凋亡可见于生理（如激素、各种细胞因子等）和病理性因素（如自由基、细菌等）。健康组织中细胞的衰亡、正常胚胎发育过程和成熟组织的正常退化都可见到细胞凋亡；某些原因引起的萎缩、肿瘤细胞退化和一些毒性刺激（特别是低剂量时）作用于组织时也能见到细胞凋亡现象。

对细胞凋亡的最初认识，源于组织胚胎学研究中对组织器官发生的研究，细胞凋亡在组织发生及器官成型过程中起了重要作用。典型的凋亡细胞在形态学上表现为初期细胞表面特化结构消失，如微绒毛和细胞突起消失，细胞连接松解，与相邻细胞分离。随后，细胞缩小和变形，并向表面隆起；胞浆变致密，细胞器聚集，线粒体尚完好，未见肿胀，滑面内质网扩张，其囊泡与细胞表面融合，核染色质发生浓缩，染色质聚集于细胞核周边而使细胞核呈现半月形，或成团块状附在内核膜上，进一步发生染色质断裂形成细胞核碎片，细胞质也发生断裂，细胞突出部分与胞体分离。最后整个细胞裂解为大小不等、由细胞膜包裹的、含有多少不等核碎片及细胞质的小体，称之为凋亡小体（apoptotic bodies）。有些凋亡小体含胞浆成分和胞核碎块，有些只有胞浆成分。

凋亡细胞不仅在形态学上，而且在生物化学以及分子结构上都表现出一定的特性，这使得细胞凋亡与另一种常见的细胞坏死有着本质的区别。坏死是组织或细胞在外在的物理、化学或生物因素的剧烈作用下发生的一种急性死亡。这种死亡方式无基因的参与，也不具形态学和生化学特性，因此需与凋亡区分开来。

第三节　适应与修复

适应与修复是指机体对于环境条件改变或各种刺激，以及体内机能和结构破坏所呈现的具有适应意义的反应，这些反应是在进化过程中逐渐形成和完善的，它们在保证动物的生存和发展上起着极为重要的作用。

适应（adaptation）是指机体对体内、外环境条件变化时所发生的各种积极的有效的反应。无论是在生理条件下维持动物的正常生命活动，或者是在病理条件下出现抵抗障碍和损伤的过程，都包含着机体的各种适应性反应。

修复（repair）是指组织损伤后的重建过程，即机体对死亡的细胞、组织的修补性生长过程及对病理产物的改造过程。再生、肉芽组织形成、创伤愈合和机化等都属修复的形式。

一、代　偿

在致病因素作用下，体内出现代谢、功能障碍或组织结构破坏时，机体通过相应器官的代谢改变、功能加强或形态结构变化来补偿的过程，称为代偿（compensation）。一般说来，代偿是以物质代谢加强为基础，先出现功能增强，进而逐渐在功能增强的部位发生形态结构变化。这种形态结构变化又为功能增强提供了物质保证，使功能增强能够持续下去。代偿的形式可以有条件地区分为以下三种：

（一）代谢性代偿　是指在疾病过程中体内出现以物质代谢改变为其主要表现形式，借以适应机体新的改变的一种代偿过程。例如，处于慢性饥饿的动物由于营养物质缺乏，在较长时期内能量来源主要是靠消耗体内储备的脂肪。

（二）功能性代偿　这是最常见的代偿形式，指机体通过功能增强来补偿体内的功能障碍的一种代偿形式。例如，成对器官肾脏中的一个或肝脏的一部分因损伤而功能丧失时，健康的肾脏或肝脏的健康部分可出现功能加强，以维持肾脏或肝脏的正常功能。

（三）结构性代偿　是指以器官、组织体积增大（肥大）来实现代偿的一种形式，此时体积增大的器官、组织伴有功能加强。结构性代偿是一个慢性发展过程，一般在功能性代偿之后逐渐出现。

代偿是机体的适应性反应，机体的代偿能力是相当大的，并具有多种多样的形式。但任何代偿又都有一定的限度，也就是说机体的代偿能力是有限的，当某器官的功能障碍继续加重，代偿已不能克服功能障碍引起的后果时，新建立的平衡关系又被打破，出现各种障碍，即发生代偿失调（decompensation）。

二、化　生

已分化成熟的组织在刺激因素的作用下转变为另一种组织的过程，称为化生（metaplasia）。这种分化上的转向通常发生于相近类型的组织，如上皮组织中的柱状上皮可化生为复层鳞状上皮，结缔组织中的疏松结缔组织可化生为骨、软骨组织。

根据化生发生的过程不同，化生可分为直接化生与间接化生两种。

（一）直接化生　是指一种组织不经过细胞的分裂增殖而直接转变为另一种类型组织的化生。例如，结缔组织化生为骨组织时，纤维细胞可直接转变为骨细胞，进而细胞间出现骨基质，形成骨样组织，经钙化而成为骨组织。

（二）间接化生 是指一种组织通过新生的幼稚细胞而转变为另一种类型组织的化生。这种化生是通过细胞增生来完成的，增生时先形成不成熟的细胞，在新的环境条件和新的机能要求下，按新的方向分化成为不同于原组织的另一种类型的组织。

化生是机体对不利环境和有害因素损伤的一种适应性改变，通常能增加该组织对一些刺激的抵抗力。但往往丧失了原来组织的固有功能。如鱼的鳃小片上皮化生为复层鳞状上皮时，则造成鳃从水中吸入氧的机能障碍。化生久治不愈，还可能继发为肿瘤。

三、肥 大

细胞、组织或器官的体积增大称为肥大（hypertrophy）。肥大是机体适应性反应在形态结构方面的一种表现。肥大的基础是实质细胞体积增大或数量增多，或二者同时发生而形成的。可分为生理性肥大和病理性肥大。

（一）生理性肥大 在生理条件下，体内某一组织、器官为适应生理机能需要而发生的肥大，称为生理性肥大，此时其功能增强，并具有更大的储备力。

（二）病理性肥大 在病理条件下所发生的肥大，称为病理性肥大。这种肥大的器官具有适应疾病造成的机能负担增加或代偿某器官机能不足的作用，故又称为代偿性肥大。代偿性肥大的器官体积增大，重量增加，功能增强，往往能获得较长时间的功能代偿。但是，代偿性肥大器官的储备力却相对地降低，而且这种代偿能力也是有限的，若肥大的器官超过其代偿限度时，便会发生失代偿，如肥大心肌引起的心功能不全。

四、再 生

（一）再生的概念 机体内死亡的细胞和组织可由邻近健康的细胞分裂新生而修复，这种细胞的分裂新生称为再生（regeneration）。再生可分为生理性再生和病理性再生。

1. 生理性再生 是指在生理情况下，有些细胞、组织不断老化、消耗，又不断由新生的同种细胞来加以补充更新。例如，外周血液内血细胞衰老、死亡后，可不断地从造血器官进行血细胞的再生得到补充；皮肤的表皮细胞经常衰亡脱落可由表皮基底层细胞不断分裂增生予以补偿等等，都属于生理性再生。生理性再生的细胞在形态上和功能上都与原来衰亡的细胞完全相同。

2. 病理性再生 是指在病理情况下，细胞组织缺损后发生的再生。病理性再生的细胞和组织如在结构和功能上与原来的组织完全相同时称为完全再生（complete regeneration）；如果缺损的组织不能由结构和功能完全相同的组织来修补，而是以结缔组织增生的方式来修复则称为不完全再生（incomplete regeneration），多发生于再生能力弱、损伤比较严重的组织。

（二）各种组织的再生能力 体内各种组织有着不同的再生能力，这是在长期进化过程中获得的。一般来说，分化程度低的组织比分化程度高的组织再生能力强，幼稚时期的组织比老年时期的组织再生能力强，在生理条件下经常更新的组织有较强的再生能力。体内各种细胞按其再生能力不同可分为三类：

1. 不稳定细胞（labile cells） 是指在整个生命活动过程中不断地分裂增殖以补充其衰亡和损伤的一类细胞，如皮肤和黏膜的上皮细胞、造血细胞和间皮细胞等都属于这一类。这些细胞再生能力相当强，损伤后一般能完全再生。

2. 稳定细胞（stable cells） 是指具有潜在再生能力的细胞，这类细胞在生理情况下一一般不增殖，当组织遭受到损伤的刺激时，其较强的再生潜力就会立即表现出来，如肝、胰等腺细胞和血管内皮细胞、间叶细胞等。平滑肌细胞也属于稳定细胞，但一般情况下其再生能力较弱。

3. 永久性细胞（permanent cells） 是指一些再生能力很弱或没有再生能力的细胞，一般情况下都不能再生，一旦遭受破坏则可成为永久性缺失，如骨骼肌细胞、心肌细胞和神经细胞都属于这一类。

（三）各种组织的再生过程

1. 被覆上皮细胞的再生 被覆上皮细胞具有强大的再生能力。当皮肤或黏膜的复层鳞状上皮损伤后，由创缘底部的上皮基底层细胞分裂增生，向缺损中心伸展覆盖新生的细胞，先形成单层上皮，以后增生分化为鳞状上皮。当黏膜的柱状上皮缺损后，也由损伤部边缘的上皮细胞分裂增生来修补，新生的细胞初为立方形，以后逐渐分化成熟为柱状细胞。

2. 结缔组织的再生 结缔组织的再生能力很强，它不仅见于结缔组织损伤之后，还发生于其他组织的不完全再生时。在创伤愈合和机化过程中都可以看到结缔组织的再生。这种再生开始于成纤维细胞的分裂增殖，当成纤维细胞停止分裂后，开始合成并分泌前胶原蛋白，在细胞周围形成胶原纤维，细胞逐渐成熟，变成长梭形，核梭形，呈深染的纤维细胞。

3. 血管的再生 毛细血管的再生又称血管形成，是以生芽的方式来完成的。即由原有毛细血管的内皮细胞肥大并分裂增殖，形成向外突起的幼芽，幼芽增生延长而形成一条实心的细胞索，在血流的冲击下，细胞条索中出现管腔，形成新的毛细血管，进而彼此吻合构成毛细血管网。这些新生的毛细血管为适应功能的需要还可不断改建，有的关闭，内皮细胞被吸收消失；有的可逐渐发展为小动脉或小静脉，此时血管壁外的未分化间叶细胞可进而分化为平滑肌等成分，使管壁增厚。

4. 神经组织的再生 神经细胞没有再生能力，中枢神经系统内的神经细胞坏死后是由神经胶质细胞再生来填补，从而形成胶质瘢痕。周围神经的神经纤维断裂时，只要神经纤维的断端与发出纤维的神经细胞仍保持联系，而且该神经细胞是完好的，一般都可以完全再生。外周神经受损时，若与其相连的神经细胞仍然存活，则可完全再生。若离断的两端相距太远或两断端之间有瘢痕组织相隔，再生的轴突均不能到达远端而与增生的结缔组织混杂在一起，卷曲成团，形成创伤性神经瘤，可引起顽固性疼痛。

5. 骨组织的再生 骨组织的再生能力很强。骨损伤后，主要由骨外膜和骨内膜内层的细胞分裂增生形成一种幼稚的组织进行修复，以后逐渐分化为骨组织，通常可完全再生。

6. 肌肉组织的再生 骨骼肌的再生能力很弱。骨骼肌的再生依肌膜是否完整及肌纤维是否完全断裂而有所不同。当损伤轻微，仅肌纤维部分发生坏死，而肌膜完整和肌纤维未完全断裂时，可恢复骨骼肌的正常结构。如果损伤使肌纤维完全断开，肌纤维断端不能直接连接，而需靠结缔组织连接。如果整个肌纤维连同肌膜均遭破坏，则只能通过结缔组织修复。平滑肌只有一定的分裂再生能力。如切断的肠壁，其断处的平滑肌则只能由结缔组织来连接。心肌的再生能力极弱，心肌坏死后都是由结缔组织修复。

五、肉芽组织

肉芽组织（granulation tissue）是由新生壁薄的毛细血管和增生的成纤维细胞构成，并伴有炎性细胞浸润。

（一）形态结构 肉眼观察，新鲜肉芽组织表面呈鲜红色，颗粒状，柔软湿润，富含毛细血管，没有神经，触之易出血，但无疼痛，形似鲜嫩的肉芽故得名，如果创面伴有感染，局部血液循环障碍或有异物残存时，肉芽组织生长不良，表面呈苍白色、水肿、松弛无弹性，颗粒不明显，触之不易出血，表面覆盖有脓性渗出物，这种肉芽生长缓慢，不易愈合，必须清除后使之重新长出健康肉芽才能愈合。镜下观察，见肉芽组织凸起的颗粒主要由成纤维细胞和新生的毛细血管所组成。其间常有多少不等的中性粒细胞和巨噬细胞浸润（图4-6）。毛细血管多垂直向创面生长，并有瓣状弯曲，互相吻合。

（二）肉芽组织的功能　肉芽组织在组织损伤的修复中具有重要的作用，其主要功能是抗感染和保护创面，机化血凝块、血栓、坏死组织及其他异物，填补伤口及组织缺损。

（三）结局　肉芽组织一旦完成修复就停止生长，并全面向成熟化发展。此时肉芽组织中液体成分逐渐吸收减少，炎性细胞减少并逐渐消失，部分毛细血管闭塞，数目减少，有的毛细血管的管壁可增厚而形成小动脉或小静脉。成纤维细胞产生大量胶原纤维，变为纤维细胞，使组织胶原化而转化为瘢痕组织。肉芽组织纤维化后呈灰白色，质地较硬，称为疤痕（scar）。

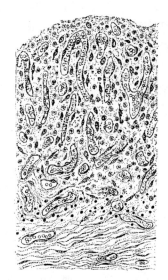

图4-6　肉芽组织镜下结构模式图
示新生毛细血管、纤维母细胞及各种炎性细胞
（《病理学》，2000）

六、机　化

坏死组织、炎性渗出物、血凝块和血栓等病理性产物被肉芽组织取代的过程，称为机化（organization）。

机体遭受损伤后，可出现各种病理性产物，当其数量较少时，通常靠酶解和巨噬细胞的吞噬作用而清除。当病理性产物数量较多而不能消散时，在其周围出现肉芽组织增生，并向病理性产物内部生长。肉芽组织中的中性粒细胞和巨噬细胞的吞噬作用及其中酶的作用，使病理性产物逐渐被溶解、吸收；毛细血管能够促进吸收，成纤维细胞可填补缺损。在这些细胞的联合作用下，肉芽组织一边生长一边吸收，最后病理性产物完全被取代而成为结缔组织，即发生机化。对于不能机化的病理性产物或异物则可由肉芽组织将其包裹，称为包囊形成（encapsulation）。机化完成后，肉芽组织逐渐成熟并疤痕化。

机化在消除和限制各种病理性产物的致病作用和保持机体内环境的稳定性中起着重要作用。本质上，它是一种具有适应意义的修复性反应，但是，机化有时也可给机体带来不利的影响。例如，两层浆膜因机化而粘连之后，将限制相应器官的活动。因此机化具有修复作用的有利一面，也可能带来机能障碍的不利一面。

七、创伤愈合

创伤愈合（wound healing）是指创伤造成组织缺损的修复过程。任何组织损伤的修复都是以坏死组织和炎性渗出物等的清除和组织再生为主过程。

（一）创伤愈合的基本过程　这个过程可概括为：①缺损部位出现血凝块。②伤口收缩。③吞噬细胞清除坏死组织。④基底部及周边生长肉芽组织。⑤上皮细胞覆盖表面。⑥最后形成瘢痕。

创伤第一天，伤口出血，同时伤口周围很快出现炎性渗出和血凝块充满伤口，起临时填充和保护作用。伤后第二、三天，伤口收缩，由收缩伤口边缘或底部开始，新生肉芽组织向血凝块内生长。对合整齐且无感染的伤口，第二天上皮即可覆盖创面，三天内肉芽组织即可长满伤口。损伤大、感染严重的伤口，先是肉芽组织发挥抗感染和清除异物作用，填满伤口后其周围的表皮细胞向中央增生，最后覆盖表面而愈合。随后肉芽组织中的成纤维细胞产生大量胶原纤维，逐渐形成瘢痕组织。

（二）创伤愈合的类型 创伤愈合可分为第一期愈合和第二期愈合两种类型。

1. 第一期愈合 见于创缘整齐、组织缺损少、没有感染的伤口。这种伤口炎症反应轻，血凝块少，愈合时间短，形成的疤痕小。

2. 第二期愈合 见于各种严重的创伤。这种创伤组织缺损大，创缘不整齐、哆开、坏死组织多、出血较严重、伴有感染和明显炎症。这种创伤只有在感染过程被控制和病理产物基本清除以后，修复过程才能开始。因而第二期愈合的时间长，形成的疤痕较大。

（三）影响创伤愈合的因素

1. 全身性因素

（1）年龄　幼龄动物的组织再生能力强，愈合快；老龄动物的再生能力弱，愈合慢。

（2）营养　蛋白质和维生素是组织再生过程中的物质基础。严重的蛋白质、维生素C缺乏时胶原纤维的形成减少，使伤口愈合延缓。在微量元素中，锌对伤口愈合有重要作用。

（3）药物　大剂量的肾上腺皮质激素能抑制炎症渗出、毛细血管形成、成纤维细胞增生及胶原纤维合成，并加速胶原纤维的分解，不利于创伤的愈合。

2. 局部因素

（1）局部血液循环　局部血液供应不良（如淤血）时，则创伤愈合迟缓。

（2）感染与异物　伤口感染时，可引起组织坏死、胶原纤维基质溶解，促进炎性渗出加重伤口的损伤。当有异物残留于伤口时，亦可妨碍愈合，并利于感染。这种情况下，只有控制感染、清除坏死组织及异物后，修复才能顺利进行。

（3）神经支配　当局部神经损伤后，这些神经分布区域的病变极难愈合。

第四节　炎　　症

一、炎症的概念

炎症（inflammation）是机体对致炎因素的局部损伤所产生的具有防御意义的应答性反应。这种反应包括从组织损伤开始直至组织修复为止的一系列复杂的病理过程，主要表现为组织损伤、血管反应、细胞增生三个方面的变化，其中血管反应是炎症过程的中心环节。炎症局部组织的病理变化有变质、渗出和增生。局部表现是红、肿、热（在鱼类不明显）、痛和功能障碍，全身反应有发热、血中白细胞变化等。

炎症是一种常见而重要的病理过程。许多疾病尽管病因不同，疾病性质和症状各异，但其病理过程都属于炎症。

二、炎症的原因

凡能引起组织损伤的致病因素都可成为炎症的原因，概括起来有如下几种。

（一）生物性因素　这是最常见的致炎因素，包括各种病原，如细菌、病毒、立克次体、螺旋体、真菌和寄生虫等为炎症最常见的原因，通过其产生的内外毒素、机械性损伤、细胞内增殖造成的破坏或作为抗原性物质引起超敏反应，都可导致组织损伤而引起炎症。

（二）物理性因素　高温、低温、机械力、紫外线、放射性物质等，当达到一定作用强度时均可引起炎症。

（三）化学性因子　外源性化学性因子如强酸、强碱等，在其作用部位腐蚀组织而导致炎症。内源性化学物质如组织坏死崩解产物、某些病理条件下体内堆积的代谢产物（尿素、尿酸等），在其蓄积和吸收的部位也常引起炎症。

（四）异常免疫反应　当免疫反应异常时，造成组织损伤形成炎症，如过敏、肾小球肾炎等。

三、炎症的基本病理过程

炎症的基本病理过程包括局部组织损伤、血管反应和细胞增生，通常概括为局部组织的变质、渗出和增生。在炎症过程中，一般早期以变质和渗出为主，后期则以增生为主，三者之间互相联系，互相影响，构成炎症局部的基本病理变化。变质是损伤性过程，渗出和增生是对损伤的防御反应和修复过程。

（一）变质　炎症局部组织发生的变性和坏死称变质（alteration）。变质主要是由致炎因子的直接损伤作用，或由局部血液循环障碍及炎症反应物等共同作用引起。

1. 形态变化　炎灶内实质细胞常发生各种变性乃至坏死。这些变化一般以炎灶中央部最为明显，实质细胞可发生细胞水肿、脂肪变、凝固性坏死、液化性坏死等。间质可发生间质内的纤维（包括胶原纤维、弹性纤维、网状纤维）断裂、溶解或发生纤维素样坏死，而纤维之间的基质（含透明质酸、黏多糖等）可发生解聚、黏液样变性、纤维素样变性和坏死等。

2. 代谢变化　炎灶内组织物质代谢的特点是分解代谢加强，氧化不全，产物堆积。

（1）局部分解代谢增强　糖、脂肪、蛋白质分解代谢增强，由于局部酶系统受损和血液循环障碍，各种物质氧化不全产生大量乳酸、酮体、氨基酸等堆积，出现局部酸中毒。

（2）局部渗透压增高　局部 H^+、K^+、SO_4^{2-} 等离子浓度升高，炎症区分解代谢亢进和坏死组织崩解，蛋白质等大分子分解为小分子物质，因此，炎症区胶体和晶体渗透压均升高。

3. 炎性介质形成和释放　炎性介质是指炎症时由细胞释放或体液中产生的，参与或引起炎症反应的化学物质。按其作用可分为血管活性物、趋化剂等，按其来源可分为细胞源性炎症介质和血浆源性炎症介质。几种炎性介质的来源和作用见表 4-1。

表 4-1　主要炎性介质及作用

来源	种类	血管扩张	血管壁通透性增加	趋化作用	组织损伤	发热	疼痛
肥大细胞、血栓细胞、嗜碱性粒细胞	组胺	+	+				
肥大细胞、血栓细胞	5-羟色胺	+	+				
细胞质膜磷脂成分	前列腺素	+	+	+		+	+

（续）

来源	种类	血管扩张	血管壁通透性增加	趋化作用	组织损伤	发热	疼痛
白细胞、肥大细胞	白细胞三烯		+	+			
中性粒细胞	溶酶体成分		+	+	+		
T淋巴细胞	淋巴因子		+	+	+		
血浆蛋白质	缓激肽	+	+				+
补体系统	补体（C3a、C5a）	+	+	+			
凝血系统	纤维蛋白多肽		+	+			
纤溶系统	纤维蛋白降解产物		+	+			
白细胞	氧自由基				+		

（二）渗出 炎症过程中，随着血流变慢和血管通透性升高，血液的液体成分可通过微静脉和毛细血管壁进入组织内，这种现象称为渗出（exudation）。渗出的液体和细胞成分，称为渗出液或渗出物。渗出全过程包括血流动力学改变、血管通透性升高和细胞游出及吞噬三部分。

1. 血流动力学改变 炎症过程中组织发生损伤后，通过神经反射及一些化学介质作用，立即出现细小动脉短暂收缩，持续几秒钟，随后细动脉、毛细血管开放，局部血流加快，血量增多，血压升高，这是炎症早期动脉性充血的表现。血管扩张是血液动力学的主要变化，血管扩张的发生机制与神经轴突反射和体液内化学介质的作用有关。血流加快，持续时间数分钟至数小时不等，炎症继续发展，原来的动脉性充血转变为静脉性充血，细静脉扩张，血流由快变慢，导致静脉性充血（淤血），甚至发生血流停滞，为血液成分渗出创造条件。

2. 血管通透性升高 炎症时血管通透性升高，主要发生于微静脉和毛细血管。血管通透性的高低取决于血管内皮细胞的完整性。炎症时可使血管内皮细胞收缩、损伤，交接处出现明显裂隙，血管基底膜断裂、消失，穿胞通道作用增强，新生毛细血管高通透性等。血管通透性增加，血管内流体静力压增高和组织间渗透压升高，导致液体外渗。渗出液可在组织间隙积聚，造成炎性水肿，或在浆膜腔积聚，造成积液。血管壁受损伤的程度不同，渗出的液体成分也不同。损伤较轻时以分子质量较小的白蛋白渗出为主，损伤严重时分子质量较大的球蛋白、纤维蛋白原也可渗出。但要注意炎症的渗出液与单纯血管内压力升高引起漏出液是不同的，前者蛋白含量高，超过2.5%，密度在1.018kg/L以上，含较多细胞成分，外观混浊易在体内外发生凝固；而后者蛋白含量低于2.5%，密度在1.018kg/L以下，不含或只含少量细胞成分，外观澄清且不凝固。

炎性渗出液对机体有重要防御作用，它有稀释毒素、减少毒素对局部组织的损伤作用；给局部带来葡萄糖、氧等营养物质和带走代谢产物；渗出物含抗体、补体等，消灭病原菌，增强局部防御能力；渗出物含纤维蛋白原并形成纤维素交织成网，限制病原微生物扩散，有利于吞噬细胞吞噬，后期有利于组织修复。但是渗出液也有对机体不利的方面，渗出液过多可引起压迫和阻塞。如体腔积液可压迫内脏器官，影响其功能；纤维素渗出过多，有时不能被完全吸收，当发生机化时，可导致发炎组织与邻近组织的粘连而影响其正常生理功能。

3. 白细胞渗出 白细胞由血管内通过血管壁游出到血管外的过程，称白细胞渗出。进入炎症区的白细胞称炎性细胞，白细胞渗出并集中到炎症区称炎性细胞浸润。

白细胞渗出是复杂的连续过程，包括白细胞边集、黏着、游出和化学趋化作用。所谓趋化作用，是指白细胞在某些化学刺激物的作用下所做的单一定向的运动，这些化学刺激物称为趋化因子。研究证明，趋化因子有特异性，即有些趋化因子只能吸引中性粒细胞，另一些趋化因子能吸引单核细胞或嗜酸性粒细胞等。此外，不同细胞对趋化因子的反应能力也不同，粒细胞和单核细胞对趋化因子反应较显著，而淋巴细胞反应较微弱。白细胞向着趋化因子游走，称阳性趋化作用，反之则称阴性趋化作用。趋化因子可有内源性的，如补体成分等，也可以是外源性的，如细菌产物等。

4. 白细胞吞噬作用 白细胞吞噬和消化病原体、抗原抗体复合物、各种异物及组织坏死崩解产物的过程称为吞噬作用（phagocytosis）。吞噬过程由识别和附着、吞入、杀伤或降解三个步骤组成。吞噬细胞借助其表面的 Fc 和 C3b 受体，能识别被调理素（能增强吞噬细胞吞噬功能的蛋白质，如免疫球蛋白 Fc 段、补体等）包绕的异物（细菌等），经抗体和补体与相应的受体结合，细菌就被黏附在细胞表面，吞噬细胞内褶和外翻伸出伪足，将异物包绕吞入胞质内形成吞噬体，并与溶酶体融合形成吞噬溶酶体。细菌等在吞噬溶酶体内被具有活性的氧代谢产物，如过氧化氢、次氯酸等杀伤或降解。

5. 常见渗出的炎性细胞种类及其功能 炎性症区的炎性细胞多数来源于血液，如中性粒细胞、嗜酸性粒细胞、单核细胞、淋巴细胞等，少数来自组织增生的细胞，如巨噬细胞等。

（1）中性粒细胞 或称多形核白细胞，这一名称是从人体组织学借用而来，由于所含颗粒不一定呈中性染色，细胞核也不一定呈多叶形，如禽类的中性粒细胞胞浆内的颗粒染色反应呈酸性，故又叫伪嗜酸性粒细胞，或嗜异染性白细胞。在鱼类曾称为"第一型白细胞"，但目前广泛采用的仍然是中性粒细胞这一术语。中性粒细胞见于急性炎症和化脓性炎症，具有活跃的运动和吞噬功能，能吞噬细菌、组织崩解碎片及抗原抗体复合物等较小物体，释放多种酶类，溶解周围变质细胞和自身而形成脓汁。

（2）单核细胞及巨噬细胞 鱼类血液循环中的单核细胞来自肾脏造血组织，在形态和化学性质上都与哺乳动物相似。单核细胞体积较大，胞浆丰富，核呈肾形或马蹄形，位于细胞中央或偏于一侧。单核细胞由血液进入组织后即成为巨噬细胞。它体积更大，胞浆内细胞器较之单核细胞更丰富，酶解异物的作用更强。对中性粒细胞不能吞噬的病原微生物、较大的异物、组织细胞坏死碎片甚至整个变性红细胞，都有重要的清除作用。巨噬细胞在不同情况下，有不同的形态特征：如吞噬含蜡质膜的细菌（结核分枝杆菌）时，形成类上皮细胞；吞噬脂质形成泡沫细胞；如异物体积较大难以被吞噬时，多个巨噬细胞相互融合或核分裂而胞质不分裂形成多核巨细胞，对异物进行包围吞噬。还能吞噬并处理抗原，把抗原信息传递给免疫活性细胞，参与特异性免疫反应。单核细胞常见于急性炎症后期、慢性炎症、某些非化脓性炎症、病毒和寄生虫感染等。

（3）嗜酸性粒细胞 嗜酸性粒细胞胞浆丰富，核多分为两叶，呈卵圆形，具有一定吞噬功能，能吞噬抗原抗体复合物，嗜酸性颗粒内含多种水解酶，如蛋白酶、过氧化物酶等，但不含溶菌酶和吞噬素。常见于慢性炎症、寄生虫感染、变态反应性炎症等。其主要功能是吞噬抗原抗体复合物、调整限制速发型变态反应，同时对寄生虫有直接杀伤作用。

（4）淋巴细胞 主要见于慢性炎症、炎症恢复期以及病毒性炎症和迟发性变态反应过程中。可见炎灶内淋巴细胞聚集，同时血液中淋巴细胞数量也增多。中枢神经系统发生病毒感染时，常见脑脊髓血管周围大量淋巴细胞浸润。从形态上淋巴细胞可分为小、中、大三类。小淋巴细胞直径约 $5\mu m$，胞核呈圆形或卵圆形，一侧常有小缺痕，核染色质致密故呈深染，胞浆较少，嗜碱性，通常在病理切片中胞浆不清楚，小淋巴细胞代表成熟的淋巴细胞。中淋巴细胞直径 $10\mu m$，大淋巴细胞直径 $15\mu m$，胞浆较丰富，代表未成熟或处于转化中的淋巴细胞。根据免疫学机能的不同，淋巴细胞又可分为 T 淋巴细胞和 B 淋巴细胞。T 淋巴细胞参与细胞免疫，产生各种淋巴因子，具有抗病毒、杀伤靶细胞、激活巨噬细胞等多种重要作用；B 淋巴细胞在抗原刺激下转变成浆细胞，产生抗体参与体液免疫反应。

（5）浆细胞　浆细胞是 B 淋巴细胞受抗原刺激后演变而成的，较淋巴细胞略大，呈圆形或卵圆形，胞浆较丰富，轻度嗜碱性。细胞核呈圆形，常位于细胞的一侧，核染色质致密呈辐射状排列。主要见于慢性炎症过程。浆细胞具有合成免疫球蛋白的能力，与体液免疫反应有密切的联系。

（6）嗜碱性粒细胞　胞质内含粗大的嗜碱性颗粒，内含肝素、组胺、5-羟色胺。当受炎症刺激时，细胞脱颗粒而释放上述物质导致炎症。多见于变态反应性炎症等。

（三）增生　在致炎因子、组织崩解产物等刺激下，炎症区组织的实质和间质细胞增殖，细胞数目增多，称增生（proliferation）。这种现象在炎症早期即可发现，但以炎症后期表现最为明显。如肝炎时肝细胞的增生，肠炎时肠上皮细胞和腺体的增生等为实质细胞增生；巨噬细胞、血管内皮细胞和成纤维细胞增生为间质成分增生。炎性增生具有限制炎症扩散和促进炎症区组织修复的作用。常见于慢性炎症，如慢性肠炎等，但少数也可见于炎症早期，如急性肾小球肾炎时血管内皮细胞和球系膜细胞明显增生等。在慢性炎症中，增生最明显的是成纤维细胞和新生毛细血管共同组成肉芽组织，修复组织缺损。在炎症后期某些器官、组织的实质细胞也可发生增生。

四、炎症的类型及病变特点

临床诊断上，根据病程长短和发病急缓，将炎症分为超急性炎症、急性炎症、亚急性炎症、慢性炎症几类，急性和慢性炎症最常见。亦可根据炎症病变部位和引起炎症的原因分类，如卡他性肠炎、病毒性肝炎等。而根据炎症的主要病变特点又可分为变质性炎、渗出性炎和增生性炎。这些分类方式之间有一定的联系，例如急性炎症常以变质和渗出性病理变化为主，而慢性炎症常以增生性变化占优势。下面主要从病理学角度介绍急性和慢性两大类炎症。

（一）急性炎症类型　急性炎症（acute inflammation）起病急、病程短，一般数天至一个月，症状明显。病变以变质和渗出改变为主，而增生较轻微。

1. 变质性炎（alterative inflammation）　此类炎症的病变是以组织、细胞的变性、坏死为主要特征，渗出和增生改变较轻微，主要发生在肝、肾、脑、心等实质器官，也可见于骨骼肌。常由重症感染、中毒和变态反应等引起，炎症的相应器官有明显功能障碍。如急性重型肝炎时，肝细胞广泛变性坏死，肝功能障碍等。变质性炎多为急性过程，一般炎症损伤较轻时在病因消除后可完全愈复。如果实质细胞大量受到损伤，引起器官功能急剧障碍，可造成严重后果甚至发生死亡。

2. 渗出性炎（exudative inflammation）　此类炎症的病变以渗出为主，伴有不同程度的变质和增生，根据渗出物的成分和病变特点，又分为以下几类：

（1）浆液性炎（serous inflammation）　以渗出大量浆液为特征的炎症，浆液色淡黄，呈轻度混浊。其主要成分是血清，含有3%～5%蛋白质，以血清蛋白为主，混有少量中性粒细胞和纤维素等。各种理化因素（机械性损伤、冻伤、烫伤、化学毒物等）和生物性因素等都可引起浆液性炎。浆液性炎是渗出性炎的早期表现。浆液性炎常发生于黏膜、浆膜和疏松结缔组织等处。如皮肤Ⅱ度烧伤形成水泡，胸腹膜炎导致胸腹膜腔积液，毒蛇咬伤局部水肿等。浆液性炎一般较轻，易于吸收消退。但渗出物过多，如胸腹膜腔大量积液，可影响内脏功能。

（2）纤维素性炎（fibrinous inflammation） 是以渗出液中含有大量纤维素为特征的炎症。纤维素即纤维蛋白，来自血浆中的纤维蛋白原。纤维素性炎的发生是由细菌毒素和各种内、外源性毒物导致血管壁严重损伤、通透性增高的结果。当血管壁损伤较重时纤维蛋白原从血管中渗出，受组织损伤释放的酶的作用而转变成为不溶性的纤维蛋白。纤维素性炎多发生于浆膜（胸膜、腹膜、心外膜）、黏膜（胃肠道等）。发生于黏膜者，渗出的纤维素、坏死组织和白细胞共同在黏膜表面形成一层灰白色膜状物称假膜，故又称假膜性炎。发生于浆膜时，渗出的纤维素呈丝网状、絮状或片状沉积于浆膜面上，浆膜腔内常蓄积含有大量絮片状纤维素的混浊的渗出液。在鳗赤点病，鲫链球菌症的心外膜炎，鳗烂鳃病的血肿患部可见到纤维素性炎。

（3）化脓性炎（suppurative inflammation） 是以大量中性粒细胞渗出并伴有不同程度的组织坏死和脓液形成为特征的炎症。脓液即脓性渗出物，是由大量变性、坏死的中性粒细胞（脓细胞）、细菌、坏死组织碎片和少量浆液构成。脓液的液体是坏死组织受到中性粒细胞释放的蛋白分解酶的作用溶解液化而成的。形成脓液的过程称为化脓。化脓性炎主要出现于细菌感染症，某些化学物质如松节油、巴豆油等，或机体自身的坏死组织如坏死骨片，也能引起无菌性化脓性炎。鱼类的嗜中性粒细胞主要由肾脏的造血组织产生，当患化脓性炎时，造血组织内嗜中性粒细胞呈显著地增殖反应。黏膜表面发生化脓性炎时称为脓性卡他；脓性渗出物大量蓄积在浆膜腔内称积脓，见于化脓性胸膜炎、化脓性腹膜炎；组织内发生的局限性化脓性炎称为脓肿，表现为炎区中心坏死液化而形成含有脓液的腔，脓肿周围肉芽组织可增生包围形成脓肿膜，早期脓肿膜具有吸收脓液的作用，晚期有限制炎症扩散的作用。

（4）出血性炎（hemorrhagic inflammation） 以大量红细胞渗出为主，出血严重的炎症，多与其他类型的炎症合并发生。一些病原微生物能引起血管壁严重损伤，以致红细胞随同渗出物被动地从血管内溢出。如草鱼出血病和细菌性肠炎病肠道的出血性炎。

（5）卡他性炎（catarrhal inflammation） 指黏膜渗出性炎症，卡他（catarrh）是希腊语"向下流"的意思。根据渗出物成分不同，有不同的卡他性炎。其中把充血和炎性水肿较显著的称为浆液性卡他；嗜中性粒细胞渗出明显的为化脓性卡他；黏液分泌显著的为黏液性卡他；上皮剥离明显的为剥离性卡他。如鲑发生疱疹病毒病时肠道可发生严重的卡他性炎症，大量的黏液性炎性物质渗出，肛门后拖着一条粗的黏液便。

3. 增生性炎 大多数急性炎症是以渗出和变质为主，但也有少数急性炎症以增生性变化作为主要表现形式，如急性肾小球性肾炎时可呈现肾小球毛细血管内皮细胞和系膜细胞增生，肾小球体积变大，细胞数量增多，同时也见少量中性粒细胞浸润和毛细血管内皮细胞的变性等变化。

（二）慢性炎症类型 慢性炎症（chronic inflammation）起病慢，病程可长达数月至数年。病变是以增生为主，而渗出、变质较轻。可由急性炎症迁延而来，亦可无明显急性炎症史。根据形态学特点，可分为一般慢性炎症和肉芽肿性炎症两类。

1. 一般慢性炎症　以间质结缔组织增生为主，其病变特点有成纤维细胞、血管内皮细胞增生，并有巨噬细胞、淋巴细胞和浆细胞浸润。眼观慢性间质性炎的器官出现散在的、数量和大小不一的灰白色病灶；严重时由于结缔组织大量增生和纤维化以及实质成分减少，致使器官体积缩小，质地变硬。

2. 肉芽肿性炎症　肉芽肿是由巨噬细胞及其演化细胞，呈局限性浸润、增生，形成的境界清楚的结节性病灶。以肉芽肿形成为基本特征的炎症称肉芽肿性炎。根据致病因子不同，又分为两类。

（1）感染性肉芽肿（infective granuloma）　常由细菌、真菌、寄生虫引起，形成特殊结构的细胞结节。一般肉芽肿的中心具有凝固性坏死或干酪样坏死病变，这些是由炎性渗出物、上皮样细胞及坏死凝固的组织构成。上皮样细胞是由巨噬细胞增生并转变而来。上皮样细胞较巨噬细胞大，呈梭形或多角形，胞浆丰富，核圆形或椭圆形，染色质较少，溶酶体、线粒体的数目增多，酶的含量也有增加，这些变化表明细胞活性增加，吞噬和杀灭病原的能力进一步加强。上皮样细胞可互相融合或者其细胞核分裂胞体不分裂而形成多核巨细胞，其体积巨大，内含多个核，具有极强大的吞噬能力。巨噬细胞及其转变生成的上皮样细胞、多核巨细胞构成结节状病灶，它的外围有普通肉芽组织包绕和淋巴细胞浸润。这种结构有利于消灭病原菌，并能有效地防止其扩散。如动物的结核性肉芽肿就具有这种典型的结构。鱼类的感染性肉芽肿也可分为细胞性、真菌性及寄生虫性等，形态依各种致炎刺激物的特征而不同。如细菌感染症引起的类结节症，细菌性肾病和链球菌症形成的肉芽肿性炎。真菌性和寄生虫性肉芽肿是将寄生体包围形成肉芽肿。

（2）异物性肉芽肿（foreign body granuloma）　常见于生物棘刺、砂粒等异物引起，异物周围有多少不等的巨噬细胞、多核巨细胞、成纤维细胞和淋巴细胞等形成结节状病灶。

五、炎症的结局

在炎症过程中，损伤和抗损伤双方力量的对比决定着炎症发展的方向和结局。如抗损伤过程（白细胞渗出、吞噬能力加强等）占优势，则炎症向痊愈的方向发展；如损伤性变化（局部代谢障碍、细胞变性坏死等）占优势，则炎症逐渐加剧并可向全身扩散；如损伤和抗损伤矛盾双方处于一种相持状态，则炎症可转为慢性而迁延不愈。

（一）痊愈　炎症病因消除，病理产物和渗出物被吸收，组织的损伤通过炎灶周围健康细胞的再生而得以修复，可完全恢复其正常组织的结构和功能，称完全痊愈。若组织损伤重、范围大，则由肉芽组织增生修复，引起局部疤痕形成，不能完全恢复其正常组织的结构和功能，称为不完全痊愈。

（二）迁延不愈转为慢性炎症　致炎因子不能在短时间内清除，持续或反复作用于机体，机体抵抗力低下和治疗不彻底，则炎症迁延不愈，由急性炎症转为慢性炎症。如急性病毒性肝炎转变为慢性肝炎等。

（三）蔓延扩散　在机体抵抗力差、病原微生物数量多、毒力强的情况下，炎症沿组织间隙或脉管系统向周围组织或全身组织、器官扩散。炎症区病原微生物侵入血液循环或其毒素吸收入血，可引起菌血症、毒血症、败血症和脓毒败血症。

1. 菌血症　病灶局部的细菌经血管或淋巴管侵入血液，血中可查到细菌，称菌血症。但无全身中毒症状的表现。

2. 毒血症　细菌毒素及代谢产物被吸收入血，称为毒血症。可引起全身中毒症状和实质器官变性、坏死。

3. 败血症 细菌侵入血液后，大量繁殖并产生毒素，称败血症。除有全身中毒症状外，还有皮肤、黏膜多发性出血斑点，脾、肾肿大等。血中可培养出病原菌。

4. 脓毒败血症 由化脓菌引起的败血症。除败血症的表现外，可在全身一些脏器（如肝、脑、肾等）中出现多发性细菌栓塞性脓肿。

复 习 题

1. 什么是充血？阐述充血的原因和发生机理。
2. 充血能引起哪些病理变化？
3. 什么是出血？出血的原因有哪些？能引起什么病理变化？
4. 简述血栓形成的条件、机理和血栓的结局。
5. 阐述萎缩的病因、病理变化、结局和后果。
6. 变性有哪些类型？病理变化怎样？
7. 简述坏死的病因和发生机理。
8. 简述修复的过程。
9. 炎症发生的原因有哪些？
10. 阐述炎症的基本病理过程。
11. 简述炎症的类型和病理特点。

第五章

水产动物疾病的检查与病原的检测技术

第一节 水产动物疾病的检查

检查是水产动物疾病诊断的基础，除了应当熟悉各种疾病的病症和病因等情况外，正确、合理、有效的检查方法也尤为重要。具体检查步骤和方法如下：

一、现场检查

(一) 检查养殖群体的生活状态

1. 活力和游泳行为 健康的鱼、虾类在养殖期常集群，游动快速，活力强。患病的个体常离群独游于水面或水层中，活力差，即使人为给予惊吓，反应也较迟钝，逃避能力差；有的在水面上打转或上下翻动，无定向地乱游，行为异常；有的侧卧或匍匐于水底。

2. 摄食和生长 健康无病的养殖动物，反应敏捷、活跃、抢食能力强。按常规量，在投饲半小时后进行检视，基本上看不到饲料残剩。患病的个体体质消瘦，很少进食；在鱼苗、虾苗、贝苗期，还可观察到消化道内无食物。

3. 体色和肢体 健康无病的鱼、虾类体色正常，外表无伤残或黏附污物；在苗种阶段身体透明或半透明。而患病的个体，外表失去光泽，体色暗淡或褪色，有的体表有污物。鱼类，鳍膜破裂、烂尾、鳞片脱落或竖起等；虾类，附肢变红或残缺、甲壳溃疡、肌肉混浊等；贝类，外套膜萎缩，足部溃烂或出现脓包等。

(二) 检查养殖动物所处的生活环境
水是水产动物的生活环境，如果生活环境出现了对水产动物不利的变化，水产动物就会出现病状或直接发生疾病，甚至死亡。因此应实地观察养殖池塘的面积、结构、进排水系统、土质、水深；着重检查养殖水体的水质变化，看水色是否呈现浓绿、黑褐、污浊，是否有气泡上浮等不良现象；检查养殖水体的透明度、温度、盐度、pH、溶解氧、氨氮是否在养殖水产动物的承受范围；检查养殖水体的水源附近有无大量雨水流入，有无遭受到农药或工厂、矿山废水的污染；检查池中底泥有无过多的有机物质沉积，使底泥变黑变臭等；还应了解池塘中生物的优势种类和数量；放养前有没有进行清塘，清塘是否彻底；清塘药物的种类、施放的时间和方法；捕捞、搬运等是否会对养殖动物造成伤害等。

(三) 检查养殖管理情况
检查养殖池的放养密度是否过大；每天投饵的数量、次数和时间是否适宜；饵料的质量及营养成分是否安全；残余饵料的清除是否及时；换水或加水的数量和间隔的时间是否合理；使用的工具是否消毒等。

(四) 了解水产动物的发病经历
了解水产动物发病的时间，发病率，有无死亡，死亡的数量等；有无进行药物治疗，用药的种类、数量、方法和治疗效果；有无采取其他措施，例如灌水或换水；该病过去是否发生过，曾发生的疾病种类，发生的经过等情况。

二、实验室常规检查

实验室常规检查（目检、剖检和镜检）是疾病诊断最重要的一个步骤。多数疾病在做剖检和镜检后才能确诊。

（一）取样 供检查的动物应是患病后濒死的个体或死后时间很短的新鲜个体。死后时间较长的个体，体色已改变，组织已变质，症状消退，病原体脱落或死亡后变形而无法检查诊断。取样时，健康、生病、濒死的个体均应采样，以便比较检查。有些疾病不能立即确诊的，用固定剂和保存剂将患病动物的整个身体，或部分器官组织加以固定保存，以供进一步检查。

（二）目检 所谓目检就是用肉眼对患病个体的体表直接进行观察。

（1）观察水产动物体色是否正常，是否发红、充血、出血，是否有红点（斑）、白点（斑）、黑点（斑）。体表、附肢有无异常，是否掉鳞、腐烂、溃疡，鳍（附肢）是否完整，有无突起、囊肿、包囊。眼睛是否正常，有无混浊、瞎眼。口腔内有无溃疡或异常。鳃是否正常，有无褪色、腐烂、囊肿、包囊等。

（2）检查体表、鳍（附肢）、鳃、口腔上有无大型病原体，如本尼登虫、双阴道虫、线虫、锚头鳋、等足类等。

（三）剖检 目检完毕后，进行剖检。所谓剖检就是将患病个体进行解剖，用肉眼对各器官、组织进行观察。将患病的鱼、虾个体用解剖剪剪去鳃盖（甲壳），露出鳃丝，在目检的基础上，进一步观察鳃丝的颜色，黏液是否增多，鳃丝末端有无肿大和腐烂。查完鳃后，再将患病个体进行解剖，检查内部器官，首先观察是否有腹水和肉眼可见的寄生虫（如线虫）及其包囊；再依次察看各内部器官组织的颜色和病理变化，有无炎症、充血、出血、肿胀、溃疡、萎缩退化、肥大增生等病理变化。对于肠道，应先将肠道中食物和粪便去掉，然后进行观察，若肠道内存在较大的寄生虫（如吸虫、绦虫、线虫等），则很容易看到；若是细菌性肠炎，则会表现出肠壁充血、发炎；若是球虫病和黏孢子虫病，则肠壁上一般有成片或稀散的白点。

（四）镜检 所谓镜检就是借助解剖镜或显微镜，对肉眼看不见的病原生物进行检查和观察，例如细菌、真菌、原生动物等。镜检时，取样要有代表性，供镜检的病料能代表一个养殖水体中患病的群体。镜检应按先体外后体内［体表、鳃、血液（血淋巴）、消化道、肝（肝胰腺）、脾、肾、心脏、肌肉、性腺］的顺序，取下各器官、组织，置于不同的器皿内。从患病个体病变处刮取黏液或取部分组织，制成水浸片后用光学显微镜检查。对可疑的病变组织或难以辨认的病原体，要用相应的固定液或保存液固定或保存，以供进一步观察和鉴定。

（五）病原分离 对于细菌和真菌性病原，首先选取具有典型症状的病体或病灶组织，体表或鳃经灭菌水洗涤后，体内器官或组织经70%的酒精药棉消毒后，接种于培养基上，在适宜的温度下培养24~48h，选取形状、色泽一致的优势菌落，重复划线分离培养以获纯培养，供进一步病原鉴定。对于病毒性疾病，首先选取具有典型症状的病体或病灶组织，按病毒分离技术步骤，接种敏感细胞，进行病毒分离培养和进一步的鉴定。

以上是水产动物疾病常用的检查方法。由于不同的疾病间存在相似或相同的病状，因此不能单按肉眼观察到的一种或两种基本病状来判定水产动物所患的疾病，应根据剖检和镜检的结果，以及其后介绍的病原检测技术，进行分析比较，做出正确的诊断。

第二节　免疫学检测技术

随着免疫学基础理论研究的不断深入和生物学各学科间的相互渗透，免疫学检测技术也得到了不断的发展和更新，免疫学检测技术的发展对水产动物疾病的诊断、预防和治疗提供了有力的手段，并有极其重要的意义。本节着重介绍水产动物病原的免疫学检测方法及其原理。

一、抗原-抗体反应的一般规律和特点

抗原与相应抗体在体外发生特异性结合，出现凝集、沉淀、补体结合等不同类型的反应。因而，可用已知抗原检测未知抗体，也可用已知抗体鉴定未知抗原。在免疫学检测中，一般应用的抗体是抗血清，所以抗原-抗体的体外反应又称为血清学反应或血清学试验。

（一）高度的特异性　抗原与抗体的反应具有高度的特异性，即抗体的可变区只能与相应抗原决定簇进行互补结合，而不能与其他抗原决定簇结合。如果两种抗原有一种或一些抗原决定簇相同或相似，则能与另一种抗原的抗体结合，发生交叉反应。

（二）可逆性结合　抗原与抗体以非共价键的形式结合形成抗原抗体复合物，抗原抗体的结合是可逆的，即抗原抗体复合物在一定的条件下可发生解离，解离后的抗原和抗体仍保持原有性质。抗原与抗体结合的强度主要取决于抗原决定簇与抗体可变区的空间构象的互补程度。互补程度高，解离度低，则抗体为高亲和性抗体，反之为低亲和性抗体。

（三）抗原抗体结合的比例　抗原与抗体的结合需要适当的比例才可出现肉眼可见的反应。在抗原抗体比例最适，反应最明显。如果抗原过多或抗体过多，则抗原抗体的结合不能形成肉眼可见的复合物，且抑制可见反应的出现，此称为带现象。当抗原抗体比例适当时，抗原抗体复合物体积大、数量多，出现肉眼可见的反应，称为抗原抗体反应的等价带。当抗体过多时，不能出现可见反应，称为前带现象，而抗原过多时，称为后带现象。

（四）可见反应的两个阶段　第一阶段是抗原与抗体特异性结合阶段，反应快，在数秒钟至几分钟内完成，不出现肉眼可见的反应。第二阶段是反应可见阶段，反应时间长短不一，从数分钟、数小时到数日不等，出现凝集、沉淀和细胞溶解等现象。

二、抗原-抗体反应的影响因素

（一）电解质　抗原与抗体分子具有相对应的极性基团，在中性或弱碱性条件下都有较高的亲水性。当抗原与抗体特异性结合后，其亲水性减弱，易受电解质的影响而失去部分负电荷，从而反应第一阶段形成的抗原抗体复合物彼此凝集形成肉眼可见的凝集或沉淀现象。故抗原抗体反应一般用生理盐水（0.85％NaCl）作稀释液。

（二）温度　在一定温度范围内，温度升高，抗原与抗体分子或抗原抗体复合物间运动加快，分子间的碰撞机会增多，因而反应速度加快。温度对反应的第二阶段影响较大。如果温度过高如超过50℃，能使抗原或抗体变性失活，严重影响检测结果。一般认为温血脊椎动物的抗原抗体的最适反应温度为37℃，而水产动物抗原抗体的反应适温范围为28～30℃。

（三）酸碱度　抗原抗体反应的常用pH为6～8，过高或过低的pH可使抗原抗体复合物重新解离。如低至抗原的等电点时，可引起非特异性的酸凝集，造成假阳性结果。

三、免疫凝集试验

凝集反应是指颗粒性抗原如细菌、细胞等与相应抗体在电解质存在条件下的结合，出现肉眼可见的凝集现象。细菌凝集反应被广泛应用于细菌学的诊断。在凝集反应中，将参与反应的抗原称为凝集原，抗体称为凝集素。

（一）**直接凝集试验**（direct agglutination） 颗粒性抗原与凝集素直接结合而产生的凝集现象称为直接凝集试验。可分为平板凝集试验（又称玻片法）和试管凝集试验（又称试管法）。这种方法可用于定性和定量。一般来说，玻片法常用于抗原或抗体的定性检查，试管法主要用于定量试验。

（二）**间接凝集试验**（indirect agglutination） 将已知可溶性抗原吸附于或耦联于一种与免疫无关的载体表面，形成致敏颗粒，再与相应抗体作用而出现的凝集现象称为间接凝集试验，也称为被动凝集试验。常用于吸附抗原的载体颗粒有动物的红细胞、聚苯乙烯乳胶、活性炭等。吸附抗原的颗粒称为致敏颗粒。该法十分敏感，可用已知可溶性抗原致敏的载体颗粒检测微量存在的相应抗体。

（三）**间接血凝试验**（indirect hemagglutination） 间接血凝试验是将抗原（或抗体）包被于红细胞表面，成为致敏载体，再与相应的抗体（或抗原）结合，出现可见的血凝现象，也称为被动血凝试验。红细胞包被上抗原，用以检测抗体的血凝试验称为正向间接血凝试验（PHA）；红细胞包被上抗体，用以检测抗原的血凝试验称为反向间接血凝试验（RPHA）。如果先将可溶性抗原（或抗体）与相应的抗体（或抗原）混合，再加入用抗原或抗体致敏的红细胞，则能抑制原先的血凝现象，称为正向（或反向）间接血凝抑制试验。

（四）**协同凝集试验**（co-agglutination） 金色葡萄球菌细胞壁中的蛋白质成分 A（SPA）能与人和多种哺乳动物血清的 IgG 类抗体的 Fc 段结合，成为致敏颗粒。特异性 IgG 的 Fc 段与 SPA 结合后，其 $F(ab')_2$ 段暴露在葡萄球菌菌体表面，仍保持抗体活性，当与相应的抗原反应时，可借助特异性抗体 $F(ab')_2$ 段与相应抗原互相联结而呈现凝集现象。在该种凝集反应中，金色葡萄球菌成为 IgG 的载体，故称协同凝集试验。国际上通用的菌株为金色葡萄球菌 Cowan I 株（NCTC-8530），国内已引进，由卫生部药品生物制品检定所编号为 2611。不含 SPA 的对照株为 Wood 46 株。

四、免疫沉淀试验

沉淀反应（precipitation）是指可溶性抗原与相应抗体在适当条件下发生结合而出现的沉淀现象。参与沉淀反应的可溶性抗原称为沉淀原，抗体称为沉淀素。沉淀原多为蛋白质、多糖、类脂等。其体积小、数量多，与沉淀素结合的总面积大，故应对试验中的沉淀原进行稀释，以免因沉淀原过剩而出现后带现象。根据沉淀反应的介质和检测方法的不同，沉淀反应可分为液相沉淀反应（fluid phase precipitation）、凝胶扩散试验（gel diffusion）和凝胶免疫电泳（gel immunoelectrophoresis）等三大类型。液相沉淀反应又分为环状沉淀（ring precipitation）、絮状沉淀（flocculation）和免疫浊度测定（immuno-turbidimetry）。扩散试验分为单向琼脂扩散（single diffusion）和双向琼脂扩散（double diffusion）。

（一）**环状沉淀试验** 将已知的抗血清加入到小口径试管的底部，然后将已适当稀释的待检抗原溶液小心地加在抗血清的表面，使两种液体成为分界面清晰的两层。室温下静置数分钟，若抗原与抗体相对应，则在液面交界处出现白色环状沉淀，即为阳性反应。本法主要用于抗原的定性试验,如鉴别血迹性质、细菌血清型鉴定和沉淀素的效价滴定等。试验时出现白色沉淀环的最高抗原稀释倍数即为该抗血清的沉淀价。

(二) 絮状沉淀试验 可溶性抗原与相应抗血清在试管内或凹玻片上混合,出现肉眼可见的混浊沉淀或絮状沉淀,即为阳性反应。当抗原抗体比例最适时,沉淀物出现最快,混浊度最大;当抗原过剩或抗体过剩时,出现后带或前带现象。通常用固定抗体稀释抗原法（α操作法）或固定抗原稀释抗体法（β操作法）,以检测抗原或抗体的最适比例。本法敏感性不高,在疾病诊断上的应用日趋减少。

(三) 免疫浊度法 可溶性抗原和抗体在液相中特异性结合,形成一定大小的抗原抗体复合物,使反应液出现浊度。当反应液中固定抗体或抗原的浓度,在一定线性范围内,反应液的浊度会随着抗原或抗体量的增加而呈正比例增大,与一系列的标准品对照,就可计算出样品中的抗原或抗体的量。免疫浊度法可分为免疫散射比浊法和免疫透射比浊法两种。前者需用专门的浊度计,测定的是单纯散射光,后者可用分光光度计（或比色计）和其他自动分析仪,测定的是溶液吸光度。

本法与双向单扩散法有高度的一致性,且敏感性高,操作简单快速,不足之处在于抗血清用量略多于扩散法。

(四) 免疫扩散 (immunodiffusion) 免疫扩散所用的介质是琼脂或琼脂糖。琼脂是从海藻中提取的一种复杂的多糖物质,在沸水中能溶解,冷却到 30~45℃ 时会凝固成凝胶,而琼脂糖则是琼脂高度纯化的产品。琼脂和琼脂糖具有高度的亲水性,但对蛋白质无亲和性。$1\%\sim2\%$ (m/V) 的琼脂和琼脂糖有一定的强度,并含有较大的微孔,孔内充满水,其孔径的大小由凝胶的浓度决定。凝胶允许相对分子质量小于 200 000 的抗体和抗原在凝胶中自由扩散,抗原抗体由近及远形成浓度梯度,当二者在比例适当处相遇时,即发生抗原抗体沉淀反应。抗原抗体复合物因其颗粒大而不能再在凝胶中扩散并形成沉淀带。此种反应称为琼脂免疫扩散,简称琼脂扩散或免疫扩散。

一种抗原抗体体系只出现一条沉淀带,复合抗原中的多种抗原抗体体系均可形成自己的沉淀带。故本法的主要优点在于能将复合抗原成分加以区分,根据沉淀带的数目、位置以及相邻两条沉淀带之间的融合、交叉等情况,了解复合抗原的组成。反应的沉淀带可通过染色长期保存。

五、与补体相关的试验

补体 (complement, C) 是存在于脊椎动物血清和组织液中一组具有酶原活性的蛋白质。

补体性质不稳定,室温下很快失活,0~10℃ 下 3~4d 失活,经 56℃ 作用 30min 即失活。在生理状态下,血清中补体大多以无活性的酶前体形式存在。当它们被某些物质激活后,可发生连锁的酶促反应,表现出各种生物学活性,如溶菌杀菌、细胞毒、调理吞噬、免疫吸附、中和溶解病毒和炎性介质等作用。涉及补体的实验方法大致分为两大类,一类为直接对补体活性和各组分含量的测定;另一类为有补体参与,用已知抗体（或抗原）检测相应抗原（或抗体）的实验。

(一) 溶解试验 含有抗原的靶细胞与相应抗体结合后,如为无核细胞（如红细胞）则被溶解,如果是有核细胞（如肿瘤细胞）则被杀伤,而少数细菌可被溶解,多数细菌则被杀伤而失去活性。

1. 溶血试验（hemolysis test） 红细胞（如绵羊红细胞）与相应抗体结合后，在有补体存在时，红细胞被溶解，称为溶血试验。参加反应的抗体称为溶血素。

2. 被动溶血试验（passive hemolysis test） 红细胞吸附抗原后，在相应抗体和补体存在下，出现红细胞溶解反应，称之为被动溶血试验。本方法与直接溶血试验的主要区别在于红细胞与抗原孵育后，红细胞吸附了抗原而被致敏，其他与溶血试验相同。

3. 溶菌试验（bacteriolysis test） 革兰氏阴性菌在相应抗体和补体作用下，可引起菌体的溶解死亡，这与溶菌酶的溶菌反应有区别，故将由抗体和补体引起的溶菌反应称为免疫溶菌反应。实际上，这种免疫溶菌反应通常以细菌是否受到损伤、繁殖是否受到抑制、菌数（菌落）是否减少作为指标。有时将试管内的溶菌反应称为杀菌反应（bacteriocidal reaction）。

（二）补体结合试验（complement fixation test，CFT） 补体结合试验是利用抗原抗体复合物可与补体结合，而单独的抗原或抗体不能结合补体的特点，以溶血系统为指示剂，用已知抗原（或抗体）来检测未知抗体（或抗原）。CFT包括两种系统，分两个阶段进行。

第一系统为待检系统：抗原＋抗体＋补体。如果抗原与抗体相对应，则能特异性结合并固定补体；否则，补体不被结合，仍游离于溶液中。

第二系统为指示系统：绵羊红细胞＋溶血素，作为第一系统抗原与抗体是否相对的指示剂。如果第一系统中抗原与抗体特异性结合，固定了补体，则再加入绵羊红细胞与溶血素时，由于缺乏补体，不会发生溶血反应，此为CFT阳性。若抗原与抗体不相对应，则补体不被结合，仍游离于溶液中，而被随后加入的绵羊红细胞与溶血素复合物固定、激活，导致红细胞溶解，此为CFT阴性。

六、酶联免疫试验

酶联免疫试验（enzyme linked immunosorbent assay，ELISA）是利用抗原抗体反应的高度特异性和酶促反应的高度敏感性，进行对抗原或抗体的检测，是一种定性和定量的综合性技术，包括四种基本方法即直接法、间接法、双抗体夹心法和抗原竞争法。

（一）直接法（图5-1） 用于检测抗原或抗体。当用于检测抗原时，对待测抗原适当稀释，采用不同稀释度的待测样品包被酶标板，孵育后洗涤；封闭酶标板，孵育后洗涤；加入酶标抗体，孵育后洗涤；加入酶底物，测定酶促反应强度。当用于检测抗体时，用抗体包被酶标板，加入酶标抗抗体，其他同检测抗原。

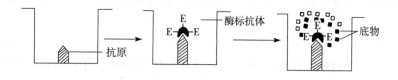

图5-1 酶联免疫吸附试验（直接法）示意图

（二）间接法（图5-2） 间接ELISA法的基本模式为：包被抗原＋第一抗体＋酶标第二抗体＋底物反应。此法的优点是只需制备一种酶标抗体，便可用于多种抗原-抗体系统中抗体的检测。

（三）双抗体夹心法（图5-3） 此法主要用于检测抗原。先将过量的抗体包被于固相载体表面，加入待测抗原，再加入酶标抗体，最后加入底物反应，根据反应的强度，测定抗原的量。

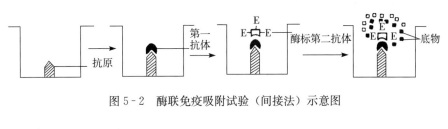

图 5-2 酶联免疫吸附试验（间接法）示意图

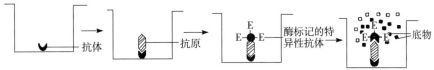

图 5-3 酶联免疫吸附试验（双抗体夹心法）示意图

（四）竞争法（图 5-4） 根据标记抗原与同种未标记待测抗原与抗体间可发生竞争性结合的原理，主要用于测定小分子抗原或半抗原，因为这类抗原缺乏可作夹心的两个或两个以上的位点，因此无法用双抗体夹心法，只能用竞争法。用纯化的特异性抗体或含有特异性抗体的抗血清包被酶标板，孵育后洗涤；再用封闭液封闭酶标板，洗涤后加入待测样品，然后加入一定量的酶标抗原（对照孔仅加入酶标抗原），孵育后洗涤；最后加入酶底物，测定酶促反应强度。对照孔没有待测样品的竞争结合，酶促反应强，颜色深，测定孔内颜色的深度与待测液中抗原的含量成反比。

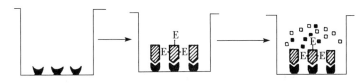

图 5-4 酶联免疫吸附试验（竞争法）示意图

（五）常用酶及其底物 ELISA 中，酶和底物的选择至关重要，一般来说，凡无毒又能呈现较高催化活性的酶，原则上均可采用。常用的商品化酶有辣根过氧化物酶、碱性磷酸酶、葡萄糖-6-磷酸脱氢酶、苹果酸脱氢酶等。最常用的是辣根过氧化物酶和碱性磷酸酶。

1. 辣根过氧化物酶 辣根过氧化物酶（horseradish peroxidase，HRP）是目前酶联免疫检测方法中应用最为广泛的一种酶。HRP 既可用于标记抗原又可用于标记抗体，具有以下优点：标记方法简单；酶及标记物比较稳定，容易保存；价格较低，易于获得；底物种类多。

HRP 的底物为过氧化物和供氢体（DH_2）。目前常用的过氧化物有过氧化氢（H_2O_2）和过氧化氢尿素（urea hydrogen peroxide，$CH_6N_2O_3$）。H_2O_2 应用液很不稳定，只能在用前临时配制，不易用于商品化试剂盒。近年来过氧化氢尿素被普遍应用。过氧化氢尿素中 H_2O_2 含量约为 35%，可配制成保存液或应用液长期保存。供氢体多为无色的还原型染料，通过反应生成有色的氧化型染料，常用的有邻苯二胺（OPD）、3,3′,5,5′-四甲基联苯胺（TMB）和二氨基联苯胺（DAB）。产生可溶性反应产物的能够用于酶联免疫检测方法，产生不溶性沉淀物的则用于免疫酶染色法或免疫印迹检测。OPD 和 TMB 被广泛应用于酶联免疫检测中，OPD 产生可溶性黄色产物，避光保存，应临时配制，在 492nm 处有最大光吸收；TMB 对光不敏感，可长期保存，产生可溶性蓝绿色产物，终止后变为金黄色，在

450nm 处有最大光吸收。DAB 产生不溶性的棕色产物，常应用于免疫酶染色或免疫印迹中。

2. 碱性磷酸酶（AP） AP 是一种最适 pH 在 9.8 左右的磷酸酯酶，可催化磷酸酯水解。其底物较多，常用的有对硝基苯磷酸酯（盐），对硝基苯磷酸酯水解后生成对硝基苯酚和磷酸，对硝基苯酚在碱性条件下变成醌式结构的对硝基苯酚，呈现黄色，在 400nm 处有最大吸光值。对硝基苯磷酸酯需要保存于 -20℃，否则自然水解成黄色的对硝基苯酚。

七、荧光免疫技术

荧光免疫技术（immunofluorescence technique）又称荧光抗体技术。它将免疫化学和血清学的高度特异性和敏感性与显微技术的高度精确性相结合，为免疫学、临床组织化学及实验室诊断提供了一项其他方法尚不能取代的并有其独特风格的技术。目前，该技术已广泛应用于细菌、病毒、原虫以及真菌等的鉴定和相应疾病的诊断，血清抗体的检查，病理组织学抗原、抗体和补体的鉴定及定位，免疫复合物病理的研究，细菌、病毒与细胞之间抗原关系的研究等方面。其主要优点在于：特异性强，速度快，敏感性高；其缺点在于：非特异性染色问题尚未解决，结果判定的客观性不足，技术程序也比较复杂。

（一）原理 荧光免疫技术是一种以荧光物质作为标记物的免疫分析技术，荧光物质的分子在特定条件下吸收激发光的能量后，分子呈激发态而极不稳定，其迅速回到基态时，以电磁辐射形式释放出所有光能，发射出波长较照射光长的荧光。荧光免疫技术可分为荧光免疫组织化学技术和荧光测定技术。荧光抗体技术属于前者，它是利用某些荧光素通过化学方法与特异性抗体结合，形成的免疫复合物在一定波长光的激发下可产生荧光，因此借助荧光显微镜检测或定位被检抗原。其又可分为直接荧光抗体法、间接荧光抗体法和补体荧光抗体法。

（二）荧光抗体染色方法

1. 直接法 将特异性荧光抗体直接滴加于待检抗原标本上，使之呈现荧光，根据荧光分布和形态确定抗原性和部位。本法的优点在于操作简单，适合做细菌、原虫、真菌等的检查和研究，缺点在于只能检查一种相应的抗原，特异性高而敏感性低。

2. 间接法 用于检查抗原或抗体。用未标记的特异性抗体（一抗）加在切片上与标本中的抗原结合，再用针对一抗的抗抗体（二抗）（荧光抗体）重叠一抗上，间接地显示出组织和细胞中的抗原。主要优点在于只需制备一种荧光抗体便可以检测出多种抗原，敏感性高，操作简单，可用于不易制备动物免疫血清的病原体的检测，广泛用于疾病的检测。

（三）荧光抗体技术的应用

1. 在细菌学诊断中的应用 目前能直接检出或鉴定的细菌较多，如嗜水气单胞菌、弧菌等，经直接法检出的细菌，对疾病的诊断具有很高的应用价值。同时还可用于含菌少的标本检测，如水的卫生细菌学检查、海水细菌动力学研究等。间接法在追溯调查、早期诊断和现症诊断上具有良好的效果。

2. 在病毒感染诊断中的应用 用直接法检测病变组织中的病毒已成为病毒感染快速诊断的重要手段。如非典型性肺炎、猪瘟、草鱼出血病等，可取其血清或感染组织切片以直接法或间接法检测出特异性抗体或病毒抗原，一般在 2h 左右做出诊断报告。对含病毒少的组织，需先用细胞作短期培养增殖后，再用荧光抗体检测病毒抗原，可提高检出率。同时可用间接法检测血清中的病毒抗体，进行流行病学调查。

3. 其他方面的应用 荧光抗体技术还广泛应用于血液中 T 及 B 淋巴细胞及其亚群的分类和鉴定；血清中自身抗体的检测；组织中免疫球蛋白和补体组分的检测；激素和酶的局部

组织定位以及肿瘤特异性抗原的检测等方面。

八、免疫电镜技术

免疫电镜技术（immune electron microscopic technique）是一种将免疫学技术与电子显微镜技术相结合的血清学方法，能使抗原在分子水平上进行定位。它实际上是将细胞水平的荧光抗体技术的基本原理应用于分子水平上。这一技术的发明使抗原和抗体的定位研究达到了亚细胞或分子水平。主要有以下几种技术：

（一）铁蛋白抗体法 铁蛋白是从组织（主要是肝脏和脾脏）中提取的一种含铁蛋白，铁蛋白可通过双功能试剂如二异氰酸间二甲苯、二异氰酸甲苯和二氟二硝基苯砜等与抗体结合。抗体与抗原反应后，在电镜下结合铁蛋白的抗体部位呈黑色，因而能极精确地显示出抗原所在部位。铁蛋白抗体法在细胞膜表面抗原标记研究中广泛应用，既可用于透视电镜、扫描电镜，也可用于冷冻蚀刻复型。由于铁蛋白分子质量较大，不易穿透组织和细胞，因此处理组织样本时，小块组织先用 5% 甲醛溶液固定，再在干冰乙醇内冰融 3 次，使细胞膜破裂，然后切成 10~20μm 的薄片，即可用于铁蛋白标记抗体处理，使其渗入细胞内结合于抗原所在部位，经充分洗涤后，再用戊二醛或锇酸固定，最后按常规方法进行样品包埋和超薄切片。铁蛋白抗体法可分为直接法和间接法两种，直接法是将铁蛋白标记的抗体与标本直接反应，而间接法则是先使未结合铁蛋白的抗体（一抗）与标本反应，洗去多余的抗体后，用铁蛋白标记的抗体（二抗）与之结合的方法。

（二）酶标记抗体法 在免疫电镜中，用于标记的酶主要是辣根过氧化物酶（HRP），因为其具有稳定性强、反应特异性高和分子质量小、易于穿透组织和细胞等优点。组织标本经甲醛溶液固定后，漂洗去除甲醛溶液，再切成厚 20μm 的薄片，即可用酶标记抗体或其他间接染色法处理，免疫反应及显色后，按常规电镜制样，脱水、包埋、切片、染色和观察。在电镜下，本法不如铁蛋白抗体法清晰。

（三）重金属标记抗体法 除铁蛋白抗体和酶标记抗体法外，还有重金属标记抗体法。由于在超微结构水平上研究抗原抗体反应的标记物如铁蛋白和 HRP 分子质量较大，不是较理想的标记物，而醋酸铀的分子质量较小，且铀原子具有电子致密性，能非特异性地结合在整个抗体分子上，故醋酸铀是一种较好的电镜标记物。用醋酸铀标记抗体时，必须先将抗原与抗体结合以保护抗体的特异性结合部位，再用铀原子标记抗体，其后将抗原抗体分开，除去抗原成分，即得未失去免疫反应性的铀标记抗体。

另一种可标记抗体的重金属是胶体金。胶体金在碱性条件下带负电荷，与抗体相吸附，从而将抗体标记。吸附胶体金的抗体可离心沉淀。5nm 以上的胶体金颗粒也存在对组织细胞穿透力差的缺点，故主要用于标记细胞膜表面抗原，而 1nm 胶体金颗粒和银增强染色的出现，极大地推动了胶体金标记技术在包埋前免疫染色中的应用。免疫胶体金法可分为直接法、间接法、金标记抗原检查法和链霉抗生物素-金法，最常用的是间接法，于此不做进一步介绍。

第三节 PCR 技术

一、PCR 原理

多聚酶链式反应（polymerase chain reaction，PCR）简称 PCR 技术，是在模板 DNA、

引物和 4 种脱氧核糖核苷酸存在的条件下依赖于 DNA 聚合酶的酶促反应。PCR 技术的特异性取决于引物和模板 DNA 结合的特异性。反应分三步进行：①变性（denaturation）：通过加热使 DNA 双螺旋的氢键断裂形成单链 DNA；②退火（annealling）：当温度突然降低时由于模板分子结构较引物要复杂得多，而且反应体系中引物量大大多于模板 DNA，使引物和其互补的模板在局部形成杂交链，而模板 DNA 双链之间互补的机会较少；③延伸（extension）：在 DNA 聚合酶和 4 种脱氧核糖核苷三磷酸底物及 Mg^{2+} 存在条件下，$5'→3'$ 的聚合酶催化以引物为起始点的 DNA 链延伸反应。以上三步为一个循环，每一循环的产物可以作为下一个循环的模板，数小时之后，介于两个引物之间的特异性 DNA 片段得到大量复制，数量可达到 $2×10^{6～7}$ 拷贝。

如图 5-5 所示，经过变性、退火和延伸一个循环，目的 DNA 数增加一倍，经过 n 次循环后，目的 DNA 的数量为 2^n-2n。PCR 扩增的特异性是由人工合成的一对寡核苷酸引物所决定。在反应的初始阶段，原来的 DNA 担负着起始模板的作用，随着循环次数的增加，由引物介导延伸的片段急剧增加而成为主要模板。因此，绝大多数扩增产物将受到所加引物 $5'$ 末端的限制，最终扩增产物是介于两种引物 $5'$ 末端之间的 DNA 片段。

二、PCR 条件的优化

（一）PCR 反应的缓冲液 PCR 反应中，缓冲液是一个重要的影响因素，特别是其中的 Mg^{2+} 能影响反应的特异性和扩增片段的产率。在一般的 PCR 反应中，$1.5～2.0mmol/L$ Mg^{2+} 比较合适，其对应脱氧核糖核苷三磷酸（dNTP）$200\mu mol/L$ 左右，Mg^{2+} 过量能增加非特异性并影响产率。在 PCR 反应中，应用 $10～50mmol/L$ Tris-Cl 来调节 pH，使 Taq DNA 聚合酶的作用环境维持偏碱性。

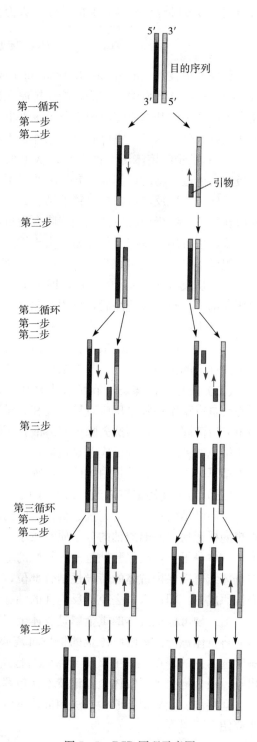

图 5-5　PCR 原理示意图

（二）底物浓度 PCR 的底物脱氧核糖核苷三磷酸（dNTP）溶液具有较强的酸性，使用时以 NaOH 将 pH 调至 $7.0～7.5$，分装后于 $-20℃$ 保存备用，尽量减少冻融次数，否则会使 dNTP 降解。在 PCR 反应中，dNTP 的浓度应在 20～200μmol/L，而且 4 种 dNTP 的终浓度相同。dNTP 浓度过高可加快反应速度，还可增加碱基的错误掺入和实验成本。反之，低浓度的 dNTP 会导致反应速度的下降，但可提高实验的精确性。此外，由于 dNTP 可能与 Mg^{2+} 结合，因此应注意 Mg^{2+} 浓度与 dNTP 之间的关系。

（三）PCR 反应的酶及其浓度　目前，在 PCR 反应体系中广泛采用 Taq DNA 聚合酶，一般来说，100μL 的反应体系其用量为 0.5～5U。根据扩增片段的长短及其复杂性（G+C 含量）不同而有所区别。Taq DNA 聚合酶浓度过高，可引起非特异性产物的扩增，浓度过低时则合成产物量减少。

（四）引物　在 PCR 反应体系中，引物浓度一般为 0.1～0.5μmol/L，引物浓度偏高会引起错配和非特异性产物扩增，且可增加引物之间形成二聚体的机会，这两者还由于竞争酶、dNTP 和引物，使 DNA 合成产率下降。

（五）PCR 反应条件的选择　PCR 反应开始时，先要使模板 DNA 变性解离为单链，使之有利于与引物结合。一般选用 94～95℃ 30s 变性模板 DNA。过高温度或高温持续时间过长，可对 Taq DNA 聚合酶活性和 dNTP 产生损害。

变性后的 DNA 很快冷却到 40～60℃时，可使引物与模板结合。因为模板 DNA 结构比引物复杂得多，引物和模板之间碰撞的机会大大高于模板互补链之间的碰撞。复性温度的选择可根据引物的长度和其 G+C 含量来确定。当引物在 15～25bp 之间时，引物的退火温度可通过 $T_m=4（G+C）+2（A+T）$ 计算得到。在 T_m 允许的范围内，选择较高的退火温度可大大减少引物和模板之间的非特异性结合，提高 PCR 反应的特异性。退火时间设置为 30s 足以使引物和模板之间完全结合。一般来说，PCR 的延伸温度选择在 70～75℃之间，此时 Taq DNA 聚合酶具有最高活性。当引物在 16bp 以下时，过高的延伸温度不利于引物和模板结合，此时可通过缓慢升高反应温度至 70～75℃的方法进行升温。PCR 延伸的时间可根据待扩增片段的长度而定，一般 1kb 以内的片段，延伸时间 60s 足够，扩增片段在 1kb 以上则需加长延伸时间。

上述参数选定后，PCR 循环次数主要取决于模板 DNA 的浓度。理论上进行 20～25 次循环就可使 PCR 产物积累达到最大值。实际应用中，不管模板浓度是多少，20～30 次循环是比较合理的次数，因为每一步反应的产率不可能达到 100%。循环次数不是越多越好，因为循环次数的增多会使非特异性产物的量增加。

三、PCR 引物的选择和设计

PCR 作为一个体外酶促反应，其效率和特异性取决于两个方面，一是引物与模板的特异性结合，二是多聚酶对引物的有效延伸。引物的选择和设计的总原则是提高扩增的效率和特异性，引物的设计一般遵循下列原则：

（1）引物长度以 15～30bp 为宜。引物过短时会使特异性降低，过长时则成本增加，且也会降低特异性。

（2）引物碱基尽可能随机分布，避免出现嘌呤、嘧啶堆集现象，引物 G+C 含量宜在 45%～55% 左右。

（3）引物内部不应形成二级结构，两个引物之间尤其在 3′末端不应有互补链存在。

（4）引物的碱基顺序不应与非扩增区域有同源性。要求在引物设计时采用计算机进行辅助检索分析。

(5) 引物 3′末端碱基：原则上要求引物 3′末端碱基与模板 DNA 配对。另外引物 3′末端的末位碱基在很大程度上影响着 Taq DNA 聚合酶的延伸效率。当末位碱基为 A 时，即使在错配的情况下，也能引发链的合成，而末位碱基为 T 时，错配时引发效率大大降低，末位碱基为 G、C 时，错配时引发效率居中，因此，引物 3′末端的末位碱基最好选 T、C、G，而不选 A。

(6) 引物 5′末端碱基：引物 5′末端碱基没有严格的限制，只要与模板 DNA 结合的引物长度足够，其 5′末端碱基可以不与模板末端匹配而呈游离状态。因此，引物设计时 5′末端可以被修饰而不影响扩增的特异性。引物 5′末端修饰包括：加酶切位点；标记生物素、荧光、地高辛等；引入突变位点、启动子序列等。

(7) 特异性引物的设计：在水产动物疾病的诊断中，引物对病原体的专一性是特异的 PCR 扩增的关键，设计的引物既要对病原体是特异的，又要对宿主无交叉反应。病原体特别是病毒基因组的碱基容易发生改变如插入、重复和缺失等，导致病原体结构表现出一定的差异，因此，采用 PCR 技术在对水产动物疾病进行诊断时，只有选择病原体基因组中高度保守区域作为目的基因加以扩增，才能有效地检测出变异的病原体。我们在设计引物时，在计算机的帮助下，通过比较同一病原的不同株的基因序列的同源性，设计出一些具有较大保守性的序列作为引物。

四、PCR 的试验步骤

(1) 样品的制备：按分子生物学的常规技术，以病原体的 DNA 或 RNA，或从水产动物病变组织中制备病毒样品，用于 PCR 扩增。

(2) PCR 反应：在 0.5mL Eppendorff 管中加入下列试剂：

10×PCR 缓冲液	10μL
2mmol/L dNTP	5μL
引物Ⅰ、Ⅱ	每种 50pmol
模板 DNA	20μL
	加水到 49μL

(3) PCR 反应体系在 97℃下变性 5min 后，加入 Taq DNA 聚合酶 1μL（2U），混匀后，再在液体表面加上石蜡油 40μL。

(4) 95℃30s，50℃30s 和 72℃60s，循环 25～30 次，最后 72℃延伸 7min，4℃备用。

(5) 用 1.5% 琼脂糖电泳，在加了 EB 的情况下用紫外灯检查 PCR 扩增产物以诊断疾病。

第四节 核酸分子杂交技术

一、概　述

核酸分子杂交技术是分子生物学中最常用的基本技术之一，具有高度的特异性，也常用于水产动物疾病的诊断。其原理在于：具有一定同源性的两条核酸单链在一定条件下按照碱基互补原则退火形成双链。杂交的双方是待测核酸序列及探针。待测核酸序列可以是克隆的基因片段，或未克隆化的基因组 DNA 和细胞总 RNA。探针则是指用于检测的已知核酸片段。通常用放射性同位素或非同位素对探针进行标记，检测这些标记物的方法是极其灵敏的。由于核酸分子杂交的高度特异性和检测方法的高度灵敏性，使该技术广泛应用于基因克隆的筛选和酶切图谱制作、特定基因序列的定量和定性检测、基因突变分析以及疾病的诊断等。

二、核酸分子印迹的类型

常用的核酸分子杂交是指膜上印迹杂交，它是将待测核酸序列片段结合到一定的固相支持物上，然后与存在于液相中标记的核酸探针进行杂交的过程。一般应用的固相支持物有硝酸纤维素滤膜（NC）、尼龙膜、化学活化膜和滤纸等，常用的有尼龙膜和硝酸纤维素滤膜。常用的核酸分子杂交方法可分为点杂交、Southern 杂交和 Northern 杂交。

（一）斑点印迹法（Dot blotting） 将 RNA 或 DNA 变性后直接点样于 NC 膜或尼龙膜上，用于基因组中特定基因及其表达的定性及定量研究。与 Southern 杂交和 Northern 杂交相比，其优点在于简单、迅速、在同一张膜上同时进行多个样品的检测、对粗提核酸样品的检测效果也好，但其缺点是不能鉴定所测基因的分子质量、特异性也不高且有一定的假阳性。其操作步骤如下：

（1）将 NC 膜或尼龙膜于水中浸润后置于 20×SSC 中浸泡 1h，同时将抽滤加样器用 0.1mol/L NaOH 清洗，然后用消毒水洗净。

（2）将两张预先用 20×SSC 浸泡的滤纸铺在抽滤加样器的下部分上。然后将湿润的 NC 膜或尼龙膜贴在加样器上部分的底部，小心排除气泡。将 NC 膜或尼龙膜覆盖不到的部分用 Parafilm 封闭。重新安装好加样器，并接通真空室与真空泵。

（3）在加样孔中装满 10×SSC，真空抽滤至所有液体被抽干。关闭真空泵。在加样器中重新加满 10×SSC。

（4）样品处理 对于 RNA 样品，在微量离心管中加入 RNA（10μL）、甲酰胺（20μL）、37%甲醛（7μL）和 20×SSC（2μL），置 68℃保温 15min，并迅速置冰浴中。对 DNA 样品，可直接置沸水浴中变性 10min，然后迅速置于冰浴中。DNA 和 RNA 的量一般为 10~20μg。

（5）样品中加入 2 倍体积 20×SSC。

（6）将样品孔中的 10×SSC 抽干。关闭真空泵。

（7）将样品加入样品孔中，真空抽滤。待样品全部被抽干，用 10×SSC 抽滤两次。为防止杂交后形成圆圈样形态而不是实心的圆点，加样时可将样品加在样品孔中央，而不是沿孔壁加样，要避免形成气泡。

（8）继续施真空 5min 使 NC 膜或尼龙膜干燥。

（9）取下 NC 膜或尼龙膜，室温下使其充分干燥，然后在真空下于 80℃烤干。

（二）Southern 印迹法（Southern blotting） Southern 印迹是指将电泳分离的 DNA 片段转移到一定的固相支持物上的过程。DNA 分子经限制性酶切后进行琼脂糖电泳，将含 DNA 片段的琼脂糖凝胶变性，并将单链 DNA 转移到 NC 膜或尼龙膜上，而各 DNA 的位置保持不变。根据 Southern 印迹采用的方法或仪器不同，可分为虹吸印迹法、电转移法和真空转移法。根据 DNA 转移的方向，虹吸法又可分为从上向下和从下向上转移两种。于此仅介绍虹吸法的从上向下转移法。

（1）DNA 电泳结束后，修切凝胶以去除无用部分，并做好标记（一般切一角）以确定方向。

(2) 当 DNA 片段≥15kb 时，采用 0.2mol/L HCl 处理凝胶 20～25min（短则 10min），DNA<15kb 时，此步可省去。弱酸处理主要是脱嘌呤以缩短 DNA 片段便于转移。

(3) 在变性液（0.5mol/L NaOH，1.5mol/L NaCl）中处理 30min，再在 0.5×变性液处理 30min，间隔摇动凝胶，使 DNA 变性。

(4) 小心将胶翻倒在玻璃板上使点样孔朝下。

(5) 将与胶同样大小的尼龙膜在 0.5×变性液中浸泡 5min，平铺于胶的表面。用一根玻璃棒从膜的一端表面轻推到另一端以赶走膜与胶之间的气体，反复多次。

(6) 将四张稍大于膜的滤纸依次在 0.5×变性液中浸润后，放置于膜上，每放一张滤纸，用玻璃棒赶走气体一次。

(7) 将一打（约 7cm 厚）已裁至滤纸大小的吸水纸放在滤纸层上，再将一块玻璃板放在吸水纸上，然后抓紧上下两块玻璃板迅速翻转放在水平桌面上，此时点样孔朝上。

(8) 在凝胶四周露出的滤纸上放好保鲜膜以防渗漏。然后将三张稍大于凝胶的滤纸依次在 0.5×变性液中浸润后，放置于凝胶上，每放一张赶走气体一次。

(9) 用一层保鲜膜将整个装置围盖住以防止水分蒸发，将一块玻璃板压在顶部。

(10) 转移 4h 或过夜后，取下尼龙膜于 2×SSC 中浸润 20min，取出晾干即可用于杂交，为较快干燥转移膜，也可在 60℃下烤 30min。

（三）Northern 印迹法（Northern blotting） Northern 印迹是指将 RNA 变性及电泳后，将其转移到固相支持物上的过程，从而用于杂交反应以鉴定其中特定 mRNA 分子的量与大小。其基本原理与 Southern 印迹相同，但变性方法不同，不能用碱变性 RNA，否则会导致 RNA 的水解。RNA 变性电泳可分为聚乙二醛和二甲基亚砜变性电泳、甲醛变性胶电泳和甲基氢氧化汞电泳等三种方法，以下介绍甲醛变性胶电泳法后的 Northern 印迹。

(1) 将适量琼脂糖加热溶于水，冷却至 60℃后，加入 5×甲醛胶电泳缓冲液至浓度为 1×，加甲醛至终浓度为 2.2mol/L（37%甲醛为 12.3mL/L）。然后灌注电泳胶。

(2) 将 RNA（4.5μL）、5×甲醛胶电泳缓冲液（2.0μL）、37%甲醛（3.5μL）和甲酰胺（10.0μL）加入一微量离心管中，于 65℃保温 15min，然后迅速置冰浴中。

(3) 加入 2μL 载样缓冲液。

(4) 上样前凝胶预电泳 5min，再将 RNA 样品立即上样于加样孔中，同时在另一样品孔中加入分子质量标准参照物。

(5) 在 1×甲醛胶电泳缓冲液中电泳，恒压 3～4V/cm。每 1～2h 将阴阳极电泳液混合一次。

(6) 电泳结束后，切下分子质量标准参照物条带，溴化乙锭染色，紫外线下照相。

(7) 将凝胶浸入用 DEPC 预处理过的水漂洗以去除所含的甲醛。如果凝胶浓度大于 1%、厚度大于 0.5cm 或待测 RNA 片段大于 2.5kb 时，将凝胶置于 0.05mol/L NaOH 溶液中浸泡 20min，然后用 DEPC 处理过的水漂洗，最后用 20×SSC 浸泡 45min。

(8) 切除无用的凝胶部分，以下同 Southern 印迹法中的（4）～（10）步骤。

三、核酸分子的杂交

（一）核酸探针 核酸探针是指特定的已知核酸片段，能与互补核酸序列退火杂交，可用于待测核酸样品中特定基因的探测。探针必须用标记物进行标记，以便能有效地探测待测样品中的目的基因。因而，标记的核酸探针广泛应用于分子生物学领域中克隆筛选、酶切图谱制作、疾病的临床诊断等方面。根据核酸探针的来源及其性质可分为基因组 DNA 探针、cDNA 探针、RNA 探针和人工合成的寡核苷酸探针等。

（二）标记物 用于探针标记的物质分为同位素和非同位素。常用的同位素有 ^{32}P、^3H 和 ^{32}S，非同位素有生物素和地高辛。常用的标记方法包括切口平移法和随机引物法。切口平移法是利用大肠杆菌的 DNA 聚合酶 I 的多种酶促活性将标记的 dNTP 掺入到新形成的 DNA 链中去，从而合成标记的探针。随机引物法是近年来发展起来的一种较为理想的核酸探针标记方法，大有取代切口平移法之趋势。其过程是将待标记的 DNA 探针片段变性后与随机引物起杂交，在大肠杆菌的 DNA 聚合酶 I 大片段（Klenow 片段）催化下，合成与探针互补的 DNA 链，标记的 dNTP 掺入到互补的 DNA 链中去，形成标记的核酸探针。

（三）杂交条件的优化 在建立一个较理想的杂交体系时，应考虑以下几个因素：

1. 离子强度 通常的杂交体系中离子强度为 5×SSC 或 6×SSC。

2. DNA 浓度 DNA 浓度越高，复性速度越快，因此，杂交体系中应加入足够量的 DNA，但应尽量减少杂交体积，一般每平方厘米膜面积加 50~100μL 杂交液为宜。

3. DNA 探针的长度 探针片段越大，其扩散的速度越慢，复性速度也越慢。

4. 温度 选择适当的杂交和洗膜温度是核酸杂交成功最关键的因素之一。杂交温度应低于 T_m 值 15~25℃，洗膜温度应低于 T_m 值 5~15℃。

（四）核酸分子的杂交 核酸分子杂交的方法较多，于此仅介绍其中最常用的一种方法。

1. 预杂交 预杂交的目的是用非特异性 DNA 分子（如鲑精 DNA 或小牛胸腺 DNA）及其他高分子化合物（Denhardt 溶液）将含待测核酸分子的 NC 膜或尼龙膜的非特异性位点封闭，否则会引起非特异性现象。

（1）制备预杂交液

5×SSC

5×Denhardt 溶液

50mmol/L 磷酸缓冲液（pH7.0）

0.2%SDS

500μg/mL 变性的鲑精 DNA 片段

50%甲酰胺（也可不用）

（2）将结合了 DNA 的 NC 膜或尼龙膜浸泡于 5×SSC 溶液中，充分湿润。

（3）将膜置于一塑料袋或杂交管中，加入适量的预杂交液（0.1mL/cm²）。尽量排除气泡，如果是塑料袋，用封口机将口封牢。

（4）将塑料袋浸入恒温水浴或杂交管放于杂交箱中。当加入了 50%甲酰胺时，恒温 42℃，当不加甲酰胺时，恒温 68℃。封闭 1~2h，或长至 12~16h。

2. 杂交

（1）制备杂交液

5×SSC

5×Denhardt 溶液

20mmol/L 磷酸缓冲液（pH7.0）

10%硫酸葡聚糖

100μg/mL 变性的鲑精 DNA 片段

50%甲酰胺（也可不用）

(2) 如探针是双链 DNA，需经沸水中加热变性 10min 后迅速置于冰浴中。如果探针是单链 DNA 或 RNA，则不需变性处理。

(3) 将变性后的探针加入到预热的杂交液中，探针浓度一般为 1～2ng/mL。

(4) 弃去预杂交液，将含探针的杂交液加入到塑料袋或杂交管中，将塑料袋浸入恒温水浴或杂交管放于杂交箱中。当加入了 50％甲酰胺时，恒温 42℃，当不加甲酰胺时，恒温 68℃。杂交 8～16h，整个过程保持轻轻振荡。

3. 洗膜 洗膜的目的是将滤膜上未与 DNA 杂交的及非特异性杂交的探针分子从滤膜上洗去。

(1) 弃去杂交液，取出膜迅速浸于大量的 2×SSC 和 0.5％SDS 溶液中，室温下不断振荡。注意：操作中必须保持膜湿润。

(2) 5min 后，将膜转移到大量的 2×SSC 和 0.1％SDS 溶液中，室温下振荡漂洗 15min。

(3) 将膜转移到一盛有大量 0.1×SSC 和 0.1％SDS 溶液的容器中，置 37℃水浴中振荡漂洗 30min 至 1h。

(4) 将膜转移到一盛有大量 0.1×SSC 和 0.1％SDS 溶液的容器中，置 65℃水浴中振荡洗涤 30min 至 1h。

(5) 室温下膜用 0.1×SSC 稍稍漂洗，然后置滤纸上吸去大部分的液体，直接用于检测。

4. 检测 检测所用的探针因标记物不同可分为放射性同位素探针和非放射性同位素探针。非放射性同位素探针的检测可分为显色反应、荧光检测、化学发光等，它们的具体操作请参照有关资料和产品说明书。于此仅介绍放射性同位素探针的放射自显影检测方法。

将 NC 膜或尼龙膜用保鲜膜包好，置于暗盒中，在暗室中将钨酸钙增感屏前屏置于膜上，光面向上，再压一张 X 线片，再压上增感屏后屏，光面向 X 线片。盖上暗盒，置于－70℃曝光适当时间后，暗室中取出 X 线片，常规显影、定影。如曝光不足可再压片重新曝光。

5. 膜的重复使用 尼龙膜和化学活化膜因与核酸结合牢固，且韧性较强，可以多次反复使用；而 NC 膜与核酸结合不牢固，且较脆，一般不适宜于反复使用。检测完毕后，尼龙膜或化学活化膜必须将探针洗脱后才可用于下一次的杂交检测。

将检测后的膜浸于无菌双蒸水中漂洗数分钟后，将膜置于 0.2mol/L NaOH 和 0.1％SDS 溶液中漂洗两次，每次 15min，以洗脱探针；再将膜浸于 2×SSC 溶液中充分漂洗 10min 后，立即用于下次的杂交，或室温或 60℃下干燥保存备用。

复 习 题

1. 水产动物疾病的现场检查内容包括哪些？
2. 水产动物疾病的实验室常规检查内容包括哪些？
3. 阐述抗原-抗体反应的一般规律和特点。
4. 阐述抗原-抗体反应的影响因素。
5. 免疫凝集试验有哪几种基本方法？
6. 免疫沉淀试验有哪几种基本方法？

7. 与补体相关的免疫试验有哪几种基本方法?
8. 酶联免疫试验有哪几种基本方法?
9. 酶联免疫试验中常用哪几种酶和底物?
10. 阐述荧光免疫技术的基本原理。
11. 免疫电镜的主要特点是什么?
12. 阐述 PCR 技术的原理。
13. PCR 引物设计的基本原则有哪些?
14. 核酸分子杂交的基本方法有哪些?

第六章

水质污染与赤潮

第一节 水质污染

通常把由于人类的生活、生产活动，将大量有害物质排入水体，超出了水体自净能力，破坏了水环境的机能，使水质恶化的现象称为水质污染。

20世纪90年代以来，我国近海海域的污水排放量逐年增多，1998年沿海地区企业排入近岸海域的工业废水约40亿t，占全国工业废水排放总量的20%。其中东海受纳约37%，南海约24%，渤海约20%，黄海约19%。内陆水域的污染也极为严重，主要污染物是化学需氧物质、氨氮、油类物质和磷酸盐四类，合计占总量的95%以上。此外，还有硫化物、锌、砷、铅、总铬、挥发酚、氰化物、镉、汞等。近年来，国家实施节能减排工程，水质污染现象得到了明显的遏制，部分水域恢复达到了渔业水质标准。

（一）营养盐污染 20世纪80年代中期以来，我国水域水质营养盐污染逐年加重。以海水为例，海水无机氮含量超过一类海水水质标准的区域面积达11.5万km^2。其中二类水质区3.7万km^2，三类水质区2.7万km^2，四类水质区1.4万km^2。海水磷酸盐含量超过一类海水水质标准的区域面积更大，约18万km^2。其中二、三类水质区7.0万km^2，四类水质区6.5万km^2。渤、黄、东、南海4个海区中，渤海营养盐超标面积占本海区总面积的比例最大，达35%~40%。近海2/3的重点海域受到营养盐污染，其中辽河口、大连湾、胶州湾、长江口、杭州湾、象山湾、三门湾、乐清湾、闽江口、珠江口等海域污染较重。营养盐的过量排入将导致海水富营养化，浮游生物大量生长，危害生态平衡，破坏生物资源，损害渔业生产。

（二）油污染 油类，主要是原油、各种燃料油、润滑油以及动植物油脂，是世界海洋中最普遍存在的污染物之一，也是海洋污染防治最早关注的对象。20世纪70~80年代我国海域油污染严重。近年来虽有减轻趋势，但局部海域污染仍较突出。油污染对水产经济动物的产卵场、早期胚胎发育等产生直接影响，严重时引起经济动物的大量死亡。

（三）有机污染 城市生活污水、食品工业废水及残渣、人畜粪便、造纸工业废物等富含有机物质，过量排放，在其分解过程中大量消耗水中的溶解氧，导致水质恶化，引起水生生物窒息死亡，甚至局部水域变成"死水"。

（四）重金属污染 水中的过量重金属除直接对水生生物造成毒害外，还能经由生物体富集和食物链传递通过水产品进入人体并造成危害，如世界闻名的水俣病就是海洋汞污染引起的。

第二节 赤 潮

赤潮（red tide）是由于海域环境条件改变，尤其是营养盐、有机质污染导致海域富营养化，促使浮游生物特别是微小的藻类大量繁殖和高密度聚集，引起海水变色的一种异常现象。而在河流、湖泊及池沼等淡水水域中发生的同类现象则称为水华（也称水花）。赤潮不仅会破坏海洋渔业资源和生产，恶化海洋生态环境，还会使人体因食用被赤潮生物污染的海产品而中毒，甚至死亡。

（一）赤潮形成的原因 赤潮形成的原因是十分复杂的，它与发生海区的水文、气象、理化因子及赤潮生物的特性等多种因素密切相关。赤潮发生，通常要有如下几个条件：

（1）陆源工业废水和生活污水大量排入海区，为赤潮生物的繁殖提供了丰富的营养盐类，这是形成赤潮的基本的物质基础，其中磷的含量高低是决定是否出现赤潮高峰和形成赤潮的重要因素。

（2）海水中有机物质及海产动植物残体被微生物分解而产生的维生素和其他微量有机物质（氨基酸、嘌呤、嘧啶等）以及微量元素锰、铁等的增加，可刺激赤潮生物的生长繁殖，促使赤潮暴发。

（3）水温升高（不超过赤潮生物生存适温的上限）以及适宜的盐度、pH，是促使和加速赤潮生物生长繁殖的重要因子。

因此，水体稳定性高、交换差的半封闭海区或港湾，在持续的炎热天气、闷热天气、台风后或暴雨前后易发生赤潮。

（二）赤潮对海水养殖动物的危害 赤潮一旦发生，可使发生海区的水产动物大批死亡。从大量的研究结果来看，赤潮使鱼、虾、贝类死亡的原因为：

（1）窒息死亡 赤潮生物大量繁殖以及死亡藻类的分解，消耗了大量溶解氧，使海水呈现缺氧甚至无氧状态，鱼、虾、贝类就会窒息死亡。此外，高密度的浮游生物及其尸体黏附在鱼、虾、贝类的鳃或堵塞其呼吸器官，也会导致鱼、虾、贝类窒息死亡。

（2）中毒死亡 许多赤潮生物或其尸体腐败时，可产生毒素，直接危害水产生物。特别是某些甲藻类赤潮生物（如漆沟藻）产生的麻痹性贝毒（paralytic shellfish poising，简称PSP），毒性尤强。另据报道，某些赤潮发生时所繁殖的细菌，也含有毒素，这些毒素可使鱼、虾、贝类死亡。

（3）环境恶化引起死亡 赤潮发生时海水的理化指标常常超出鱼、虾、贝类的忍受限度，从而引起死亡。

赤潮发生，还会严重破坏水产生物的饵料基础、改变水生生物的群落组成、影响生态平衡，最终破坏水域生产力，使海洋渔业和海水养殖业遭受损失。

（三）赤潮的防治 防治赤潮可采取以下几项措施：

（1）加强对赤潮发生的预测：每年5～9月赤潮易发季节，加强对气象、水文等资料的系统记录分析，及时对赤潮发生的可能性进行预测，使养殖业者能迅速采取应急措施，以避免损失。

（2）重视海域的环境保护工作：必须加强对工厂污水、生活污水排放标准的控制，以充分利用海区的自净能力。

（3）改善养殖技术：由于养殖业的迅猛发展，沿海水域因投饵所造成的水质污染也日趋严重，已远远超过海洋自身所具有的自净能力，常常造成局部海区高度富营养化，在其他因素的作用下，最终将导致赤潮发生。因此，改善养殖技术，给养殖海区创造一个良好的生态环境，可起到积极的预防赤潮发生的作用。

（4）赤潮发生时的应急措施：目前尚未研究出有实用价值的控制赤潮的有效方法。赤潮发生时可采用 1～2mg/L 的硫酸铜，杀灭赤潮生物。此外，设法给养殖鱼类增加海水中的氧气，将养殖鱼类的网箱移到没有受赤潮影响或影响较小的中下层或其他海区，可减少或避免损失。

日本曾报道试用膨润土或黄泥防止赤潮发生，有良好效果。

附：渔业水质标准（国家环境保护局 1989 年 8 月 12 日发布）

项目序号	项目	标准值（mg/L）
1	色、臭、味	不得使鱼、虾、贝、藻类带有异色、异臭、异味
2	漂浮	水面不得出现明显油膜或浮沫
3	悬浮物质	人为增加的量不得超过 10，而且悬浮物质沉积于底部后，不得对鱼、虾、贝类产生有害的影响
4	pH	淡水 6.5～8.5，海水 7.0～8.5
5	溶解氧	连续 24h 中，16h 以上必须大于 5，其余任何时候不得低于 3，对于鲑科鱼类栖息水域冰封期其余任何时候不得低于 4
6	生化需氧量（5d，20℃）	不超过 5，冰封期不超过 3
7	总大肠菌群	不超过 5，冰封期不超过 3
8	汞	≤0.000 5
9	镉	≤0.005
10	铅	≤0.05
11	铬	≤0.1
12	铜	≤0.01
13	锌	≤0.1
14	镍	≤0.05
15	砷	≤0.05
16	氰化物	≤0.005
17	硫化物	≤0.2
18	氟化物（以 F^- 计）	≤1
19	非离子氨	≤0.02
20	凯氏氮	≤0.05
21	挥发性酚	≤0.005
22	黄磷	≤0.001
23	石油类	≤0.05
24	丙烯腈	≤0.5
25	丙烯醛	≤0.02
26	六六六（丙体）	≤0.002
27	滴滴涕	≤0.001

(续)

项目序号	项 目	标准值（mg/L）
28	马拉硫磷	≤0.005
29	五氯酚钠	≤0.01
30	乐果	≤0.1
31	甲胺磷	≤1
32	甲基对硫磷	≤0.000 5
33	呋喃丹	≤0.01

复 习 题

1. 渔业水质污染的类型有哪些？
2. 简述赤潮发生的原因，对水产养殖的危害及控制措施。

下 篇

水产动物病害学各论

第七章

鱼类的病害

第一节 病毒性疾病

一、草鱼出血病（Hemorrhage disease of grass carp）

【病原】1983年从患病的草鱼中分离并提纯到本病病毒，经鉴定为呼肠孤病毒。由于首次在草鱼发现此病并分离到病毒，故取名为草鱼呼肠孤病毒（Grass carp reovirus，GCRV），又叫草鱼出血病病毒（Grass carp hemorrhage virus，GCHV）。病毒为二十面体的球形颗粒，直径为70～80nm，具双层衣壳，无囊膜。病毒基因组为双股RNA，由11个片段组成。核酸的总分子质量为 1.55×10^7 u。此病毒在蔗糖中的浮力密度为1.30～1.31g/mL。对热（56℃，1h）稳定，而在65℃，1h则完全失活。病毒对类脂溶剂（如氯仿）不敏感，对酸（pH=3）稳定，经酸（pH=3）处理后，毒力增强，滴度提高。此病毒可以在GCO、GCK、CIK、ZC-7901、PSF及GCF等草鱼细胞株内增殖。在感染细胞后第2天出现细胞病变。

【症状和病理变化】患病初期，病鱼食欲减退，体色发黑，尤其头部，有时可见尾鳍边缘褪色，好似镶了白边，有时背部两侧会出现一条浅白色带，随后病鱼即表现出不同部位的出血症状，在口腔、上下颌、头顶部、眼眶周围、鳃盖、鳃及鳍条基部和腹部等都可见明显的充血、出血；有时眼球突出。剔除鱼的皮肤，可见肌肉呈点状或斑块状出血，严重时全身肌肉出血呈鲜红色。由于鱼体严重出血，这时鳃常贫血而呈灰白色。有些病鱼可见肛门红肿外突。肠壁因充血和出血而呈鲜红色，肠内无食物。肠系膜及其周围脂肪、鳔、胆囊、肝、脾、肾也有出血点或出血斑，个别病鱼鳔及胆囊呈紫红色。当出血严重时，病鱼发生贫血，血液颜色变淡，血量减少。肝、脾、肾的颜色常变淡。全身性出血是本病的重要特点，但上述出血症状不是在每条鱼都一样，根据水生生物研究所长期的观察结果发现，可以有以下三种情况：

（1）病鱼以肌肉出血为主而外表无明显的出血症状或仅表现轻微出血，这种类型称为红肌肉型，一般在较小（7～10cm）的草鱼种中出现。

（2）病鱼以体表出血为主，口腔、下颌、鳃盖、眼眶四周以及鳍条基部明显充血和出血，称红鳍红鳃盖型（图7-1A），一般在较大的（13cm以上）的鱼种中出现。

（3）病鱼以肠道充血、出血为主，称肠炎型（图7-1B），这种类型一般在大小草鱼中都可见到。

这三种类型有时可同时出现两种，甚至三种类型出现在同一条病鱼体上，它们相互之间可以混合发生。

病理组织学检查，本病的病理特点为全身毛细血管内皮细胞受损，血管壁通透性增高，

 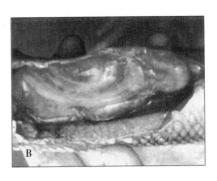

图 7-1 草鱼出血病
A. 红鳍红鳃盖型 B. 肠炎型

引起广泛性毛细血管和小血管出血及形成微血栓。由于血液循环障碍，导致各脏器组织变性坏死。肾小管上皮细胞肿胀、变性、坏死，管腔中有红细胞。肾小球毛细血管扩张充血，继而肾小球坏死、崩解。肝细胞变性、坏死，胞浆内可见到嗜酸性包涵体。鳃小片毛细血管、进出鳃血管扩张充血，并有渗出性出血。鳃小片上皮细胞水泡变性、坏死、脱落。肌纤维肿胀、断裂，溶解性坏死，在肌纤维间可见大量红细胞和炎性细胞浸润。红细胞、白细胞和血红蛋白显著低于健康鱼。血红蛋白含量及红细胞数只有健康鱼的 1/2 左右，白细胞数也只有健康鱼的 40%～60%。血清谷丙转氨酶（SGPT）、血清乳酸脱氢酶（SCDH）及血清异柠檬酸脱氢酶（SLCDH）活性增高。血浆总蛋白、血清白蛋白、尿素氮、胆固醇则降低。

【流行情况】草鱼出血病是由病毒引起的一种严重危害当年草鱼鱼种的传染性疾病。本病流行范围广，发病季节长，发病率高，对草鱼种的生产可造成很大的损失。从 2.5～15cm 大小的草鱼都可发病，以 7～10cm 的当年鱼种最为普遍，有时 2 足龄以上的大草鱼也患病。有些地区，100～500g 的草鱼种发病尤其严重。本病发病率高，死亡率也高，可达 70%～80% 以上，往往造成大批草鱼种死亡。青鱼、麦穗鱼也可感染，但其他鱼类未见感染。经过多年的观察与试验，鲢、鳙、鲤、鲫、鳊等鱼种，无论在鱼池内与草鱼种混养，或在人工感染条件下，都未发现患出血病的情况。流行季节一般在 6 月下旬到 9 月底，10 月上旬仍有流行，长的可持续于整个鱼种培育阶段。8 月份为流行高峰期。一般发病水温在 20～33℃，最适流行水温为 27～30℃。在浅水塘、高密度草鱼饲养池发病常为急性型，发病急，来势凶猛，死亡严重，发病后 3～5d 内即出现大批死亡，10d 左右出现死亡高峰，2～3 周后池中草鱼大部分死亡。在稀养的大规格鱼种池发病常为慢性型，病情发展缓和，每天死亡数尾至数十尾，死亡高峰一般不明显。但病程较长，常可持续到 10 月份。人工感染健康的草鱼从感染到发病死亡，需 4～15d，一般是 7～10d。潜伏期 3～10d，水温高，病毒浓度高潜伏期短，反之则长。此病流行地区广，据了解，此病在湖南、湖北、两广、江西、福建、江苏、浙江、安徽、上海、四川等省、区、市均有流行。

【诊断方法】

（1）根据临诊症状、病理变化及流行情况进行初步诊断，但要注意以肠出血为主的草鱼出血病和细菌性肠炎病的区别。活检时前者的肠壁弹性较好，肠腔内黏液较少，严重时肠腔内有大量红细胞及成片脱落的上皮细胞；而后者的肠壁弹性较差，肠腔内黏液较多，严重时肠腔内有大量渗出液和坏死脱落的上皮细胞，红细胞较少。

（2）用血清学诊断有高度的灵敏性和准确性。目前用于草鱼出血病诊断的血清学方法有酶联免疫吸附试验。葡萄球菌 A 蛋白协同凝集试验和葡萄球菌 A 蛋白的酶联染色技术。

【防治方法】

预防措施：

（1）清除池底过多的淤泥，并用浓度 200mg/L 生石灰，或 20mg/L 漂白粉，或 10mg/L 漂白粉精消毒。

（2）使用含氯消毒剂（漂白粉、二氯异氰尿酸钠、三氯异氰尿酸、二氧化氯以及二氯海因等）全池泼洒彻底消毒池水；在养殖期内，每半个月全池泼洒漂白粉精 0.2~0.3mg/L，或二氯异氰尿酸钠或三氯异氰尿酸 0.3~0.5mg/L，或二氧化氯 0.1~0.2mg/L，或二氯海因 0.2~0.3mg/L。鱼种下塘前，用聚乙烯氮戊环酮碘剂（PVP‐I）60mg/L 药浴 25min 左右，或用 10mg/L 浓度的次氯酸钠处理 10min。

（3）加强饲养管理，进行生态防病，定期加注清水，泼洒生石灰。高温季节注满池水，以保持水质优良，水温稳定。投喂优质、适口饲料。食场周围定期泼洒漂白粉或漂白粉精进行消毒。

（4）人工免疫预防：用草鱼出血病疫苗进行人工免疫预防本病具有较好的效果。目前主要有以下两种方式进行免疫：

①浸泡法：用尼龙袋充氧，以 0.5% 浓度的草鱼出血病灭活疫苗，加浓度 10mg/L 莨菪碱，在 20~25℃ 水温下浸泡 3h，免疫成活率可达 78%~92%；也可用低温活毒浸泡免疫法，以草鱼出血病活弱毒作抗原，在 13~19℃ 条件下浸泡草鱼种，保持 25d 以上，可使草鱼种获得免疫力，成活率达 82%。

②注射法：可采用皮下腹腔或背鳍基部肌肉注射，一般采用一次性腹腔注射，疫苗量视鱼的大小而定，一般控制在每尾注射疫苗 0.3~0.5mL。免疫产生的时间随水温升高而缩短，10℃ 时需 30d，15℃ 时 20d，当水温 20℃ 以上时只需 4d。免疫力可保持 14 个月。

治疗方法：在流行季节每月投喂下列药饵 1~2 个疗程，有一定的防治效果。

（1）每千克鱼每天用大黄、黄芩、黄柏、板蓝根（单用或合用均可）5g，氟苯尼考或氟哌酸 10~30mg，病毒灵 30~50mg，拌饲投喂，连喂 7d。

（2）每万尾鱼种用大黄或枫香树叶 0.25~0.5kg，研成粉末，煎煮或用热开水浸泡过夜，与饵料混合投喂，连服 5d，同时再遍洒硫酸铜浓度为 0.7mg/L。

（3）每 667m^2，水深 1m，用金银花 500g，菊花 75g，大黄 375g，加水适量，蒸煮 15~20min，加食盐 1 500g，混合后再加水适量，连液带渣全池泼洒。

（4）板蓝根、黄芩、大黄、苦木按下述比例混合成复方药物：

①板蓝根 70%、苦木 30%；

②黄柏 32%、黄芩 32%、大黄 36%；

③三黄（黄柏、黄芩、大黄）50%、苦木 50%。

每千克鱼每天用中药粉 3~5g，加磺胺类药物 50~100mg，连续投喂 3~5d，为一个疗程，每半月一次。

（5）每千克鱼每天用虎杖、板蓝根、食盐 170g，全部拌匀后制成水中稳定性好的颗粒饲料，连续投喂 3~5d。

（6）植物血球凝集素（PHA）是一种非特异性的促淋巴细胞分裂素，可促进机体的细胞免疫功能，并调整体液免疫功能，因而对草鱼出血病有治疗效果。口服 PHA 后治疗草鱼出血病成活率可达 90%，浸泡成活率达 60%。

二、传染性胰脏坏死病 (Infectious pancreatic necrosis, IPN)

【病原】传染性胰脏坏死病毒（IPNV），双 RNA 病毒属（*Biranvirus*）。病毒粒子呈正二十面体，无囊膜，有 92 个壳粒，直径 55～75nm，衣壳内包有 2 个片段的双股 RNA 基因，属双片段 RNA 病毒科，在鱼类的 RNA 病毒中是最小的（图 7-2）。各分离株显示有很大的抗原性差异，可以分成 2 个在中和试验中没有交叉反应的大组。大多数株属于 A 组，至少有 9 个血清型。各分离株在毒力方面也有明显的不同。该病毒易在 RTG-2、PG、RI、CHSE-214、AS、BF-2、EPC 等鱼类细胞株上增殖，并产生细胞病变效果（CPE）。生长温度为 4～25℃，最适温度为 15～20℃。病毒在胞浆内合成和成熟，并形成包涵体。病毒在 RTG-2 细胞株上生长，24℃时 5h 内产生新病毒，而 15℃时产生新病毒需 8h，但此温度下产生的病毒量更多。病毒引起 RTG-

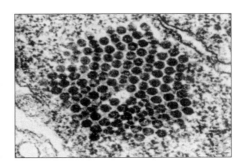

图 7-2 虹鳟肝胰脏细胞质内的 IPNV 成晶格排列

（江育林，2003）

2 细胞病变，26℃时在感染 9h 后出现，20℃时在感染 18h 后出现，4℃时需几天后才出现；20℃时 2～3d 就可看到空斑，核固缩，细胞变长，相互分离，并脱离瓶壁；但对病毒抵抗力强的细胞，核虽已固缩，仍贴在瓶壁上，因此空斑大多呈网状，特别是空斑的边缘，健全和变形的细胞相互混杂。

IPNV 对不良环境有极强的抵抗力。在温度 56℃时 30min 仍具感染力，温度 60℃经 1h 才能灭活。冷冻干燥后在 4℃下保存，至少 4 年不失掉感染力。在过滤除菌的水中，在温度 4℃下感染力至少可保持 5～6 个月；在养鳟的环境中感染力可保持几周。在温度 4～10℃的海水中感染力也能保持 4～10 周。pH 适应范围为 4～10。

【症状和病理变化】鲑鳟鱼苗及稚鱼，患急性型传染性胰脏坏死时，病鱼在水中旋转狂奔，随即下沉池底，1～2h 内死亡。而患亚急性型传染性胰脏坏死时病鱼体色变黑，眼球突出，腹部膨胀，鳍基部和腹部发红、充血，肛门多数拖着线状粪便。解剖病鱼有时可见有腹水，幽门垂出血，肝脏、脾脏、肾脏、心脏苍白；消化道内通常没有食物，充满乳白色或淡黄色黏液（图 7-3）。病鱼出现这些症状后便大批死亡。

真鲷稚鱼（平均体长 8.9cm，体重 14g）。患病时，体表色素沉着，体色加深，两侧条纹明显可见，伴有弥漫性出血；鳞片疏松，鳍膜破裂并出血，鳃变白成贫血状。病鱼浮游于水面，游动缓慢，有的身体失去平衡，腹部朝上，有的急速乱窜做旋转运动。

该病典型的病理变化是胰腺坏死，胰腺泡、胰岛及所有的细胞几乎都发生异常，多数细胞坏死，特别是核固缩、核破碎明显，有些细胞的胞浆内有包涵体。IPNV 存在于胰腺泡细胞、肝细胞、枯否氏细胞的胞浆内，浸润在胰腺的巨噬细胞和游走细胞的胞浆内也有病毒颗粒。胰腺周围的脂肪组织也发生坏死，骨骼肌发生玻璃样变；疾病后期，肾脏造血组织和肾小管也发生变形、坏死，肝脏局灶性坏死，消化道黏膜发生变性、坏死、剥离。

【流行情况】IPNV 主要侵害鲑科鱼类开始摄食后的鱼苗至 3 个月内的稚鱼，在高密度饲养条件下对鲑、鳟鱼类的幼鱼是一种高度传染性的病毒。Wolf（1960）首次从美洲红点鲑（*Salvelinus fontinalis*）鱼苗分离出 IPNV。IPNV 易侵染大西洋鲑（*Salmo salar*）、虹

图 7-3 感染 IPN 病鱼的症状

A. 感染 IPN 濒死虹鳟鱼苗体色变黑，眼球突出　B. 腹部膨胀、腹水，肛门拖线状粪便

(富永正雄等，1977)

鳟（*Oncorhynchus mykiss*）、棕鳟（*Salmo trutta*）、北极红点鲑（*Salvelinus alpinus*）和几种太平洋大麻哈鱼类。发病水温一般为 10~15℃。2~10 周龄的虹鳟鱼苗，在水温 10~12℃时，感染率和死亡率可高达 80%~100%。20 周龄以后的鱼种一般不发病，但可成为终身带毒者。

本病可经水作水平传播和经鱼卵作垂直传播。鱼卵的表面消毒不能完全有效地防止垂直传播。

IPNV 的宿主范围很广，在一些养殖的海水鱼类，例如海鲈（*Dicentrarchus labrax*）、五条鰤（*Seriola quinqueradiata*）、大菱鲆（*Scophthalmus maximus*）、欧洲黄盖鲽（*Limanda limanda*）、庸鲽（*Hippoglossus hippoglossus*）、多佛鳎（*Solea solea*）、塞内加尔鳎（*Solea senegalensis*）和大西洋鳕（*Gadus morhua*）等，均有 IPNV 和与 IPNV 血清学相关的病毒侵染引起疾病的报道。已知 IPNV 在 1 种圆口类、37 种鱼类、6 种瓣鳃类、2 种腹足类和 3 种甲壳类中均有感染。此病广泛流行于欧、美、日本等国家和地区。挪威海水网箱养殖的大西洋鲑曾因 IPN 感染损失严重。我国东北、山东、山西、甘肃、台湾等地养殖的虹鳟均发现此病。雷霁霖（1984）在海水鱼真鲷稚鱼上的发现，国内尚属首次。IPNV 是鱼类口岸检疫的第一类检疫对象。

【诊断方法】根据外观症状进行初步诊断。解剖病鱼取胰脏组织作切片、HE 染色可诊断。确诊可选用 RTG-2、CHSE-214、BF-2、EPC、FHM 等细胞株进行细胞培养分离 IPNV，提纯 IPNV，制备 IPNV 的单克隆抗体或多抗血清，再用免疫学中和试验、直接（间接）荧光抗体或酶联免疫吸附（ELISA）等方法鉴定病毒，也可用免疫荧光技术直接在组织切片中查找病毒粒子。近几年，核酸探针和聚合酶链式反应技术（PCR）已逐渐应用于检测 IPNV。

【防治方法】

预防措施：

(1) 不用带毒亲鱼采精、采卵；不从疫区购买鱼卵和苗种。

(2) 严格检疫，发现病鱼或检测到病原时应实施隔离养殖，严重者应彻底销毁。

(3) 疾病暴发时，降低饲养密度，可减少死亡率。

(4) 鱼卵用每立方水 50g 的碘伏（PVP-I）消毒 15min；疾病早期用 PVP-I 拌饲投喂，每千克鱼每天用有效碘 1.64~1.91g，连续投喂 15d。

(5) 苗种生产期的水源应进行消毒处理。
(6) 养殖设施和工具等应消毒处理，避免混用。
(7) 水温 10℃以下可减少 IPN 发生和降低死亡率。

治疗方法：欧美等国家采用注射 IPN 疫苗，防治效果良好。

三、病毒性神经坏死病（Viral nervous necrosis，VNN）
[病毒性脑病和视网膜病（Viral encephalopathy and retinopathy，VER)]

【病原】神经坏死病毒（Nervous necrosis virus），属于罗达病毒科（Nodaviridae）、β型诺达病毒属（*Betanodavirus*），是一类细小 RNA 病毒，大小 25～34nm，是最小的动物病毒之一。病毒粒子球形，二十面体，由衣壳和核心两部分组成，无囊膜。类晶格状或单个或成团状排列在细胞质内（图 7-4C、D）。与黄带鲹神经坏死病毒（SJNNV）有相关性。

【症状和病理变化】主要病症为病鱼表现出不同程度的神经异常。病鱼不摄食，腹部朝上，在水面做水平旋转或上下翻转，呈痉挛状。解剖病鱼，鳔明显膨胀（图 7-4B）；中枢神经组织空泡变性，通常在视网膜中心层出现空泡（图 7-4E、F）。在尖吻鲈和棕点石斑鱼

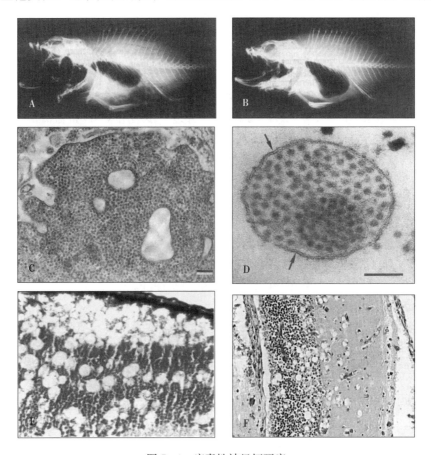

图 7-4 病毒性神经坏死病

A. 健康七带石斑鱼 X 光透视 B. X 光透视患 VNN 七带石斑鱼鳔膨胀（Fukuda，1996）
C. 患病七带石斑鱼神经细胞内大量病毒粒子（bar=200nm）（Fukuda，1996）
D. 电镜显示无囊膜的、类晶格状排列的球形病毒粒子（bar=100nm）（Chi，1997）
E. 患病石斑鱼中脑组织空泡变性 F. 患病石斑鱼视网膜有大量空泡（江育林，2003）

的神经组织切片和庸鲽内皮中有细胞质包涵体,多数种类的鱼都会出现神经性坏死。小鱼苗损伤更严重;较大的鱼的损伤主要出现在视网膜上。

【流行情况】病毒性神经坏死病是20世纪90年代新发现的一种鱼类病毒病。该病毒分布广泛,是流行于除美洲和非洲外几乎世界所有地区的海水鱼苗的严重疾病。到目前为止,该病至少在11个科22种鱼上发现。被感染的鱼类有牙鲆(*Paralichthys olivaceus*)、大菱鲆(*Scophthalmus maximus*)、红鳍东方鲀(*Takifugu rubripes*)、尖吻鲈(*Lates calcarifer*)、齿舌鲈(*Dicentrarchus labrax*)、赤点石斑鱼(*Epinephelus akaara*)、棕点石斑鱼(*E. fuscogutatus*)、玛拉巴石斑鱼(*E. malabaricus*)、蜂巢石斑鱼(*E. merra*)、七带石斑鱼(*E. septemfasciatus*)、巨石斑鱼石鲽(*E. tauvina*)、黄带拟鲹(*Pseudocaranx dentex*)、条石鲷(*Oplegnathus fasciatus*)、条斑星鲽(*Verasper moseri*)、庸鲽(*Hippoglossus hippoglossus*)等。可引起仔、稚鱼的大量死亡,对幼鱼和成鱼也有危害。夏秋季水温25~28℃时为发病高峰期。近几年,该病在我国台湾地区以及南方各省海水网箱养殖石斑鱼时常暴发,是养殖石斑鱼危害比较严重的流行病。

该病病毒可经亲鱼产卵垂直感染仔稚鱼,也可通过水平途径进行传播,经养殖水体及生产、运输工具传播。

【诊断方法】初诊可用光学显微镜观察脑、脊索或视网膜出现空泡,但有的鱼只在神经纤维网中出现少量空泡。进一步诊断,取可疑患鱼的脑、脊髓或视网膜等做组织切片,HE染色,观察到神经组织坏死并有空泡。通过电镜,可在受感染的脑和视网膜中观察到病毒粒子,有时可观察到约$5\mu m$大小的胞浆内包涵体。用一种条纹蛇头鱼的细胞系(SSN-1)或用一种石斑鱼细胞系GF-1培养分离罗达病毒,并进一步利用VNN抗血清,采用免疫组织化学方法和间接荧光抗体技术(IFAT)及ELISA检测病毒。分子生物学方法,特别是RT-PCR法已成为诊断的主要手段,因为它可以检测到组织中极微量的病毒RNA。

【防治方法】
预防措施:
(1)加强鱼苗进出口检疫工作。
(2)放养经检测无病毒侵染的健康苗种。
(3)用于产卵的亲鱼,性腺经检测不携带病毒;避免用同一尾亲鱼多次刺激产卵。
(4)受精卵中含$0.2\sim0.4\mu g/mL$臭氧的过滤海水冲洗。
(5)育苗用水经紫外线消毒。
(6)在温度20℃时每立方米水用50g的次氯酸钠、次氯酸钙、氯化苯烷铵或PVP-I浸泡鱼卵10min。

治疗方法:无有效的治疗药物。正在研制SJNNV的DNA疫苗。

四、鰤幼鱼病毒性腹水病(Yellowtail ascites virus disease)

【病原】鰤腹水病毒(Yellowtail ascites virus,YAV),隶属双RNA病毒属(*Biranvirus*)。病毒粒子球形,正面观呈六角形,直径62~69nm,无囊膜。在RTG-2、CHSE-214、FHM等细胞株上容易增殖,增殖适温为20~30℃,温度5℃时增殖极缓慢,温度35℃时逐渐不活化。

【症状和病理变化】幼鱼体色变黑,腹部膨胀,眼球突出,鳃褪色呈贫血状;解剖病鱼,可见腹腔内有积水,肝脏和幽门垂周围有点状出血。在牙鲆稚鱼则头部发红、出血。

【流行情况】鰤腹水病毒是 Sorimachi 等（1985）首次从五条鰤（*Seriola quinqueradiata*）分离的，是第一个从海水鱼类中分离出的双 RNA 病毒。主要危害鰤幼鱼，体重小于 10g 的幼鱼对该病毒敏感。该病流行季节为 5～7 月，流行温度为 18～22℃。用培养的病毒对鰤幼鱼做感染试验，在水温 20℃时，感染 8d 后死亡率为 62%。YAV 亦可侵染黄条鰤（*Seriola aureovittata*）、三线矶鲈（*Parapristipoma trilineatum*）、牙鲆（*Paralichthys olivaceus*）等海水鱼类。

【诊断方法】初诊可依据其症状。进一步诊断取幽门垂周围的胰脏置于解剖镜下观察，可看到其组织坏死。确诊需用 RTG‐2 或 FHM 细胞，做病毒的培养试验。抗 YAV 单克隆抗体已应用于对该病毒病的诊断。

【防治方法】
预防措施：同淋巴囊肿病。
治疗方法：目前尚无有效的治疗方法。

五、红鳍东方鲀白口病（Snout ulcer disease）

【病原】一种类似于小核糖核酸的病毒。病毒粒子正二十面体，直径约 30nm。该病毒已在红鳍东方鲀性腺细胞株（PFG）上分离出来，但其分类地位还有待于进一步论证。日本 Inouye 等（1992）建议将该病毒定名为红鳍东方鲀吻唇溃烂病毒（*Takifugu rubripes* snout ulcer virus，TSUV）。

【症状和病理变化】病鱼口吻部溃烂，在水中呈白色，故名"白口病"（图 7‐5）。病情严重的个体由于吻唇溃烂，上下颚的齿槽外露，行为狂躁，有攻击他鱼互相撕咬的特异敌对行为，故又称"互相残杀病"。解剖病鱼，可观察到肝脏呈线状出血，血液转氨酶 GOT、GPT 活性上升，引起肝机能障碍；脑神经细胞坏死，神经细胞坏死部位存在着病毒粒子。

【流行情况】白口病 1981 年在日本西部红鳍东方鲀养殖场发生，1983 年首次记载。其后以九州和四国为中心，在各地均有发生。主要危害红鳍东方鲀幼鱼及 1 龄鱼，在高水温期发病率高，特别是在水温 25℃以上时，可出现发病高峰和较高的死亡率。本病的主要感染途径是健康鱼与病鱼互相残杀引起的接触感染和经水传播。此病毒的病原性受水温影响，高水温时病原性强。

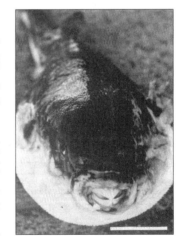

图 7‐5　患病鱼吻唇溃烂
（Inouye，1992）

【诊断方法】根据病鱼的症状可基本诊断。

【防治方法】
预防措施：
（1）防止将病鱼和带病毒鱼带入渔场和鱼池。
（2）杜绝健康鱼与病鱼或带病毒的鱼之间的直接接触。
（3）养殖群体中发现有行为异常和互相撕咬的个体，及时捞出隔离。
（4）适宜的放养密度，对带病毒可能性较大的幼鱼和 1 龄鱼进行隔离饲养。
（5）培育抗病品种，研制开发白口病疫苗。

治疗方法：未见报道。

六、鳗鱼的狂游病（Irritable swimming disease）

【病原】尽管有关该病病因的观点不一，但还是比较认同其病原为病毒（陶增思等，1997；颜青，2001）。经电镜观察分离鉴定，初步认为该病的病原是具有薄膜及浓缩核质的大小为80～100nm 的 DNA 冠状病毒样病毒（Coronavirus-like virus）。

【症状和病理变化】发病前出现异常抢食、食欲极为旺盛的现象，数日后可见个别鳗不摄食、离群、在水中上下乱窜，或旋转游动，或倒退游动，间或头部阵发性痉挛状颤动或扭曲，有的侧游或在水面呈挣扎状游动，急游数秒后沉入水中，再上浮呈挣扎状游动。随后大量病鳗聚集于鳗池中央排污口周围静卧，呈极度虚弱状，对外界刺激反应迟钝，病鱼体表黏液脱落，徒手能捞起，嘴张开，不久后即死亡。检查鳗体，可见少部分病鳗出现肌肉痉挛，躯体出现多节扭曲，胸部皮肤出现皱褶，鳍红、烂鳃烂尾等症状。死鳗数量也迅速增加，死亡率为90%以上。死亡病鳗表现为躯体僵硬，头上仰，有时口张开，下颚有不同程度的充血和溃疡，有的病鱼的口腔、臀鳍、尾部也见充血或有溃疡。多数病鱼鳃丝鲜红。肝肾肿大，其他脏器肉眼变化不明显。病理组织学检查，主要见肝、肾和心的实质细胞变性、坏死。超微病理变化上，肝细胞呈显著脂肪样变性，胞浆内有多量脂滴，线粒体嵴间的间隙扩大，严重时细胞器分解，肝细胞坏死；肾脏呈炎性反应，肾小球炎性细胞及红细胞数量明显增加，细胞界限消失，细胞器分解，细胞坏死。肾小管上皮水泡变性，有多量空泡，心肌细胞线粒体空泡化。病鳗红细胞血红蛋白、血清氯离子显著增多，而且血液中尿素氮含量显著下降，血清胆碱酯酶降低。

【流行情况】鳗的狂游病亦称狂奔病、眩晕病、昏头病等，其发病急，病程短，死亡率极高，是我国欧洲鳗鲡养殖的难题之一。从1995年我国引进这种鱼以来，福建、广东等省的许多鳗鱼场都有发病，给我国鳗鱼养殖造成了严重的经济损失。各种规格的鳗鱼包括仔、幼鳗及成鳗均可发生此病，当年鳗（体重100～150g）和2龄鳗（400g）均易发病死亡。池塘病鳗死亡率为60%～70%，严重者可达100%。流行季节为5～10月份，7～8月份为发病高峰，呈暴发性流行。夏季高温季节为流行高峰，故又称欧洲鳗夏季狂游病。当水温超过28℃时，水质和底质易于恶化，池水中 NH_3 等有害物质的浓度容易升高；另外，残饵的积累也易于成为该病流行的诱因。在同一池中往往大个体鳗鱼先死，最后能够存活下来的都是个体较小的鳗鱼。该病病程短，死亡率高，从开始发病到发病高峰约7d，发病到死亡约15d。

【诊断方法】根据临诊症状及流行情况进行初步诊断。另外，也有人用血液学指标进行判别，并建立了区别欧洲鳗鲡狂游病与健康鳗鲡的判别公式（周玉等，2001），用血清钙、血清磷和乙酰胆碱酯酶三项指标代入公式进行判定准确率很高。确诊须将病鳗的肝、肾、心脏裂解后，经负染电镜检查，看到有大量冠状病毒样病毒。

【防治方法】由于病因不详，对本病无明确的防治措施。在生产实践中，一般采取调节环境因子满足鳗鱼所需。在鳗池上设置遮阳棚，避免阳光直射。尽量选用深井水、山泉水、水库中下层等冷水性水源，加强水质管理，保持水质清洁，防止水质、水温变化过大。通过添加改良内脏功能的药物如板蓝根、山莨菪碱、维生素C和维生素E等提高鱼体本身抗病能力，同时使用漂白粉1mg/L、二氯异氰尿酸钠或三氯异氰尿酸0.2～0.3mg/L以及二氧化氯0.1～0.3mg/L，全池泼洒处理池水；也可在饲料中添加一些抗微生物药物，每千克鱼每天用氟哌酸10～30mg，拌入饲料投喂，连服5～7d；或按每立方水体使用板蓝根、蒲公英、茵陈、穿心莲等各3～5g，加5倍水煎开后取汁，全池泼洒，每天1次，连续使用3～4次。

七、疱疹病毒病（Herpesvirus disease）

（一）鱼痘疮病（Fish pox）[鲤痘疮病（Carp pox）]

【病原】一种疱疹病毒（*Herpesvirus*）。Sano等（1985）建议定名为鲤痘病毒（*H. cypyint*）。据江育林（1991）报道，病毒核心为二十面体，呈六角形，外面包有一层囊膜，整个病毒粒子近似球形。病毒直径为140～160nm，核心直径为80～100nm，为有囊膜的DNA病毒。病毒核心衣壳在细胞核内形成，当衣壳通过核膜出芽时获得囊膜，同时获得感染细胞的能力。病毒对乙醚、pH及热不稳定，复制被碘代脱氧尿嘧啶核苷抑制。能在FHM、MCT及EPC上生长，也可在鲤科鱼类的皮肤上皮细胞（初代）上生长，产生细胞病变；被感染细胞显示染色质边缘化，核内形成包涵体，约5d开始出现CPE，病灶空泡化，核固缩，并缓慢脱落。

【症状和病理变化】早期病鱼体表出现乳白色小斑点，并覆盖一层很薄的白色黏液，随着病情的发展，白色斑点的大小和数目逐渐增加、扩大和变厚，其形状及大小各异，直径可从1cm左右增大到数厘米，或更大些，厚1～5mm，严重时可融合成一片。增生物表面初期光滑后来变粗糙并呈玻璃样或蜡样，质地由柔软变成软骨状，较坚硬，颜色为浅乳白色、奶油色，俗称"石蜡样增生物"，状似痘疮，故痘疮病之名由此而来。这种增生物一般不能被摩擦掉，但增长到一定程度会自然脱落，接着又在原患部再次出现新的增生物。增生物面积不大时，对病鱼特别是大鱼，危害不大，不会致死。但如增生物占鱼体的大部分，会严重影响鱼的正常发育，对骨骼特别是对脊椎骨的生长发育影响较大，可引起骨质软化。病鱼因生长受到抑制而消瘦，游动迟缓，甚至死亡。病鱼常有脊柱畸形，骨软化，消瘦或生长缓慢。分析软的脊柱，发现灰分、钙和磷均低于正常水平。

组织学检查，增生物为上皮细胞及结缔组织增生形成，细胞层次混乱，组织结构不清，大量上皮细胞增生堆积，常见有丝分裂，尤其在表层。在有些上皮细胞的核内可见包涵体，染色质边缘化。增生物不侵入真皮，也不转移。电子显微镜下在增生的细胞质内可以见到大量的病毒颗粒，病毒在细胞质内已经包上了囊膜。内质网扩张及粗糙，线粒体肿胀，嵴不清楚，核糖体增多，核内仅显示少量周边染色质。

【流行情况】本病早在1563年就有记载，流行于欧洲，目前日本及我国均有发生。我国早在1957—1958年间就曾在上海市的一口鱼池中发现本病，约有10%的2龄鲤鱼发病，而同一鱼池中混养的草鱼、青鱼、鲢、鳙、鳊、赤眼鳟等鱼类都没有感染，说明鲤鱼对这种病特别敏感。目前在我国上海、湖北、云南、四川等地均有发生。主要危害鲤鱼、鲫鱼及圆腹雅罗鱼等。流行于冬季及早春低温（10～16℃）时。水质肥的池塘、水库和高密度的网箱养殖流行较为普遍，当水温升高后会逐渐自愈。本病通过接触传染，也有人认为单殖吸虫、蛭、鲺等可能是传播媒介。

【诊断方法】

（1）根据"石蜡状增生物"等症状及流行情况做出初步诊断。

（2）病理组织学检查，可见增生物为上皮细胞及结缔组织异常增生，有些上皮细胞的核内有包涵体。

（3）最后确诊须进行电子显微镜观察，见到疱疹病毒或分离培养到疱疹病毒。

【防治方法】

预防措施：

（1）加强综合预防措施，严格执行检疫制度。

（2）流行地区改养对本病不敏感的鱼类。

（3）升高水温及适当稀养，也有预防效果。

（4）将病鱼放入含氧量高的清洁水（流动水更好），体表增生物会自行脱落。

治疗方法：

（1）排出原池水 3/5，使用生石灰全池泼洒，调 pH 为 9.4～10 后加入新水。

（2）每立方水体每天使用复合碘溶液 0.1mL，或 10%聚维酮碘溶液 0.45～0.75mL，全池泼洒。

（3）每千克饲料添加银翘板蓝根 3.2～4.8g，或七味板蓝根 8～16g，每天投喂 2 次，连续投喂 7d。

（二）斑点叉尾鮰病毒病（Channel catfish virus disease，CCVD）

【病原】 斑点叉尾鮰病毒（Channel catfish virus，CCV）属疱疹病毒，只有一个血清型。病毒颗粒有囊膜，呈二十面体，双股 DNA，直径 175～200nm，被膜含 162 个衣壳粒，负染，衣壳粒直径为 95～105nm。DNA 浮力密度为 1.715g/mL，G＋C 含量为 26mol%，分子质量约为 $8.5×10^7$u，病毒的多肽分子质量为 12 000～300 000u。CCV 具有寄主细胞特异性，仅能在 BB（Brown bulhead）、GIB（Walking catfish gill）、CCO（Channel catfish ovary）和 KIK（Walking catfish kindney）等细胞株上生长。CCV 生长温度范围为 10～35℃，最适温度为 25～30℃。病毒对氯仿、乙醚、酸、热敏感，在甘油中失去感染力。研究表明，22℃时，CCV 在组织中存活不超过 3d；在 －20℃和 －88℃冷冻的组织中存放，该病毒会逐步丧失活性，在 －20℃时，经 162d 会完全丧失活性，在 －80℃时，210d 之后仅保持低水平的病毒活性。病毒在含 10% 血清，pH 7.6～8.0 培养液中，－75℃以下保存可存活 5 个月左右；25℃时病毒在池水中能存活 2d，在暴过气的自来水中存活 11d；4℃时病毒在池水中能存活近 1 个月，在暴过气的自来水中存活近 2 个月；病毒在池底淤泥中迅速灭活。

【症状和病理变化】 病鱼食欲下降，甚至不食，离群独游，反应迟钝；有 20%～50%的病鱼尾向下，头向上，悬浮于水中，出现间隙性的旋转游动，最后沉入水底，衰竭而死。病鱼鳍条基部、腹部和尾柄基部充血、出血，以腹部充血、出血更为明显；腹部膨大，眼球单侧或双侧性外突；鳃苍白，有的发生出血；部分病鱼可见肛门红肿外突。剖解病鱼见腹腔内有大量淡黄色或淡红色腹水，胃肠道空虚，没有食物，其内充满淡黄色的黏液；心、肝、肾、脾和腹膜等内脏器官发生点状出血；脾脏往往色浅呈红色，肿大；胃膨大，有黏液分泌物。

病理组织学上，CCV 可危害斑点叉尾鮰的各种重要的组织器官，肾是最先受损的器官，发生局灶性坏死，表现为肾间造血组织及排泄组织（肾小球和肾小管）的弥漫性坏死，同时伴有出血和水肿；肝充血、出血，发生灶性坏死，偶尔在肝细胞内可见嗜酸性胞浆包涵体；胃肠道、骨骼肌充血、出血，胃肠道黏膜层上皮细胞变性、坏死；胰腺坏死；神经细胞空泡化及神经纤维水肿。

【流行情况】 斑点叉尾鮰病毒病（CCVD）最早于 1968 年在美国的阿拉巴马、阿肯色、肯塔基三个州发生，给这三个州的斑点叉尾鮰养殖造成严重损失，以后在整个美国的斑点叉尾鮰养殖区发生流行，现在成为危害美国斑点叉尾鮰养殖的最主要的传染病之一。CCV在自然条件下，主要感染斑点叉尾鮰，且主要对小于1龄，体长小于15cm的鱼苗、鱼种产生危害，但成鱼也可发生隐性感染，成为带毒者。病鱼或带毒者通过尿和粪便向水体排出CCV，发生水平传播，但其感染途径还不清楚，可能是通过接触病鱼、疫水而传播，带毒成鱼是传播源；亲鱼感染CCV，可通过鱼卵发生垂直传播。CCVD的流行水温是20～30℃，在此温度范围内，水温越高，发病速度越快，发病率和死亡率越高，水温低于15℃，CCVD几乎不会发生。人工感染鱼苗，水温25～35℃，感染后1周内出现症状，死亡率可达90%以上；在20℃以下则需10d以上才出现症状，死亡率在10%左右。实验表明，鱼苗人工感染CCV后，肾脏在24h，肝脏和肠道在70h，脑在96h后可分离到病毒。

【诊断方法】

(1) 根据流行病学及症状进行初步诊断。由于CCV在自然条件下只感染斑点叉尾鮰，而不感染其他鱼类，因此在发病时只表现为斑点叉尾鮰发病，且主要危害1龄以下的鱼，而同一水体中的其他鱼不发病；同时结合其腹部膨大、腹水和在水中的旋转游动的症状可进行初步诊断。

(2) 通过组织病理学做出进一步诊断。根据病鱼肾脏造血组织及排泄组织的灶性坏死；肝充血、出血、坏死及消化道、骨骼肌的出血；胰腺的出血和灶性坏死，特别是在肝细胞内发现嗜酸性胞浆包涵体可做出进一步诊断。

(3) CCV的分离、鉴定可对本病做出确切的诊断。从病鱼CCV的靶器官，如肾脏分离CCV，其常用的细胞系是BB、CCO等。在细胞培养过程中出现合胞体和核内包涵体是诊断CCV最有力的证据，同时可根据分离病毒的理化特性是否与CCV符合，而做出较为确切的诊断。

(4) 免疫学诊断。利用免疫反应的特异性，对分离病毒采用血清中和试验、免疫荧光抗体技术、PCR等技术对该病做出最后的确切诊断。

【防治方法】

预防措施：

(1) 消毒与检疫是控制CCVD流行的最有效方法，氯消毒剂在有效氯含量20～50mg/L时，可有效杀灭CCV，因此，可用氯制剂加强水体、鱼体和用具的消毒，同时严格执行检疫制度，控制CCVD从疫区传入非疫区。

(2) 避免用感染了CCV的亲鱼产卵，进行繁殖。由于CCV感染亲鱼后，可通过垂直传播感染鱼苗、鱼种，因此只能选用无抗CCV中和抗体和没有CCVD病史的亲鱼进行繁殖。

(3) 降低水温，终止CCVD的流行。在CCVD流行时，引冷水入发病池，降低水温到15℃可终止CCVD的流行，从而降低死亡率，以减少CCVD所造成的损失。

(4) 防止继发感染：在CCVD流行时，可在饵料中适当添加抗生素，如四环素、氟哌酸等，防止细菌继发性感染。

(5) 减少应激，给予充足的溶氧：在CCVD流行时，应注意保持好的水质，溶氧应尽量保持在5mg/L以上，同时应减少或避免一些应激性的操作，如拉网作业等，以降低病鱼的死亡率。

治疗方法：

（1）目前，国外已研制了灭活苗、弱毒苗和亚单位苗，试验证明都具有较好的保护作用，但都因为成本较高或免疫途径不方便，而没有得到很好的推广与应用。

（2）每千克鱼每天使用大黄、黄芩、黄柏、板蓝根各200g，食盐170g，全部拌匀后制成水中稳定性好的颗粒饲料，连续使用7～10d。

（三）鲑疱疹病毒病（Herpesvirus salmonis disease）

【病原】鲑疱疹病毒（*Herpesvirus salmonis*，HS）是1951年在美国产卵后发病的虹鳟亲鱼中发现并分离的，1975年Wolf等将其命名为鲑疱疹病毒。该病毒具囊膜，病毒粒子直径约150nm；衣壳为二十面体，有162个壳微粒，直径90～95nm，双股DNA；DNA的G+C含量为50mol%；病毒具25个蛋白多肽，分子质量为19 500～250 000u。病毒在冷冻和解冻3次，或在较低温下超声波处理后，通常仍能保持侵染力。病毒对乙醚、氯仿和酸敏感。当pH<3时失活。与温血动物的疱疹病毒不同，它对热极为敏感，在20℃以上迅速失活。病毒在细胞核中复制，衣壳和核心在36h之内最早出现，约96h后在许多细胞中出现病毒颗粒，囊膜来自于细胞膜。完整的病毒可以在细胞浆和细胞外空隙中看到。温度对病毒的复制影响极大，15℃适合鲑科鱼类其他病毒的复制生长，但对鲑疱疹病毒的生长有影响。疱疹病毒复制生长的最适温度为5～10℃。病毒在0℃时可引起细胞融合，但侵染力消失。病毒能在鲑科鱼类细胞株（RTG-2，RTF-1，CHSE-214等）上复制生长，在RTG-2及CHSE-214细胞株上最适宜生长，在16h内释放病毒，约在24h后病毒数量增加，同时现合胞体，在24h至60h病毒出现指数生长期，最高滴度可达10^4～10^5CPE/mL。易感细胞株的细胞病变，首先出现折光强的细胞病灶区，然后核固缩、融合，细胞层出现空隙，最后细胞溶解。病毒引起的细胞病变特征是出现合胞体及核内包涵体。

【症状和病理变化】病鱼食欲减退，有些病鱼腹部或侧面向上，受惊动后会出现阵发性狂游，临死前呼吸急促。病鱼体色变黑，有些鱼的眼球突出，眼眶周围出血，鳃苍白。多数病鱼腹部膨大，皮肤和鳍出血。一些患病鱼苗在感染2周后，肛门后拖着1条粗的黏液便。肠内没有食物，或只在后肠有一些。有些鱼的肝脏呈花肝状，或出血易碎。肾脏苍白或呈灰白色，但不肿大。腹腔内有少量或很多腹水，有些鱼的腹水呈红色或胶冻状。大多数鱼的心脏肿大、坏死，肌纤维横纹消失，少数出现蜡样坏死，大量炎性细胞浸润，其中以淋巴细胞为主，还有巨噬细胞等。鳃上皮细胞肿大，与毛细血管分离，一些细胞脱落，有些鳃出血。假鳃广泛水肿、充血、坏死，一些假鳃细胞肥大，核染色质边缘化。肾脏肿大、增生、充血和坏死，从前肾到后肾病变逐渐严重。多数病鱼的前肾发生轻度至中度肿大，其余部分严重肿大，所有的病鱼后肾严重肿大，约一半病鱼的前肾造血组织增生，肾小管上皮细胞浊肿变性，管腔内有浆液和碎片。肝脏是靶器官之一，肝脏肿大、坏死、充血或出血，一些肝细胞内有嗜酸性包涵体。肠的病变主要发生在后肠，黏膜层坏死脱落，故在垂死鱼的肛门后拖着1条粗的黏液便，黏膜下层有大量白细胞浸润。脾脏明显肿大，广泛充血，淋巴样组织减少，结缔组织增生。

【流行情况】该病在北美流行，主要危害虹鳟的鱼苗、鱼种，大麻哈鱼及大鳞大麻哈鱼的鱼种也易感染。流行于水温10℃及10℃以下。给虹鳟苗种人工腹腔注射本病毒，在水温8～10℃，2～3周后各器官组织发生病变，死亡率达50%～70%。自然发病者多见于产卵后的虹鳟亲鱼，死亡率可达30%～50%。

【诊断方法】

（1）根据症状、流行情况和病理变化进行初步诊断。

(2) 在 RTG-2 及 CHSE-214 细胞株上培养，出现合胞体，但在对其他病毒易感的 FHM 细胞上不增殖。

(3) 电镜切片查找疱疹病毒进行确切诊断。

(4) 最后确诊须采用血清中和试验和荧光抗体法。

(5) 病理组织学上，本病胰腺组织很少或没有坏死，可与传染性胰脏坏死病、传染性造血组织坏死病、病毒性出血性败血病相区别。

【防治方法】

预防措施：

(1) 严格执行检疫制度，进行综合预防。不从疫区引进鱼卵及苗种。

(2) 提高鱼卵孵化和鱼苗饲养的水温，一般维持在 16~20℃，可控制疾病的发生和发展。

(3) 鱼苗在浓度为 60~100mg/L 聚维酮碘溶液中每天药浴 30min 有一定效果。

治疗方法：

(1) 据报道，发病后用 9-（2-羟乙基甲基）鸟嘌呤 25μg/mL 浸浴鱼苗，每天一次，每次 30min，有一定疗效。

(2) 每立方米水体每天使用 10%聚维酮碘溶液 0.06~0.1mL，浸浴鱼苗 30min，连续使用 2~3d。

(四) 大菱鲆疱疹病毒病（Herpesvirus scophthalmi disease）

【病原】大菱鲆疱疹病毒（*Herpesvirus scophthalmi*）。在细胞核中的病毒粒子衣壳裸露，即无囊膜，直径约 100nm；在细胞质中的病毒粒子具囊膜，往往呈梨形或具尾，直径为 200~220nm（图 7-6）。该病毒粒子是在细胞核中复制，然后进入细胞质中，并获得囊膜。病毒对酸（pH3）和热（50℃，30min）敏感。

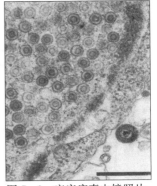

图 7-6 疱疹病毒电镜照片，示病毒粒子
（小林立弥，1997）

【症状和病理变化】通常肉眼观察不到明显的外部症状。但养殖群体中可出现厌食、活力下降，静卧在水底，头、尾跷起，捕捉时不反抗现象。严重感染的鱼，体表上皮细胞增生，鳍不透明，皮肤和鳃上皮细胞因病毒侵染而肥大形成巨大细胞。病鱼呼吸困难，对温度、盐度波动敏感，并可引起快速死亡。

【流行情况】大菱鲆疱疹病毒通常具有宿主专一性，目前仅知养殖和野生的大菱鲆幼鱼发现有此病毒。我国从英国引进的大菱鲆，在其幼鱼曾出现过此病症并引起死亡。

大菱鲆疱疹病毒病的主要传播方式是水平传播。

【诊断方法】取可疑患鱼体表皮肤或鳃组织切片，HE 染色，光镜下观察到上皮细胞肥大成巨大细胞，大小为 9~15μm×70~130μm，细胞核巨大，占细胞的 90%，有的细胞因细胞融合而含有多个大小形状不同的核；在鳃上的巨细胞可引起周围组织增生和鳃小片融合，则基本可诊断。确诊必须用电镜观察到疱疹病毒。

【防治方法】

预防措施：同淋巴囊肿病。

治疗方法：保持温度、盐度恒定，避免捉拿和人为惊扰，保证养殖水体溶解氧在 5mg/

L 以上，投喂优质饲料等可减轻病情。

八、虹彩病毒病（Iridovirus disease）

（一）淋巴囊肿病毒病（Lymphocystis disease）

【病原】 虹彩病毒科（Iridoviridae），淋巴囊肿病毒（Lymphocystis disease virus，LCDV）。病毒粒子二十面体，其轮廓呈六角形，有囊膜，囊膜厚 50~70nm。大量病毒颗粒堆积可呈晶格状排列（图 7-7A、B）；大小随宿主鱼而异，直径一般为 200~260nm。病毒核心为缠绕在一起的双股 DNA 纤丝团，直径为 120~140nm。该病毒可在 BF-2、LBF-1、GF-1、SP-1、SP-2 等细胞株上复制，引起细胞发生缓慢病变，出现巨型囊肿细胞，直径 100~250μm，并有厚 8~10μm 的透明膜，在边缘有嗜碱性胞浆包涵体，细胞的培养滴度可达 10^6~10^7 $TCID_{50}$/mL。生长温度 20~30℃，适宜温度为 23~25℃。该病毒对乙醚、甘油和热敏感；对干燥和冷冻很稳定。其传染性在 18~20℃的水中能保持 5d 以上；经冰冻干燥后同样温度下能保持 105d；在温度 -20℃下经 2 年仍具感染力。病毒对寄主有专一性，所以可能有许多血清型。将淋巴囊肿肿瘤外膜剥除，匀浆，蔗糖密度梯度离心，可以分离提取较高密度和纯度的病毒粒子。

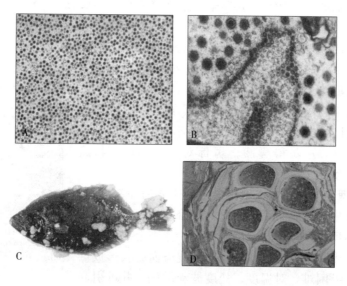

图 7-7 淋巴囊肿病
A. 淋巴囊肿病毒粒子二十面体，呈六角形 B. 细胞质内的病毒粒子
C. 患病牙鲆体表的囊肿 D. 淋巴囊肿细胞肥大，细胞膜增厚

【症状和病理变化】 淋巴囊肿病是一种慢性皮肤瘤，从外观上看近似于体表乳头状肿瘤。病鱼的皮肤、鳍和尾部等处出现许多菜花样囊肿物（图 7-7C）。这些囊肿物有各个分散的，也有聚集成团的。囊肿物多呈白色、淡灰色、灰黄色，有的带有出血灶而显粉红色，较大的囊肿物上有肉眼可见的红色小血管；囊肿大小不一，小的近 1~2mm，大者 10mm 以上，并常紧密相连成桑葚状。囊肿除发生在鱼体表外，有时在鳃弓或鳃片上也可以观察到。解剖病鱼，囊肿偶然也发现在咽喉、肌肉、肠壁、肠系膜、围心膜、腹膜、肝、脾等组织器官上，严重者可遍及全身。鱼发病时行为和摄食正常，但生长缓慢；病症严重的基本不摄食，部分死亡。部分感染的鱼体表囊肿物脱落，恢复正常，并可在一定时间

内具有免疫力。

鱼表皮下结缔组织中的成纤维细胞被病毒侵染，致使细胞增生、变圆、膨大、聚集，形成淋巴囊肿细胞。淋巴囊肿细胞直径可达 500μm，体积是正常细胞的数百倍。随着囊肿细胞的增殖、发育和聚集，菜花样囊肿物即出现在鱼的体表。所以，结缔组织内的成纤维细胞是淋巴囊肿病毒的主要靶细胞。病毒在其中复制、装配、成熟，释放到周围结缔组织或环境中。淋巴囊肿病毒在囊肿细胞内的复制涉及细胞核内复制和细胞质内复制两个阶段，但只在细胞质内的包涵体表面装配、成熟。淋巴囊肿细胞在切片组织中互相挤压呈不规则形（图 7-7D），细胞核呈空泡状，核膜明显，细胞核内没有病毒颗粒；细胞胞质内可见大量的包涵体和病毒粒子，包涵体由电子致密颗粒聚集而成，其中含有数量不等的病毒粒子或一些中等电子致密的粗颗粒；病毒粒子大多分布在包涵体外，但在远离胞核的胞质中，病毒粒子逐渐减少。电镜下可见，淋巴囊肿细胞最外缘为透明增厚的细胞膜，内层为电子透明均质层，其中很少甚至没有病毒粒子。囊肿细胞细胞膜外的均质囊壁的电子密度较低，衰老的囊肿细胞破裂，将病毒粒子释放到周围环境或周围结缔组织，造成重复感染。

【流行情况】淋巴囊肿病 1874 年由 Lowe 首先发现于欧洲的河鲽（*Pleuronectes flesus*），随后陆续发现自许多野生的和养殖的海、淡水鱼类上，是最早发现的鱼类病毒病。20 世纪 60 年代随着电镜技术和细胞培养的成功，才确定其病原为虹彩病毒。国内外至少已知有鲈形目、鲽形目、鲀形目中的 125 种以上的野生和养殖的鱼类发生此病。该病流行很广，遍及世界五大洲；主要发生在海水鱼类。过去此病主要发生在欧洲和南、北美洲，近年来，日本以及我国广东、山东、浙江、福建等养殖的鲈、鰤、紫红笛鲷、石斑鱼、真鲷、牙鲆、大菱鲆、许氏平鲉（*Sebastes schlegeli*）和美国红鱼等均发生过此病。全年可见，但在水温 10～20℃时为发病高峰期。在低密度和良好养殖条件下一般不会引起大量死亡，但如果环境差或与细菌并发感染，可引起严重疾病，导致死亡。网箱和室内水泥池工厂化养殖的感染率可高达 90% 以上，池塘养殖的感染率为 20%～30%。在苗种阶段和 1 龄鱼种，发病后 2 个月死亡率达 30% 以上。2 龄以上的鱼很少出现死亡，但病鱼外表难看，失去商品价值。有的病鱼经过一段时间，体表的囊肿物会自然脱落而恢复正常。这种病毒的传染性不强，通常在一个养殖群体中仅有部分鱼生病，一个网箱中的鱼患病时其周围网箱中的鱼不受感染。可能是因为该病毒在海水中的生存能力很弱，或者必须通过媒介物才能感染。感染途径可能是病鱼排出的病毒进入水中，其他鱼接触后被感染。病毒粒子对鱼体表皮肤、鳃、消化系统等不同部位的感染是同步的，不同组织器官出现病症的时间不同，与不同部位的组织结构的差异有关，易感细胞多、防御屏障薄弱的部位较早出现囊肿细胞。实验证明，淋巴囊肿病毒不能通过血液在鱼体内的各器官之间传播。皮肤擦伤或寄生虫机械损伤的伤口，往往成为病毒侵入的门户。

【诊断方法】从外观症状肉眼可基本做出初诊。确诊可用 BF-2、LBF-1 等细胞株分离培养病毒，通过电镜观察到病毒粒子。Nishida（1998）用 ELISA 检测牙鲆抗 LCDV 抗体，建立了 LCDV 的 ELISA 检测方法；战文斌（2007）用抗 LCDV 单克隆抗体对牙鲆组织中的 LCDV 进行间接免疫荧光检测，建立了 LCDV 的免疫荧光检测方法。

【防治方法】
预防措施：
（1）引进亲本、苗种应严格检疫，发现携带病原者，应彻底销毁。
（2）严格控制养殖密度，防止高密度养殖。

(3) 优化水环境，加大换水。

(4) 避免经常性地倒池、更换网箱，养殖操作谨慎，防止鱼体表受损。

(5) 提高养殖鱼体抗病力。

(6) 养殖池塘（或网箱）发现病鱼，及时拣除并进行隔离养殖；排出的水用浓度为 10mg/L 的漂白粉消毒。

治疗方法：

(1) 将病鱼囊肿割除（囊肿在量少和轻度时），并用浓度为每立方米水 300mL 福尔马林浸浴 30~60min，再饲养在清洁的池中，精心管理。

(2) 投喂抗生素药饵，每千克饵料拌氟哌酸 50~100mg 或土霉素 1~2g，连续投喂 5~10d，可防止继发性细菌感染。

(3) 市售 H_2O_2（30%浓度）稀释至 3%，以此为母液，配成 50mg/L 的浓度，浸洗 20min，然后将鱼放入 25℃水温饲养一段时间后，淋巴囊肿会自行脱落。

（二）真鲷虹彩病毒病（Red sea bream iridovirus disease，RSIVD）

【病原】真鲷虹彩病毒（Red sea bream iridovirus，RSIV）。属虹彩病毒科（Iridoviridae），细胞肿大病毒属（*Megalocytivirus*）。病毒粒子为正二十面体，大小 200~260nm，DNA 病毒。靶器官为脾脏，其次是肾脏。RSIV 在 BF-2 细胞株培养导致细胞病变（cytopathic effect，CPE）。

【症状和病理变化】病鱼体色变黑，昏睡，严重贫血。体表和鳍出血，鳃上有瘀斑，外观呈灰白色。解剖病鱼可明显地观察到脾脏肥大，肾脏和头肾也往往肥大。本病的特征是在显微镜下病鱼的脾、心、肾、肝和鳃组织的切片中有能被 Giemsa 染色的异常肥大的细胞，直径 15~20μm，这是该类病毒感染的重要特征之一，也是该类病毒被命名为"细胞肿大虹彩病毒"的主要原因。电镜观察这些肿大细胞中有许多病毒粒子（图 7-8）。

图 7-8 患病鱼细胞中的大量病毒颗粒
（江育林，2003）

该病毒病是一种全身性、系统性感染，病毒对鱼体上皮组织和内皮组织亲嗜性较强，对脾脏、肾脏等鱼类造血器官和组织的破坏尤为严重，从而导致病鱼贫血、器官衰竭而死亡。

【流行情况】该病 1990 年最先发现于日本养殖的真鲷（*Pagrus major*）（Inouye，1992），主要危害幼鱼，发病后死亡率高达 37.9%。1 周龄以上的鱼，发病较轻，死亡率 4.1%左右。发病期在 7~10 月份，水温 22.6~25.5℃为发病最高峰期。水温降至 18℃以下可自然停止发病。RSIV 亦侵染条石鲷（*Oplegnathus fasciatus*）、五条鰤（*Seriola quinqueradiata*）和花鲈（*Lateolabrax* sp.）。松冈学（1996）调查了从 1991 年至 1995 年日本养殖鱼类感染 RSIVD 的情况，发现一种与 RSIVD 相似的疾病在日本西南部的 18 个区流行并造成 20 种海水养殖鱼类包括 18 种鲈形目、1 种鲽形目和 1 种鈍形目的鱼受到严重危害。该病对海水养殖鱼类威胁很大，值得注意。

真鲷虹彩病毒病的主要传播方式是水平传播，通过水平途径在水体、饵料和鱼体间进行传播和感染。另外，研究者在病鱼脾、肾等器官中发现大量病毒粒子，而脾脏、肾脏是鱼类的造血器官，所以存在病毒随着血液循环，扩散到性腺进行垂直传播的可能性，并且病毒的流行病学调查也证明垂直传播途径客观存在。

【诊断方法】根据病鱼体表、鳃的外观症状和脾脏肥大可做出初步诊断。较为简单快速的检测方法是取病鱼脾脏、肝脏、心脏、肾脏或鳃组织，切片，Giemsa 染色，在光镜下观察到被 Giemsa 浓染的异常肥大的细胞（Inouye et al.，1992）；另可采用电镜做脾脏组织超薄切片，观察到病毒粒子；用 BF-2、FHM、KRE-3、EK-1 细胞株，25℃恒温培养，分离、提纯 RSIV，制备 RSIV 的单克隆抗体，运用 RSIV 单抗，采用直接免疫荧光抗体技术检测鱼组织中的 RSIV 抗原，对 RSI 进行早期快速检测（Nakajima，1995）；PCR 技术已应用于对 RSIVD 的诊断，并且发现与免疫学诊断比较，PCR 的灵敏性、准确性更高。

【防治方法】对该病以预防为主，加强饲养管理。目前，日本已经研制出真鲷虹彩病毒的商品化疫苗。

（三）鳜虹彩病毒病（Iridovirus disease of *Siniperca chuatsi*）

【病原】该病的病原暂称为传染性脾肾坏死病毒（Infectious spleen and kidney necrosis virus，ISKNV），属于虹彩病毒科（Iridoviridae），所以习惯上也叫鳜的虹彩病毒病。王春等（1995）对鳜暴发性疾病的病因做了病毒性推测分析后，吴淑勤、李新辉、方勤、张奇亚等人结合流行病学，运用分子学、电镜等技术，对其进行了研究，且取得了一致性。结果表明，完整病毒颗粒直径为 135nm±10nm，具包膜，切面为六角形、二十面体。成熟病毒核壳体为 90nm±5nm，包膜厚度为 18nm±3nm，核壳体与包膜间的非电子致密区为 27nm±2nm。通过回归感染，纯化和酶切分析，病毒基因组为双链 DNA，胞嘧啶 5′端高度甲基化。感染初期以典型的内吞方式入侵，感染中后期在侵入细胞内发生基质及病毒核壳、包膜的形成和病毒的释放。目前尚未建立 ISKNV 的敏感细胞株。

【症状和病理变化】病鱼口腔周围、鳃盖、鳍条基部、尾柄处充血。有的病鱼眼球突出，有蛀鳍现象。濒死鱼表现嘴张大，呼吸加快，身体失去平衡，鳃苍白，部分鱼体表变黑。剖解，可见肝脏、脾脏和肾脏肿大，并有出血点，肝上还可见坏死灶，肠壁充血或出血。有的还有腹水，肠内充满黄色黏稠物。组织切片观察，肾中的马氏小体大部分坏死解体，肾小管上皮细胞水泡变性。脾组织发生变性、坏死。肝细胞排列稀疏，有的细胞坏死、崩解形成坏死灶。在脾脏和肾脏中还能见到由病毒感染引起的强嗜碱性、肿大的细胞。鳃小片细胞变性坏死，上皮组织萎缩，结缔组织纤维化，毛细血管阻塞。透射电镜观察，可见脾脏细胞中有大量切面为五角形和六角形的病毒粒子。当病鱼受到多重病原感染时，症状多样化，包括体表的局部出血，部分器官的肿大、糜烂和坏死等。

【流行情况】鳜（*Siniperca chuatsi*）是淡水名贵鱼类，20 世纪 80 年代后在我国大量养殖，其中广东居多。1993 年以来，每年都流行鳜疾病，特别是 1996 年、1997 年、1998 年这三年，鳜暴发性疾病流行，给养殖业带来巨大的经济损失，严重阻碍了鳜养殖的正常发展，故又称鳜暴发性传染病。国内学者经过病原学的大量研究证实，虹彩病毒病为主要的病原（吴淑勤，1997；何建国，1998；方勤，2000）。由于该病毒主要感染脾脏和肾脏，何建国等（1998）建议命名为传染性脾肾坏死病，有的学者建议称传染性肝肾坏死病。

（1）危害对象 自 20 世纪 80 年代后期以来，由虹彩病毒引起的水产动物致死性传染病在包括美洲、欧洲、亚洲和大洋洲在内的世界各地普遍流行。曾慷等（1999）对宿主范围的研究表明，ISKNV 感染宿主具有一定的选择性，鳜和大口黑鲈敏感。

（2）流行季节　无论是广东省各地还是珠江三角洲等地，从 1993 年以来，每年 5～10 月都暴发流行本病，以 7～9 月为高峰期。

（3）环境条件　25～34℃是该病适合流行的水温，而 28～30℃是其最适流行水温。20℃以下时，鳜一般不发病。水温是鳜病毒致病的限制因子，气候突变、水质恶化、细菌和寄生虫等病原感染以及近亲繁殖种质退化、饵料营养不平衡、管理不善等，均可成为病毒致病的诱发和协同因子。

（4）传播路径　ISKNVD 的传播方式可以分为水平感染和垂直感染两种方式。水平感染主要通过两种途径发生：食物传递和以鳃和皮肤为门户的水传播。病毒滤液通过肌肉注射、腹腔注射、划痕浸泡、口服等四种途径均可感染，与自然病例症状相同。鳜病毒也可以潜伏的形式存在于鳜体内，以垂直传染的方式进行传播。

（5）病程　该病流行快，发病率高，在 25～34℃范围内，受感染鳜在 7～12d 内死亡率为 100%。在发病池中，鳜一般 10d 内死亡率达 90% 左右。

【诊断方法】根据临诊症状及流行情况进行初步诊断，采用常规的组织学方法（HE 染色）进行病理组织学诊断，且在电镜下见有大量六角形的病毒颗粒可做进一步确诊。目前对鳜病毒病的检测和诊断方法还有：外源核酸分析（酶切技术除去内源性核酸）和 PCR 检测（根据 RAPD 扩增的鳜病毒核酸的特异片段 SCVE369 设计一对引物，进行 PCR 检测）等。另外，邓敏等（2000）利用鳜病毒的 PCR 扩增产物作探针，经高辛标记，成功地在病鳜的脾、肾组织中进行了原位杂交，感染组为阳性，对照组为阴性。

【防治方法】

目前尚未找到防治该病的特效药，只能加强综合措施，以防为主。

（1）严格检疫，对检测呈病毒阳性的鱼要及时做淘汰处理。

（2）加强饲养管理，改良水质，对饵料鱼在饲喂前进行消毒处理，保证鳜的良好环境。探索安全、高效、廉价的鳜病毒疫苗来防治该病是今后研究的方向。

（四）流行性造血器官坏死病（Epizootic haematopoietic necrosis，EHN）

【病原】流行性造血器官坏死病是由虹彩病毒（蛙病毒属 *Ranavirus*）感染河鲈（*Perca fluviatilis*）、欧鲇（*Silurus glanis*）和鮰（*Ictalurus melas*）所引起的全身性疾病。该病由三种相似的病毒引起：流行性造血器官坏死病病毒（Epizootic haematopoietic necrosis virus，EHNV）、欧洲鲇病毒（European sheatfish virus，ESV）和欧洲鮰病毒（European catfish virus，ECV）。

【症状和病理变化】濒死的虹鳟体色发黑，食欲不振，有时运动失调；腹部因腹腔积水而膨胀；肾、脾肿胀；肝上偶有苍白色坏死灶。通过组织病理学观察，主要是肾脏和脾脏的造血组织严重坏死，出现多量坏死灶；肝细胞也发生急性坏死，出现大量小坏死灶；鳃组织水肿，偶有坏死灶；鱼鳔壁充血、水肿、坏死；心脏发生急性心肌炎，并出现坏死，可明显看到心室（和全身血管）内坏死的细胞和细胞碎片；在肝脏坏死灶周围的肝细胞胞浆内可见有圆形或卵圆形的嗜碱性包涵体，有时在肾或脾的细胞里也有包涵体；胰腺、甲状腺、伪鳃、胸腺、胃肠小囊上皮细胞的坏死灶少见。红鳍鲈感染 EHNV 后，肝脏内有大量白色坏死灶，鳍基部充血，脾肾肿胀，鳃部充血。和红鳍鲈身上其他病灶相比，肝上的病灶更大，常见鳃上有血栓形成、出血、纤维蛋白样渗出物。常见胰腺上有坏死灶，在肠固有膜上也见坏死灶。

【流行情况】EHNV 发生的地理范围目前仅限于澳大利亚，ECV 和 ESV 仅在欧洲检测到。人们发现下列鱼类经水接触 EHNV 后易感：河鲈、虹鳟、澳大利亚河鲈（*Macquaria australasica*）、食蚊鱼（*Gambusia affinis*）、金尾贝氏首鱼（*Bidyanus bidyanus*）、南乳鱼（*Galaxias olidus*）。本病主要危害河鲈（*Perca fluviatilis*）、欧鲇（*Silurus glanis*）和鲖（*Ictalurus melas*），引起全身性疾病。河鲈的幼鱼和成鱼在 EHNV 暴发时都会受感染，幼鱼对该病更易感。刚出生的和体长为 125mm 的虹鳟感染后最容易出现死亡情况，从刚孵化的稚鱼到商品鱼都可测到被感染的鱼。对河鲈来说，这种疾病是致死性的，但对虹鳟的危害性相对小一些，只有少量虹鳟易感。实验性感染的结果表明，ECV 和 ESV 能感染虹鳟，但不会造成虹鳟发病和死亡，鲖感染后发病率和死亡率都很高。临床显示 EHNV 与水质差有关系，虹鳟自然感染 EHNV 的温度为 11～17℃，实验性感染温度为 8～21℃。在低于 12℃的天然环境中，河鲈不患这种病。由于河鲈对这种病毒极其敏感，因此，河鲈不大可能是这种病毒的天然宿主。每年在有虹鳟鱼群的地方重现这种病，可以使河水汇合处的野生河鲈再次感染。很不寻常的是疾病暴发后存活下来的无症状的带毒虹鳟鱼体内既查不到 EHNV 抗原，也查不到 EHNV 的抗体。然而在已感的鱼群中发病率低，并且死亡率不会大于上次感染此病的死亡率。在虹鳟中的流行情况还没有完全了解，目前还缺乏有关 ESV 或 ECV 流行病方面的数据，影响鱼类对 EHNV、ESV、ECV 易感性的因素知道得也不多。本病是鱼类口岸第一类检疫对象。

【诊断方法】

（1）根据症状和流行情况进行初步诊断，观察发病的鱼是否是对这三种病毒易感的种类。

（2）通过病理学检查，通常可见肝细胞胞浆内有圆形或卵圆形的嗜碱性包涵体。

（3）用 BF-2 或 CHSE-214 细胞株分离病毒，观察 CPE，可做进一步诊断。

（4）最后确诊：

①中和试验：由于通过免疫兔所产生的免疫血清很少有抗 EHNV、ESV、ECV 的中和抗体，因而 EHNV 不能用中和试验鉴定。

②间接荧光抗体试验：可在细胞培养分离到病毒之后直接应用。阳性结果是在细胞质里有颗粒状荧光或发荧光的包涵体。

③酶联免疫吸附试验：用于检测河鲈和虹鳟组织中的 EHNV。从其他种类的鱼的组织中得到的 ELISA 阳性结果，需经病毒培养、电镜观察和 PCR 进一步证实。

④PCR 扩增：PCR 可以用来从鱼组织中检测蛙病毒的 DNA，该病的诊断以直接检测为主。PCR 扩增及测序后，再用 SDS-PAGE 凝胶电泳将 EHNV、ESV、ECV 和其他虹彩病毒区分开。

（5）Western-blot 能在一定程度上区分这几种不同的病毒。

【防治方法】

预防措施：

（1）加强综合预防措施，严格执行检疫制度，不将带有 EHNV、ESV、ECV 的鱼卵、鱼苗、鱼种和亲鱼输出或运入。

（2）发现疫情要进行彻底消毒。

（3）建立基地，培育无 EHNV、ESV、ECV 的鱼种，严禁混养未经检疫的其他种类的鱼。

(4) 保持良好的水质，控制水温在11℃以下可减少EHN的发生和降低死亡率，因此可将病鱼放在低水温的环境中饲养，以控制疾病的发展，或在发病季节将易感幼鱼放在低水温中饲养，待发病期过后再迁回，但这种方法较难推广。

(5) 尽量不要在有这种病毒的养殖场饲养鲫鱼、河鲈。

治疗方法：尚无报道。

九、弹状病毒病（Rhabdovirus disease）

（一）牙鲆弹状病毒病（Hirame rhabdovirus disease）

【病原】弹状病毒科（Rhabdoviridae）中的牙鲆弹状病毒（Hirame rhabdovirus, HRV）。病毒粒子呈子弹形，大小为80nm×160～180nm，在RTG-2细胞株中培养，18℃培养后出现类似IHN的细胞病变，CPE的特征为细胞变为球形。温度5～20℃时可生长，适温为15～20℃。对酸、乙醚敏感，遇热不稳定，温度25℃时开始逐步失活，温度50℃时2min失活，在温度-20℃下稳定。可在FHM、EPC、RTG-2、BF-2、HF-1、BB、CCO等细胞中复制并出现病变，但用CHSE-214、KO-6、CHH-1细胞培养，不出现细胞病变；在FHM和EPC细胞株中的最高增殖量可达$10^{9.3}$～$10^{9.8}$TCID$_{50}$/mL。

【症状和病理变化】患病的牙鲆体色变黑，动作缓慢，静止水底或漫游于水面。体表和鳍基部充血或出血（图7-9），腹部膨胀，内有腹水；生殖腺淤血；肌肉出血；肾脏造血组织坏死，细胞核固缩、破碎、崩解、消失，肾小管上皮崩解、坏死，黑色素大量沉积；脾脏内实质细胞坏死；肠管黏膜固有层、黏膜下肌肉层充血、肿胀，胃黏膜上皮、黏膜下肌肉层显著出血；肝脏毛细血管扩张，充血，肝脏实质细胞细胞变性、坏死。

图7-9 患弹状病毒病的牙鲆
A. 患病牙鲆腹部膨胀，腹水 　B. 肌肉出血，体表、鳍发红

【流行情况】此病首先在日本发现，五利江等（1985）报道从日本兵库县养殖的牙鲆中分离出该病毒，以后日本各地发生。主要危害牙鲆，从幼鱼到成鱼均可被感染。发病季节为冬季和早春，水温10℃时为发病高峰期，死亡率可高达60%。在香鱼（*Plecoglossus altivelis*）和无备平鲉（*Sebates inermis*）中也分离到此病毒。人工感染真鲷、黑鲷稚鱼有强烈的致病性，对虹鳟也具致病性。我国山东荣成工厂化养殖的牙鲆曾发现有此病症。

【诊断方法】根据症状可做出初步诊断。确诊可将病毒接种到RTG-2或选用FHM和EPC细胞株，5～20℃条件下进行细胞培养分离HRV，滴度达10^9TCID$_{50}$/mL。在15℃适宜的培养温度下4d，病毒复制对数曲线可达最高。超速离心提纯HRV，用电镜观察到子弹形病毒粒子。牙鲆的细菌病也可引起体表充血或出血，腹部膨胀和内有腹水的病状，但本病一般检测不到病原菌，并且发病的水温通常是在15℃以下，水温15℃以上时疾病有自然停止的倾向。

【防治方法】

预防措施：

(1) 同淋巴囊肿病的预防措施。

(2) 受精卵用25mg/L浓度的聚乙烯吡咯烷酮碘（PVP-I，含有效碘10%）浸浴15min。

(3) 工厂化养殖用水经紫外线或臭氧消毒，也可用含氯消毒剂或二氧化氯消毒。

治疗方法：提高养殖水温至15℃以上，可有效地防止此病的发生。

(二) 传染性造血器官坏死病 (Infectious hematopoietic necrosis, IHN)

【病原】传染性造血器官坏死病毒（Infectious hematopoietic necrosis virus, IHNV），属弹状病毒属（*Rhabdovirus*）。病毒粒子弹丸形，大小为$120 \sim 300nm \times 60 \sim 100nm$，单链RNA，有囊膜（图7-10）。其碱基成分：胞嘧啶25.4%，腺嘌呤22.5%，尿嘧啶27.2%，鸟嘌呤24.2%；对乙醚、甘油、氯仿敏感；不耐热，加热15min，31℃侵染率为20%，45℃时为0.01%～0.1%，60℃时为0%；不耐酸，pH为3，30min后侵染率为0.01%，pH为7.5时侵染率为100%，pH为11时侵染率为

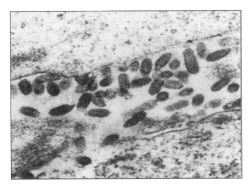

图7-10　RTG-2细胞感染IHNV的电镜照片
(江育林，2003)

50%；在甘油中保存1～2周失去活力。病毒易在FHM、RTG-2、CHSE-214、PG、R、EPC、STE-137等细胞株上复制生长，并出现CPE，核染色质趋向边缘、颗粒状、核膜肥厚，核变大，有时出现双核现象，不久细胞变圆，脱落，在空斑边缘可看到细胞互相牵连，堆积成葡萄状，空斑的边缘能部分或全部出现这种现象，这也是IHNV细胞病变的特征之一。空斑的中央通常是空的，有时也出现细胞碎片。生长温度4～20℃，最适温度15℃。18℃时，病毒在CHSE-214细胞株上生长，4h内产生新病毒，以后16h内出现指数生长期，随后病毒生长趋于平稳。病毒最大滴度可达10^7CPE/mL。

电解质或盐可加速病毒失去感染力，15℃时病毒在淡水中可生存25d，为海水中生存时间的两倍；在14℃蒸馏水中，24h侵染率为10%～20%，72h仅为0.1%～1%；病毒在含血清的培养液中，-20℃可生存几年。4℃时病毒在卵巢液和鱼苗、卵、脾、脑的匀浆中可短期保存，感染力可维持几周。病毒在含有10%血清或其他蛋白的液体中保存的最好方法是冷冻干燥法，在冷冻和解冻处理过程中病毒不受损害。

【症状和病理变化】该病是一种急性流行病，鱼苗狂游后突然死亡，为其重要特征。病鱼首先出现昏睡，或游动缓慢，顺流漂起，摇晃摆动，时而出现痉挛，继而浮起横转，往往在剧烈游动后不久即死。病鱼出现的狂游、打转等活动异常行为是IHN的特征之一。其次是病鱼体色发黑，眼球突出，腹部因腹腔积水而膨大，鳍条基部充血，肛门处常拖有1条不透明或棕褐色的假管型黏液粪便是较为典型的特征（图7-11），但并非该病所独有。鳃及内脏褪色、口腔、骨骼肌、脂肪组织、腹膜、脑膜、鳔及心包膜常有出血斑点，肠出血；鱼苗的卵黄囊出血，并因充满浆液而肿大。病后残存的鱼脊椎弯曲。

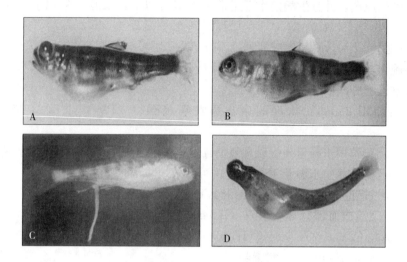

图 7-11 感染 IHNV 的病鱼
A. 患病虹鳟鱼苗腹部膨胀、眼球突出 B. 肌肉出血 C. 拖假粪便
D. 刚孵化出的虹鳟鱼苗患病后，卵黄囊有出血斑，严重时出血
(江育林，2003)

肾脏及脾脏的造血组织严重坏死，病情严重时肾小管及肝脏也发生局部坏死，胃、肠固有膜的颗粒细胞、部分胰腺的腺末旁及胰岛细胞也发生变性、坏死。胞浆内常可见到包涵体。病毒在毛细血管的内皮细胞、造血组织和肾细胞上繁殖。在感染的幼鱼体内可发现大量的病毒，在亲鱼的精、卵液中也可发现病毒。病鱼的肾脏、脾脏、脑和消化道中病毒含量高。患病鱼苗白细胞减少，白细胞和血栓细胞变性并出现相当数量的细胞碎片。前肾中具有更多的细胞碎片，许多巨噬细胞的胞浆中出现空泡；未成熟的红细胞显著增加；血浆的酸、碱调节发生异常，肾功能障碍引起电解质和水的渗透压平衡失调，造成鱼水肿和出血，导致死亡。

【流行情况】IHN 主要危害虹鳟、硬头鳟（*Oncorhynchus mykiss*）、几种大麻哈鱼属包括大鳞大麻哈鱼（*O. tshawystcha*）、红大麻哈鱼（*O. nerka*）、大麻哈鱼（*O. kete*）、马苏大麻哈鱼（*O. masou*）、玫瑰大麻哈鱼（*O. rhodurus*），以及银鳟（*O. kisutch*）和大西洋鲑（*Salmo salar*）等鲑科鱼类的鱼苗及当年鱼种，尤其是刚孵出的鱼苗，但摄食 4 周龄的鱼种（体重 0.2~0.6g）为甚，死亡率高达 100%；1 龄鱼种也有患病的，但死亡率不高；2 龄以上鱼不发病。近年来发现某些海水养殖鱼类如大菱鲆、牙鲆也能感染致病。影响 IHNV 的主要环境因子是水温，在自然环境条件下 8~15℃流行。潜伏期的长短随水温而不同，10℃时一般 4~6d 开始死亡，8~14d 死亡率最高，可持续死亡数周；10℃以下症状发展缓慢；15℃时自然发病现象消失。

IHNV 主要存在于患病或无症状带毒的野生及人工养殖的鱼体内。病毒常由粪便、尿液、精卵液及外黏膜散播。IHNV 是水平传播的，也存在垂直传播即"附在卵上"传播。水平传播主要是直接或通过暴露在水中感染，无脊椎动物在 IHNV 的传播中也起一定作用。消毒鱼卵表面能明显减少病毒附卵传播。附卵传播仍是造成鱼卵在无病毒的水环境中所孵出的鱼苗仍会流行 IHN 的唯一机制。一旦 IHNV 进入渔场，或由于被感染的洄游鱼在河道产卵或形成栖息地时，该病就可能在带毒鱼之间传播。

不同鱼种对 IHNV 的易感性不同；同种鱼不同发育阶段对 IHNV 的易感性也有差异，鱼的年龄十分重要，鱼龄越小对该病毒越敏感。感染 IHNV 后残存的鱼能产生较强的免疫保护力，并形成抗 IHNV 的抗体。有些个体也会变成无症状的带毒者。

IHN 流行地区以前仅限于北美洲的西海岸，但现在由于苗种在国家和地区间交流日益频繁，病毒经受感染的鱼和鱼卵，已经扩散到欧洲大陆和远东。该病是鱼类口岸第一类检疫对象。

【诊断方法】

（1）根据症状做出初诊。与传染性胰脏坏死病相比较，该病的病鱼肛门后面拖的一条黏液便比较粗长、结构粗糙。

（2）取病鱼的肾脏和消化道石蜡切片观察，如造血组织严重坏死，胃肠固有膜的颗粒细胞发生变性、坏死，可做进一步诊断。

（3）血液中出现许多不成熟的红细胞，有些红细胞多形、胞浆中有空泡，巨噬细胞的胞浆中有细胞碎片及空泡。前肾的压片中也可看到具有诊断价值的细胞碎片。

（4）IHNV 在 13～18℃时能在许多鱼类的细胞系中增殖，如 RTG-2、CHSE、FHM。可进行细胞培养分离病毒，观察在 FHM 及 RTG-2 细胞株上的 CPE 特征。

（5）确诊可用免疫学方法（中和试验、IFAT、ELISA）或分子生物学方法（DNA 探针、PCR）等来鉴定病毒。

【防治方法】 以预防为主。

（1）加强综合预防措施，严格检疫制度，发现病鱼及时隔离销毁。

（2）受精卵彻底消毒，用 50mg/L 浓度的 PVP-I 药浴 15min。

（3）鱼卵在无病毒的水中孵化。孵化及苗种培育阶段将水温提高到 17～20℃，可预防此病发生。

（4）饲料中添加大黄等中草药，增强机体免疫力。

（5）免疫接种当前处于实验阶段，已有几种疫苗制品在实验室和野外试验中显示出有明显效果。

（三）病毒性出血性败血症（Viral haemorrhagic septicemia，VHS）

【病原】 弹状病毒科（Rhabdoviridae）中的艾特韦病毒或称艾格特维德病毒（Egtved virus），为一种单链 RNA 病毒，大小在 170～180nm×60～70nm，浮力密度为 1.69g/mL（硫酸铯），沉降系数为 38～40（5%～25%蔗糖液），碱基成分：胞嘧啶 29.3%，腺嘌呤 23.6%，尿嘧啶 14.5%，鸟嘌呤 32.6%。病毒能在哺乳动物细胞株 BHK-21、WI-38 和两栖动物细胞株 GL-1 上生长。但更易在鱼细胞株如 BF-2、CHSE-214、FHM、PG 和 RTG-2 上生长。感染病毒后的 RTG-2 细胞变圆，胞核固缩，并很快坏死崩解。在 15℃培养 3d 就能明显地看到空斑，空斑周缘十分清晰。病毒在胞浆内增殖，最适 pH7.6～7.8，生长温度范围为 4～20℃，最适增殖温度为 15℃，20℃以上失去感染力。该病毒对氯仿、酸、热不稳定，对乙醚很敏感。病毒侵袭鱼的各种组织，其中以肾及脾中含病毒量最高。VHSV 在水体中很稳定（14℃可存活 1 周以上），在 4℃的干燥环境内可存活 1 周。VHSV 不能在温血动物消化道内存活，因其很高的酸性环境和较高的温度。

【症状和病理变化】 VHS 的主要特征是出血，但变性和坏死也是很常见的变化。此病可分为急性型、慢性型、神经型三型。一般由急性转为慢性，最后转为神经型，但三种表现型不易明确区分。

急性型：发病迅速，死亡率高，主要表现为突发性大量死亡，皮肤出血。病鱼体色发黑，呈昏睡状态，眼球突出，眼眶周围及口腔出血，鳃颜色变淡、苍白或花斑状出血，鳍条基部主要表现为皮肤出血。皮肤血管充血、出血，骨骼肌、脂肪组织、腹腔、鳔、肠等都有出血。病鱼贫血，造血组织发生变性、坏死，白细胞和血栓细胞减少。肾是病毒入侵的主要靶器官，其病变也比较明显。肾小管上皮细胞空泡变性、核固缩、溶解、上皮细胞剥离，肾小球肿大；肝呈暗红色，点状出血，肝血窦扩张、淤血，肝细胞发生空泡变性，局灶性坏死；脾肿大，脾及肾中有很多游离黑色素；骨骼肌有时发生玻璃样变和坏死，并常发生出血。在急性型，鱼体内各组织器官都发生出血，灶性坏死和淋巴细胞性炎症，尤以血管丰富的器官（如脾和肾）明显。

慢性型：病鱼病程长，中等程度死亡率。病鱼发生贫血，体色发黑，由于眼球后的脉络膜出血致眼球严重突出，贫血更加严重，鳃苍白，甚至水肿，鱼体很少出血或不出血，腹部膨胀，并常伴有腹水，由于机体的出血严重，内脏器官颜色普遍变淡。肝脏由于严重出血，色泽变淡，并常出现点状出血，肝细胞内有包涵体，肝细胞发生变性、坏死；肝血窦扩张，其中有正在溶血的红细胞；肾脏、脾脏中的造血组织发生局灶性的变性、坏死和增生；黑素细胞内大量含铁血黄素沉积。另外可见到类似于哺乳动物的膜性肾小球肾炎的变化。病鱼的红细胞数、血红蛋白量及血容比仅为健康鱼的 1/4～1/3，血清中谷草转氨酶、谷丙转氨酶和乳酸脱氢酶活性增高，碱性磷酸酶活性降低。

神经型：神经型的发病较慢，死亡率很低。主要表现为病鱼运动失常。做旋转运动，时而沉于水底，时而狂游跳出水面，或侧游。体表出血症状不明显，但内脏有严重出血。

【流行情况】病毒性出血性败血症（VHSV）是引起淡水鲑科鱼类死亡的主要疾病，该病流行于欧洲，最早在德国发现，Jenen（1963）在丹麦的 Egtved 首次分离到病毒性出血性败血症病毒（VHSV），故称为 Egtved 病。该病主要感染在低温季节淡水中养殖的虹鳟和溪鳟。其他可自然感染的鱼类有鲑、大西洋鲑、白鲑、白斑狗鱼、河鳟、欧洲尖吻鲈等，这些鱼类也可通过试验性感染。各种年龄的鱼都可感染发病，但幼鱼更为严重。与传染性造血器官坏死病和传染性胰脏坏死病不同，它主要危害鱼种及 1 龄以上幼鱼，一般鱼体大于 5cm 才发病。潜伏期通常为 14 周，但在温度较低时（2℃）则为 34 周。该病流行始于冬末春初，在水温 6～12℃时多发，在 8～10℃死亡率最高，而在 15℃以上时，却很少发生。带毒鱼是重要的传染源。病毒在池水中可长期保持感染力。病毒可通过病鱼和带毒鱼的粪尿和分泌物等感染其他健康鱼。鳃和消化道可能是病毒的入侵门户。病鱼所产卵表面带有病毒，一般认为因本病毒颗粒较大只能附在卵表面不能进入内部，所以 VHS 不进行垂直传播。现在还不能证实寄生虫是 VHS 的传播媒介，但食鱼鸟类在摄食了感染鱼后可将 VHS 传播到其他养殖场。病毒的散布仅在冬天低温时发生，病毒从一代传到下一代需要低水温。各毒株的毒力是不同的。

【诊断方法】
（1）VHS 的初步诊断是以在低温条件下敏感鱼出现典型的症状和病理变化为依据的，因而可根据流行情况、症状和病理变化进行初步诊断。

（2）对 VHS 的确切诊断需从具有明显症状的敏感鱼靶组织内分离到 VHSV。但也应注意大于 6 月龄的鱼临诊症状和病理变化可能会很轻。在急性型和慢性型的肾、脾内病毒滴度最高。在疾病恢复期病鱼大脑也可作为标本进行检测。VHSV 可在冷冻的组织内存活数月，故在进行分离前病料可进行冷冻保存。用 RTG-2 细胞株分离病毒，观察 CPE，可做出进

一步诊断

（3）最后确诊，须用直接荧光抗体法、间接荧光抗体法或抗血清中和试验。VHSV 在血清学上有三个主要的血清型，它们之间交叉反应很弱，因此血清学诊断需要有多价抗血清。

（4）VHSV 亚临床携带者，病毒分离最敏感的组织是卵巢液，其次是幽门盲囊，再次是肾脏。大脑也应作为检测样品。雌性亲鱼病毒携带者的最佳检测样是卵巢液。

【防治方法】以预防为主，主要有：

（1）加强综合预防措施，严格执行检疫制度。从无 VHS 的地区引进鱼苗和鱼种是杜绝该病发生的最确实的方法。

（2）消毒与检疫一样都是控制 VHS 流行最有效的方法。应在无 VHSV 污染的水体（泉水、井水或消毒水体）内进行养殖。消毒药可用聚维酮碘、季铵盐类、海因类、二氧化氯等。

（3）VHSV 可危害各种年龄的鱼类，尤其对鲑科鱼类和其他易感非鲑科鱼类是一种严重的威胁。因此，在美国和加拿大要求所有怀疑 VHS 的病例都应立即向当地鱼类健康局报告。一旦发病，将全场鱼销毁，池塘消毒 3 个月后，再重新放养健康鱼。

（4）发眼卵用碘伏水溶液消毒，可清除卵上的 VHSV。

（5）在疾病流行地区养殖对 VHS 抗病力强的大鳞大麻哈鱼、银大麻哈鱼或虹鳟与银大麻哈鱼杂交的三倍杂交种。

（四）鲤春病毒血症（Spring viremia of carp，SVC）

【病原】鲤弹状病毒（*Rhabdovirus carpio*），亦可称为鲤春病毒血症病毒（Spring viremia of carp virus，SVCV），是一种单链 RNA 病毒，病毒颗粒呈棒状或子弹状，外面有一层紧密包裹着的囊膜。大小为 $90\sim180nm\times60\sim90nm$，有囊膜，浮力密度为 $1.95\sim1.20$ g/mL（氯化铯）。病毒的抵抗力不强，感染性受环境因子的影响比较大，对乙醚、酸和热敏感。加热 15min，45℃时侵染率仅 1%，60℃时为 0；pH3 中 30min，侵染率仅 1%，在 pH7~10 中稳定，侵染率 100%。在 56℃加热及 pH 为 3 的条件下，可迅速灭活，14℃条件下也可使 90% 的病毒灭活。血清对病毒的侵染率具保护作用，保存在含 2% 血清培养液中的病毒，在 4 次冷冻和解冻过程中侵染率仅仅损失 10%，缺乏血清时则损失 95%；保存在 -70℃的鲤鱼组织内，或在含 10% 胎牛血清培养液中，其感染力至少可维持 20 个月，用冷冻干燥法可长时间保存病毒。病毒能在鲤鱼性腺、鳔初代细胞、BB、BF-2、EPC、FHM、RTG-2 等鱼类细胞株上增殖，并出现 CPE，其中在 FHM 和 EPC 细胞上增殖最好，BB 细胞上最差；在 FHM 细胞株上增殖的温度范围为 15~30℃，适温为 20~22℃。

【症状和病理变化】SVC 病毒感染是致死性的。由于该病毒在体内增殖，尤其是在毛细血管内皮细胞、造血组织和肾细胞内增殖，从而破坏了体内水盐平衡和正常的血液循环，在临诊上表现为各组织器官的水肿、出血、变性、坏死及炎症。本病的主要病状是鱼群聚集于出水口处，体色发黑，呼吸缓慢，病鱼往往失去平衡而侧游。有瘀斑性出血，皮肤及鳃上最多见。鳃的颜色变浅，呈淡红色或灰白色，并有出血点，眼球突出，肛门红肿。腹部膨大，有多量带血的腹水。慢性病例还可见皮肤的出血性溃疡和广泛性水肿。无细菌继发性感染时，主要表现有局部出血，造血组织坏死以及黏膜下组织水肿。有时脑血管周围淋巴细胞增多以及肝脏、心脏局部坏死。如果有细菌继发性感染，则会引起细菌性败血症，造成带血的腹水。肠壁严重发炎，常伴有纤维素性腹膜炎、卡他性炎及坏死性肠炎。其他内脏也有出血斑点，其中以鳔壁最为常见，鳔的血管极度扩张。肌肉也因出血而呈红色，肝、脾、肾肿大，造血组织坏死，心肌发炎，肝细胞局灶性坏死。脾脏极度充血，肾脏的排泄管出现退行性变化。血红蛋白量减少，嗜中性粒细胞及单核细胞数增加，血浆中糖原及钙离子浓度降低。当病鱼出现显性感染时，电镜检查还可发现其肝、肾、脾脏、鳃、脑中都含有大量病毒。

【流行情况】SVCV 能感染四大家鱼和其他几种鲤科鱼类。该病曾被称为鲤传染性水肿病的一种复合病症，多年来一直存在争议。Fijan 等（1971）从患急性型鲤水肿病的鲤鱼中分离到鲤弹状病毒，并建议将本病称作鲤春病毒病。该病主要流行在水温 12～18℃的春季，但是该病也可发生于水温较低期间。自然发生于冷水阶段的该病往往表现为慢性，而许多暖水阶段的流行病学表现为急性。本病主要流行于欧洲一些冬季水温低的国家，死亡率可达 80%～90%。现在此病已经成为全球性鱼类的疾病，欧、亚两洲均流行，尤其是在欧洲为甚，我国也有此病流行。2002 年 4 月美国的北卡罗来纳州一家由 6 个养鱼场组成的鱼苗孵化联合体在锦鲤中发生了一起该病，死亡率为 10%。另外威斯康星州证实过在野生鱼类中发生鲤春病毒病。丹麦在进口鲤鱼中也检出了本病。

本病主要危害鲤鱼，但也可感染草鱼、鲢、鳙、黑鲫、鲫鱼、丁鲅和欧鲇等。鲤是其中最敏感的宿主，又以一龄以上的鲤受危害最为严重。同一鱼种的不同个体之间对 SVCV 的易感性差异很大。鱼年龄越小越敏感，但成年产卵鱼也易感；血清抗体价在 1∶10 以上者都不感染，发病后存活下来的鱼很难再被感染。水温是 SVCV 感染的关键环境因素，只流行于春季，水温在 13～20℃时流行，该病的暴发流行最适温度为 16～17℃，鱼苗和成鱼在水温 17℃以上时很少发生显性感染。水温超过 22℃时一般不再发病，有时幼鱼在 22～23℃时也能受到感染。病鱼、死鱼及带病毒鱼是传染源，病原也可由感染鱼排出的粪便经水体传播，也可经某些吸血寄生虫如鲺和蛭传播。病毒侵入鱼体可能是通过鳃和肠。普通鲤在浸入含有 SVCV 的水中 2h 后即可在鳃组织中出现病毒颗粒，在 6d 后可在血液中发现病毒，10～11d 后可在各种内脏器官（如肾脏、肝脏、脾脏和心脏）中发现病毒。

一旦在养殖场发生了 SVCV，如不消灭养殖场所有的生物，很难根除该病。人工感染的潜伏期随水温、感染途径、病毒感染量而不同，可以是 1～60d；在 13～20℃时潜伏期为 7～15d。流行取决于鱼群的免疫能力，发病存活下来的鱼不易再被感染。流行季节在封闭的池塘，该病在鲤鱼苗、种的发病率可达 100%，死亡率可达 50～70%或者更高。成年鲤鱼可发生病毒血症，表现该病的症状，但通常不发生死亡或者死亡率很低。

【诊断方法】
(1) 根据流行情况、症状和病理变化做出初步诊断。
(2) 用 FHM 和 EPC 细胞株分离培养，在 20～22℃培养条件下观察细胞病变（CPE）。
(3) 确诊可用综合试验，目前已制备出鲤弹状病毒的特异性中和试验抗血清。
(4) 快速确诊可用间接荧光抗体试验和酶联免疫吸附试验（ELISA）。

【防治方法】目前，该病的可行的防治方法还只是实行严格的卫生管理和控制措施。该病的免疫疫苗大多处于实验阶段。因此目前尚无有效的治疗方法。
(1) 严格检疫，杜绝该病毒源的传入，特别是对来自欧洲的鱼种应进行检疫，以防带入本病病毒。
(2) 用消毒剂彻底消毒可预防此病发生，用含碘量 100mg/L 的碘伏消毒池水，也可用季铵盐类和含氯消毒剂消毒水体。

(3) 杀灭鲺和水蛭,可减少此病发生。

(4) 控制水温,将水温提高到22℃以上可控制此病发生。

(5) 选育对SVC有抵抗力的品种。

(6) 每千克体重使用维生素C钠35~75mg,疾病流行季节定期拌饲投喂。

(7) 用疫苗或弱毒病毒株免疫预防。

(8) 可参照草鱼出血病内外结合防治的方法,有一定的效果。

(五) 鲤鳔炎症 (Swim bladder inflammation of carp, SBI)

【病原】多数学者认为是弹状病毒 (*Rhabdovirus* sp.) 亦可称为鲤鳔炎症病毒 (Swim bladder inflammation of carp virus, SBIV)。属RNA病毒类,大小为90~140nm×70nm。在FHM细胞中的增殖适温为15~28℃,33℃不增殖,4℃时增殖很缓慢,最适温度为20~22℃。能在FHM、EPC、BF-12、PG、CHSE-214、RTG-2等细胞上增殖,并表现出CPE。其中以FHM细胞为最适。病变细胞染色质颗粒化、核膜肥厚、融解、细胞质退行变性、细胞变圆,最后融解;20℃时3d内空斑可达2~3mm,但很少成为明显的空白。此外,在一些哺乳动物及鸡胚成纤维细胞上亦可增殖。对乙醚、酸和热敏感,在pH3经60min病毒失活;50℃经30min病毒也失活。不与IHNV及VHSV的抗血清中和。可在病鱼的所有器官内分离到病毒。

【症状和病理变化】鳔炎症是鲤科鱼类特有的一种疾病。患病鱼体色发黑、体重下降,消瘦,贫血,眼球突出,腹部膨大,反应迟钝,可在身体失去平衡和体色变深后不久死亡,但也有存活很长时间的。最显著的病变是鳔发生变性、坏死、炎症。鲤科鱼的鳔有两个鳔室,鳔壁由黏膜层、肌层和致密的纤维性外膜组成。此病的最早病变为鳔内膜毛细血管充血及水肿而增厚和混浊,继而有出血。鳔的黏膜上皮发生变性和坏死,并脱落入鳔腔。固有膜发生水肿、淤血、炎性细胞浸润,甚至出血,这时外膜也增厚,因而整个鳔壁显著增厚,鳔腔内充满含血的浆液,严重时鳔壁严重发炎和坏死,并常与周围脏器粘连。一般情况下只有一个鳔室出现病变(前室或后室),而另一个鳔室基本正常,但也可能两室均有病变。如果继发细菌感染,死亡更快。本病也分为急性型和慢性型,高水温时(20℃左右)多数为急性型,鳔发生严重炎症,接着鳔壁组织崩解,并发腹膜炎,以后病变波及肾脏和其他内脏,最后导致病鱼死亡,有时死亡率可高达100%。慢性型一年四季都可发生,病鱼大多数属于这一类型。病鱼血清总蛋白量降低,其中白蛋白百分比明显减少,α-球蛋白、β-球蛋白、γ-球蛋白的百分比则增加,有时β-球蛋白可增加2倍以上;红细胞数及血红蛋白量均减少,单核细胞增加。

【流行情况】1958年在苏联发生流行,以后在奥地利、匈牙利、德国、波兰、南斯拉夫、捷克斯洛伐克、保加利亚、荷兰等欧洲国家均有流行。通常发生在鲤科幼鱼,亲鱼一般受害较轻。人工感染虹鳟可患病。初夏发病,其后2~3个月继续发展,最后可造成大量的死亡。流行时的最适水温为15~22℃,当水温低于13℃时,病毒的活力降低,发病减少。潜伏期的长短随水温高低而不同,19~22℃时为1个月;水温较低时,则需一个半月,甚至两三个月。死亡率很高,有时可达100%。传播途径不清,有些学者认为主要是水平传播,带病毒鱼有可能成为传染源。

【诊断方法】

(1) 根据流行情况、症状和病理变化进行初步诊断。

(2) 确诊须分离病毒，进行中和试验。

【防治方法】以预防为主。

(1) 进行综合预防，严格执行检疫制度。

(2) 流行地区改养对该病不感染的鱼类。

(3) 每千克鱼用 10～30mg 氟苯尼考拌饲投喂，每天 1 次，连喂 3～5d，减少继发性细菌感染，可以减少死亡。

(4) 每立方米水体使用复合酮碘溶液 0.1mL，每天 1 次，全池泼洒。

(5) 每千克饲料添加银翘板蓝根 3.2～4.8g，每天 2 次，连续投喂 4～6d。

第二节 立克次体病及衣原体感染

立克次体（Rickettsiae）属于立克次体目（Rickettsiales）、立克次体属（*Rickettsiella*），是介于细菌和病毒之间的一类微生物。大小 $0.3×0.08\mu m$～$0.7×0.3\mu m$，革兰氏阴性，细胞内原核生物。

立克次体具有类似细胞样的结构，有一层薄的细胞壁，7～10nm 厚。细胞膜厚 6～8nm，含有 RNA 和 DNA 两种核酸，但缺乏多种自营生活所必需的酶，故具有严格的寄生性，不能在人工培养基中生长，必须在活细胞内生长繁殖，但与病毒所不同的是立克次体必须在代谢不活跃或代谢机能遭受障碍的组织细胞中才能生长。立克次体是一个非常多变的类群，一般为二分裂，可以在液泡中复制，也可游离在宿主细胞的细胞核或细胞质中。大多数是杆状，但亦有球形、梨形等多型。多数是非运动性的，但也有鞭毛型的。主要靠宿主交换或媒介物传播，但伯内特克氏体（*Coniella burnetii*）能直接传播。多数是专性细胞内寄生，但罗克利马氏体属（*Rochalimaea*）可以用无宿主细胞的培养基培养。

鱼类中立克次体状生物（Rickettsia-like organisms）的报告不多。以前，在鱼类中的立克次体状生物没有确切的分类地位。直到 Fryer（1990）从智利海水网箱养殖的正在发病的银大麻哈鱼（*Oncorhynchus kisutch*）上分类出这种类型的生物，通过试管内定性和 16S rRNA 分析，确定其位置为一新属新种，定名为鲑立克次体。立克次体不表现衣原体独特的增殖周期，很容易区别于衣原体，并且可用血清学试验加以证明它不含有群特异性的菌膜脂多糖抗原。

衣原体（Chlamydia）是介于立克次体和病毒之间的一类微生物。大多数直径在 0.1～$0.2\mu m$ 范围内，有典型的革兰氏阴性细胞壁，并具有衣原体的多型性发育环特征。一般的形态是从球形到卵形，但也有链形、分枝形、长形或具尾形，在普通光学显微镜下勉强可见，常用 Giemsa 或 Macchivelo 氏染色。具有严格的寄生性，必须在生活的细胞内生长繁殖，导致宿主细胞破裂。培养衣原体的传代细胞有 Hela 细胞、L 细胞和 McCoy 传代细胞。

衣原体含有 RNA 和 DNA 两种核酸；具有由黏肽所组成的细胞壁，含有胞壁酸；通过独特的生活周期，按二分裂方式繁殖；含有核糖体，有较为复杂的酶系统，能进行一定的代谢活动；许多抗生素如磺胺类药物以及青霉素、金霉素、氯霉素、四环素及红霉素均能抑制其生长。

衣原体状生物至少已在 35 种淡水和海水鱼类中观察到。这些衣原体状生物都没有被分离出来，它们的特征描述仅限于其细胞的形态学和被感染宿主的病理学研究。

一、鱼立克次体病（Piscirickettsiosis）

【病原】 鲑立克次体（*Piscirickettsia salmonis*）（标准株 ATCC VR-1361），属立克次体目、立克次体科（Rickettsiaceae），是一种生长在细胞内的、很难培养的革兰氏阴性细菌，是多型性的，但主要是球形，直径 $0.5\sim 1.5\mu m$。鱼立克次体不能在细菌培养基上生长，必须用细胞培养。最适生长条件在 $15\sim 18℃$ 范围内。鲑鱼立克次体可在宿主细胞的细胞质空泡中出现。对抗生素敏感，但对青霉素不敏感。

【症状和病理变化】 鲑立克次体可引起鲑败血性疾病。病鱼体色发黑，昏睡，垂直在网边。该病的早期症状是皮肤上出现小白病灶或出血性溃疡，行动迟缓，滞留于网箱边。病鱼鳃灰白色，腹膜炎，腹水，脾脏肿胀，肾脏肿大变灰白色，肝脏有大的灰白色坏死病灶。

【流行情况】 鲑败血性疾病到目前为止在智利、爱尔兰、挪威和加拿大东、西海岸流行。感染的动物有：银大麻哈鱼、大鳞大麻哈鱼、马苏大麻哈鱼、虹鳟、细鳞大麻哈鱼（*O. goubrscha*）和大西洋鲑。银大麻哈鱼对它最敏感，在智利海水网箱养殖的银大麻哈鱼死亡率可达 $30\%\sim 90\%$。

该病的传播方式还不清楚。最初报道是在海水鱼养殖场发生，但在淡水鱼养殖中也有发生。已经证实能通过海水和淡水水平传播，能否通过媒介传播值得考虑，还不清楚是否有垂直传播途径。

【诊断方法】 初诊可用细胞培养分离立克次体，所用细胞株为 CHSE-214 或 EPC（不加抗生素），取病鱼肾脏组织加入无抗生素生理盐水匀浆、稀释，接种到单层细胞中，于 $15\sim 18℃$ 培养 28d，观察细胞病变（CPE）。立克次体引起的 CPE 是形成空斑或细胞变圆。随着时间的推移，CPE 进一步发展直到细胞全部被破坏。或用 Giemsa 染色和荧光抗体试验检测细胞培养的上清液，油镜下观察可见立克次体呈浓染的多形态、球状或环状，成对排列，直径在 $0.5\sim 1.5\mu m$ 之间。确诊需用特异性抗血清鉴定从细胞中分离到的鲑立克次体或对病理组织涂片作荧光抗体试验（FAT）、免疫组织化学试验以及利用一种嵌套的 PCR 方法检测鲑立克次体 DNA，先用一般细菌 16SrDNA 的引物作第一次扩增，再用对鲑立克次体特异性的引物作第二次扩增。

【防治方法】 立克次体引起的疾病以预防为主，及时隔离清除受感染的鱼，抗菌药物有一定疗效，但对该病的控制效果不是太好。鱼卵用 PVP-I 消毒，是实际采用的较为有效的方法。在养殖生产中主要使用喹诺酮类药物进行防治。

二、上皮囊肿病（Epithelial cystis disease）[嗜黏液病（Mucophilosis）]

【病原】 一种衣原体状生物（Chlamydia-like organisms，CLO），其正确分类地位尚未确定，但是通常认为归入衣原体目（Chlamydiales）、衣原体科（Chlamydiaceae）、衣原体属（*Chlamydia*=*Bedsonia*）。

【症状和病理变化】 病鱼的皮肤和鳃上有许多白色粟粒状的包囊。这些包囊是肥大的宿主细胞，其中充满了原核生物病原。在许多病例中，这种感染不太引起宿主反应，但有时在不明原因的情况下，引起鳃上皮组织的广泛增生，鳃小瓣愈合和棍棒化，严重地影响鱼对氧的吸取和渗透压的调节，病鱼呼吸困难，生长缓慢，引起死亡。

【流行情况】 上皮囊肿病是由 Hoffman 等（1969）首次在蓝鳃太阳鱼（*Lepomis macrochirus*）上报告，认为病因是一种衣原体状病原（bedsonia-like）。Plehn（1920）报告了在鲤（*Icyprinus carpio*）上有一种类似的疾病，叫做嗜黏液病（mucophilosis），并将它归因于一种真菌引起的。Molnar and Boros（1981）确定上皮囊肿病和嗜黏液病是同一种病，并且确定病原是似衣原体。其后上皮囊肿病在温水和冷水环境中的淡、海及溯河鱼类中被广泛发现，已报告的感染鱼类主要有鲑科、鲤科、鲷科、狼鲈科、鲀科、鳎科和鲽科等鱼类，多发生在稚鱼和幼鱼上，在大鱼中引起死亡的病例不多，稚鱼容易死亡。此病以水为媒介直接感染。

【诊断方法】 发现病鱼皮肤和鳃中有许多小圆球形白点，即可初诊。确诊需在电镜下发现上皮囊肿细胞内具有菌丝状的或小的圆形、卵圆形或蝌蚪状的细胞。

【防治方法】 金霉素按0.1%的比例拌入饵料中，连续投喂5d。

第三节 细菌性疾病

细菌性疾病是鱼类中最为常见而且危害较大的一类疾病。随着养殖事业的发展，有关这方面的研究报告也日渐增多。与病毒性疾病不同，病原可以进行人工培养，在光学显微镜下一般都可看得见，用化学药物可以进行防治。

细菌种类繁多，从形态上可分为球菌、杆菌和螺旋菌三大类。细菌属于原核生物，即细胞核没有核膜和核仁，没有固定的形态，仅是含有DNA的核物质。细菌有些种类有鞭毛、荚膜或芽孢。鞭毛是运动孢器，荚膜和芽孢有抵抗不良环境的作用。所有细菌可分为革兰氏染色阴性（红色）和阳性（紫色）两大类。

有些细菌是条件致病菌，即平时生活于水中、底泥中或健康的鱼体上，但在鱼体受伤或环境条件对鱼不利时，就可能侵入鱼体并引起疾病。

一、细菌性烂鳃病（Bacterial gill-rot disease）

【病原】 柱状黄杆菌（*Flavobacterium columnaris*），曾用名有：鱼害黏球菌（*Myxococcus piscicola*）、柱状屈挠杆菌（*Flexibacter columnaris*）、柱状嗜纤维菌（*Cytophaga columnaris*）。菌体细长、柔软而易弯曲，粗细基本一致，约$0.5\mu m$，两端钝圆，一般稍弯，有时弯成半圆形、圆形、U形、V形或Y形等，但较短的菌体通常是直的。长短很不一致，菌体长$2\sim24\mu m$，有的长达$37\mu m$，革兰氏染色阴性。以横分裂繁殖，通常横分裂成两个差不多相等长度的个体。菌体无鞭毛，常见两种运动方式：一是像鳝鱼一样滑行运动，二是摇晃运动。

此菌在胰陈琼脂平板上生长良好，菌落黄色，大小不一，扩散性，中央较厚，显色较深，向四周扩散成颜色浅的假根头。生长最适温度为28℃，37℃时仍可生长，5℃以下则不生长。培养基中氯化钠浓度0.6%以上不生长；pH6.5~8均可生长，pH8.5不生长。此菌不能用含营养丰富的培养基培养，因会被其他生长快的细菌覆盖而使其长不出来，故分离该菌必须用贫营养的培养基。此菌属好气兼性厌氧菌，在厌气条件下，也能生长，但生长很慢。

多种原因可引起鱼类的烂鳃，其中主要有三类：一类是寄生虫引起，另一类是由水生藻状菌引起，还有一类是由细菌引起，称为细菌性烂鳃病。其中尤以细菌性烂鳃病最为严重，此病发病季节长、流行广、各种养殖阶段都易于发生，常造成大批鱼种死亡。

【症状和病理变化】 病鱼行动缓慢，反应迟钝，常离群独游。体色变黑，尤其头部颜色更为黝黑，因而群众称此病为"乌头瘟"。肉眼观察，病鱼鳃盖骨的内表皮往往充血，严重时中间部分的表皮常腐蚀成一个圆形不规则的透明小区，俗称"开天窗"。鱼害黏细菌侵袭草鱼鳃的方式，一般是从鳃丝末端开始，然后往鳃丝基础和两侧扩展，因此，鳃丝末端的病变比较严重（图7-12）。鳃丝腐烂，特别是鳃丝末端黏液很多，带有污泥和杂物碎屑，有时在鳃瓣上可见血斑点。有的从鳃丝末端开始，沿着鳃瓣边缘均匀地烂成一圈，逐渐向鳃瓣基部扩展；有的先在鳃瓣边缘

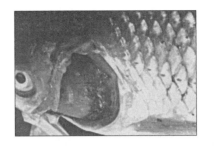

图7-12 草鱼细菌性烂鳃

出现斑点状白色腐烂鳃丝，然后逐渐扩大蔓延。从鳃的腐烂部分取下一小块鳃丝，放在显微镜下检查，一般可见到鳃丝骨条尖端外露，附着许多黏液和污泥，并附有很多细长的黏细菌。

病理组织学检查，在正常鳃瓣的水平切面上，鳃丝排列整齐，鳃小片约以45°角交互平行排列在鳃丝软骨的两侧。感染本病后，鳃丝及鳃小片变得软弱，失去张力，往往呈现凋萎不整的弯曲。因此在鳃瓣水平切面上，可见鳃丝和鳃小片排列不整齐，有的鳃丝弯曲扭挠，鳃小片呈波状扭曲，排列杂乱。基本变化是一种炎症反应，在病变早期鳃小片上皮细胞肿大变性，毛细血管轻度充血、渗出。严重时呼吸上皮细胞与毛细血管完全分离，发生变性、坏死。同时呼吸上皮细胞也发生增生，使相邻鳃小片融合，鳃丝呈棍棒状；黏液细胞大量增生，分泌亢进。当炎症严重时，肿大变性的上皮细胞坏死脱落，毛细血管裸露、破坏，鳃小片坏死、脱落、崩溃，只留下毛细血管痕迹，鳃丝软骨光秃秃的，甚至鳃丝软骨也烂去一段。

【流行情况】在春季本病流行季节以前，带菌鱼是最主要的传染源，其次是被污染的水及塘泥。在本病流行季节，病鱼在水中不断散布病原菌，传染源就更多了。感染是鱼体与病原直接接触引起的，鳃受损（如被寄生虫寄生或受机械损伤等）后特别容易感染。在水质好，放养密度合理且鳃丝完好的情况下则不易感染。主要危害草鱼和青鱼，从鱼种至成鱼均可受害；鲤、鲫、白鲢、鳙、团头鲂、金鱼等也都可受人工感染，罗非鱼、团头鲂与三角鲂杂交鱼、纹唇鱼等也都可发病致死。本病在水温15℃以上时开始发生；在15~30℃范围内，水温趋高易暴发流行，致死时间也短。水中病原菌的浓度越大，鱼的密度越高，鱼的抵抗力越小，水质越差，则越易暴发流行。本病常和传染性肠炎、出血病、赤皮病并发。流行地区广，全国各地养鱼区都有此病流行，一般流行于4~10月，尤以夏季流行为多。

【诊断方法】

(1) 眼观诊断要点是鱼体发黑，鳃丝肿胀，黏液增多，鳃丝末端腐烂缺损，软骨外露。

(2) 取鳃上淡黄色黏液或剪取少量病灶处鳃丝，放在玻片上，加上2~3滴无菌水（或清水）盖上盖玻片，放置20~30min后在显微镜下观察，见有大量细长、滑行的杆菌。有些菌体一端固定，另一端呈括弧状缓慢往复摆动。有些菌体聚集成堆，从寄生的组织向外突出，形成圆柱状像仙人球或仙人柱一样的"柱子"，也有的柱子呈珊瑚以及星状，即可诊断。

(3) 有条件时可做酶免疫测定。以病鱼鳃上的淡黄色黏液进行涂片，丙酮固定，加特异抗血清（兔抗鱼害黏细菌的抗血清）反应，然后显色、脱水、透明、封片，在显微镜下见有

棕色细长杆菌,即为阳性反应,可确诊为细菌性烂鳃病。

此外还应注意与下列鳃病相区别:

①车轮虫、指环虫等寄生虫引起的鳃病:显微镜下可以见到鳃上有大量的车轮虫或指环虫。用大黄和抗菌药物治疗无效。

②大中华鳋:鳃上能看见挂着像小蛆一样的大中华鳋,或病鱼鳃丝末端肿胀、弯曲和变形。黏细菌烂鳃无此现象。

③鳃霉:显微镜下可见到病原体的菌丝进入鳃小片组织或血管和软骨中生长,黏细菌则不进入鳃组织内部。

【防治方法】

预防措施:

(1) 彻底清塘,鱼池施肥时应施用经过充分发酵后的粪肥。

(2) 鱼种下塘前用 10mg/L 浓度的漂白粉水溶液或 15~20mg/L 高锰酸钾水溶液,药浴 15~30min,或用 2‰~4‰食盐水溶液药浴 5~10min。

(3) 在发病季节,每月全池遍洒生石灰 1~2 次,使池水的 pH 保持在 8 左右(用药量视水的 pH 而定,一般为 15~20mg/L)。

(4) 发病季节,每周在食场周围泼洒漂白粉 1~2 次。消毒食场,用量视食场大小及水深而定,一般为 250~500g。也可进行挂篓法预防。

(5) 定期将乌桕叶扎成数小捆,放在池水中浸泡,隔天翻动一次。

(6) 含氯消毒剂全池遍洒,以漂白粉(含有效氯 25%~30%)1~1.2mg/L 浓度换算用量。

(7) 全池遍洒五倍子(先粉碎后用开水冲溶),使池水成 2~4mg/L 浓度。

(8) 将干乌桕叶(新鲜乌桕叶 4kg 折合 1kg 干乌桕叶)用 20 倍重量的 2%石灰水浸泡过夜再煮沸 10min 进行提效,然后连水带渣全池遍洒,浓度为 3.7mg/L。

(9) 大黄经 20 倍 0.3%氨水浸泡提效后,连水带渣全地遍洒,浓度为 2.5~3.7mg/L。

治疗方法:

在遍洒外用药的同时,再选用下列一种内服药投喂则疗效更好。

(1) 每千克鱼每天用 10~30mg 卡那霉素拌饲投喂,连喂 3~5d。

(2) 每千克鱼每天用氟哌酸 10~30mg,拌饲投喂,连喂 3~5d。

(3) 每千克鱼每天用磺胺-2,6-二甲嘧啶 100~200mg 拌饲投喂,连喂 5~7d。

(4) 每千克鱼每天用磺胺-6-甲氧嘧啶 100~200mg 拌饲投喂,连喂 5~7d。

(5) 每千克鱼每天用复方新诺明 100mg,拌饲投喂,第二天药量减半,5d 为一个疗程。

(6) 每千克鱼每天用氟苯尼考 5~15mg,拌饲投喂,每天 1 次,连用 3~5d。

二、白皮病(White skin disease),[白尾病 (White tail disease)]

【病原】黄惟灏等(1981)提出白皮病的病原菌是鱼害黏球菌(*Myxococcus piscicola*),并在试验鱼体表完整的情况下,经过该菌液浸泡感染,呈现出与自然发病鱼相同的症状。菌体细长,柔软易弯曲,粗细基本一致,0.6~0.8μm,两端钝圆,革兰氏染色阴性。

王德铭等(1963)分离到白皮病的病原菌是白皮极毛杆菌(*Pseudomonas dermoalba*),属假单胞菌科。大小为 0.8μm×0.4μm,多数 2 个相连。极端单鞭毛或双鞭毛,有运动力。

无芽孢，无荚膜。染色均匀，革兰氏阴性。琼脂菌落呈圆形，微凸起，直径 0.5~1.0mm。表面光滑，边缘整齐，灰白色，24h 后产生黄绿色色素。琼脂穿刺，沿穿刺线生长稀少，生长到底。明胶穿刺，层面形液化。肉汤培养生长稀少，均匀混浊，微有絮状沉淀。兔血琼脂上 β 型溶血。发酵葡萄糖、乳糖、麦芽糖、甘露醇和蔗糖，产生靛基质。

【症状和病理变化】发病初期，尾柄处发白，随着病情发展迅速扩展蔓延，以至自背鳍基部后面的体表全部发白。严重的病鱼，尾鳍烂掉，或残缺不全。病鱼的头部向下，尾部向上，与水面垂直，时而做挣扎状游动，时而悬挂于水中，不久病鱼即死亡。

【流行情况】白皮病为鲢、鳙的主要病害之一，草鱼、青鱼也有发生。此病主要发生在饲养 20~30d 的鲢、鳙鱼苗及夏花阶段，当年草鱼有时也可发病。常可形成急性流行病，1 龄及 2 龄以上的成鱼偶然可以发病。病程较短，病势凶猛，死亡率很高，发病后 2~3d 就会造成大批死亡。

此病广泛流行于我国各地鱼苗、鱼种，以 1 夏龄鲢鳙多见，1 夏龄草鱼也可发现。1 龄及 2 龄以上的成鱼偶然可见发生。每年 6~8 月为流行季节，尤其在夏花分塘前后因操作不慎碰伤鱼体，或体表有大量车轮虫等原生动物寄生使鱼体受伤时，病原菌乘虚而入，暴发流行。本病的病原体广泛存在于淡水水体中，由于水质不清洁和恶化，尤其施用了没有充分发酵的粪便，病原菌更易滋生和繁殖，鱼体更易感染生病。一般死亡率在 30% 左右，最高死亡率可达 45% 以上，发病后 2~3d 就死亡。

【诊断方法】

（1）背鳍以后至尾柄部分皮肤变白，镜检有大量杆菌存在。鳍条、皮肤无充血、发红现象。

（2）主要流行在鲢、鳙的夏花鱼苗、鱼种中。

【防治方法】

（1）同细菌性烂鳃病的防治方法。

（2）捕捞、运输、放养时应尽量避免鱼体受伤；发现体表有寄生虫寄生时，要及时杀灭。

（3）夏花应及时分塘。

（4）二氯海因 0.2~0.3mg/L 的浓度，全池泼洒，在疾病流行季节每 15d 一次。

（5）金霉素 12.53mg/L 的浓度，浸洗 0.5h。

（6）土霉素 25mg/L 的浓度，浸洗 0.5h。

三、白头白嘴病（White head-mouth disease）

【病原】尚未完全查明，是一种与细菌性烂鳃病的病原体很相似的黏球菌（*Myxococcus* sp.）。菌落淡黄色，稀薄地平铺在琼脂上，边缘假根状。中央较厚而高低不平，有黏性，似一朵菊花。大小为 0.38~2.50μm（平均 1.25μm）。菌体细长。粗细几乎一致，而长短不一。菌体宽为 0.8μm 左右，长度一般为 5~9μm，柔软而易曲绕。革兰氏阴性，无鞭毛，滑行运动。此菌好气生长，最适温度为 25℃。pH6.0~8.5 之间都能生长，但最适 pH 为 7.2。接种在胰陈琼脂平板上，25℃培养 48h 左右可看到菌落中长出有子实体，到第三或四天即长大成熟，呈大脑状，有的似石榴状。

【症状和病理变化】病鱼自吻端至眼球处的一段皮肤色素消退，变成乳白色，唇部肿胀，张闭失灵，因而造成呼吸困难。口周围的皮肤糜烂，有絮状物黏附其上，故在池边观察水面游动的病鱼，可见"白头白嘴症"，但将病鱼取出水面观察，则症状往往不明显。个别病鱼的颅顶充血，呈现"红头白嘴"症状。病鱼反应迟钝，十分衰弱地浮游在下风近岸水面，不久即死。刮取病灶部位少量黏液进行镜检，除可看到大量离散崩解的上皮细胞、黏液、红细胞外，还有群集成堆、左右摇摆和滑行的病原菌。病理组织切片观察，病鱼鼻孔前的皮肤病变较为严重，上皮细胞几乎全部坏死、脱落，偶尔在基底膜之外尚能见到一些坏死、解体的上皮细胞和黏附在上面的成堆或单个的病原体。基底膜下面的色素细胞也已坏死、解体，色素颗粒分散于结缔组织中。结缔组织发生水肿，因此显得比正常的厚。同时还可看到部分成纤维细胞和胶原纤维发生变性、坏死，有的地方病原菌和坏死解体的组织混杂在一起。口咽腔及鼻腔的黏膜组织损坏也很严重，上皮细胞都坏死脱落，固有膜发生水肿、变性，甚至坏死。

【流行情况】白头白嘴病是危害夏花鱼种（草鱼、青鱼、鲢、鳙、鲤等）的严重病害之一，尤其对草鱼危害性最大。其发病快，来势猛，一日之间，能使成千上万的夏花草鱼死亡，严重发病时鱼池中的野杂鱼如花鳅、麦穗鱼以及蝌蚪也会被感染致死。鱼苗下池后1周左右即有此病发生。草鱼、青鱼、鲤、鳙、鲤等鱼苗和初期夏花鱼种，均能发生此病，尤其对夏花草鱼危害最大。有经验的养鱼户认为，鱼苗饲养20d左右以后，若不及时分塘，就容易发生白头白嘴病。流行季节一般从5月下旬开始出现，6月份是发病高峰，7月中下旬以后比较少见。我国长江和西江流域养鱼地区都有不同程度的流行，尤以华中、华南地区最为普遍。每年在鱼苗饲养到夏花阶段，往往因这种暴发性疾病而遭受严重损失。

【诊断方法】本病的诊断应抓住以下三点：
（1）病鱼在水中白头白嘴的症状比出水面时明显。病鱼衰弱地浮游在下风近岸水面，对人、声反应迟钝，可见明显的白头白嘴症状。若把病鱼拿出水面，白头白嘴症状又不甚明显。
（2）有似黏细菌的病原菌通常只感染鱼苗和夏花鱼种。刮下病鱼病灶周围的皮肤，放在载玻片上，加2～3滴清水，压上盖玻片，在显微镜下观察，除可看到大量的离散崩溃的细胞、黏液、红细胞外，还有群集成堆、左右摆动和少数滑行的细菌。
（3）注意与车轮虫病和钩介幼虫病相区别。从病鱼的外表来看，这两种病也可能显白头白嘴，有一定程度的相似，但病原体不同危害程度的差别也很大。车轮虫病和钩介幼虫病来势不如白头白嘴病凶猛，死亡率也没有这么高。镜检白头白嘴病患处黏液有大量滑行杆菌，若见大量车轮虫或钩介幼虫则为寄生虫病。

【防治方法】
（1）同细菌性烂鳃病和白皮病的防治方法。
（2）鱼苗放养的密度应合理。
（3）加强饲养管理，保证鱼苗有充足的饲料和良好的环境，并应及时分塘。

四、赤皮病 (Red-skin disease)

【病原】荧光假单胞菌（*Pseudomonas fluorescens*），属假单胞菌科。菌体短杆状，两端圆形，大小为0.7～0.75μm×0.4～0.45μm，单个或两个相连。有运动力，极端着生1～3根鞭毛。无芽孢。菌体染色均匀，革兰氏阴性。琼脂培养基上菌落呈圆形，直径1～1.5mm，微凸，表面光滑湿润，边缘整齐，灰白色，半透明，20h左右开始产生绿色或黄绿色素，弥漫培养基。明胶穿刺24h后，环状液化，72h后层面形液化，液化部分现色素。肉汤培养，生长丰盛，均匀混浊，微有絮状沉淀，表面有光滑柔软的层状菌膜，一摇即碎，24h培养基表层产生色素。马铃薯上中等生长，光滑湿润，菌苔呈绿色。兔血琼脂β型溶血。微发酵葡萄糖，产酸不产气。不发酵乳糖、甘露醇、麦芽糖、蔗糖。不产生靛基质。美红试验阴性。乙酸及甲基甲醇试验阴性。枸橼酸盐利用试验阳性。不还原硝酸盐成亚硝酸盐。醋酸铅琼脂中不产生硫化氢。牛乳中产碱，蛋白胨化，凝固，凝块加碱后不溶解。适温为25～35℃。55℃时30min死亡。

【症状和病理变化】 病鱼体表局部或大部出血发炎，鳞片脱落，特别是鱼体两侧和腹部最为明显（图7-13）。鳍的基部或整个鳍充血，鳍的末端腐烂，常烂去一段，鳍条间的组织也被破坏，使鳍条呈扫帚状，形成"蛀鳍"，或像破烂的纸扇状。鱼的上下颚及鳃盖部分充血，呈块状红斑。鳃盖中部表皮有时烂去一块，以致透明呈小圆窗状。有时鱼的肠道也充血发炎。病鱼行动缓慢，反应迟钝，衰弱地独游于水面，在鳞片脱落和鳍条腐烂处往往出现水霉菌寄生，加重病情。发病几天就会死亡。

图7-13 鱼类赤皮病
A. 团头鲂赤皮病 B. 草鱼赤皮病，体表发红、发炎、鳞片脱落

【流行情况】 赤皮病又称出血性腐败病、赤皮瘟、擦皮瘟等，是草鱼、青鱼的主要疾病之一。此病多发生于2～3龄大鱼，当年鱼种也可发生，常与肠炎病、烂鳃病同时发生形成并发症。

传染源是被荧光假单胞菌污染的水体、用具及带菌鱼。荧光假单胞菌是条件致病菌。鱼的体表完整无损时病原菌无法侵入鱼的皮肤，只有因捕捞、运输和放养，鱼体表机械损伤、或冻伤、或体表被寄生虫寄生而受损时，病原菌才能乘虚而入，引起发病。草鱼、青鱼、鲤、团头鲂等多种淡水鱼均可患此病。在我国各养鱼地区，一年四季都有流行，尤其是在捕捞、运输后，及北方越冬后，最易引发流行。

【诊断方法】 根据外表症状即可诊断。本病病原菌不能侵入健康鱼的皮肤，因此病鱼有受伤史，这点对诊断有重要意义。因放养、扦捕、体表寄生大量寄生虫等原因造成鱼体受伤后，给病原造成可乘之机是发病的基础。同理，冬季由于冻伤，藕塘中饲养的草鱼、青鱼也容易发生赤皮病。注意与疖疮病相区别。疖疮病的初期体表也充血发炎，鳞片脱落，但局限在小范围内，且红肿部位高出体表。

【防治方法】
预防措施：
（1）在捕捞、运输、放养等操作过程中，尽量避免鱼体受伤。鱼种放养前可用3%～

4‰浓度的食盐浸 5~15min 或 5~8mg/L 的漂白粉溶液浸洗 20~30min。药浴时间的长短视水温和鱼体忍受力而灵活掌握。

(2) 可用治疗烂鳃病用的任何一种外用药全池遍洒一次和投喂内服药 3d。

治疗方法：

(1) 二氯海因 0.2~0.3mg/L 的浓度，全池泼洒，在疾病流行季节每 15d 1 次。

(2) 每千克鱼每天用氟哌酸 10~30mg，拌饲投喂，连用 3~5d。

(3) 每千克鱼每天用四环素 40~80mg，拌饲投喂，连用 3~5d。

(4) 磺胺嘧啶饲料投喂，第一天用量是每千克鱼用药 100mg，以后每天用药 50mg，连喂 1 周。方法是把磺胺嘧啶拌在适量的面糊内，然后和草料拌和，稍干一下投喂草鱼。青鱼可拌在米糠或豆饼中喂鱼。

(5) 每千克鱼每天用氟苯尼考 5~15mg，拌饲投喂，连用 3~5d。

五、竖鳞病（Lepmorthosis）

【病原】初步认为是水型点状假单胞菌（*Pseudomonas punctata* f. *ascitae*）。本菌短杆状，近圆形，单个排列，具有运动能力，无芽孢，革兰氏阴性。琼脂菌落呈圆形，24h 培养后中等大小，略黄而稍灰白，迎光透视略呈培养基色。国外有人认为此病是由气单胞菌或类似这一类的细菌感染引起；也有认为是一种循环系统的疾病，由于淋巴回流障碍而引起。

【症状和病理变化】病鱼离群独游，游动缓慢，无力，严重时呼吸困难对外界刺激失去反应，身体失去平衡，身体倒转，腹部向上，浮于水面。疾病早期鱼体发黑，体表粗糙，鱼体前部的鳞片竖立，向外张开像松球，而鳞片基部的鳞囊水肿，它的内部积聚着半透明的渗出液，以致鳞片竖起。严重时全身鳞片竖立，鳞囊内积有含血的渗出液，用手指轻压鳞片，渗出液就从鳞片下喷射出来，鳞片也随之脱落。有时伴有鳍基充血，鳍条间有半透明液体，顺着与鳍条平行的方向用力压之，液体即喷射出来。病鱼常伴有鳍基、皮肤轻微充血，眼球突出，腹部膨大，腹腔内积有腹水。病鱼贫血，鳃、肝、脾、肾的颜色均变淡，鳃盖内表皮充血。皮肤、鳃、肝、脾、肾、肠组织均发生不同程度的病变。

【流行情况】竖鳞病又称鳞立病、松鳞病、松球病等，是金鱼、鲫、鲤以及各种热带鱼的一种常见病。我国南方饲养的草鱼、鲢、鳙等有时也可发生这种病。

本菌是水中常在菌，是条件致病菌，当水质污浊、鱼体受伤时经皮肤感染。从较大的鱼种至亲鱼均可受害。在我国东北、华北、华东和四川等养鱼地区常有发生，主要流行于静水养鱼池和高密度养殖条件下，流水养鱼池中较少发生。本病主要发生在春季，水温 17~22℃，有时在越冬后期也有发生。死亡率一般在 50% 以上，病严重的鱼池，甚至 100% 死亡。鲤亲鱼的死亡率也可高达 85%。

【诊断方法】根据其症状，如鳞片竖起，眼球突出，腹部膨大，有腹水，鳞囊内有液体，轻压鳞片可喷射出渗出液等，可做出初步判断。如同时镜检鳞囊内的渗出液，见有大量革兰氏阴性短杆菌即可做出进一步诊断。

应注意的是，当大量鱼波豆虫寄生在鲤鳞囊内时，也可引起竖鳞症状，这时应用显微镜检查鳞囊内的渗出液，以资区分。

金鱼的竖鳞病要注意与正常珍珠鳞区别。珍珠鳞金鱼的鳞片上有石灰质沉着，有光泽，给人以美的感觉。患竖鳞病的病鱼鳞片无光泽，病鱼通常沉在水底或身体失去平衡。

【防治方法】

预防措施：

（1）鱼体表受伤是引起本病的可能原因之一，因此在捕捞、运输、放养时，勿使鱼体受伤。

（2）发病初期冲注新水，可使病情停止蔓延。

（3）以浓度为 5mg/L 的硫酸铜、2mg/L 的硫酸亚铁和 10mg/L 的漂白粉混合液浸洗鱼体 5～10min。

（4）将病原菌制成灭活菌苗，通过注射菌苗，可获得对该病的较高的免疫保护力。因此，可以采用免疫的方法进行预防。

（5）每 50kg 水加入捣烂的大蒜 250g，浸洗病鱼数次。

（6）用 3％食盐水浸洗病鱼 10～15min 或用 2％食盐和 3％小苏打混合液浸洗 10min。

治疗方法：

（1）每千克鱼每天用磺胺二甲氧嘧啶 100～200mg，连用 3～5d。

（2）每千克鱼每天用吡哌酸 30～50mg，拌饲投喂，连用 3～5d。

（3）每千克鱼每天用氟哌酸 10～30g，拌饲投喂，连用 3～5d。

（4）每千克亲鲤腹腔注射硫酸链霉素 15～20mg。

（5）轻轻压破鳞囊的水肿泡，勿使鳞片脱落，用 10％温盐水擦洗，再涂抹碘酊，同时，肌肉注射碘胺嘧啶钠 2mL，有明显效果。

（6）每千克鱼每天用复方新诺明 100mg，拌饲投喂，第二天开始药量减半，连用 5d。

六、鲤白云病（White cloud disease of carp）

【病原】日本学者盐濑等（1974）对此病病原进行分离和培养，并经过人工感染复制出与自然发病相似的症状，由此确定此病的病原体是荧光假单胞菌（*Pseudomonas fluorescens*）非运动性变异种。国内有人从病鱼初步分离到恶臭假单胞菌（*P. putida*），此菌为革兰氏阴性短杆菌，单个或成对相连，极生多鞭毛，无芽孢。在琼脂平板上菌落呈圆形，48h 后直径增大至 3～4mm，黄白色。

【症状和病理变化】患病初期可见病鱼分泌出大量黏液，形成一层白色薄膜，附着在体表。发病初期，白膜主要分布在头部，随着病情的发展，逐渐蔓延扩大至其他部位，严重时好似全身布着一片白云，尤以头部、背部及尾鳍等处黏液稠密，故叫鲤白云病。其中有部分病鱼鳞片脱落或竖起，体表和鳍充血、出血。少数病鱼还出现眼球混浊发白。病鱼靠近网箱溜边，不吃食，游动缓慢，不久即死。剖开鱼腹，可见肝、肾充血。

【流行情况】此病是 1973 年在日本长野县养鲤池中首次发现，20 世纪 80 年代开始在我国出现，是一种感染率较高的疾病。据报道辽宁省 1980 年以来，在网箱养鲤中发现此病。近几年在四川省春季网箱养殖的鲤，以及在江团和鲟中也发现此病。此病的流行季节为每年的 5～6 月，流行水温 6～18℃，常发于稍有流水、水质清瘦、溶氧充足的网箱养鲤及流水越冬池中。当鱼体受伤后更易暴发流行，常并发竖鳞病、水霉病，死亡率可高达 60％。当水温上升到 20℃ 以上时，此病可不治而愈。在没有水流的养鱼池中溶氧偏低，很少发生或不发生此病。

【诊断方法】根据症状及流行情况进行初步诊断，并须刮取体表黏液进行镜检。鲤斜管虫、车轮虫等原生动物大量寄生时，也可引起鱼苗、鱼种体表有大量黏液分泌，并引起病鱼死亡。进一步确诊，则必须进行病原分离与鉴定。

【防治方法】

预防措施：

（1）进箱的鱼种应选择健壮、未受伤的鱼，且进箱前鱼种要用高锰酸钾溶液或盐水等进行药浴，杀灭体表寄生虫及病原菌。

（2）加强饲养管理，增强鱼体抗病力，尽量缩短越冬停食期。

（3）在本病流行季节，每月可投喂抗生素或磺胺类药物1~2次，每次连喂3d。

（4）外用药，在网箱内遍洒30mg/L浓度的福尔马林，或0.5~1.0mg/L浓度的新洁尔灭或用0.1~0.3mg/L浓度的双季铵盐类消毒剂。

治疗方法：

（1）每天每千克鱼用氟苯尼考10~20mg，或磺胺类药物50~100mg，拌饲投喂，连用3~5d。

（2）每天每千克鱼用诺氟沙星20~30mg，拌饲投喂，连用3~5d。

七、细菌性败血症（Bacterial septicemia）

【病原】 迄今报道的病原菌有多种，但报道最多的是嗜水气单胞菌（*Aeromonas hydrophila*）。孙其焕等（1991）报道异育银鲫溶血性腹水病的病原菌体是温和气单胞菌（*A. sobria*）和嗜水气单胞菌（*A. hydrophila*）。汪开毓（1992）报道，鲤细菌性败血症的病原为嗜水气单胞菌嗜水亚种（*Aeromonas hydrophila* subsp. *hydrophila*）。这种嗜水气单胞菌呈杆状，两端钝圆，中轴端直，$0.5~0.9\mu m \times 1.0~2.0\mu m$，单个散在或两两相连，能运动，极端单鞭毛，无芽孢，无荚膜。革兰氏染色阴性，少数染色不均，呈两极染色。琼脂平板上菌落呈圆形，培养24h直径为0.9~1.5mm，48h增至2~3mm，灰白色，半透明，表面光滑湿润，微凸，边缘整齐，不产生色素。R-S选择培养基上呈黄色圆形菌落。在假单胞菌分离培养基上不生长。强烈β溶血（羊或兔血）；兼性厌氧；4~40℃下能生长，32℃左右生长繁殖最快，43℃不生长；在4%或4%以下氯化钠溶液中生长，6%不生长；pH 5.5~10生长；对O/129弧菌抑制剂不敏感；对链霉素、四环素、氯霉素等18种抗生素敏感，对青霉素不敏感，对呋喃唑酮、磺胺脒等敏感。化能异养型，呼吸和发酵代谢（发酵型），细胞色素氧化酶试验呈阳性，接触酶阳性，2,3-丁二醇脱氧酶测定为阳性。精氨酸双水解酶阳性，赖氨酸脱羧酶阳性，鸟氨酸脱羧酶阴性，发酵葡萄糖产酸产气，不发酵肌醇。

嗜水气单胞菌和温和气单胞菌的区别为：甘油产气，V.P反应阳性，M.R试验阴性，水解七叶灵，从葡萄糖中产生3-羧基丁酮，精氨酸、组氨酸、天冬氨酸可作为唯一碳源，发酵阿拉伯糖、水杨苷、半乳糖苷酶阳性；温和气单胞菌则反之。温和气单胞菌DNA的G+C为54.2mol%，嗜水气单胞菌的为58.3%。

据陆承平（1991）报道，嗜水气单胞菌能产生外毒素，具有溶血性、肠毒性及细胞毒性。将毒素静脉注射小鼠和腹腔注射鲫，均有强烈的致死性。该毒素对热敏感，能溶解人、鲫、团头鲂、鲢、鳙、兔等多种动物的红细胞。

徐伯亥（1991）报道，湖北、湖南和河南三省在3~4月份，鲢、鳙的暴发性流行病的病原是鲁克氏耶尔森菌（*Yersinia ruckeri*），5月底以后整个高温季节，病原为气单胞菌和弧菌。

本病是我国养鱼史上危害鱼的种类最多、危害鱼的年龄范围最大、流行地区最广、流行季节最长、危害养鱼水域类别最多、造成的损失最严重的一种急性传染病。目前本病的研究报道不少，提出的病原有嗜水气单胞菌、温和气单胞菌、鲁克氏耶尔森菌等病原菌。此病的名称也较多，有叫溶血性腹水病、腹水病的，也有叫出血性腹水病、出血性疾病、出血病的。在1990年用得比较多的名称是"主要淡水养殖鱼类暴发性流行病（Acutely epidemic disease of important cultured fishes in freshwater)"。由于以前病因未查明，这些病名多是以病鱼出现的症状和病理变化或流行病学特点来命名的。目前已基本查明本病是由细菌感染引起的败血症，故有些学者建议称本病为淡水鱼类细菌性败血症（Bacterial septicemia of fresh-water fishes），简称细菌性败血症（Bacterial septicemia）。

【症状和病理变化】早期急性感染时，病鱼的上下颌、口腔、鳃盖、眼睛、鳍基及鱼体两侧轻度充血，严重时鱼体表严重充血以至出血（图7-14），眼眶周围也充血，尤以鲢、鳙为甚。眼球突出，肛门红肿，腹部膨大，腹腔内积有淡黄色透明或红色混浊腹水。鳃、肝、肾的颜色均较淡，且呈花斑状，病鱼严重贫血。肝脏、脾脏、肾脏肿大，脾呈紫黑色，胆囊肿大。肠系膜、腹

图7-14　鲤细菌性败血症全身出血

及肠壁充血。肠内没有食物，而有很多黏液，有的肠腔内积有多量液体或有气体，肠被胀大。有的鱼鳞片竖起，鳃丝末端腐烂，肌肉充血，鳔壁充血。病鱼有时突然发生死亡，外观看不出明显症状，这是由于这些鱼的体质弱，病原菌侵入的数量多、毒力强所引起的超急性病例。病情严重的鱼厌食或不吃食，静止不动或发生阵发性乱游、乱窜，有的在池边摩擦，最后衰竭死亡。

显微镜下可见红细胞肿胀，有的发生溶血，在脾、肝、胰、肾中均有较多的血源性色素沉着。小血管广泛损伤，毛细血管及小静脉、小动脉管壁的内皮细胞肿胀、坏死，小静脉及小动脉管壁的中膜、外膜也发生坏死、解体。肝脏的被膜纤维素样变、解体。肝细胞肿胀、变性、坏死、崩解。胰脏腺细胞变性，酶原颗粒减少，有些细胞坏死解体。脾脏的网状细胞和造血细胞变性、坏死。肾小管多数处于变性、坏死，并有细胞管型；肾小管之间的造血细胞发生坏死，肾小体坏死、解体。心肌纤维肿胀、变性、弯曲。心内膜坏死等。患病银鲫的血清钠、血清氯、血清葡萄糖、血清总蛋白及白蛋白均降低。而血清谷草转氨酶（GOT）、血清谷丙转氨酶（GPT）显著升高。

【流行情况】本病曾在20世纪70年代末80年代初在国内少数养殖场（如北京、浙江、江苏）有所发生，但未引起人们足够的重视。1986年10月上海市崇明县个别养鱼场的1足龄半异育银鲫发生大批死亡，其特征是病鲫充血，腹部膨大，有大量腹水，并发生溶血，故当时称为银鲫溶血性腹水病。接着于1987年在全国20多个省、市、自治区广泛流行。危害的对象主要是白鲫、普通鲫、异育银鲫、团头鲂、鲢、鳙、鲤、鲮及少量草鱼、青鱼等。从夏花鱼种到成鱼均可感染，以2龄成鱼为主。不仅是精养池塘发病，网箱、网拦、水库养鱼等也都发生。发病严重的养鱼场发病率高达100%，重病鱼池死亡率高达95%以上。流行时间为3~11月份，高峰期常为5~9月，10月份后病情有所缓和。水温9~36℃均有流行，尤以水温持续在28℃以上及高温季节后水温仍保持在25℃以上时为严重。经广泛调查此病广泛流行、危害严重的主要原因在于：

（1）鱼池多年来既不整场，也不消毒，池底淤泥堆积很厚，病原体得以大量滋生，入池

鱼种也不进行消毒。

（2）饲养管理不细，鱼池水质老化、恶化、溶氧低，有害物质积累过多，鱼整天生活在不良的水环境中，导致鱼体抵抗力下降。

（3）长期以来近亲繁殖，体质下降。

（4）由配合饲料完全取代天然饲料，营养不全面，投喂不合理，甚至投喂霉烂变质的饲料，体内脂肪积累过多，肝脏受到损伤，抗病力低下。

（5）病鱼到处扔丢，发病池的水向外排，因此天然水域中的病原体也日益增多，以致暴发鱼病。

【诊断方法】
（1）根据症状、流行病学和病理变化可做出初步诊断。

（2）在病鱼腹水或内脏检出嗜水气单胞菌可确诊。南京农业大学在1991年研制出嗜水气单胞菌毒素检测试剂盒，可在3～4h内做出正确诊断。

【防治方法】应在做好预防工作的基础上，采取药物外用与内服结合治疗。

预防措施：

（1）清除过厚的淤泥是预防本病的主要措施。冬季干塘彻底清淤，并用生石灰或漂白粉彻底消毒，以改善水体生态环境。

（2）发病鱼池用过的工具要进行消毒，病死鱼要及时捞出深埋，而不能到处乱扔。

（3）鱼种尽量就地培养，减少搬运，并注意下塘前进行鱼体消毒。可用15～20mg/L浓度的高锰酸钾水溶液药浴10～30min。

（4）放养密度应根据各地条件、饲养管理水平及防病能力，进行适当调整。

（5）加强日常饲养管理，正确掌握投饲技术，不投喂变质饲料，提高鱼体抗病力。

（6）流行季节，用生石灰浓度为25～30mg/L化浆全池泼洒，每半月一次，以调节水质。食场定期用漂白粉、漂白粉精等进行消毒。

（7）漂白粉1mg/L，漂白粉精（有效氯60%～65%）0.2～0.3mg/L，二氧化氯0.1～0.3mg/L或二氯海因0.2～0.3mg/L全池泼洒。

治疗方法：

（1）每千克鱼用氟哌酸30mg，或氧氟沙星10mg制成药饵投喂，每天一次，连用3～5d。

（2）每千克鱼用氟苯尼考5～15mg制成药饵投喂，每天一次，连用3～5d。

（3）每千克鱼每天用病毒灵20mg，复方新诺明第一天100mg，第二天开始药量减半，拌在饲料中投喂，5d为一个疗程。

（4）每千克鱼每天用庆大霉素10～30mg制成药饵投喂，连喂3～5d为一个疗程。

八、细菌性肠炎病（Bacteral enteritis）

【病原】肠型点状气单胞菌（*A. punotata* f. *intestinalis*）。本菌为革兰氏阴性短杆菌，两端钝圆，多数两个相连。极端单鞭毛，有运动力，无芽孢。大小为0.4～0.5μm×1～1.3μm。细胞色素氧化酶试验阳性，发酵葡萄糖产酸产气或产酸不产气。对弧菌抑制剂（O/129）不敏感，在R-S选择和鉴别培养基上，菌落呈黄色。在pH 6～12中均能生长。生长适宜温度为25℃，在60℃中30min则死亡。琼脂培养基上，经24～48h后，菌落周围可产生褐色色素，半透明。

【症状和病理变化】病鱼离群独游，游动缓慢，体色发黑，食欲减退以至完全不吃食。病情较重的，腹部膨大，两侧上有红斑，肛门常红肿外突，呈紫红色，轻压腹部，有黄色黏液或血脓从肛门处流出。有的病鱼仅将头部拎起，即有黄色黏液从肛门流出。剖开鱼腹，早期可见肠壁充血发红、肿胀发炎，肠腔内没有食物或只在肠的后段有少量食物，肠内有较多黄色或黄红色黏液（图 7-15）。疾病后期，可见全肠充血发炎。肠壁呈红色或紫红色，尤其以后肠段明显，肠黏膜往往溃烂脱落，并与血液混合而成血脓，充塞于肠管中。病情严重的，腹腔内常有淡黄色腹水，腹壁上有红斑，肝脏常有红色斑点状淤血。肠内繁殖的病原菌产生毒素和酶，使黏膜上皮坏死，毒素被吸收后损害肝。肠道中的病原性产气单胞菌，大量繁殖后，可穿过肠壁到血液，而后经血液循环到达各内脏器官，继续不断繁殖，同时菌体逐渐释放出毒素，最后可致病鱼发生败血症而死去。

图 7-15 草鱼肠炎病，示肠道充血发红

对病鱼肠道进行病理组织学观察，镜下见固有层内毛细血管显著充血、出血，肠黏膜上皮变性、脱落，严重者黏膜上皮解体，裸露出严重充血、出血的固有层，肠腔内有大量炎性分泌物。用革兰氏染色的切片，可见在炎性分泌物中有大量革兰氏染色阴性的短杆菌。

【流行情况】许多传染性的鱼病，在其发病过程都可能出现肠道充血、发炎等炎性症状，但这里指的肠炎病是专指肠道致病菌所引起的一种传染性疾病。本病是养殖鱼中最严重的疾病之一，我国各养殖地区均有发生。草鱼、青鱼最易发病，鲤、鳙也有发生。草鱼、青鱼从鱼种至成鱼都可受害，死亡率高，一般死亡率在 50% 左右，发病严重的鱼池死亡率可高达 90%。流行时间为 4～10 月，常表现为两个流行高峰，1 龄以上的草鱼、青鱼发病多在 5～6 月，甚至提前到 4 月份，当年草鱼种大多在 7～9 月发病。水温在 18℃ 以上开始流行，流行高峰水温为 25～30℃，全国各养鱼地区均有发生。此病常和细菌性烂鳃病、赤皮病并发。

肠型点状气单胞菌为条件致病菌，在水体及池底淤泥中常有大量存在，在健康鱼体的肠道中也是一个常居者。当鱼体处在良好条件、体质健壮时，虽然肠道中有此菌存在，但数量不多，不是优势菌，只占 0.5% 左右，且在心血、肝脏、肾脏、脾脏中没有菌，因此并不发病。当条件恶化，鱼体抵抗力下降时，本菌在肠内大量繁殖，就可导致疾病暴发。条件恶劣是综合性的，包括很多方面，如水质恶化、溶氧低、氨氮高、饲料变质、吃食不均等都可引起鱼体抵抗力下降，从而暴发疾病。病原体随病鱼及带菌鱼的粪便而排到水中，污染饲料，经口感染。

【诊断方法】主要根据以下两点做出诊断：

（1）肠道充血发红，尤以后肠段明显，肛门红肿、外突，肠腔内有很多淡黄色黏液。

（2）从肝、肾或血中可以检出产气单胞杆菌。

此外，许多传染性疾病，均能引起肠道充血发炎，如草鱼病毒性出血病、赤皮病等，因此，诊断时要注意鉴别。

肠炎型出血病：与肠炎病一样，肠道也发红充血，由于继发感染也可能在肝、肾、血液中检出产气单胞杆菌，但是肠道往往多处有紫红色瘀斑、瘀点。剖开皮肤，有的可见肌肉有出血斑点。除菌后的肝、肾等组织浆可以感染健康鱼发生出血病，单纯肠炎病的病鱼的除菌组织浆则不能再感染健康鱼发病。患细菌性肠炎病时，用手轻按腹部时，有似脓状液流出，肠道内充满黄色积液，而病毒性出血病则无此症状。

赤皮病：有时肠道也充血发炎，不如细菌性肠炎病严重和具有特征性。其主要症状在体表，体表皮肤局部或大部分发炎出血，鳞片脱落。单纯肠炎病鱼的皮肤鳞片一般完整无损。

【防治方法】

预防措施：

（1）彻底清塘消毒，保持水质清洁。严格执行"四消四定"措施。投喂新鲜饲料，不喂变质饲料，是预防此病的关键。

（2）鱼种放养前用 8~10mg/L 浓度的漂白粉浸洗 15~30min。

（3）发病季节，每隔 15d，用漂白粉或生石灰在食场周围泼洒消毒；或用浓度为 1mg/L 的漂白粉或 20~30mg/L 生石灰全池泼洒，消毒池水，可控制此病发生。发病时可用以上任一药物每天泼洒，连用 3d。

治疗方法：

（1）每千克鱼每天用大蒜（用时捣烂）5g 或大蒜素 0.02g、食盐 0.5g，拌饲料分上下午两次投喂，连喂 3d。

（2）每千克鱼每天用干的地锦草、马齿苋、铁苋菜或辣蓼（合用或单用均可）各 5g（打成粉）、食盐 0.5g，拌饲料分上下午两次投喂，连喂 3d。如用新鲜的，则地锦草、马齿苋为 25g，铁苋菜、辣蓼为 20g。

（3）每千克鱼每天用干的穿心莲 20g 或新鲜的穿心莲 30g，打成浆，再加盐 0.5g，拌饲料分上下午两次投喂，连喂 3d。

（4）投喂磺胺-2，6-二甲氧嘧啶药饵，每千克鱼重第一天用药 100mg，第二天起每天 50mg，连喂 1 周。

（5）每千克鱼每天用鱼用庆大霉素 10~30mg 拌饲，分上下午两次投喂，连喂 3~5d。

（6）每千克鱼每天用氟哌酸 10~30mg 拌饲，分上下午两次投喂，连喂 3~5d。

九、打印病（Stigmatosis）[腐皮病（Putrid-skin disease）]

【病原】点状气单胞菌点状亚种（*A. punctata* subsp. *punctata*）。主要特征如下：革兰氏染色阴性短杆菌，大小为 0.6~0.7μm×0.7~1.7μm，中轴直形，两端圆形，多数两个相连，少数单个散在。极端单鞭毛，有运动力，无芽孢。R-S 培养基培养 18~24h 菌落呈黄色。琼脂平板上菌落呈圆形，直径 1.5mm 左右，48h 增至 3~4mm，微凸，表面光滑、湿润，边缘整齐，半透明，灰白色。琼脂斜面，生长丰盛，丝状，扁平高起，表面光滑，湿润，边缘整齐，灰白色。琼脂穿刺，中等生长，念珠状，生长到底，表面部分生长。明胶穿刺，层面形液化。肉汤培养，中等生长，均匀混浊，表面有薄菌膜，或呈环状，摇后即散。马铃薯上中等生长，无色或奶油状。糖类发酵为葡萄糖、乳糖、麦芽糖、甘露醇、蔗糖、半乳糖、糊精、丙三醇、甘露醇产酸、产气；不发酵木糖、菊淀粉、肌醇、山梨醇、卫芽醇。葡萄糖的氧化发酵测定为发酵产酸、产气。乙醇氧化阴性；氧化酶及细胞色素氧化酶阳性；产生靛基质；美红试验阳性；V.P 试验阳性；柠檬酸盐利用试验阳性；产生黄绿色非水溶性色素；还原硝酸盐至亚硝酸盐；蛋白胨水中产生氨；分解尿素；醋酸铅琼脂中产生硫化氢；牛乳中产碱、胨化，兼性需氧；精氨酸、天门冬酰胺、组氨酸、谷氨酸、丝氨酸、丙氨酸等氨基酸可作为唯一碳源；赖氨酸脱羧酶阳性；氰化钾肉汤生长阳性。生长适温为 28℃ 左右，65℃ 30min 死亡；pH 3~11 中均能生长，pH 3 以下或 11 以上均不生长。

【症状和病理变化】鱼种和成鱼患病的部位通常在肛门附近的两侧，或尾鳍基部，极少数在身体前部；亲鱼患病没有固定部位，全身各处都可出现病灶。初期症状是皮肤及其下层肌肉出现红斑，随着病情的发展，鳞片脱落，肌肉腐烂，病灶的直径逐渐扩大，深度加深，形成溃疡，严重时甚至露出骨骼或内脏。病灶呈圆形或椭圆形，周缘充血发红，状似印上了一个红色印记，因此称为打印病。病情严重的，身体瘦弱，游动缓慢，食欲减退，终至衰竭而死。

【流行情况】此病是鲢、鳙的主要病害之一，从鱼种、成鱼直至亲鱼均可发病。近年来，本病已发展成重要的常见多发病，对亲鱼危害较严重，各养鱼地区均有此病出现。病鱼感染后，往往拖延较长时间不愈，严重影响生长发育和繁殖。花、白鲢感染率有的可高达 80%。近年来，草鱼亦有此病发生。本病终年可见，但以夏、秋季较易发病，28~32℃ 为其流行高峰期。一般认为此病的发生与操作受伤有关，特别是家鱼人工繁殖操作有很大影响，池水污浊亦影响发病率。

【诊断方法】根据症状、病理变化（尤其是病鱼特定部位出现的特殊病灶）及流行情况进行初步诊断，确诊须接种在 R-S 培养基上，如长出黄色菌落，则可做出进一步诊断。如用荧光抗体法则能做出准确诊断。注意与疖疮病区别。鱼种及成鱼患打印病时通常仅一个病灶，其他部位的外表未见异常，鳞片不脱落。患病鱼的种类限于鲢、鳙、草鱼等。

【防治方法】注意保持池水洁净，避免寄生虫的侵袭，谨慎操作勿使鱼体受伤，均可减少此病发生。用下列药物和方法治疗都有满意的效果。

(1) 外用药同细菌性烂鳃病。

(2) 肌肉或腹腔注射硫酸链霉素，每千克鱼为 20mg。或金霉素，每千克鱼 5 000IU。

(3) 患处可用 1% 高锰酸钾溶液清洗病灶，或用纱布吸干病灶上的水分后，用金霉素或四环素药膏涂抹。

十、鲤科鱼类疖疮病（Furuneulosis of carps）

【病原】疖疮型点状产气单胞菌（*A. punctata* f. *furumutus*）。菌体短杆状，两端圆形，大小为 0.8~2.1μm×0.35~1.0μm。单个或两个相连，极端单鞭毛，有荚膜，无芽孢，染色均匀，革兰氏阴性。琼脂菌落呈圆形，直径 2~3mm，灰白色，半透明。明胶穿刺 24h 后漏斗状液化，3d 后全部液化。在席萨腊琼脂斜面培养与琼脂斜面相同。肉汤培养，均匀混浊，有易碎薄膜，3d 后管底有沉淀。兔血琼脂上 β 型溶血。糖类发酵为葡萄糖、甘露醇、麦芽糖。蔗糖中产酸，乳糖 14h 内产酸或微产酸，以后产碱。产生靛基质。美红试验阴性。乙酸基甲基甲醇试验阴性。枸橼酸盐利用试验阳性。还原硝酸盐至亚硝酸盐。牛乳中产酸，蛋白胨化。马铃薯上中等生长，橙黄色。适宜温度为 25℃，50℃ 时微弱生长，65℃ 1h 死亡。

【症状和病理变化】与出血性腐败病相比较，此病较少见。草鱼、青鱼、鲤中发现的病症是：在鱼体躯干的局部皮肤及肌肉组织发炎，生出一个或几个有如人类疖疮病相似的脓疮。发病部位不定，通常在鱼体背鳍基部附近的两侧。典型的症状是：在皮下肌肉内形成感染病灶，随着病灶内细菌繁殖增多，病情发展，皮肤肌肉发炎，化脓形成脓疮，脓疮内部充满脓汁、血液和大量细菌。患部软化，向外隆起。用手触摸有柔软浮肿的感觉。隆起的皮肤先是充血，以后出血，继而坏死、溃烂，形成火山口形的溃疡口。切开患处，可见肌肉溶解，呈灰黄色的混浊或凝乳状。

病理组织切片可见患处的真皮已发生肿胀、变性、充血、出血，但尚未坏死。病灶中心的骨骼肌纤维已完全解体，在其中可看到大量杆菌、脓液及少量已坏死、解体的炎症细胞。病灶与周围正常组织的分界不清，细菌在组织内蔓延扩散，大量炎症细胞弥漫地浸润于组织间隙，脓性渗出物沿着较疏松的组织间隙扩散，故属于渗出性炎中的弥漫性化脓性炎，即蜂窝织炎。

【流行情况】疖疮病主要危害青鱼、草鱼、鲤、团头鲂，鲢、鳙也有发生。鱼苗、夏花未见有患疖疮病的，数月龄的当年鱼种也有患此病的。一般来说，有高龄鱼易患疖疮病的倾向。在我国的养鱼地区都有此病发生，但不多见，无明显的流行季节，一年四季都可发生，一般为散发性。

【诊断方法】根据症状、病理变化及流行情况，即可做出诊断。不过要注意有些黏孢子虫寄生在肌肉中，也可引起体表隆起，患处的肌肉失去弹性、软化及皮肤充血，如鲫碘泡虫寄生在鲫头后部的背肌中。区别这两者，必须用显微镜检查从病灶中心处制成的压片，前者可看到大量杆菌无黏孢子虫寄生，后者则相反。

【防治方法】同赤皮病。

十一、斑点叉尾鲴肠型败血症（Enteric septicemia of catfish，ESC）

【病原】鲴爱德华氏菌（*Edwardsiella ictaluri*）是斑点叉尾鲴肠型败血症的病原菌。该菌为革兰氏阴性短杆菌，在固体培养基上培养 6h 的菌体大小为 $0.5\mu m \times 1.75\mu m$，培养 18~48h 为 $0.5\mu m \times 1.25\mu m$，有周身鞭毛，在 25℃时能运动，但在 37℃时则不能运动。本菌在培养基上生长缓慢，在血琼脂平板上，30℃培养 48h 后，才形成直径为 2mm 的菌落。最适生长温度为 25~30℃。本菌在 23℃时分解葡萄糖产气，但在 37℃下不产气。鸟氨酸脱羧酶试验阳性，吲哚试验阴性，三糖铁琼脂培养基上硫化氢产生试验阴性，不利用丙二酸盐和柠檬酸盐，不发酵海藻糖、甘露醇、蔗糖和阿拉伯糖产酸，22℃不液化明胶。本菌在池水中可存活 8d，在底泥中 18℃可存活 45d，25℃时在池塘底泥中稳定，可存活 90d 以上。这就是在池塘养殖中，ESC 会反复发生流行的原因。

【症状和病理变化】根据病原菌感染途径的不同，斑点叉尾鲴肠型败血症可分为急性型和慢性型两种类型。

急性型：发病急，死亡率高。感染途径是经消化道感染，病原菌被食入后经消化道侵入血液，并随血液循环到各内脏器官，引起各组织器官充血、出血、发炎，出现变性、坏死和溃疡。感染的鱼群多发生急性死亡，但一些病鱼可能见不到明显的外部症状。主要症状表现为病鱼离群独游，反应迟钝，摄食减少或不吃食。典型的症状为病鱼头朝上尾朝下，悬垂在水中，有时呈痉挛式的螺旋状游动，继而发生死亡，死亡鱼腹部膨大、鳍条基部、眼部和背部、体侧、腹部、颌部和鳃盖上可见到细小的充血、出血斑，在深色皮肤区则出现淡白色斑点，有的病例头部皮肤和躯体皮肤发生腐烂，一侧或两侧眼球突出，鳃丝苍白而有出血点，肌肉有点状出血或斑状出血。剖开腹腔，内有多量含血的或清亮的液体，流出的腹水不易凝固，肝肿大水肿，质脆有出血点和灰白色的坏死斑点，脾、肾肿大和出血，胃膨大，肠道扩张、充血、发炎，肠腔内充满气体和淡黄色的水样液体，黏膜水肿、充血。

慢性型：比经肠道感染的急性型病程长，病原经神经系统感染。最初病原菌通过鼻腔侵入嗅觉器官，再经嗅觉器官移行到脑，形成肉芽肿性炎症，引起慢性脑膜炎，感染迅速经脑膜到颅骨，最后到皮肤，使皮肤溃烂，最后在头部形成一个空洞性的病灶，这个病灶一般在颅骨前，呈外突的或开放性的溃疡，因而，不需要切除脑颅骨即能看到脑，形成"头穿孔"。

病理组织学上，急性感染的主要表现为肠炎、肝炎、肌炎和间质性肾炎。肠黏膜上皮变性脱落，固有膜充血、水肿，有炎性细胞浸润。肝脏水肿，肝索结构紊乱，肝细胞离散，空泡变性，肝组织内散布有不规则的坏死灶。肌纤维变性、肿胀、染色不均、肌间水肿，有炎性细胞浸润。脾组织充血、出血，有多量含铁血黄素沉着，肾间质水肿，疏松，血管扩张、充血、出血，造血组织发生坏死，有较多的炎性细胞浸润和较多的含铁血黄素沉着。急性感染若未发生死亡时，损伤可逐步发展成慢性病灶，出现结缔组织增生。神经型的病鱼，最初在嗅囊发生炎症，以后炎症逐步发展到嗅神经，最后到嗅球。端脑发生脑膜脑炎，脑外面的骨骼与皮肤均见损伤和炎症反应，在病灶内有多量炎性细胞浸润，在巨噬细胞内常吞噬有病原菌。

【流行情况】斑点叉尾鮰肠型败血症是1976年在美国的河鮰中首次报道的，是美国南部鮰养殖业危害极大的传染病。在美国该病每年造成数百万美元的经济损失。我国自1987年开始推广养殖斑点叉尾鮰以来，该病就时有发生，而近年来随着养殖规模的不断扩大，该病的发生也越来越严重，造成的损失也随之增大。因而必须对该病有一个清楚的了解，以便采取有效的防治措施，减少损失。本菌主要感染斑点叉尾鮰、白叉尾鮰、短棘鮰、云斑鮰，紫鳉也有一定易感性。美鳊、鳙和大口鲈对该病有很强的抵抗力。在热带养殖的花鳉科鱼中，该菌也可以引起其神经系统的疾病。欧洲鮎、虹鳟和大鳞大麻哈鱼实验性感染很敏感。细菌通过水传播，鼻孔和胃是其入侵门户。将每毫升10^{10}细胞的鮰爱德华氏菌液注入斑点叉尾鮰（9～10g）胃中，被试验鱼3d后发病，7d后出现肠炎，2周后呈现出全身症状（败血症）。ESC是一种具有明显季节性的疾病，当水温在24～28℃的条件下发生流行，因为该水温范围很适合病原菌的生长，因此，每年的5～6月和9～10月是该病的流行季节。在24～28℃的温度范围以外，也可能发生，但其死亡率很低，且多呈慢性经过，隐性感染的斑点叉尾鮰肠道内常有病原菌存在。

该病原可侵染各个生长阶段的斑点叉尾鮰，但对鱼种的危害最大。饲养管理不良、水质差、放养密度高、水中有机质过多等都可能诱发该病的发生。

鮰爱德华氏菌亦可侵染犀目鮰（Ameiurus catus）、黄鮰（A. natalis）和黑鮰（A. melas），实验表明鲑鳟鱼类也有易感性。鮰爱德华氏菌被认为是真正的病原菌而非条件致病菌。病后恢复的鱼有明显的免疫反应和血清抗体，但仍是带菌鱼。带菌鱼被认为是传染源，通过粪便能将病原菌散播到环境中。

【诊断方法】对ESC的确诊需对从靶组织内分离到的革兰氏阴性菌进行鉴定，并结合临诊症状和病理变化进行综合诊断。在急性型，肾脏是最佳病原菌分离器官，病鱼血液也是分离病原菌的良好病料；但在慢性型，脑则是病菌分离的最佳部位。鮰爱德华氏菌是一种营养要求较高的鱼类致病菌，因而，在分离培养时很易被其他杂菌的繁殖而掩盖，本菌在30℃经24h培养可形成典型的针尖大小的菌落。用病鱼肾的组织或其他脏器组织的涂片进行荧光抗体技术或通过血清学酶联免疫吸附试验（ELISA）来进行快速诊断。在小鱼，斑点叉尾鮰病毒病（CCVD）可能与本病混淆，可通过临床症状和血清学诊断进行区别，在症状和病理变化上它们之间的最大区别在于患本病的病鱼头部常有空洞性损伤，这种特征性的损伤具有重要的辨别意义。

【防治方法】
预防措施：

（1）加强饲养管理，改善水体环境条件，科学饲喂，减少应激，特别是高密度会增加ESC发生的机会，故放养密度不宜过大。经常加注新水，特别是低温水，以降低水温，当水温在爱德华氏菌不宜生长的范围时，ESC会自行平息。

（2）做好免疫预防，在许多试验和实际生产中已证实，使用疫苗能有效地预防该病。用超声粉碎菌体疫苗和用福尔马林灭活疫苗都可刺激鱼体产生抗体，产生保护免疫，凝集抗体可持续120d以上。

治疗方法：

（1）ESC造成的经济损失大小与药物使用的早迟有关，如果怀疑为ESC发生时，应尽快做病原菌的分离鉴定和药敏试验，选择敏感药物进行治疗，若疾病已开始流行，来不及做病原的分离鉴定和药物敏感试验时，可先用一些药物投喂，随后再根据药物敏感性试验的结果选择治疗药物。土霉素和磺胺二甲嘧啶本来对该病有效，但越来越多的鮰爱德华氏菌对其产生了抗药性，且有时在相同病例分离的不同菌株的抗药性都不尽相同，因此对药物的治疗选择非常困难。一些菌株对卡那霉素、链霉素、萘啶酸、氟哌酸、复方新诺明、庆大霉素等较敏感。磺胺类药每天每千克鱼用100～200mg，抗生素每天每千克鱼用30～50mg，连用5d为一个疗程。

（2）主要采用一些消毒泼洒剂，进行水体消毒，杀死水环境中的病原菌，但斑点叉尾鮰为无鳞鱼，应选择刺激性小的药物，如二氧化氯、二氯海因、溴氯海因等。

十二、细菌性肾病（Bacterial kidney disease，BKD）

【病原】鲑亚科肾形杆菌（*Renibacterium salmoninarum*），是一种革兰氏染色阳性的棒状杆菌，1978年的推荐名为沙门氏棒状杆菌，1980年接受了鲑亚科肾形杆菌的命名。该菌大小为0.3～1.0μm×1.0～5.5μm，是不耐酸，没有运动力的杆状菌。多数呈双杆状排列，故将其描述为双杆菌。生长温度为5～22℃，适宜生长温度为15～18℃。该菌很难培养，生长缓慢，在半胱氨酸血清培养基（CSA）上要培养1个月左右。CSA配方：胰蛋白胨1.0%，牛肉膏0.3%，氯化钠0.5%，酵母膏0.05%，盐酸半胱氨酸0.1%，小牛血清20%，琼脂1.5%，在pH为6.5时长得最好。菌落呈圆形，凸起，光滑，通常白色，边缘整齐。

细菌性肾病是一种慢性、潜伏期长的疾病，但有时在水质条件适宜时最易感的鱼中也会发展成为急性或亚急性的疾病。细菌性肾病的同义名为棒状杆菌肾病和Dee disease。该病最初是由疠病委员会于1933年报道的。

【症状和病理变化】感染细菌性肾病时，可能仅有少数几尾或25%～50%的鱼出现外部症状，表现为精神不振，游动无力，离群，靠边，食欲丧失，体色变浅。常伴有肛门、鳍条基部出血，烂尾、烂鳍及鳞片脱落现象。鱼腹部膨大，腹腔积水，有贫血现象。眼球周围出血，部分失明，双侧或单侧眼球突出，将突出的眼球摘下通常会看到有肉芽组织。全瞎或部分眼瞎的鱼表现为营养不良，皮肤出血，可发展成溃疡病灶。肌肉中形成肉眼可见的结节，这些结节破溃后，释放病原菌至养殖水环境中感染健康鱼。内脏器官最突出的变化是形成肉芽肿性结节，肾是主要靶器官，肾显著肿大，形成白色的小结节。肝、心、脾也可见直径为2～3mm灰白色结节。显微镜下，这种结节是由吞噬了不同数量的细菌的巨噬细胞组成的肉芽肿。结节内可见组织坏死，细胞崩解，巨噬细胞、淋巴细胞浸润和许多革兰氏阳性双杆菌。

在一些对该病有一定抵抗力的品种（如大西洋鲑）中，肉芽肿常常被包裹起来，这表明鱼体的抗损伤反应较强。而对BKD较敏感的太平洋鲑则很少形成包裹得较好的肉芽肿性结节。随着病程的发展，可见含有大量细菌的干酪样坏死灶出现。

【流行情况】细菌性肾病主要发生于欧洲。该病于1930年最先在苏格兰的Dee河和Spey河发现。1955年之前在美国东西部沿海报道过该病。随后在美国和加拿大许多饲养鲑的地方发现有该病。1973年和1974年在苏格兰和法国报道该病。1973年在日本也有发现。该病在挪威、西班牙、意大利、南斯拉夫和冰岛也有发生。此病仅发现于鲑鳟鱼类，已在大多数养鲑国家发现。但中国还未见此病的报道。可能所有人工饲养的鲑鱼品种都对细菌性肾病易感。美洲红点鲑是鳟中最易感的。虹鳟对细菌性肾病抵抗力最强。鲑以外的鱼还没有细菌性肾病的报道。各龄鱼都易感，但在6月龄以前生长良好，很少发病。水温在4～20℃均能发病，常在7～18℃发病，在18℃以上死亡率降低。水温在12.2℃时，从感染到死亡约1个月，在6.7℃时约需2个月。该菌可通过3种方式传播：①感染的鱼卵垂直传播，细菌存在于感染雌亲鱼的卵子中，位于蛋黄内，可避开消毒剂的作用。卵子感染的主要来源为腹腔内的液体，但有证据表明卵内感染也可能于排卵前发生。②通过饵料和带菌的水体接触传播，例如在20世纪60年代国外发生的该病流行，主要与喂生的动物内脏有关。③鱼之间的水平传播，可通过消化道、皮肤伤口感染。

【诊断方法】
(1) 根据症状和病理变化做出初步诊断，通常在坏死组织中央区有液化的或凝固的坏死组织，之后被肉芽组织代替。眼球突出及眼球后的肉芽肿性组织也有助于证实该病。

(2) 可取肾脏病变组织，涂抹标本，检查有无革兰氏阳性棒状杆菌或双杆菌。

(3) 细菌分离鉴定，细菌在特定富养的培养基上的菌落表现也有助于细菌性肾病的诊断，但由于此菌生长缓慢，所以比较费时。

(4) 荧光抗体技术是既快捷又最敏感的方法之一。细菌性肾病抗原抗体与荧光染色剂黏附，在光的刺激下发出荧光，在荧光显微镜下可观察到。有报道用聚合酶链式反应（PCR）能快速检测到此菌而确诊。

(5) 使用免疫对流电泳方法，将鲑亚科肾形杆菌抗体（兔抗血清）放在凝胶平板的孔中，从可疑的鱼（抗原）取材放入与同一凝胶平板相对应的孔中。电泳后，如在抗原与抗体之间见到有沉淀线，表明鱼体的致病菌呈阳性。

【防治方法】目前还没有找到控制细菌性肾病的最好办法，也没有有效的疫苗以预防该病。预防该病的主要措施是控制病原菌的引入，隔离、封锁和消毒可以控制该病进入非感染区。细菌性肾病是鱼细菌病中用药物或化学药最难治疗的一种病。该菌对一般的抗生素或化学药也不很敏感。

(1) 据报道红霉素、克林霉素、吉他霉素、青霉素-G和螺旋霉素可以控制鲑亚科肾形杆菌的生长。

(2) 一些磺胺药被发现在控制细菌性肾病时是有用的。每天每千克鱼用45mg，持续喂服磺胺甲嘧啶可控制死亡。

(3) 改变饲料，增加某些营养因子也是一种减少细菌性肾病发病的方法。实验表明感染鱼肝脏中的维生素 A，血清中的锌、铁和铜比正常的低。添加高碘的日粮与低碘日粮相比，细菌性肾病的发生率明显低。有人认为饲料中的氟化物对细菌性肾病的发生有着重要的影响。饲喂高碘（每千克饲料 4.5mg）和高氟（每千克饲料 4.5mg）饲料，会减少细菌性肾病的发病率。

十三、弧菌病（Vibriosis）

【病原】弧菌属（*Vibrio*）的一些种类，常见的有鳗弧菌（*V. anguillarum*）、副溶血弧菌（*V. parahaemolyticus*）、溶藻胶弧菌（*V. alginolyticus*）、哈维氏弧菌（*V. harveyi*）、创伤弧菌（*V. vulnificus*）等。弧菌病的病原主要是鳗弧菌。关于鳗弧菌的研究报告很多，但是对该菌性状的描述有些小的差别。主要性状为革兰氏阴性，有运动力，短杆状，稍弯曲，两端圆形，0.5～0.7μm×1～2μm，以单极生鞭毛运动（图 7-16A），有的一端生两根鞭毛或更多根鞭毛。没有荚膜，兼性厌氧菌。不抗酸。在普通琼脂培养基上形成正圆形、稍凸、边缘平滑、灰白色、略透明、有光泽的菌落。对 2,4-二氨基-6,7-二异丙基喋啶（2,4-diamino-6,7-diisopropyl pteridhe，O/129）敏感。但是从香鱼上分离出来的菌株对 O/129 不敏感。氧化酶阳性。在 TCBS 培养基上易生长。生长温度为 10～35℃，最适温度为 25℃左右。生长盐度为 5～60，最适盐度为 10 左右。生长 pH 范围为 6.0～9.0，最适 pH 为 8。

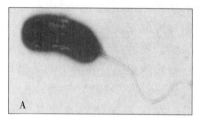

图 7-16　鳗弧菌及患弧菌病的鱼
A. 鳗弧菌负染电镜照片
B. 病鱼的出血性溃疡

【症状和病理变化】弧菌病的症状既与不同种类的病原菌有关，又随着患病鱼的种类不同而有差别。比较共同的病症是体表皮肤溃疡。感染初期，体色多呈斑块状褪色；食欲不振，缓慢地浮游于水面，有时回旋状游泳；中度感染，鳍基部、躯干部等发红或出现斑点状出血；随着病情的发展，患部组织浸润呈出血性溃疡（图 7-16B）；有的鳞片脱落，吻端、鳍膜烂掉，眼内出血，肛门红肿扩张，常有黄色黏液流出。牙鲆、真鲷、黑鲷等苗种期感染后，可见病鱼胃囊特别膨大，出现"腹胀满症"，甚至使腹壁胀破胃囊突出至体外。牙鲆仔鱼期感染，患病群体往往聚集于水池的侧壁或池角处，不摄食，活力下降并出现"肠道白浊症"，随着病情发展，白浊的肠道萎缩，腹部下陷而死亡。此外，有的病鱼鳃褪色呈贫血状或形成腹水症等。鲑科鱼类或香鱼等，在稚鱼期发生弧菌感染时，往往尚未显示症状时便出现大量死亡。大菱鲆感染鳗弧菌典型的病症包括全身性的出血性败血症，鳍基部出血，眼球突出，角膜混浊，肝脏苍白，有时伴有腹水。

【流行情况】弧菌在海洋环境中是最常见的细菌类群之一，广泛分布于近岸及海口海水、海洋生物的体表和肠道中，是海水和原生动物、鱼类等海洋生物的正常优势菌群。

弧菌是目前研究较多，了解较为清楚的海洋细菌，其分类学研究进展较快，被研究和描述的弧菌种类也越来越多。1974 年，第 8 版《伯杰氏细菌学鉴定手册》收录和描述的弧菌有 5 种，到 1984 年《伯杰氏细菌学鉴定手册》所收录的弧菌就达到 20 种，1994 年第 9 版

《伯杰氏细菌学鉴定手册》收录的弧菌种类为 34 种，其中包括将被归为另一新属海利斯顿氏菌属（Listonella）的 3 种弧菌以及新归入弧菌属的原柯玮尔氏菌属的 2 种菌。另外，第 9 版《伯杰氏细菌学鉴定手册》还将已经命名了的鲨鱼弧菌（V. carchariae）重新归为哈维氏弧菌（V. harveyi）。近年来又有部分新种陆续在国际系统细菌学委员会（ICSB）所主办的权威刊物《国际系统细菌学杂志》和《系统和应用微生物学》上发表，并得到细菌国际命名委员会正式承认。截至 1995 年初，已经被正式命名的弧菌种类已达 37 种（包括 Listonella 属的 3 个种）（表 7-1），随着细菌分离技术的不断进步和发展，每年都有不少新的菌种被承认和正式命名，或者被重新命名或更名，因此，目前弧菌的种类肯定已经超过 37 种。

表 7-1　弧菌的种类名称

拉丁名	中文名	拉丁名	中文名
V. aestuarianus	河口弧菌	V. ordalii	病海鱼弧菌
V. alginolyticus	溶藻胶弧菌	V. fluvialis (biovar 1, 2)	河弧菌
V. anguillarum*	鳗弧菌	V. foetus-ovis***	绵羊胎儿弧菌
V. campbelli	坎贝氏弧菌	V. furnissii	费氏弧菌
V. cholerae (non-01)	非-01 霍乱弧菌	V. gazogenes	产气弧菌
V. cincinnatiensis	辛辛那提弧菌	V. hadaliensis**	赫达利弧菌
V. costicola	肋生弧菌	V. harveyi (V. carchariae)	哈维氏弧菌
V. damsela*	美人鱼弧菌	V. hollisae	霍氏弧菌
V. diazotrophicus	双氮养弧菌	V. iiliopiscarius***	鱼肠弧菌
V. fischeri	雀鲷弧菌	V. logei	火神弧菌
V. marinus	海产弧菌	V. pelagius (biovar 1, 2)*	海弧菌
V. mediterranei	地中海弧菌	V. penaeicida***	杀对虾弧菌
V. metschnikovii	梅氏弧菌	V. proteolyticus	解蛋白弧菌
V. mimicus	最小弧菌	V. psychroerythrus**	冷红弧菌
V. natriegens	漂浮弧菌	V. salmonicida	杀鲑弧菌
V. nereis	沙蚕弧菌	V. splendidus (biovar 1, 2)	灿烂弧菌
V. nigripulchritudo	黑美人弧菌	V. tubiashii	塔氏弧菌
V. orientalis	东方弧菌	V. vulnificus (biovar 1, 2)	创伤弧菌
V. parahaemolyticus	副溶血弧菌		

　　*　被建议归为一新属 Listonella。
　　**　以前属于 Colwellia 属。
　　***　《伯杰氏细菌学鉴定手册》（第 9 版）尚未收录，但已被细菌国际命名委员会正式命名。

　　海洋弧菌是海洋生物体表和体内微生物区系中的优势菌群，在世界各沿海地区，因为食用海鲜尤其是贝类造成人类消化道等疾病的现象时有发生，因此，弧菌对人类健康的危害受到人们广泛的重视，世界各国对于海产品的进出口以及食品卫生检疫都有相当严格的标准。副溶血弧菌、霍乱弧菌、创伤弧菌和溶藻胶弧菌对人类具有致病性，可以导致人类发生严重的腹泻等消化道疾病、创伤感染或败血症。1994 年出版的《伯杰氏细菌学鉴定手册》(第 9 版)列举了 12 种与人类临床疾病有关的弧菌。

弧菌是条件致病菌,海水养殖鱼类弧菌病的发生与弧菌数量密切相关,各种鱼类都有一定的阈值,超过一定的阈值就会暴发弧菌病。在养殖生态环境中,大部分弧菌是无害的,甚至某些弧菌对于鱼、虾等还是有益的,可以促进养殖动物的生长和增强抗病力,只有少数弧菌对养殖动物有较强的致病性。弧菌病害的发生,往往是由于外界环境条件的恶化,致病弧菌达到一定数量,同时因各种因素造成养殖动物本身抵抗力降低等多方面相互作用的结果。

弧菌病是海水鱼类最常发生的细菌性疾病,该病在全球范围内广泛发生,其暴发性流行不仅给海水养殖鱼类、贝类及甲壳类等经济动物的养殖业造成巨大的经济损失,还可导致野生的海水鱼类、贝类以及甲壳类大量死亡,因此,对该类疾病的研究一直备受国内外研究工作者的关注,是海水养殖鱼类病害的主要研究领域之一。迄今已有分离报道的致病性弧菌达 10 多种(表 7-2)。弧菌属细菌中约有一半左右随着其环境条件或宿主体质和营养状况的变化而成为养殖鱼类等动物的病原菌。流行季节,各种鱼虽有差别,但在水温 15~25℃时的 5 月末至 7 月初和 9~10 月份是发病高峰期。鰤的发病季节是 5 月末至 7 月上旬的初夏和 9~10 月的初秋,水温为 19~24℃;真鲷的发病季节为 6~9 月 25℃左右的高水温期和 11 月至翌年 3 月 15℃左右的低水温期;鲑鳟类和大菱鲆为 10~16℃;鲆科、鲽科和鳗科鱼类为 15~16℃以上。

表 7-2 致病弧菌及其感染疾病

致病菌	疾病	感染对象	主要症状	流行区域
鳗弧菌	弧菌病	海水鱼类、对虾	败血症	世界范围
创伤弧菌	弧菌病	鳗鲡、对虾、鱼类	体表发炎、出血	西班牙、亚洲
河弧菌	弧菌病	尖吻鲈	体表溃烂	中国
哈维氏弧菌	弧菌病	对虾、高体鰤	体表发炎、充血	亚洲
溶藻胶弧菌	弧菌病	贝类、对虾、海水鱼	溃疡、烂鳍	世界范围
副溶血弧菌	弧菌病	虾、蟹、贝、石斑鱼	体表发炎、充血	世界范围
最小弧菌	弧菌病	真鲷	体表发炎、充血	日本、中国
雀鲷弧菌	弧菌病	海水鱼类	体表发炎、充血	世界范围
病海鱼弧菌	弧菌病	海水鱼类	败血症	世界范围
杀鲑弧菌	弧菌病	鲑	败血症	英国、挪威
杀对虾弧菌	弧菌病	对虾	体表发炎、充血	日本
竹䇲鱼弧菌	弧菌病	竹䇲鱼	体表发炎、充血	日本
鱼肠道弧菌	弧菌病	比目鱼	体表发炎、充血	日本

鳗弧菌是研究最早的病原弧菌,早在 1893 年,意大利的 Canestrini 首次成功地分离到鳗鲡红瘟病(Red pest disease)的病原菌,并将其命名为鳗芽孢杆菌(*Bacillus anguillarum*),1909 年 Bergman 从瑞典沿海养殖的患赤斑病鳗鲡中分离到病原菌,并更正鳗芽孢杆

菌这一种名，在 Bergman 手册中命名为鳗弧菌，一直沿用至今。根据血清型可以将鳗弧菌分为 10 个血清型，O_1、O_2、O_3 血清型是导致目前世界范围内野生及养殖鱼类弧菌病最主要的 3 类血清型，其中尤以 O_1、O_2 血清型最为普遍。已报道鳗弧菌能引起世界范围内的 50 多种海、淡水养殖鱼类及其他养殖动物发生弧菌病，大多数海水养殖鱼类对该菌敏感，鲆鲽类、鲑鳟类、鲷类、香鱼、鳗鲡、鰤、竹笺鱼等都可受其害。野生的、蓄养的、养殖的或运输途中的鱼类都可发生弧菌病。这种传染病在世界上分布很广，温带和亚寒带都常发生。

鳗弧菌为条件致病菌，平时在海水和底泥中都可发现，在健康鱼类的消化道中也是微生物区系的重要组成部分，但是一旦条件适宜时就成为致病菌。因此，由鳗弧菌引起的传染病必定有诱发原因存在。例如：捕捞、运输、选择等操作不慎，使鱼体受伤；或放养密度过大与水质不良等环境因素降低了鱼的抵抗力；或投喂氧化变质的饲料，使鱼的消化道或肝脏受到损害，弧菌自肠黏膜的损伤处侵入组织。感染途径主要为经皮感染，其次为经口感染。

【诊断方法】从有关症状可进行初步诊断。确诊应从可疑病灶组织上进行细菌分离培养，用 TCBS 弧菌选择性培养基。现代血清学、免疫学方法以及分子生物学方法为快速、准确、灵敏地检测病原弧菌提供了十分有效的方法，可以准确地将病原鉴定到种、甚至亚种的水平。目前已有血清学技术、单克隆抗体技术、荧光抗体技术、免疫酶技术、PCR 技术以及核酸杂交等技术用于弧菌病早期快速诊断和检测。已报道的弧菌单克隆抗体包括鳗弧菌、溶藻胶弧菌、创伤弧菌、杀鲑弧菌的单克隆抗体等，采用间接荧光抗体（IFAT）技术和 ELISA 免疫检测，对上述弧菌引起的弧菌病进行早期快速诊断；分子生物学 PCR 技术在某些情况下也可应用于对弧菌病的检测。

【防治方法】

预防措施：保持优良的水质和养殖环境，不投喂腐败变质的小杂鱼、虾。

治疗方法：

（1）投喂磺胺类药物饵料，磺胺甲基嘧啶，第一天每千克鱼用药 200mg，第二天以后减半，制成药饵，连续投喂 7~10d。

（2）投喂抗生素药饵，例如土霉素，每千克鱼每天用药 70~80mg，制成药饵，连续投喂 5~7d。

（3）在口服药饵的同时，用漂白粉等消毒剂全池泼洒，视病情用 1~2 次，可以提高防治效果。

（4）疫苗是防治弧菌病的安全有效的方法。目前，日本、美国和欧洲各国已有商品化的鳗弧菌疫苗用于预防香鱼、鲑科鱼等海水鱼类的弧菌病。

十四、假单胞菌病（Pseudomonasis）

【病原】假单胞菌在海淡水鱼类上已发现 2 种：荧光假单胞菌（*Pseudomonas fluorescens*）和恶臭假单胞菌（*P. putida*），属假单胞菌科（Pseudomonadaceae）。菌体两端圆形，短杆状，大小为 $0.3\sim1.0\mu m \times 1.0\sim4.4\mu m$，一端有 1~6 根鞭毛；有运动力；革兰氏染色阴性；无芽孢；氧化酶和过氧化氢酶阳性；葡萄糖氧化分解不产气；荧光假单胞菌在 King 培养基 B 上产生绿色荧光色素。发育的温度范围为 7~32℃，最适温度 23~27℃。发育的盐度范围为 0~65，最适盐度为 15~25。发育的 pH 范围为 5.5~8.5。这两种菌的区别是明胶穿刺液化，荧光假单胞菌为阳性，恶臭假单胞菌则为阴性。

【症状和病理变化】 海水鱼类感染此病的主要症状是皮肤褪色，鳃盖出血，鳍腐烂等。有少数在体表形成含有脓血的疖疮或溃疡（图7-17）。肠道内充满淡土黄色但直肠部为白色腐烂状黏液。肝脏暗红色或淡黄色，幽门垂出血。在低水温期的病鱼有腹腔积水。

荧光假单胞菌可引起淡水鱼类赤皮病，病鱼体表出血发炎，鳞片脱落，鳍基或整个鳍充血，鳍腐烂，常烂去一段，鳍条间的软组织常被破坏，使鳍条呈扫帚状，称"蛀鳍"，继发水霉感染；有时鱼上下颌及鳃盖充血发炎，鳃盖内表面皮肤常被腐蚀成一圆形或不规则形透

图7-17 患病大菱鲆体表溃疡

明小窗，俗称"开天窗"；鲤科鱼类感染恶臭假单胞菌引起白云病，患病鲤体表附着白色黏液物，严重时好似全身布满一片白云，尤以头部、背部及尾鳍处明显，故有"鲤白云病"之称。病鱼鳞片基部充血，鳞片脱落，鱼不吃食，游动缓慢，不久死亡。

【流行情况】 假单胞菌病流行地区比较广，世界各地的温水性或冷水性的海、淡水鱼中都可能发生。养殖的真鲷、黑鲷、鰤、梭鱼、牙鲆、鲈、石斑鱼等均已发现有此病。诱发该病的环境因素是水质不良或放养密度过大；操作不慎鱼体受伤，也会引起继发性感染。本病全年可见，但以夏初至秋季发病较为严重。鲷类和牙鲆在冬季室内越冬期发病较多。

【诊断方法】 根据体表症状及流行情况进行初步诊断。确诊必须取少许病灶组织（最好是肾、脾组织）接种TSA培养基，进行细菌分离、培养和鉴定。间接荧光抗体（IFAT）技术和ELISA方法已被用于快速检测鱼类的假单胞菌病；采用细菌16S rRNA基因保守区特异性引物，以荧光假单胞菌为研究对象，建立一种通用引物PCR（Universal primer polymerization，UPPCR）技术配合单链构象多态性（SSCP）分析即UPPCR-SSCP技术，和配合限制性片段长度（RELP）即UPPCR-RELP技术鉴别由荧光假单胞菌引起的假单胞菌病。

【防治方法】
预防措施：预防措施主要是保持饲养环境的清洁，避免放养密度太大和投饵太多。
治疗方法：
（1）同弧菌病。
（2）四环素，每天每千克鱼用药75～100mg，制成药饵，连续投喂5～7d。

十五、巴斯德氏菌病（类结节症）（Pasteurellosis）

【病原】 美人鱼发光杆菌杀鱼亚种（*Photobacterium damselae* subsp. *piscicida*），即以前报道的杀鱼巴斯德氏菌（*Pasteurella piscicida*）。革兰氏阴性，短杆状或球杆菌，大小为0.6～1.2μm×0.8～2.6μm，无运动力，不形成芽孢（图7-18）。在脑心浸液琼脂培养基或血液琼脂培养基上（含食盐1.5%～2.0%）发育良好，但在普通琼脂培养基上发育不好。在脑心浸液琼脂培养基上生成的菌落正圆形、无色、半透明、露滴状，有显

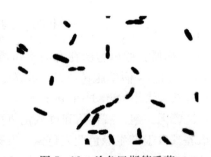

图7-18 杀鱼巴斯德氏菌

著的黏稠性。在 McConky 培养基上发育，但在 SS 琼脂培养基和 BTB 琼脂培养基上不发育。为兼性厌氧菌。发育的温度范围为 17～32℃，最适温度为 20～30℃。发育的 pH 范围为 6.8～8.8，最适 pH 为 7.5～8.0。发育的盐度范围为 5～30，最适盐度为 20～30。

刚从病鱼上分离出来的菌有致病性，但重复地继代培养后，致病性迅速下降以至消失。该菌在富营养化的水体或底泥中能长期存活。

【症状和病理变化】患病鱼反应迟钝，体色变黑，食欲减退，体表、鳍基、尾柄等处有不同程度充血，严重者全身肌肉充血。离群独游或静止于网箱或池塘的底部，继而不摄食，不久即死亡。解剖病鱼，肾、脾、肝、胰、心、鳔和肠系膜等组织器官上有许多小白点，白点有的很微小，有的直径大至数毫米，多数为 1mm 左右，形状不规则，多数近于球形。白点是由巴斯德氏菌的菌落外面包围一层纤维组织形成的。在完全封闭的白点中，细菌都已死亡；在尚未包围完全的白点中则为活菌。病鱼的血液中有许多细菌。肾脏中白点数量很多时，肾脏呈贫血状态；脾脏中白点数量多时，脾脏肿胀而带暗红色；血液中菌落数量多时，在微血管内形成栓塞。病鱼内脏中的白点类似于结节，因此，日本养殖的鰤巴斯德氏菌病，也叫做类结节症（图 7-19）。

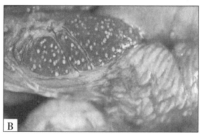

图 7-19 感染巴斯德氏菌的病鱼症状及病理变化
A. 患巴斯德氏菌病的鰤　B. 脾脏上有许多小白点
（江草周三，1983）

【流行情况】此病 1969 年首次在日本发现，对日本鰤养殖业危害较大，发病率和死亡率都很高。主要危害养殖鰤的幼鱼，2 龄以上的大鱼也可被感染。流行季节从春末到夏季，发病最适水温是 20～25℃，一般在温度 25℃以上时很少发病，温度 20℃以下不生病。秋季，即使水温适宜也很少出现此病。

养殖的黑鲷、真鲷、金鲷（*Sparus aurata*）、牙鲆、塞内加尔鳎（*Solea senegalensis*）、黄带鲹（*Pseudocaranx dentex*）、海鲈（*Dicentrarchus labrax*）、美洲狼鲈（*Morone Americanus*）和条纹狼鲈（*M. saxatilis*）均可被感染。黑鲷幼鱼患此病时死亡率高达 90%；牙鲆幼鱼（2～22g）水温 17～22℃时，日死亡率可达养殖幼鱼的 0.6%～4.8%。

【诊断方法】从肾、脾等内脏组织中观察到小白点，基本可以诊断。但要注意与诺卡氏菌病和鱼醉菌病的区别。主要从病原菌形态特征区别；从症状上区别，巴斯特氏菌病在肌肉中没有病原菌寄生，因此没有白点；在肝、肾等的寄生，也不会出现肥大或肿胀；制备病灶处压印片，如发现有大量杆菌可做出进一步诊断。

荧光抗体法可做出早期诊断；一种 DNA 自由扩增（RAPD）的 PCR 方法已被用来检测巴斯德氏菌特异性基因片段并克隆，运用 PCR 对巴斯特氏菌病进行早期快速诊断。

【防治方法】

预防措施：保证水源清洁，养殖期间应经常换用新水或保持流水，避免养殖水体富营养化，勿过量投饵或投喂腐败变质的生饵。

治疗方法：四环素或氨苄青霉素，每天每千克鱼用药 20～50mg，制成药饵，连续投喂 5～7d。

十六、爱德华氏菌病（Edwardsiellosis）

【病原】 迟缓爱德华氏菌（*Edwardsiella tarda*）。菌体短杆状，革兰氏染色阴性，具有周鞭毛，有运动力，大小 0.5～1.0μm×1.0～3.0μm。无荚膜，不形成芽孢（图 7-20A）。兼性厌氧，接触酶阳性、氧化酶阴性，还原硝酸盐为亚硝酸盐。在普通琼脂培养基上发育，菌落较小，25℃时培养 24h 后，形成直径 1mm 左右的圆形、隆起、灰白色、湿润并带有光泽的半透明状菌落。在含 5%～10% 血液的普通营养琼脂培养基（常用绵羊或家兔脱纤血液）上的菌落与在普通营养琼脂上的基本一致，但一般稍大些，除个别菌株外均能在菌落周围形成狭窄的 β 型溶血环。生长需要维生素和氨基酸。发育的温度范围为 15～42℃，最适温度为 28～37℃，但鲫爱德华氏菌喜较低的温度。发育的 pH 范围为 5.5～9.0，pH 4.5 以下及 9.0 以上不生长。在普通液体培养基中食盐浓度为 0%～3% 的范围内均能生长，低盐浓度生长繁殖快些，一部分菌株在浓度 3.5% 时也发育。

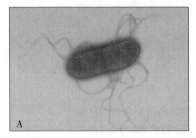

图 7-20　迟缓爱德华氏菌及患病牙鲆
A. 迟缓爱德华氏菌电镜照片（江育林，2003）
B. 患病牙鲆肾脏肿大并出现许多白点

【症状和病理变化】 迟缓爱德华氏菌可感染多种海水鱼类，在不同患鱼中症状不同。养殖牙鲆稚鱼是腹胀，腹腔内有腹水，肝、脾、肾肿大、褪色，肠道发炎，眼球白浊等；幼鱼肾脏肿大，并出现许多白点（图 7-20B）；腹水呈胶水状。鲻（*Mugil cephalus*）生病时，腹部及两侧发生大面积脓疡，脓疡的边缘出血，病灶因组织腐烂，放出强烈的恶臭味，腹腔内充满气体使腹部膨胀。真鲷、锄齿鲷（*Evynnis japonica*）、鲕等的肾、脾上有许多小白点。日本鳗鲡（*Anguilla japonica*）发生此病的症状分为以侵袭肾脏为主的肾脏型和以侵袭肝脏为主的肝脏型。肾脏型的病鱼肛门红肿，以肛门为中心的躯干部呈现丘状突起，附近区域有块状出血并软化，肾脏和脾脏有许多小白点状的病灶；肝脏型病鱼的主要症状是前腹部肝区部位肿大，肝脏发生脓疡，严重时肝区腹部皮肤软化，溃疡穿孔，肝脏外露。两型的共同特征是体侧皮肤形成出血性溃疡，各鳍出血、发红。锄齿鲷发生此病的症状是皮肤发生出血性溃烂，脾和肾上有许多小白点，不过从白点中分离出的病菌与迟缓爱德华氏菌略有差别。美国河鲇（*Ictalurus punctatus*）发生此病的症状是体侧及尾柄肌肉组织腐烂，病灶处因腐烂而充满气泡、肿大，故有气肿性腐烂病之称。大菱鲆感染此症表现出急性感染和慢性感染两种形式：急性感染时，病鱼下颌、鳃盖缘膜、鳍基部以及腹部皮下充血发红。随着病情的发展，在鳍基部或腹部出现出血点或出血斑。严重者，出血处病灶随之发生脓疡，形成皮下脓肿。病鱼贫血，鳃灰白色。解剖病鱼，肾脏都异常肿大并发生多处溃疡性坏死，严重时整个肾脏呈脓样坏死、灰白色。肝脏呈弥散性出血，肠壁和腹腔膜充血发炎。脾脏时有肿大，失血呈粉红色。慢性感染时，病鱼的典型特征是身体后半部体色发黑，前半部体色基本正常，出现明显的黑白界线而呈两截现象。发病开始时，病鱼尾端变黑，接着黑色面积由尾端向头部方向推进，一般其界线推进到腹腔部位发生鱼死亡的现象，但是病鱼体色变黑的推进速度极慢，可达数月之久。病鱼鳃丝出现白色的膨大结节并发生糜烂。解剖发现，肾脏异常膨大，灰白色，肾脏表面出现数个灰白色的黍粒状结节，严重者肾脏质地变硬似豆腐渣状。部分病鱼脾脏也出现变白、肿大现象。一般患病鱼常有腹水现象，大部分病鱼有肠炎，而肝脏病变不明显。发病时，病鱼腹部肾脏区隆起，体色开始变暗，摄食量下降。体长10～20cm的大菱鲆易感染此病。一般情况下，病鱼表现为慢性感染，疾病传播蔓延速度非常慢，死亡率在10%以下，但严重感染时死亡率也可达30%～40%，甚至90%以上（王印庚，2007）。

【流行情况】迟缓爱德华氏菌流行于夏、秋季节，是条件致病菌，在养鳗池水和底泥中一年四季都可找到。其宿主范围广泛，除海水养殖鱼类外，淡水养殖的鳗鲡、罗非鱼、虹鳟、斑点叉尾鮰和金鱼等多种鱼类都容易感染。日本养殖的牙鲆、真鲷、锄齿鲷和鰤等经常发生此病，特别是牙鲆对迟缓爱德华氏菌具有较高的敏感性，极易被侵染。所以，日本养殖牙鲆经常发生此病，危害严重，可引起牙鲆大量死亡。

【诊断方法】可根据各种患鱼的症状，做出初步诊断。确诊应从可疑患鱼的病灶组织分离病原菌进行培养和鉴定。迟缓爱德华氏菌与鲖爱德华氏菌没有血清学交叉反应，因此可以用血清学方法完成快速诊断。已能用福尔马林灭活全菌细胞（FKC）、细菌胞外产物（ECP）为抗原免疫兔，获得特异性的抗血清（Mekuchi T.，1995；熊清明，2001）；也可用抗迟缓爱德华氏菌单克隆抗体（金晓航，2000）做玻片凝集试验，间接荧光抗体（IFAT）技术和ELISA来确诊。

【防治方法】

预防措施：同弧菌病。

治疗方法：

（1）漂白粉浓度为1～1.2mg/L全池泼洒。

（2）四环素，每天每千克鱼用药50～70mg，制成药饵，连续投喂7～10d。

（3）氟哌酸，每天每千克鱼用药100mg，制成药饵，连续投喂3～5d。

十七、屈挠杆菌病（Flexibacteriasis）[烂尾病（Tail-rot disease）]

【病原】沿海屈挠杆菌（*Flexibacter maritimus*）和柱状屈挠杆菌（*F. columnaris*）。菌体能弯曲的长杆状或丝状，大小0.5μm×2～30μm，革兰氏阴性，无鞭毛，在固体物上能滑行运动。专性需氧，在嫌气条件下不发育。

柱状屈挠杆菌是淡水鱼类和半咸水鱼类柱状病（Columnaris disease）的病原菌，其同义名有柱状杆菌（*Bacillus columnaris*）、柱状软骨球菌（*Chondrococcus columnaris*）和柱状嗜纤维菌（*Cytophaga columnaris*）。本菌在含0.5% NaCl的嗜纤维菌培养基（Cytophaga agar)、蛋白胨酵母培养基、Chase 培养基、Shieh 培养基、改良 Shieh 培养基以及 Liewes 培养基中均生长良好。形成黄色、扁平、表面粗糙、中间卷曲、边缘呈树枝状的菌落，黏附于琼脂上。在液体培养基中静止培养时，在液体表面形成黄色有一定韧性的膜，振荡培养时则混浊生长。生长温度范围 5~35℃，少数菌株在 37℃也能生长，最适温度 20~25℃。生长 pH 范围 6.8~8.3，最适 pH7.5。生长食盐浓度 0~0.5%，在含 1% 以上的 NaCl 培养基中不生长。氧化酶、细胞色素酶、接触酶均为阳性，产 H_2S，还原硝酸盐，液化明胶。

沿海屈挠杆菌可引起海水养殖鱼类的烂尾病，培养基中最少加 30% 的海水才能发育生长，KCl、$NaCl$、Ca^{2+}、Mg^{2+} 可促进生长，SO_4^{2-} 有轻微的抑制作用。在含 70% 海水的噬纤维菌培养基平板上，25℃培养 2~3d，形成扁平、薄膜状、淡黄色、边缘不规则的菌落，黏附于琼脂上。在液体培养基中静止培养时，在液体表面形成薄膜。生长温度范围 15~34℃，最适温度 30℃。发育的 pH 为 6~9，以 pH 7 左右为最适。接触酶、细胞色素酶、硝酸盐还原均为阳性，不产生 H_2S。液化明胶。溶解爱德华氏菌和嗜水气单胞菌。

【症状和病理变化】淡水鱼类由柱状屈挠杆菌引起柱状病，病鱼鳍、吻、鳃或体表形成黄白色小斑点，并逐渐扩大，病变周围的皮肤充血、发炎。病菌在真皮组织中生长繁殖，引起真皮坏死、鳞片脱落、形成溃疡。从鳍端开始，鳍条逐渐腐烂。鳃黏液增多，鳃丝腐烂成扫帚状。此病多在 20℃以上时发生，15℃以下，停止流行。

沿海屈挠杆菌主要侵染真鲷、黑鲷、鲈等，被感染的鱼体表、鳍局部发红、出血，随着病情发展，形成溃疡；严重患病鱼，唇部、鳃盖、体侧面、腹部及尾柄等处的皮肤溃疡或腐烂，有的尾鳍坏死断掉，出现烂尾（图 7-21）。1~2 龄鱼在冬季低水温期的症状与稚鱼稍有不同，头部、躯干、鳍等处都发红、出血，甚至形成溃疡，有时鳃盖或鳃瓣腐烂。在所有病灶内都可看到长杆菌，但是与其他外部细菌性疾病的情况一样，患部经过一定时间后，原发性的细菌就被继发性感染的细菌所取代。

图 7-21 沿海屈挠杆菌侵染鲈出现烂尾

【流行情况】柱状屈挠杆菌流行范围广，可侵染斑点叉尾鲴、鲤、鲫、鳗鲡、罗非鱼、虹鳟、褐鳟、美洲红点鲑等 10 科 36 种淡水鱼类，是美洲斑点叉尾鲴养殖业危害较大的一种流行病。海水养殖鱼类侵染屈挠杆菌多见于冬季和早春，水温 12~15℃时可出现发病高峰，感染的鱼类主要是 1~2 龄的真鲷、黑鲷、黄鳍鲷、鲈、尖吻鲈，以及用海水养殖的大麻哈鱼和硬头鳟等。在放养密度过高，有机碎屑丰富的水体中也常见此病。

【诊断方法】根据外观症状可初步诊断。海水鱼类屈挠杆菌从病灶部位取样，在显微镜下观察，如发现大量可弯曲的长杆状细菌，涂布于含 70% 海水的噬纤维菌琼脂上，25℃培养 2~3d，可见扁平、边缘不规则、淡黄色的菌落形成，基本可诊断。确诊应做进一步细菌分离、培养。Bader 等（2003）报道，提取致病性柱状屈挠杆菌染色体 16S rRNA 基因，克隆测序，作为 PCR 特异性引物，该引物具有 1 193 bp 的 DNA 片段。建立的 PCR 检测技术对由柱状屈挠杆菌引起的斑点叉尾鲴柱状病具有较高灵敏度。

【防治方法】

预防措施：保持养殖水体清洁，控制放养密度（室内越冬池，每立方米水体勿超过

15kg鱼体)。

治疗方法：

(1) 磺胺类药物，第一天每千克鱼用200mg，第二天以后减半，制成药饵，连续投喂7～10d。

(2) 提高养殖水温至20～25℃可预防海水养殖鱼类屈挠杆菌病的发生。

十八、链球菌病（Streptococcosis）

【病原】海豚链球菌（*Streptococcus iniae*），菌体卵圆形，有荚膜，β溶血阳性，大小0.7μm×1.4μm，革兰氏阳性，二链或链锁状的球菌，无运动力（图7-22A）。发育的温度范围为10～45℃，最适温度为20～37℃。发育的盐度范围为0～70，最适盐度为0。发育的pH为3.5～10，最适pH为7.6。

【症状和病理变化】病鱼体色发黑，吻端发红，体表黏液增多，失去食欲，静止于水底，或离群独自漫游于水面，有时做旋转游泳后再沉于水底。最明显的症状是病鱼眼球突出（图7-22B、C和D)，其周围充血，鳃盖内侧发红、充血或强烈出血。在夏季高温时期这些症状发展迅速。在水温比较低时，除出现以上主要症状外，各鳍均发红、充血或溃烂，体表局部特别是尾柄往往溃烂或带有脓血的疖疮。解剖病鱼，幽门垂、肝脏、脾脏、肾脏或肠管均有点状出血。肝脏因出血和脂肪变形而褪色甚至组织破损；肾脏肾小球及黑色素巨噬细胞中心以及肾小管间质组织侵染细菌并大量繁殖引起肾脏肿大、坏死；中肠道上皮的固有层破损，引起肠炎，肠绒毛的基部在革兰氏染色时可看到聚集的菌落。病原菌如侵染脑，可引起脑组织血细胞浸润，出血。

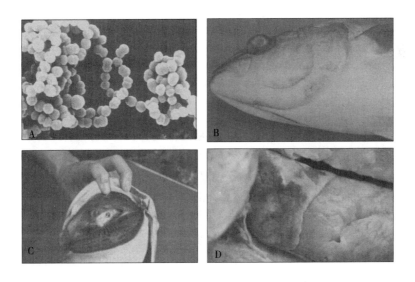

图7-22 鰤链球菌病
A. 鰤链球菌病的病原 bar=1μm (Austin, 1986)
B. 患病鰤眼球突出 C. 鳃盖内侧充血 D. 肝脏点状出血
（江草周三，1983）

【流行情况】链球菌主要侵害鰤，从稚鱼到2～3龄鱼均可受感染。全年都可生病，但7～9月的高温期容易流行，水温降至20℃以下时则较少。此病在日本全国流行，危害较大。

链球菌不仅发现于海水养殖的杜氏鰤（*Seriola dumerili*）、日本竹荚鱼（*Trachurus japonica*）、缟鲹（*Caranx delicatissimus*）、条石鲷（*Oplegnathus fasciatus*）、牙鲆（*Paralichthys olivaceus*）、真鲷（*Chrysophrys major*）、黑鲷（*Sparus macrocephalus*）、红鳍东方鲀（*Takifugu rubripes*），也发现于半咸水及淡水养殖鳗鲡（*Anguilla japonica*）、香鱼（*Plecoglossus altivelis*）、虹鳟（*Salmo mykiss*）、银大麻哈鱼（*Oncorhynchus kisutch*）及尼罗罗非鱼（*Tilapia nilotica*）等。尤其值得指出的是，链球菌有时与其他病原性细菌特别是鳗弧菌、爱德华氏菌形成混合感染，造成严重危害。

链球菌为典型的条件致病菌，平常生存于养殖水体及底泥中。在富营养化或养殖自身污染较为严重的水域中，此菌能长期生存，当养殖鱼体抵抗力降低时，易引发疾病。该病的发生与养殖密度大、换水率低、饵料鲜度差及投饵量大密切相关。

【诊断方法】一般从眼球突出和鳃盖内侧出血等典型的外观症状和内部组织器官的病理变化就可初诊。进一步诊断需从病灶组织分离细菌，进行细菌学鉴定。另可制备链球菌标准菌株全菌抗血清，进行免疫学诊断。

【防治方法】
预防措施：
（1）放养密度适宜，网箱养殖每立方米水体控制在 10kg 左右，池塘养殖每立方米水体 7kg 以下为宜。
（2）饵料鱼必须新鲜，最好不要长期投喂同一种饵料。
（3）长期投喂一种鲜活饵料（如沙丁鱼）应添加 0.3% 的复合维生素，并勿过量投饵。
（4）加强养殖环境管理，改进水体交换，增加水体的溶氧量。
治疗方法：
（1）盐酸强力霉素，每天每千克鱼用药 20～50mg，制成药饵，连续投喂 5～7d。
（2）四环素，每天每千克鱼用药 75～100mg，制成药饵，连续投喂 10～14d。

十九、诺卡氏菌病（Nocardiosis）

【病原】卡姆帕其诺卡氏菌（*Nocardia kampachi*）。菌体分枝丝状，无运动力，革兰氏阳性。培养后发育初期为无横隔的菌丝体，以后逐渐变为长杆状、短杆状，以至球形，有时产生空气菌丝（图 7-23A）。

该菌生长的温度范围为 12～32℃，最适温度为 25～28℃；盐度为 0～45，最适盐度为 0～10；pH 为 5.8～8.5，最适 pH 为 6.5～7.0。

【症状和病理变化】病鱼大体上分为躯干结节型和鳃结节型两类。

躯干结节型：在躯干部的皮下脂肪组织和肌肉发生脓疡，在外观上则膨大突出成为许多大小不一、形状不规则的结节，或叫做疖疮。剖开疖疮后流出白色或稍带红色的脓汁，这是腐烂的肌肉或脂肪组织并混有血细胞和诺卡氏菌形成的。在病灶的周围多数有成层的纤维芽细胞。心脏、脾脏、肾脏、鳔等处也有结节（图 7-23B、C、D）。在所有的病灶处都有炎症反应。

鳃结节型：在鳃丝基部形成乳白色的大型结节，鳃明显褪色。内脏各器官也出现结节，特别容易发生在 2 龄鰤的鳔内。鳃结节型多发生在冬季。

【流行情况】此病主要危害养殖鰤，当年鱼和 2 龄鱼均可受感染。流行季节从 7 月份开始，一直持续到第二年 2 月份，流行高峰期为 9～10 月。日本养殖鰤地区广泛流行，我国福

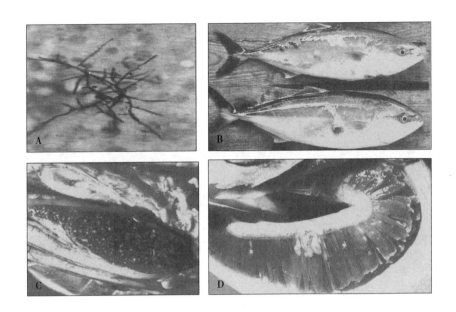

图 7-23 诺卡氏菌病
A. *Nocardia kampachi* 菌体涂片（自狩谷，1968） B. 患病鰤体表结节
C. 脾脏上有许多白点状结节 D. 鳃上有许多白点状结节
（江草周三，1983）

建、广东沿海养鰤地区可能成为疫区。

该菌在海水中 2d 内死亡，在养殖场附近的海水中能生存 1 周左右，在富营养化的海水中可能生存更长时间。

【诊断方法】 从病鱼结节处取少许脓汁制成涂片，进行革兰氏染色，镜检发现有阳性的丝状菌，基本可以确诊。

【防治方法】

预防措施：投饵勿过量，避免养殖水体富营养化或残饵堆积。

治疗方法：

(1) 土霉素，每千克鱼每天用药 70～80mg，制成药饵，连续投喂 5～7d。

(2) 四环素，每天每千克鱼用药 75～100mg，制成药饵，连续投喂 10～14d。

(3) 链霉素，每天每千克鱼用药 50～75mg，制成药饵，连续投喂 20d 以上。

(4) 在口服药饵的同时，用漂白粉等消毒剂全池泼洒，视病情用 1～2 次，可以提高防治效果。

二十、分枝杆菌病（Mycobacteriosis）

【病原】 海分枝杆菌（*Mycobacterium marinum*）和偶发分枝杆菌（*M. fortuitum*）。分枝杆菌属是一类细长或略带弯曲的需氧杆菌，因其繁殖时呈分枝状生长，故称为分枝杆菌。本属细菌一般不易着色，染色时需加温或延长染色时间。着色后能抵抗酸性乙醇的脱色，故又称为抗酸杆菌（acid-fast bacilli）。其主要特点是细胞壁含有大量脂质，这与其染色特性、抵抗力、致病性等密切相关。革兰氏染色阳性，无鞭毛、无芽孢、无荚膜。菌体大小很不一致，$0.2～0.6\mu m \times 1～10\mu m$，即使同一种也会随着培养条件而有变化。对营养要求较高，大多生长缓慢，一般培养基上不生长。在有光处培养时菌落呈黄色或橘黄色。分离培养可用 Lowenstein-Jensen 培养基，最适生长温度 30～32℃，37℃以上生长缓慢或不生长。侵害鱼类、两栖类和爬虫类，在许多种热带鱼类上发现。能引起鱼结核病。

【症状和病理变化】最初症状是在体表皮肤形成小结节，随病情发展，在内脏中亦形成许多灰白色或淡黄褐色的小结节，有时则形成小的坏死病灶。这些病灶多数出现在肝脏、肾脏、脾脏等器官（图 7 - 24）。

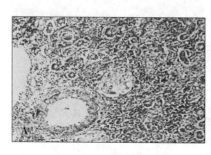 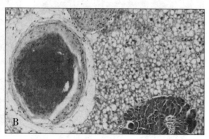

图 7 - 24 感染分枝杆菌鱼的组织病理
A. 肾脏组织内有结节状病灶 B. 肝脏组织内形成了明显的结节，内有分枝杆菌
（江育林，2003）

较幼的结节是类上皮细胞包围着细菌，外面又包一薄层纤维芽细胞，有的则仅为摄入了细菌的组织球，使患部形成许多大小不一的肉芽肿。老的结节内部的细胞已坏死，无细胞反应或炎症。雌鱼的卵巢受到侵害时，鱼卵发生退行性变性。

【流行情况】该病流行范围广，世界性的。已发现 150 多种海、淡水鱼类，包括野生的和养殖的种类可受侵染，主要危害水族馆鱼类和热带鱼类，在生产上受害的只有美国西部各州孵化场饲养的鲑科鱼类的幼鱼和回归的成鱼。

经卵、皮肤和口都可进行感染，但此病的流行主要是因为用患该病的鱼的内脏作为饲料引起的。

【诊断方法】诊断时根据上述症状，再取内脏中的小结节做涂片，进行抗酸染色后，如果发现长杆形的抗酸菌，基本上就可确诊。不过上述的诺卡氏菌也有抗酸性，在病鱼的内脏中也形成结节，但诺卡氏菌是分枝的，可以区别。应用 PCR 技术检测分枝杆菌具有简便、快速、灵敏度高、特异性强的特点。据报道（Talaat et al., 1997）分枝杆菌 16S rRNA 基因保守区分离一种具 924 bp 的 DNA 特异性片段为引物，用 PCR 技术，每毫升只需几个细菌即可获得阳性，且可在 1～2d 得出诊断结果。

【防治方法】不用患分枝杆菌病的鱼作饲料，或先将病鱼煮熟后再喂，这是最有效的预防方法。尚无有效的治疗方法，但药敏试验表明，分枝杆菌对强力霉素、丁胺卡那霉素、卡那霉素、复方新诺明等较敏感，对四环素类药物最为敏感。

选择敏感药物每天每千克鱼用药 100mg 左右，制成药饵，连续投喂 10～14d。

第四节 真菌性疾病

鱼类由于真菌（fungus）感染而患的病，叫鱼类真菌病。真菌是具有细胞壁、真核的单细胞或多细胞体。危害水产动物的主要是藻菌纲的一些种类，如水霉、绵霉、鳃霉、鱼醉菌、链壶菌、离壶菌、海壶菌等，同时还有半知菌类的镰刀菌，以及丝囊霉菌等。真菌病不仅危害水产动物的幼体及成体，且危及卵。目前对真菌病尚无理想的治疗方法，主要是进行预防及早期治疗，有些种类是口岸检疫对象。

一、水霉病（Saprolegniasis）[肤霉病（Dermatomycosis）]

【病原】在我国淡水水产动物的体表及卵上发现的水霉共有十多种，其中最常见的是水霉（Saprolegnia）和绵霉（Achlya）两个属的种类，属水霉科（Saprolegniaceae）。菌丝为管形，没有横隔的多核体。一端像根样附着在水产动物的损伤处，分枝多而纤细，可深入至损伤、坏死的皮肤及肌肉，称为内菌丝，具有吸收营养的功能；伸出体外的叫外菌丝，菌丝较粗壮，分枝较少，可长达3cm，形成肉眼能见的灰白色棉絮状物。当环境条件不良时，外菌丝的尖端膨大成棍棒状，同时其内积聚稠密的原生质，并生出横壁与其余部分隔开，形成抵抗恶劣环境的厚垣孢子。有时在一根菌丝上反复进行数次分隔，形成一串念珠状的厚垣孢子。在环境适宜时，厚垣孢子就萌发成菌丝或形成动孢子囊。

无性生殖为产生动孢子，一般在外菌丝的梢端略膨大成棍棒状，同时内部原生质由下部往这里密集，达到一定程度时，生出横壁与下部菌丝隔开，自成一节，即动孢子囊。囊中稠密的原生质不久分裂成很多的单核孢子原细胞，并很快发育成动孢子。动孢子的行为在不同属中不完全相同。水霉属的动孢子呈梨形，具两条等长的前鞭毛。动孢子从动孢子囊中游出后，在水中自由游动几十秒至几分钟，即停止游动，分泌出一层细胞壁而静止休息，叫孢孢子，孢孢子静休1h左右，原生质从细胞壁内钻出，又成为动孢子，叫第二动孢子，呈肾脏形，在侧面凹陷处长出两条鞭毛，游动时间较第一次长，最后它们又静止下来分泌二层细胞壁成为第二孢孢子，经一段时期的休眠，即萌发成菌丝体。当水分和营养不足的情况下，第二孢孢子不萌发为菌丝，而改变为第三动孢子，甚至第四动孢子。另外，如动孢子囊的出口受阻塞，动孢子无法逸出时，它们也能在囊中直接萌发。

绵霉第一动孢子被抑止，从动孢子囊产生没有鞭毛的动孢子原体成群地聚集在动孢子囊口，而不游动，经过一段时期静休后，它们逸出细胞壁而在水中自由游动，空的细胞壁蜂窝状地遗留在动孢子囊口附近；在这一阶段的动孢子都为肾形，两条鞭毛从侧面凹处生出。

在有性生殖时期分别产生藏卵器和雄器。藏卵器的发生，一般由母菌丝生出短侧枝，其中的核及细胞质逐渐积聚，然后生成横壁与母菌丝隔开。接着积聚的核及细胞质在中心部分退化，余下的核移向藏卵器的周缘，形成分布稀疏的一层，然后核同时分裂，其中半数分散消失，最后细胞质按核数割裂成几个单核部分，每一部分变圆而成卵球（也有的属只形成一个卵球）。

与藏卵器发生的同时，雄器也由同枝或异枝的菌丝短侧枝上长出，逐渐卷曲缠绕于藏卵器上，最后也生出横壁与母体隔开。雄器中核的分裂与藏卵器中的核分裂大约同时发生。受精作用是由雄器的芽管穿通藏卵器壁来完成，雄核经过芽管移到卵球核处，与卵核结合形成卵孢子，并分泌双层卵壁包围，经3~4个月的休眠期后，萌发成具有短柄的动孢子囊或菌丝。

水霉科各属多数具有藏卵器和雄器，由于它们的形状、大小、同枝、异枝等特点，在每一个独立种内较稳定，因此藏卵器与雄器都已作为种的重要分类特征。

【症状和病理变化】疾病早期，肉眼看不出有什么异状，当肉眼能看出时，菌丝不仅在伤口侵入，且已向外长出外菌丝，似灰白色棉毛状，故俗称生毛，或白毛病。由于霉菌能分泌大量蛋白质分解酶，机体受刺激后分泌大量黏液，病鱼开始焦躁不安，与其他固体物发生摩擦，此后鱼体负担过重，游动迟缓，食欲减退，最后瘦弱而死。

在鱼卵孵化过程中，此病也常发生，内菌丝侵入卵膜内，卵膜外丛生大量外菌丝，故叫"卵丝病"；被寄生的鱼卵，因外菌丝呈放射状，故又有"太阳籽"之称。

【流行情况】水霉在淡水水域中广泛存在，在国内外养殖地区都有流行；对温度的适应范围很广，5~26℃均可生长繁殖，不同种类略有不同，有的种类甚至在水温30℃时还可生长繁殖。水霉、绵霉属的繁殖适温为13~18℃。对水产动物的种类没有选择性，凡是受伤的均可被感染，而未受伤的则一律不受感染，且在尸体上水霉繁殖得特别快，所以水霉是腐生性的，对水产动物是一种继发性感染。倪达书（1982）认为可能是由于活细胞能分泌一种抗霉物质的缘故。

在活的鱼卵上有时虽可看到孢子的萌发和穿入卵壳，并悬浮在卵的间质或卵间隙中生长和分出侧枝的情况，但是如果胚胎发育正常，则悬浮在卵间质中的内菌丝，一般就停止发育，也不长出外菌丝；当胚胎因故死亡时，则内菌丝迅速延伸入死胚胎而繁殖，同时外菌丝亦随之长出，当菌丝长得多时，附近发育正常的卵也因菌丝覆盖窒息而死，这样恶性循环，有时可引起全部卵死亡。河蟹、鳖等也可患病，食欲减退，行动呆滞，河蟹无法蜕壳，最后死亡。

【诊断方法】用肉眼观察，根据症状即可做出初步诊断，必要时可用显微镜检查进行确诊。如要鉴定水霉的种类，则必须进行人工培养，观察其藏卵器及雄器的形状、大小及着生部位等。

【防治方法】
预防措施：
(1) 鱼体水霉病的预防
①除去池底过多淤泥，并用200mg/L生石灰或20mg/L漂白粉消毒。
②加强饲养管理，提高鱼体抵抗力，尽量避免鱼体受伤。
③亲鱼在人工繁殖时受伤后，可在伤处涂抹10%高锰酸钾水溶液等，受伤严重时则须每千克鱼体肌肉或腹腔注射链霉素5万~10万U。
(2) 鱼卵水霉病的预防
①加强亲鱼培育，提高鱼卵受精率，选择晴朗天气进行繁殖。
②鱼巢洗净后进行煮沸消毒（棕榈皮做的鱼巢），或用盐、漂白粉等药物消毒（聚草、金鱼藻等做的鱼巢）。
③产卵池及孵化用具进行清洗、消毒。
④采用淋水孵化，可减少水霉病的发生。
⑤鱼巢上黏附的鱼卵不能过多，以免压在下面的鱼卵因得不到足够氧气而窒息死亡，感染水霉后再进一步危及健康的鱼卵。
治疗方法：目前尚无理想的治疗方法，只有在疾病早期进行及早治疗才有一定疗效。
(1) 外用药
①全池遍洒食盐及小苏打（碳酸氢钠）合剂（1:1），使池水成8mg/L的浓度。
②全池遍洒亚甲基蓝，使池水成2~3mg/L浓度，隔两天再泼1次。
③白仔鳗在患病早期，可将水温升高到25~26℃，多数可自愈。

（2）内服抗细菌的药（如磺胺类、抗生素等），以防细菌感染，疗效更好。

二、鳃霉病（Branchiomycosis）

【病原】 鳃霉（*Branchiomyces* spp.），属水霉目（Saprolegniales）。我国鱼类寄生的鳃霉，从菌丝的形态和寄生情况来看，属于两种不同的类型。寄生在草鱼鳃上的鳃霉，菌丝较粗直而少弯曲，分枝很少，通常是单枝延生生长，不进入血管和软骨，仅在鳃小片的组织生长；菌丝的直径为 $20\sim25\mu m$，孢子较大，直径为 $7.4\sim9.6\mu m$，平均 $8\mu m$，略似 Plehn（1921）所描述的血鳃霉（*B. sanguinis*）。寄生在青鱼、鳙、鲮、黄颡鱼鳃上的鳃霉，菌丝较细，壁厚，常弯曲成网状，分枝特别多，分枝沿鳃丝血管或穿入软骨生长，纵横交错，充满鳃丝和鳃小片；菌丝的直径为 $6.6\sim21.6\mu m$，孢子的直径为 $4.8\sim8.4\mu m$，与 Wundsch（1930）所描述的穿移鳃霉（*B. demigrans*）相似。在我国发现的上述两种不同类型的鳃霉，究竟与文献中所述的是同种或其他种类，因目前对鳃霉的生活史还没有进行研究，故暂未定种。

【症状和病理变化】 病鱼失去食欲，呼吸困难，游动缓慢，鳃上黏液增多，鳃上有出血、淤血或缺血的斑点，呈现花鳃；病重时鱼高度贫血，整个鳃呈青灰色。

【流行情况】 通过孢子与鳃直接接触而感染。我国的广东、广西、湖北、浙江、江苏、辽宁等地均有流行。敏感的鱼类有草鱼、青鱼、鳙、鲮、银鲴、黄颡鱼等，其中鲮鱼苗最为敏感，广东有些地区鲮鱼苗的发病率达 70%～80%，死亡率高达 90% 以上。主要流行于热天，5～10 月，尤以 5～7 月为甚；当水质恶化，特别是水中有机质含量高时，容易暴发此病，在几天内可引起病鱼大批死亡。为口岸鱼类第二类检疫对象。

【诊断方法】 用显微镜检查鳃，当发现鳃上有大量鳃霉寄生时，即可做出诊断。

【防治方法】 目前尚无有效的治疗方法，主要是采取预防措施。

（1）清除池中过多淤泥，用浓度为 450mg/L 生石灰或 40mg/L 漂白粉消毒。

（2）严格执行检疫制度。

（3）加强饲养管理，注意水质，尤其是在疾病流行季节，定期灌注清水，每月全池遍洒 1～2 次生石灰（浓度为 20mg/L 左右），必要时可全池泼洒漂白粉（浓度为 1mg/L）；掌握投饲量及施肥量，有机肥料必须经发酵后才能放入池中。

三、虹鳟内脏真菌病（Visceral mycosis of salmon）

【病原】 我国虹鳟鱼种肠内寄生的真菌，菌丝较粗，直径 $10\sim13\mu m$，长 $250\mu m$ 左右，最长的可达 $400\mu m$ 以上，菌丝有分隔及分枝，但大部分不明显，孢子圆形，直径 $15.5\sim16.3\mu m$，种类尚未做鉴定。

日本报道，在虹鳟、红大口大麻哈鱼等鱼种腹腔内寄生的真菌，被鉴定为异枝水霉（*Saprolegnia diclina*）及半知菌类（Fungi imperfecti）。半知菌类真菌，直径 $4\sim12\mu m$，是具有分枝和隔的很细菌丝，尚未做鉴定。

【症状和病理变化】 病鱼的腹部明显膨大，剖开鱼腹，用显微镜检查，可见消化管、肝、脾、肾、鳔、腹腔、体壁内有大量真菌寄生。我国至今只发现寄生在虹鳟的消化道内，主要为肠道后部，近肛门处最密集；少数病鱼在胃内也可检出菌丝体。日本发现的异枝水霉，最早感染部位是胃的幽门处，菌丝在该处的肌层内大量繁殖，侵入胃黏膜层内的菌丝较少，一般黏膜层破坏不严重；也有的菌丝通过胃壁伸到腹腔内，大量繁殖，引起腹腔内出血、积水，腹腔内的菌丝群落大多出现在胃下部的周围，菌丝甚至可侵入腹膜、骨骼肌以及皮肤，但几乎没有菌丝穿过活鱼的皮肤而伸出鱼体外（即使是临死的鱼），也很少有菌丝侵入肝、肾、脾、肠等处。半知菌类真菌最初感染处是鳔或胃贲门部附近的胃壁，侵入胃黏膜层的不多，伸入腹腔的菌丝常侵入肝脏、肾脏等内脏，甚至还侵入肌肉；菌丝在鳔内生长很旺盛；受菌丝侵袭的内脏器官、肌肉发生坏死、解体；本菌丝群落主要出现在胃前部附近的腹腔内。

【流行情况】我国辽宁省饲养的虹鳟鱼种及日本、美国饲养的虹鳟、红大口大麻哈鱼、银大麻哈鱼、大鳞大麻哈鱼的鱼种均有此病流行，死亡率高。

【诊断方法】根据症状及流行情况进行初步诊断，再用显微镜检查患处，如发现有大量真菌寄生，即可诊断为患此病，如要鉴定真菌的种类，则要进行分离培养。

【防治方法】目前尚无有效治疗方法，主要是进行预防。预防措施同鳃霉病。

四、鱼醉菌病（Ichthyophonosis of fishes）

【病原】霍氏鱼醉菌（*Ichthyophonus hoferi*），属藻菌纲（Phycomycetes），分类位置尚未明确。在鱼组织内看到的主要有两种形态（图 7-25A、B）：一种为球形合胞体（又叫多核球状体），直径从数微米至 $200\mu m$，由无结构或层状的膜包围，内部有几十至几百个小的圆形核和含有 PAS（高碘酸席夫氏）反应阳性的许多颗粒状的原生质，最外面有寄主形成的结缔组织膜包围，形成白色胞囊；另一种是胞囊破裂后，合胞体伸出粗而短、有时有分枝的菌丝状体，细胞质移至菌丝状体的前端，形成许多球状的内生孢子。

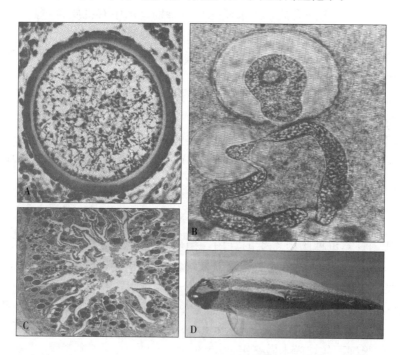

图 7-25 霍氏鱼醉菌及患病鱼
A. 霍氏鱼醉菌球形合胞体 B. 菌丝状体
C. 霍氏鱼醉菌球形合胞体寄生于虹鳟肠组织中 D. 霍氏鱼醉菌寄生引起虹鳟腹胀、腹水

生活史：病鱼死后，体内的球形合胞体的囊壁破裂，原质团跑出，或伸出菌丝状体，在其前端膨大成原质团，球形合胞体及原质团被其他鱼摄食后，在消化液的作用下，进行分裂，形成许多单核及双核的变形虫状体，不久通过消化道黏膜进入血流，最后进入各器官组

织，在那里发育长大，核进行多次分裂，形成厚膜球形合胞体，并由寄主的结缔组织包围形成包囊，包囊破后，原质团跑出，或原质团分裂成几个子细胞，或短的菌丝样体伸出，原生质移行至其前端，形成几个子细胞，出现在菌丝体外。这些子细胞是变形虫状体，分散到附近的组织中，或随血流移至其他部位，在那里再发育成厚膜球形合胞体，因而即使只摄入少量病原体，在寄主体内也可形成很多包囊。

【症状和病理变化】随寄生的部位不同，症状也有所不同，霍氏鱼醉菌可寄生在肝、脾、心脏、胃、肠、幽门垂、生殖腺、神经系统、鳃、骨骼肌等处，寄生处均形成大小不同、密密麻麻的灰白色结节，严重时组织被病原体及增生的结缔组织所取代，当病灶大时，病灶中心发生坏死（图7-25C）。如主要侵袭神经系统，则病鱼失去平衡，摇摇晃晃游动（欧洲的虹鳟）；侵袭肝脏，可引起肝肿大，比正常鱼的大1.5~2.5倍，肝脏颜色变淡；侵袭肾脏，则肾脏肿大，腹腔内积有腹水，腹部膨大（图7-25D）；侵袭生殖腺，则会失去生殖能力。

【流行情况】感染方法，一种是通过摄食病鱼或病鱼的内脏而引起；另一种为由鱼直接摄取球形合胞体或通过某种媒介（如哲水蚤等）被鱼摄入而引起。虹鳟、红点鲑、各种热带鱼及野生海水鱼（鳕、鲐、大西洋鲱等）都会感染发病。在欧洲、美洲、日本、英国均有流行，可引起养殖鱼类大批死亡，对野生鱼则影响资源。我国至今尚未发现有此病流行。

【诊断方法】根据症状，再用显微镜检查，发现有大量霍氏鱼醉菌寄生时，即可确诊为患此病。

【防治方法】目前尚无有效的治疗方法，主要以预防为主。
（1）不用可能寄生鱼醉菌的生鱼作饲料，必须煮熟后投喂。
（2）加强检疫制度，不从疫区运进鱼饲养。
（3）鱼池要清除过多淤泥，并用生石灰清塘。
（4）病鱼必须全部捕起，煮熟后作饲料处理。
（5）鱼池及工具都要进行严格消毒。

五、流行性溃疡综合征（Epizootic Ucerative Syndrome，EUS）

【病原】流行性溃疡综合征（EUS）也叫做红点病或霉菌性肉芽肿，由各种不同的丝囊霉菌（如 *Aphanomycas invadans*，*A. piscicida*，*A. invaderis*）以及其他和EUS有关的丝囊霉菌引起。弹状病毒也和此病流行有关，并且革兰氏阴性菌也总是在EUS的继发性感染中对病鱼造成进一步损伤。

【症状和病理变化】患病鱼早期不吃食，鱼体发黑，漂浮在水面上，有时变得不停地游动。在体表、头、鳃盖和尾部可见红斑。在后期会出现较大的红色或灰色的浅部溃疡，并常伴有棕色的坏死。大块的损伤发生在躯干和背部。除了乌鳢和鲻外，大多数鱼在这个阶段就会死亡。

对于特别敏感的鱼如乌鳢，损伤会逐渐扩展加深，以至达到身体较深的部位，或者造成头盖骨软组织和硬组织的坏死，使活鱼的脑部暴露出来。

【流行情况】EUS是野生及养殖的淡水与半咸水鱼类季节性流行病。该病于1971年首次在日本养殖的香鱼（*Plecoglossus altivelis*）中流行。随后又于1972年在澳大利亚东部的半咸水中的灰鲻（*Mugil cephalus*）发现该病。疾病迅速扩散，从巴布亚新几内亚进入东南亚到南亚，现已到达巴基斯坦。在美国的鲱（*Brevoortia tyrannus*）暴发的溃疡病和亚洲的

EUS 非常相似。

通过组织病理诊断已经确诊有 50 多种鱼受到 EUS 的侵害，但有些重要的养殖品种如罗非鱼、遮目鱼、鲤等对这种病有抗性。

EUS 大多发生在低温时期和大降雨之后。这些条件促使丝囊霉菌形成孢子，而低水温使鱼对霉菌感染的反应变得迟钝。EUS 暴发时，各种野生和养殖的淡水鱼（包括在稻田、河口、湖泊和河流）有很高的死亡率。

【诊断方法】主要依据临床症状并通过组织学方法确诊，到目前为止还没有特定的诊断方法。

（1）将病灶四周感染部位的肌肉压片，可以看到无孢子囊的丝囊霉菌的菌丝（直径12～30mm），刮开损伤部位后通常可以看到霉菌、细菌或寄生虫继发感染。

（2）确诊需要进行组织病理观察。用 HE 染色和一般的霉菌染色（如 Grocott's 染色）可以看到典型的肉芽肿和入侵的菌丝。早期的 EUS 损伤是红斑性皮炎并且看不到明显的霉菌入侵。当损伤由慢性皮炎发展到局部严重的坏死性肉芽肿皮炎并使肌肉变成絮状时，可以在骨骼肌中看到菌丝生长。

（3）分离鉴定

①中等大小的病鱼，发白凸起的皮肤损伤部位最适合做霉菌分离。去掉损伤四周的表皮并用烧红的刀片烫焦。用无菌的刀片和尖头镊子水平切下烤焦部位下面的浅表组织，露出下面的肌肉。用无菌操作方法小心切下大约 2mm，放到加有 100U/mL 青霉素和 100μg/mL 噁喹酸的 Czapek Dox 培养基（培养基的配方为：蔗糖 30g，$NaNO_3$ 3g，$MgSO_4 \cdot 7H_2O$ 0.5g，KCl 0.5g，$FeSO_4 \cdot 7H_2O$ 0.01g，K_2HPO_4 1g，琼脂 13g，蒸馏水 1 000mL，调整 pH 到 7.2），于室温下培养并每天观察。将出现的菌丝重复转移到新鲜的 Czapek Dox 琼脂平板上，直到平板无其他污染菌为止。

②小于 20cm 的病鱼，从位于躯干或尾部的损伤处用无菌刀片从损伤的边缘横切 2 片下来。用烧红刀片消毒暴露的肌肉表面。用无菌小刀从损伤下部切一圆形小块（2～4mm）并放到加有 100U/mL 青霉素和 100μg/mL 噁喹酸的 GP（葡萄糖/蛋白胨）平板中（见以下配方 A、B、C），在 25℃下培养接种物并在 12h 内镜检（最好用倒置显微镜）。将出现的菌丝重复转移到含 1.2%琼脂的加有 100U/mL 青霉素和 10μg/mL 链霉素的新鲜 GP 平板直到培养物纯净为止。并于 10℃在 GT 培养基上保存或者在不长于 7d 的间隔下再培养。

③霉菌可以通过诱导孢子形成和出现典型的丝囊霉菌无性繁殖特征而鉴定到种。*Aphanomyces invadans* 的特征是培养时生长缓慢，37℃时在 GPY 琼脂中不生长。如果要确认分离到的是 *A. invadans*，可以把含有 100 个以上运动性游走孢子的悬液在 20℃时注射到对 EUS 敏感的鱼［最好是纹鳢（*Channa striata*）］的肌肉，7d 后在肌肉中可见到 12～30μm 的菌丝，14d 后出现霉菌性肉芽肿。

④在丝囊霉菌培养中诱导形成游走孢子。要鉴定所培养的霉菌是丝囊霉菌属，有必要诱导其无性繁殖结构。为了诱导孢子形成，取直径 3～4cm 带有生长活力菌丝的一小团琼脂，放到含有 GPY 肉汤的平皿中于 20℃培养 4d。把在含有灭菌池塘水的平皿中连续传了 5 代的营养琼脂洗出来，放在灭菌的池塘水中 20℃过夜。大约 12h 后形成原代孢囊群落并在显微镜下可观察能游动的次级游走孢子。

分离、培养 *Aphanomyces. invadans* 的培养基配方（pH7.5）：

A. GP（葡萄糖/蛋白胨）肉汤：葡萄糖 3g/L，蛋白胨 1g/L，$MgSO_4 \cdot 7H_2O$ 0.128 g/L，

KH_2PO_4 0.014g/L，$CaCl_2 \cdot 2H_2O$ 0.029g/L，$FeCl_2 \cdot 6H_2O$ 2.4mg/L，$MnCl_2 \cdot 4H_2O$ 1.8mg/L，$CuSO_4 \cdot 5H_2O$ 3.9mg/L，$ZnSO_4 \cdot 7H_2O$ 0.4mg/L。

B. GPY（葡萄糖/蛋白胨/酵母）肉汤：GP肉汤中加0.5g/L酵母抽提液。

C. GPY琼脂：GPY肉汤中加12g/L琼脂。

【防治方法】该病在大型水体发生时，几乎不可控制。若该病在小水体和封闭水体里暴发，通过消除病鱼、用生石灰消毒池水、改善水质等方法，可以有效降低死亡率。

第五节 寄生原生动物疾病

原生动物（protozoa）又称原虫，是一大类具有或无明确亲缘关系的单细胞"低等动物"的泛称。相对于多细胞的后生动物（metazoa），原生动物的主要特征：单细胞真核动物，并具有各种特化的胞器（organelles），如鞭毛、纤毛、伪足、吸管、胞口、胞肛、伸缩泡、射出体等，来完成诸如运动、摄食、营养、代谢、生殖和应激等各项生理活动。

原生动物已记载65 000多种，绝大部分的原生动物是自由生活的，它们广泛地分布于淡水、海水、土壤等不同的环境中；另一小部分种类为寄生（或共栖、共生）类群。按照生物的五界理论，传统意义上的原生动物属于原生生物界（Protista）中之原生动物亚界（Subkingdom Protozoa），下分7个门（根据Levine等，1980），其中有5个门中有寄生在鱼类上的种类。分别是：肉足鞭毛门（Sarcomastigophora Honiberg & Balamuth，1963），顶复门（Apicomplexa Levine，1970），微孢子门（Microspora Sprague，1977），黏体门（Myxozoa Grasse，1970）和纤毛门（Ciliophora Doflein，1901）。

原生动物个体微小，绝大部分种类的个体大小为10～200μm，故只有借助显微镜甚至电子显微镜才能进行观察。有些种类是寄生虫（parasites），即其所需营养都是取自宿主。有些种类严格地说是外部共栖（ectocommensals），即其所需营养不是或不完全是取自宿主。寄生原生动物通过渗透或吞噬的方式摄取营养（细胞吞食，如变形虫；胞口吞食，如许多纤毛虫类）。其繁殖方法有无性繁殖和有性繁殖两大类，但最常见到的是无性繁殖。无性繁殖中最为常见的为二分裂（binary fission），又可分为纵二分裂（如鞭毛虫类）和横二分裂（如纤毛虫类），其次为复分裂（multiple fission）或叫做裂殖生殖（schizology），出现在肉足虫类和孢子虫类。有少数种类行出芽生殖（budding），这类原生动物在海水鱼上尚未发现，仅发现在对虾上。

寄生于鱼类上的原生动物种类很多，分布很广，可以出现在鱼类体表及体内的各种器官和组织，其中有些种类可以引起鱼类的严重疾病，造成巨大的经济损失，如黏孢子虫病（疯狂病、饼形碘泡虫、单极虫病等）、小瓜虫病、隐核虫病、指状拟舟虫病等。

一、由鞭毛虫引起的疾病

（一）淀粉卵涡鞭虫病（Amyloodiniosis）

【病原】眼点淀粉卵涡鞭虫（*Amyloodinium ocellatum*），属肉足鞭毛门（Sarcomastigophora）、鞭毛亚门（Mastigophora）、植鞭纲（Phytomastigophora）、腰鞭目（Dinoflagellida）、胚沟科（Blastodiniidae）。该科所包含的属和种不多。寄生在养殖鱼类上的有2个属：卵涡鞭虫属（卵甲藻属）（*Oodinium*）和淀粉卵涡鞭虫属（*Amyloodinium*）。有些人认为这类生物应属于植物界的甲藻门，叫做卵甲藻。现在多数学者，特别是鱼病学家都将它们归于原生动物的鞭毛虫类。卵涡鞭虫属寄生在淡水鱼类上,虫体内缺乏淀粉粒,成虫用固着盘吸附在鱼体上。淀粉卵涡鞭虫属寄生在海水鱼类上,虫体内含有淀粉粒,成虫用假根状突起固着在鱼体上。

寄生期的虫体是营养体(trophozoite, trophont),在初期为梨形,到后期则近于球形,大小为 20~150μm,最大的达 350μm。在一端形成具有假根状突起的附着器(也叫做足部),用以附着到鱼体上。原生质中有许多淀粉粒;胞核在中央,大小为 5~15μm,一般不易看清。虫体表面有明显的细胞膜。在靠近假根状突起处有一个长形的红色眼点,有一条口足管(stomopodetube)。营养体成熟后或在病鱼死后,缩回假根状突起,离开鱼体,落入水中,分泌出一层纤维质形成包囊,虫体在包囊内用二分裂法反复进行多次分裂,最后形成 256 个具 2 根鞭毛、大小为 9~15μm、无色、有横沟和纵沟的涡孢子(dinospore, tomont, gymnodinia)(图7-26)。涡孢子形成后冲出包囊,在水中游泳,此时涡孢子已具有涡鞭虫的形态。涡孢子遇到宿主鱼就附着上去,去掉鞭毛,生出假根状突起,再成为营养体,开始其寄生生活。营养体则完全没有涡鞭虫的特征。

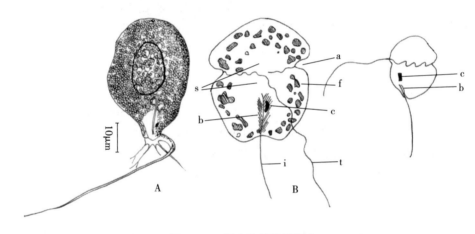

图 7-26 眼点淀粉卵涡鞭虫
A. 营养体 B. 涡孢子
a. 横沟 b. 纵沟 c. 眼点 f. 折光颗粒 i. 纵鞭毛 s. 藏着核的透明腔 t. 横鞭毛
(江草周三,1978)

营养体形成包囊后,水温 23~27℃,pH7.3~7.6 时对其分裂有利。水温在 10℃ 以下不分裂,10~20℃ 之间分裂非常缓慢,20~25℃ 时较快,在 25℃ 以上时 3d 以内就可分裂成 256 个游泳子。在海水相对密度为 1.012~1.021 并溶解有大量的硝酸盐时对游泳子的发育有利。

【症状和病理变化】淀粉卵涡鞭虫的营养体主要寄生在鱼类的鳃上,其次是皮肤和鳍,严重感染的鱼肉眼看上去有许多小白点。病鱼游泳缓慢,无力地浮游于水面,呼吸加快,鳃盖开闭不规则,口常不能闭合,有时喷水,或向固体物上摩擦身体。鱼体瘦弱,鳃呈灰白色,呼吸困难而死。有少数病例,发现虫体寄生在咽喉的黏膜下组织或肌肉中,甚至发现在肾脏或肠系膜等处。

虫体用假根状突起插入宿主的上皮细胞中用以固着其身体,现在还不能证明假根状突起有摄食的作用。摄食是通过口足管进行。但假根状突起可严重伤害鱼的上皮细胞,被寄生的细胞发生变性,周围的细胞混浊肿胀、增生,组织发炎,出血,甚至坏死崩落。在鳃上的虫体附着在鳃小瓣之间，寄生数量很多时成为淡灰色团块。虫体周围的鳃小瓣上皮增生、愈合，将虫体包围起来，严重者组织崩坏，软骨外露，呼吸机能发生障碍随即死亡。有时病鱼继发性感染细菌或真菌。

【流行情况】淀粉卵涡鞭虫呈世界性分布，能侵害多种海水或半咸水鱼类，对宿主无专一性。但半咸水鱼类或河口鱼类似乎比海水鱼类较有抵抗力，可能低盐度对该虫有不利的作用。水族馆、室内水泥池和池塘养殖的鲻、梭鱼、海马、鲈、真鲷、黑鲷、河鲀、大黄鱼、石斑鱼（*Epinephelus* spp.）等常严重感染。美国海水养殖的卡州鲳鲹（*Trachinotus carolinus*）和条纹狼鲈（*Morone saxatilis*）等鱼类也受其害。在一些硝酸盐含量高的养殖水域，由于为涡孢子的发育提供了有利条件，也常见此病。在水温23～27℃的7～9月是疾病的流行季节。一般从表现出症状后的2～3d内死亡率可高达100%。

【诊断方法】肉眼可看到病鱼的鳃或体表有许多小白点。初看很似后述的隐核虫病，但仔细观察可看出淀粉卵涡鞭虫不是在上皮组织内，而是在其表面，虫体大小也明显比隐核虫小，因此，容易区别。但要确诊还须刮取白点用显微镜进行检查。

【防治方法】

预防措施：苗种放养或从外地购买的苗种，先经淡水浸泡5min后再入池养殖。发现病鱼要及时隔离治疗，已无可救药的鱼和死鱼要立即捞出，防止病原传播。

治疗方法：治疗病鱼的同时，养病鱼的水槽或池塘应在4～5d内不要放养鱼类，这样即便在养鱼的设施中有残留的包囊，产生出的涡孢子在这段时间内找不到宿主就会死掉。也可将养鱼的容器用高浓度的高锰酸钾或漂白粉彻底消毒，再用清水冲洗干净然后才可放养鱼类。治疗的方法如下：

（1）用淡水浸洗病鱼2～3min，大多数营养体可以脱落，但有些可能在鳃的黏液内，受不到淡水的影响，以后仍能形成包囊进行繁殖，所以隔3～4d后应重复治疗一次。淡水浸洗是最有效、最经济和最简便的方法。

（2）用硫酸铜全池泼洒，使池水成0.8～1.2mg/L的浓度，药浴10～15min，连用4d。或硫酸铜浓度为10～12mg/L浸洗10～15min，每天1次，连用3～4次。

（二）锥体虫病（Trypanosomiasis）

【病原】锥体虫（*Trypanosoma* spp.）。属肉足鞭毛门、动鞭毛纲（Zoomastigophorea）、动基体目（Kinetoplastida）、锥体科（Trypanosomidae）、锥体虫属（*Trypanosoma*）。锥体虫的身体狭长，两端较尖，形如柳叶，但往往弯曲成S形、波浪形或环形（图7-27）。最大的达130μm。胞核一般位于身体中部，卵形或圆形，具有明显的核内体。身体后端有一个动核（kinetoplast）。靠近动核的前边有一个毛基体（kinetosome, basal body）。从毛基体上长出一根鞭毛，沿着身体的一边向前伸，与身体之间形成一波浪形的膜，叫做波动膜（undulating membrane）。鞭毛伸到身体前端后变为游离的鞭毛。虫体生活时在鱼的血液中运动活泼，不断伸曲，但位置不大移动。繁殖为纵二分裂法。生活史包括2个宿主，一个为脊椎动物，一个为无脊椎动物。以吸血的无脊椎动物为中间宿主（节肢动物或水蛭类）。

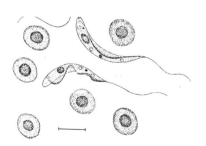

图7-27 寄生在鱼类血液中的一种锥体虫

锥体虫的传播媒介是吸食鱼血的蛭类，蛭类在吸食病鱼的血液时，锥体虫随血流进入蛭类的消化道内，并在其中分裂繁殖。蛭在吸食其他鱼的血液时又将虫体送入新宿主。一种大杜父鱼（*Myoxocephalus octodecemspinosus*）感染了穆拉锥体虫（*T. muranensis*）后，虫体进入蛭的消化道内，先从锥体虫期（trypomastigote）变为没有鞭毛的圆形的无鞭期（amastigote），再变为有一条很短的游离鞭毛的球鞭期（shaeromastigote），以后变为较细的上鞭期（epimastigote），鞭毛从胞核前（以具游离鞭毛的为前端）生出，最后变为锥体虫期，鞭毛从胞核之后生出。在新宿主的血流中，刚生成的锥体虫从纵长形变为宽短形，开始身体很小，以后逐渐变大，感染60d后虫体长达84μm。

【症状和病理变化】寄生在鱼类血液中，以渗透方式获取营养。通常看不出什么症状。严重感染时，可使鱼体虚弱、消瘦、出现贫血。大杜父鱼感染了穆拉锥体虫后，红细胞数减少，血红蛋白和血浆蛋白的含量降低，而淋巴细胞增加。

【流行情况】锥体虫在我国的分布较广，一年四季均可发现病原体，流行于6～8月。由蛭（*Johanssonis* sp.）传播。一般淡水鱼都可感染，多种海水鱼类，如鲆鲽类、鳕、鲔、鳎、鳐、鳕、鲈、鲷以及鳗形目等亦可感染。我国广东养殖的石斑鱼血液中常有发现。

【诊断方法】从鱼的入鳃动脉或心脏吸取一滴血液，置于载片上，在显微镜下观察，看到在血细胞之间有扭曲运动的虫体时，基本可以诊断。

【防治方法】鱼类的锥体虫病是由吸食鱼血的蛭类所传播，目前的防治方法主要是通过杀灭鱼蛭来控制。

（三）隐鞭虫病（Cryptobiasis）

【病原】隐鞭虫（*Cryptobia* spp.）。属肉足鞭毛门、动鞭毛纲、动基体目、波豆科（Bodonidae）、隐鞭虫属（*Cryptobia*）。虫体狭长或近似于叶片状，前端钝圆，后端尖细。身体前端有2个毛基体，各生出1条鞭毛。1条向前伸出，成为游离的前鞭毛；另1条沿虫体边沿向后伸，与身体之间形成波浪形的波动膜，至虫体后端再离开虫体成为后鞭毛。身体前部有1个圆形或长形的动核。身体中部有1个圆形或椭圆形的胞核。以纵二分裂法繁殖。生活史只需1个宿主。虫体靠直接接触传播。虫体可短时在水中自由生活。

【症状和病理变化】在淡水鱼类的鳃和皮肤上是常见的鞭毛虫类，也出现在血液中。在苗种阶段大量寄生于鳃时，鱼活力下降，游动缓慢，食欲减退或不摄食，鳃部黏液增多，呼吸困难，窒息死亡。寄生于体内组织的隐鞭虫，外表没有明显症状。在海水鱼类中除了寄生在鳃、皮肤和血液以外，还有一种达氏隐鞭虫（*C. dahlii*）寄生在大西洋的圆绍鱼（*Cyclopterus lumpus*）的消化道内（图7-28）。美国的淡水和驯化到海水中的鲑科鱼类的血液中寄生一种鲑隐鞭虫（*C. salmositica*），大小为11.2～20.5μm×4.3～10.2μm，平均14.6μm×7.3μm。在大麻哈鱼类的血液中，有时虫体的数目超过血细胞数目，可达红细胞的1.5倍，使病鱼鳃内的微血管发生栓塞、膨胀，引起鳃丝水肿。根据Susan和Margolis（1983）的研究，鲑隐鞭虫的传播不一定需要鲑鱼蛭（*Piscicola salmositica*）为媒介，虫体可以通过鱼的体腔达到体表，再感染其他鱼。

图7-28 寄生在大西洋的圆绍鱼的消化道内的达氏隐鞭虫

(Lom, 1984)

【流行情况】鳃隐鞭虫在我国主要养鱼区均有流行。发现于江浙和两广地区以及华中一带。寄生于青鱼、草鱼、鲢、鳙、鲤、鲫、鳊、鲮等淡水经济鱼类及其他野杂鱼。宿主范围广泛，无选择性，但仅能危害当年草鱼。海水养殖的鲻、梭鱼、鲈、真鲷、黑鲷、牙鲆、石斑鱼等的鳃上也发现有隐鞭虫寄生，但未定种，危害鱼苗和体长 10cm 以下的鱼种。发病季节为 7～9 月份。

【诊断方法】从鳃部或其他寄生部位取少许样品置于载片上，制成涂片，在显微镜下观察到虫体即可诊断。血液中的隐鞭虫在显微镜下活体观察时易与锥体虫混淆，但隐鞭虫具前后两条鞭毛，锥体虫仅一条，依此可以区别。

【防治方法】

(1) 鳃上寄生隐鞭虫的病鱼，用淡水浸洗 3～5min 或全池泼洒硫酸铜，浓度为 0.8～1.2mg/L。

(2) 消化道和血液中的隐鞭虫，尚无防治方法。

(四) 鱼波豆虫病（Ichthyobodiasis）

【病原】漂游鱼波豆虫（*Ichthyobodo necatrix*），属于动基体目、波豆科。虫体侧面观呈梨形、卵形或近似圆形；侧腹面观，略似汤匙。偏于侧面的一边有 1 鞭毛沟，鞭毛沟前端有 1 个由 2 颗基粒组成的生毛体，由此长出 2 根鞭毛，沿鞭毛沟伸向体后而游离。胞核 1 个，圆形，位于虫体的中部或稍前，核膜内周缘排列着大小不同而略有规则的染色质粒，中间有 1 个相当粗大、呈粒状结构的核内体，核内体与周围染色质粒之间，有少许放射状的非染色质丝。虫体大小为 $5.5～11.5\mu m \times 3.1～8.6\mu m$。离开寄主组织自由游泳的个体，好像漂在流水中的树叶，不能主动地活动，经相当时间后，恢复了正常状态，虫体才做曲折的伸展，缓慢地游动前行。因其鞭毛不适于游动，所以虫体离开宿主 6～7h 后即死亡。

用纵二分裂法进行繁殖。在检查时常可看到 4 根鞭毛的个体，其中 2 根较长，2 根较短。根据多数学者的见解，认为这是分裂的情况，2 根短鞭毛是新长出来的，因飘游鱼波豆虫在条件适宜时，繁殖很快，故常见到正在分裂中的 4 根鞭毛的个体；但也有些学者认为这是正常现象。

【症状和病理变化】疾病早期没有明显症状，当病情严重时，病鱼离群独游，游动缓慢，食欲减退，甚至不吃食，呼吸困难而死。病鱼皮肤及鳃上黏液增多，寄生处充血、发炎、糜烂。当 2 龄以上大鲤鱼患病严重时，可引起鳞囊内积水、竖鳞等症状。

【流行情况】国内外都有流行，我国自南至北均有此病危害。繁殖适宜温度 12～20℃，一般流行于春秋两季，广东、广西则以冬末春初最为流行。危害各种温水及冷水性淡水鱼，尤以鲤和鲮的鱼苗为严重。鱼的年龄越小越敏感，放养后 3～4d 的鱼苗或从鱼卵孵出 6～8d 的鱼苗即可受害，且病程短，发现病原体 2～3d 后，病鱼即开始大量死亡。在鱼种阶段，春花最易受害，因经过越冬后鱼体质衰弱（尤其是北方越冬期长），抵抗力差，且此时的水温又适合鱼波豆虫大量繁殖。2 足龄以上的大鱼，一般不引起死亡。

【诊断方法】用显微镜进行检查，发现有大量鱼波豆虫寄生，结合症状及流行情况，即可做出诊断。

【防治方法】同鳃隐鞭虫病。

二、由孢子虫引起的疾病

孢子虫的主要特征，是在其整个生活史中毫无例外地产生孢子，生活史比较复杂，包括无性阶段的裂配生殖和有性阶段的配子生殖，可在一种或两种不同寄主体内完成。全部营寄生生活，寄生于鱼类体内外各器官组织，是水产动物寄生原生动物中种类最多、分布最广、危害较大的一类寄生虫，有些种类可引起水产动物大批死亡，或丧失商品价值，有的种类如尼氏单孢虫和沿岸单孢虫等还是口岸检疫对象。

（一）血簇虫病（Haemogregarinasis）

【病原】 血簇虫（*Haemogregarina* spp.）属于顶复门、孢子纲（Sporozoea）、球虫亚纲（Coccidia）、真球虫目（Eucoccidiida）、隐球虫科（Adelaidae）。

【症状和病理变化】 血簇虫寄生在红细胞或白细胞的细胞质内，呈卵圆形或虫状，有的长而弯曲，一端粗而顶端圆，另一端较细而尖，有的呈棍棒状两端圆，有的在一端有染成红色的极帽（polar-cap）。

双生血簇虫在宿主的红细胞中可看到它的裂殖体（schizont）或配子母细胞（gametocyte）。裂殖体肾脏形，大小约 $7\mu m \times 3\mu m$；配子母细胞长而弯曲呈弧形，一端粗而末端圆，另一端细而尖，大小为 $9.2\sim12.9\mu m \times 1.2\sim1.8\mu m$（图7-29）。

双生血簇虫在感染的初期是在鱼的血浆中呈圆形或肾脏形的裂殖子（merozoit）。每个裂殖子钻入1个血细胞（嗜碱性红细胞、大小淋巴球或单核球），在其中变为卵形或梨形的裂殖体。裂殖体再进行一系列的二分裂，每个白细胞中大多数形成4个裂殖子，也有形成6～8个的，一端圆，另一端稍尖，呈蠕虫状。这些裂殖子从白细胞出来后，每个再钻入含血红蛋白的细胞，即红细胞或成红细胞（erythroblast）。裂殖子在其中发育成为裂殖体，再进行二分裂成为2个配子母细胞。

一般被血簇虫侵入的鱼红细胞肥大，变形，胞核也变形和移位，最后红细胞崩解。

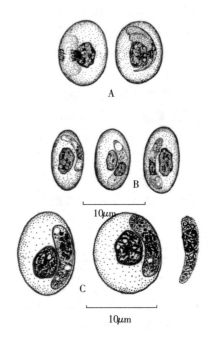

图7-29 寄生在海水鱼类红细胞中的三种血簇虫
A. 双生血簇虫（Laird, 1969）
B. 鲽血簇虫（Laird, 1969）
C. 鲻血簇虫（Reichenbach-Klinke, 1965）

【流行情况】 血簇虫寄生于多种海水和淡水鱼类的细胞内。在海水的硬骨鱼类和板鳃鱼类中是比较普通的血寄生虫，到1984年已报道了80种以上（Lom, 1984）。在海水鱼类中最为常见的是双生血簇虫（*Haemogregarina bigemina*）。它的分布是世界性的，已见于报道的地区有欧洲、美洲、南非、红海和南太平洋等。它对宿主没有专一性，现在已知有60余种鱼都可成为它的宿主。

寄生在鲻（*Mugil cephalus*）等的血细胞中的鲻血簇虫（*Haemogregarina mugili*）在世界上的分布也比较广。在美洲牙鲆（*Paralichthys dentatrs*）和美洲黄盖鲽（*Pseudopleuronectes americanus*）等比目鱼中寄生有鲽血簇虫（*H. platessae*）。

【诊断方法】 显微镜下观察到血浆中或红、白细胞的细胞质中的不同发育时期的血簇虫的形态结构，即可诊断。

【防治方法】 尚无报道。

（二）艾美虫病（Eimeriasis）[球虫病（Coccidiasis）]

【病原】 艾美虫（*Eimeria* spp.），属球虫目（Coccidia）、艾美亚目（Eimeriina），寄生

在鱼类的有艾美虫科（Eimeriidae）和隐孢虫科（Crytosporidiidae），艾美虫科的种类是细胞内寄生，隐孢虫科为细胞上（epicellularly）生活（在肠上皮细胞的肥大的微小突起内），并且小配子无鞭毛，在海水鱼上现仅有鼻隐孢虫（*Cryptosporidium nasoris*）一种。

艾美虫是细胞内寄生。生活史中的感染期是卵囊（oocyst），也是在鱼体上最容易看到的时期。各个种的卵囊的形态各有其特点。基本构造是卵囊呈卵形或球形，外面有一层透明的卵囊膜；成熟的卵囊膜内有4个孢子囊（sporocyst）。孢子囊呈卵圆形、梭形或晶体形。孢子囊之间有一团卵囊残余体（oocystic residual body）和1~2个极体（polarbody）。每个孢子囊外面有一层孢子囊膜，膜内有2个香蕉状或香肠状长而弯曲的孢子体（sporozoite），互相颠倒排列；孢子体内有1个胞核；2个孢子体之间有一团孢子残余体（sporeresidual body）（图7-30）。

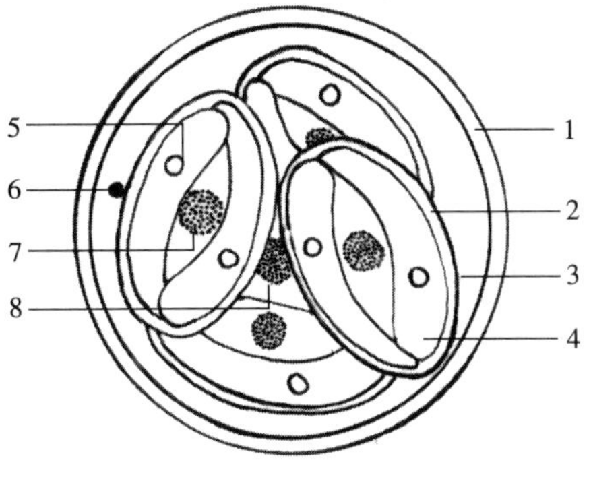

图7-30 艾美虫的卵囊（模式图）
1. 卵囊膜 2. 孢子囊 3. 孢子囊膜 4. 孢子体
5. 胞核 6. 极体 7. 孢子残余体 8. 卵囊残余体
（陈启鎏，1956）

艾美虫的生活史在一个寄主体内完成，不需要更换寄主，包括裂殖生殖、配子生殖和孢子生殖三个阶段（图7-31）。成熟的卵囊随寄主的粪便排出体外，被另一寄主吞食，孢子体钻入肠和胆管等的上皮细胞内，进行裂殖生殖，形成很多新月形的裂殖子，当寄主细胞破裂时，裂殖子又重新钻入寄主的其他细胞，重复上述过程，这为无性世代。有些裂殖子在重新钻入寄主细胞后，发生了性的分化，一部分裂殖子发育成小配母细胞，经多次分裂，形成很多具双鞭毛的小配子；另一部分裂殖子形成大配母细胞，每个大配母细胞发育成1个大配子，大、小配子相互结合而成合子。合子形成1层膜将自己包围，即所谓的卵囊，进行二次分裂，每个卵囊内形成4个孢子；每个孢子再分裂1次，每个孢子内形成2个孢子体，还有一些不参加形成孢子、孢子体的原生质团，即形成卵囊残余体、孢子残余体，卵囊发育成熟。

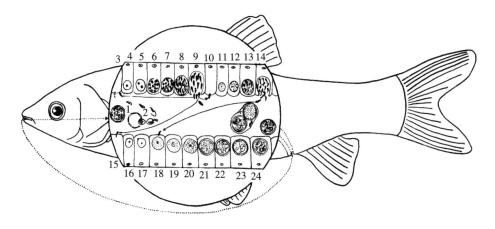

图7-31 艾美虫的生活史
1. 成熟的卵囊被鱼吞入消化道 2. 卵囊膜和孢子囊膜破裂，孢子体离开孢子囊 3~9. 裂配生殖
10~18. 配子生殖 10~14. 形成小配子 15~17. 形成大配子 18. 受精成为合子 19~24. 孢子形成
（自《湖北省鱼病病原区系图志》，1973）

【症状和病理变化】艾美虫寄生在鱼类的消化道、幽门垂、肝脏、胆囊、肾脏、鳔和精巢等器官，破坏组织细胞，大量寄生时形成白色的卵囊团，使病鱼消瘦。在淡水鱼类中寄生的艾美虫有时引起宿主的大批死亡（如青鱼肠内的青鱼艾美虫，少量寄生时，青鱼没有明显症状；当大量寄生时，可引起病鱼消瘦、贫血、食欲减退、游动缓慢、鱼体发黑、腹部略为膨大；部开鱼腹，可见前肠比正常的粗2～3倍，肠壁上有许多白色小结节，肠壁充血发炎；艾美虫主要寄生在黏膜及黏膜下层，肌层次之，浆膜中最少，严重时可引起肠穿孔。鲢艾美虫大量寄生在1足龄以上鲢、鳙的肾脏，可引起病鱼贫血，鳞囊积水，部分鳞片竖起，腹部膨大并有腹水，眼睛突出，肝脏土黄色，肾脏颜色很淡，引起病鱼逐渐死亡）。但是海水鱼类的艾美虫能致死鱼类的实例极为少见。寄生在鲱科鱼类精巢中的沙丁鱼艾美虫，在寄生的数量很多时能破坏精巢组织，使生精小管严重变形，影响生殖甚至使宿主完全丧失生育能力。大西洋的油鲱（*Brevoortia tyrannus*）有的种群42%其精巢被油鲱艾美虫（*E. brevoortiana*）寄生。此虫的裂配生殖是在幽门垂内进行，但卵囊只发现在精巢内。

【流行情况】艾美虫寄生在多种淡水鱼和海水鱼的肠、幽门垂、肝脏、肾脏、精巢、胆囊和鳔等处，国内外都有发生。我国危害较大的是寄生在青鱼肠内的青鱼艾美虫，主要危害1足龄青鱼，大量寄生时可引起死亡，主要流行于江、浙两省的高温季节。鲢艾美虫大量寄生在1足龄以上鲢、鳙的肾脏，可引起病鱼死亡，此病发生在辽宁省。欧洲养的鲤，由于鲤艾美虫大量寄生在肠及胆囊而引起当年鱼死亡；新西兰养的鳗鲡，因鳗艾美虫大量寄生在肠壁而引起死亡。海水鱼至今只有野生的海鱼，如沙西鱼、油鲱的精巢被大量艾美虫寄生，影响生殖；鳕和黑线鳕的鳔内寄生大量艾美虫，鱼体瘦弱，在产卵洄游中死亡。在养殖的海水鱼中尚未见由于艾美虫大量寄生而引起死亡的病例报道。

艾美虫病通过卵囊而传播。艾美虫不同种类对寄主有严格的选择性，在同一条鱼中又常有几种艾美虫同时寄生。

【诊断方法】取病变组织做涂片或压片，在显微镜下可看到卵囊及其中的孢子囊。

【防治方法】
预防措施：除一般预防方法外，利用艾美虫对寄主有选择性，可采取轮养的办法来进行预防，即今年饲养青鱼的塘患艾美虫病后，明年改养其他鱼。

治疗方法：寄生在肠道内的艾美虫可用下列任一种方法治疗。

（1）每千克鱼每天用1g硫黄粉制成颗粒药饵投喂，连喂4d。

（2）每千克鱼每天用碘24mg（或市售2%的碘酊120mL）制成颗粒药饵投喂，连喂4d。

（三）黏孢子虫病（Myxosporidiosis）

【病原】黏孢子虫（Myxosporidia），属于黏体门（Myxozoa）、黏孢子纲（Myxosporea）。这一类寄生虫种类很多，主要寄生在海、淡水鱼类，少数寄生在两栖类和爬虫类。寄生在鱼类的有1 000余种。寄生部位包括鱼的皮肤、鳃、鳍和体内的各器官组织。

黏孢子虫种类很多，但其孢子具有共同的特征，主要是：

（1）每一孢子有2～7块几丁质壳片（多数种类为2片），两壳连接处叫缝线，缝线由于粗厚或突起呈脊状结构，称缝脊；有缝脊的一面称缝面，没有缝脊的一面称壳面。缝脊大多数种类是直的，少数种类弯曲成"S"形。

（2）有些种类的壳上有条纹、褶皱或尾状突起。

(3) 每一孢子有 1~7 个球形、梨形、瓶形的极囊（多数种类有 2 个极囊），通常位于孢子前端，有的种类位于孢子两端。极囊之间有的种类还有"V"形或"U"形突起，称为囊间突。极囊里有极丝，作螺旋状盘曲，受到刺激后，能通过极囊孔射出，极丝呈丝状或带状。

(4) 极囊以外充满孢质，内有 2 个胚核，有的种类在孢质里还有 1 个嗜碘泡（图 7-32）。

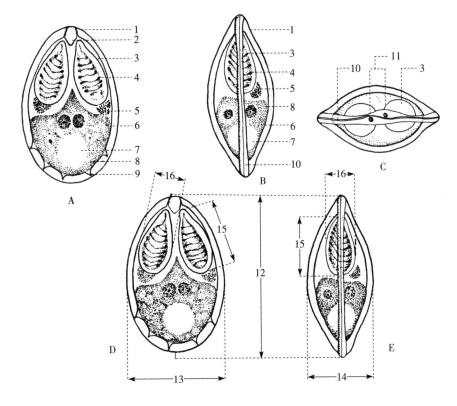

图 7-32 黏孢子虫的构造的测量方法

A、D. 孢子壳面观　B、E. 孢子缝面观　C. 孢子顶面观

1. 孢壳　2. 囊间小块或囊间突起　3. 极囊　4. 极丝　5. 极囊核　6. 胚核　7. 嗜碘泡　8. 孢质
9. 褶皱　10. 缝线　11. 极丝之出孔　12. 孢子长　13. 孢子宽　14. 孢子厚　15. 极囊长　16. 极囊

（湖北省水生生物研究所，1973）

寄生在海水鱼类的黏孢子虫有 29 个属，其中 17 个属只寄生在海水类（Lom，1984）。黏孢子虫在海水中分布很广，从热带到北极，从沿岸的浅水到 3 960m 的深海都可发现。

寄生于海水鱼危害较大的黏孢子虫主要有：

1. 弯曲两极虫（*Myxidium incurvatum*）　弯曲两极虫属于二壳目、两极亚目（Bipolarina）、两极科（Myxidiidae）。孢子呈纺锤形，但有"S"形弯曲，长 8~16μm，宽 4.2~8.8μm。有 2 个极囊，分别位于孢子两端，呈梨形，尖端向外，长 3~5.6μm，直径 2~3μm。营养体呈小变形虫状（图 7-33A），一般长 13~15μm，有时可达 25μm。外质透明，内质有折光性微粒状物体。这种黏孢子虫分布很广，寄生于鲽类、海马、海龙等 20 多种鱼类的胆囊中，在近岸的、远洋的、不同气候和不同地理环境中的鱼类中都可发现。寄生数量多时，成团的孢子可以阻塞胆管。

2. 小碘泡虫（*Myxobolus exiguus*） 属于二壳目、扁孢亚目（Platysporina）、碘泡科（Myxobolidae）。孢子近于卵形，前端较窄，长 8～12μm，宽 6～9.3μm，厚 4.5～5.5μm。极囊 2 个，近于梨形，长 4～7μm，横径 2.5～2.7μm。孢质中具 1 嗜碘泡。包囊的形状和大小不一致，一般较小（0.5mm×0.2mm），有的较大呈球形（直径 1.5mm）（图 7-33B）。

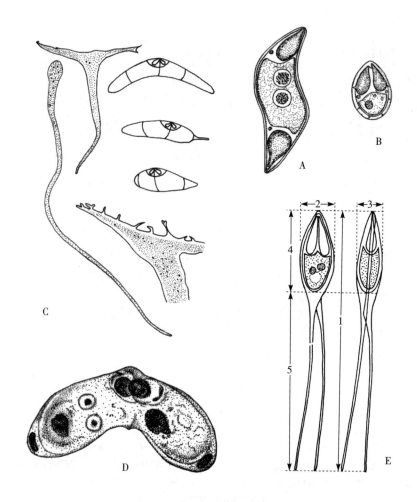

图 7-33 海水鱼常见寄生黏孢子虫
A. 弯曲两极虫（Zhukow，1962） B. 小碘泡虫（Parisi，1912）
C. 镰菱鲆角孢子虫（Awerinzew，1908） D. 沙斯塔角孢子虫（Noble，1950）
E. 尾孢子虫模式图及其测量（Bychowsky，1962） 左：壳面观 右：缝面观
1. 孢子全长 2. 孢子宽度 3. 孢子厚度 4. 孢子内腔末端至前端距离 5. 后端突起长

小碘泡虫寄生在许多种淡水鱼类的鳃、消化管壁、脾脏和肾脏中，未造成严重危害，但在半咸水或海水鱼类的鳃上则能发生危害严重的流行病。Petrushewsky 和 Shulman（1958）曾经报道黑海的鲻（*Mugil cephalus*）和金鲻（*M. auratus*）由小碘泡虫引起非常严重的流行病。病鱼鳃丝上充满了包囊，完全破坏了鳃的呼吸机能，引起鳃大量出血，导致鱼类大批死亡。

3. 角孢子虫（*Ceratomyxa* sp.） 角孢子虫属隶属于二壳目、宽孢亚目（Eurysporina）、角孢科（Ceratomyxidae）。孢子的缝面观很宽，一般弯曲成牛角状；两个极囊分布在缝合面的两边，一般互相靠近，有的稍离开；营养体呈变形虫状。此虫寄生在鲽、鲆、石斑鱼类和其他许多海水鱼类的胆囊中，感染严重时，胆囊膨大、充血，胆管发炎。美国加利福尼亚养殖的虹鳟鱼种，因胆囊中被沙斯塔角孢子虫（*C. shasta*）寄生，并且在病鱼的大多数其他器官内也充满了该寄生虫的营养体，虹鳟的死亡率达100%。角孢子虫属的有些种也寄生在海水鱼类的膀胱和输尿管内（图7-33C、D）。

4. 尾孢子虫（*Henneguya* sp.） 尾孢子虫属于碘泡科，孢子形状和构造与碘泡虫相近，只是每片壳的后端延长成尾状突起（图7-33E）。美国蓄养的卡州鲳鲹（*Trachinotus carolinus*）曾经发现在心脏的表面或内面形成白色包囊，包囊内充满尾孢子虫孢子。被寄生的稚鱼身体瘦弱，生长不良，散发性死亡。

5. 肌肉单囊虫（*Unicapsula muscularis*） 此虫属于扁孢亚目、单囊科（Unicapsulidae）。孢子近于球形，直径为6μm，具1个极囊。孢质中有2个核，无嗜碘泡（图7-34）。寄生于北美太平洋沿岸的狭鳞庸鲽（*Hippoglossus stenolepis*）的肌肉纤维内，使肌肉变白色，不透明，肌纤维膨大，其中充满了包囊，像小虫子一样，因此，有人将这种病鱼叫做多虫比目鱼（Kudo，1977）。

6. 库道虫（*Kudoa* sp.） 属于多壳目（Multivalvulida）、四极科（Chloromyxidae）。这一属的特征是孢子有4个极囊，集中于前端，有4片壳，与寄生在海、淡水鱼类胆囊中的四极虫（*Chloromyxum*）很相似，但是库道虫的孢子从顶面看去四个极囊排列成星状或四方形，孢子壳的缝线模糊不清。

库道虫在海水鱼类中已发现有31种以上（江草周三，1986），寄生部位随种而异，以寄生于肌肉中的种为最多。

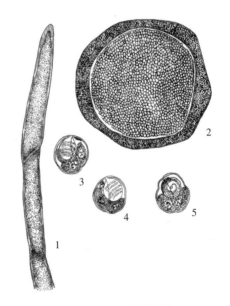

图7-34 肌肉单囊虫
1. 受感染的肌纤维 2. 受感染肌纤维的横断面
3~5. 孢子
（Kudo，1977）

鲻库道虫（*K. bora*）发现在我国台湾省南部养殖的鲻（*Mugil cephalus*）、日本鲻（*M. japonicus*）和棱鲻（*M. carinatus*）体侧的肌肉中。病鱼肌肉中散布着乳白色、球形或椭圆形、长径达2mm的包囊。在腹部肌肉中包囊最多。成熟的孢子顶面观近圆形，其边缘等距离分布着4个缺口。侧面观略呈圆角的三角形。孢壳薄而光滑。在孢子前部有4个等大的极囊。极囊曲棍形；后部膨大，稍向外弯曲；前部互相平行地伸出壳外，从顶端看去像4个孔；极囊顶端内侧有1条细而短的丝状突起。孢质内有许多颗粒和2个核（图7-35）。

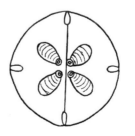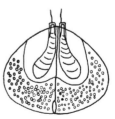

图7-35 鲻库道虫的孢子
（藤田经信，1986）

寄生在肌肉中的库道虫类，一般不至于致死鱼类，但在肌肉中有许多肉眼可见的包囊，使食品价值降低，甚至不能食用。例如日本奄美大岛的鰤养殖场自1970年起连续3年发生库道虫病，受害严重，被迫停产。1973年冲绳海洋牧场的3万尾鰤100%受到感染，只好全部埋掉（Egusa等，1980）。

日本养殖的红鳍东方鲀（*Takifugu rubripes*）的围心腔和心脏腔中寄生的鲀库道虫，其包囊和从包囊中放出的孢子能使宿主的鳃血管发生栓塞。

在天然海产鱼类中也已发现了几种库道虫，其中危害较大的有下列两种：

（1）鲱库道虫（*Kudoa clupeidae*） 孢子顶面观为圆角的四角形，侧面观略似荸荠。4个极囊的前端都集中在孢子的顶端，孢子的大小为4.4～7.5μm×5.4～7μm。鲱库道虫寄生在大西洋鲱（*Clupea harengus*）、油鲱（*Brevoortia tyrannus*）、金枪鱼（*Thunnus thunnus*）等的肌肉内。在1龄大西洋鲱的肌肉中有长达5mm的纺锤形白色包囊。美国某些地区的1龄大西洋鲱的感染率为75%。但在较大的鱼中没有发现，这可能是因为孢子成熟后包囊破裂散入水中，也可能因为受感染的鱼体弱游泳能力差，还未长大就已被其他鱼类捕食了。

（2）杖鱼库道虫（*K. thyrsites*） 孢子不包在包囊中而是散布在宿主肌肉内。宿主为澳大利亚的仗鱼（*Thyrsites atun*）、南非的无须鳕（*Merluccius capensis*）和海鲂（*Zeus faber*），以及星斑川鲽（*Platichthys stellatus*）、狭鳞庸鲽（*Hippoglossus stenolepis*）、太平洋油鲽（*Microstomus pacificus*）、虫鲽（*Eopsetta jordani*）等。其中海鲂的感染率较高，约为25%。病情严重的鱼肌肉变为乳白色，失去弹性，在鱼死后，肌肉迅速液化。这可能是由于库道虫分泌的蛋白水解酶（proteolytic enzyme）引起的。

7. 金枪鱼六囊虫（*Hexacapsula neothunni*）

孢子顶面观呈六角形，壳由6片组成，孢子前端有6个放射状对称排列的极囊，每片壳的内部有1根极丝（图7-36）。孢子的中部为孢质，核不清楚，无嗜碘泡。孢子长5.3～7.3（平均6.2）μm，宽9.1～13（平均11）μm，厚5.9～8.7（平均7.1）μm。极囊长卵圆形，长2.0～3.1（平均2.5）μm，最大直径为1.3～2.1（平均1.6）μm，极丝长14～18μm。孢子不包在包囊内，而是分散在宿主肌肉中，使肌肉呈果酱状，失去食用价值。

8. 安永七囊虫（*Septemcapsula yasunagai*）

成熟的孢子由7块形状和大小都一致的壳片和7个极囊组成，极个别的孢子壳片为6块或8块。孢子顶面观，呈圆角的七角星状；侧面观呈灯罩状。缝线不大明显。壳片表面光滑。极囊7个，长梨形，集中于孢子前端。孢质均匀，无嗜碘泡。胚核不明显。孢子长6.21（4.25～7.31）μm，宽11.7（9.35～13.94）μm，厚8.32（7.14～10.2）μm；极囊长3.64（3.40～4.25）μm；宽2.45（2.11～2.89）μm（图7-37）。

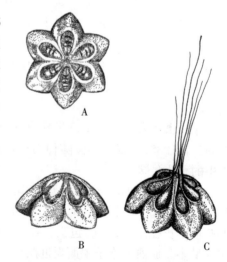

图7-36 金枪鱼六囊虫的孢子
A. 顶面观 B. 侧面观 C. 放出极丝的孢子
（Arai，1953）

安永七囊虫寄生在日本养殖的鲈（*Lateolabrax japonicus*）、条石鲷（*Oplegnathus fasciatus*）、红鳍东方鲀和鰤等海水鱼类的脑内。日本鹿儿岛养殖的鲈发病率为55%～65%，从3月份就摄食不良，4月份开始每天陆续死亡，一直延续到7月，甚至12月也可发现。病鱼游泳反常，体色变黑，身体瘦弱，脊柱弯曲，肝脏萎缩并褪色和淤血。鲥的寄生率为23.1%～33.3%，但未发现像鲈那样的症状。

寄生于淡水鱼危害较大的黏孢子虫有：

1. 鲢碘泡虫（*Myxobolus driagini*） 属碘泡虫科（Myxobolidae）。孢子壳面观呈椭圆形或倒卵形，有2块壳片，壳面光滑或有4～5个"V"形褶皱；囊间小块"V"形，明显；孢子的大小为10.8～13.2μm×7.5～9.6μm；前端有2个大小不等的梨形极囊，极丝6～7圈，极囊核明显，有嗜碘泡。

图7-37 安永七囊虫的孢子
(谢杏人，1984)

2. 饼形碘泡虫（*M. artus*） 孢子壳面观为椭圆形，横轴大于纵轴，大小为4.8～6.0μm×6.6～8.4μm；前端有2个大小相同的卵形极囊；有1个嗜碘泡。

3. 野鲤碘泡虫（*M. koi*） 孢子壳面观为长卵形，前尖后钝圆，光滑或有"V"形褶皱，缝面观为茄子形；大小为12.6～14.4μm×6.0～7.8μm；前端有2个大小约相等的瓶形极囊，占孢子的2/3；嗜碘泡显著。

4. 鲫碘泡虫（*M. carassii*） 孢子壳面观呈椭圆形，光滑或具有"V"形褶皱，大小13.2～15.6μm×8.4～10.8μm；2个大小约相等的茄形极囊，略小于孢子的1/2，极丝8～9圈；嗜碘泡明显。

5. 圆形碘泡虫（*M. ratundus*） 孢子近圆形，前端有2个粗壮的棍棒状极囊，嗜碘泡明显，孢子大小9.4～10.8μm×9.4μm。

6. 异形碘泡虫（*M. dispar*） 孢子壳面观为卵圆形、卵形、倒卵形或椭圆形，表面光滑或具有2～11个"V"形褶皱，囊间小块较明显；孢子大小为9.6～12.0μm×7.2～9.6μm；前端有2个大小不等的梨形极囊，极丝4～5圈；嗜碘泡明显。

7. 微山尾孢虫（*Henneguya weishanensis*） 属碘泡虫科。孢子纺锤形，前端尖狭而突出，有2块壳片，缝脊直而细，孢子大小为11.2～15μm×6.25～6.87μm；壳片向后延伸成细长的尾部，长50～70μm；孢子前端有2个大小相同的梨形极囊；嗜碘泡明显。

8. 鲢旋缝虫（*Spirosuturia hypophthalmichttydis*） 属碘泡虫科。孢子壳面观呈苹果形或圆形，光滑无条纹，大小为7.2～9.2μm×7.7～9.2μm；有2块壳片，缝脊粗而特别隆起，并作波浪状扭曲；前端有2个梨形极囊，长约为孢子长的2/3，极丝6～7圈，囊间角状突明显；嗜碘泡明显。

9. 脑黏体虫（*Myxosoma cerebralis*） 属黏体虫科（Mrxosomatidae），孢子壳面观前宽而后狭，两端钝圆，有"V"形褶皱，有2块壳片，孢子大小为12～15.6μm×7.8～9.0μm；前端有2个同大的长梨形极囊；没有嗜碘泡。

10. 中华黏体虫（*M. sinensis*） 孢子壳面观为长卵形或卵圆形，前端稍尖或钝圆，后方有褶皱，孢子大小为8～12μm×8.4～9.6μm；2个梨形极囊约占孢子的1/2，极丝6圈；没有嗜碘泡。

11. 时珍黏体虫（*M. sigini*） 孢子长椭圆形，大小为 9.8～11.3μm×7.2～7.8μm；前端有 2 个大小相同的茄形极囊；没有嗜碘泡。

12. 两极虫（*Myxidium* spp.） 属两极虫科（Myxidiidae）。孢子纺锤形，两端尖或圆；有 2 块壳片；极囊 2 个，位于孢子的两端；缝线较平直；没有嗜碘泡。

13. 鲢四极虫（*Chloromyxum hypophthalmichthys*） 属四极虫科（Chloromyxidae）。孢子球形，2 块壳片，缝脊直而不显著，每一壳面饰有 6～10 条与缝脊粗细相同的条纹；孢子大小为 9.8～11.6μm×9.2～10.6μm；没有嗜碘泡；前端有 4 个球形极囊，极丝不明显。

14. 鲮单极虫（*Thelohanellus rohitae*） 属单极虫科（Thelohanellidae）。孢子壳面观和缝面观都呈狭长瓜子形，后端钝圆，向前端渐尖细；有 2 块壳片，壳面光滑无褶皱，大小为 26.4～30μm×7.2～9.6μm；1 个棍棒状极囊，约占孢子的 2/3～3/4；有嗜碘泡；孢子外面常有 1 个无色透明的鞘状胞膜，胞膜大小为 39.6～42μm×9.6～14.4μm。

15. 吉陶单极虫（*T. kitauei*） 孢子梨形，大小为 23～29μm×8～11μm；有 2 块壳片；1 个瓶形极囊，约占孢子的 2/3；孢子外面有 1 层薄鞘状胞膜，胞膜大小为 31～35μm×12～17μm；有嗜碘泡。

16. 库道虫（*Kudoa* spp.） 属四囊科（Tetracapsulidae）。有 4 块壳片，孢子顶面观呈圆角方形，侧面观荸荠状，长小于宽，缝线不明显；在孢子前端有 4 个极囊，从顶面观呈星状或四方形排列。

【**症状和病理变化**】病鱼症状随寄生部位和不同种类虫体而不同，通常在组织中寄生的种类，能形成肉眼可观察到的白色包囊（图 7-38），例如鳃、体表皮肤、肌肉和内脏组织中的库道虫、碘泡虫、尾孢子虫等；腔道寄生种类一般不形成包囊，孢子游离在器官腔中，例如胆囊、膀胱和输尿管中的两极虫、角孢子虫等，严重感染时，胆囊膨大，胆管发炎，胆囊壁充血，成团的孢子可以堵塞胆管。七囊虫寄生在脑颅内，可引起病鱼游泳反常，体色变黑，身体瘦弱，脊柱弯曲，肝脏萎缩并有淤血。

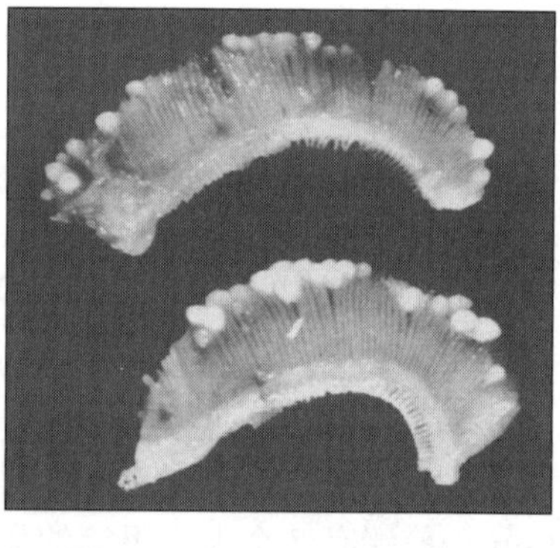

图 7-38 鲤碘泡虫包囊

鲢碘泡虫寄生在鲢的各种器官组织，其中尤以神经系统和感觉器官为主，如脑、脊髓、脑颅腔内拟淋巴液、神经、嗅觉系统和平衡、听觉系统等，形成大小不一、肉眼可见的白色包囊。严重感染时，病鱼极度瘦弱，头大尾小，尾部上翘，体重仅为健康鱼的 1/2 左右，头长为尾柄高的 2.95 倍（健康鱼为 2.2～2.3），体色暗淡无光泽；病鱼在水中离群独自急游打转，常跳出水面，复又钻入水中，如此反复多次而死；死亡时头常钻入泥中；有的侧向一边游泳打转，失去平衡和摄食能力而死，故叫疯狂病。病鱼的肝脏、脾脏萎缩，有腹水，小脑迷走叶显著充血，病鱼严重贫血，红细胞数、血红蛋白量、红细胞比积、血浆总蛋白、无机磷、糖均十分显著地低于健康鱼，白细胞数、红细胞渗透性则十分显著地高于健康鱼，白细胞中的中性粒细胞及嗜酸性粒细胞百分率十分显著地高于健康鱼，单核细胞百分率显著高于健康鱼，淋巴细胞百分率十分显著地低于健康鱼。病鱼的肉味不鲜而腥味重。鲢鱼苗刚出膜即可被感染，目前在生产上，主要危害 1 足龄鲢，可引起大批死亡，未死的鱼商品价值也受严重影响。在全国各地的江、河、湖泊、水库、池塘中都有发生，尤以浙江杭州地区最为严重。

【流行情况】 黏孢子虫病没有明显的季节性，一年四季均可发现。各种虫体广泛地寄生于多种鱼类，鲆、鲽、鲈、石斑鱼、鰤、东方鲀、鲷类、海龙、海马等更为常见。其地理分布很广，从热带到寒带，从浅水沿岸到深海（4 000m）的鱼类都有寄生。而且随着集约化养殖水平的提高和养殖品种的扩大，其危害明显地增大。黏孢子虫的生活史比较复杂，各种之间也有差别，有些种类目前尚不清楚，因此，其感染途径也不清，特别是海水鱼类的黏孢子虫。通常认为黏孢子虫的生活史必须经过裂殖生殖和配子形成两个阶段，宿主的感染是通过孢子。

【诊断方法】

(1) 根据症状及流行情况进行初步诊断。

(2) 用显微镜进行检查，做出诊断。因有些黏孢子虫不形成肉眼可见的包囊，仅用肉眼检查不出；同时，即使形成肉眼可见的包囊，也必须将包囊压成薄片，用显微镜进行检查，因形成包囊的还有微孢子虫、单孢子虫、小瓜虫等多种寄生虫，用肉眼无法鉴别。

(3) 作为口岸检疫，是不允许带有被列为检疫对象的病原（如脑黏体虫）的水产品输出及运入的，所以仅取组织压片镜检不够，必须采用①骨蛋白酶和胰蛋白酶消化鱼的头部，然后用55%葡萄糖溶液离心沉淀后进行镜检；②将组织匀浆后，加生理盐水拌匀，用浮游生物连续沉淀器进行沉淀后再镜检；③将组织匀浆后，加生理盐水拌匀，用100目筛网过滤，1 000～1 500r/min，离心10～15min，反复加生理盐水离心多次，取沉淀物镜检。

【防治方法】

预防措施：

(1) 不从疫区购买携带有病原的苗种。

(2) 用生石灰彻底清池消毒。

(3) 不投喂带黏孢子虫病的鲜活小杂鱼、虾，或经熟化后再投喂。

(4) 发现病鱼、死鱼及时捞除，并泼洒防治药物（同以下治疗方法）。

(5) 对有发病史的池塘或养殖水体，每月全池泼洒敌百虫1～2次，浓度为0.2～0.3mg/L。

治疗方法：

(1) 全池遍洒晶体敌百虫，浓度为0.2～0.3mg/L，可减轻寄生在鱼体表及鳃上的黏孢子虫的病情。

(2) 寄生在肠道内的黏孢子虫病，用晶体敌百虫，或盐酸氯苯胍，或盐酸左旋咪唑拌饲投喂，同时再全池遍洒晶体敌百虫，可减轻病情。

(四) 微孢子虫病（Microsporidiasis） 微孢子虫在动物界中是分布很广的一类微小寄生虫，寄生在很多动物类群中，主要危害鱼类、昆虫和甲壳动物，是水产动物寄生虫病中危害较大的种类。

微孢子虫属于微孢门（Microspora）、微孢纲（Microsporea）、微孢目（Microsporida），分类主要根据孢子的构造、生活史和孢子形成的类型。已知寄生在海水鱼上的有11个属的16种，包括集团组。小孢子虫（Microsporidium）包含描述不充分的或亲缘不清楚的种。关于宿主专有性的资料在许多种中是不足的，因此具有相似形态和构造的种的区别是颇不足信的（Lom，1984）。

微孢子虫，孢子呈梨形、卵圆形、椭圆形或茄形，孢子小，长度一般为2～10μm。内部构造必须在电镜下才能看清楚（图 7-39）。孢子外面有 3 层组成的孢膜，前端有一极帽；极泡的前部呈松散的薄片状，易染色，极泡的后部呈颗粒状，不易着色，极泡的功能可能是在膨胀时将极丝和孢质挤出孢子外；极丝呈管状，基部附着在极帽上，极丝斜行穿过极泡，然后呈螺旋状盘绕在孢质和极泡后部的周围，末端膨大成杯状或囊状；有 1 个核。危害较大及常见的种类有大眼鲷匹里虫（*Plistophora priacanthicola*），鰤小孢子虫（*Microsporidium seriolae*）、微粒子虫（*Nosema*）、格留虫（*Glugea*）、特汉虫（*Thelohania*）、匹里虫（*Pleistophora*）。

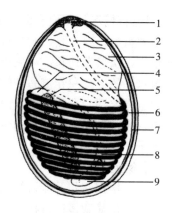

图 7-39 微孢子虫模式图
1. 极帽 2. 极管 3. 极泡（积层部） 4. 孢子质 5. 核 6. 极管（盘曲部） 7. 孢子膜 8. 极管的囊状末端 9. 极泡（颗粒部）
(Putz, 1970)

1. 大眼鲷匹里虫病

【病原】大眼鲷匹里虫（*Plistophora priacanthicola*）的营养体在早期为圆形，直径为 5.5μm，单核，以后逐渐发育增大，变为不规则形，核进行多次分裂，成为多核质体。多核质体进一步发育形成母孢子。

孢子椭圆形，前端稍窄，后端钝圆，半透明，淡绿色，生活时大小为 4.9～6.0μm×3.1～3.2μm，平均 5.45μm×3.1μm。福尔马林固定的标本，大小为 4.85～5.5μm×3.1～3.2μm，平均 5.2μm×3.1μm。充分放出后的极管长达 80～429μm。染色的标本，极管盘曲 4～5 圈，孢质呈带状，内有 1 个圆形胞核（图 7-40）。

营养体或孢子的外面，有一层包囊。由于发育的阶段不同，包囊有灰白色、乳白色或淡黄色三种类型，小者直径为 1mm 左右，大者可达 25mm。每个包囊内含有很多孢子。

【症状和病理变化】轻度感染的病鱼，体表没有明显症状。感染严重者，鱼体瘦弱，腹部膨大，腹壁肌肉变薄，肋骨的部位明显突起。剖检时，轻者在生殖腺、胃肠外壁、幽门垂、脂肪组织、肝脏、腹壁等部位，散布许多白色小包囊；重者在腹腔内充满包囊。一尾重 130.8g 的鱼，腹腔内有 165 个包囊，重达 31.5g，占体重的 24%。在病鱼的鳃瓣上有时也发现包囊。

在体腔内充满包囊的病鱼，内部器官受到虫体的破坏和机械性的压迫，使生殖腺萎缩，严重者生殖腺已不易找到。其他器官也受到严重妨碍。

从生殖腺的切片看，大量的营养体侵入卵巢结缔组织、卵母细胞、滤泡膜细胞、卵母细胞的间隙等处，使卵母细胞萎缩甚至模糊不清，失去生殖能力。在精原细胞或壶腹腔内也有营养体。其他器官组织内的病理变化不明显。

【流行情况】大眼鲷匹里虫病发生在南海北部湾、广东和广西沿岸水域中的长尾大眼鲷（*Priacanthus tayenus*）和短尾大眼鲷（*P. macracanthus*）。以前者受害最大，感染率在全年各月中都很高；8 月份最低，也达 67.9%；11 月、2 月、3 月都为 100%。

【诊断方法】剖开病鱼腹部，看到白色成团的包囊，一般就可确定。再取 1 个包囊压片后镜检可以确诊。

大眼鲷匹里虫的感染率高，对宿主各器官特别是生殖腺的危害又重，估计对我国北部湾的大眼鲷资源可能有很大的不良影响。

一般匹里虫病的传染途径是经口，即健康的鱼吃了患病的小鱼、或被抛弃的病鱼内脏、或病鱼死后腐烂破裂散出的孢子而受感染。经皮感染的可能性也存在。至于大眼鲷匹里虫的

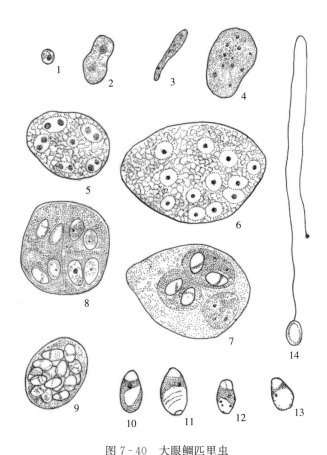

图 7-40 大眼鲷匹里虫
1. 单核营养体　2. 营养体核分裂　3～4. 营养核继续发育形成多核质体
5～6. 母孢子　7. 孢子母细胞　8～9. 泛孢子母细胞
10～13. 染色法不同的成熟孢子　14. 放出极管的孢子
(何筱洁, 1982)

感染途径尚不清楚。

【防治方法】在海水鱼类中发生的匹里虫病目前都发现在野生鱼类，防治方法未进行研究。为了保护大眼鲷鱼类资源，建议沿海居民和渔船船员不要将大眼鲷内脏丢弃到海水中。

随着海水鱼类养殖事业的发展，在养殖鱼类中也有可能发生匹里虫病。因此将鳗鲡匹里虫病的治疗方法介绍如下以作参考：在感染初期用烟曲霉素（Fumagillin）每天每千克鱼10mg 混入饲料中投喂有一定疗效，连续投喂 5d 后鱼体中包囊的数目比未治疗的少，但寄生率并未降低（江草周三，1983）。

2. 小孢子虫病

【病原】鰤稚鱼的小孢子虫病的病原属于微孢目。江草周三（1982）定为鰤小孢子虫（*Microsporidium seriolae*）。其分类地位尚未完全确定。营养体为大而多型性的团块，外面有宿主结缔组织形成的薄膜，呈白色粒状，一般叫做包囊。包囊聚集成大小为几毫米至 1cm 左右的团块，出现在鰤体侧的肌肉中，发育好的营养体为多核体，大多数具 8 个核。多核体以后分裂成为泛孢子母细胞。孢子卵圆形，一端较膨胀，大小为 $2.9\sim 3.7\mu m \times 1.9\sim 2.4\mu m$，平均 $3.2\mu m \times 2.2\mu m$。极丝长 $44\sim 52\mu m$，平均 $49\mu m$（江草周三，1983）。

【症状和病理变化】在鰤的体侧肌肉内，被寄生处的肌肉溶解，外观上体表形成凹陷，这是该病的主要症状。在营养体的发育过程中，宿主没有明显的反应，但肌肉内的营养体积聚成颗粒状时，营养体内已形成孢子，包囊破裂后，其周围的组织即被溶解。病灶多的鱼显著瘦弱，最终死亡。有的病鱼在肌肉溶解处有继发性的细菌菌落。有的病情较轻的鱼，由于吞噬细胞的吞噬作用，将从包囊内散出的孢子完全吞食，肌肉溶解处的肉芽组织发达，疾病痊愈、恢复健康。

【流行情况】该病发生在日本全国养鰤场的稚鱼中，尤其在日本西部更为流行，有时在鰤的成鱼中也发生。春节到初夏期间捕捞的天然生长的黄条鰤（*Seriola aureouittata*），在肌肉内有直径为1cm左右的白色条状营养体，其中孢子的形态几乎与鰤小孢子虫的完全一致。因此，黄条鰤可能是鰤小孢子虫病传染源，不过未做感染试验加以证实。

华鼎可等（1988）报道了寄生在大眼鲷的肝脏、肠内壁、脾脏中的湛江小孢虫（*M. zhanjangensis*）。孢子有大小两种类型。新鲜标本大孢子（5.0±0.53）μm×（2.91±0.25）μm，数量很少；小孢子长（2.99±0.24）μm×（1.83±0.20）μm，数量占优势。极丝基部呈三角形，6~7圈，膜片14~16层，细胞核单个，椭圆形。孢囊白色，椭圆形、卵形、圆形或不规则形，最大的达$1.84\mu m \times 1.56\mu m$，一般为球形，直径（518.6±233.5）μm。其他形状的为（760.5±317.8）μm×（601.4±303.5）μm。湛江小孢子虫与前述的大眼鲷匹里虫同时存在于同一宿主，一般难以区分。

【诊断方法】从病鱼体表有凹陷这个主要症状，再从病变处剖开发现有包囊块，基本就可诊断。要确诊需取包囊做涂片后用姬姆萨染色后再在显微镜下观察到孢子。

【防治方法】尚未见到报道。

3. 格留虫病（Glugeasis）

【病原】格留虫属（*Glugea*），隶属微孢子目、单丝亚目（Monocnidea）、微粒子科（Nosematidae）。常见种类有赫氏格留虫（*G. hertwigi* Weissenberg，1921）和肠格留虫（*G. intestinalis* Chen，1956）。

格留虫孢子很小，长3~6μm，宽1~4μm，形状为椭圆形或卵形，横切面观为圆形。构造简单，孢膜由几丁质膜组成，极囊一个与孢子形状相似，内含极丝一条。赫氏格留虫极囊占孢子长的1/3，肠格留虫的极囊占1/2或1/2以上。胞质里有一圆形的胞核和一卵形的液泡。

【症状和病理变化】赫氏格留虫寄生于草鱼、鲢、鳙、鲤、鲫、鳊、斑鳢等鱼的肾、肠、生殖腺、脂肪组织、鳃和皮肤；肠格留虫寄生于青鱼肠等部位。能形成乳白色的包囊，大小为2~3μm。严重时可引起性腺发育不良，生长缓慢。

【流行情况】全国各养鱼地区都有发现，包括池塘、湖泊、水库的鱼类，流行于夏秋两季，尚未见严重感染并暴发流行病的报道。在美国已知由于赫氏格留虫的侵染，能引起野生的美洲胡瓜鱼（*Osmerus mordax*）大量死亡，伊利湖和安大略湖发病率高。Lom（1970）报道异状格留虫（*G. anomala*）包囊直径达4mm，引起鱼体严重变形，寄主细胞肿胀，内部器官发生机能障碍，导致鱼死亡。

【诊断方法】显微镜下观察虫体。

【防治方法】尚未见到报道。

（五）单孢子虫病（Haplosporidiasis）　单孢子虫主要寄生在无脊椎动物（如软体动物、环节动物、节肢动物）和低等脊椎动物（如鱼类）中，以孢子形式寄生，有的种类超寄生在复殖吸虫或线虫的幼虫内。孢子的构造简单，没有极囊和极丝。严重感染时可引起死亡，至今尚无有效治疗方法。

【病原】肤孢虫（*Dermocystidium* spp.），孢子呈圆球形，直径 4～14μm；构造比较简单，外包 1 层透明的膜，细胞质里有 1 个圆形、大的折光体，位于孢子的偏中心位置；在折光体和胞膜之间最宽处有 1 个圆形胞核；有时还有一些颗粒状内含物；没有极囊和极丝。野鲤肤孢虫（*D. koi*）的包囊线形，盘曲成一团；鲈肤孢虫（*D. percae*）的包囊呈香肠形；广东肤孢虫（*D. kwangtungensis*）的包囊呈带形。成熟的包囊内有很多孢子。进行裂殖生殖，整个生活史中只需 1 个寄主。

【症状和病理变化】肤孢虫寄生在鱼的体表（包括躯干、鳍、头）和鳃上，严重感染时可引起鱼体发黑、消瘦、皮肤发炎、死亡。

【流行情况】鲈肤孢虫寄生在鲈、青鱼、鲢、鳙等鳃上，广东肤孢虫寄生在斑鳢的鳃上，野鲤肤孢虫寄生在鲤、镜鲤、青鱼、草鱼的体表。野鲤肤孢虫可寄生多处，一条鱼上可有近 200 个包囊，严重感染时可引起死亡。全国各养鱼地区都有发生。

【诊断方法】
(1) 根据症状及流行情况进行初步诊断。
(2) 取病灶部位压成薄片，用显微镜检查进行诊断。

【防治方法】目前尚无有效治疗方法，预防方法同黏孢子虫病。

三、由纤毛虫引起的疾病

纤毛虫在原生动物中特化程度最高，也是最复杂的一大类群。本门动物在其生活史中至少在某一时期存在纤毛或纤毛器作为运动、摄食胞器。该类动物具两型核，司营养的多倍体大核和司生殖的两倍体小核。细胞质分化出较多的细胞器，如胞口、胞肛、胞咽、刺丝泡（trichocyst）等。无性分裂通常为横二分裂，有性生殖为独特的接合生殖。

此类原生动物寄生于鱼类的种类较多，有些种类可造成鱼类严重的疾病。

（一）斜管虫病（Chilodonelliasis）

【病原】鲤斜管虫（*Chilodonella cyprini*），属纤毛门（Ciliophora）、动基片纲（Kinetofragminophorea）、下口亚纲（Hypostomatia）、管口目（Cyrtophorida）、斜管虫科（Chilodonellidae）、斜管虫属（*Chilodonella*）。虫体腹面观卵圆形，后端稍凹入。侧面观背面隆起，腹面平坦，前端较薄，后端较厚。活体大小为 40～60μm×25～47μm。背面前端左侧有 1 行刚毛，其余部分裸露；腹面左侧有 9 条纤毛线，右侧有 7 条纤毛线，余者裸露。腹面有 1 胞口，由 16～20 根刺杆作圆形围绕成漏斗状的口管，末端弯转处为胞咽。大核椭圆形位于虫体后部，小核球形，一般在大核的一侧或后面；伸缩泡 2 个，分别位于虫体前部偏左及后部偏右（图 7 - 41）。

图 7 - 41　鳗鳃上寄生斜管虫
（江育林，2003）

以横二分裂及接合生殖繁殖。在分裂过程中，原来的口管消失，重新长出新口管。繁殖温度为 12～18℃，最适温度 15℃左右，当水温低至 2℃时还能繁殖；有时当水质恶化，鱼体抵抗力低下时，水温 38℃时还能大量繁殖。环境不良时可形成胞囊。

【症状和病理变化】寄生在淡水鱼体表及鳃上，少量寄生时对鱼危害不大，大量寄生时可引起皮肤及鳃产生大量黏液。体表形成苍白色或淡蓝色的一层黏液层，组织损伤，呼吸困难；如果水温及其他条件合适，病原大量繁殖，2～3d 内即有大批病鱼死亡。在鱼种、鱼苗阶段特别严重。产卵池中的亲鱼也会因大量寄生而影响生殖机能，甚至死亡。鱼苗患病时，有时有拖泥症状。

【流行情况】国内外都有发生，对温水性及冷水性淡水鱼都可造成危害，主要危害鱼苗、鱼种，我国各养鱼地区都有发生，室内水族箱中鱼类亦常发生此病，为一种常见的多发病。流行于春、秋季节。当水质恶劣、鱼体衰弱时，在夏季及冬季冰下也会发生斜管虫病，引起鱼大量死亡，甚至越冬池中的亲鱼也发生死亡，为北方地区越冬后期严重的疾病之一。

【诊断方法】该病无特殊症状，病原体较小，必须用显微镜进行检查诊断。

【防治方法】
（1）同鳃隐鞭虫病的防治方法。
（2）越冬前应将鱼体上的病原体杀灭，再进行育肥；同时尽量缩短越冬期的停食时间。鱼开始摄食时，要投喂营养丰富的饲料。
（3）水温在 10℃ 以下时，全池泼洒硫酸铜及高锰酸钾合剂（5∶2），使池水成 0.3～0.4mg/L 浓度。

（二）车轮虫病（Trichdiniasis）

【病原】车轮虫（*Trichodina*）和小车轮虫（*Trichodinella*）属中的一些种类。属纤毛门、寡膜纲（Oligohynenophora）、缘毛目（Peritrichida）、车轮虫科（Trichodinidae）。广泛寄生于各种鱼类的体表和鳃。我国常见种类：显著车轮虫（*T. nobilis*）、杜氏车轮虫（*T. domerguei*）、东方车轮虫（*T. orientalis*）、卵形车轮虫（*T. ovaliformis*）、微小车轮虫（*T. minuta*）、球形车轮虫（*T. bulbosa*）、日本车轮虫（*T. japonica*）、亚卓车轮虫（*T. jadranica*）和小袖车轮虫（*T. murmanica*）。

虫体侧面观如毡帽状，反面观圆碟形，运动时如车轮转动样（图 7-42）。隆起的一面为

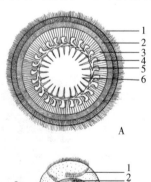
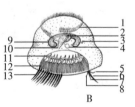
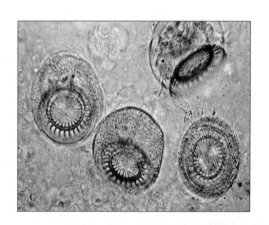

图 7-42 车轮虫
A. 反口面：1. 纤毛 2. 缘膜 3. 辐线环 4. 齿环 5. 齿体 6. 齿棘
B. 侧面观（模式图）：1. 口沟 2. 胞口 3. 小核 4. 伸缩泡 5. 上缘纤毛 6. 后纤毛带
7. 下缘纤毛 8. 缘膜 9. 大核 10. 胞咽 11. 齿环 12. 辐线 13. 后纤毛带
C. 车轮虫活体
（孟庆显，1993）

前面或称为口面，相对凹入的一面为后面或称为反口面。口面上有向左或反时针方向螺旋状环绕的口沟，其末端通向胞口。口沟可绕体180°～270°（小车轮虫）、330°～450°（车轮虫）。口沟两侧各生一行纤毛，形成口带，直达前庭腔。胞口下接胞咽。单一伸缩泡在胞咽之侧。大核马蹄状，围绕前腔，亦可为香肠形，大核一端还有1个球形或短棒状的小核。反口面直径随不同种类而异，在10～100μm不等，其中部向体内凹入，形成附着盘，用以吸附在宿主身上。反口面最显著的构造是齿轮状的齿环。齿环由齿体互相套接而成。齿体似空锥，分为三部分：中部为前后互相套接的空锥形部分，叫锥体；锥体向齿环的外侧突出成棒状或镰刀状的突起，叫齿钩；从锥体向齿环的内侧有一针状突起，叫齿棘。在齿环的外面有一圈辐射状排列的辐线，叫辐线环。辐线环之外有一圈薄而透明的膜叫缘膜。反口面的边缘，缘膜之上有一圈较长的纤毛，叫后纤毛带。后纤毛带的上下各有一圈较短的纤毛，分别叫上缘纤毛和下缘纤毛。后纤毛带和缘膜是附着和运动的胞器。下缘纤毛和缘膜随着种类不同，有的缺少其中之一，或二者均缺。

车轮虫用附着盘（反口面）附着在鱼的鳃丝或皮肤上，并来回滑动，有时离开宿主在水中自由游泳。游泳时一般用反口面向前像车轮一样转动，所以叫做车轮虫。

生殖是用纵二分裂法和接合生殖。分裂后的两个子体各承受母体的一半齿环和一半辐线环，但旧齿环不久就消失，在旧齿环的内侧再长出新齿环；旧辐线仍保留，并从每两条旧辐线之间再长出一条新辐线，这样齿体和辐线的数目就与母体相同了。接合生殖是两个等大或不等大的虫体，一个虫体的反口面接到另一个虫体的口面上。

【症状和病理变化】 车轮虫在海水鱼类中主要寄生在鳃上，在淡水鱼类还发现寄生在皮肤、鼻孔、膀胱、输尿管等处。当寄生数量少时宿主鱼不显症状，但大量寄生时，由于它们的附着和来回滑行，刺激鳃丝大量分泌黏液，形成一层黏液层。引起鳃上皮增生，妨碍呼吸。在苗种期的幼鱼体色暗淡，失去光泽，食欲不振，甚至停止吃食，鳃的上皮组织坏死，崩解，呼吸困难，衰弱而死。

【流行情况】 车轮虫的寄生一年四季均可检查到，流行于4～7月，但以夏、秋为流行盛季。适宜水温20～28℃。地理分布很广泛，世界上许多国家都有报告，淡水、海水和半咸水鱼类上都可发现。生活在优良环境的健康鱼体上车轮虫即便存在也是数量很少，但在环境不良时，例如水体小，放养密度过大等，或鱼体受伤及发生其他疾病，身体衰弱时，则车轮虫往往大量繁殖，成为病害。引起淡水鱼苗、鱼种死亡，有时死亡率较高，尚未发现因车轮虫寄生引起海水鱼类死亡的情况，但如果同时有其他疾病存在时，车轮虫能加重宿主的病情，成为致死的原因之一。海水养殖的真鲷、黑鲷、鲈、鲻、梭鱼、牙鲆、大菱鲆、东方鲀、石斑鱼、尖吻鲈等患此病都较普遍，尤其是苗种阶段的幼鱼。以纵二分裂法或接合生殖繁殖，新生个体可以通过水流或其他水生生物及养殖用工具等而传播。

【诊断方法】 取一点鳃丝或从鳃上、体表刮取少许黏液，置于载片上，加一滴清洁海水制成水封片，在显微镜下看到虫体并且数量较多时可诊断为车轮虫病；如仅仅见少量虫体，不能认为是车轮虫病，因为少量虫体附着在鳃上是常见的。种类鉴定，需用蛋白银染色或银浸法染色。

【防治方法】

预防措施：苗种培育期加强观察，低倍镜下一个视野达到30个以上虫体，用硫酸铜全池泼洒，用法用量同治疗。

治疗方法：

(1) 淡水浸洗 5~10min。

(2) 硫酸铜，0.8~1.2mg/L 浓度，全池泼洒，或用硫酸铜和硫酸亚铁合剂（5∶2）1.2~1.5mg/L 浓度，全池泼洒。

(3) 福尔马林，浓度为 25~30mg/L，全池泼洒，隔天再用 1 次。

（三）小瓜虫病（Ichthyophthiriasis）[白点病（White spot disease）]

【病原】多子小瓜虫（*Ichthyophthirius multifiliis*），属动基片纲、膜口亚纲（Hymenostomatia）、膜口目（Hymenostomatida）、凹口科（Ophryoglenidae）、小瓜虫属（*Ichthyophthirius*）。生活史分为成虫期、幼虫期及包囊期。

成虫期：成虫卵圆形或球形，大小为 350~800μm×300~500μm，肉眼可见；虫体柔软，全身密布短而均匀的纤毛，胞口位于体前端腹面，围口纤毛由 5~8 行纤毛组成，作反时针方向转动，一直到胞咽；大核呈马蹄形或香肠形，小核圆形，紧贴在大核上；胞质外层有很多细小的伸缩泡，内质有大量食物粒（图 7-43A）。

幼虫期：体呈卵形或椭圆形，前端尖，后端圆钝。前端有一个乳突状的钻孔器。全身披有等长的纤毛。在后端有 1 根长而粗的尾毛。大核椭圆形或卵形。体前端有 1 个大的伸缩泡。大小为 33~54μm×19~32μm。"6"字形原始胞口尚未与内部相通，且在"6"字形的缺口处有 1 个卵形的反光体，可能与将来形成胞咽有关。

包囊期：离开鱼体的虫体或越出囊泡的虫体，可做 3~6h 的游泳，然后沉入水底的物体上。静止之后，分泌一层胶质厚膜将虫体包住，即是包囊。包囊圆形或椭圆形，白色透明，大小为 0.329~0.98mm×0.276~0.722mm。

生活史：包囊内的虫体胞口消失，马蹄形的大核变为圆形或卵形，小核可见。囊内虫体活动活跃，2~3h 后，开始分裂。分裂连续反复进行，直至囊内有 300~500 个幼体。分裂时，一般为等分，但到 32 个虫体之后，囊内往往形成 2~3 团大小不一的纤毛幼虫。纤毛幼虫越出包囊又再感染鱼体。幼虫钻入体表上皮细胞层中或鳃间组织，刺激周围的上皮细胞，导致上皮细胞增生，形成小囊泡。在其中发育成为成虫，然后离开宿主，形成包囊。

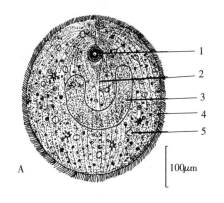

图 7-43　鱼类多子小瓜虫病
A. 多子小瓜虫成虫：1. 胞口　2. 纤毛线
3. 大核　4. 食物粒　5. 伸缩泡
B. 患小瓜虫病的金鱼
（倪达书等，1960）

多子小瓜虫寄生在鱼体上时可进行分裂生殖，多数为不等分，且一般分裂 3~4 次后就不再进行了。主要生殖方法是成虫离开寄主后在水中游动一段时间，停下来在原点转动，分泌一层无色透明的膜，形成包囊，沉到水底或其他固体物上，进行 9~10 次分裂，一般形成 300~500 个幼虫，如成虫较大，则可形成 1 000 个以上幼虫。在水温 15~20℃时从包囊开始形成幼虫至破囊而出，一般需 23~25h；水温 3~7.5℃时，则需 160h。

据报道，鱼类被多子小瓜虫寄生后，可产生一定程度的免疫力，且至少可持续 8 个月，病鱼的血清及黏液中产生了抗体。

【症状和病理变化】虫体大量寄生时，鱼体表、鳍条或鳃部布满无数白色小点，故叫白点病（图7-43B）。当病情严重时，躯干、头、鳍、鳃、口腔等处都布满小白点，有时眼角膜上也有小白点，并同时伴有大量黏液，表皮糜烂、脱落，甚至蛀鳍、瞎眼；病鱼体色发黑，消瘦，游动异常，鱼体与固体物摩擦，体表受损，最后病鱼呼吸困难而死。

【流行情况】一种世界性广泛流行的鱼病。据古籍所载，此病在北宋年间就有流行。全国各地均有流行，对宿主无选择性，各种淡水鱼、洄游性鱼类、观赏鱼类均可受其寄生，亦无明显的年龄差别，各年龄组的鱼类都能寄生，但主要危及鱼种。繁殖适宜水温为15～25℃。流行于初冬、春末。但当水质恶劣、养殖密度高、鱼体抵抗力低时，在冬季及盛夏也有发生。生活史中，无需中间宿主，靠包囊及其幼虫传播。刚孵出来的幼虫侵袭力较强，随着时间的推延而逐渐减弱；水温在15～20℃时，侵袭力最强；孵化后24h内侵袭力较高，36h后就降低。

【诊断方法】鱼体表形成小白点的疾病，除小瓜虫病外，还有黏孢子虫病、打粉病等多种病，所以不能仅凭肉眼看到鱼体表有很多小白点就诊断为小瓜虫病，最好是用显微镜进行检查。

【防治方法】
预防措施：
（1）加强饲养管理，保持良好环境，增强鱼体抵抗力，是预防小瓜虫病的关键。
（2）清除池底过多淤泥，水泥池壁要进行洗刷，并用生石灰或漂白粉进行消毒。
（3）鱼下塘前进行抽样检查，如发现有小瓜虫寄生，应采用药物药浴。
治疗方法：目前尚无理想的治疗方法，一般的治疗方法有：
（1）全池遍洒亚甲基蓝，使池水成2mg/L浓度，连续数次。
（2）全池遍洒福尔马林15～25mg/L浓度，隔天遍洒1次，共泼药2～3次。

（四）隐核虫病（Cryptocaryoniosis）　[海水鱼白点病（White spot disease of marine fish）]

【病原】刺激隐核虫（*Cryptocaryon irritans*），海水小瓜虫（*Ichthyophthirius marinus*）是其同物异名。属于纤毛门、寡膜纲、膜口亚纲、膜口目、凹口科、隐核虫属（*Cryptocaryon*）。

寄生在鱼体上的虫体为球形或卵圆形。成熟个体的直径为0.4～0.5mm，全身表面披有均匀一致的纤毛。近于身体前端有一胞口。外部形态与寄生在淡水鱼类上的多子小瓜虫很相似。主要区别是隐核虫的大核分隔成4个卵圆形团块（少数个体为5～8块）（图7-44A），各团块间沿长轴有丝状物相连呈马蹄状排列。小瓜虫的大核虽然也呈马蹄状，但不分隔成团块。另外，隐核虫的细胞质较浓密，内有许多颗粒，透明度较低，在生活的虫体中大核一般不易看清；虫体的表膜较厚而硬；身体略小于小瓜虫。

隐核虫的生活史分为营养体和包囊期。营养体是寄生在鱼体上的时期，成熟后离开宿主鱼，落于池底或其他固体物上并形成包囊。虫体在包囊内经多次分裂，最后形成许多纤毛幼虫（Ciliospore, tomite）。纤毛幼虫冲破包囊在水中游泳，遇到宿主后附着上去，钻入上皮组织之下，重新开始营养体的发育并营寄生生活（图7-44B）。

【症状和病理变化】病鱼体表、鳃表、眼角膜和口腔等与外界相接触处，肉眼可观察到许多小白点。因为虫体钻入鳃和皮肤的上皮组织之下，基底膜的上面，以宿主的组织为食，并不断转动其身体，宿主组织受到刺激后，形成白色膜囊将虫体包住，所以肉眼看去在病鱼体表和鳃上有许多小白点，与小瓜虫引起的淡水鱼白点病的症状很相似，因此也叫做海水鱼白点病（图7-44C）。不过隐核虫在皮肤上寄生得很牢固，必须用镊子用力才能刮下，小瓜虫则很易脱落。

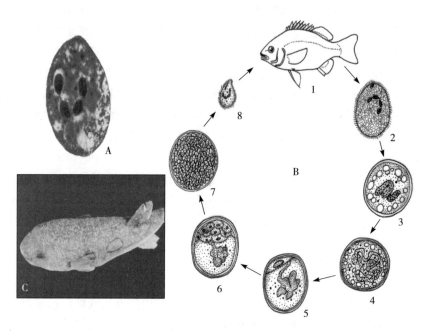

图7-44 鱼的刺激隐核虫病
A. 刺激隐核虫（Nigrelli，1966） B. 刺激隐核虫的生活史 C. 患病河豚体表有许多小白点
1. 宿主鱼 2. 成虫 3. 包囊初期，细胞质内出现许多液泡，大核膨大，小核明显
4. 大核盘曲，小核多个，包囊壁分3层，中层波状 5. 分裂成大小两个细胞 6. 小细胞继续分裂
7. 分裂成许多纤毛幼虫 8. 自包囊出来的纤毛幼虫感染鱼体

病鱼皮肤和鳃因受刺激分泌大量黏液，严重者体表形成一层混浊的白膜，皮肤有点状充血，甚至发生炎症，鳃上皮组织增生并出现溃烂。眼角膜被寄生时可引起瞎眼。病鱼食欲不振或不吃食，身体瘦弱，游泳无力，呼吸困难，最终可能窒息而死。

【流行情况】隐核虫适宜水温为10~30℃，最适繁殖水温为25℃左右，所以夏季和秋初是隐核虫病的流行季节。隐核虫主要侵害水族馆中的海水鱼类，疾病传播很快，病情发展迅速。观赏鱼类在发现疾病后几天之内就大批死亡。世界各地的水族馆中均有报告。近些年来，随着养殖种类的增加和放养密度的提高，池塘和网箱养殖的鲈、鲻、梭鱼、真鲷、黑鲷、石斑鱼、东方鲀、牙鲆等海水养殖鱼类都可被侵害。此病的发生与鱼类放养的密度过大有密切关系。此病流行地区广，无寄主专一性，几乎所有的硬骨鱼类都可被感染，但板鳃类具有抵抗力。

【诊断方法】将鳃或体表的白点取下，制成水浸片，在显微镜下看到圆形或卵圆形全身具有纤毛、体色不透明、缓慢地旋转运动的虫体，就可以诊断。

【防治方法】
预防措施：
（1）适宜的放养密度。隐核虫病的传播速度随着鱼类的放养密度的增加而加大。
（2）发现疾病后及时治疗，并对病鱼隔离，病鱼池中的水不要流入其他鱼池中。

(3) 病死鱼及时捞出。因为病鱼死后有些隐核虫就离开鱼体，形成包囊进行增殖。

(4) 养鱼池放养前彻底洗刷，并用浓度大的漂白粉溶液或高锰酸钾溶液消毒，以杀灭槽壁上的包囊。

(5) 增加水的交换量，保持水质清洁。

治疗方法：

(1) 醋酸铜全池泼洒，使池水成 0.3mg/L 的浓度。

(2) 硫酸铜全池泼洒：在静水中使池水成为 1mg/L 的浓度；在流水池中使池水成为 17～20mg/L 的浓度，同时关闭进水闸停止水的循环，过 40～60min 后再开闸，每天一次，连续治疗 3～5d。有人认为用硫酸铜治疗时需将海水稀释至 1/4～1/2 才能有效。

(3) 福尔马林 25mg/L 的溶液，全池泼洒，每天 1 次，连用 3 次。

(4) 淡水浸洗病鱼 3～15min（根据鱼的忍受程度），浸洗后移入 2～2.5mg/L 浓度的阿的平或盐酸奎宁水体中养殖数天，效果更好。

（五）瓣体虫病 (Petalosomasis)

【病原】石斑瓣体虫 (*Petalosoma epinephelis*)，属动基片纲、下口亚纲（Hypostomatia）、管口目（Cyrtophorida）、斜管虫科（Chilodonellidae）、瓣体虫属（*Petalosoma*）。

虫体侧面观，背部隆起，腹面平坦，前部较薄，后部较厚。腹面观虫体为椭圆形，幼小个体则近于圆形。虫体大小 45～80μm×29～53μm（固定标本），大核椭圆形，在体中间稍偏后处；小核椭圆形或圆形，紧贴于大核前。圆形胞口在腹面前端中间，活体的胞口稍凸出于腹面。与胞口相连的是由 12 根刺杆围成的漏斗状口管。在大核后方的腹面有 1 个形如花朵的瓣状体。腹面的中部和前部两侧有 32～36 条纤毛线，背面无纤毛线（图 7-45）。

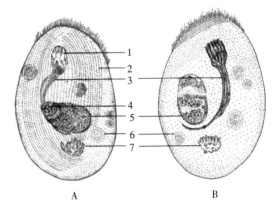

图 7-45 石斑瓣体虫
A. 腹面观 B. 背面观
1. 胞口 2. 纤毛线 3. 口管 4. 小核
5. 大核 6. 食物粒 7. 瓣状体
（黄琪琰，1981）

【症状和病理变化】石斑瓣体虫寄生在石斑鱼的皮肤和鳃上。病鱼常浮于水面，游动迟缓，呼吸困难，头部、皮肤、鳃和鳍上的黏液分泌增多。寄生处出现许多大小不一的白斑（白点），病情严重的鱼，白斑扩大成一片，所以也叫做白斑病。病死的鱼胸鳍向前方伸直，几乎贴近于鳃盖上。

【流行情况】瓣体虫的流行季节是夏季和初秋高温期。虫体以横分裂方式进行繁殖，通过新生虫体感染鱼体。主要危害赤点石斑鱼、青石斑鱼和真鲷等。分布于福建、浙江、两广和海南等省区。在高密度养殖的池塘和网箱中较为常见，感染率和死亡率均较高。有时又与单殖吸虫或隐核虫形成并发症，从而加速宿主死亡。在水族馆中常见，并可造成死亡。

【诊断方法】从白斑处取样，做成水浸片进行镜检，看到虫体即可诊断。

【防治方法】

(1) 用淡水浸洗病鱼 2～4min。

(2) 硫酸铜，浓度为 2mg/L 浸洗病鱼 2h，次日再重复 1 次，疗效显著。

（六）丽克虫病（Licnophoraosis）

【病原】海马丽克虫（*Licnophora hippocampi*），属纤毛门、多膜纲（Polyhymenophorea）、旋毛亚纲（Spirotrichia）、异毛目（Heterotrichida）、丽克虫科（Licnophoridae）、丽克虫属（*Licnophora*）。虫体自下而上分为基盘、颈状部、口盘三部分，虫体长 50~87μm，体宽 16~31μm。基盘呈倒圆盘状，盘口具一圈纤毛，口周围有 1~2 圈波状褶皱。口盘背腹扁，下与颈状部相连并垂直于基盘。胞口位于口盘下部的腹面。口缘纤毛带从胞口处开始，以反时针方向围绕口盘边缘一圈。颈状部介于口盘和基盘之间，窄而短。有的虫体颈状部向一边或两边有半圆形突出。

大核分为 7~19 段，排成念珠状；基盘内有 2~6 段，一般为 4 段，较大；颈状部有 2~4 段，个别虫体为 5 段，也较大；口盘内有 2~10 段，平均为 7 段，较小。小核 1 个，一般为球形，少数为梭形或新月形，位于基盘的中部（图 7-46）。

海马丽克虫生活时用基盘固着在海马鳃丝或皮肤上，可自由移动位置，运动活泼。颈部可左右转动，使口盘随时改变方向，口盘上的纤毛带不断做波浪运动。

【症状和病理变化】主要附着在海马鳃丝上，通常外观无明显症状。在鳃丝表面附着数量多，且与车轮虫同时出现；附着在皮肤上的数量很少。此虫一般不损伤宿主组织，是以小型硅藻为食，仅以海马为附着基地，所以应属于共栖动物。但在海马鳃上附着数量多时，鳃部黏液增多，呼吸困难，遇水中溶氧不足时，易引起窒息死亡。在海马发生其他疾病时海马丽克虫也会加重其他疾病的危害。

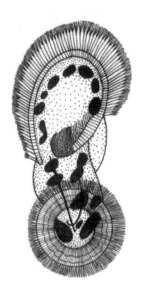

图 7-46 海马丽克虫
（孟庆显，1993）

【流行情况】丽克虫病目前仅发现于人工养殖的海马，流行季节为 6~9 月，山东日照、江苏连云港曾发生过。

【诊断方法】取海马鳃丝置于载片上做成水封片，显微镜下观察到虫体就可诊断。

【防治方法】

（1）淡水浸洗患鱼 3~5min。

（2）硫酸铜，浓度为 1~1.2mg/L，全池泼洒。

（七）指状拟舟虫病（Paralembiasis）［盾纤毛虫病（Scuticociliatosis）］

【病原】指状拟舟虫（*Paralembus digitiformis*），属纤毛门、寡膜纲（Oligohymenophora）、盾纤目（Scuticociliatida）、嗜污科（Philasteridae）、拟舟虫属（*Paralembus*）。刚从组织分离出的虫体浑圆，长×宽为 50~75μm×20~50μm。皮膜薄，无缺刻，虫体前端可见结晶颗粒。内质不透明，体内常充斥有多个食物泡及内储颗粒。虫体的前半部分略向背侧弯曲，顶端裸毛区形成明显的喙状突起，呈指状或尖角状。体纤毛长 7~8μm，尾毛长约 15μm。单一伸缩泡位于虫体后部亚端位。虫体经培养后，外形开始变得瘦长，呈瓜子形。运动呈旋转式。虫体喜聚集在细菌丰富的基质中钻营，并可聚集成极高的密度。

蛋白银染色标本显示体动基列为典型的混合式，为 20~22 列。口区开阔，可达体宽的 1/3，长仅限于体前部 1/2 处。口区内的 3 片小膜中，位于虫体近顶端的小膜 1（M1）呈短小的尖三角形，由 10 多个毛基粒组成；小膜 2（M2）很发达，长 14~16μm，为相互平行的 3 排纵行的毛基粒列，其中靠近口侧膜（PM）的一列较其他两列略短；小膜 3

(M3)最短小,为斜向的2排毛基粒列,约含5个毛基粒。口侧膜(PM)起始于M2中部,自M2中部至M3前端为一单列毛基粒,后变为"之"形的双动基列构造,并绕行至胞口(Cs)后。盾片(Sc)呈倒三角形,由多对毛基粒构成。虫体尾端为多个毛基粒构成的尾毛复合体(CCo),单一尾毛由此发出。大、小核各一个,大核(Ma)为不规则的椭圆形,小核(Mi)近球形,直径为1.5~2.5μm(图7-47A、B和C)。以横二分裂法进行繁殖。

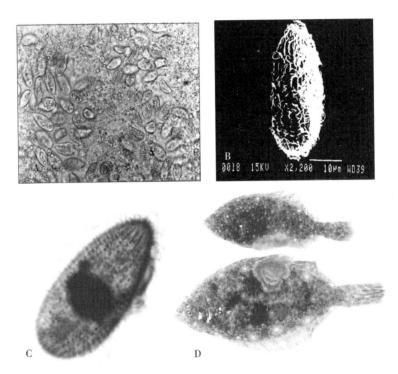

图7-47 鱼的指状拟舟虫病
A. 指状拟舟虫活体 B. 扫描电镜示外观形态 C. 银浸法染色显示体动基列及大核和小核
D. 患病牙鲆体表及鳍基部溃烂

【症状和病理变化】 指状拟舟虫是一种兼性寄生虫,当鱼体受伤或养殖水体中大量存在该虫时便可能侵入鱼体。病鱼体色发黑,体表及鳍基部溃烂,溃烂严重者肌肉组织糜烂,鱼脊椎骨明显可见,尤其靠鳍基部的溃烂面大,甚至溃烂周围的鳍全部烂掉(图7-47D)。小鱼苗体表局部发生白化,白化部位鳞片脱落。溃烂组织周围血细胞浸润,充血、发红。镜检溃烂肌肉组织可见大量活泼游动的纤毛虫,并伴有大量细菌;病鱼体表黏液增多,黏液内有大量纤毛虫并伴有少量车轮虫;鳃苍白色,鳃组织完整但黏液增多,黏液内也有大量虫体。病鱼多有腹水,腹水发黄,内有大量细菌及少量纤毛虫;肾脏组织内有大量细菌及少量纤毛虫;消化道内无食物,有上皮黏膜脱落形成的淡黄黏液,内有大量细菌及少量纤毛虫;心脏及血液内有大量粗胖、几乎为圆形的虫体,并伴有大量细菌;脑组织内密集纤毛虫;眼球内有纤毛虫和细菌。

纤毛虫寄生于肌肉组织中并穿梭于肌纤维间,肌原纤维松散、扭曲、断裂、排列紊乱,肌纤维变性、坏死解体,核固缩、碎裂、溶解,发生血细胞浸润的炎性反应并出现肌肉组织空泡化;肝脏组织脂肪变性,肝细胞胞浆内出现细小的圆球形脂肪滴,小的脂肪滴互相融合成较大脂肪滴，细胞的结构逐渐消失，细胞核被挤于细胞的一侧，胞核浓缩，有的出现细胞核崩解消失，整个细胞变成充满脂肪的大空泡；腺细胞组成的合胞状腺体腔内发生血细胞浸润的炎性反应；脾脏有细菌团块侵入脾脏深层的红髓区，发生血细胞浸润的炎性反应，有被HE染成褐色的黑色素吞噬细胞中心，少量红细胞破裂溶解、胞核固缩；肾小囊腔内出现嗜伊红性的浆液渗出物，囊腔膨胀增大，肾小管上皮细胞肿胀，颗粒变性。出现大量的被HE染成褐色的黑色素吞噬细胞中心；大量纤毛虫侵入视中脑盖，且有少量进入中脑视层、中脑纤维层和中脑浅灰质层以及灰质层中央。

【流行情况】此虫多发现于当年牙鲆，水温15～20℃时是流行高峰期。越冬期的真鲷、黑鲷和红鳍东方鲀等也曾发现过，但是否为指状拟舟虫有待进一步研究。此病主要流行于山东沿海，尤其见于工厂化养殖的牙鲆、大菱鲆，每年春末和夏初是流行盛季。

【诊断方法】根据外观症状进行初步诊断后，从患鱼或濒死鱼的病灶组织上取少许样品，制成水封片，在显微镜下观察到虫体，可以诊断。

【防治方法】
预防措施：
（1）苗种培育期或工厂化养殖用水先经过滤或严格消毒处理，避免虫体随水带入。
（2）投喂的鲜活小杂鱼（鱼、贝肉糜原料）先经淡水浸洗5min后再加工投喂。
（3）饲养期间要及时清除死鱼和残饵，保持水体清洁。

治疗方法：
（1）福尔马林，浓度为50mg/L，全池泼洒，5～6h换水，视病情连续用药2～3次。
（2）高锰酸钾，浓度为10mg/L，浸洗7min。
（3）提升温度至20℃以上。

第六节　寄生蠕虫病

一、由单殖吸虫引起的疾病

（一）概述　单殖吸虫种类很多，目前已描述的有3 000种左右，绝大多数寄生在海水或淡水鱼类，有极少数种类寄生在甲壳类（鲎）、头足类（乌贼）、两栖类（蛙、蟾蜍）、爬虫类（龟、鳖）和哺乳类（河马）。单殖吸虫在海水鱼中是常见的寄生虫，其危害性也较大。寄生部位主要是鳃、皮肤和鳍，极少数种类寄生在口腔、直肠、胃、输尿管、体腔，甚至循环系统中。

按照贝霍夫斯基（1957）的分类系统，单殖吸虫属于扁形动物门（Platyhelminthes）的单殖吸虫纲（Monogenoidea），包括2个亚纲，即多钩亚纲（Polyonchoinea）和寡钩亚纲（Oligonchoinea），共有9目52科。多钩亚纲的种类一般以鱼的黏液和上皮细胞为食，也有少数是吸血的。寡钩亚纲的种类大多数以鱼的血液为食。单殖类寄生于皮肤和鳃，其寄生固着情况因种类而有不同。

1. 外部形态

（1）身体的大小与形态　单殖吸虫身体较小，体长0.15～20mm，个别的可达3cm。淡水种类大多数在0.5cm以下，如指环虫超过1mm者不多见。身体形状不一，有指状、尖细叶片状、椭圆状、圆盘状或圆柱状等。一般淡水产的种类，体型较单纯，海产的形态较为多样。

(2) 体表的结构　体表通常无棘，但有时有乳状突起，或在某些种类的体侧、背面具刺，或体表有皱褶。又有些种类在后吸器上有由几丁质小片所构成的鳞盘。

(3) 固着器　固着器分前固着器（前吸器）与后固着器（后吸器）。一般以后固着器为主要固着器官。

①前固着器在一些种类有包围着口的吸盘。更多的种类有头器。头器有腺体，可分泌黏液。前固着器的功能，一是便于虫体取食时吸着之用，二是起尺蠖状运动的作用。

②后固着器结构较为复杂，为分类上重要依据之一。结构简单的后吸器为肌质，无几丁质结构。但大多数种类，均有结构不同的几丁质装置，大致有下列几种类型：

a. 后固着器上主要几丁质结构为数目较多，而大小不同、形态有异的锚钩和联结片。具这种结构的种类，有人认为在进化上较为原始一些。

b. 后固着器主要几丁质结构为吸铗（clamp），但或多或少保留着幼虫期的锚钩，或不保留幼虫期的锚钩结构。具有这类结构的，一般被看作是在进化上倾向于较高等的表现。

c. 后固着器分为多室，每室有单独的吸着作用。分隔常作辐射排列，有时其上尚有不同装置的几丁质结构，包括幼虫期残留下来的锚钩等。有的种类则为盘状的肌肉垫，而并不分隔。

后吸器的锚钩，吸铗上的铗片，通过分析，发现它们是含大量半胱氨酸的蛋白质所构成的。它们所给出的 X 射线衍射图形和毛、角的蛋白质，即 α 角蛋白的图形一样。角蛋白是靠它邻近肽链的半胱氨酸残基之间的交联才坚硬的。两个半胱氨酸残基的—SH基被氧化而连接在一起。因此，骨片的蛋白质很可能和角蛋白类似，并以同样的方法交联。有些种类尚有可以分泌的尾腺。

2. 内部结构

(1) 皮层　皮层由表面的合胞层和埋于肌下层的细胞本体或围核体组成。合胞层通过小的通道与围核体相通。合胞层内含有各种类型的泡囊和线粒体，其外界是一层质膜，膜附有多糖-蛋白质复合物。内界也是一层质膜，质膜下还有一基层。已研究过的单殖吸虫的皮层大致为上述结构。但也有一些虫种（如三代虫）有所例外，在其皮层观察不到小管道和围核体。

单殖吸虫的表面大都具有短的、分散的微绒毛。有的种类则不具微绒毛，但有浅的小窝。还有的种类则有一种十分特别的现象：虫体的某部位没有皮层，大块大块的皮层仅松散地与表面相连，基层就是虫体的外被。Rhode 氏（1975）认为这种现象不是人为的，而是皮层不断分泌到环境中的结果。这种情况揭示了单殖吸虫、复殖吸虫及绦虫的皮层排列成远胞质（distal cytoplasm）层和围核体是对环境的一种适应。他还认为，原始表皮（original superficial epithelium）移入体内是一种防止宿主永久性损害的方法。

(2) 神经和感觉器官　神经系统简单，围食道神经环位于咽的两侧，由此各向前后发出三对神经至各器官组织。感觉器官有眼点，由黑色素细胞构成；有些种类还有晶体状的结构，但有些种类不具眼点。

(3) 排泄系统　排泄系统最末端结构为焰细胞。焰细胞与网状细管相连，然后汇于纵贯于体两侧的两条排泄总管。两总管和咽附近的短管与同外界相通的排泄小囊相连。有人认为排泄系统结构的变化受外界影响较小，其结构之差异，应看作种间、属间或更高级分类阶元的分类依据之一。

(4) 消化系统　口在体前端，其后为咽、食道和肠。肠有单管、两支和多分支之别。肠支末端有的为盲支，有的末端相连成环，或相连之后再作单支向后延伸，而呈"Y"状。肠支可向一侧或两侧同时派生出侧支，分支多时形成网状。

(5) 生殖系统　雌雄同体。雄性有精巢1个至多个，通常位于卵巢之后，肠支之间。贮精囊存在或付缺。摄护腺在有些种类很发达。输精管与交接器相连，通至生殖腔或是直接开口，它是否环绕肠支亦是分类依据之一。几丁质结构的交接器形态也是分类上的重要特征之一。交接器也可以付缺，仅在输精管末端较为尖些，具纤维性或肌肉质的结构。生殖孔开口的位置较为固定，通常在肠叉之后的中央或偏侧。

雌性的结构比较复杂，包括卵巢、输卵管、子宫、阴道、梅氏腺、卵黄腺、卵膜及生殖肠管等几部分。卵巢通常单个，分叶或不分叶，有时前后折叠。子宫一般较短，具卵不多，常为单个。卵黄腺通常较为发达，布满在肠支的两侧。阴道单一或成对，有时付缺。生殖肠管是单殖吸虫的特有结构。卵的结构常在两极或一极有极丝，极丝有时很发达，这与单殖吸虫的生态特点有关，便于漂浮和传播。

3. 生活史　单殖吸虫大部分种类为卵生，仅有少数为"胎生"（部分三代虫类）。生活过程中不需更换中间宿主。受精卵自虫体排出后，由于卵上有其他附属结构，而使卵容易漂浮于水面或附着在其他物体或宿主鳃上、皮肤上。卵经一段时间发育后，幼虫自卵越出，落入水中。幼虫体披5簇纤毛（也有仅4簇的），前端具2对眼点，有咽及肠囊，后端有盘状结构。虫体出壳后，要经一段时间，后吸器上才开始出现几丁质的结构。幼虫具有趋光性，做直线运动，遇到合适的宿主就附着寄生上去。虫体附着之后，脱去纤毛，各器官相继形成。一般幼虫的发育，是后吸器先于生殖器官完成。

如果一定时间内，幼虫遇不到合适的宿主，就会自行死亡（这与鱼病防治有关，可用于鱼病的预防）。产卵和孵化在一定的温度范围内是随水温的上升而加快的，反之则变慢。

单殖吸虫对宿主有明显的特异性，依据对 *Entobdella soleae* 所做的实验，推测幼虫可能是用化学方法辨别、选择宿主。

(二) 常见单殖吸虫病

1. 指环虫病（Dactylogyriasis）

【病原】指环虫（*Dactylogyrus* spp.），属指环虫目（Dactylogyridea）、指环虫科（Dactylogyridae）。指环虫属种类众多，致病种类主要有：

页形指环虫（*D. lamellatus*），寄生于草鱼鳃、皮肤和鳍。虫体扁平，大小为 0.192～0.529mm×0.072～0.136mm。具4个眼点，2对头器。肠支在体末端相连成环。后固着器上有1对中央大钩，中央大钩具1对三角形的附加片（或称副片）。联结片长片状，辅助片"T"形。边缘小钩成对，发育良好。精巢1个，在虫体中部稍后，贮精囊附近有摄护腺；交接器结构较复杂，由交接管和支持器两部分组成；卵巢1个，位于精巢之前；生殖孔在腹面，近肠管分支处；阴道口在侧面，附近有角质的支持构造；阴道接膨大的受精囊，再由此有一管接输卵管；梅氏腺在子宫基部的周围；卵黄腺发达，在虫体的两侧和肠管的周围。

鳙指环虫（*D. aristichthys*），寄生于鳙鳃上。边缘小钩7对，中央大钩基部较宽，内外突明显。联结片略呈倒"山"字形，辅助片稍似菱角状，左右两部分较细长。交接管为弧形尖管，基部呈半圆形膨大。支持器端部似贝壳状，覆盖于交接管，基部略呈三角形。

小鞘指环虫（*D. vaginulatus*），寄生于鲢鳃上，为较大型的指环虫，可达 0.98～1.4mm×0.233～0.344mm。中央大钩粗壮，联结片矩形而宽壮，中部及两端略有扩伸，中部似有空缺；辅助片呈"Y"形；交接管粗壮而弓曲；支持器基部棒状，它与几丁质鞘管相连。

坏鳃指环虫（*D. vastator*），寄生于鲤、鲫、金鱼的鳃丝。联结片单一，呈"一"形。交接管呈斜管状，基部稍膨大，且带有较长的基座。支持器末端分为两叉，其中一叉横向钩住交接管。

指环虫均为卵生，卵大而少，在温暖季节能不断产卵、孵化。卵呈卵圆形，一端有柄状极丝，柄末端小球状。卵的发育与水温有密切的关系。据 Prost（1963）的观察，指环虫（*D. extensus*）在 22～26℃时，3d 孵出，20℃时需 4.5d，18～19℃时需 5～6d，16～17℃时需 8～9d，3℃不发育。温度的高低不仅影响发育速率，而且对卵的发育率也有影响，如 *D. extensus* 在 22～26℃时仅有 20%～30%的卵发育，但在较低的温度 16～17℃时，则有 70%～80%的卵发育。水温还与指环虫产卵的速度有关，如粗锚指环虫（*D. scrjabini*）在 14～16℃时，每 33min 产 1 个卵；水温 20～24℃时，15min 产 1 个卵。

幼虫身上有纤毛 5 簇，具 4 个眼点和小钩。在水中游泳遇到适当宿主时就附着上去，脱去纤毛，发育而为成虫。从卵发育到性成熟及第一次产卵，在水温 24～25℃的情况下，*D. extensus* 需要 9d 的时间，在 17～19℃需要 18d。

【症状和病理变化】 大量寄生时，病鱼鳃丝黏液增多，鳃丝肿胀，苍白色，贫血。病鱼鳃盖张开，呼吸困难，游动缓慢而死。指环虫在鳃丝的任何部位都可寄生，用后固着器上的中央大钩和边缘小钩钩在鳃上，用前固着器黏附在鳃上，并可在鳃上爬动，引起鳃组织损伤。中央大钩的刺入，可使上皮糜烂和少量出血，边缘小钩刺进上皮细胞的胞质，可造成撕裂。李文宽等（1994）的研究表明，小鞘指环虫引起鲢鳃瓣缺损，黏液增多，鳃血管扩张充血、出血，呼吸上皮肿胀。上皮细胞增生，使鳃小片融合。鳃丝呈棍状，相邻几条鳃丝发生融合，形成一片上皮细胞板。严重时鳃小片坏死解体。病鱼的肝脏、脾脏（包括胰腺）、肾脏、肠均出现严重病变。所有的上皮细胞（包括血管内皮细胞）、肌纤维、造血细胞均出现明显的水样变性；血管高度扩张、充血，有明显玻璃样变，无出血现象；肝细胞、肾小管上皮细胞病理变化有明显的"极性"，形似花环状。研究者认为，小鞘指环虫引起的鳃部病变，导致呼吸障碍，致使全身性缺氧，而加剧各器官出现广泛性病变，直至能使各系统代谢紊乱。

【流行情况】 这是一种常见多发病，主要靠虫卵及幼虫传播。流行于春末夏初，适宜温度为 20～25℃。大量寄生可使苗种大批死亡。主要危害鲢、鳙及草鱼。全国各养鱼地区都有发生，危害各种淡水鱼类。

【诊断方法】 显微镜检查鳃的压片，当发现有大量指环虫寄生（每片鳃上有 50 个以上虫体或在低倍镜下每个视野有 5～10 个虫体），可确定为指环虫病。

【防治方法】

（1）鱼种放养前，用 20mg/L 的高锰酸钾液浸洗 15～30min，以杀死鱼种上寄生的指环虫。

（2）全池遍洒 90%晶体敌百虫，使池水达 0.2～0.3mg/L 的浓度，或 2.5%敌百虫粉剂 1～2mg/L 浓度全池遍洒。

(3) 敌百虫面碱合剂（1∶0.6）0.1～0.24mg/L 的浓度遍洒。

2. 三代虫病（Gyrodactyliasis）

【病原】三代虫属（*Gyrodactylus*）的种类，属三代虫目（Gyrodactylidea）、三代虫科（Gyrodactylidae）。虫体略呈纺锤形，长度一般为 0.3～0.8mm，背腹扁平，身体前端有一对头器，后端的腹面有一个圆盘状的后固着器。后固着器由 1 对锚钩及其背腹联结棒和 8 对边缘小钩组成，用以固着在宿主鱼的寄生部位。锚钩、联结棒、边缘小钩都是几丁质构造，其结构和形态是分类的依据。三代虫为雌雄同体，胎生。在后固着器之前按前后顺序排列着一个卵巢和一个精巢。卵巢之前是子宫，内有一个椭圆形的胚胎。胚胎内往往还有第二代和第三代胚胎，所以称为三代虫（图 7-48）。

养殖鱼类中常见的三代虫种类有鲻三代虫（*G. mugil*）、单联三代虫（*G. unicopula*）、鲢三代虫（*G. hypopthalmichthysi*）、鳙三代虫（*G. ctenopharyngodontis*）、秀丽三代虫（*G. elegans*）等。

【症状和病理变化】三代虫寄生在鱼的鳃部和体表皮肤，寄生数量多时，鱼体瘦弱，呼吸困难，食欲减退，体表和鳃黏液增多，严重者鳃瓣边缘呈灰白色，鳃丝上呈斑点状淤血。稚鱼期尤为明显。

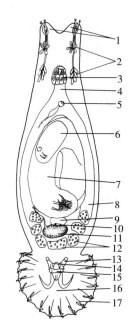

图 7-48 三代虫模式图
1. 头器 2. 头腺 3. 咽 4. 食道
5. 交配囊 6. 第二代胚胎 7. 第一代胚胎
8. 肠 9. 成卵腔 10. 卵巢 11. 精巢
12. 卵黄腺 13. 锚钩 14. 背联结棒
15. 腹联结棒 16. 后固着盘 17. 边缘小钩
（孟庆显，1993）

【流行情况】三代虫病是一种全球性养殖鱼类病害。我国南北沿海均有发现，尤以咸淡水池塘养殖和室内越冬池内，饲养的苗种鱼最易得此病。淡水饲养鱼类也常见此病。流行盛季为春季和夏初。

【诊断方法】刮取患鱼体表黏液制成水封片，置于低倍镜下观察，或取鳃瓣置于培养器内（加入少许清洁海水）在解剖镜下观察，发现虫体即可诊断。

【防治方法】

(1) 高锰酸钾，浓度 20mg/L 浸洗病鱼 15～30min。

(2) 福尔马林，200～250mg/L 的浓度浸洗病鱼 25min 或 25～30mg/L 的浓度全池泼洒。

(3) 晶体敌百虫，0.2～0.3mg/L 的浓度，全池泼洒。

3. 锚首虫病（Ancyrocephaliasis）

【病原】锚首虫属（*Ancyrocephalus*）的种类，属指环虫目（Dactylogyridea）、锚首虫科（Ancyrocephalidae）。该属的特征是后固着器与前体部区分明显。具 2 对中央大钩及 2 根联结片和边缘小钩。3 对或更多对的头器。眼点存在或付缺。咽腺存在于咽的两侧，咽后腺（食道腺）位于咽后。肠支末端一般不相连。精巢卵形至椭圆形，例外的分为两叶，位于卵巢之后或与之重叠。输精管不环绕肠支。贮精囊仅由输精管稍为膨大而成。摄护腺贮囊通常 2 个，有时单一。具交接管，有或无支持器。生殖孔在肠叉之后。卵巢单一，卵圆至椭圆形，在精巢之前或与之重叠。阴道位于左边或右边，体的边缘或亚边缘或腹面亚中位。卵黄腺分布于肠支内外侧。目前已报道有 10 多种。我国常见的种类：河鲈锚首吸虫（*A. mogurndae*）、似蝎尾锚首吸虫（*A. scorpioidalis*）、肥茎锚首吸虫（*A. scrjabini*）、近相等锚首吸虫（*A. subaequalis*）。主要寄生于淡水鲤科鱼类，此属在我国分布广。20 世纪 80 年代以后，鳜被作为人工养殖的重要对象，河鲈锚首吸虫对鳜（桂花鱼）苗种产生严重危害（张剑英，1999），每年的损失，仅珠江三角洲就达数亿元之巨。

【症状和病理变化】病鱼体色发黑。鳃部发白、肿胀、多黏液。食欲减退。

【流行情况】此病主要危害鳜鱼种，危害严重，在珠江三角洲颇为流行。

【诊断方法】取病鱼鳃丝隆起处取样制成水封片，镜检病原的存在与数量而确诊。

【防治方法】由于宿主鱼对敌百虫敏感，难以用敌百虫杀死病原。目前尚未有有效的防治方法。

4. 片盘虫病（Lamellodiscusiasis）

【病原】片盘虫（*Lamellodiscus* spp.），属于指环目（Dactylogyroidea）、鳞盘科（Diplectanidae）。该属的特征是在后固着器的前部具有背部和腹部鳞盘各 1 个。鳞盘是由许多片状几丁质构造，成对地做同心圆排列而成。具 3 对头器，2 对眼点。锚钩 2 对，联结棒 3 条。精巢 1 个，较大，在身体中部。贮精囊由输精管的一部膨大而成，前列腺单一。生殖孔在肠分支之后。卵巢长形，位于肠支内侧，在精巢之前。有几丁质的阴道。交接器常由交接管与支持器构成（图 7-49）。

据张剑英（1999）报道，该属共有 40 余种，全部寄生在海水鱼上，大部分种类的宿主是鲷科鱼类。我国有 3 种：日本片盘虫（*L. japonicus*），寄生于真鲷、黄鳍鲷、黑鲷等鳃，分布在广东、广西、福建等地；真鲷片盘虫（*L. pagrosomi*），寄生于真鲷、黄鲷、赤点石斑、青石斑、黄鳍鲷等鳃，分布于广东、广西海区；倪氏片盘虫（*L. neidashui*），寄生于黄鳍鲷，发现于广东珠海。

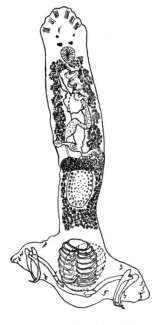

图 7-49 优美片盘虫
（Bychowsky，1957）

【症状和病理变化】片盘虫寄生在真鲷鳃丝上，鳃丝受到一定损伤，分泌大量黏液，影响呼吸。大量寄生时病鱼体色变黑、瘦弱，严重者可致死。

【流行情况】在青岛和广东饲养的真鲷经常发现有片盘虫寄生。大量寄生时可引起死亡。

【诊断方法】从鳃上刮取黏液，做水浸片镜检，发现有 2 个鳞盘、2 对锚钩和 3 条横棒，就可确定病原的属名。要做种的鉴定，必须用聚乙烯醇乳酸酚溶液封片观察其细微的几丁质构造，同时用 FAA 液固定后再用 HE 染色后观察其内部器官的构造。

【防治方法】预防主要是放养密度不要太大，经常清除池底污物。

治疗可用敌百虫（95%的晶体）全池泼洒，使池水成 0.3mg/L 的浓度。

5. 本尼登虫病（Benedeniasis）

【病原】本尼登虫属（*Benedenia*）的种类，属于多钩亚纲、单后盘目（Monopisthocotylidea）、分室科（Capsalidae）。常见的种类有鰤本尼登虫（*B. seriolae*）、石斑本尼登虫（*B. epinepheli*）。虫体略呈椭圆形，背腹扁平，大小一般为 5.4～6.6mm×3.1～3.9mm。身体前端稍突出，两侧各有 1 个前吸盘；后端有一个卵圆形的后吸盘。后吸盘中央有两对锚钩和一对附属片。口在前吸盘之间的后缘，其前方有两对黑色眼点。口下为咽，从咽向后分出两条树枝状的肠道，伸至身体的后端。本尼登虫雌雄同体。有精巢2个，一般位于虫体中央，卵巢1个，在精巢前方。在卵巢之前有前列腺、交配囊和卵黄贮囊。卵黄腺布满体内（图7-50A）。卵壳呈四面形，一边的长度为0.13～0.15mm，卵壳的后端有一条长1.8～2.7mm的丝状物，叫做卵丝。刚产出的卵其卵丝缠绕成团，以后就用卵丝附着在养鱼的网箱上或其他物体上进行发育和孵化。一次产卵数一般为50～200粒。产卵数随着虫体的长度而有变化，长度5.8mm的虫体平均产卵170粒，长度为6.7mm的虫体平均产245粒。一个虫子可以产卵数次。产卵的温度范围为13～29℃，最适水温为20℃左右。适应的海水相对密度较广，为1.017～1.032。孵化的适宜水温为18～24℃，9℃以下和30℃以上不能孵化。孵化的速度随着水温的升高而加快，在20℃时需7～8d，在24℃时仅5～6d就可孵出。刚孵出的幼虫，体长0.5mm，体宽0.2mm，形状与成虫相近，身体后端有一个圆盘状的固着器。固着器上有2对锚钩和7对边缘小钩。身体前部有2对眼点。在身体的前部、后部的两侧和固着盘的后半部都密生纤毛。幼虫有趋光性，靠近水面游泳，遇到适宜的宿主后就附着上去，蜕掉纤毛，开始新的寄生生活。水温在20～26℃时，幼虫寄生后20d就可生长发育到5.8mm长的成虫。如果水温在20℃以下，生长发育就缓慢，达到成虫的时间需要4～5周以上。

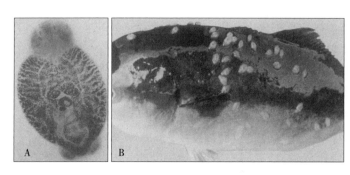

图7-50 鰤本尼登虫病
A. 鰤本尼登虫　B. 鰤本尼登虫寄生于鰤体表皮肤
（烟井喜司雄，1968）

【症状和病理变化】本尼登虫寄生于鰤的体表皮肤，寄生数量多时患鱼呈不安状态，往往在水中异常游泳或向网箱及其他物体上摩擦身体；体表黏液增多，局部皮肤粗糙或变为白色或暗蓝色（图7-50B）。严重者体表出现点状出血，如有细菌继发感染还可出现溃疡，食欲减退或不摄食，鳃褪色呈贫血状。据报道，本尼登虫感染大黄鱼，引起大黄鱼2龄鱼从9月开始出现白点，继之白点扩大成片而呈白斑状，有时鳍条或尾鳍全部发白。鱼眼变白，严重时眼球充血或发黑，甚至脱落。白斑部位鳞片脱落，鳍条充血溃烂。病鱼头部呈蜂窝状，或下颌撕裂畸形。鳃丝发黑，个别肛门红肿。消化道出现不同程度的充血，有较多黄色黏液。

【流行情况】鰤本尼登虫在日本主要危害养殖鰤而在我国福建等地区主要危害养殖大黄鱼。此病在日本养鰤业中是危害较大的一种疾病。全年都可生病，但冬季和盛夏较少。放养密度大时及外海的水适于此病的发生。在河口附近受淡水影响的水域受害较轻。我国福建地区网箱养殖的大黄鱼此病流行季节是11～12月至翌年1～3月，可大量感染并引起死亡。

此外，真鲷、黑鲷和石斑鱼也较易感染真鲷本尼登虫（*B. pagrosomi*）、塞氏本尼登（*B. sekii*）等。感染率可高达100%，引起患鱼鳍的基部或体表局部炎症和溃疡。一种蒙蒂塞洛本尼登虫（*B. monticellii*）可寄生于鲻科鱼类的口腔内，引起口腔黏膜溃烂、出血，寄生于眼球上时，使角膜混浊。

【诊断方法】将鱼体捞起置于盛有淡水的容器内2～3min，如能观察到近于椭圆形的虫体从鱼的体表脱落，即可诊断。确诊或种类鉴定，将虫体置于载片上，做成水浸片或聚乙烯醇封片，显微镜观察。

【防治方法】苗种放养前或转换养殖网箱时，预防和治疗同步进行。

（1）淡水浸洗5～15min（视不同种鱼），同时淡水中加入抗生素（吡哌酸、氟哌酸、恩诺沙星）2～5mg/L的浓度，预防细菌性继发感染。

（2）福尔马林，浓度为500mg/L，浸洗5min左右，或250mg/L的浓度，浸洗10min左右。

6. 异斧虫病（Heteraxiniasis）

【病原】异尾异斧虫（*Heteraxin heterocerca*），属于寡钩亚纲（Oligonchoinea）、钩铗虫目（Mazocraeiden）、异斧虫科（Heteraxinidae）。

成虫身体左右不对称，后端较前端宽，略呈斧状。虫体长5～17mm，沿身体后端有2列固着铗。一列在身体后缘，数目较多，个体较大；另一列在身体后端的侧缘，数目较少，个体也较小。口位于身体前端的腹面，口腔内有左右对称排列的两个口腔吸盘。口下为咽和两条主支及其有许多分支状的盲管。异斧虫雌雄同体，精巢位于身体后部左右肠支之间，数目约有100个，形状不规则，卵巢1个，位于精巢之前，呈倒"U"形（图7-51）。

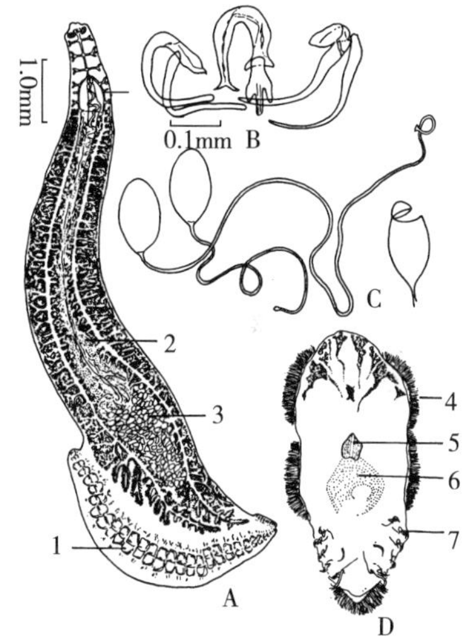

虫体生长到6mm左右时达到性成熟，开始产卵；产卵期从春季到晚秋。卵为橄榄形，大小为0.15mm×0.07mm，在一端上有一条卵丝。一次产卵300～800个，卵丝互相缠绕在一起成绳状，用以附着在网箱或其他物体上进行发育和孵化。

图7-51 异尾异斧虫
A. 成虫 B. 固着铗的几丁质结构 C. 卵
D. 纤毛幼虫 1. 固着铗 2. 卵巢 3. 精巢
4. 纤毛带 5. 咽喉 6. 肠 7. 边缘小钩
（江草周三，1983）

卵子孵化的温度范围是10～28℃，适宜温度是18～25℃。孵化速度在25℃时为5d 22h，28.5℃时为3d 6h。

刚孵出的幼虫体长为0.18～0.29mm，后部具2对锚钩和5对边缘小钩。身体前中后三处具纤毛带。幼虫在水中自由游泳，遇到宿主后就附着上去，蜕掉纤毛，开始寄生生活，并迅速生长发育。在水温为25～28℃时，约20d就发育成为成虫，开始产卵。

【症状和病理变化】异尾异斧虫寄生在鰤的鳃弓上，以宿主鱼的血液为食，病鱼呼吸困难，停止吃食，体色变黑，身体瘦弱，游泳无力。在寄生数量多时，由于鳃受刺激和损伤，分泌大量黏液，引起鳃瓣局部出血或变白而呈贫血现象；当损伤严重或细菌继发感染后，可出现溃烂（图7-52）。

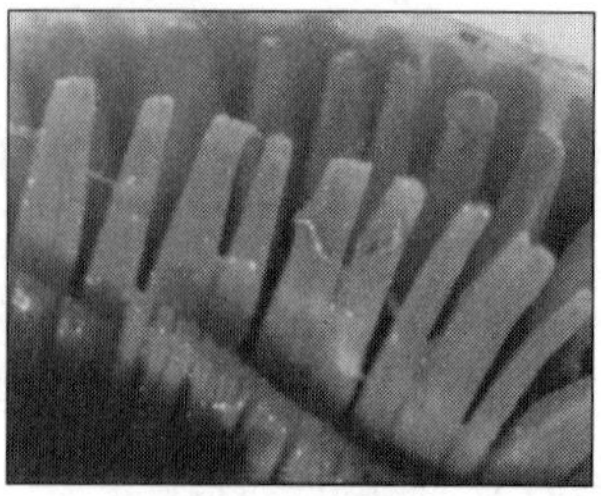

【流行情况】异斧虫目前仅发现于网箱养殖鰤中，发病时的水温为20～26℃。青岛水族馆饲养供观赏的鰤也常有此虫寄生。

【诊断方法】根据症状做出初诊后，将鱼体捞起，掀开鳃盖，用肉眼观察第二片鳃，如发现鳃弓上有较多虫体，顺次第三、第一、第四片鳃弓上也有虫体时，即可诊断。

【防治方法】

最常用的治疗方法是用浓盐水浸洗。加6%～7%的食盐于海水中，制成浓盐水，将病鱼放入浸洗5～6min。当鱼体健康、水温正常时，也可加8%～9%的食盐于海水中，配成更浓的盐水浸洗病鱼3min。

图7-52 异尾异斧虫寄生于鰤鳃上
（江草周三，1983）

7. 双阴道虫病（Bivaginaosis）

【病原】真鲷双阴道虫（*Bivagina tai*），属于寡钩亚纲、钩铗虫目、微杯虫科（Microcotylidae）。虫体细长而扁平，一般为3～6mm，最长者达7.9mm，伸缩性较强。身体前端有2个口吸盘和3个黏着腺；后端两侧边缘各有1列固着铗，每列38～60个。口下通咽和分支状肠管。双阴道虫为雌雄同体，精巢22～40个，位于身体后半部左右两肠支之间；卵巢1个，在精巢之前，阴道孔2个（图7-53）。

据江草周三（1983）报道，此虫的产卵期在日本是从11月开始，到1月下旬为盛产期。卵褐色，纺锤形，平均长度为0.24mm，宽0.06mm。两端各伸出1条卵丝，一根较短，长0.07mm，尖端弯曲成钩形；另一根较长，达0.9mm左右，用以缠绕在其他物体上。产出的卵先成团地附着在鳃上，以后又离开鳃并缠绕到养鱼网箱上，在11月下旬水温18.5～19.5℃时，8～9d就可孵出幼虫。

【症状和病理变化】真鲷双阴道虫寄在真鲷的鳃瓣上，寄生数量多时病鱼食欲减退，游泳缓慢，头部往往左右摇摆，鳃盖不能闭合而张开。严重感染者鳃瓣上有大量黏液，鳃变为苍白色而呈现贫血；也有因细菌继发感染使鳃瓣溃疡腐烂。解剖鱼体，肝脏和肾脏也褪色。

【流行情况】真鲷双阴道虫主要危害池塘和网箱养殖的真鲷和血鲷，尤其是当年鱼种受害最大，1龄以上的鱼也可被寄生，但一般不形成流行病。流行季节为每年春、秋。青岛水族馆饲养的真鲷也常见此病。在同一水域中养殖的真鲷，一般不会因此病使鱼同时大批死亡，往往天天死一些，死亡时期很长。虽然全年都可找到该寄生虫，但主要危害在冬季，此时鱼体上寄生虫的数目显著增加。

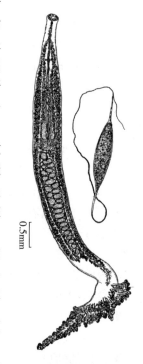

图7-53 双阴道虫及其卵
（Yamaguti，1963）

【诊断方法】根据症状可做出初诊。将可疑病鱼捕起掀起鳃盖，取下鳃瓣置于培养器内，加入海水，在解剖镜下观察到虫体，即可诊断。

【防治方法】

预防措施：同本尼登虫病。

治疗方法：

（1）同本尼登虫病。

（2）在海水中加入6%的氯化钠，给病鱼浸洗1.5min，第二天重复1次。

（3）硫酸铜17mg/L的浓度或漂白粉18mg/L的浓度，在水温19~24℃时，浸洗病鱼40~60min，每天1次，连用3~5次。

8. 异沟虫病（Heterobothriumiasis）

【病原】鲀异沟虫（*Heterobothrium tetrodonis*），属于寡钩亚纲、钩铗虫目、八铗虫科（Diclidophoridae）、异钩盘虫属（*Heterobothrium*）。虫体呈舌状，背腹扁平，体长5~20mm。后固着器为构造相同的4对固着铗，对称地排列在身体的后端两侧。口在虫体前端，口后为咽和很短的食道，食道后是2条分支的肠管直延伸到后端。精巢约30个，位于身体中部的前方，卵巢叶片状，在精巢之前；子宫很大，占身体的1/4，位于体前部，内部常充满卵子（图7-54）。卵呈黄绿色，梭形，两端具卵丝，卵丝末端又连到另一个卵，使卵与卵连成串。通常有数个虫体的卵互相缠绕在一起，拖拉在宿主鳃孔的外面，在鱼游泳时这些卵串被挂在养鱼的网箱上或海藻上。卵在壳内发育成为具有纤毛的幼虫，冲开卵盖后游出，在水中遇到合适的宿主后就随着鱼呼吸时的水流附着到鳃上及其附近的肉质部分，去掉纤毛，生出一层膜状的壳将虫体包着。虫体在壳内发育到长达1.5mm左右时，壳即消失，变为与成虫相近的体形。从卵到成虫的整个生活史约需1个月时间。

图7-54 鲀异沟虫
（江草周三，1983）

【症状和病理变化】异沟虫病的显著症状是病鱼鳃孔外面常常拖挂着链状黄绿色的梭形卵。病鱼体色变黑，不吃食，游泳无力。虫体幼小时寄生于鳃丝，成长后则移居于鳃深处的肌肉部分，使寄生处的周围组织隆起，黏液增多，鳃片变为苍白色，呈贫血状；如有细菌并发感染，可出现组织溃疡或崩坏，并发出腐臭气味。

【流行情况】异沟虫主要寄生在鲀科鱼类鳃上，每年春季开始，夏、秋流行，特别是夏季和秋初危害严重。河北、山东、江苏和浙江是高发病地区。水族馆饲养的鲀科鱼类也常患此病。

【诊断方法】依据外观症状基本可诊断。从鳃部隆起处取样制成水封片，进行镜检，可以确诊。

【防治方法】

预防措施：同本尼登虫病。

治疗方法：双硫二氯酚，每千克鱼每天用0.1g，制成药饵，连续投喂5d。

9. 散杯虫病（Choricotyleosis）

【病原】长散杯虫（*Choricotyle elongata*），属于寡钩亚纲、钩铗虫目、八铗虫科。虫体略呈梭形，活体常为浓灰褐色，全长6.5~6.8mm。身体后端有4对固着铗，每个固着铗有一条长柄与体后端基部相连。两条主肠支在后端相连，其分支伸入到固着铗的柄中。精巢110~130个，位于身体的后部，卵巢囊状，在精巢前方（图7-55）。卵梭形，一端具

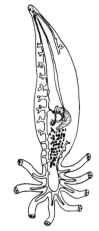

图7-55 散杯虫
（江草周三，1978）

卵丝，卵产出后常聚集成块状并黏附在鳃瓣上。

【症状和病理变化】 主要寄生在真鲷种苗（60g 左右），寄生在鱼的口腔内壁或鳃弧和鳃耙上，寄生数量少时外观无明显症状；寄生数量多时病鱼行动不活泼、瘦弱，鳃褪色呈贫血状，食欲丧失，最终死亡。

【流行情况】 主要危害鲷类的当年鱼种，分布于日本及我国山东、福建等真鲷养殖较多的地区。

【诊断方法】 从可疑病鱼口腔内壁和鳃弧、鳃耙上刮取黏液，制成水封片，在低倍镜下观察，发现虫体可诊断。

【防治方法】

预防措施：同本尼登虫病。

治疗方法：用淡水浸洗病鱼 3min 或用海水配成 1‰的过硼酸钠，浸洗病鱼 2min。

二、由复殖吸虫引起的疾病

（一）概述 复殖吸虫（Digenea）为扁形动物门（Platyhelminthes）吸虫纲（Trimatodea）中的一个亚纲，种类繁多，已记述的达 5 000 种，全部营寄生生活。寄生于鱼类的复殖吸虫不少于 1 500 种，其中寄生在海水鱼类的约计 1 000 种。

复殖吸虫为水产动物尤其是鱼类常见的寄生虫，绝大多数为雌雄同体。生活史过程中需要更换寄主。中间寄主为腹足类、瓣鳃类、鱼类、多毛类、甲壳类和水生昆虫等。其中一部分种类可直接引起水产动物发病，造成危害，如双穴吸虫病；另一部分种类如华枝睾吸虫、异形吸虫等，以水产动物为中间寄主，危害人类的健康。

1. 外部形态 虫体小的在 0.5mm 以下，最大的可达 10cm 以上，一般为扁平叶片状、卵形或肾形等；两侧对称或不对称；有的背部稍突出；有的身体分前后两部分。一般有一个较小的口吸盘位于虫体的前端和一个较大的腹吸盘，但也有的缺其一或全缺，吸盘的位置也有变化。

2. 内部结构

（1）体壁 吸虫无体腔，体壁由皮层与肌肉所构成，呈囊状。囊内包被各组织器官和充填各系统之间的网状组织，称柔软组织。

（2）消化系统 由口、咽、食道和肠构成。口大多数位于口吸盘中央。有的种类口之后有前咽，多数种类有咽，圆形或具有口支囊，由肌细胞和腺体两部分构成，咽之下接食道，肠一般为 2 支盲管或肠支末端相连，但也有单支或其他形状。有的吸虫还有肛门等。

（3）神经系统 呈梯形结构，咽的两侧各有 1 个神经节。每个神经节向前后发出 3 条神经干，分布于背、腹、侧面。向后之神经干，在不同的水平处背干有横索相连。神经末梢由前后神经干发出到达口吸盘、咽、腹吸盘等器官，以及体壁表皮外层中的感觉器。

（4）排泄系统 焰细胞与细的收集管相通，最后汇成左右两条排泄管，排泄管接排泄囊。排泄囊的形状有圆形、管状、袋状、Y 状、V 状等。

（5）生殖系统 除裂体科（Schistosomatidae）和囊双科（Didymozoidae）外，皆为雌雄同体。

3. 生活史 复殖吸虫的生活史较为复杂，需要更换寄主。典型的种类有下列 7 个阶段。

（1）卵（oosphere） 大多数为卵圆形，有或无盖，有的有极丝、棘、微绒毛，卵的大小 0.025～0.4mm。多数吸虫的卵在寄主体外孵化。

(2) 毛蚴（miracidium） 体表覆有纤毛，前端有一小圆锥形突起、头腺、顶腺，具有眼点、神经、侧乳突、口、肠囊及不发达的排泄系统；后端有一团胚细胞和胚团。在水中游泳的毛蚴遇到第一寄主，就利用前端的突起钻入寄主体内，纤毛、眼点、肠等退化消失，变为胞蚴。

(3) 胞蚴（sporocyst） 为球形或囊状，体表常有微绒毛，体表有渗透作用，以掠取寄主营养。体内有焰细胞，还有数目不等的胚团和胚细胞。胚团发育为子胞蚴或雷蚴。

(4) 雷蚴（redia） 每个胞蚴体中具有许多雷蚴，由于虫体长大，包被被涨破，逸出后的雷蚴再进入螺的消化腺。雷蚴呈长形，具咽和原肠，并有2条各自开口的排泄管。它的后端有一堆胚团，经无性生殖，逐渐发育成许多尾蚴。有的吸虫有子雷蚴。

(5) 尾蚴（cercaria） 有的种类不经雷蚴阶段而直接由胞蚴发育成尾蚴。尾蚴通常分体部及尾部两部分，体表有棘，吸盘1~2个，消化道有口、咽、食道和肠。另有排泄系统、神经区、分泌腺。有的尾蚴有眼点。尾蚴逸出，在水中做短期活动，脱掉尾部，发育为囊蚴（后尾蚴）。以鱼为第二中间寄主的种类，其尾蚴往往可主动侵入鱼体，在鱼体内形成囊蚴。

(6) 囊蚴（metacercaria） 囊内之后尾蚴的形态颇似成虫，生殖系统一般只有简单的生殖原基，但也有具成熟的生殖器官。囊蚴随第二中间寄主或媒介物被终寄主吞食，在消化道经消化液的作用，幼虫破囊而出，移至适当的寄生部位，发育为成虫。

复殖吸虫生活史中要求一定的中间寄主，第一中间寄主一般为腹足类，第二中间寄主或终末寄主有软体动物、环节动物、甲壳类、昆虫、鱼类、两栖类、爬行类、鸟类及哺乳类，有的种类要求多个中间寄主。

(7) 成虫（imago） 生殖器官发育成熟，产卵，完成生活史。

4. 危害性 寄生于消化道的种类相对而言危害性较小，寄生于循环系统、实质器官及眼等处的危害性较大，引起鱼死亡。有些种类以水产动物为中间寄主，成虫寄生于人体，可直接危害人类。

(二) 常见复殖吸虫病

1. 血居吸虫病（Sanguincoolsis）

【病原】血居吸虫（*Sanguinicola* spp.），寄生于多种淡水鱼及海水鱼的血管内。我国危害较大的龙江血居吸虫（*S. lungensis*）（图7-56），寄生于鲢、鳙、鲫、草鱼、团头鲂。成虫扁平、梭形，前端尖细，大小为0.26~0.85mm×0.14~0.25mm，体披很粗的棘及刚毛，口孔在吻突的前端，下接不很直的食道，在体1/3处突然膨大成4叶肠盲囊，没有咽；精巢8~16对，位于卵巢前方，输精管沿正中线向后，至卵巢后方左侧，作二三折叠而达雄性生殖孔；卵巢蝴蝶状，卵呈橘子瓣状，在大弯的一边有1短刺。寄生于团头鲂的鲂血居吸虫（*S. megalobramae*）的肠盲囊呈梨形或圆形，精巢18~22对。

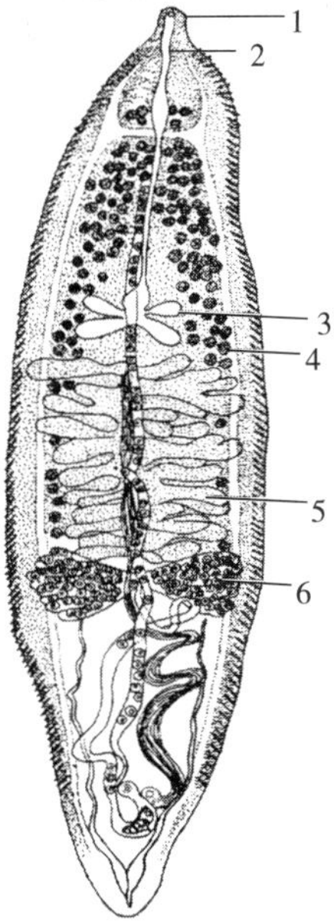

生活史（图7-57）：毛蚴在鳃血管内孵出，钻出鱼体外，落入水中；毛蚴钻入中间寄主（龙江血居吸虫的中间寄主为褶叠椎实螺，鲂血居吸虫的为白旋螺），发育为胞蚴、尾蚴，尾蚴为叉尾有鳍型，体背面有鳍，不具吸盘、眼点，口孔在吻的

图7-56 龙江血居吸虫
1. 口 2. 食道 3. 肠 4. 卵黄腺
5. 精巢 6. 卵巢
（唐仲璋等，1975）

腹面；尾蚴钻入终寄主鱼，发育为成虫。

【症状和病理变化】症状有急性和慢性之分。急性型为水中尾蚴密度较高，在短期内有多个尾蚴钻入鱼苗体内，引起鱼苗跳跃、挣扎、在水面急游打转，或悬浮在水面"呃水"，鳃肿胀，鳃盖张开，肛门处起水泡，全身红肿，鳃及体表黏液增多，不久即死。慢性型是尾蚴少量、分散地钻入鱼体，虫在鱼的心脏和动脉球内发育为成虫，虫卵随血液被带到肝、脾、肾、肠系膜、肌肉、脑、脊髓、鳃等处，在鳃上的虫卵可发育孵出幼虫，引起出血和鳃组织损伤；被带到其他组织的虫卵，外包多层的结缔组织，数量多时可引起血管被堵，组织受损，出现相应的症状，一般在肾脏中虫卵较多，肾组织受损，引起腹腔积水，眼球突出、竖鳞、肛门肿大外突，逐渐衰竭而死。病鱼贫血，红细胞和血红蛋白量显著下降，轻者下降 20%，严重的下降 61%；球蛋白含量也大幅度下降。

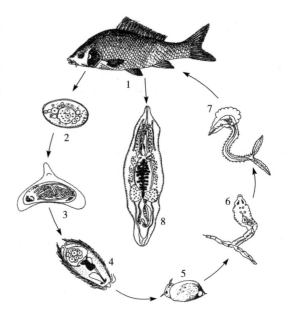

图 7-57 有棘血居吸虫的生活史
1. 感染血居吸虫的鲤鱼　2. 未成熟的虫卵
3. 成熟的虫卵　4. 毛蚴　5. 椎实螺
6. 在螺体内的幼期尾蚴　7. 水中游泳的尾蚴　8. 成虫
（黄琪琰，1993）

【流行情况】本病是世界性疾病，欧洲、美洲、非洲、亚洲等都有引起病鱼大批死亡的报道，危害 100 种左右淡水、海水鱼类，引起急性死亡的主要是鱼苗、鱼种，流行于夏季、冬季。我国饲养的鲢、鳙、团头鲂、鲤、鲫、金鱼、青鱼、乌鳢等都有发生，其中以鲢和团头鲂的鱼苗、鱼种受害最大，在几天内可引起几十万苗种死亡。血居吸虫的种类很多，已报道的有 50 种以上，对寄主有严格的选择性，如鲂血居吸虫的尾蚴对团头鲂很敏感，对鲢、鳙和草鱼没有感染力，对鲤鱼苗虽能钻入，但第二天虫就死亡、脱落，且对饲养 4~6d 后的鲤鱼苗，尾蚴就无法钻入。

【诊断方法】该病容易被误诊或漏诊，检查的方法为：

(1) 将病鱼的心脏及动脉球取出，放入盛有生理盐水的培养皿中，剪开心脏及动脉球，并轻刮内壁，在光线亮的地方用肉眼仔细观察，可见血居吸虫的成虫。

(2) 将有关组织如肾、鳃等压成薄片，在显微镜下检查虫卵。

(3) 了解鱼池中是否有大量中间寄主。

【防治方法】

(1) 鱼池进行彻底清塘，消灭中间寄主；进水时要经过过滤，以防中间寄主随水带入。

(2) 已养鱼的池中发现有中间寄主，可在傍晚将草扎成数小捆放入池中诱捕中间寄主，于第二天清晨把草捆捞出，将中间寄主压死或放在远离鱼池的地方将它晒死，连续数天。如池中已有该病原时，应同时全池遍洒晶体敌百虫，以杀灭水中的尾蚴，遍洒次数根据池中诱捕中间寄主的效果及螺中感染强度、感染率而定。

(3) 根据血居吸虫不同种类对寄主选择的特异性，可采取轮养的方法。

(4) 1 足龄以上的饲养池中混养吃螺的鱼类，以减少和消灭螺。

(5) 驱赶鸥鸟。

2. 双穴吸虫病（Diplostomulumiasis）（白内障病，复口吸虫病）

【病原】双穴吸虫（*Diplostomulum* spp.），又叫复口吸虫，属双穴科（Diplostomatidae），又叫复口科，我国危害较大的主要是倪氏双穴吸虫（*D. niedashui*）、湖北双穴吸虫（*D. heupehensis*）、山西双穴吸虫（*D. shanxinensis*）、匙形双穴吸虫（*D. spathaceum*）。囊蚴椭圆形，分前后两部分，口吸盘的两侧各有一侧器（图 7 - 58A）。尾蚴均为典型的无眼点，具咽、双吸盘、长尾叉，在水中休息时尾干弯曲，使虫体折成"丁"形，腹吸盘后面有 2 对钻腺细胞（图 7 - 58B）。

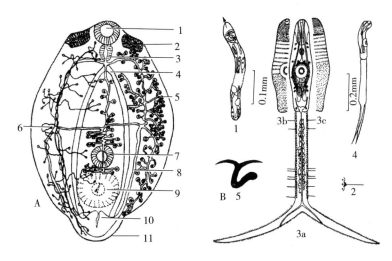

图 7 - 58 湖北双穴吸虫
A. 湖北双穴吸虫的囊幼：1. 口吸盘 2. 侧器 3. 咽 4. 肠 5. 石灰质体 6. 焰细胞 7. 腹吸盘
8. 侧集管 9. 黏附器 10. 排泄囊 11. 后体
B. 湖北双穴吸虫的胞蚴和尾蚴：1. 胞蚴 2. 尾蚴的尾毛，示尾干上的基部突起
3a. 尾蚴半图解示腹面观 3b. 前体腹面一半，示刺的排列 3c. 前体背面一半，示刺的排列
4. 固定标本的侧面观 5. 尾蚴的外形
（潘金培等，1963）

生活史：成虫寄生于红嘴鸥等肠中，虫卵随粪便排出落入水中，湖北双穴吸虫及倪氏双穴吸虫的卵经 3 周左右孵出毛蚴，在 25~35℃ 的范围内，水温越高，孵化期越短；毛蚴在水中游泳，钻入第一中间寄主斯氏萝卜螺、克氏萝卜螺等体内（水温 28~30℃ 时，毛蚴如找不到寄主，在孵出后 4h 开始死亡，9h 全部死亡），在肝脏和肠外壁发育为胞蚴；胞蚴产出尾蚴，离开胞蚴的尾蚴移至螺的外套腔内，然后很快逸至水中，它在水中呈规律性的间歇运动，时沉时浮，有趋光性和趋表性，故集中在水上层，刚逸出的尾蚴升降运动间歇时短，反之，则长，以至死亡。31℃ 时倪氏尾蚴 LD_{50} 为 22h，30h 全部死亡；24~27℃ 时湖北尾蚴 LD_{50} 为 24h，32h 时全死；19.5~23℃ 山西尾蚴 LD_{50} 为 27.3h，32h 全死。在这期间内，尾蚴如遇到第二中间寄主鱼就迅速叮上，脱去尾部钻入鱼体。湖北尾蚴钻入附近血管，移至心脏，上行至头部，从视血管进入眼球，倪氏尾蚴及山西尾蚴穿过脊髓，向头部移动，进入脑室，再沿视神经进入眼球。在水晶体内经过 1 个月左右发育成囊蚴。当鸥鸟吞食带有囊蚴的病鱼后，在其肠道内发育为成虫。

【症状和病理变化】急性感染时，病鱼在水面做跳跃式游动、挣扎，继而游动缓慢；有时头朝下、尾向上失去平衡，或病鱼上下往返，平卧水面急速游动，在水中翻身，以至头部向下，在水面旋转。病鱼除运动失控外，最显著的症状为头部充血，湖北尾蚴引起脑室及眼眶周围呈鲜红色，倪氏尾蚴及山西尾蚴引起脑室中央部位充血及鱼体弯曲，不久即死。慢性感染时，上述症状不明显，病原体在眼睛内可积累很多，数十个以至一百多个，引起水晶体混浊发白，虫愈多则眼睛白的范围就越大，病鱼生长缓慢，但一般不引起死亡。部分鱼有水晶体脱落和瞎眼现象。

【流行情况】此病为一种危害较大的世界性鱼病，我国的湖南、湖北、江苏、浙江、上海、江西、福建、广东、四川、东北等地均有发生，尤其是在鸥鸟及椎实螺较多地区更为严重；危害多种淡水鱼，其中尤以鲢、鳙、团头鲂、虹鳟的苗种受害严重，死亡率达60%以上；急性感染时可引起苗种大批死亡，流行于5～8月；慢性感染（8月份以后）则引起白内障症状，全年都有。

【诊断方法】根据眼睛发白可做出初步诊断，然后再挖出眼睛，剪破后取出水晶体放在生理盐水中，刮下水晶体表面一层，用显微镜检查，或在光线亮的地方用肉眼仔细检查，如发现有大量双穴吸虫，即可诊断为患此病。鱼苗、鱼种急性感染时，往往眼睛不发白，眼睛中寄生虫不多，这时检查须特别细致，并要注意观察病鱼的头部是否充血，鱼体是否弯曲，鱼在池中是否急游等，同时了解当地是否有很多鸥鸟，池中是否有椎实螺，并检查池中椎实螺，如螺体内有大量双穴吸虫的尾蚴时，也可帮助诊断。

【防治方法】同血居吸虫病。

3. 侧殖吸虫病（Asymphylodorasis）

【病原】日本侧殖吸虫（*Asymphylodora japonica*）及东方侧殖吸虫（*Oricentotrema* sp.），隶属于独睾科（Monorchiidae）。虫体较小，卵圆形，体表披棘。口吸盘略小于腹吸盘，后者位于体之中部略前，前咽不明显，咽椭圆形，食道长，分叉于腹吸盘的前背面，肠支盲端止于体之近末端。精巢单个，长椭圆形，位于体之后1/3部分的中轴线，阴茎披小棘，生殖孔开口于体左侧中线附近。卵巢圆形或卵圆形，位于精巢右前方。子宫末端肌质披棘，与阴茎共同开口于生殖孔。卵黄腺分布于精巢前半部两肠支的外侧。中间寄主为湖螺、田螺及旋纹螺。尾蚴可在螺体内发育成囊蚴。当螺被其终寄主吞食，发育为成虫。另外尾蚴具移行习性，常聚集在螺类的触角上，它被鱼苗吞食，可以逾越囊蚴期继续其发育过程。

【症状和病理变化】患病鱼苗闭口不食，生长停滞，游动无力，群集下风面，俗称"闭口病"。解剖病鱼，可见吸虫充塞肠道，前肠部尤为密集，肠内无食。

【流行情况】是我国鱼类中常见的寄生虫病，终末寄主有草鱼、青鱼、鲢、鳙、鲫、鲤、长春鳊、团头鲂以及麦穗鱼、泥鳅、花鳅、河豚等十多种。国内主要养鱼地区都有发生，但造成鱼苗死亡的仅一例，而未见到鱼种和成鱼因该虫寄生而造成死亡的病例。一种侧殖吸虫寄生于鳡的肾脏，引起肾脏表面高低不平，但危害不大。

【诊断方法】解剖内脏、肠道内可见虫体。

【防治方法】
(1) 彻底清塘，消灭螺类。
(2) 晶体敌百虫，浓度为0.2mg/L，全池泼洒。

4. 乳体吸虫病（Galactosomumiasis）

【病原】乳体吸虫（*Galactosomum* sp.）的囊蚴，隶属异形科（Heterophyidae）。囊蚴寄生于鱼的间脑，并形成球形包囊，包囊直径0.8～0.9mm，内部幼虫长2.7～4.9mm。成虫寄生在一种海鸥的消化道内。乳体吸虫的生活史尚未搞清楚，可能是虫卵随海鸥的粪便排到水中，孵化后，毛蚴侵入一种海螺体内，以海螺为第一中间宿主继续发育直到尾蚴。尾蚴离开海螺侵入第二中间宿主（䲁、条石鲷等）。感染有乳体吸虫囊蚴的鱼被海鸥吞食后，囊蚴便在其消化道内发育为成虫。

【症状和病理变化】鱼体被乳体吸虫的尾蚴入侵后，开始时在水面狂游，身体一面痉挛，一面旋转。但狂游的状态因不同种类的鱼而不同，如条石鲷不像䲁那样激烈。从寄生部位（间脑）看，其周围神经可受到压迫、变性或坏死，但在内脏等其他器官看不出有什么变化。死亡率最高达20%。

【流行情况】该病发现于日本长崎县各地及佐贺县的一部分地区。其分布面与终末宿主海鸥的行动和生态密切相关。流行季节自8月上旬至9月上旬，水温为24~27℃，被感染的鱼除䲁、条石鲷外，还有日本鳀、真鲹、红鳍东方鲀、丝鳍粗单角鲀、日本银带鲱和斑巴鱼，共8种海产鱼类，被寄生的都是当年鱼。我国目前尚无报道，但随着海水鱼类养殖的发展，例如东方鲀等也有可能被感染。

【诊断方法】养殖的鱼如出现游泳异常，身体有痉挛现象，可做出初步诊断；解剖鱼体取出间脑，置于解剖镜下检视，如发现囊蚴即可诊断。

【防治方法】消灭养殖水体内的海螺或驱除鸥鸟等。

5. 异形吸虫病（Heterophyesis）

【病原】异形吸虫（*Heterophyes* sp.）的囊蚴（图7-59），隶属异形科。其成虫寄生在吃鱼鸟类和哺乳类的消化道中。虫体较小，长度仅1~2mm，个别虫体可达到3mm，体表有鳞棘。具有生殖吸盘，无阴茎囊。精巢2个，在虫体后端，平列或斜列。卵巢在精巢之前。子宫通常盘曲在腹吸盘和卵巢之间。卵黄腺在虫体后端的两侧。排泄囊为"V"形或"Y"形，也有的呈"T"形。卵小。

生活史：卵随终宿主粪便排出，落入水中的虫卵已含成熟的毛蚴，虫卵被锥形小塔螺等腹足类吞食，而后孵化出毛蚴。毛蚴在螺体内发育成胞蚴，并经两代雷蚴后形成尾蚴。尾蚴离开螺体侵入鲻科鱼类的肌肉中寄生并发育为囊蚴。当吃鱼鸟类或猫、狗等吞食了带有囊蚴的病鱼时即获感染。人吃了这种生鱼片或未煮熟的鱼，也会被感染。

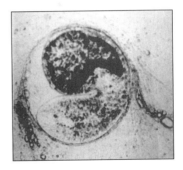

图7-59 鲻肌肉中的异形吸虫囊蚴
(Oren，1981)

【症状和病理变化】寄生有异形吸虫囊蚴的鱼，身体消瘦，肌肉或皮肤上有由囊蚴所形成的小结节，其寄生数量在不同宿主差异很大。有时可引起鱼体变形和刺激局部黑色素细胞增生。鱼体在感染后，如尾蚴大量继续入侵，可引起白细胞增多，纤维性变和充血、出血、组织坏死等。严重病鱼大批死亡，甚至全池毁灭。

【流行情况】本病流行地区广，地中海沿岸国家、美国大西洋海岸、墨西哥湾和印度、菲律宾、日本及我国某些地区等均有分布。尤其地中海东部水域，商品鲻类成了异形吸虫的主要宿主。例如埃及等的一些潟湖中有些鲻的感染率高达100%。

【诊断方法】发现鱼体消瘦，皮肤、肌肉上有小结节，或局部黑色素沉着的鱼，可初步诊断；解剖鱼体并取少许肌肉组织置于解剖镜下检视，如发现囊蚴，可确诊。

【防治方法】从切断生活史入手。

（1）驱除水鸟等终宿主，人吃鱼时必须煮熟后再吃。

（2）在已放养鱼的鱼池中用硫酸铜 0.7mg/L 的浓度泼洒，24～48h 后换水，并再重复 1～2 次。

三、由绦虫引起的疾病

（一）概述 绦虫属扁形动物门，绦虫纲（Cestoidea），有 1 500 种，全部营寄生生活。成虫绝大多数寄生于脊椎动物的消化道或体腔内。与鱼类有关的包括两亚纲中 11 目近 40 科中的一些种类。关于海水鱼类的绦虫病文献很少，在我国，海水养殖鱼类绦虫病尚无报道。在淡水鱼类中，常见的有鲤蠢病、许氏绦虫病、头槽绦虫病、舌型绦虫病、裂头绦虫病。

1. 外部形态 身体通常背腹扁平，极少数为圆筒状，长度从 1mm 至 12m，除单节绦虫亚纲是 1 节外，多节绦虫亚纲的种类一般是由多数节片组成，由前而后连续成链带状。整条虫体由头节、颈部和体节三部分构成。

头节是绦虫生活和生长的重要部分，位于虫体的前端，其上有各式各样的吸着器官，用以固着在宿主的器官组织上，如吸盘、吸沟、吸叶。有的种类还有可伸缩的吻和钩子等构造。某些种类头节退化或发育不全。

头节之下为颈部，颈一般细长，内有发生细胞，末端能不断分生出新的体节。

颈之后为体节，其数目依不同种类而异。一般近头节处的节片较年幼。节片由前而后，按其性器官成熟程度，区分为未成熟节片、成熟节片及妊娠节片。多节绦虫类，每个节片都是一个生殖单位，各具一套（少数有两套）生殖器官。

2. 内部构造

（1）体壁 体壁由皮层和皮下层组成。皮层表面具微绒毛，以增加吸收营养物质的面积，其下是基质区和基质膜。皮下层由环肌和纵肌所构成，肌肉层之下是陷入柔软组织中的上皮细胞。穿过柔软组织有背肌和横走肌，后者与背腹两面平行，将柔软组织分为皮部和髓部。

（2）排泄系统 焰细胞分布于身体各处。焰细胞和细管相连，各细管汇于背腹各 1 对排泄总管，贯通于各节片。当该节片脱落后，则两侧排泄管以自己的孔通向外面。

（3）神经系统 位于虫体前端，头节有较集中的神经节。在吸盘附近，常有环状神经及横走接合神经连着。从这里纵走的神经索，分背、腹、侧三对，伸向体的后方。

（4）生殖系统 较发达，各目的结构也不尽相同。大多数为雌雄同体，通常每个节片内有 1 或 2 套生殖器官。一般雄性部分先成熟，交配后雄性生殖器官萎缩，故后面节片仅见雌性生殖器官，末端节片只含充满卵的子宫。绦虫有自体受精和异体受精。

3. 生活史 绦虫的发育须经过变态和更换寄主，各类绦虫具有不同的发育形式。第一中间寄主通常为水生无脊椎动物，如剑水蚤、颤蚓等，亦有陆生无脊椎动物、脊椎动物；第二中间寄主通常是脊椎动物，如鱼、爬行类、两栖类等。

（二）常见绦虫病

1. 鲤蠢病（Caryophyllaeusiasis）

【病原】鲤蠢（*Caryophyllaeus* spp.），属鲤蠢科（Caryophyllaeidae）。虫体不分节，只有 1 套生殖器官；头节不扩大，前缘皱褶不明显或光滑；精巢椭圆形，很多，前端与卵黄腺处同一位置，向后延伸到阴茎囊的两侧；卵巢"H"形，在虫体后方；卵黄腺椭圆形，比精巢小，分布在髓部；有受精囊，子宫环不达阴茎囊前方（图 7-60）。中间寄主是颤蚓，原尾蚴在颤蚓的体腔内发育，呈圆筒形，前面有一吸附的沟槽，后端有一具小钩的尾部，鲤吞食感染有原尾蚴的颤蚓而感染，在肠中发育为成虫。

【症状和病理变化】轻度感染时无明显症状，寄生多时可见肠道被堵塞，并引起发炎和贫血，以至死亡。

【流行情况】在我国东北、湖北、江西等地发现，主要寄生在鲫及 2 龄以上的鲤肠内，大量寄生的病例不多。在东欧此病较多见，流行于 4～8 月。

【诊断方法】剖开鱼腹，取出肠道，小心剪开，即可见到寄生在肠壁上的绦虫。

【防治方法】
(1) 放养前清淤、消毒。
(2) 每千克鱼用加麻拉（Kamara）20g 或棘蕨粉 30g，拌饲一次性投喂。

2. 许氏绦虫病（Khawiasis）

【病原】许氏绦虫（*Khawia* spp.），属鲤蚤科。虫体细长，不分节；只有 1 套生殖器官，卵黄腺在皮部，而卵巢后卵黄腺则在髓部。中华许氏绦虫的头节明显扩大，前端边缘呈鸡冠状皱褶。

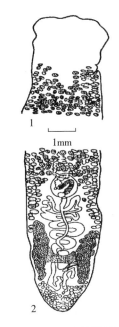

图 7-60 短颈鲤蚤
1. 虫体前段，示头部及部分生殖系统
2. 虫体后段，示生殖系统
（张剑英，1999）

【症状和病理变化】同鲤蚤病。

【流行情况】分布于内蒙古、湖北、江西、福建、上海、江苏等地。在福建曾发生 2 龄鲤被大量寄生而死亡的病例。

【诊断方法】剖开鱼腹，取出肠道，小心剪开，即可见到寄生在肠壁上的绦虫。

【防治方法】同鲤蚤病。

3. 头槽绦虫病（Bothriocephalusiosis）

【病原】九江头槽绦虫（*Bothriocephalus gowkongensis*）和马口头槽绦虫（*B. opsariichthydis*）。虫体带状，体长 20～250mm。头节有 1 个明显的顶盘和 2 个较深的吸沟（图 7-61）。精巢球形，每个节片内有 50～90 个，分布在节片的两侧。阴道和阴茎共同开口在生殖腔内。生殖腔开口在节片背面中线后 1/3 的任何一点上。卵巢双瓣翼状，横列在节片后端 1/4 的中央处。子宫弯曲成"S"状，开口于节片中央腹面，在生殖孔之前，卵黄腺比精巢小，散布在节片的两侧。梅氏腺位于卵巢的前侧。

生活史：经卵、钩球蚴、原尾蚴、裂头蚴、成虫 5 个阶段。一条长 150～200mm 的虫体每次可产卵 1 万多粒。卵呈椭圆形，淡褐色，在尖的一端有不明显的卵盖。卵随寄主粪便一同落到水中，在水温 28～30℃时，3～5d 内孵化成钩球蚴，14～15℃时需 10～28d 才能孵化成钩球蚴。

钩球蚴：呈圆形，后端有钩 3 对，虫体上密布纤毛，生活

图 7-61 九江头槽绦虫的头节

时纤毛不断颤动，孵化后约 1d 即停止颤动，在水中生活的时间约为 2d，在这期间内，如不为剑水蚤吞食就死亡。

原尾蚴：钩球蚴被中间寄主刘氏中剑水蚤或温剑水蚤吞食后，穿过其消化道到达体腔，大约经 5d 发育为原尾蚴。原尾蚴体长形，尾端有一球形尾器，内尚有原来的小钩，前端有 4～5 对穿刺腺。原尾蚴在中间寄主体内生活时间的长短，取决于剑水蚤的寿命。

裂头蚴：感染了原尾蚴的剑水蚤，被草鱼鱼种吞食后，经过消化作用，剑水蚤破裂，原尾蚴即在肠内蠕动，脱下尾器，发育为裂头蚴，这时期的幼虫，没有节片，在夏天经 11d，虫体长出节片，逐渐进入成虫期。

成虫：在水温 28～29℃时，裂头蚴在小草鱼肠内经过 21～23d 达到性成熟，初次产卵。

【症状和病理变化】严重感染的小草鱼体重减轻，显得非常瘦弱，不摄食，体表的黑色素增加，离群至水面，口常张开；伴有恶性贫血现象，病鱼红细胞数为 96 万～248 万个/mL，而健康鱼为 304 万～408 万个/mL。当严重寄生时，鱼肠前段第一盘曲膨大成胃囊状，直径较正常增大约 3 倍，并使前肠壁异常扩张，形成皱襞萎缩。此外，肠前段还出现慢性炎症；由于肠内密集虫体，造成机械堵塞。

【流行情况】原是两广的地方性鱼病，现已传到贵州、湖北、河南、东北、福建、江苏等地，东欧一些国家也有它的报道。寄生于草鱼、团头鲂、青鱼、鲢、鳙、鲮的肠内，以草鱼及团头鲂鱼种受害最为严重。草鱼在每年育苗初期即开始感染，而且在短期内大部分能发展到严重阶段。如在放养 45d 后，一尾 40mm 的草鱼，在肠内发现 6 个成虫和 252 个幼虫。尤对越冬的草鱼鱼种危害最大，死亡率可达 90％。草鱼在 8cm 以下受害最盛，当体长超出 10cm 时，感染率即开始下降，在 2 龄以上的鱼体内只能偶然发现少数的头节和不成熟的个体。这与草鱼在不同发育阶段摄食对象不同有关。

【诊断方法】剖开鱼腹，剪开前肠扩张部位，即可见白色带状虫体聚居。

【防治方法】

(1) 用生石灰或漂白粉清塘。

(2) 用 90％晶体敌百虫 50g 与面粉 500g 混合制成药面进行投喂，连喂 3～6d（头节是否脱落有待证实）。

(3) 每万尾鱼（9cm）用南瓜子 250g 研成粉与 500g 米糠拌匀投喂，连喂 3d。

(4) 使君子 2.5kg，葫芦金 5kg，捣烂煮水成 5～10kg 汁液，将汁液拌入 7.5～9kg 米糠，连喂 4d，其中第二至第四天的药量减半。

(5) 别丁（双硫二氯酚）按与饵料 1∶400 配制成药饵，以鱼体重量 5％投喂，每天 2 次，连喂 5d。

(6) 丙硫咪唑，每千克鱼每天用 40mg，拌饲，每天 2 次投喂，连续 3d。

4. 舌型绦虫病（Ligulaosis）（舌形绦虫病）

【病原】舌状绦虫（*Ligula* sp.）和双线绦虫（*Digramma* sp.）的裂头蚴，隶属于舌状绦虫科（Ligulidae）。虫体肉质肥厚，呈白色长带状，俗称"面条虫"。长度从数厘米到数米，宽可达 1.5cm。双线绦虫的前端钝尖，但比后端稍宽；背腹面各有 2 条陷入的平等纵槽，在腹面中间还有 1 条中线；每节节片有 2 套生殖器官。舌状绦虫的头节尖细，略呈三角形，在背腹面中线各有 1 条凹陷的纵槽，每节节片有 1 套生殖器官。

生活史：终末寄主为鸥鸟。虫卵随寄主粪便排入水中，孵出钩球蚴，钩球蚴被细镖水蚤吞食后，在其体内发育为原尾蚴，鱼吞食带有原尾蚴的水蚤后，原尾蚴穿过肠壁到体腔，发育为裂头蚴，病鱼被鸥鸟吞食，裂头蚴就在鸥鸟肠中发育为成虫。

【症状和病理变化】病鱼腹部膨大，严重时失去平衡，鱼侧游上浮或腹部朝上，解剖时，可见到鱼体腔中充满大量白色带状的虫体（图7-62），内脏受压挤，产生变形萎缩，正常机能受抑制或遭破坏，引起鱼体发育受阻，鱼体消瘦，无法生殖。有的裂头蚴可以从鱼腹部钻出，直接造成病鱼死亡。

图7-62 患舌型绦虫病的鲫

【流行情况】据廖翔华等（1985）报道，该病原体在国内分布分三个区：①舌状绦虫区，北界天山山脉及河西走廊，东为岷山、大雪山、大凉山，南为横断山脉、喜马拉雅山，西达喀喇昆仑山，包括柴达木盆地和青藏高原的水体；危害裂腹鱼亚科、鳅科、鮈亚科、雅罗鱼亚科、草鱼、鲤及一些鲤科小型鱼类；②无虫区，广西北海向广东承德、兴宁，斜向福建泉州成一半圆弧线以南的我国南部沿海地区，包括海南省；③双线绦虫区，除上述二区外均属此区，危害鲫、鲢、鳙、花鲐、草鱼、翘嘴红鲌、大银鱼、太湖短吻银鱼等的鱼种至食用鱼。

该病由于至今尚无有效治疗方法，因此有日益严重的趋势，不仅在大水面中广泛发生，近年来在精养鱼池内也有发现，不仅严重影响生长繁殖，且引起死亡，如一口发病塘的鲢自6月份开始死亡，到年底时产量不到未发病塘的3.5%。

【诊断方法】根据病鱼症状可以初诊；剖开鱼腹可见腹腔内充塞着白色卷曲的虫体即可确诊。

【防治方法】目前，在大水面，尚无有效防治方法；在较小水体中，可以采用以下预防措施：

（1）用清塘方法杀灭虫卵及第一中间宿主。

（2）驱赶终末宿主。

5. 裂头绦虫病（Diphyllobothriumiasis）

【病原】阔节裂头绦虫（*Diphyllobothrium latum*），体长2~20m，有4 000多个节片。头节长圆形，背腹各有1条深裂的吸沟。每个节片内有1套生殖器官；精巢圆形，泡沫状，很多，散布在节片背面两侧，肌肉质的阴茎囊包含有阴茎，它开口于节片中央的上方，雌雄生殖孔在它的后方，卵巢两瓣状，位于节片后端1/3的腹面，阴道开口于生殖孔后方不远的腹中线。卵黄腺呈小圆粒状，散布在节片的两侧精巢的腹面。

生活史：卵在水中孵出钩球蚴，被第一中间寄主剑水蚤吞食，在其体腔中发育为原尾蚴，剑水蚤被第二中间寄主（鱼）吞食，原尾蚴穿过胃壁到结缔组织或肌肉、性腺、肝等内脏发育成长形的裂头蚴。当哺乳动物吞食感染裂头蚴的淡水鱼，经3~6周发育为成虫。

【症状和病理变化】裂头蚴在鱼类的寄生部位有季节性，春天多在内脏，秋天则多在肌肉（Bayep，1961）。幼虫在冰藏鱼肉内能保持感染性40d以上。在水里可存活几小时至几天；在死鱼肌肉里仍可活一些时间（Tiainen，1966）。第二中间寄主为小鱼时，当肉食性鱼类吞食感染原尾蚴或裂头蚴的小鱼，裂头蚴可侵入此鱼的肌肉和组织内。有时一条大鱼有1 000多个裂头蚴。

【流行情况】主要对人类造成危害。流行于欧洲一些国家，如芬兰、法国、意大利、前苏联。日本及我国亦有少数病例（黑龙江及台湾省）。此病分布在亚寒带及温带。它可寄生于多种淡水鱼类，如狗鱼、江鳕、鲈等。

【诊断方法】解剖检查肌肉和内脏，肉眼可见虫体。

【防治方法】采取切断生活史的方法预防。

四、由线虫引起的疾病

（一）概述 线虫纲（Nemtoda）隶属线形动物门（Nemathelminthes），为假体腔（原体腔）动物，雌雄异体。现有12 000种左右，其中一半以上营自由生活，另一部分为寄生种类，可寄生在各种动物、植物以及人体内，有的种类可引起宿主（人、畜、禽、鱼）的严重疾病或造成农作物的减产歉收，给经济上带来很大损失。寄生在水产动物的线虫种类很多，已报道的有100种左右，寄生在消化道、鳍条、鳞下、腹腔、鳔和其他组织内，对水产动物的危害一般不很严重，但大量寄生时可破坏组织的完整性，引起继发性疾病；有些种类吸食血液，夺取营养，使寄主消瘦，影响生长和繁殖，甚至死亡。

1. 外部形态 线虫体呈线形或长圆柱形，少数纺锤形或其他形状，两端略尖细，尾部特别尖细或弯曲。虫体通常无色略透明。身体长度的变动范围很大，自由生活的种类幅度小些，一般在1～50mm，寄生种类小者仅0.5mm，有的全长可超过1 000mm。

虫体有背、腹、侧面之分。前端（头端）多数种类具有2、3、6片口唇，依不同种类而异。唇上有感觉器官及化感器头乳突、唇乳突等构造。后端（尾部）雌体大多数尖直，雄体弯曲或有交合伞、辐肋、肛前吸盘及各种乳突等。虫体最外层为角质层，是由皮层细胞分泌出来的非细胞物质，富有弹性和坚韧性，通常是光滑的，有时具有横纹。角质层可以膨大成翼，如纵翼、颈翼和尾翼等。

2. 内部构造

（1）体壁　由角质层、真皮层和纵肌层组成，与消化道等内脏之间的空隙为假体腔，内充满体腔液，起支持功能，并可将肠道吸收的营养物送至虫体各处，在生理上有类似循环的作用。

（2）消化系统　口通常位于虫体顶端，有些种类有唇，下接食道，有的食道前段膨大成球状，叫肌肉球；有的由前肌肉部与后腺体部组成；有些线虫在口与食道之间有口囊、咽等构造。有的食道与肠联结处有胃、胃盲突和肠盲囊等；肠分中肠和直肠，开口于尾端腹面的肛门；少数种类的直肠萎缩，肛门封闭；雌虫肛门单独开口，雄虫则与射精管相连成泄殖腔。

（3）神经系统　由神经环、神经节、神经干和神经连索组成。神经环围绕食道，又称食道神经环，向前、后各分出6～8条神经干到虫体各处，各神经干之间又有神经连索相连，感觉器官主要有乳突、化感器和尾感器。

（4）排泄系统　一般有2条排泄管，自后向前在虫体前面汇合成1个小管，通到腹面排泄孔，这种类型均由多细胞组成。有些种类只有1个排泄细胞，细胞变成长形，收集的废料由排泄孔排出体外。

（5）生殖系统　雌雄异体，除少数种类雌雄异形外，体形几乎相同，通常雌虫大于雄虫。雄性生殖器官为单管，由精巢、输精管、贮精囊和射精管组成，最后由泄殖腔开口；精巢一般细长呈线状，1个；射精管为肌质，开口于生殖腔；在雄虫的尾部有帮助交配用的交接刺、引刺带、交接翼、交接伞等。雌性生殖器官多数为双管，由卵巢、输卵管、受精囊、子宫、阴道和阴门等组成。卵在子宫内受精，由子宫分泌卵壳包围；阴门在腹面，多数在体中部；有的线虫在成熟时阴道萎缩。

3. 生活史 多数为卵生，也有卵胎生或胎生。肠道寄生线虫不需要中间寄主，组织内寄生的线虫需要中间寄主，中间寄主一般为桡足类、寡毛类等。从幼虫发育到成虫要蜕皮2～4次。

（二）常见线虫病

1. 毛细线虫病（Capillariaosis）

【病原】毛细线虫（*Capillaria* sp.），属毛细科（Capillariidae）。虫体细小如纤维，前端尖细，后端稍粗大，体表光滑；口端位，没有唇和其他构造；食道细长，由26～36个单行排列的食道细胞组成；肠前端稍膨大，肛门和泄殖孔开口在体后端。雌虫体长4.99～10.13mm，具一套生殖器官，阴门显著，位于食道和肠连接处的腹面。雄虫体长1.93～4.15mm，具一细长的交合刺，外包交合刺鞘，鞘壁上有极细微的隆起。卵生，卵柠檬状，两端各有一瓶塞状的卵盖，卵随寄主粪便排入水中，开始分裂，形成幼虫，但幼虫不出壳，在卵壳内可存活30d左右，脱出卵壳的幼虫不能存活。鱼吞食含有幼虫的卵而感染。在湖北，虫体从6～11月均可产卵。

【症状和病理变化】毛细线虫以其头部钻入寄主肠壁黏膜层，破坏组织，引起肠壁发炎。全长1.6～2.6cm的鱼种，有5～8个成虫寄生，生长即受一定影响；30～50个虫寄生时，病鱼离群分散于池边，极度消瘦，继之死亡。而全长7～10cm鱼种，有20～30个虫寄生时，外表无明显症状。

【流行情况】毛细线虫寄生于青鱼、草鱼、鲢、鳙、鲮及黄鳝肠中，主要危害当年鱼种，广东的夏花草鱼及鲮常患此病，在草鱼中又常与九江头槽绦虫病并发；湖北汉川县某养殖场因患此病而死草鱼鱼种几十万尾。

【诊断方法】剪开鱼肠，用解剖刀刮下肠内含物和黏液，放在载玻片上，加少量清水，压片并用解剖镜检查，可见虫体，便可做出诊断。

【防治方法】

（1）先使池底晒干，再用漂白粉加生石灰彻底清塘，杀灭虫卵。

（2）加强饲养管理，保证草鱼有充足可口饲料，以免其吞食水底杂屑；及时分池稀养，加快鱼种生长。

（3）每千克鱼每天用90％晶体敌百虫0.2～0.3g，拌饲投喂，连喂6d。

（4）每千克鱼每天用中草药5.8g（贯众：土荆介：苏梗：苦楝树皮＝16：5：3：5）煎汁拌饲投喂，连喂6d。

2. 嗜子宫线虫病（Philometraiosis）

【病原】嗜子宫线虫（*Philometra* spp.），属嗜子宫科（Philometridae）。常见种类有：鲫嗜子宫线虫（*Philometra carassii*），雌虫寄生在鲫的尾鳍，雌虫长22～50mm，雄虫长2.46～3.74mm；鲤嗜子宫线虫（*P. cyprini*），雌虫寄生在鲤鳞囊内，虫体长10～13.5cm，雄虫寄生于鲤腹腔和鳔，虫体长3.3～4.1mm；藤本嗜子宫线虫（*P. fujimotoi*），雌虫寄生于乌鳢、斑鳢等鱼的背鳍、臀鳍和尾鳍，长2.5～4.6cm，雄虫寄生于鱼的鳔、腹腔，长2.2mm；鰤嗜子宫线虫（*P. seriolae*），寄生在鰤肌肉内；鲷嗜子宫线虫（*P. spari*），寄生在真鲷、黑鲷的性腺；鳍居嗜子宫线虫（*P. pinnicola*），寄生在赤点石斑鱼鳍，雌虫一般均为血红色，两端稍细，似粗棉线，雄虫体细小如发丝，透明无色。

鲤嗜子宫线虫雌虫血红色，俗称"红线虫"。虫体体表有大量隆起物，没有唇片和头乳突；食道较长，前端膨大成肌肉球，有发达的食道腺；肛门和阴门都萎缩，卵巢2个，位于虫体两端，成熟时体内大部分被粗大的子宫所占，子宫里充满卵和幼虫。雄虫体表光滑，透明无色；尾端膨大，有2个半圆形的尾叶，2根细长针形交接刺，引刺带中部呈枪托状，包住交接刺，引刺带仅有交接刺长的1/4～1/3。胎生，成熟的雌虫钻破寄主的皮肤，钻出部分泡在水中，由于渗透压的关系，虫体不久就涨破，子宫也随即破裂，幼虫便进入水中，被中间寄主萨氏中镖水蚤等吞食，幼虫在体腔中发育，鲤吞食阳性水蚤而感染，幼虫钻到鲤体腔中发育，雌虫移到鳞下发育成熟。

【症状和病理变化】 病鱼鳞片因虫体寄生而竖起，寄生部位发炎和充血。还往往引起细菌、水霉病继发。虫体寄生处的鳞片呈现出红紫色不规则的花纹，掀起鳞片即可见红色的虫体（图7-63）。

图7-63 鲤嗜子宫线虫病
A. 寄生于鳞囊中的鲤嗜子宫线虫 B. 从鱼体分离出的鲤嗜子宫线虫

【流行情况】 主要危害1龄以上的鲤，全国各地均有流行。亲鲤因患此病影响性腺发育，往往不能成熟产卵。长江流域一带一般于冬季虫体在鳞片下出现，但因虫体较小又不甚活动，所以不易被发现，到了春季水温转暖之后，虫体生长加速，从而使鱼致病。在6月份之后，母体完成繁殖，鱼体表就不再有虫体。

【诊断方法】 病鲤鳞片部位有凸起、发红现象，其上并有特殊的花纹，如将鳞片翻开，可见盘曲在鳞囊中的红色线虫。

【防治方法】
（1）用生石灰带水清塘，杀灭幼虫及中间寄主。
（2）用2%～2.5%食盐水浸浴鱼体或用1%高锰酸钾、碘酒涂抹病鱼体表病灶。

3. 拟嗜子宫线虫病（Philometroidesis）

【病原】 鲫拟嗜子宫线虫（*Philometroides seriolae*），隶属于嗜子宫目（Philometridea）、嗜子宫科（Philometridae）。虫体细长呈圆筒形，两端渐变细，但末端不尖。活体呈橙红色。虫体长1.7～40.2cm，天然产鲫体上寄生的虫体最大可达51cm。体表具有许多乳突，这是本属的特征。子宫圆筒形，容积很大，成熟个体子宫内充满卵和幼虫。

幼虫镰刀状，体长一般为0.6mm，具有细长的尾部。一个成熟雌虫所产的幼虫数，如体长在30cm以上，可达600万～800万个，约计每厘米体长20万个幼虫。

生活史：胎生。成熟的雌虫一端留在鱼体的皮下组织内，其他部分露在鱼体外表随着鱼的游动而扭曲状摇动，不久破裂，子宫中的幼虫也随之散入水中。散在水中的幼虫可被桡足类吞食，但尚未观察到鲫是如何被感染的。

【症状和病理变化】 虫体寄生在鲫的皮下组织中，可引起寄生部位充血、发炎、溃疡。

剥去皮肤组织可见橙红色的虫体盘曲在肌肉组织上（图7-64）。通常每尾鱼的寄生虫数为3～5条，多者超过10条。也有的虫体为宿主组织所包被，固结成羊角状萎缩而死亡。有的由于虫体的侵袭使寄生部位缺陷，积累一些黄白色的黏稠状液体。

图7-64 盘曲在肌肉组织上的鰤拟嗜子宫线虫
（江草周三，1978）

【流行情况】养殖或自然海区的鰤上有寄生，见于日本，我国尚无报道。5～6月为感染盛期。受侵害的鱼一般不会死亡，但由于体表受污损，商品价值低。

【诊断方法】在体表和鳍上寄生的可用目检，通常肉眼可观察到呈血红色线状的虫体；体内寄生线虫，应解剖鱼体，检查受侵害组织，发现虫体即可诊断。

【防治方法】

预防措施：

(1) 严格选择繁殖用的亲鱼，避免亲本是带虫者而传播到下一代。

(2) 苗种培育用水经100～120目的筛绢过滤，防止桡足类等中间宿主进入养殖池塘。

治疗方法：目前尚无有效治疗方法。体表和鳍上的寄生虫，可用医用碘酒或1％的高锰酸钾涂擦患处。

4. 鳗居线虫病（Anguillicolaosis）

【病原】球状鳗居线虫（*Anguillicola globiceps*）及粗厚鳗居线虫（*A. crassa*），属鳗居科（Anguillicolidae）。成虫呈圆筒形，透明无色；头部呈圆球状（或不膨大），无乳突；没有唇片；食道前段1/3处膨大成葱球状（或花瓶状），后2/3处呈圆筒状，由肌肉和腺体组成；肠粗大，尾腺存在，无直肠和肛门。雄性生殖孔位于尾端腹面，没有交接刺和引刺带，贮精囊甚大，生殖孔附近有尾突6对。雌虫体长44mm，阴门位于体1/4处，开口于一圆锥体上；阴道极短，卵巢在子宫前后各一。卵在子宫的后段已发育为幼虫，幼虫停留在卵中蜕1次皮，含有幼虫的虫卵在鳔中孵出，通过鳔管进入消化道，随寄主粪便排入水中。第二次幼虫孵出时，体表包有一层透明的薄膜，称鞘膜，头端具一尖突，尾部细长，通常在水底以尾尖附着在固体物上，不断摆动，以引感中间寄主吞食，它可在水中存活7d。如被剑水蚤吞食后，穿过肠壁进入体腔中发育，含第三期幼虫的剑水蚤被鳗鲡吞食后，幼虫穿过肠壁经体腔附着于鳔表面，再侵入鳔壁到鳔腔中寄生，大致1d即可移行到鳔中，经第四期幼虫而发育为成虫。幼虫侵入寄主到发育为成虫大致需要1年时间。上述两种线虫常可混合感染同一寄主。

【症状和病理变化】大量寄生时可引起鳔发炎或鳔壁增厚。病鱼活动受到影响。鳗苗被大量寄生后，停止摄食、瘦弱、贫血，且可引起死亡。寄生数量很多时能刺激鳔、气道发炎出血，虫体充满鳔，使鳔扩大，压迫其他内脏器官及血管。当鳔扩大时，病鱼后腹部肿大或腹部不规则的肿大，腹部皮下淤血，肛门扩大，并呈深红色。如鳔中虫体数量太多时，鳔破裂，虫体落入体腔中，也有从肛门或尿道爬出体外。

【流行情况】在湖北、福建、浙江、上海、江苏等地都有流行。我国曾有因此虫的寄生导致死鱼病例（福建）。

【诊断方法】剖开鳔腔可见虫体。

【防治方法】90％晶体敌百虫全池遍洒，使池水成0.3～0.5mg/L浓度。

五、由棘头虫引起的疾病

（一）概述 棘头虫是一类具有假体腔而无消化系统，两侧对称的蠕虫。已知大约有500种。寄生鱼类上的有44种，成体寄生于鱼类、鸟类、哺乳类等脊椎动物的消化道内。全部营寄生生活。

1. 外部形态 虫体通常呈圆筒形或纺锤形，少数呈卵圆形，体不分节，有些种类，体表有皱褶。体呈淡红色或乳白色。虫体分为吻、颈和躯干三部分。吻位于虫体前端，有筒形、球形或其他形状。吻由收缩肌牵引，可以伸缩，全部或部分缩入吻鞘。吻上有吻钩。颈是从最后一圈吻钩基部起至躯干开始处为止，通常很短，无刺，但有时可细长。躯干较粗大，体表光滑或具刺。雌雄异体，体长0.9～500mm，大多数在25mm之下，最大的可达65cm。一般寄生于鱼类的种类体型较小。

2. 内部构造

（1）**体壁** 由角质层、真皮层和肌层组成。真皮层是一层无细胞膜的多核组织，里面有复杂的管道系统，有些种类还有巨核，其形状和数目随种而异。体壁的中间为假体腔，所有内部器官都在假体腔内。

（2）**消化与排泄系统** 无消化管道，借体表的渗透作用吸收宿主的营养。排泄系统具有原肾（焰细胞）和位于体侧的两条纵行原肾管，汇合后，与输精管或子宫相通，由生殖孔通至体外。

（3）**神经系统** 在吻鞘的基部或中部有一神经节，由神经节发出神经而至吻及身体各处。

（4）**生殖系统** 雌雄异体，一般雌虫大于雄虫。生殖孔开口于体后端或其附近。在假体腔内有一韧带，从吻鞘的末端开始，直至身后端。生殖器官系附在韧带上。

雄虫（图7-65）有两个椭圆形的精巢，各发出一输精小管，汇合成输精管。输精管下端膨大成贮精囊，经射精管而到阴茎上。精巢的下方有数对前列腺，两侧前列腺的输出小管各自汇合而注入射精管。有的种类还有前列腺囊。阴茎肌肉质，其末端突出在交接囊内。交接囊为肉质帽状，下边缘有许多指状突起，常缩在假体腔内。此外，在前列腺的旁边尚有壁很厚，内有液体，与交接囊相通的西弗提氏囊（Saefftigen）。此囊的伸缩可驱使交接囊收入或翻出。

雌虫在早期有1～2个卵巢原基，以后分成许多细胞团，脱离韧带游离于体腔中，称为卵球。由卵球再产出卵细胞，在体腔内受精。受精卵掉入子宫钟，由子宫经阴道排出体外。子宫壁肌质，在其腹面有一个大腹孔，四周有几个大细胞，未成熟的卵因卵径大，虽可落入子宫钟，但无法入子宫，而通过腹孔再回到体腔中继续发育。

3. 生活史 交配时雄虫伸出交接囊，包在雌虫的后端，以阴茎进行交配，射精后，再排出黏液，在雌虫生殖

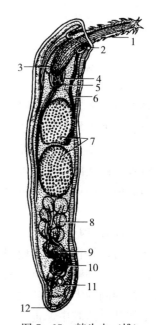

图7-65 棘头虫（雄）
1.吻 2.颈 3.吻腺 4.吻鞘 5.神经节
6.收缩肌 7.精巢 8.黏液腺 9.输精管
10.交接伞 11.阴茎 12.生殖孔
（黄琪琰，1993）

孔形成一黏液栓，封住整个后部，以防精液溢出。

成虫寄生于脊椎动物的消化道内。成熟卵随宿主粪便排入水中，被中间宿主软体动物、甲壳类、昆虫吞食后，卵中的胚胎幼虫出来，钻过肠壁到体腔中，继续发育。经过棘头蚴、前棘头体和棘头体三个阶段。感染有幼虫的中间宿主被终末宿主吞食，发育为成虫，从而完成其生活史。

4. 危害性 棘头虫以其吻钻进寄主肠黏膜，破坏肠壁，引起发炎，严重时可造成肠穿孔或肠管被堵塞，鱼体消瘦，有时还可引起贫血、死亡。

（二）常见棘头虫病

1. 似棘头吻虫病（Acanthocephalorhynchoidesiosis）

【病原】乌苏里似棘头吻虫（*Acanthocephalorhynchoides ussuriense*），属棘环科（Acanthogyridae）。雄虫较短小，略呈香蕉形，前部向腹面弯曲，体长 0.7～1.27mm。体表披有横行小棘，前端腹侧特别密集，其基部作不规则状膨大，同时又向背方不规则地稀疏；背部有时无小棘。吻短小，吻鞘单层；吻钩 18 个，排成 4 圈，前三圈各 4 个，第四圈为 6 个；吻腺等长或亚等长，长为吻鞘的 2 倍以上，几乎达体中部；体壁巨核，背面 5～6 个、腹面 2 个；精巢 1 对，圆球形，前后列，位于体后部；黏液腺合胞型，有核 3～4 个。雌虫长 0.9～2.3mm，体细长黄瓜形。生殖孔在末端腹面，子宫钟开口于腹面中下部。成虫寄生于草鱼、鳙、鲢及鲤等。

【症状和病理变化】病鱼消瘦、发黑、离群靠边缓游，前腹部膨大呈球状，肠道轻度充血，呈慢性炎症，拒食，肠内有大量虫体寄生。

【流行情况】北自乌苏里江，南至湖北、江西均有此虫分布，主要危害鱼种，大量寄生时可引起病鱼在较短时间内大批死亡。

【诊断方法】剖开鱼体，肠道内可见虫体。

【防治方法】全池遍洒浓度为 0.7mg/L 的 90% 晶体敌百虫，同时将 1kg 敌百虫拌入 35kg 麸皮内投喂，连喂 9d。

2. 长棘吻虫病（Rhadinorhynchusiosis）

【病原】长棘吻虫（*Rhadinorhynchus* spp.）。虫体呈圆柱形，体壁核小而多；体棘分成两组，前组体棘环布于整个体表，后组仅限于腹面；吻长，棒状，具吻钩 8～26 纵行，每行 8～36 个，腹面的常大于背面；吻鞘长，壁双层，近中部有一神经节；吻腺通常细长。常见有：

(1) 细小长棘吻虫（*R. exilis*） 寄生于鲫，吻钩有 12 纵行，每行 32 个。

(2) 鲤长棘吻虫（*R. cyprini*） 寄生于鲤、鲅、草鱼，吻钩有 12 纵行，每行 20～22 个，黏液腺 8 个。雌虫长 1.9～2.0mm，雄虫长 8.4～11mm。

(3) 崇明长棘吻虫（*R. chongmingnensis*） 虫体乳白色，少数雌性老虫呈黄色；雌虫全长 13.32～38.4mm，雄虫 12.42～26.45mm。吻上有吻钩 14 纵行，每行有吻钩 29～32 个，吻上密布细毛；吻腺很细长，伸直时有时可达躯干后端，吻腺内有很多核断片；交接伞壁上有核 30 个左右；雌虫后端在交配后有一紧缢及 1～5 个疣状突起，以后会逐渐消失。中间寄主是模糊裸腹溞。

【症状和病理变化】夏花鲤被 3～5 只崇明长棘吻虫寄生时，肠壁就被胀得很薄，从肠壁外面可看到肠被虫所堵塞，肠内完全没有食物，鱼不久即死。2 龄鲤被少量虫寄生时，没有明显症状，但当大量寄生时，鱼体消瘦、生长缓慢，吃食减少或不吃食；剖开鱼腹，可见肠壁外有很多肉芽肿结节，严重时内脏全部粘连，无法剥离，有时虫的吻部钻通肠壁，然后再钻入其他内脏，甚至可钻入体壁，引起体壁溃烂和穿孔；剪开肠壁可见有大量虫寄生，主要寄生在肠的第一、二弯的前面，肠内有很多黄色黏液而没有食物（图7-66）。

图7-66 崇明长棘吻虫寄生于鲤肠壁上

崇明长棘吻虫的吻部很长（2.94~4.94mm），吻上有钩400多个。当吻部深深钻入肠壁后，肠壁的各层组织均可受损伤，肉芽组织增生，因此绝大多数虫的吻部不能钻穿肠壁。但当肉芽组织过度增生时，肉芽组织可取代肠壁各层组织，并可包围和取代附近的其他内脏组织，引起整个内脏粘连，肝、胰、肾都发生不同程度的变性和坏死。在经过治疗或虫本身老死（雄虫的寿命最短仅2个月，雌虫最长寿命不超过一年半），脱落后，附近的肉芽组织停止生长，向成熟化发展，小血管的管腔堵塞，发生纤维素样变，最后被多核巨噬细胞吞噬消失，血管大大减少，胶原纤维发生玻璃样变，肉芽肿变小，坚韧而疤痕化。

病鱼的白细胞血式发生变化，淋巴细胞百分率减少，中性粒细胞和单核细胞则增加；病鱼血清的钠、钾、氯化物、肌酐、尿素氮含量与健康鱼相比没有变化，说明未引起肾功能不全；血清谷草转氨酶（GOT）总活力比健康鱼增加十分显著，平均增加2倍多，说明肝脏、肾脏已受到损伤；同时病鱼血清中也只有GOT_s，而没有GOT_m，说明组织虽受到损伤，但不很严重，因此病鱼的死亡是慢性的，而不是急性的。

【流行情况】河北曾报道因长棘吻虫大量寄生在2龄鲤肠内（150多个虫），引起鲤大量死亡的病例。1985年上海市崇明县某养殖场因崇明长棘吻虫寄生，引起鲤夏花至成鱼大批死亡。全场130hm²水面，感染率在70%以上，死亡率高达60%，死亡一般呈慢性，每天每只池塘死鱼数尾至数十尾，持续死鱼数月，因此累计死亡率很高。夏花鲤肠内寄生有3~5只虫就可引起死亡，2龄鲤最多寄生163只虫。

【诊断方法】根据症状，并剖开病鱼肠道，肉眼即可见到乳白色虫体，其吻部钻在肠壁组织内。

【防治方法】

（1）用生石灰或漂白粉清塘，杀灭池中虫卵及中间寄主。

（2）用泥浆泵吸除池底淤泥，并用水泥板做护坡，也可达到或基本达到消灭虫卵的目的。

（3）发病地区，鲤鱼种在鱼种池中培育，而不套养在成鱼池中，以免感染。

3. 长颈棘头虫病（Longicollumiasis）

【病原】鲷长颈棘头虫（*Longicollum pagrosomi*），隶属棘吻目（Echinorhynchidae）、泡吻科（Pomphorhynchidae）。虫体长10~20mm，吻和颈呈白色。吻的大小为0.9~1.3mm×0.5~0.6mm，圆筒形。吻上有11~15行吻钩，每行9~12个。颈很短，约5mm。躯干部橘黄色，长12~17mm。

【症状和病理变化】鲷长颈棘头虫寄生在真鲷直肠内，其吻刺入直肠内壁，破坏肠壁组织，引起炎症、充血或出血。病鱼食欲减退，身体消瘦，成长缓慢。

【流行情况】发现于中国和日本天然和养殖的真鲷、黑鲷。其感染率为70%~80%。幼虫的感染期一般为6~7月。

【诊断方法】对瘦弱的鱼进行解剖检查，如发现直肠内有虫体，可以诊断。

【防治方法】尚无有效的驱虫药，投喂经过冷冻处理的鱼或配合饵料，可预防棘头虫的感染。

六、由环节动物引起的疾病

（一）鱼蛭病（Piscicolaisis）

【病原】尺蠖鱼蛭（*Piscicola geometrica*），体形窄长，圆柱形，体长 2～5cm。体由 32 环节组成，前吸盘占 3 节，后吸盘占 7 节。前后吸盘位于虫体两端，后吸盘较前吸盘为大（图 7-67A）。体色常随寄主的皮肤颜色而变化，一般为褐绿色。在前吸盘背面有 2 对黑色的眼点；口位于前吸盘腹面的中央，口内有管状多肌肉的吸吻，能伸到体外吸取鱼血，吻以后通到短的食管嗉囊、胃和肠，肛门开口在后吸盘基部的背面。血液无色，肌肉组织发达，虫体可以伸缩，静止时，虫体伸直，仅用后吸盘吸着于鱼体或植物上，运动时，作尺蠖状爬行或迅速游泳。雌雄同体，异体受精或自体受精，产卵在黄褐色或棕黑色的茧中，茧长 1.5cm，茧附着于底石块或水草上，从卵里孵出来即成鱼蛭。

【症状和病理变化】寄生在鱼的体表、鳃及口腔，少量寄生时对鱼的危害不大；寄生数量多时，尤其是鱼种，因虫体在鱼体上吸血和爬行，鱼表现不安，常跳出水面。被破坏的体表呈现出血性溃疡；严重时则坏死；鳃被侵袭时，引起呼吸困难。病鱼消瘦，生长缓慢，贫血以至死亡。

【流行情况】主要危害鲤、鲫等底层鲤科鱼类。在我国该病感染率不高，也不常见，对养鱼生产危害不大。前苏联、日本均有发生。

【诊断方法】肉眼可见虫体，寄生在鳃盖内表面。

【防治方法】

(1) 2.5%盐水浸洗病鱼 0.5～1h。

(2) 二氯化铜（100L 水中加 5g）浸浴 15min。治疗后的鱼蛭可从鱼体上脱落下来，但尚未死，所以浸洗后的水不应倒入池中，应采用机械方法将鱼蛭消灭。

（二）中华颈蛭病（Trachelobdellaiosis）

【病原】中华颈蛭（*Trachelobdella sinensis*）又名中华湖蛭（*Limnotrachelobdella sinensis*）。虫体较大，呈长椭圆形，大小为 3.4～5.5cm×0.8～2.2cm，体扁，背部稍隆起，呈淡黄或灰白色，环带区粉红色。虫体可分为前后两部分，前部较后部窄而短，前端有 1 个卵圆形的前吸盘，下接一狭而短的颈部。口就在前吸盘内，眼 2 对，在前吸盘的背面，呈"八"字形排列，前一对显著，后一对很小。后吸盘较前吸盘大，其大小仅次于体宽（图 7-67B）。肛门开口于后吸盘的背侧。虫体两侧有 11 对膜质圆形的搏动囊，因此又叫中华气囊蛭，搏动有呼吸作用，活体时可见搏动囊有节律地搏动。

【症状和病理变化】寄生在鳃盖内表皮，用口吻吸取鱼血，被寄生处的表皮组织受破坏，引

图 7-67 鱼体寄生的环节动物
A. 尺蠖鱼蛭 　B. 中华湖蛭腹面观
（黄琪琰，1993）

起贫血和继发感染，影响生长；个别严重病例，病鱼因呼吸困难和失血过多而死。

【流行情况】 中华湖蛭在上海、湖南、福建、江苏、安徽、山东、河南、黑龙江、吉林、辽宁等地均有分布，寄生在鲤、鲫的鳃盖内表面。通常，鲤的感染率较鲫高，越是大的个体感染率也越高。

【诊断方法】 肉眼可见虫体寄生在鳃盖内表面。

【防治方法】 2.5%盐水浸浴病鱼 0.5~1h。

第七节 寄生甲壳动物病

甲壳动物（Crustacea）是节肢动物门（Arthropoda）中比较原始的种类。其主要特征是身体异律分节，分头、胸、腹三部（有些种类头、胸部融合），具有几丁质的外骨骼，有 2 对触肢，附肢有关节，开管式的循环系统。它们广泛地分布于海洋、半咸水和各种淡水水域，少数陆生或半陆生。其生活方式大多数为自由生活，另有一小部分营寄生生活。寄生种类，由于寄生生活的方式和程度的不同，特别是那些只有雌体营寄生的种类，体形变化很大而且奇特，只有在其幼体发育阶段看到它们具有甲壳类的特征后，才能确切地识别它们。另外，还有一些种类雄体很小，吸附在雌体上或与雌体共同寄生在同一宿主的组织器官，形态和大小与雌体判别很大，只有仔细观察才能识别它们。甲壳动物多数对人类有利，可供食用（如虾、蟹等），或是鸡、鸭、鱼的饲料，农田的肥料；但也有一部分是有害的，其中有不少种类寄生在鱼类、经济甲壳动物、软体动物、两栖类等水产动物的身体上，影响生长及性腺发育，严重时可引起大批死亡。寄生在水产动物上的甲壳动物主要有桡足类、鳃尾类、蔓足类、等足类、十足类等。

一、由桡足类引起的疾病

桡足类的身体小，一般无背甲，体节明显，头部常与第一或前面二三个胸节融合成头部、胸部（寄生种类的形态变异大，如锚头鳋的雌性成虫，虫体拉长、融合成筒形等），头部、胸部有附肢，腹部无附肢，雌体常携带卵囊，幼体发育经过变态。广泛分布于海水、咸淡水及淡水中，是水产动物的饵料；一部分寄生在水产动物的体表、鳃，影响生长、繁殖，以至引起死亡。

鱼类的寄生桡足类已知有 1 500 种以上（Kabatat，1985），主要分布在以下 3 目：

剑水蚤目（Cyclopoida），包括海水、淡水自由和寄生种类，寄生种类是许多海水和淡水经济鱼类的寄生虫。

鱼虱目（Caligoida），绝大多数为海产，幼体自由生活，成体寄生于海水鱼类。

颚虱目（Lernaeopodoida），全部营寄生生活，宿主绝大多数为海水鱼类。

（一）中华鳋病（Sinergasiliasis）

【病原】 中华鳋属（*Sinergasilus*），属于桡足亚纲（Copepoda），剑水蚤目（Cyclopoida），鳋科（Ergasilidae）。寄生在鱼的鳃上，只有雌性鳋成虫才营寄生生活，雄鳋终身营自由生活，雌鳋幼虫也营自由生活。

1. 外部形态 虫体长大，分节明显，分头、胸、腹三部分；头部呈三角形或半卵形，头部与第一胸节间有颈状假节；胸部 6 节，第一至第四胸节宽度约相等，或第四节稍宽大，第五胸节、第六胸节（生殖节）狭小；腹部 3 节，第一节与第二节、第二节与第三节间各有一短小的假节。头部前端中央有一中眼，由3个背对背排成品字形的单眼所合成；头部有6对附肢，即2对触肢、1对大颚、2对小颚及1对颚足；口位于头部腹面后缘的中央，口周围被口器包围。

2. 内部构造

（1）消化系统　大致为上宽下狭的直管。消化管的最前端为口孔，由短而狭小的食道直接通入胃部的腹面；胃很大，常向前方和两侧扩展成突出的"叶"数个，胃在头与胸部交界处开始逐渐缩小，至第一胸节中部由紧缢将胃与肠分开，肠管向后逐渐缩小，肠终止于第一、二腹节之间，其后为短小的直肠；肛门为一横置裂缝，位于第三腹节的背面。

（2）排泄系统　为1对弯曲的细管，其盲端开始于胃的两侧，先经各种不规则的盘曲，然后伸向前方，至第二触肢基部之后，再骤然弯向后，最后分别开口于第二对小颚基部之后。

（3）神经系统　围绕食道有一粗大的围食道神经环，由此向前、向后各伸出1条粗大的神经，向前的一条叫食道前神经，向后的一条叫食道后神经及腹神经索，然后再发出神经到虫体各器官、组织、附肢。

（4）生殖系统　雌鲺的生殖系统包括卵巢、子宫、输卵管、黏液腺和受精囊等五部分。卵巢位于头胸节交界处的前后，略呈"V"形，两臂延伸至中眼之后折向腹面而成子宫；子宫最初是1对直管，后随卵的数目不断增加，子宫也逐渐膨大曲折，几乎占满头胸部的空间；输卵管为透明细小的直管，通常在第二胸节与子宫衔接，向后通至生殖节的排卵孔；黏液腺为1对细长的腺体，位于输卵管的背面，前端密闭，可达第二胸节，后端在排卵孔附近通入输卵管。排卵孔位于生殖节背面两侧，卵囊前端有一花边状的带，使卵囊挂在排卵孔上。

3. 生活史　寄生在鱼鳃上的均为雌虫，寄生前，在水中与雄虫已完成交配，寄生后，卵在子宫中受精，进入卵囊。生殖季节从4月开始可延至11月，卵随脱落的卵囊进入水体孵化，成无节幼体。经4次蜕皮后，成桡足幼体，再经4次蜕皮形成幼鲺。雌虫即可在宿主上寄生，并迅速长大，之后逐渐发育成熟。

4. 我国危害较大的种类

（1）大中华鲺（*Sinergasilus major*）　寄生在草鱼、青鱼、鲌、赤眼鳟、鳡和淡水鲢等鱼的鳃丝末端内侧（图7-68）。虫体较细长，体长2.54~3.30mm。头部半卵形，头胸间假节甚长，第一至第四胸节宽度相等，生殖节特小，腹部极长，卵囊细长，含卵4~7行，卵小而多。

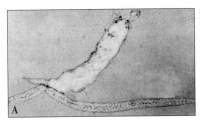

图7-68　大中华鲺病
A. 大中华鲺雌性成虫　B. 寄生于草鱼鳃丝末端

（2）鲢中华鲺（*S. polycolpus*）　寄生在鲢、鳙的鳃丝末端内侧和鲢的鳃耙。虫体长

1.83～2.57mm。身体呈圆筒形，头胸间的假节小而短，第一至第四胸节宽而短，第五节胸节小，生殖节小。腹部细长，卵囊粗大，含卵6～8行，卵小而多。

（3）鲤中华鳋（*S. undulatus*）　寄生在鲤、鲫的鳃丝上。虫长2.21～2.53mm。体形与鲢中华鳋相似，唯颈状假节略向外突出，胸部第四节略狭小，生殖节略膨大。

【症状和病理变化】轻度感染时一般无明显症状，严重感染时，则病鱼呼吸困难，焦躁不安，在水表层打转或狂游，尾鳍上叶常露出水面，群众称之为"翘尾巴病"，最后消瘦、窒息而死。病鱼鳃上黏液很多，鳃丝末端膨大成棒槌状，苍白而无血色，膨大处上面有淤血或有出血点。鳃小片发生炎性水肿，中华鳋寄生处附近的上皮细胞、黏液细胞和间充质细胞大量增生，嗜酸性粒细胞大量浸润，因此鳃丝末端膨大成棒槌状，表面覆盖一层黏液细胞，下面是3～4层扁平上皮细胞，再下面是间充质细胞及嗜酸性粒细胞。细胞大量增生引起鳃小片融合，毛细血管萎缩，以至消失，因此呈苍白色。中华鳋第二触肢钩入鳃丝，被数层扁平上皮细胞包围。中华鳋口器相对的部位，可看到鳃丝受损的病灶，且在其附近有许多轮廓清楚的细胞碎片。

【流行情况】在我国北起黑龙江，南至广东均有发生。在长江流域一带从每年4月至11月是中华鳋的繁殖时期，该病从5月下旬至9月上旬流行最盛。大中华鳋主要危害2龄以上草鱼，鲢中华鳋主要危害2龄以上鲢、鳙，严重时均可引起病鱼死亡。

【诊断方法】用镊子掀开病鱼的鳃盖，肉眼可见鳃丝末端内侧有乳白色虫体，或用剪刀将左右两边鳃完整地取出，放在培养器内，将鳃片逐片分开，在解剖镜下观察，统计数量和鉴定。

【防治方法】

（1）根据病原体对寄主有选择性，可采用轮养方法进行预防。

（2）90%晶体敌百虫或硫酸铜和硫酸亚铁合剂（比例为5∶2）全池遍洒，使池水成0.7mg/L浓度。

（二）锚头鳋病（Lernaeosis）

【病原】锚头鳋（*Lernaea* spp.），属于桡足亚纲，剑水蚤目，锚头鳋科（Lernaeidae）。寄生在鱼的鳃、皮肤、鳍、眼、口腔、头部等处，只有雌性成虫才营永久性寄生生活，无节幼体营自由生活，桡足幼体营暂时性寄生生活。

1. 外部形态　虫体分头、胸、腹三部分。雄性锚头鳋始终保持剑水蚤型的体形；而雌性锚头鳋在开始营永久性寄生生活时，体形就发生了巨大的变化，虫体拉长，体节融合成筒状，且扭转，头胸部长出头角。头胸部由头节和第一胸节融合而成，顶端中央有1个半圆形的头叶，在头叶中央有1个由3个小眼组成的中眼。在中眼腹面着生2对触肢和口器。头胸部分角的形式和数目因种类不同而异。胸部和头胸部之间没有明显的界限，一般自第一游泳足之后到排卵孔之前为胸部，通常胸部自前向后逐渐膨大，至第五游泳足之前最为膨大，有时向腹面突出成1～2个馒头状的突起，叫生殖节前突起，5对游泳足为双肢型，前4对游泳足基部2节，内、外肢各为3节，上具刚毛若干，在每对游泳足的第一基节之间有1条连接板相连；第五游泳足很小，外肢为一乳状突起，顶生1根刚毛，内肢1节，末端着生刚毛4根。雌性锚头鳋在生殖季节常带有1对卵囊，卵多行，内含卵几十个至数百个。腹部很短小，在末端上有1对细小的尾叉和长、短刚毛数根。

2. 内部构造

（1）消化系统　自口至肛门大体上是1条直管。

（2）生殖系统　大体上与中华鳋属相仿。

(3) 排泄系统　为1对颚腺，位于头胸部胃的两侧，为1对折转盘曲的透明细管，在颚足附近有孔通至体外。

(4) 分泌腺体　有涎腺及皮下腺。

3. 生活史　无节幼体自卵中孵出后，就能在水中间歇性地游动，有敏锐的趋光性，蜕4次皮后发育为第五无节幼体，再蜕1次皮即成第一桡足幼体。自孵化至第一桡足幼体，18~20℃时，需5~6d，水温25℃左右需3d，当平均水温高达30℃时，就只需2d。第一桡足幼体蜕4次皮后发育为第五桡足幼体。第一桡足幼体发育为第五桡足幼体，水温16~20℃，草鱼锚头鳋需5~8d；多态锚头鳋在20~27℃时需3~4d。桡足幼体虽仍能在水中自由游泳，但必须到鱼体上营暂时性寄生生活，摄取营养，否则就不能蜕皮发育，数天后即死亡。水温在7℃以下，锚头鳋就基本上停止蜕皮；20~25℃为生命活动最旺盛时期，水温升高到33℃以上时蜕皮又被抑制。

锚头鳋在第五桡足幼体时在鱼体上进行交配，交配后的雄虫离开鱼体后不久即死，雌性锚头鳋一生只交配1次，受精后的第五桡足幼体就寻找合适寄主营永久性寄生生活。当寄生到鱼体上之后，根据虫体的不同发育阶段，可将成虫分为童虫、壮虫、老虫三种形态，童虫状如细毛，白色，无卵囊；壮虫身体透明，肉眼可见体内肠蠕动，在生殖孔处常有1对绿色卵囊，若用手触动时，虫体可竖起；老虫身体混浊不透明，变软，体表常着生许多原生动物，如累枝虫、钟虫等，显得老态的样子，像这样的虫体不久将死亡脱落。锚头鳋的繁殖适温为20~25℃，一般在12~33℃均可繁殖；超过33℃，非但不能大量繁殖，成虫也会大批死亡。锚头鳋的寿命长短与水温有密切关系，在夏季水温25~37℃时，锚头鳋的寿命仅14~23d；秋季锚头鳋的寿命要比夏季稍长，可在鱼体上越冬，至次年3月当水温12℃时开始排卵，所以雌性锚头鳋的寿命最长可达5~7个月。

4. 在我国危害较大的种类

(1) 多态锚头鳋（*Lernaea polymorpha*）　寄生在鳙、鲢的体表及口腔。体长6~12.4mm，宽0.6~1.1mm。头胸部背角呈"一"形，与身体的纵轴垂直，向两端逐渐尖削，有时稍向上翘起。生殖节前突起稍突出，分成左、右两叶或不分叶。

(2) 草鱼锚头鳋（*L. ctenopharyngodontis*）　寄生在草鱼体表。体长6.6~12mm，宽0.6~1.25mm。头胸部背角为1对由横卧的"T"形分支所组成的"H"形分支。生殖节前突起为两叶。

(3) 鲤锚头鳋（*L. cyprinacea*）　寄生在鲤、鲫、鲢、鳙、乌鳢、青鱼等鱼体表、鳍及眼上。虫体细长，全长6~12mm。头胸部具有背、腹角各1对，腹角细长，末端不分支；背角的末端又开成"T"形的分支。生殖节前突起一般较小，稍突出，分左右两叶或不分叶。

【症状和病理变化】 病鱼通常呈烦躁不安、食欲减退、行动迟缓、身体瘦弱等常规病态。由于锚头鳋头部插入鱼体肌肉、鳞下，身体大部露在鱼体外部且肉眼可见，犹如在鱼体上插入小针，故又称之为"针虫病"（图7-69）。当锚头鳋逐渐老化时，

图7-69　锚头鳋病
A. 锚头鳋　B. 头部插入鱼体肌肉、鳞片下

虫体上布满藻类和固着类原生动物，大量锚头鳋寄生时，鱼体犹如披着蓑衣，故又有"蓑衣虫病"之称。寄生处，周围组织充血发炎，尤以鲢、鳙、团头鲂为明显，草鱼、鲤锚头鳋寄生于鳞下，炎症不很明显，但常可见寄生处的鳞被蛀成缺口。寄生于口腔内时，可引起口腔不能关闭，因而不能摄食。小鱼种虽仅10多个虫寄生，即可能失去平衡，发育严重受阻，甚至引起弯曲畸形等现象。

【流行情况】全国都有此病流行，其中尤以两广和福建最为严重，感染率高，感染强度大，流行季节长，为当地主要鱼病之一。锚头鳋在水温12～33℃都可以繁殖，故该病主要流行于热天。对淡水鱼类各龄鱼都可危害，其中尤以鱼种受害最大，当有四五只虫寄生时，即能引起病鱼死亡；对2龄以上的鱼一般虽不引起大量死亡，但影响鱼体生长、繁殖及商品价值。对鳗主要危害体重100g以上的，寄生在鳗的口腔内，严重时鱼因不能摄食而饿死。

【诊断方法】肉眼可见病鱼体表一根根似针状的虫体，即是锚头鳋的成虫。草鱼和鲤锚头鳋寄生在鳞片下，检查时仔细观察鳞片腹面或用镊子取掉鳞片即可看到虫体。

【防治方法】

(1) 清塘消毒。

(2) 全池遍洒90%晶体敌百虫，使池水成0.3～0.7mg/L浓度，杀死池中锚头鳋的幼虫，根据锚头鳋的寿命及繁殖特点，须连续下药2～3次，每次间隔的天数随水温而定，一般为7d，水温高时间隔的天数少；反之，则多。

(3) 高锰酸钾水溶液药浴，根据草鱼和鲢、鳙对高锰酸钾的耐药性不同，宜分别处理。对患病草鱼，在水温15～20℃时用20mg/L浓度，水温21～30℃时用10mg/L浓度，药浴1.5～2h；对患病鲢、鳙，在水温10℃以下时用33mg/L浓度，10～20℃时用20mg/L浓度，20～30℃时用12.5mg/L浓度，30℃以上则用10mg/L浓度，药浴1h，均可杀死锚头鳋的幼虫和成虫，但在生产上应用较麻烦。

(4) 免疫的应用　利用锚头鳋对寄主的选择性，可采用轮养法，以达到预防的目的。还可利用锚头鳋病的病后鱼体获得免疫力，免疫期持续1年以上，采用人工方法使鱼种获得免疫力后，再放入大水面饲养，以控制大面积水体中锚头鳋病的发生（大面积水体发生锚头鳋病后，用药物治疗有一定困难），这是一个值得探讨的途径。

(三) 鱼虱病

【病原】常见的有东方鱼虱（*Caligus orientalis*）、鰤鱼虱（*C. seriolae*）、刺鱼虱（*C. spinosus*）和宽尾鱼虱（*C. laticaudum*）等，隶属鱼虱目、鱼虱科（Caligoidae）。现以东方鱼虱（图7-70）为例对其形态及生活史描述如下：

雌体长2.2～4.5mm。头胸部盾形，两侧有缘膜。第四胸节短小，两侧突出。生殖节近于方形。卵囊内含卵19～43个。腹部一节。第一触角分2节。胸叉倒"U"形。第一胸足外肢第一节大，第二节小，内肢退化成一小突起。第二胸足内外肢均3节。第三胸足内外肢相距甚远。第四胸足分3节。第五胸足为1根刚毛，第六胸足为2根刚毛，均位于生殖节的外末角。

雄体长3.7～6.6mm。生殖节较小，两侧缘各有11～

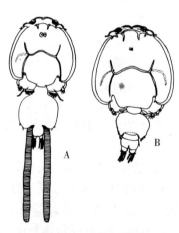

图7-70　东方鱼虱
A. 雌体　B. 雄体
(Gussev, 1951)

12个管状突起（低倍显微镜下呈钝齿状），每一管中伸出一细刚毛。腹部分2节。胸叉末略内弯。

生活史：雌体卵囊带状，卵一列。卵内孵出的幼体为无节幼体，蜕皮1次成第2期无节幼体或称为后期无节幼体。无节幼体期间有单肢型的第一触角和双肢型的第二触角及大颚，后端两侧角有两根平衡毛。后期无节幼体蜕皮成桡足幼体。桡足幼体能在水中自由游泳，其第二触角十分发达，与成体的完全不相同，末端有强爪，找到宿主后，即用第二触角固着于宿主的体表或鳍上，蜕皮1次变成附着幼体。附着幼体共蜕皮3次分4期。附着幼体的身体前端有额丝吸于鱼体。蜕皮时额丝并不脱落，每蜕皮一次，额丝基部就多一"盘铗"，因此它可以作为蜕皮次数和发育阶段的标志。到第4期附着幼体，已可区别其性别。第4期附着幼体蜕皮后进入成体前期，或称为第5期附着幼体。此时，雄性已成熟，雌性尚未成熟，成体前期蜕皮后，即变为成虫。额丝及额板中央的连接处脱开。雌雄虫交配后可以营短期的自由生活，再寻找宿主营寄生生活。

【症状和病理变化】东方鱼虱寄生于鱼的体表和鳍。被侵袭的鱼黏液增多，急躁不安，往往在水中狂游或跃出水面；以后病鱼食欲减退，身体逐渐瘦弱；严重时体表充血，体色变黑，最终失去平衡而死。

刺鱼虱寄生在鲕的鳃部和口腔，由于虫体的侵袭鳃上黏液增多而引起呼吸障碍；口腔壁发炎、充血，如果弧菌继发性感染，可引起溃烂。当寄生虫数量很多时，鱼体消瘦，体色发黑，浮游于水面，严重病鱼逐渐死亡。

【流行情况】鱼虱属种类较多，现已记载250种以上，许多种类均寄生在海水鱼，世界各地都有分布。我国从渤海到南海的多种鱼上都有发现。养殖种类如鲻、梭鱼、比目鱼、鲷类和罗非鱼等受害较为严重。据有关资料东方鱼虱在养殖的梭鱼上（包括当年幼鱼或成鱼）其感染率轻者15%，严重的高达100%。每尾鱼上的虫数少者几个或十几个，多者百个以上。流行季节5~10月，以水温25~30℃的7、8月最为严重。

【诊断方法】此病较易诊断，通常在鱼体表或鳍上肉眼可观察到体色透明，前半部略呈盾形的虫体；种类鉴定要用显微镜观察。

【防治方法】
预防措施：养鱼前彻底清池；放养鱼种时如发现鱼虱，用2.5%的敌百虫粉剂2~5mg/L浸洗20~30min。

治疗方法：
(1) 90%晶体敌百虫0.2~0.5mg/L全池泼洒。
(2) 淡水浸洗15~20min（梭鱼、罗非鱼）。

注意：鱼、虾合养的鱼池，不能使用敌百虫，否则虾会被毒死。

（四）类柱鱼虱病

【病原】长颈类柱鱼虱（*Clavellodes macrotrachelus*），隶属桡足亚纲、颚虱目（Lernaeopodoida）、颚虱科（Lernaeopodidae）。雌体长1.8~2.2mm（从附着点到躯干部末端）。雄体小，体长0.4~1mm，吸附在雌体的头胸部（图7-71）。头胸部长2.0~3.5mm，向背面弯曲，头部不膨大。从背面看，躯干部后端的宽度稍大于前端；侧面观前后的厚度相近，但有的个体的腹面隆起。第一触角分节不明显，大颚有8齿。小颚末端有2刺，小颚须有1刺，在小颚须的对侧有2个圆丘隆起，隆起上各有数根小刺。第一颚足合并。第二颚足基节内缘中部有一锐刺，无刺垫；第2节中部有一小刺，内缘末部约有6个小刺排成一列，末端有一爪及一副爪。卵囊香肠形，长 1.75mm，每一卵囊内含 2 列卵。

【症状和病理变化】长颈类柱鱼虱的雌体以第一颚足末端的蕈状泡（bulla）吸附在黑鲷鳃上，并伸入到鳃丝软骨组织中，造成机械损伤。同时，类柱鱼虱固着在鳃上后，用其具有口器的长的头胸部，自由活动并摄食宿主的鳃上皮和血细胞，使被寄生处周围的鳃丝末端有肉眼可见的缺损。类柱鱼虱在寄生和摄食时还可能分泌一种化学物质，在此物刺激下，在稍稍远离寄生处和口器摄食达不到的鳃丝上，也会出现鳃上皮细胞的增生现象。如果再有细菌继发性感染，则可引起鳃丝发炎和肿胀，严重时出现鳃丝变形、贫血、血色素和血细胞成分改变等病理变化。

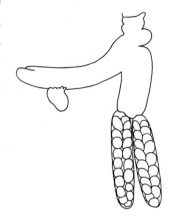

图 7-71　长颈类柱鱼虱
（宋大祥，1980）

【流行情况】长颈类柱鱼虱对于宿主的选择性很强，仅寄生于黑鲷鳃上，适宜的水温为 15~20℃，12℃以下的冬季和 23℃以上的夏季幼虫不孵化，盐度低于 8.6 时，幼虫全部死亡。日本和我国黄、渤海天然产或人工养殖的黑鲷均可被侵袭，在流行盛季，感染率高达 100%。

【诊断方法】取病鱼鳃于解剖镜下观察，如发现虫体，可以诊断。

【防治方法】目前尚无报道。可试用敌百虫全池泼洒或浸泡病鱼的方法（参见鱼虱病）。也可利用长颈类柱鱼虱在 12℃以下，23℃以上，盐度 8.6 以下幼虫不孵化来控制。

二、由鳃尾类引起的疾病

鳃尾类全营寄生生活，虫体扁平，头胸部背面有宽大的盾状背甲，胸部第一节常与头部融合，其余 3 节是自由的，腹部不分节；小颚在成虫时变成吸盘，有 2 只大复眼；胸部有游泳足 4 对，双肢型。危害水产动物的主要是鲺。

鲺病（Arguliosis）

【病原】鲺（*Argulus* spp.），属于鳃尾亚纲（Branchiura），鲺科（Argulidae）。全世界已记载有 100 多种，绝大多数寄生于淡水鱼类，仅少数寄生于海水鱼，是一类引起鱼病的常见寄生甲壳动物。鲺寄生在鱼的体表、口腔、鳃。成虫、幼虫均营寄生生活。

1. 外部形态　鲺雌雄同形，由头、胸、腹三部分组成；身体背腹扁平，略呈椭圆形或圆形。生活时体透明或颜色与宿主鱼的体色相近，具保护作用。头部与胸部第一节愈合成头胸部，其两侧向后延伸成马蹄形或盾形的背甲。头胸部背面有 1 对复眼和 1 个中眼，在腹面有附肢 5 对（小颚在成体时特化为 1 对吸盘）和口器。口器由上、下唇和大颚组成，其前面有口管；口管内有口前刺，基部有一堆多颗粒毒腺细胞。胸部第二至第四节为自由胸节，有游泳足 4 对。腹部不分节，为 1 对扁平长椭圆形叶片，具呼吸功能；雄性的精巢和雌性的受精囊位于腹部。在腹部二叶之间有一对尾叉。

2. 内部构造

（1）消化系统　口开在虫体腹面，经口管到胃，胃位于虫体中部，向左、右各分一支到背甲两侧，这分支再行分支形成树枝状，布满背甲的两边；胃本部向后通入较狭小的肠管，终至于尾叉之间的肛门。

（2）呼吸、循环系统　在虫体中央有一长颈花瓶状的心脏，前端开口在中眼附近，血液流到虫体前部,经背甲两侧向后到腹面中央一孔流入腹部,在腹部交换气体后沿基部外缘两孔回到心脏;除心脏外,没有血管;血液为无色透明的液体,内有梨形或梭形、反光很强的血细胞。在活体时心脏做有规律的伸缩,使血液流动。鲺主要靠腹部交换气体,进行呼吸;虫体其余部分的皮肤据说亦起些呼吸作用。此外在背甲上有2对呼吸区,其边缘有一圈几丁质加厚,是否有呼吸作用尚不清楚。

(3) 神经系统 围食道神经环向前发出1对粗大的神经到复眼,其腹面又有神经通到触肢;在围食道神经环的后面有腹神经索,由6个神经节组成,分别发出神经到各组织、器官、附肢。

(4) 生殖系统 雌鲺在幼虫时卵巢为一堆细胞,位于肠的两侧,后逐渐扩大,移到虫体中线,形如倒置的狭口坛。从胃的背面到第四胸节的末端突然狭小,并由此向外开口,此孔被隔为左、右2个,但非同时使用,而是交替着使用;在腹部有1对圆形、椭圆形或梨形的受精囊,布有黑褐色色素,其前端各有受精囊管道通到中空的圆锥形或锥形的精锥,通常被第四游泳足遮盖;精锥由几个套筒状的环节连接而成,顶端一节尖细如刺;裙片位于精锥后面,为1片加厚的几丁质薄片,其后部通常中裂为左、右2片。

雄鲺在腹部有1对长椭圆形的精巢,前端有一输精小管通到胸部的贮精囊,由贮精囊前的2条输精管向后折转合并成为射精管,开口于第四胸节的末端;此外,从输精管的中部向前分出1对粗大的盲管,可延伸到第一二胸节之间。

3. 生活史 鲺每次产卵数十粒到数百粒,不形成卵囊,直接产在水中的植物、石块、螺蛳壳、竹竿及木桩上,遇水后卵立即牢牢粘在附着物上。刚孵出的幼鲺,虫体很小,体长只有0.5mm左右,体节与附肢的数目和成虫相同,唯发育的程度不同而已。蜕皮6~7次后即发育为成虫,当水温25~30℃时,共需30d。鲺的幼虫与中华鳋、锚头鳋的不同,孵出后需立即找寻寄主,在平均水温23.3℃时,如48h内找不到寄主就会死亡。幼鲺多寄生在寄主的鳃、鳍,待吸盘形成后,才寄生到寄主体表的其余部分。

4. 在我国危害较大的种类

(1) 日本鲺 (*A. japonicus*) 寄生在草鱼、青鱼、鲢、鲤、鲫、鳊及鲮等鱼的体表和鳃上。活体时颇为透明,呈淡灰色,侧叶上的树枝状色素明显,雌鲺全长3.78~8.3mm,雄鲺全长2.7~4.8mm。

(2) 喻氏鲺 (*A. yuii*) 寄生在青鱼、鲤的体表和口腔。活体时呈绿色,色素主要分于背甲的边缘。雌鲺全长6.09~12mm。

(3) 大鲺 (*A. major*) 寄生在草鱼、鲢、鳙的体表。活体时颜色极漂亮,背甲呈半透明的浅荷叶绿色,腹部二叶各自纵分为内、外两部分,外半部呈橄榄绿色,内半部为橘橙色,但固定后橘橙色很快就消退不见。雌鲺全长8~16mm。

(4) 椭圆尾鲺 (*A. ellipticaudatus*) (图7-72) 寄生于鲤、草鱼体表。活体时非常透明,略呈嫩绿色。雌鲺全长2.6~5.6mm。

(5) 鲻鲺 (*A. mugili*) 寄生在鲻、梭鱼的体表。

【**症状和病理变化**】鲺寄生在鱼的体表,以其第二小颚特化成的吸盘附着,有时也可暂时离开宿主游泳于水中或找寻新的宿主。鲺在宿主体表用其口前刺刺入皮

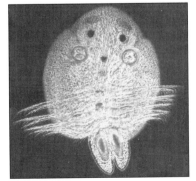

图7-72 椭圆尾鲺腹面观

肤，并将基部毒腺组织产生的毒液注入鱼体，使其产生炎症和出血，以便口吸食（图7-73）。同时由于鲺腹面有许多倒刺，在鱼体上不断爬动，再加上口刺伤，大颚撕破体表，使鱼体表形成很多伤口，出血，使病鱼呈现极度不安，急剧狂游和跳跃，严重影响食欲，鱼体消瘦，且容易并发白皮病、赤皮病，常引起幼鱼大批死亡。

图7-73　鲺寄生在鱼体表，以其第二小颚特化成的吸盘附着

【流行情况】鲺病国内外都很流行，淡水鱼、咸水鱼及咸淡水鱼均受害，从稚鱼到成鱼均可发病，幼鱼、小鱼受害较为严重。流行季节为5～10月份。

【诊断方法】肉眼仔细观察鱼的体表，如能看到圆形或椭圆形、身体背腹扁平的虫体附着，即可诊断。也可将可疑病鱼置于盛有淡水的容器浸泡3～5min，如能看见虫体，即可确诊。

【防治方法】

(1) 同一般预防方法。

(2) 全池遍洒90%晶体敌百虫，使池水成0.2～0.3mg/L浓度。

三、由等足类引起的疾病

等足类是较大和较高等的甲壳动物，虫体通常背腹扁，无背甲；腹部除最后一节外，通常每节具1对双肢型附肢，起呼吸作用；胸足形状相似，主要为爬行作用，故叫等足类。多数自由生活在海中，也有在淡水及潮湿地区；一部分等足类营寄生生活，危害水产动物。

(一) 鱼怪病 (Ichthyoxeniosis)

【病原】日本鱼怪（*Ichthyoxenus japonensis*），属软甲亚纲（Malacostraca），等足目（Isopoda），缩头水虱科（Cymothoidae）。一般成对地寄生在鱼的胸鳍基部附近孔内（偶有2对或3只以上成虫寄生在1个洞内）。

1. 外部形态　雌鱼怪较雄鱼怪个体大，大约1倍。雄鱼怪0.6～2mm×0.34～0.98mm，一般左右对称；雌鱼怪1.4～2.95mm×0.75～1.8mm，常扭向左或右，其中尤以抱卵及抱幼的个体为甚，其扭向与寄生部位有关，寄生孔在鱼体左侧，一般鱼怪在鱼体的右侧腹腔，虫体扭向左，便于腹部在孔口呼吸，并与增加虫体所占空间有关。虫体卵圆形，乳酪色，上有黑色小点分布。分头、胸、腹三部分。头部小，略似三角形，背面两侧有1对复眼，腹面可见大颚、小颚、颚足及上下唇组成的口器及6对附肢。胸部7节，宽大，每节上都有1对胸足。腹部由6节组成，前5节各有1对附肢，第6节又名尾节，半圆形（图7-74）。

2. 内部构造

图7-74　日本鱼怪雌雄成虫背面观

（1）消化系统　由消化管和消化腺组成。消化管为 1 条中间稍膨大的直管，肛门开口在第五腹节之后边缘，在口器基部有很多腺细胞，估计与摄食及钻入鱼体有关。在消化管的两侧有 3 对消化腺，每条消化腺为细长的滤泡状囊，壁很薄，有腺细胞分布，可分泌消化液帮助消化，同时消化腺又有储藏食物之功能；左、右 3 条消化腺各先汇合于一短而细的输送管，然后通入消化管。

（2）生殖系统　雌鱼怪在消化管背面有 1 对卵巢，自第三胸节伸展至第五胸节处，充分怀卵时可充满整个胸部；紧接卵巢后面有 1 条短而粗的输卵管，在第五对胸足的基部外开口。在第五胸节腹面下正中有 1 对短棒状交配器，内有受精管通入输卵管。卵圆球形。雄鱼怪有 1 对精巢，位置与卵巢相同，精巢连接一条细长的输精管，输精管中间有很多膨大部分，可供储藏精子之用，最后是细小的射精管，通入第七胸节腹面正中一对短棒状交配器。精子头部为细长棒状，尾很长，约为头部长的 3 倍。

（3）呼吸系统　主要借助附肢进行呼吸，一般第一对附肢跷起不动，后面 4 对附肢不断前后摆动，只有在隔一段时间后，第一对附肢才随同后面 4 对附肢一同强烈摆动 1～2 次，然后再跷起不动。呼吸速度雄鱼怪较雌鱼怪为快，抱幼雌鱼怪与雄鱼怪相仿；呼吸速度在一定范围内随温度升高而加快，在水温 13.5℃时雄鱼怪平均每分钟呼吸 137 次，雌鱼怪平均每分钟呼吸 94 次；水温 21℃时雄鱼怪每分钟呼吸 168 次，雌鱼怪 132 次。鱼怪的窒息点，雄鱼怪较雌鱼怪为低，水温 8～13℃，雄鱼怪窒息点为 0.164 8mg/L 氧，雌鱼怪为 0.700 4mg/L 氧。

（4）循环系统　心脏倒锥形，前宽后狭，位于第七胸节至第五腹节的背面，心脏腹面在前 4 腹节处各有 1 斜列的孔，第一、三孔位于左边，第二、四孔位于右边；心脏末端是封闭的，前端有 5 个孔，其中以中间一孔最大，旁边两孔最小，在孔的周围都有肌细胞分布，且与心脏壁的肌肉相连，紧接心脏的前面有 5 条血管，通至头部及胸部。当心脏收缩时，前 5 孔开放，腹面 4 孔关闭，血液由前 5 孔分别经过血管流至虫体头、胸各部，然后沿虫体两侧流到腹部；当心脏舒张时，前 5 孔关闭，腹面 4 孔开放，血液经附肢交换气体后沿每一腹节的前缘、经腹面 4 孔流回心脏。心脏收缩的速度随温度升高而加快，水温 25℃时，每分钟约搏动 100 次。血细胞在管道内为椭圆形，当遇到阻碍时可变形。血细胞内有一胞核，胞质内充满嗜伊红颗粒。

（5）神经系统　在食道处有一围食道神经环，由此向前发出神经到头部各附肢，沿虫体腹面向后为 1 条腹神经索，在每一胸节及前五腹节都各有一神经节，由此发出神经到各附肢入内脏。

3. 生活史　日本鱼怪在上海、江苏、浙江一带生殖季节为 4 月中旬至 10 月底。卵自第五胸节基部的生殖孔排出至孵育腔内，在其中发育为第一期幼虫、第二期幼虫，然后才离开母体，在水中自由游泳，寻找寄主寄生。一个孵育腔内的卵有数百至成千个，卵发育为幼虫差不多是同时的，一般在 2～3d 内就可放完孵育腔内的全部幼虫，最后放出的幼虫生活力常较弱，母体在放完幼虫后隔几天就再蜕一次皮（同上次蜕皮法），恢复产卵前的形状。

第一期幼虫长椭圆形，左右对称，体长 2.15～2.8mm，体宽 0.8～1.05mm。体表黑色素分布头部最密，第五至第六腹节前面及第四至第七胸节次之；全身分布有黄色素，固定标本只能看到黑色素。

虫体蜕 1 次皮后成为第二期幼虫，蜕皮是在头与第一胸节交界外背面裂开，头部先蜕出，然后整个虫体蜕出。第二期幼虫体长 2.94～3.12mm，体宽 1.05～1.16mm。虫体形状及附肢数目均与第一期幼虫同，色素较大而密，颜色显著较第一期幼虫深。至于第二期幼虫如何发育为成虫，尚不清楚。

【症状和病理变化】鱼怪成虫寄生在鱼的胸鳍基部附近围心腔后的体腔内，有病鱼腹面靠近胸鳍基部有1~2个黄豆大小的孔洞（图7-75），从洞处剖开，通常可见一大一小的雌虫和雄虫，个别可见3只或2对鱼怪。病鱼性腺不发育。鱼怪幼虫寄生在幼鱼体表和鳃上时，鱼表现极度不安，大量分泌黏液，皮肤受损而出血。鳃小片黏合，鳃丝软骨外露，2d内即死亡。

图7-75 鲫鱼怪病

A. 患鱼怪病鲫胸鳍基部有1~2个孔洞　B. 剖开可见鱼怪成虫寄生

【流行情况】鱼怪病在云南、山东、河北、江苏、浙江、上海、黑龙江、天津、四川、安徽、湖北、湖南等地的水域内均有流行，且多见于湖泊、河流、水库，池塘中极少发生，其中尤以黑龙江、云南、山东为严重。主要危害鲫和雅罗鱼，鲤上也有寄生。

【诊断方法】胸鳍基部见到虫体即确诊。

【防治方法】鱼怪病一般都发生在比较大的水面，如水库、湖泊、河流，池塘内极少发生；鱼怪的成虫具有很强的生命力，加之它又寄生于寄主体腔的寄生囊内，所以它的耐药性比寄主强，在大面积水域中杀灭鱼怪成虫非常困难；但在鱼怪的生活史中，释放于水中的第二期幼虫是一个薄弱环节，杀灭了第二期幼虫，就破坏了它的生活史周期，切断了传播途径，这是防治鱼怪病的有效方法。

(1) 网箱养鱼，在鱼怪放幼虫的高峰期，选择风平浪静的日子，在网箱内挂90%晶体敌百虫药袋，每次用量按网箱的水体积计算，每立方水1.5g敌百虫，可杀灭网箱中的全部鱼怪幼虫。

(2) 鱼怪幼虫有强烈的趋光性，大部分都分布在岸边水面，在离岸30cm以内的一条狭水带中。所以可在鱼怪放幼虫的高峰期，选择无风浪的日子，在沿岸30cm宽的浅水中洒晶体敌百虫，使沿岸水成0.5mg/L浓度，每隔3~4d洒药1次，这样经过几年之后可基本上消灭鱼怪。

(3) 患鱼怪病的雅罗鱼，完全丧失生殖能力，所以在雅罗鱼繁殖季节，到水库上游产卵的都是健康鱼，而留在下游的雅罗鱼有90%以上是鱼怪病的患者。在雅罗鱼繁殖季一方面应当保护上游产卵的亲鱼，以达到自然增殖资源的目的，另一方面则可增加对下游雅罗鱼的捕捞，降低患鱼怪病的雅罗鱼比例，减少鱼怪病的传播者。

(4) 在鱼怪放幼虫的高峰期，于网箱周围用网大量捕捉鲫和雅罗鱼，以降低网箱周围水体中鱼怪幼虫的密度。

(二) 破裂鱼虫病（Rhexanellaisis）

【病原】多瘤破裂鱼虫（*Rhexanella verrucosa*）。

【症状和病理变化】破裂鱼虫寄生于真鲷口腔（图7-76），引起口部异常，摄食困难，使鱼呈极度饥饿状态。

【流行情况】等足目中包括幼虫阶段营寄生的已知有400多种，多数寄生于海、淡水鱼

 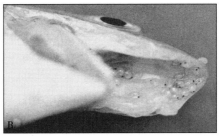

图 7-76 寄生于真鲷口腔的破裂鱼虱
A. 成熟雌虫　B. 侵入到口腔上的幼虫
(孟庆显，1993)

及虾类。例如，仅鲻科鱼就发现有长鳃虫、拟巨颚水虱等 8 属 11 种。寄生于海水鱼类的等足类，目前我国尚未见报道，但许多经济海产鱼类的体表和鳃部已发现有等足类的寄生，故随着养殖品种的增加和沿海池塘、网箱养殖的发展，这类寄生虫病可能会出现。

【诊断方法】肉眼观察鱼体表或口腔看到虫体即可诊断。

【防治方法】

（1）养鱼池经 3～5d 逐步换成淡水，可有效地控制病情。

（2）在鱼种放养或转换养殖网箱时，全池遍洒 90% 晶体敌百虫，使池水成 0.2～0.3mg/L 浓度。

四、由软体动物引起的疾病

钩介幼虫病（Glochidiμmiasis）

【病原】钩介幼虫（Glochidium），是软体动物双壳类蚌的幼虫。虫体略呈杏仁形，有 2 片几丁质壳，每瓣壳片的腹缘中央有个鸟喙状的钩，钩上排列着许多小齿，背缘有韧带相连。从侧面观，可看到闭壳肌和 4 对刚毛，在闭壳肌中间有 1 根细长的足丝（图 7-77）。虫体长 0.26～0.29mm，高 0.29～0.31mm。

蚌的受精和发育是在母蚌的外鳃腔中进行，受精卵经过囊胚期、原肠期，才变成钩介幼虫。长江流域一带，通常在春季和夏季，受精卵发育为钩介幼虫后，才离开母蚌漂悬于水中，一旦和鱼体接触，则寄生在鱼体上。钩介幼虫在鱼体上寄生时间的长短，和水温高低有

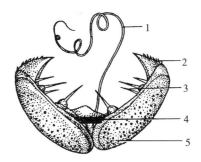

图 7-77 钩介幼虫
1. 足丝　2. 钩　3. 刚毛　4. 闭壳肌　5. 壳
(黄琪琰，1993)

关，如三角帆蚌在水温 18～19℃ 时，幼虫在鱼体上寄生 16～18d；无齿蚌在水温 16～18℃ 时，幼虫寄生在鱼体上 21d，水温 8～10℃ 时，则需 80d。在寄生期间吸取鱼体营养，进行变态，发育成幼蚌，然后破胞囊而沉入水中，营底栖生活。

【症状和病理变化】钩介幼虫用足丝黏附在鱼体，用壳钩钩在鱼的嘴、鳃、鳍及皮肤上，吸取鱼体营养，在鱼体上进行变态，当钩介幼虫完成变态后，就从鱼体上脱落下来，这时叫幼蚌。鱼体受到刺激，引起周围组织发炎、增生，逐渐将幼虫包在里面，形成胞囊。较大的鱼体寄生几十个钩介幼虫在鳃丝或鳍条上，一般影响不大，但对饲养 5～6d 的鱼苗，或全长在 3cm 以下的夏花，则产生较大的影响，特别是寄生在嘴角、口唇或口腔里，能使鱼苗或

夏花丧失摄食能力而饿死；寄生在鳃上，因妨碍呼吸，可引起窒息而死，并往往可使病鱼头部出现红头白嘴现象，因此群众称它为"红头白嘴病"。

【流行情况】流行于春末夏初，每年在鱼苗和夏花饲养期间，正是钩介幼虫离开母蚌，悬浮于水中的时候，故在此时常出现钩介幼虫病。钩介幼虫对各种鱼都能寄生，其中主要危害草鱼、青鱼等生活在较下层的鱼类。

【诊断方法】肉眼可以看到病鱼的皮肤、鳍、鳃上有许多白色小点，即为该虫。用解剖镜检查，就可清楚看到寄生的钩介幼虫。

【防治方法】
(1) 用生石灰彻底清塘。每平方米用茶饼 60~75g 清塘，可杀灭蚌类。
(2) 鱼苗及夏花培育池内不能混养蚌，进水须经过过滤（尤其是在进行河蚌育珠的单位及其附近），以免钩介幼虫随水带入鱼池。
(3) 发病早期，将病鱼移到没有蚌及钩介幼虫的池中，可使病情不致进一步严重，而逐渐好转。
(4) 硫酸铜全池泼洒，使池水成 0.7mg/L 浓度。

第八节　非寄生性疾病

凡由机械、物理、化学因素及非寄生性生物等所引起的疾病，统称为非寄生性疾病。上述这些病因中有的单独引起水产动物发病，有的由多个因素互相依赖、相互制约地共同刺激于水产动物有机体，当这些刺激达到一定强度或时间时就引起水产动物发病，非寄生性疾病造成水产动物增养殖业的巨大损失例子很多。目前，因水质污染、滥用渔药以及投喂不合格人工配合饲料造成的水产动物致病现象十分突出，必须引起高度重视。

一、碰伤或擦伤

【病因】在捕捞、运输和饲养过程中，使用的工具不合适，或操作不慎所致。
【症状】鳞片脱落、鳍条、附肢折断，皮肤、外骨骼、贝壳擦伤，肌肉创伤。
【诊断方法】见到上述症状即可诊断。
【防治方法】尽量减少捕捞和搬运，在捕捞和运输时必须小心对待，并选择适当的时间；若有受伤，应及时用抗生素和消毒剂处理，预防感染。

二、气泡病

【病因】水中某种气体过饱和，可引起水产动物患气泡病。越幼小的个体越敏感，主要危害幼苗，如不及时抢救，可引起幼苗大批死亡，甚至全部死光；较大的个体亦有患气泡病的，但较少见。如水温 31℃时，水中含氧量达 14.4mg/L（饱和度 192%），体长 0.9~1cm 的鱼苗产生气泡病，而体长 1.4~1.5cm 的鱼苗，水中含氧量达 24.4mg/L（饱和度为 325%）时，才产生气泡病。引起水中某种气体过饱和的原因很多，常见的有：
(1) 水中浮游植物过多，在强烈阳光照射的中午，水温高，藻类行光合作用旺盛，可引起水中溶氧过饱和。
(2) 池塘中施放过多未经发酵的肥料，肥料在池底不断分解，消耗大量氧气，在缺氧情况下，分解放出很多细小的甲烷、硫化氢气泡，鱼苗误将小气泡当浮游生物而吞入，引起气泡病。

（3）有些地下水含氮过饱和，或地下有沼气，也可引起气泡病。

（4）在运输途中，人工送气过多；或抽水机的进水管有破损时，吸入了空气；或水流经过拦水坝成为瀑布，落入潭中，将空气卷入，使水中气体过饱和。

（5）水温高时，水中溶解气体的饱和量低，所以当水温升高时，水中原有溶解气体，就变成过饱和而引起气泡病。

（6）在北方冰封期间，水库的水浅，水清瘦、水草丛生，则水草在冰下营光合作用，也可引起氧气过饱和，引起几十千克重的大鱼患气泡病而死。

【症状】最初感到不舒服，在水面做混乱无力游动，不久在体表及体内出现气泡，当气泡不大时，鱼、虾还能反抗其浮力而向下游动，但身体已失去平衡，时游时停，随着气泡的增大及体力的消耗，失去自由游动能力而浮在水面，不久即死。

【诊断方法】解剖及用显微镜检查，可见鳃、鳍及血管内有大量气泡，引起栓塞而死。

【防治方法】主要针对上述发病原因，防止水中气体过饱和。

（1）注意水源，不用含有气泡的水（有气泡的水必须经过充分曝气），池中腐殖质不应过多，不用未经发酵的肥料。

（2）平时掌握投饲量及施肥量，注意水质，不使浮游植物繁殖过多。

（3）水温相差不要太大。

（4）进水管要及时维修，北方冰封期，在冰上应打一些洞等。

（5）当发现患气泡病时，应立即加注溶解气体在饱和度以下的清水，同时排除部分池水。

（6）将患气泡病的个体移入清水中，病情轻的能逐步恢复正常，尤其是氧气过饱和的容易恢复。

三、泛池（窒息）

【病因】水产动物和其他动物一样，需要氧气，且不同种类、不同年龄及不同季节对氧的要求都各不相同，当水中含氧量较低时，会引起水产动物到水面呼吸，称作浮头，当含氧量低于其最低限度时，就会引起窒息死亡。草鱼、青鱼、鲢、鳙等鱼，通常在水中含氧 1mg/L 时开始浮头，当低于 0.4～0.6mg/L 时，就窒息死亡；鲤、鲫的窒息范围为 0.1～0.4mg/L，鲫的窒息点比鲤要稍低些；鳊的窒息点为 0.4～0.5mg/L。虾池溶氧应不低于 3mg/L，同时与健康状况有关，如溶氧为 2.6～3mg/L 时，健康虾不死，患聚缩虫病的虾就窒息而死。因缺氧而窒息死亡的情况，一般在流动的水体中很少发生，主要发生在静止的水体中。在北方的越冬池内，一般因鱼较密集，水表面又结有一层厚冰，池水与空气隔绝，已溶解在水中的氧气因不断消耗而减少，这样很易引起窒息；且因池底缺氧，有机物分解产生有毒气体（如沼气、硫化氢、氨等）也不易从水中放出，这些有毒气体的毒害，加速了死亡。有时即使溶氧充足，但水中二氧化碳含量过高（如水温在 21～22℃，二氧化碳含 80mg/L），影响水产动物血液中二氧化碳的放出，使中枢神经系统麻痹，水产动物也难以从水中吸取氧气；不过在池塘内的二氧化碳较少有超过 20mg/L 的，所以浮头还主要由缺氧造成。在夏季，窒息现象也常发生，尤其在长久打雷但不下雨的天气。因下雷雨前空气的气压很低，水中溶氧减少，引起窒息；如仅下短暂的雷雨，池水的温度表层低，底层高，引起水对流，使池底的腐殖质翻起，加速分解，消耗大量氧气，水产动物大批窒息死亡。在夏季黎明之前也常发生泛池，尤其在水中腐殖质富集过多和藻类繁殖过多的情况下，一方面腐殖质分解时要消耗水中大量氧气，另一方面藻类在晚上行呼吸作用，和动物一样也要消耗大量氧气，因此，在黎明之前，水中溶氧为一天中含氧量最低的时候，一天内水中含氧量可相差数十倍。

【症状】由于水中缺氧，鱼浮出水面呼吸。若发现鱼在池中狂游乱窜、横卧水中现象，说明池水严重缺氧。一般泛塘时的鱼类浮头、狂游顺序是鲢、草鱼、鳙、鲮、鲤和鲫。死鱼以鲢和草鱼为严重。

【诊断方法】清晨巡塘时，发现鱼浮于水面，用口呼吸空气，说明池中溶氧已不足，若太阳出来后，鱼仍不下沉，说明池中严重缺氧。这时最好用水质测试盒对池水进行检测。

【防治方法】
（1）在冬季干塘时，应除去塘底过多淤泥，淤泥厚不超过 30cm 为好。
（2）采用施肥养殖时，应施发酵有机肥，且应根据气候、水质等情况，掌握施肥量，不使水质过肥，少量多次为宜。同时在夏季一般以施无机肥为好。
（3）投饲应掌握"四定"原则，残饲应及时捞除。
（4）掌握放养密度及搭配比例。
（5）当越冬池水面结有一层厚冰时，可在冰上打几个洞，或用生物增氧法施肥增氧，或开动增氧机。
（6）在闷热的夏天，应减少投饲量，并加注清水，在中午开动增氧机，还掉水中的氧债，必要时晚上也要开动增氧机，加强巡塘工作。
（7）发现有浮头现象，应及时灌注清水，开动增氧机或送气。
（8）在没有增氧机及无法加水的地方，可喷洒增氧剂，如过氧化氢等。

四、中　毒

（一）藻类中毒

1. 微囊藻引起的中毒

【病因】主要是铜绿微囊藻（*Microcystic aeruginesa*）及水华微囊藻（*M. flosaquae*）。当微囊藻大量繁殖，死亡后，蛋白质分解产生羟胺（NH_2OH）、硫化氢等有毒物质，毒死水产动物。微囊藻喜生长在温度较高（10～40℃，最适温度为 28.8～30.5℃）、碱性较高（pH8～9.5）及富营养化的水中。

【症状】在白天蓝藻进行光合作用时，pH 可上升到 10 左右，此时可使鱼体硫胺酶活性增加，在硫胺酶作用下，维生素 B_1 迅速发酵分解，使鱼缺乏维生素 B_1，导致中枢神经和末梢神经系统失灵，兴奋性增加，急剧活动，痉挛，身体失去平衡。

【诊断方法】根据急剧活动、痉挛、身体失去平衡等症状可做出诊断。

【防治方法】
（1）池塘进行清淤消毒。
（2）掌握投饲量，经常加注清水，不使水中有机质含量过高，调节好水的 pH，可控制微囊藻的繁殖。
（3）当微囊藻已大量繁殖时，可全池遍洒浓度为 0.7mg/L 的硫酸铜或硫酸铜、硫酸亚铁合剂（5∶2），洒药后应开动增氧机，或在第二天清晨酌情加注清水，以防鱼浮头。

2. 三毛金藻（土栖藻）引起的中毒

【病因】三毛金藻（*Prymnesium* spp.）又叫土栖藻，大量繁殖，产生大量鱼毒素、细胞毒素、溶血毒素、神经毒素等，引起鱼类及用鳃呼吸的动物中毒死亡。三毛金藻可以生长的盐度为6~70，在低盐度中生长较高盐度中为快；水温-2℃时仍可生长并产生危害，30℃以上生长不稳定，但在高盐度（30）中高温生长仍稳定；pH6.5能长期存活。

【流行情况】流行于盐碱地的池塘、水库等半咸水水域，自夏花至亲鱼均可受害。一年四季都有发生，主要发生于春、秋、冬季。

【症状和病理变化】中毒初期，鱼焦躁不安，呼吸频率加快（全长3cm的鲢，每分钟呼吸138~150次），游动急促，方向不定；不久就趋于平静，反应逐渐迟钝，鱼开始向鱼池的背风浅水角落集中，少数鱼静止不动，排列无规则，受到惊扰，即游向深水处，不久又返回，鱼体分泌大量黏液，胸鳍基部充血明显，逐渐发展到各鳍基部都充血，鱼体后部颜色变淡，反应更为迟钝而平静，呼吸频率逐渐降低；随着中毒时间的延长，自胸鳍以后的鱼体麻痹、僵直，尾鳍、背鳍、腹鳍都不能摆动，只有胸鳍尚能摆动，但不能前进，触之无反应，鳃盖、眼眶周围、下颌、体表充血，红斑大小不一，有的连成片，鱼布满池的四角及浅水处，一般头朝岸边，排列整齐，在水面下静止不动，但不浮头，受到惊扰也毫无反应，这时呼吸极其困难而微弱，每分钟22次或更少，濒死前出现间歇性的挣扎呼吸，不久即失去平衡而死，但也有的鱼死后仍保持自然状态。整个中毒过程，鱼不浮头、不到水面吞取空气，而是在平静的麻痹和呼吸困难下死去，有的鱼死后，除鳍基充血外，体表无充血现象；有的鱼死后，鳃盖张开，眼睛突出，积有腹水。濒死鱼的红细胞膨胀，胞质浓缩并围绕在核的周围，最后胞膜破裂，遗留下裸露的胞核和细胞碎屑。发病池的池水呈棕褐色，透明度大于50cm，溶氧丰富（8~12mg/L），营养盐贫乏，总氨含量小于0.25mg/L，总硬度、碱度高，其他水质条件均适合三毛金藻的繁衍。

【防治方法】

(1) 水中总氨含量超过0.25mg/L时，三毛金藻就不能成为优势种，因此定期（少量多次）向池中施铵盐类化肥，尿素、氨水、氮磷复合肥，以及有机肥，使总氨稳定在0.25~1mg/L，即可达到预防效果（杨秀兰等）。

(2) 在pH8左右，水温20℃左右的盐碱地发病鱼池早期，全池遍洒含氨20%左右的铵盐类药物（硫酸铵、氯化铵、碳酸氢铵），浓度为20mg/L或浓度为12mg/L的尿素，使水中离子铵达0.06~0.10mg/L，可使三毛金藻膨胀解体直至全部死亡。铵盐类药物杀灭效果比尿素为快，故效果更好。但鲻、梭鱼的鱼苗池不能用此方法（杨秀兰等）。

(3) 发病鱼池早期，全池遍洒0.3%黏土泥浆水吸附毒素，在12~24h内中毒鱼类可恢复正常，不污染水体，但三毛金藻不被杀死（王云祥等）。

（二）农药中毒 我国生产的农药种类很多，主要有有机氯、有机磷、有机砷、有机硫和其他无机制剂等。

农药种类及症状：

1. 有机氯杀虫剂 如DDT、六六六等化学性质稳定，容易在生物体内蓄积，对富含脂肪的神经组织、肝、肾以及心脏等器官产生毒害作用。草鱼、青鱼、鲢、鳙的亲鱼，常因受六六六、五氯酚钠等的毒害而丧失生殖力。

2. 有机磷杀虫剂 敌百虫、敌敌畏等具有残留期短等优点，但在一定浓度范围内，对鱼类皮肤具有明显的毒性，中毒途径主要通过鱼的呼吸、皮肤接触、吞食受污染的饲料等。

当敌敌畏进入血液内即与血液内胆碱酯酶直接结合，作用非常迅速剧烈。如果进入体内，必须通过肝脏，由肝脏转化才能发挥强力作用。有机磷的中毒症状是鱼类表现麻痹，行动缓慢，体色渐趋变黑，同时还可引起鱼类骨骼畸变和死亡。

3. 有机硫杀虫剂 有机硫杀虫剂有代森锌、代森铵、福美砷、敌锈钠等。进入动物体后，主要损害神经系统，先发生兴奋，以后转入抑制。鲢受福美砷中毒后，表现为头部下垂。敌锈钠能刺激鲢皮肤、鳃瓣充血，头部下垂及侧游。

（三）重金属盐类中毒 重金属对水产动物的毒性一般以汞最大，银、铜、镉、铅次之。当上述重金属在水中达到一定数量后，对鱼产生毒害作用（内毒和外毒）。毒害程度取决于该金属的化学性质。金属离子及其化合物污染水体后，其迁移转化具有以下特点：

（1）大多数金属离子及其化合物易被水中胶状颗粒、悬浮物、泥土细料所吸附而沉淀在淤泥中。

（2）金属污染物质比较稳定，不易被生物分解。

（3）金属离子在水中的迁移转化与水体的 pH 和氧化还原条件关系密切。

（4）大多数重金属和某些金属离子及其化合物易被生物和鱼类吸收，并通过食物链逐级累积。如水中低浓度的汞被芜萍吸收后经 24h 浓缩 10 倍，乌鳢食芜萍后经 14d 在其体内汞被浓缩为 20 多倍，草鱼食芜萍后经 38d，浓缩汞达 1 166 倍。其致害机制是，重金属离子与鱼鳃所分泌的黏液结合成为蛋白质的复合物，覆盖在整个鳃部并填塞鳃丝间隙，阻碍鳃组织与水的接触面，使其不能进行气体交换，发生窒息而死。同时金属离子通过鳃的表面，进入鳃内或体内其他部位，与体内主要酶的催化活性部位中硫氢基结合成难溶的硫酸盐，抑制酶的活性，妨碍机体的代谢。

（四）化学物质中毒 随着工业、农业生产的发展，向养殖水域排放的污水量也日渐增多。污水中含有各种毒物，如不经过处理，必然会引起鱼类中毒、畸变甚至死亡。主要毒物有以下几种：

1. 硫化氢 硫化氢是无色、有臭鸡蛋味的有毒气体。通常在人造纤维、硫化染料、制药、鞣革以及含硫石油、含硫橡胶、含硫金属冶炼等工厂排放的废水中含硫化氢。如直接将污水排入养鱼水体，必然引起鱼类大批死亡。硫化氢的毒素主要有刺激和麻痹作用。硫化氢在鱼体黏膜和鳃表面很快分解，与组织中的钠离子结合可形成具有强烈刺激作用的硫化钠。硫化氢能抑制某些酶的活性，阻碍体内生物氧化反应，引起组织细胞窒息。当硫化氢含量在 3mg/L 时，可使鲤、金鱼死亡；含量在 10mg/L 时，4h 内可使所有鱼类中毒死亡。中毒症状是鳃变紫红色，鳃盖和胸鳍张开，鱼体失去光泽，悬浮于水的表层。

2. 石油污染 石油提炼和石油加工厂的排污物，常含有酚和硫化氢等对鱼类有毒的物质。油污物进入水体后，在水面上形成一层油膜，能阻止空气中的氧气进入水体。油膜在风力和波浪的作用下，逐渐掺和，形成油-水混合物，改变了石油原来的物理性质，在其氧化和溶解过程中，导致水中二氧化碳和有机物含量的提高，溶解氧含量急剧下降。通常 1L 石油完全氧化，需要 4×10^5L 水中的溶解氧，从而引起鱼、贝等水生生物的窒息。

3. 酚中毒 酚是一种芳香族碳氢化合物的含氧衍生物，羟基直接与苯环相连。按苯环上含羟基的多少，分为单元酚、多元酚，前者易挥发。

含酚废水主要来自焦化厂、煤气厂、炼油厂、石油化工厂。这些工厂排放废水中的酚主要是树脂酚，其对鱼的毒性要比纯酚大得多。不经处理的高浓度含酚废水进入养殖水体后，可引起养殖鱼类大批死亡。酚能使细胞蛋白质发生变性和沉淀，而且酚易从变性或沉淀的蛋白质中分离出来，进而渗透入组织深部引起全身中毒。当水中含酚量为 4~25mg/L 时，可引起鱼类急性致死。如水体中含酚量不高时，酚在鱼体内能产生积累作用，使鱼肉产生异味（煤油味），以致不能食用。酚的浓度为 0.01mg/L 时产生特殊气味，0.02~0.03mg/L 时鱼肉变坏。含酚废水中往往含有大量有机物质，在水中分解时消耗大量氧气，使水中溶解氧降低，酚的毒性也随之增大，在双重作用下，可引起鱼类大批死亡。

【防治方法】

（1）加强监测工作（理化监测及生物监测），严禁未经处理的污水及超过国家规定排放标准的水排入水体。

（2）进行综合治理，综合治理主要有物理、化学及生物学方法三种。物理方法又有沉淀法、过滤法、曝气法、稀释法及吸附法等。有些水生生物对毒物具有较高的忍耐特性，并可吸收和蓄积，如蒿草、辣蓼等具有较高忍耐性，蒿草体内六六六含量可达 19mg/kg；变鞘席藻等能除去氨氮；刚毛藻对含汞废水忍耐度较大，并能主要依靠吸附蓄积作用去除水体中的汞；有些细菌对某些毒物有较强的分解能力；湖泥对六六六有较强的吸附作用。

（五）食物中毒　食物中含有有毒物质时，也可造成水生动物中毒而出现病症或死亡。

1. 绿肝病

【病因】绿肝病发生在养殖的狮和真鲷。病因有两种：一种是饲料中毒，另一种是由于孢子虫的寄生堵塞了胆管。在此仅叙述饲料中毒引起的绿肝病。

据日本水产厅（1975），在日本饲养狮和真鲷一般是以冷藏的日本鳀和鲭等为饲料。这些饲料鱼都含有大量的脂肪，在投喂以前又往往放在露天下利用阳光照晒解冻，这样就会降低新鲜度，脂肪发生氧化，使鱼中毒，引起绿肝病。投喂腐败变质的配合饲料也容易引起绿肝病。

真鲷的绿肝病除了饲料中毒的因素以外，与水温降低使鱼生理失调也有关系。

【症状和病理变化】病鱼游泳无力，食欲降低，体色变黑。肝脏有绿色斑纹，胆汁呈暗绿色或淡褐色，靠近肝脏的其他内部器官和组织也被染成绿色。随着病程的进展，胆汁逐渐变黑变稠。特别严重的病例，胆汁变成黑泥状，此时肝脏原来变绿色的部分又变为黑色，并且局部发生脂肪肝、硬化或坏死，邻近的其他内脏也随之变黑。

【诊断方法】解剖病鱼，仔细观察肝脏和胆汁的病变。

【流行情况】狮绿肝病发生的季节是从夏初至秋初。体长 2.5cm 以下的鱼最易发生。真鲷的绿肝病多发生在不满 1 龄幼鱼，多数发生在低水温期，有时引起死亡，但大批死亡的很少见。

【防治方法】

预防措施：饲料鱼在保存时应快速冰冻，以免变质，解冻时不要在露天的阳光下进行。已破肚并有臭味的饲料鱼一般不应再作为饲料，必须要用时也需用水充分洗干净后再喂。配合饲料要改善保存方法，防止腐败变质，已变质的不应再用。

治疗方法：发生绿肝病后应立即改喂新鲜的生饲料，投饵量要适当减少，同时在饲料中加复合维生素、葡萄糖醛酸内酯（肝泰乐）和甘草流浸膏等营养药和治疗药。

2. 中毒性鳃病

【病因】据日本水产厅（1974），饲养的幼狮，如果长期投喂腐败变质的小杂鱼，如鲭和远东拟沙丁鱼等，鱼体腐败分解后产生的毒素使狮中毒。

【症状和病理变化】病情较轻的鱼鳃全部变深红色并且柔软；病情严重的鱼则鳃瓣坏死、

脱落，露出鳃丝软骨。病鱼多数体表发红色，无力地在水面游泳，最后狂奔死亡。

【诊断方法】诊断时应了解所投饵料的种类和新鲜程度，再结合上述病鱼症状就可确诊。

【流行情况】此病主要发生在2龄的鰤，危害很大，多发生在夏季和秋季的高温季节。

【防治方法】

预防措施：主要是不要投喂腐败变质的饲料鱼。

治疗方法：可先停喂1~5d，然后投喂新鲜而且含脂肪少的饲料鱼，并在饲料中加入葡萄糖醛酸内酯等解毒剂和复合维生素等。投饵量一般为正常时的1/2。治疗见效以后也不要急剧增加投饵量，应逐渐增加。

3. 黄脂病

【病因】据伊久夫等（1983），真鲷吃了含有腐败变质的脂肪的饲料后，例如吃了冰冻的不新鲜的远东拟沙丁鱼后，就容易引发黄脂病。

【症状和病理变化】病鱼体内的脂肪组织呈黄褐色或黄红色，内脏和腹膜粘连。有的鱼头骨内的脂肪也变黄色，引起头骨坏死外露。但是一般的病鱼仅食欲降低，外观很少有异常现象就死掉，解剖时可看到肠系膜之间的脂肪组织上呈大而鲜明的黄斑。

【诊断方法】从病鱼长期食欲不振、瘦弱的外观症状，了解投喂的饵料情况，然后解剖检查，如果发现脂肪组织变色和内脏愈合就可确诊。

【流行情况】日本养殖的真鲷发生过黄脂病，多数发生在年龄较大的鱼，无明显的季节性，一旦生病则不易恢复。

【防治方法】预防措施主要是投喂新鲜的并且含脂肪较少的饲料鱼，放养密度不要过大。尚无治疗方法。

4. 黄曲霉素中毒　黄曲霉素在食物中的毒性作用是在20世纪60年代才阐明的。它是蓝绿色的黄曲霉菌（*Aspergillus flavus*）的代谢产物。这种霉菌最容易生长在各种油料植物的种子（花生、大豆等）的碎片上。黄曲霉素对虹鳟有明显的致癌作用，饲料中含有1mg/t的黄曲霉素，喂4~6个月就能使虹鳟发生肿瘤，含量再高时就能引起急性疾病。发现虹鳟的肝脏过度扩大或在组织学上已发现肿瘤时，就要考虑有黄曲霉素中毒的可能性，不过二甲基亚硝基胺和四氯化碳等也可引起肿瘤。

5. 抗生素和其他化学治疗剂中毒　如果将抗生素或其他化学治疗剂加到饲料中长期喂鱼，就会使鱼发生中毒的病理变化，例如血液的生成减少。特别是磺胺会使鱼的肾管坏死或形成管型。

6. 黏合剂中毒　饲养海水鱼的配合饲料，有的用化学物质代替纤维素作为黏合剂。这些化学物质容易使鱼发生肝肾综合征。其症状是肾管的空泡化、坏死和脱落，同时造血组织纤维化并形成管型，胆道增生和肝硬化。病鱼生长很慢，并且很容易继发性地感染其他疾病。其致病的原理不单纯是黏合剂本身的问题，可能是残留在黏合剂中的重金属的作用。

7. 棉子酚中毒　棉花的种子中含有一种脂溶性物质叫做棉子酚，对鱼有毒。鱼吃了棉子饼后，其中的棉子酚积累在肝和肾中，使肝脏变性，肾脏发生肾小球性肾炎，芽鳞管状脱落和管型形成。

8. 营养性白内障　鲑科鱼类（如虹鳟）在饲料中含有高比例的动物内脏时，鱼类的眼球往往变为混浊不透明，成为白内障。以马和猪的内脏为饵料特别容易发生此病。其原因尚不清楚，但已证明投喂其他腐臭的肉类也可发生这种情况。上述鱼类饵料中缺乏维生素B_2或缺锌时虹鳟就生白内障病。Sallman等（1966）认为投喂的饵料中有硫代乙酰胺（thioacetamide）致癌物质也能引起虹鳟等鱼的白内障病。

五、饥饿及营养不良病

（一）饥饿

1. 跑马病

【病因】此病常发生在鱼苗饲养阶段。阴雨天气多，水温低，池水不肥，当鱼苗经10～15d饲养后，池中缺乏鱼苗的适口饲料而引发此病。

【症状】病鱼成群围绕鱼池边，长时间狂游不停，像跑马一样。由于过分消耗体力，鱼体消瘦，体力耗尽而死亡。

【防治方法】

（1）主要是解决池中的饲料问题，池中鱼的放养量也不应过密，鱼苗在饲养10d后应投喂一些豆饼浆或豆渣等适口的饲料。

（2）发现鱼苗跑马时，可用芦席或苇帘等从池边向池中横立，隔断鱼苗狂游的路线，并在池边投喂一些豆浆、豆渣、酒糟、蚕蛹之类的饲料。

2. 萎瘪病

【病因】主要是由于鱼苗或鱼种放养过密，饲料不足，致使部分鱼得不到足够食料，萎瘪致死。

【症状】病鱼体发黑、头大身小、背刀刃，肋骨可数，病鱼往往在池边缓慢游动，病鱼鳃丝苍白，呈严重贫血现象，不久即死亡。此病主要由于放养过密，缺乏饲料，以致鱼长期挨饿造成。常发生于越冬池。

【防治方法】掌握放养密度，加强饲养管理，投放足够的饲料，越冬前要使鱼吃饱长好，尽量缩短越冬期停止投饲的时间。当发现鱼患萎瘪病时，应立即采取措施，增加营养。

（二）营养不良病

1. 由蛋白质不足、过多或所含必需氨基酸不完全、配比不合理所引起的疾病 蛋白质是水产动物生长最重要的物质，是构成体蛋白质的基本物质，足量的蛋白质，且各种氨基酸搭配合适，可加速生长。不同种类、不同年龄、不同环境条件下，鱼类对饲料蛋白质的利用不同。斑点叉尾鮰对蛋白质的需要量比温血动物高很多，在高度密养的情况下，饲料中蛋白质应不低于40%，否则生长缓慢；饲料中蛋白质含量为25%时，鱼体增重仅为吃含40%蛋白质的饲料增重的12.8%；当蛋白质仅含10%时，实际上失重。斑点叉尾鮰小鱼吃的饲料中缺乏精氨酸、组氨酸、亮氨酸、异亮氨酸、赖氨酸、蛋氨酸、苯丙氨酸、苏氨酸、色氨酸及缬氨酸时，生长缓慢，其中赖氨酸最少应不低于1.25%～1.75%。鲤在缺乏维生素及氨基酸时体质恶化，平衡失调，脊柱弯曲，严重影响肝胰组织。当饲料中不含蛋白质时，鳗鲡明显减重；饲料中含蛋白质8.9%时，出现轻微减重；饲料中蛋白质超过13.4%时，鱼体增重；超过44.5%时，鱼的生长和蛋白积累几乎不变，并在一定程度上有阻碍作用。如饲料中各种氨基酸含量不平衡或饲料中蛋白质含量过多时，不但不经济而且在一定程度上是有害的。虽然鱼类有通过脱氨基和排泄氨的作用处理除生长和维持生命等需要之外的过剩蛋白质的能力，但这是有限的，多余部分主要以尿形式排至水中。在高度密养的情况下，尿在水中的积累是限制生产力的主要因素。

2. 由碳水化合物不足或过多所引起的疾病 碳水化合物是一种廉价热源，每千克碳水化合物氧化时可释放 167 472 J 的能量，可起到节约蛋白质的作用；同时糖类也是构成体组织成分之一，如细胞核中的核糖，脑及神经组织中的糖脂等。水产动物对各种糖的利用率不一样，单糖利用最好，其次是双糖、简单的多糖、糊精、烧熟淀粉和粗淀粉。水产动物由于品种不同，对碳水化合物的利用情况和需要量不同。鳟对纤维素的消化率低于 10%，对其他碳水化合物的消化率为 20%～40%，饲料中粗纤维的含量应不超过 10%，以 5%～6% 为最好；其他碳水化合物最高限度为 30%，其中可消化部分应低于 10%。饲料中碳水化合物的含量过高，将引起内脏脂肪积累，妨碍正常的机能，引起肝脏脂肪浸润，大量积聚肝糖，肝肿大，色泽变淡，外表有光泽，死亡率增加。如果在饲料中添加适量维生素，碳水化合物含量高达 50% 时，虹鳟的肝脏也无异常。

3. 由脂肪不足和变质所引起的疾病 脂肪是脂肪酸和能量的主要来源。鳟饲料中脂肪的最适量为饲料的 5% 左右；虹鳟饲料中缺乏必需脂肪酸，则生长不良，发生烂鳍病。水产动物饲料中的脂肪应是低熔点的，在低温下容易消化，温血动物的脂肪不能使用，因这类脂肪的熔点高，不易消化，如长期使用这种脂肪，容易患脂肪性肝病。氧化脂肪产生的醛、酮、酸有毒，鲤吃 1 个月后，患背瘦病、肌纤维萎缩、坏死，严重时鲤死；虹鳟吃后，引起肝发黄、贫血。脂肪是很易被氧化的物质，一般原料成分中的脂肪必需事先抽提，用时再加入。为了防止氧化脂肪的毒性，在饲料中须加入足够量的维生素 E。

4. 缺乏维生素引起的疾病 一种好的饲料应含有维生素 A、维生素 D、维生素 E、维生素 K、维生素 B_1、维生素 B_2、维生素 B_6、维生素 B_{12}、维生素 H、维生素 C、烟酸、叶酸、泛酸、胆碱、对氨苯甲酸、肌醇等。鱼对维生素缺乏的反应较小的温血动物为慢，能较长时间在饲料中完全没有维生素的情况下生存，在这种情况下饲养一个半月后生长停止。3 个月后体重开始下降，突眼、虹膜周围充血、耗氧量降低、抵抗力下降，最后死亡。饲料中缺乏维生素 B 时，鲤鱼的食欲显著降低，可降低为原来的 1/5～1/4，与温血动物一样，破坏消化道的分泌和活动，食物的消化和吸收被破坏，显著降低耗氧量，生长明显缓慢；当缺乏维生素 B_6 时，还可引起痉挛、腹腔积水、眼球突出；缺乏泛酸、肌醇、烟酸，可引起食欲不振、生长缓慢及表皮出血；缺乏胆碱可引起食欲不振，生长减慢，肝、胰脏的脂肪增加，形成脂肪肝。缺乏维生素 B_1、维生素 B_2 及泛酸，可引起鳗鲡食欲不振，生长减慢，运动失调，皮肤出血；缺乏维生素 B_2，鳗鲡畏光；缺乏维生素 B_6，鳗鲡发生痉挛，食欲不振，生长减慢。大鳞大麻哈鱼当缺乏维生素 B_2 时，可引起食欲不振，生长减慢，死亡率升高，眼球水晶体混浊，眼出血，畏光，视觉模糊，不对称，体色发暗；当缺乏维生素 B_6 时，可引起食欲不振，生长减慢，死亡率升高，神经错乱，痉挛，运动失调，贫血，腹腔积水，呼吸加快，鳃盖柔软变形；缺乏肌醇、烟酸，可引起食欲不振，生长减慢，痉挛。饲料中缺乏维生素 A 时，鱼的食欲显著下降，吸收及同化作用被破坏，色素减退，生长缓慢。食蚊鱼吃含维生素 D 的饲料，比吃不含维生素 D 的饲料，生长快，性成熟较早。当饲料中缺乏维生素 C 时，斑点叉尾鮰长得慢，饲料系数高，45% 的鱼发生畸形，沿脊椎有内出血区；银大麻哈鱼及虹鳟吃含维生素 C 为 50mg/L 的饲料 6 个月后，鳃丝发生弯曲；鳗鲡当缺乏维生素 C 时，食欲不振，生长减慢，鳍、皮肤及头部出血；鲤可合成部分维生素 C，但对鱼的迅速生长，在数量上是不够的。

5. 缺乏矿物质引起的疾病 矿物质不仅是构成水产动物组织的重要成分，而且是酶系统的重要催化剂，其生理功能是多方面的，可促进生长，提高对营养物的利用率，在维持细胞的渗透压方面也起着重要的作用。钙、磷、镁、铁、铜、锰、锌、钴、铝、碘等都是水产动物健康生长所需要的。水产动物能吸收溶解在水中的矿物质，但仅靠水中吸收的一些矿物质远不能满足需要，因此饲料中必须含有足够的矿物质。一般水中含钙量较高，故饲料中不加钙，对生长影响不大；而磷在饲料中含量应稍高于0.4%，否则生长缓慢。缺乏磷，可引起鲤脊椎弯曲症。虹鳟和红点鲑当缺乏碘化钾时，引起典型的甲状腺瘤，如及时投以足够的碘化物，瘤可缩小。饲料中缺锌，虹鳟生长缓慢，死亡率增加，鳍和皮肤发生糜烂，眼睛产生白内障。

复 习 题

1. 简述养殖鱼类常见病毒性疾病的病原、症状、流行情况和防治方法。
2. 简述鱼类细菌性疾病的主要症状及防治方法。
3. 简述水产养殖致病弧菌的种类及其所致鱼类弧菌病的主要症状和防治方法。
4. 简述巴斯德氏菌病及爱德华氏菌病的病原、引起养殖鱼类疾病的主要症状及防治方法。
5. 简述养殖鱼类立克次体和衣原体感染的主要症状和流行地区。
6. 霍氏鱼醉菌的生活史经过哪几个过程？
7. 鱼类真菌病与细菌性疾病相比有何特点？
8. 水霉病易在什么条件下发生？有何寄生特点？如何防治？
9. 鳃霉寄生在什么部位？病鱼有何症状？什么水质条件下易发此病？怎样防治？
10. 虹鳟鱼内脏真菌病有何症状？病原易感染鱼体什么部位？如何诊断？
11. 鱼醉菌病有何症状？如何诊断和预防？
12. 流行性溃疡综合征的病原是什么？其症状和流行有何特点？怎样诊断和防治？
13. 鱼类寄生原虫病有哪几大类？简述各类中典型的危害严重的疾病种类、症状、流行及防治。
14. 简述鱼类淀粉卵涡鞭虫属与卵涡鞭虫属的异同、生活史、病鱼的症状、流行情况和防治方法。
15. 简述鱼类寄生孢子虫病原的种类、形态构造、生活史和寄生部位及养殖鱼类上常见的种类。
16. 简述血簇虫病、艾美虫病、黏孢子虫病、微孢子虫病、单孢子虫病的防治方法。
17. 养殖鱼类在鳃、体表出现白点症状的病原有哪些？简述其危害情况及防治方法。
18. 简述鱼类寄生单殖吸虫前、后固着器的类型和进化特点及对其寄生生活的意义。
19. 简述鱼类指环虫、三代虫、本尼登虫、异斧虫、双阴道虫、异钩虫的形态构造、引起鱼类疾病的症状以及防治方法。
20. 简述复殖吸虫的形态构造、生活史经过的蚴虫阶段及各蚴虫时期的特点。
21. 简述绦虫身体构造表现出对寄生生活高度适应性的主要变化。
22. 简述鲤蠢与许氏绦虫形态结构上的区别。
23. 简述绦虫、线虫和棘头虫的一般形态构造、生活史及其对鱼类的危害情况。
24. 与养殖鱼类有关的寄生甲壳动物主要有几大类？简述各类的一般形态构造、生活史、对鱼类的危害情况和防治方法。
25. 寄生于肠道内的寄生虫有哪些？病症及诊断方法如何？

26. 分析养殖鱼类浮头和窒息的原因，如何预防？
27. 防止碰伤或擦伤的方法有哪些？
28. 气泡病的病因及防治措施有哪些？
29. 简述黄曲霉素对养殖鱼类的毒害情况。
30. 简述营养性白内障、绿肝病和黄脂病的病因、症状和防治方法。
31. 鱼类中毒的原因有哪些？

第八章

虾蟹类的病害

第一节 病毒性疾病

一、对虾白斑症病毒病（White spot syndrome virus disease）

【病原】白斑症病毒（White spot syndrome virus，WSSV）。病毒粒子杆状，具囊膜，无包涵体。平均大小为 350nm×150nm，核衣壳大小为 300nm×100nm（图 8-1A）完整的 WSSV 粒子外观呈椭圆短杆状，横切面圆形，一端有一尾状突出物。WSSV 核酸是双链环状 DNA，其分类地位目前不确定。

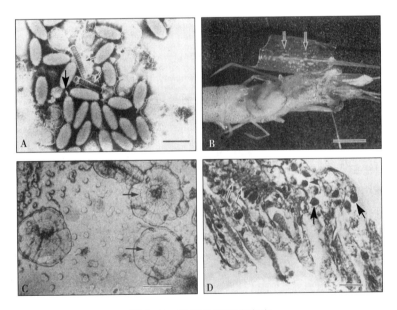

图 8-1 对虾白斑症病毒病

A. 白斑症病毒的负染电镜，示病毒颗粒为椭圆杆状，粗箭头示有囊膜病毒在一端有一尾，细箭头示无囊膜的核衣壳，bar＝300nm

B. 患病对虾，箭头示头胸甲上的白斑，bar＝1cm

C. 病虾头胸甲上的白斑的显微观察，箭头示具放射线的同心圆状的白斑，中心厚，边缘薄，bar＝0.5mm

D. 患病对虾的鳃，粗箭头示肥大的细胞核，细箭头示正常的细胞核，HE 染色，bar＝20μm

【症状和病理变化】病虾首先停止吃食，行动迟钝，弹跳无力，漫游于水面或伏于池边水底不动，很快死亡。典型的病虾在甲壳的内侧有白点，白点在头胸甲上特别清楚，肉眼可见（图 8-1B），有的病虾白点不明显，头胸甲与其下方的组织分离，容易剥下。白点在显微镜下呈花朵状，外围较透明，花纹清楚，中部不透明（图 8-1C）。野生虾类感染 WSSV

后，活动能力减弱，身体褪色，并在光照下略呈微红。病虾血淋巴混浊，淋巴器官和肝胰脏肿大，鳃、皮下组织、胃、心脏等组织器官均发生病变。这些受感染组织的细胞核肥大（图8-1D），核仁偏位，浓缩成电子密度很大的团块或破成数小块，分布在核边缘。核内有大量病毒粒子，严重者核膜破裂，病毒粒子散于细胞质中。在光学显微镜下观察，病虾的不同组织均存在广泛的变性、坏死、上皮细胞大量解体脱落；被感染的细胞核肿大约为正常核的1.5倍以上。

【流行情况】对虾白斑症病毒病是从1992年开始在我国乃至东南亚对虾养殖地区普遍发生的、危害性极大的一种急性流行病。此病发生在中国对虾、日本对虾、斑节对虾、长毛对虾和墨吉对虾等对虾上。在我国大陆沿岸是1992年首先发生在福建省，在1993年很快蔓延到广东，以后迅速沿海岸向北发展，一直到辽宁省，几乎遍布全国各养虾地区。一般虾池发病后2～3d，最多不足1周时间可全池虾死亡。病虾小者体长2cm，大者7～8cm以上。

该病主要是水平传播，经口感染，即由病虾排出的粪便带有病毒，污染了水体或饵料，或健康虾吞食了病、死的虾而受感染，这已被各种实验所证实。但也不能排除有垂直感染的可能性，因为从亲虾和虾苗上都可检出此种病毒，但还不能证实就是垂直感染，也可能是亲虾排出的粪便污染了水体后传给虾苗。

【诊断方法】

（1）外观症状：无论是自然感染的对虾还是实验感染的对虾在头胸甲上都表现出白斑的症状。

（2）解剖：濒死的对虾血淋巴不凝固，淋巴器官肥大，肝胰腺坏死。

（3）病理组织：病虾的鳃、胃、淋巴器官、皮下组织等的细胞核肥大。

（4）电镜切片：通过电镜在病虾的鳃、胃、淋巴器官、皮下组织等的细胞核内观察到病毒粒子。病毒粒子长微卵形，具囊膜（图8-2A）。

（5）电镜负染：通过负染电镜观察，可观察到完整的病毒粒子或无囊膜的核衣壳。

（6）PCR：WSSV的PCR引物较普遍应用的有4～5个设计。

（7）DNA探针：应用核酸探针有斑点杂交和原位杂交法（图8-2B）。

（8）单克隆抗体：应用单克隆抗体有斑点免疫印迹、免疫荧光抗体（图8-2C）和ELISA等方法。

【防治方法】对虾的病毒病至今都没有有效的治疗方法，主要应采取综合性的预防措施。现总结各地经验和笔者的一些看法概述如下，以供参考。此法可适用于后述各种病毒病。

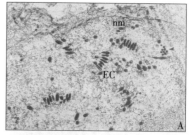

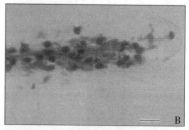

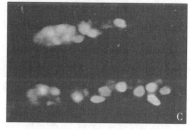

图8-2 WSSV的诊断

A. 感染WSSV的中国对虾鳃的电镜切片：EC为缺衣壳有囊膜的病毒粒子，粗箭头所示为缺囊膜的病毒粒子，细箭头示病毒原基，nm为核膜，bar=450nm

B. 原位杂交法检测病虾鳃，示病毒阳性，bar=20μm

C. 免疫荧光法检测病虾鳃，示病毒阳性

(1) 虾池在养虾前的处理（清池） 养过虾的池塘池底积有厚厚的一层淤泥，其中除了泥土以外，还含有大量饲料残渣、虾和其他动物的粪便、死亡的虾、浮游或底栖生物的尸体以及寄生虫及其卵、细菌、病毒病原体等。其中腐败的有机物质不仅败坏水质，恶化养虾环境，给对虾造成环境胁迫，而且还可使某些病原体大量繁殖，引发疾病。因此必须尽可能彻底清淤，并且清除的淤泥尽可能弄到池堤之外，以免再流入池塘。在清淤的同时加固堤坝，防止渗漏。

池塘仅通过清淤不可能将病原体全部清除掉，还必须再进行消毒。消毒前一般先进水 10~30cm，然后用生石灰，每 $667m^2$ 施用 70~80kg。也可用含氯消毒剂，例如漂白粉、漂粉精等，均匀泼洒全池，凡灌满水后能淹没的地方都要泼到。消毒后应曝晒 1 周左右，然后进水。进水后 10d 左右，水的颜色可变为淡黄色或淡绿色，说明水中浮游生物已大量增殖。如果水色清淡也可适当施用化肥，也有的向池底移植沙蚕，使虾苗放入后就有天然饵料可吃，生长迅速，体质健康，抗病力强。

(2) 培养健康无病的虾苗 在亲虾和虾苗体内发现含该种病毒的比例很高，带有病毒的亲虾产出的卵及其培育的幼体也很可能被污染，因此必须选择健康不带该病毒的虾作为亲虾。选好的亲虾入池前用 100mg/L 福尔马林或 10mg/L 高锰酸钾海水溶液浸洗 3~5min，以杀灭体表携带的病原体。受精卵用含氯 67% 左右的漂粉精 5mg/L 海水溶液浸洗 5min；或用 50mg/L 碘伏（聚乙烯吡咯烷酮碘）浸洗 30s；或用过滤海水并经紫外线消毒后冲洗 5min。育苗用水应过滤和消毒，育苗期间切忌温度过高和滥用药物，应经常检查，发现病后适当用药。

(3) 放养密度要合理 对虾的养殖密度应根据当地水源、海域环境、虾池的结构和设施、生产技术、管理经验、虾苗的规格、饲料的质和量等条件而定，一般每 $667m^2$ 放养体长 3~4cm 的虾苗 5 000~10 000 尾，在此范围内根据条件确定放养密度。

(4) 合理用水、培好水色、保持优良水质 过去养虾大排大灌可获得高产，但从对虾白斑症病毒病流行以来，许多虾场反映换水越多死亡越严重，封闭式或半封闭式养虾的反而可取得好成绩。现在根据国内外经验，应设立蓄水池，蓄水池一级进水后用含氯消毒剂消毒并沉淀 3d，再注入第二级培肥水色，使池水呈淡黄色、黄绿色为好，透明度为 30~40cm，然后注入养虾池。这样一方面可防止进水时带入病原体，另一方面也可使虾池的环境不至于因大量进水突然改变过大，降低对虾的抗病力。养虾池也应一直保持优良水色和水质，发现突然变清或水色过浓应及时换水。

在养虾场附近有虾病流行时，停止从海区向蓄水池注水，应将虾池中的水与蓄水池中的水循环使用。在虾池中使用增氧机是防病和增产的重要措施，可使虾池水溶氧增加，有机物质充分氧化，防止产生硫化氢，使有益的细菌大量增殖，加强池水的自净能力。

(5) 饲料要质优量适 饲料的所谓质优是指饲料的营养成分齐全，比例搭配适当，同时原料应新鲜，防止腐败变质，霉变的和氧化的饲料绝对不能投喂。鲜活饵料营养虽好，但在产地容易被病原污染，现已证明来自病毒病流行地区的低质贝类可携带病毒传染对虾，某些野生虾类、蟹类和桡足类也能带有病毒。另外，大量采捕的鲜活饵料，运至虾场后难免有少数腐败，投喂后易引起疾病。因此最好是投喂优质的人工饲料。投饵量应适当，应根据虾的摄食量及时调整，每日的投饵量应分 3~4 次投喂，尽量减少残饵，防止污染池底。

(6) 及时检测病毒 一旦发现病毒，严格防止池间互相传染。在病毒病流行季节应每天到虾池观察，发现对虾体色、吃食和活动异常，就应进一步采捕病虾用显微镜检查，诊断或疑为病毒病时，应严禁排水，防止疾病蔓延。确诊后应将虾全部捕起，并彻底消毒池塘。病虾应销毁勿乱丢。

（7）养虾池中适当混养一些吃浮游生物或底栖藻类的鱼或贝类，有利于防止水质过肥，起净化水质的作用，但必须适量，不然会使池水清瘦，阻碍对虾的生长和降低抗病力。

（8）养虾池中接种和培养光合细菌也可净化水质，防止虾病。

（9）投喂能提高对虾细胞免疫力的中草药，也是一个防治的途径，这方面正在研究中，尚未有成熟经验。

二、对虾杆状病毒病（Baculovirus penaei disease）

【病原】对虾杆状病毒（*Baculovirus penaei*，BP），是一种 A 型杆状病毒，具囊膜，核酸为双链 DNA。病毒粒子棒状，大小为 74nm×270nm。病毒在肝胰腺及前中肠上皮细胞内增殖，包涵体是四面体或三锥的金字塔形（图 8-3A、B、C、D）。

【症状和病理变化】病虾的摄食和生长率降低，体表和鳃上有外部共栖生物和污物附着。病理组织切片，在肝胰脏和中肠上皮细胞中可观察到三角锥形的包涵体，包涵体从锥底至锥顶的高度为 $0.5\sim20\mu m$，一般垂直高度为 $8\sim10\mu m$。该病引起显著的病理变化，主要是受感染的对虾肝胰脏的小管和前中肠的上皮细胞的细胞核肥大，核内有一至几个角锥形包涵体（图 8-3E）。核仁被挤到一边，并退化或消失，染色质分布于核的边缘，呈环状排列。被感染的上皮细胞受损伤或坏死，引起这些器官的功能性障碍，并往往引起继发性的细菌感染。

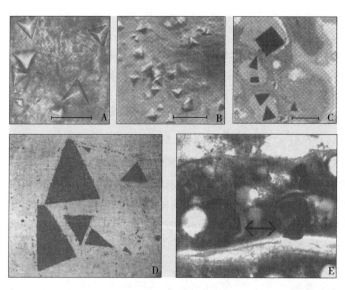

图 8-3　对虾杆状病毒包涵体形态

A、B. 凡纳滨对虾粪便和组织压片中的四面体形 BP 的包涵体　C. 褐对虾肝胰腺组织切片中的 BP 的包涵体，bar=20μm　D. BP 三角形包涵体的电镜照片　E. 感染 BP 的凡纳滨对虾苗的肝胰腺切片，箭头示多个嗜伊红的三角形包涵体

(D. V. Lightner)

【流行情况】对虾杆状病毒病主要发生在美国的桃红对虾（*Penaeus duorarum*）、褐对虾（*P. aztecus*）、白对虾（*P. setiferus*）、万氏对虾（*P. vannamei*）和墨吉对虾

（P. marginatus）等的成虾、幼体和仔虾。在中美洲和南美洲的太平洋沿岸也偶尔发生。在对虾孵化场中，对虾杆状病毒病是万氏对虾幼体的严重疾病。

【诊断方法】取患病对虾的肝胰脏和中肠压片，在相差或明视野显微镜下看到角锥形包涵体，基本就可诊断。或取一部分肝胰脏和中肠用FAA液固定后用苏木精-曙红染色或用甲基绿派洛宁染色观察细胞核的病理变化和核内包涵体。确诊需用电子显微镜观察到棒状的病毒粒子。

【防治方法】此病没有治疗方法。预防措施是对引进的亲虾或幼体要严格检疫。已受感染的对虾要销毁。已发过病的虾池应彻底消毒。

三、桃拉综合征病毒病（Taura syndrome virus disease）

【病原】对虾桃拉综合征是由桃拉综合征病毒（Taura syndrome virus，TSV）引起的，TSV为一个无囊膜的二十面体的粒子（图8-4A），直径31～32nm，为单股RNA，属小RNA病毒科。病毒主要感染凡纳滨对虾的上皮细胞，引起对虾的大量死亡。因为首例病例是1992年在厄瓜多尔的Guayas省的Taura河河口附近发生而得名。

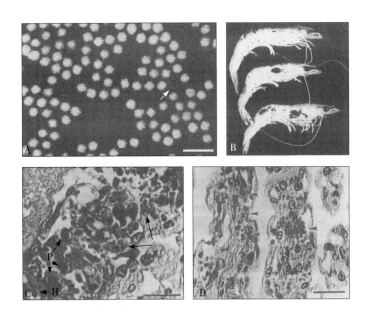

图8-4 凡纳滨对虾桃拉综合症病毒病

A. 提纯TSV的透射电镜观察，示大量的完整和少量空的（箭头指）二十面体的病毒粒子，直径为31～32nm，bar=93nm
B. 患桃拉综合征病毒病的凡纳滨对虾，示虾体表损伤部位
C. 凡纳滨对虾腹肢上表皮中的病灶的显微观察，箭头示"胡椒粉状"或"散弹状"的病灶，bar=15μm
D. 患病凡纳滨对虾幼虾的组织切片，示"胡椒粉状"或"散弹状"的病灶，bar=15μm

(K. W. Hasson等，1995)

【症状和病理变化】TSV病主要发生在虾的蜕皮期，病虾不吃食或少量吃食，在水面缓慢游动，捞离水后死亡。在特急性到急性期，幼虾身体虚弱，外壳柔软，消化道空无食物，在附足上会有红色的色素沉着，尤其是尾足、尾节、腹肢，有时整个虾体体表都变成红色。在虾蜕皮前后表现得较为典型，患了严重的急性TSV病的虾，死于蜕皮期，个别急性期幸存者进入慢性期，并出现恢复迹象。在这个时期的虾将会出现多样的、分布不定的、无规则

的斑点、坏死灶（图8-4B），体表的损伤部位开始变黑。虾体要经历发炎、再生和康复的过程。一旦虾的表皮脱落，细微部分大体损害特征已经不足以为TSV病的诊断提供依据。这时的虾就成了无症状的TSV携带者。据实验证明，恢复期虾对TSV的再感染具有抵抗力。较大规格的病虾步足末端有蛀断、溃疡现象，两根触须、尾扇、胃肠道均变红，可见胃肠道肿胀（肠内有少量食物），肝胰脏肿大，变白。透过部分病虾的甲壳，发现肌肉由原来的半透明变成白浊，尤其是腹部末端，似甲壳与肌肉分离状。部分病虾的头胸甲处出现白区，镜检发现甲壳和胃肠壁压片红色素细胞扩散。染病初期大部分病虾头胸甲有白斑，久病不愈的病虾甲壳上有不规则的黑斑。

【流行情况】自Jimenez于1992年报道在厄瓜多尔的Guayas省的Taura河的河口附近发生第一例TSV病以来，已经报道的病例有厄瓜多尔的养虾场、秘鲁的Tumbes地区、哥伦比亚沿岸、洪都拉斯、危地马拉、萨尔瓦多、巴西的东北部、尼加拉瓜、伯利兹城、墨西哥、美国等地区。近年来随着对虾和对虾产品的贸易，疾病有向周边地区和世界蔓延之势。

桃拉综合征病毒病是凡纳滨对虾特有的病毒性疾病。其病原随着我国从国外引进凡纳滨对虾亲虾而传播到我国的大陆及台湾地区，该病始于1999年在我国台湾大规模暴发，导致台湾地区凡纳滨对虾的养殖刚刚起步发展就遭到严重的挫折，至今仍无法恢复。2000年以来随着我国大陆南方各省规模养殖凡纳滨对虾，该病在广东、广西、海南等省区沿海海水养殖凡纳滨对虾密集区中均有发现。2000年4月从湛江养殖的凡纳滨对虾中首次检出了桃拉病毒的RNA，6月又在深圳地区虾病调查中发现。2001年南方各省掀起了更大规模的凡纳滨对虾养殖热潮。该病目前已在广东、广西、海南等省区沿海海水养殖的凡纳滨对虾中大面积暴发。

野生虾群感染情况：据报道，TSV在野生虾的仔虾和成虾都有发生。在厄瓜多尔的近海岸和远海岸、萨尔瓦多、墨西哥南部的Chiapas州和危地马拉的相邻区域野生虾中也发现TSV。

凡纳滨对虾的幼虾对TSV高度易感，累积死亡率达至95%以上。感染TSV后，仍存活的对虾终生带毒。其他种类的对虾，在实验室条件，通过注射无细胞的组织匀浆（从感染TSV的病死虾获得）和直接喂食被感染的死虾都可以使健康虾感染病毒。TSV在经过一次或多次冻融之后仍然具有感染性。因此，该病通过被感染的冻虾或冻虾产品贸易而在不同的地理区域间传播是有可能的。运输被感染的凡纳滨对虾的仔虾是1995年得克萨斯南部虾场TSV迅速传播的原因。

该病的暴发有以下规律：①通常在气温剧变后1~2d，特别是水温升至28℃以后易发病；②发病对虾规格在6~9cm；③发病对虾养殖时间在30~60d；④发病虾池水色浓，透明度低，仅在20cm以内，pH高于9.0，氨氮含量则在0.5mg/L以上。

桃拉病毒病主要传播途径是水平传播。大部分虾池在进水换水后发现对虾染病。同一养殖区内小规格对虾未见发病，抽地下水封闭养殖的虾池未见发病，用海水放苗后，以淡水作为养殖水源的虾池也未见发病。对虾发病后，病程极短，发病迅速，死亡率高。一般从发现病虾到对虾拒食人工饲料仅仅是5~7d时间，10d左右大部分对虾死亡。部分虾池采取积极消毒措施后转为慢性病，逐日死亡，至养成收获时成活率一般不超过20%。

【诊断方法】

(1) 临床症状观察：桃拉病毒病有三个明显不同的阶段：急性期、过渡期和慢性期，各个阶段的症状明显不同。处于急性感染期濒死的凡纳滨对虾,有大量的红色色素体出现,使感染虾全身呈暗淡的红色,而尾扇和游泳足呈明显的红色。用 10 倍放大镜仔细观察细小附肢(如末端尾肢或附肢),可以看到病灶处的上皮坏死。

(2) 组织学方法:苏木精-伊红染色,可以观察到全身体表、附肢、鳃、胃和后肠的上表皮有多处坏死。病灶中的感染细胞出现明显病变,表现为细胞的嗜酸性颗粒、细胞核固缩或核破裂增多。坏死细胞的细胞质碎片聚在急性感染的病灶处,染色后观察到呈嗜伊红到弱碱性的球状体(直径 $1\sim20\mu m$)。这些球状体同固缩的核及破裂的核一起,使急性感染期的病灶呈"胡椒粉状"或"散弹状",成为急性感染期的独特病理特征(图 8-4C、D)。

(3) 分子生物学方法:RT-PCR 扩增,详细介绍可从有关报道中获得(Nunan,1998)。

【防治方法】采用综合防治的方法。

(1) 调整虾池水质平衡及稳定,pH 维持在 8.0~8.8,氨氮 0.5mg/L 以下,透明度维持在 30~60cm。

(2) 水体消毒:每 10~15d(特别是在进水换水后)应及时用漂白粉等含氯消毒剂消毒。

(3) 底质改良:在养殖过程中,定期使用水质及底质改良剂。特别是在养殖中后期,由于排泄和残饵等废物的积累,造成了一定程度的水质污染和底质恶化,所以,此时应以水质和底质改良为主,其中以光合细菌、硝化细菌等微生态制剂的改良剂为好。

(4) 内服药物:平时饲料中添加一些维生素、大蒜泥、聚维酮碘等进行预防,发病时可以结合使用针对性较强的治疗病毒病的药物。

(5) 增强虾体免疫功能:在饲料中添加生物活性物质。

四、黄头病(Yellow head disease,YHD)

【病原】黄头病毒(Yellow head virus,YHV),属单链 RNA。电镜超薄切片观察,病毒粒子杆状(图 8-5A、B),大小为 150~200nm×40~50nm,完整的病毒粒子横切显示电子密度高的核衣壳,直径 20~30nm,被三层囊膜所包围。病毒粒子存在于病虾的细胞质中,通过宿主细胞的细胞膜出芽而释放出来。目前黄头病毒的分类地位还未确定。

【症状和病理变化】病毒感染的靶器官为虾的鳃、触角腺、造血组织、淋巴器官等。病虾发病初期摄食量增加,然后突然停止吃食,在 2~4d 内会出现临床症状并死亡。许多濒死的虾聚集在池塘角落的水面附近,其头胸甲因里面的肝胰腺发黄而变成黄色(图 8-5C),对虾体色发白,鳃棕色或变白。濒死的虾其外胚层和中胚层发源的器官会出现全身性的坏死,并形成强嗜碱性细胞质包涵体。

【流行情况】1990 年在泰国东部和中部地区首次报道了斑节对虾流行一种黄头病,使对虾的养殖遭受严重的损失。随后该病在印度、中国、马来西亚、印尼等地流行和蔓延,并与 WSSV 混合感染。黄头病主要是水平传播,另外鸟类也是传播媒介之一,鸟类(海鸥等)摄食过患黄头病的虾后,在肠道内存在这种病毒,并通过排泄而传播到邻近的池塘中去。

黄头病主要感染斑节对虾,在实验感染条件下,美洲对虾对 YHV 呈高度敏感性。斑节对虾、蓝对虾、大西洋白对虾、大西洋褐对虾、桃红对虾的仔虾,对 YHV 有较强的抵抗

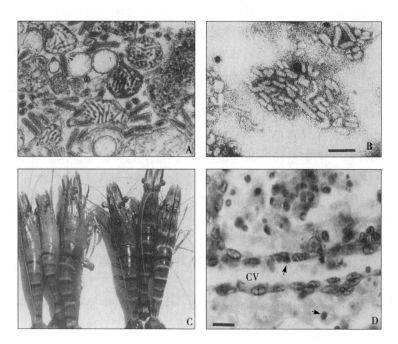

图 8-5 对虾黄头病毒病
A. 感染 YHV 的对虾淋巴细胞中有大量的杆形病毒颗粒（Kasornchandra）
B. 严重感染的红额角对虾血细胞中提取的 YHV 病毒，bar=200nm（Nunan，1998）
C. 左边三尾斑节对虾示黄头病的典型症状，右边三尾虾为健康虾（Flegel）
D. 患 YHD 的红额角对虾淋巴组织切片，箭头显示坏死细胞或坏死的淋巴器官细胞固缩核，HE 染色，bar=50μm（Nunan，1998）

性，而幼虾易被 YHV 实验感染，且发生明显的症状。根据泰国的研究报道，黄头病对养殖 50~70d 的对虾影响最为严重，感染后的 3~5d 内，对虾累积发病率高达 100%，死亡率达 80%~90%。

【诊断方法】

（1）临床症状观察法：例如斑节对虾感染 YHV 后，表现出鳃丝和头胸部肝胰腺区变成淡黄色，即"黄头"。

（2）组织学方法：取病虾鳃组织固定，苏木精-伊红染色可看到被均匀染色的球形、强嗜碱性细胞质包涵体。血淋巴涂片可观察到与病毒相关的血细胞变化如核固缩、核破裂和嗜碱性的包涵体等（图 8-5D），可作为该病的诊断依据。

（3）分子生物学方法，例如 DNA 探针、RT-PCR 和免疫诊断方法。

【防治方法】到目前为止，尚未有任何药物或化学物质能够控制这种病毒。只有用良好的管理和正确的操作来阻止这种疾病的发生和蔓延。参照对虾白斑症病毒病的预防控制措施。

五、传染性皮下和造血组织坏死病

(Infection hypodermal and hematopoietic necrosis virus disease)

【病原】传染性皮下和造血组织坏死病毒（Infection hypodermal and hematopoietic necrosis virus，IHHNV），其病原为单链 DNA 的细小核糖核酸病毒状病毒（Picorna-like virus），病毒粒子很小，直径约 20nm。但据 Lightner 等（1983），受感染组织的细胞核和细胞质中，有 3 种类型的病毒粒子：1 型最普通，平均直径 27nm，在细胞质内有小聚合体（图 8-6A）；2 型很少见，在有膜包围的包涵体中有明显的病毒粒子状的类晶体列阵，病毒粒子的平均直径为 17nm（图 8-6B、C_1、C_2）；3 型的病毒粒子不形成集合体或列阵，直径约为 20nm，往往发生在肥大的细胞核内。

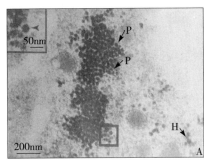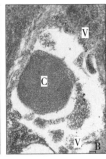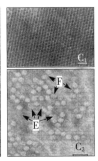

图 8-6 传染性皮下和造血组织坏死病毒的形态

A. 患急性 IHHN 病的蓝对虾的鳃中血细胞内的病毒状颗粒集合体，颗粒直径平均 27nm，轮廓呈五角形（P）或六角形（H），说明可能成为十二面体或二十面体，多数有稠密的核蛋白质，并有棘状的衣壳体外膜，方框中箭头所指为五角形病毒粒子放大图

B. 感染 IHHN 病的红额角对虾幼虾鳃的透射电镜观察，示鳃细胞中的病毒的松散集合（V）和紧密的类晶体排列（C）

C_1. 类晶体排列的 IHHNV，平均直径为 20nm

C_2. 密度梯度离心提出的病毒粒子，示完整的（F）和空的（E）衣壳，bar=50nm

(Lightner, 1983)

【症状和病理变化】急性感染的蓝对虾（*Penaeus stylirostris*），最初的症状是游泳反常，慢慢浮到水面，停止不动或漫游，腹部翻转向上，然后游泳足和步足停止活动，身体沉于水底，不食不动，过一段时间再上浮和下沉，重复上述动作。病虾一般在 4～12h 内死亡。亚急性病虾的甲壳变白或有浅黄色斑点，肌肉混浊，失去透明性。病虾一般在蜕皮期间或刚蜕皮后就死亡。幸存的虾，恢复很慢，常躺着不动，在流行病的高峰过去后几周内不能很好地摄食和生长，对不良环境的抵抗力很差，甲壳非常柔软，在身体上、鳃上和附肢上的皮下有许多黑点，不能像正常虾那样按时蜕皮，因此在体表和鳃上往往附着聚缩虫、丝状细菌或硅藻等污物。

患急性和亚急性的传染性皮下和造血组织坏死病的虾组织的细胞核肥大。核内有大而明显的嗜曙红和弗尔根阴性包涵体。来源于外胚层（表皮、角皮下组织、神经、前肠和后肠的上皮组织）和中胚层（横纹肌、大颚器官、造血组织、触角腺管上皮组织、结缔组织等）的各种组织都发生坏死或炎症。自中胚层来的中肠、中肠盲囊和肝胰脏一般不受其害，但严重病例的肝胰脏也被感染。

病虾在恢复期中，角皮下层、结缔组织和鳃中有许多黑点，包涵体存在但不普遍，在鳃和心脏等器官的吞噬细胞中有大的细胞质内包涵体，造血组织散乱但尚活泼。

【流行情况】传染性皮下和造血组织坏死病主要危害蓝对虾，能够引起严重的流行病。体重为 0.05～2g 的稚虾，在发病后 14～21d 内死亡率达 90% 以上（图 8-7A）。在较大的蓝对虾和斑节对虾的稚虾和成虾中，也都能引起严重流行病。万氏对虾和短沟对虾也可被感染,但没有发现症状和死亡。日本对虾、白对虾、褐对虾和桃红对虾的人工感染试验都已成功,但在天然条件下尚未发现此病。

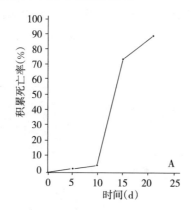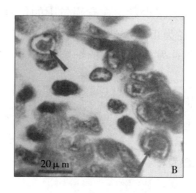

图8-7 感染传染性皮下和造血组织坏死病毒病的对虾死亡率及病虾组织切片
    A. 蓝对虾发生IHHN流行病时的积累死亡率
    B. 患IHHN的病虾造血组织典型的细胞内包涵体,HE染,×600
(Lightner,1983)

此病是幼虾和成虾的疾病,幼体和仔虾不受其害,因此,在对虾育苗场中不发生此病。

此病的分布地区很广,已发现的有美国、哥斯达黎加、洪都拉斯、牙买加、巴西、巴拿马、厄瓜多尔、菲律宾、新加坡、中国台湾省、以色列和法国等国家和地区。

【诊断方法】初诊可根据上述症状和高死亡率。但确诊必须用组织学方法检查,即取鳃、前肠、后肠、造血组织、神经等组织,用FAA液或包氏液(Bouin's solution)固定后,苏木精-曙红染色,检查显著的嗜曙红细胞,肥大的细胞核中有嗜曙红的弗尔根阴性的核内包涵体(图8-7B)。

【防治方法】预防主要是对进口的对虾加强检疫。对已染病的虾群只能销毁,并将全部养虾设施进行消毒。

治疗方法不详。

六、肝胰脏细小病毒状病毒病
(Hepatopancreatic
parvo-like virus disease)

【病原】肝胰脏细小病毒状病毒(Hepatopancreatic parvo-like virus, HPV)是一种小型的单链DNA的细小病毒(*Parvovirus*)状的病毒,病毒粒子很小,直径为22~24nm。多数为球形,少数为多角形。

【症状和病理变化】病虾无特有症状,只是食欲不振,行动不活泼,生长缓慢,体表附着物多,偶然发现尾部肌肉变白。幼虾出现这些症状后很快就死亡。有时有继发性细菌或真菌感染。

主要的病理变化是肝胰脏坏死和萎缩。肝胰管上皮细胞的细胞核过度肥大。核内有一个大而显著的包涵体。这种包涵体为嗜碱性,PAS反应阴性,弗尔根阳性,近于圆形或椭圆形,在光学显微镜下就可看到(图8-8A)。在中国对虾(*Penaeus chinensis*)仔虾的前中肠上皮细胞肥大的核中也发现有正在发育的嗜曙红的包涵体,但较为少见,没有发现充分发育的嗜碱性包涵体。正在发育的包涵体是由电子密度很细微的颗粒物质（即病毒基因基质 virogenic，stroma）和病毒粒子组成（图 8-8B、C）。

【流行情况】细小病毒状病毒病首先发现在新加坡和马来西亚养殖的墨吉对虾内，以后又发现在野生的和养殖的中国对虾、波斯湾的短沟对虾、菲律宾的斑节对虾和澳大利亚的可食对虾（*Penaeus esculentus*）。

在流行病发生后 4～8 周内，墨吉对虾的积累死亡率为 50%，短沟对虾的死亡率则高达 100%，并常发生弧菌病的继发性感染。在中国对虾上的致病性尚不十分明显。王文兴等（1985）报道了病毒和细菌混合感染造成对虾的大批死亡。此病似乎在幼虾的中期阶段引起大批死亡。受感染的种群在人为的拥挤条件下会加重病情。

【诊断方法】HPV 的组织学诊断。取病虾的肝胰脏用 FAA 液或包氏液固定，用苏木精-曙红染色，检查出明显的嗜曙红，用弗尔根染色阳性的核内包涵体，核仁被挤到一边，染色质分布在核的周边。进一步确诊须用透射电镜观察核内包涵体中的病毒粒子。

【防治方法】除一般的预防措施外，没有有效的治疗方法。

七、斑节对虾杆状病毒病

（Penaeus monodon baculovirus disease）

【病原】斑节对虾杆状病毒（*Penaeus monodon baculovirus*，MBV），是一种 A 型杆状病毒（图 8-9A）。病毒粒子具被膜。大小为（75±4）nm 宽，（324±33）nm 长。

【症状和病理变化】

严重的病虾往往嗜睡，食欲降低，体色较深，鳃和体表有固着类纤毛虫、丝状细菌、附生硅藻等生物附着。MBV 主要感染肝胰脏的腺管和中肠的上皮细胞。主要的病理变化是受感染的上皮细胞的细胞核肥大，核内有明显嗜曙红（苏木精-曙红染色）性的圆形包涵体（图 8-9B、C）。在电子显微镜下，包涵体呈类晶体结构。包涵体的形状是与 BP 的主要区别。在感染的初期，包涵体不易检查出来，但此时细胞核肥大，核内染色质减少，核仁移向细胞核的一侧。用电子显微镜检查受感染细胞的超薄切片，很容易发现 MBV 的病毒粒子。病毒粒子有的游离在细胞核

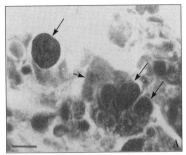
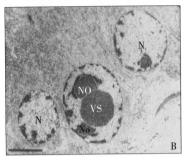
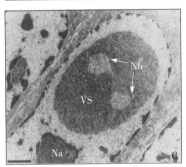

图 8-8　对虾肝胰脏细小病毒状病毒病

A. 感染 HPV 的墨吉对虾肝胰管切片，小箭头指正在发育的包涵体，大箭头指已发育成熟的包涵体，bar=10μm

B. 感染 HPV 的中国对虾肝胰脏电镜照片：N. 正常的细胞核　NO. 核仁　VS. 正在发育的病毒基因基质团，bar=3μm

C. 中国对虾肝胰脏细胞核内进一步发育的 HPV 包涵体电镜照片：VS. 膨大的病毒基因基质　Nb. 核内体　Na. 被挤到一边的核仁

（仿 Lightner 等，1985）

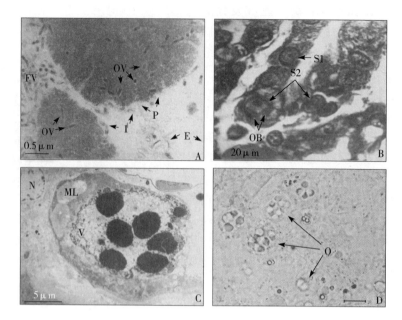

图 8-9 斑节对虾杆状病毒病

A. 一个感染 MBV 的斑节对虾的细胞核，高倍电镜放大图：FV. 游离的病毒粒子　OV. 包涵体的病毒粒子，包涵体呈类晶体结构　P. 组成包涵体的多面型亚单位，游离在核质中　E. 被膜物质　I. 未完成的病毒粒子

B. 患 MBV 病的斑节对虾的肝胰脏细胞光学显微镜照片：S1.1 期细胞　S2.2 期细胞　OB. 一个 2 期细胞内有明显的包涵体，HE 染色

C. 患 MBV 病的斑节对虾肝胰脏细胞在低倍显微镜下的照片，中部为一个受感染的细胞，胞核极度肥大，内有数个明显的包涵体和大量游离的病毒粒子（V），有膜迷路（ML），左上角为一个正常的细胞（N）

D. 患 MBV 病的斑节对虾肝胰脏湿压片，用孔雀绿染色后，显示具有大量球形包涵体（O）的细胞，bar=10μm

（Lightner，1992）

（Lightner，1983）

内，有的出现在包涵体内。

【流行情况】MBV 主要侵害斑节对虾（Penaeus monodon），墨吉对虾和短沟对虾（P. semisulcatus）也受感染。在斑节对虾生活史中的各个阶段都可受感染，但以幼虾和成虾受害最严重，死亡率最高。

MBV 病发生在我国台湾省、东南亚国家、美洲等地区。台湾饲养的斑节对虾自 1976 年后几乎每年都发生，仔虾（$P_{25} \sim P_{50}$）的感染率有时高达 100%，因此造成很大损失，使养虾业及有关产业受到严重打击。

【诊断方法】斑节对虾杆状病毒病的诊断方法有下列四种：

（1）取肝胰脏或其他病变组织用透射电镜观察到病毒粒子。这是最准确的方法，但必须具备电镜的设备和技术，诊断所费的时间也较长。

（2）病理组织切片。取肝胰脏或其他病变组织用 FAA 固定液固定 12～48h，再用 50% 酒精透洗标本，70% 酒精保存，石蜡切片 3～5μm，苏木精-曙红染色，用加拿大树胶封片后，即可在显微镜下观察组织病理变化和病毒包涵体，包涵体染成红色。

（3）肝胰脏压片法，可用以观察包涵体和肥大的细胞核。方法是将患病的活虾的肝胰脏取出，取其靠近中心部分的一点组织，个体小的虾也可取其整个肝胰脏，放在载玻片上，加盖玻片，轻压成一透明的薄层，用暗视野就可观察。如果在压片时加一滴 0.05% 的孔雀绿或曙红溶液，2~3min 后，用 400 倍显微镜就可看到包涵体被孔雀绿染成深绿色，或被曙红染成淡红色，则更容易与细胞核、核仁、脂肪颗粒等区别开（图 8-9D）。

（4）从粪便中检查包涵体。廖一久等（1989）研究用此法检查斑节对虾的杆状病毒包涵体。因为此种包涵体从肝胰脏细胞释出后经消化道随粪便排出体外，其数量较多，可从粪便中检到。其检验步骤如下：

①收集粪便：将供检的对虾用清洁海水洗净，每尾蓄养于一个已消毒的容器中，并投饵和充气，待虾排出粪便后，分别用吸管吸出，每尾虾的粪便放入 1 个试管中。

②粪便处理：将正丁醇（n-butanol）4 份、正己烷（n-hexane）1 份、蒸馏水 10 份的混合液分别加入盛有粪便的试管中，放在搅拌机上搅拌，再离心沉淀（1 500r，15min），去掉上清液，若沉淀物中粪便渣滓较多时，可再重复上述程序 1~2 次，使有机溶剂分解粪便中未消化的藻体、细胞及脂质等，杆状病毒包涵体则不被此溶剂分解。

③观察包涵体：取离心后的沉淀物，在 400 倍显微镜下，即可看到近圆球形的、无色透明的、大小为 1~8μm 的杆状病毒包涵体。如果用 0.05% 的孔雀绿或曙红染色 2~3min 后，则包涵体分别呈现深绿色或浅红色大小不一的颗粒，更容易与其他物质区别。从粪便中检查病毒包涵体的方法不伤害对虾身体，适用于对亲虾的检查。但这种方法用于一般的诊断可以，如果确诊还必须用电镜观察病毒粒子的方法。

患病毒性疾病的对虾在后期往往继发性感染细菌性疾病，例如败血病，诊断时应注意分清主次。

【防治方法】

此病没有治疗方法，预防措施是对引进的亲虾及幼体要严格检疫。已受感染的对虾要销毁。已发过病的虾池应彻底消毒。参照对虾白斑症病毒病的预防措施。

八、日本对虾中肠腺坏死杆状病毒病（Baculoviral midgut gland necrosis virus disease）

【病原】中肠腺坏死杆状病毒（Baculoviral midgut gland necrosis virus，BMNV）病的病原是一种 C 型杆状病毒。病毒粒子大小为 72nm×310nm。具双层被膜（图 8-10）。

【症状和病理变化】BMNV 主要侵害日本对虾（*Penaeus japonicus*）的仔虾。仔虾的肝胰脏白浊，即混浊不透明变白色，这是最容易看到的症状。随着病情的发展，白浊的程度越来越明显。严重受害的仔虾（长度为 6~9mm）从症状上很容易区别（图 8-11）。病虾缺乏活力，漂浮在水面。发作突然，死亡率高。病理变化是肝胰脏管上皮细胞坏死，中肠黏膜上皮也坏死。感染的上皮细胞有明显肥大的细胞核。正常的细胞核直径为 7~12nm，而受感染肥大了的细胞核直径最大可达 30nm（图 8-10E）。核的染色质靠边缘、缩小，核仁分裂。这种病毒没有包涵体。

【流行情况】该病只侵害日本对虾。在日本南部的孵化场中，每年 5~9 月常发生该病造成大批死亡。生病的仔虾主要为 P_2~P_{12}。生病时的水温为 19~29.5℃，pH 为 7.8~8.8。不患此病的仔虾死亡率一般为 30% 以下，患此病者死亡率一般为 70%~100%（Sano 等，1983）。

在巴西和夏威夷养殖的日本对虾也发生此病。

【诊断方法】初步诊断可根据病虾的外观症状，以及日本对虾的糠虾幼体特别是仔虾的突然发病和死亡率很高的情况。确诊可用病虾肝胰脏切片或压片，HE 染色后，在光学

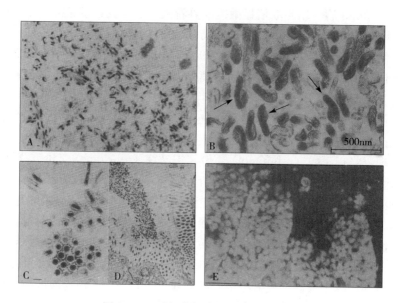

图 8-10 对虾中肠腺坏死杆状病毒病
A、B. 患中肠腺坏死杆状病毒病的日本对虾中肠腺的电镜照片，示胞核内具双层被膜的 BMNV 杆状粒子和代表病毒形成期的不完整病毒粒子
C. 病毒粒子的纵切和横切面，示双层膜和高密度的核衣壳
D. 病毒粒子从患病日本对虾中肠腺腔中释放，并伴有细胞碎片
E. 感染 BMNV 的对虾中肠腺压片的暗视野观察，示肥大的细胞核，bar=100μm
(桃山和夫，1983)

显微镜下看到肥大的细胞核而没有包涵体，或用电子显微镜观察超薄切片，看到病毒粒子。Sano 等（1984）提出用荧光抗体诊断技术，可以快速诊断，并可发现症状不明显的带病毒者。

【防治方法】治疗方法不详。预防措施主要是引进日本对虾时应严格检疫。不从 BMN 的发病地区引进对虾，同时进行病毒检疫。养虾设施在养虾以前应彻底消毒。

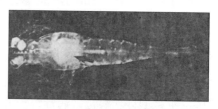

图 8-11 患中肠腺坏死杆状病毒的日本对虾仔虾
箭头指坏死变白浊的肝胰脏，bar=2mm
(Sano 等，1984)

九、罗氏沼虾肌肉白浊病（Cloudy muscle disease）

【病原】发病罗氏沼虾肌肉中发现晶格状排列无囊膜的二十面体球状病毒颗粒（图 8-12A），病毒颗粒分布在有膜包被的细胞器、髓样小体（Myelinbody）或分散在细胞浆中。

【症状和病理变化】肌肉白浊症出现在淡化后不久的育苗池或放入养殖池后，如果淡化前 1 周左右的溞状幼体出现不同程度的活力下降、摄食量减少和死亡，就可能出现肌肉白浊。起初在虾腹部肌肉任何一处先出现小点状白浊，逐渐沿着肌束扩大，后向邻近的肌束扩展，直至整个腹部。患白浊病后的虾苗活力下降，但仍能摄食、蜕壳和生长，若饲养环境较差，则容易引起继发性的细菌感染而死亡。在同一虾池中，病虾可处于不同程度的发病状态，如点状、斑状、条状、大块状以及整个肌肉白浊（图 8-12B）。由于起始白浊点的肌肉组织相对其他白浊部位病变时间长，常表现为该处白浊程度更重，外观似结节状。发病后期

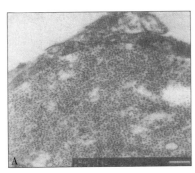 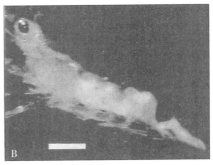

图 8-12 罗氏沼虾肌肉白浊病
A. 罗氏沼虾肌肉间隙中的病毒颗粒（钱冬，2002）
B. 罗氏沼虾幼虾腹部肌肉白浊症状，bar＝0.2cm（陆宏达，2003）

虾的腹部僵硬弯曲，不吃食，仅游泳足能摆动，但无游动能力，不久死亡。

患肌肉白浊的病虾，平滑肌纤维中出现淡蓝色的嗜碱性包涵体，分布在细胞核两端的肌浆内，其大小不等，小的只有 0.5μm 左右，大的长轴可达 9μm 以上，而使得梭形的平滑肌显著膨大。

【流行情况】发病时间一般在 3～8 月份，此时正值罗氏沼虾人工繁殖育苗期和幼虾期，肌肉白浊症状出现在刚淡化时体长 0.8cm 左右的仔虾到 3cm 左右的幼虾。刚淡化后的仔虾时期，发病死亡率很高，累积死亡率一般为 30%～70%，严重的虾池累积死亡率达 90% 以上，随着虾个体的增大，虾发病死亡率下降，3cm 以上的虾，即使有病症其死亡率也很低，且大多数虾能生长蜕壳，因此该病主要危害幼虾。2002 年在上海及周边的江、浙等地的罗氏沼虾育苗场中，有 80% 左右的育苗场出现不同程度的发病。

【诊断方法】初诊可据肌肉白浊症状，确诊用显微电镜观察病毒粒子。

【防治方法】肌肉白浊病对仔虾和幼虾的危害大于成虾，且目前无有效的治疗方法，因此应从亲虾选择、苗种培育期的严格消毒等预防着手，具体参照对虾白斑症病毒病。

十、河蟹颤抖病（Picornvirus disease）

【病原】小核糖核酸病毒科（Picornaviridae）病毒。病毒无囊膜，直径为 28～32nm，分布在细胞质内，形成包涵体（图 8-13）。

【症状和病理变化】病蟹呈昏迷状，附肢痉挛状颤抖、抽搐或僵直，活动缓慢，反应迟钝，上岸不回。病蟹环爪、倒立、拒食。伴有黑鳃、灰鳃、白鳃等鳃部症状；肌肉发红，尤以大螯、附肢中的肌肉明显；肛门有时红肿、无粪便，偶有长条状污物黏附；头胸甲下方透明肿大，充满无色液体；肝胰腺脓肿成灰白色，肝组织糜烂并发出臭味。

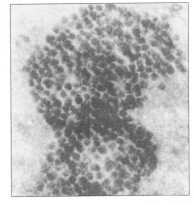

图 8-13 电镜照片示小核糖核酸病毒
（陆宏达，1999）

【流行情况】此病从幼蟹（5～10g）到成蟹（200～250g）皆有发生。发病时间 5～10 月份，而在 8～9 月夏秋高温季节发病严重，死亡率高。该病流行期间的水温为 23～33℃，而以立秋后 25～25.8℃ 水温时发病最为严重，10月以后水温降至20℃以下，该病逐渐减少。放养密度越高、规格越大、养殖期越长，患病越严重、死亡率越高。

【诊断方法】根据症状可做诊断，确诊须经电子显微镜观察到病毒粒子。

【防治方法】以预防为主，尚无有效的治疗方法。

预防措施：

（1）幼蟹养殖期慎用药物，尤其是对器官损害性大的药物应禁用。

（2）引进扣蟹时，注意检疫。

（3）保持水质清洁，经常换水。每 667m² 水面每 20d 左右泼洒 5～10kg 溶化的生石灰，使池水的 pH 稳定在 7.5～8.5 之间。

（4）发生本病后，不可盲目用药。

（5）严格饲养管理，注意水体及饵料中有毒物质的监控。

（6）饲料中添加免疫增效剂（中草药、多糖类）增强蟹体免疫力。

（7）使用抗生素或其他抗菌药物时，应首选毒副作用小的药物，以避免发生不良反应或加剧病情。

十一、蓝蟹疱疹状病毒病（Herpes-like virus disease of blue crab）

【病原】疱疹状病毒（Herpes-like virus，HLV），病毒粒子为二十面体，具有囊膜。在电子显微镜下可看到圆形的核衣壳和双层囊膜，直径约 150nm。HLV 感染蓝蟹的血细胞，在细胞核内增殖（图 8-14）。

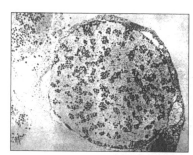
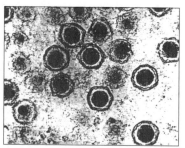

图 8-14 蓝蟹疱疹状病毒
A. 一个蓝蟹血细胞肥大并含有 HLV 粒子
B. 放大的病毒粒子具有双层膜和环形核

(Johnson, 1988)

【症状和病理变化】病蟹的血淋巴变白色，并含有无数微细颗粒。组织切片中的血细胞具有非常扩大的胞核和大而折光的胞质含物。病蟹的外骨骼正常，也能照常蜕皮，但有时呈昏迷状态，并很快死亡。

【流行情况】此病发生在美国蓄养在水槽中的蓝蟹（*Callinectes sapidus*）。引起幼蟹死亡。在成蟹中也存在这种病毒，但不呈现症状。

传播途径尚不清楚，估计是健康的蟹吞食了病蟹的蟹肉或由含有病毒的水感染。

【诊断方法】初诊可根据血淋巴及血细胞的病理变化。确诊则需用电子显微镜观察到血细胞内的病毒粒子。

【防治方法】此病主要是预防，治疗方法尚未见到报道。发现病蟹后应将同池中的蓝蟹全部处理掉,并将水槽彻底消毒和洗刷,待完全干燥以后才能再放养。

十二、蓝蟹呼肠孤病毒状病毒和弹状病毒状病毒病
(Reolike virus and rhabdolike virus "A" disease)

【病原】此病为两种细胞质病毒的协同作用。一种是呼肠孤病毒状病毒(Reolike virus, RLV),属呼肠孤病毒科(Reoviridae),另一种是弹状病毒状病毒(Rhabdolike Virus "A", RhVA),属弹状病毒科(Rhabdoviridae),因此,此病亦简称 RLV-RhVA 病。有时 1 种有时 2 种同时存在。呼肠孤病毒状病毒粒子为二十面体,直径 55~60nm,有的在类晶体列阵中;弹状病毒状病毒是小管状、杆菌形或长形并弯曲的粒子。直径为 20~30nm,长 110~600nm(图 8-15)。

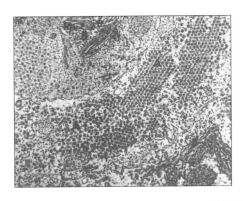

图 8-15 患 RLV-RhVA 病的蓝蟹生血细胞电镜照片示细胞质中的呼肠孤病毒状病毒的类晶体列阵和在内质网及核间隙中的管状弹状病毒状粒子

(Johnson, 1988)

【症状和病理变化】病蟹不吃食,不能蜕皮,呈昏迷状态。步足颤抖,有的步足则完全瘫痪。外骨骼上有褐色斑点。血液不能凝固。鳃往往呈红褐色。中枢神经系统有成团的坏死部分,并有血细胞侵入。用苏木精染色的组织切片,在光学显微镜下可以看到血细胞、表皮和鳃的上皮组织的细胞质中有病毒的包涵体。包涵体往往带角。

【流行情况】此病发生在蓄养的蓝蟹,一般在水槽中蓄养 9d 至 2 个月就可以出现明显症状,随后即陆续死亡。放养密度大或环境条件不适宜时死亡率大。此病的发生似乎与海水盐度的高低无关。

【诊断方法】初诊可根据症状。确诊需要电镜看到病毒粒子。

【防治方法】与疱疹状病毒病相同。

十三、细小核糖核酸病毒状病毒病
(Chesapeake Bay virus disease)

【病原】蓝蟹的细小核糖核酸病毒(Picornalike virus)因发现于美国的切撒匹克湾(Chesapeake Bay),因此简称 CBV。病毒粒子为二十面体,直径 30nm(图 8-16)。

【症状和病理变化】病蟹活动反常,游泳无定向,通常失明。病程进展缓慢,出现上述症状后一般 1 个月才死亡。鳃丝、膀胱、前肠和中肠的上皮组织、表皮以及各种神经细胞(神经胶质除外)的组织切片,在光学显微镜下可看到由具嗜碱性细胞质的肥大的细胞组成的损伤点。在电子显微镜下,可发现细胞质中有成团的病毒粒子,并往往在类晶体列阵中或沿基底膜排列。

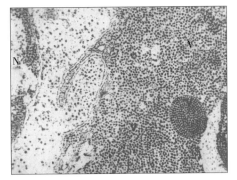

图 8-16 蓝蟹膀胱的 1 个上皮细胞胞质中的细小核糖核酸病毒状病毒电镜照片
N 为核,V 为病毒粒子

(Johnson, 1988)

【流行情况】此病仅发现在美国切撒匹克湾和马里兰的实验室水槽中。

【诊断方法】初诊可根据症状和组织病理学,确诊需要在电镜下看到病毒粒子。

【防治方法】此病没有治疗方法。预防措施是处理掉已感染的蟹群,用含氯消毒剂浸泡池塘 24h,将水排掉,彻底擦洗并冲洗数次,等完全干燥以后再加水放养。

第二节 细菌性疾病

一、红腿病(Red appendages disease)

【病原】已见报道的有副溶血弧菌(Vibrio parahaemolyticus)、鳗弧菌(V. anguilarum)、溶藻弧菌(V. alginolyticus)、气单胞菌(Aeromonas)和假单胞菌(Pseudomonas)。

鳗弧菌、副溶血弧菌、溶藻弧菌为革兰氏染色阴性杆菌,弧状、短弧状或杆状,极生单鞭毛,有动力,大小为 $0.8\sim1.3\mu m \times 1.6\sim3.0\mu m$。对 O/129 敏感,在 TCBS 培养基上生长。过氧化氢酶阳性、氧化酶阳性,葡萄糖厌氧发酵,水解淀粉,液化明胶,对 VP 反应、阿拉伯糖产酸有变化。

嗜水气单胞菌也是革兰氏阴性菌,短弧状或杆状,大小为 $0.5\sim0.7\mu m \times 0.8\sim1.5\mu m$,有动力,菌体两端钝圆,极生单鞭毛。

假单胞菌,革兰氏阴性,短杆状,两端圆形,极端 1~3 根鞭毛,有动力,无芽孢。

【症状和病理变化】主要症状是附肢变红色,特别是游泳足最为明显;头胸甲的鳃区呈淡黄色或浅红色。病虾一般在池边缓慢游动或潜伏于岸边,行动呆滞,不能控制行动方向,在水中旋转活动或上下垂直游动,停止吃食,不久便死亡。

解剖可见肠空,肝脏呈浅黄色或深褐色,肌肉无弹性;头胸甲的鳃区呈淡黄色。血淋巴边稀薄,血细胞减少,凝固缓慢或不凝固;鳃丝尖端出现空泡;心肝组织中有血细胞凝集的炎症反应。血淋巴、肝胰脏、心脏、鳃丝等器官组织内均可看到细菌。

【流行情况】全国养虾地区都有病例,发生在中国对虾、长毛对虾、斑节对虾、凡纳滨对虾上,发病率和死亡率可达 90% 以上,是对虾养成期危害较大的一种病。流行季节为 6~10 月,8~9 月最常发生,可持续到 11 月。有些虾池发病后几天之内几乎全部死亡。

越冬期的亲虾也常患此病,但一般不会发生急性大批死亡。

此病的流行与池底污染和水质不良有密切关系。

【诊断方法】一般靠外观症状就可初诊。但对虾在环境条件不利时,例如拥挤、缺氧等,附肢也会暂时变红色,但鳃区不变黄色,并且在条件改善时很快就可恢复原状,因此,确诊必须用下列方法检查血淋巴中是否有细菌存在。

(1) 在显微镜下检查到血淋巴中有细菌活动。取血时可取有外观症状与病理变化的虾,用镊子从头胸甲后缘与第一腹节的连接处刺破,再用细的橡皮头玻璃吸管插入围心腔中取血液,滴到干净的载玻片上,盖上盖玻片就可镜检。

(2) 用血清学方法,例如荧光检测技术或酶联免疫测定法检测。

【防治方法】

预防措施:秋冬季清除池底淤泥,用生石灰或漂白精、漂白粉或其他含氯消毒剂消毒;夏秋高温季节,根据底质和水质情况,每 $667m^2$ 水面可泼洒生石灰 5~15kg。

治疗方法:

(1) 氟苯尼考 0.05%～0.1%或氟哌酸 0.05%～0.1%或土霉素 0.2%混入饲料中,制成药饵,连续投喂 5d 左右。

(2) 大蒜按饲料重量的 1%～2%,去皮捣烂,加入少量清水搅匀,拌入配合饲料中,待药液完全被吸入以后,就可投喂,连喂 3～5d。

(3) 在口服上述药物的同时,用下列含氯消毒剂之一全池泼洒,以消灭池水和虾体表上的病菌,效果更好:①漂粉精 0.3～0.5mg/L;②三氯异氰尿酸(TCCA) 0.2mg/L;③漂白粉(含氯 30%以上) 1～2mg/L;④溴氯海因或二溴海因 0.3～0.5mg/L。

注意事项:

(1) 口服抗菌药物在一个疗程中,必须连续服用,不能间断。收虾前 2 周内应停止使用抗菌素,以免药物残留虾体内,影响食用者的健康。

(2) 含氯消毒剂中所含的氯很不稳定,特别是漂白粉和漂粉精,在受到光、热、潮或暴露在空气中后,氯易挥发,使药物降低疗效或完全失效。所以应密封保存于阴凉干燥处。

(3) 含氯消毒剂虽能杀灭病原菌,但对虾池中的浮游生物、底栖动物和有益的细菌也有杀害作用,并且氯能与水中的有机物质结合而失效。所以肥水池,可每天泼 1 次,连泼 2d 或隔 1～2d 泼 1 次;水色比较清瘦的池塘一般每隔 7～10d 泼 1 次。在虾池中混养贝类的池塘不宜泼洒消毒剂。

二、烂鳃病 (Gill rot disease)

【病原】已见报道的病原有弧菌(*Vibrio* spp.)、假单胞菌(*Pseudomonas* sp.)、气单胞菌(*Aeromonas* sp.)等。

【症状和病理变化】鳃丝呈灰色、肿胀、变脆,严重时鳃尖端溃烂,溃烂坏死的部分发生皱缩或脱落(图 8-17)。有的鳃丝在溃烂组织与尚未溃烂组织的交界处形成一条黑褐色的分界线。病虾浮于水面,游动缓慢,反应迟钝,厌食,最后死亡,特别在池水溶解氧不足时,病虾首先死亡。

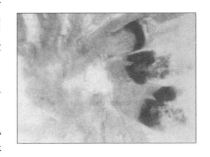

图 8-17 对虾烂鳃病

镜检溃烂处有大量的细菌游动,严重者血淋巴中也有细菌,超薄切片可见在鳃丝的几丁质和表皮层中有许多细菌,菌体周围的组织被腐蚀成空斑。

【流行情况】发生在各种养殖对虾,高温季节易发病,可引起对虾死亡。烂鳃病发病率较低,但已烂鳃的虾很少成活。

【诊断方法】剪取少量鳃丝,用镊子分散后做水浸片,在低倍显微镜下观察溃烂情况,再用高倍镜观察鳃丝内的细菌。

【防治方法】同红腿病。

三、瞎眼病 (Eye rot disease)

【病原】养成期烂眼病是由非 O1 群霍乱弧菌(*Vibrio cholerae* non-O1)引起(郑国兴,1986)。该菌特征与 O1 霍乱弧菌基本相同,但不被 O1 霍乱弧菌多价血清凝集。菌体为短杆状,弧形,$0.5\sim0.8\mu m\times1.5\sim3.0\mu m$,单个,有时数个菌体联成 S 形,极生单鞭毛,能运动,革兰氏阴性。生长的温度范围为 20～45℃,最适温度为 37℃;能在无盐蛋白胨水中生长，食盐浓度在 0.5%～2.0% 时生长最旺盛，5% 时生长缓慢，6% 以上不生长；pH 5～10 都能生长，pH8 时生长最好。由这些生长条件可看出该菌适于在低盐、高温、微碱性的水体中生长繁殖，这与该病流行的地区和季节有密切关系。

在越冬亲虾中烂眼病有两种病原，一种为细菌，一种为真菌，均未鉴定出属名和种名。

【症状和病理变化】在养成期间的烂眼病，病虾伏于水草或池边水底，有时浮于水面旋转翻滚。疾病开始时眼球肿胀，逐渐由黑变褐，以后就溃烂。溃烂一般从眼球前部开始，严重者眼球脱落，只剩下眼柄，细菌侵入血淋巴后，变为菌血症而死亡。

越冬亲虾的烂眼病，一般发生在眼球的前外侧面，病虾游动缓慢或伏于水底，摄食困难，有的双眼一齐溃烂，有的仅一边的眼睛溃烂，严重者眼球脱落。

显微镜下，眼球溃烂处的表面组织紊乱，小眼的界限不清，溃烂组织中含有大量细菌或真菌菌丝，有时真菌菌丝伸入视神经中。

【流行情况】烂眼病的分布地区很广。在养成期间几乎全国各地都有发生，发生季节为 7～10 月，但以 8 月最多，感染率一般为 30%～50%，最高的可达 90% 以上。一般是散发性死亡，死亡率不太高，但严重影响生长，病虾明显小于同期的健康虾。越冬亲虾的烂眼病同样发生在全国各越冬点，感染率达 90% 以上，死亡率为 40%～50%。

养成虾烂眼病的流行与池底没有清除淤泥或清瘀不彻底有密切关系。越冬亲虾的烂眼病除了池底污浊以外，可能与光线强，亲虾沿池边不停地游动，眼球摩擦受伤后，细菌或真菌侵入有关。

【诊断方法】肉眼观察眼球的颜色和溃烂情形，就可初诊。确诊必须刮取眼睛的溃烂组织和液体，直接在显微镜下检查，以确定病原是细菌还是真菌。

【防治方法】
预防措施：养成池在放养虾前要彻底清瘀和消毒，养成期保持水质清洁。亲虾越冬池放养虾前要彻底洗刷消毒，越冬期经常吸除池底污物，并加强换水，控制暗光以减少亲虾游动。

治疗方法：养成期的治疗与红腿病相同，但在初期可不用内服药，只泼洒含氯消毒剂。亲虾越冬期的烂眼病首先应分清病原。如果病原为细菌，全池泼洒含氯消毒剂或抗菌药 3～5d 即可，但要注意消毒剂和抗菌药物不能同时泼洒。如果病原为真菌，在亲虾越冬池中可用克霉灵 2～3mg/L 或制霉菌素 6mg/L 药浴，连用 3d。

四、甲壳溃疡病（Shell ulcer disease）

【病原】从病灶上分离出多种细菌，隶属于弧菌、假单胞菌、气单胞菌、螺菌（*Spirillum*）、黄杆菌（*Flavobacterium*）等。甲壳溃疡病的病因可能有下列 4 种：

（1）上表皮先受到机械损伤，具有分解几丁质能力的细菌再从伤口侵入，引起溃疡。这也是我国对虾在越冬期间的甲壳溃疡病发病的主要原因。

（2）先由其他细菌破坏了上表皮，然后具有分解几丁质能力的细菌再侵入。

（3）由营养不良引起的。这一点在龙虾的甲壳溃疡病中已有证明。

（4）环境中的某些化学物质例如重金属引起的。

【症状和病理变化】病虾的体表甲壳发生溃疡，形成黑褐色的凹陷，周围较浅，中部较深（图 8-18）。其黑褐色是由于虾体为了抑制细菌的侵入在伤口周围沉积黑色素形成的。溃疡多数为圆形，但也有长形或不规则形。溃疡发生的部位不固定，躯干上和附肢上都可发生，但以头胸甲和第 1～3 腹节的背面以及侧面较多。肉眼看去对虾体表有许多黑褐色点，所以也叫做黑斑病或褐斑病。越冬期的亲虾，除了体表的褐斑以外，附肢和额剑也烂断，断面也呈黑褐色。

溃疡的深度未达到表皮者，在对虾蜕皮时就随之蜕掉，在新生出的甲壳上并不留痕迹。但如果溃疡已深达表皮层之下，在蜕皮时往往在溃疡处的新壳与旧壳发生粘连，使蜕皮困难，严重者细菌侵入甲壳以下的内部组织，引起对虾死亡。

图 8-18 对虾甲壳溃疡病

【流行情况】甲壳溃疡病在我国的越冬亲虾中最为流行，危害性也较大，其诱发原因主要是亲虾在捕捞、运输、选择等操作中不慎，使虾体受伤，或在越冬期间跳跃碰撞受伤后分解几丁质的细菌或其他病菌乘机侵入，引起溃疡，因而使越冬亲虾陆续死亡，积累死亡率可高达 80% 以上。发病季节一般在越冬的中后期，即 1～3 月份。

在我国池塘养殖的对虾中甲壳溃疡病也偶有发生，但一般发病率很低，危害性不大。不过在天津地区的养虾场，曾有较多的对虾发生过褐斑病。一般发生于 8 月份。

【诊断方法】一般根据外观症状就可初诊，但要注意与维生素 C 缺乏病的区别。维生素 C 缺乏病的症状是黑斑位于甲壳之下，甲壳表面光滑，并不溃烂。要确诊还需要用镊子刮取黑斑处的物质做成水浸片在显微镜下检查。

【防治方法】
预防措施：养成期甲壳溃疡病的预防，主要是饲料营养齐全，水质不受重金属离子污染，池水定期用含氯消毒剂消毒。越冬亲虾的预防，主要是操作过程中严防亲虾受伤。

治疗方法：在养成池中甲壳溃疡病的治疗可用治疗红腿病的方法治疗，越冬亲虾的治疗可采取下列方法：

(1) 福尔马林全池泼洒，浓度为 20～25mg/L。泼一次或隔 1～2d 再泼一次。

(2) 土霉素 2.5mg/L 的浓度，每隔 24h 泼一次，连续泼洒 5～7 次。

(3) 在用 (1) 法或 (2) 法的同时，将土霉素混入饲料中投喂，每千克饲料加 0.5～1g 药物。日投饲量为虾体重的 10%，连续投喂 1～2 周。

五、气单胞菌病（Aeromonasis）

【病原】病原为嗜水气单胞菌（*Aeromonas hydrophila*）、豚鼠气单胞菌（*A. caviae*）和索布雷气单胞菌（*A. sobria*）。菌体都是短杆状、极生单鞭毛、无荚膜、无芽孢，不抗酸，活泼。菌体大小：嗜水气单胞菌为 $0.8～1.2\mu m \times 0.5～0.8\mu m$；豚鼠气单胞菌为 $1.0～1.6\mu m \times 0.5～0.8\mu m$；索布雷气单胞菌为 $0.3～1.0\mu m \times 1.0～3.5\mu m$。其主要生理生化特性为：革兰氏染色阴性，兼性厌氧，氧化酶、接触酶阳性，发酵葡萄糖、麦芽糖、蔗糖、甘露糖等产酸但不产气，不发酵肌醇、木糖、阿拉伯糖、山梨糖、水杨醇等，精氨酸水解酶阳性，赖氨酸脱羧酶阳性，鸟氨酸脱羧酶阴性，对 O/129 不敏感，不能在 TCBS 上生长，可在不含盐培养基上生长，具有淀粉酶、脂肪酶。可还原硝酸盐为亚硝酸盐，脲酶阴性。生长盐度范围为 0～100，最适为 15～25；pH 适应范围 5.5～10，最适为 7.8～8.5；温度适应范围为 5～40℃，最适为 22～25℃。

【症状和病理变化】 病虾体色变暗，鳃区发黄，绝大多数病虾体表和附肢有损伤。体表、鳃和附肢都有污物、聚缩虫、硅藻等。部分鳃丝末端溃烂。血淋巴为灰白色、混浊，凝固性差甚至不凝固，血细胞明显减少，血液内有细菌。肝胰脏有萎缩现象。消化道内无食物，但有较多的细菌。最显著的病理变化是在病虾的淋巴器官中出现结构不同的黑色结节（或称为多发性肉芽肿）。大多数黑色结节的中心是细菌，细菌周围是一圈黑色素带，外围有多层细胞包围。在心脏肌、肠壁组织和鳃丝内也有这样的结节。肝胰脏中没有发现黑色结节，但感染严重的病虾肝胰脏呈失血性萎缩，大部分上皮细胞的胞核消失而呈现空泡样变性。

【流行情况】 1990 年 10～12 月山东莱州市的越冬亲虾，陆续发病死亡，研究结果表明是索布雷气单胞菌引起的疾病。其他地方的越冬亲虾和养殖亲虾也常有类似症状与病理变化的疾病发生。1992 年 7 月上旬在青岛市黄岛区养殖的中国对虾，体长 8～11mm，曾发生嗜水气单胞菌与豚鼠气单胞菌引起的败血病，短期内引起大批死亡。

嗜水气单胞菌与豚鼠气单胞菌在海水中及养殖底泥中普遍存在。疾病的发生与池塘的环境条件及对虾体质有关。6～7 月份北方少雨，养殖水体盐度升高，适于此两种菌的繁殖，使池水中含菌量增加。在高盐条件下，虾体质减弱，鳃易受损伤，虾易被感染，部分死虾被健康虾摄食，细菌在对虾间迅速传播。

【诊断方法】 根据病虾外观症状及从围心窦中吸取血淋巴镜检发现有细菌游动就可初诊。此病外观症状与红腿病相近，但游泳足的红色不明显。确诊必须做病原菌的分离、培养和鉴定。

【防治方法】 可采用红腿病的防治方法。以含氯消毒剂与抗生素药饵治疗该败血病时，应考虑到病虾已受损伤，而有机氯对虾鳃丝有一定损害作用，浓度较高的药量易加速病虾的死亡。应根据池塘水质条件，应用低浓度的含氯消毒剂。

六、幼体弧菌病（Vibriosis of larvae）

【病原】 从患病幼体分离出的弧菌有：鳗弧菌（*Vibrio anguillarum*）、海弧菌（*V. pelagius*）、溶藻酸弧菌（*V. alginolyticus*）和副溶血弧菌（*V. parahaemolyticus*）。除了弧菌以外，还有假单胞菌（*Pseudomonas* sp.）和气单胞菌（*Aeromonas* sp.）。因为最为常见的是弧菌，所以统称为弧菌病。因病菌主要发现在血淋巴内，所以也叫做菌血病。上述各种病菌引起的症状、危害情况和防治方法等基本相同。

【症状和病理变化】 患病幼体游动不活泼，趋光性差，病情严重者在静水中下沉于水底，不久就死亡。有些病情进展缓慢的幼体，在体表和附肢上往往黏附许多单细胞藻类、原生动物和有机碎屑等污物（图 8-19）。但是在急性感染中，体表一般没有污物附着，并且有污物附着不一定就是弧菌病。必须按下列方法进行诊断。

【流行情况】 对虾幼体的弧菌病是世界性的，我国沿海各地的对虾育苗场，无论哪种对虾的幼体从无节幼体到仔虾都经常发生弧菌病的流行病，但以溞状幼体Ⅱ期以后发病率最高，这是因为从溞状幼体Ⅱ期开始投喂人工饲料，残饵污染水体，滋生细菌所致。完全投喂活饵料的育苗池则发病率明显降低或不发病。

图 8-19 患弧菌病的对虾溞状幼体附肢上附着的污物

对虾幼体的弧菌病一般是急性型的，发现疾病后1～2d内就可使几百万的幼体死亡，甚至使全池幼体死亡，造成重大经济损失。

【诊断方法】诊断时取游动不活泼或下沉水底的幼体置于载玻片上，加1滴清洁海水和盖玻片，在400倍显微镜下，就可看到细菌在幼体体内各组织间的血淋巴中活泼游动，在身体比较透明的地方最容易看到。在糠虾幼体和仔虾阶段，幼体较大，透明度差，有时需要轻压盖玻片，甚至将幼体压破后才能看到细菌。

有时在患病后下沉的幼体中寄生有许多纤毛虫。这是幼体的活动能力降低后，纤毛虫才钻入体内的，不是原发性病原。

【防治方法】
预防措施：

（1）育苗池在放卵以前应充分洗刷干净并用药物彻底消毒，特别是曾经发生过弧菌病的池塘更应严格消毒。消毒药物可用浓的高锰酸钾溶液或漂白粉溶液。

（2）育苗用水最好经过砂滤，保持水质清洁，并在池水中接种有益的单细胞藻类，例如金藻和角毛藻等。

（3）不要产卵和育苗在同一池塘中，以免亲虾将病原体带入育苗池，以及卵液污染水质。

（4）放养密度不要太大。

（5）应每天换水，特别在开始投喂人工饵料以后，更应加强换水，保持水质清洁。

（6）投饵要适量，将每天的投饵量分为多次（一般为8次）投喂，防止过多的剩饵沉于水底，腐烂分解，污染水质，滋生细菌。

（7）每天早、午、晚各到池塘观察一次幼体活动情况、吃食和发育情况。一般先将幼体舀在烧杯内肉眼观察即可，如果发现游泳不活泼，有下沉现象，或体表有污物时，应立即用显微镜检查。

（8）在流行病的高峰时期可适当用药物进行预防。但要防止滥用药物或施药的时间、剂量和方法不当，引起病菌的抗药性。

（9）发病池塘所使用的工具，最好应专用。如果不能专用时，则必须先消毒以后再用于其他池塘。

（10）病后幸存的幼体如果数量不多，宁可放弃，也不要合并到其他池内，除非两池的幼体是患同一种病。

治疗方法：关键是早发现，早治疗。

（1）可用抗生素按照使用说明全池泼洒。用药方法是先换水1/4～1/2，然后将所需药物加水搅拌后，均匀泼洒全池，隔24h后再换水，再泼药，这样连泼3次一般就可治愈，如果尚未痊愈时，可再泼1～3次。

（2）病情较重者，特别是对虾幼体消化道内有大量细菌时，应在全池泼药的同时将药物混合于饵料中投喂。每千克鸡蛋拌土霉素0.5～1g，混合均匀，蒸成蛋糕投喂，连喂3d。也可用氟哌酸按0.05%～0.1%的比例或用复方新诺明按0.1%～0.2%的比例混入饲料中投喂。

（3）把丁香、金银花等中药粉碎至100目，使用前开水浸泡，并加适量黏合剂，按比例喷洒于对虾颗粒饵料上。用于预防弧菌病，可明显提高对虾机体的免疫水平。

七、幼体肠道细菌病 (Bacterial intestine disease of larvae)

【病原】病原为一种革兰氏阳性杆菌,无鞭毛,不能动。分类地位尚未确定。

【症状和病理变化】患病幼体游动缓慢,趋光性差,严重者下沉水底。从外观症状看与弧菌病相同。在低倍显微镜下检查,可见幼体胃部有成团的淡黄色菌落;在高倍显微镜下可见细菌排列整齐、不动,菌落外有薄膜包围,以后菌落逐渐增大,伸展至肠内;将其压破后细菌成片,但不散开。在疾病的后期可看到幼体的体表有污物附着,中肠内或组织中有时有细菌游动(图8-20),这些游动的细菌估计是继发性感染的其他细菌。糠虾幼体患病后还往往在中肠后部有积食。

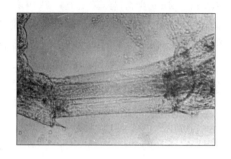

图8-20 对虾幼体肠道细菌病

【流行情况】此病发生在个别对虾育苗场中的中国对虾的幼体上,但发病率和死亡率都很高,一个育苗池的幼体在发病后2~3d内的死亡率可高达95%以上。一般从溞状幼体Ⅲ期开始发病,到糠虾幼体Ⅲ期时,大部分幼体死亡。少数幸存者变为仔虾后才治愈。但也有从溞状幼体Ⅱ期就开始发病,也有的拖延到仔虾后仍陆续死亡。

【诊断方法】将患病幼体做成水浸片进行镜检。疾病初期,在低倍镜下可发现在幼体的胃部有成团的淡黄色菌落,在高倍镜下可看到菌落内排列整齐、不动的细菌,菌落的外围有一层薄膜。以后随着病情的发展,菌落逐渐增大,伸至中肠内。将幼体压破后,菌落也不散开,相连成片状。

【防治方法】

预防措施:育苗池及一切育苗设施和工具均应彻底消毒,蓄水池中的水可用0.8mg/L的漂粉精消毒。发病池中所有工具最好单独使用,不要与其他池混用,必须混用时可用10mg/L的漂粉精溶液浸泡10min后,才能用于其他池塘。

治疗方法:此菌对一般抗生素的抵抗力很强,使用下列药物比较有效,但也很难治愈。

(1) 氟苯尼考全池泼洒,使池水成0.5~1mg/L浓度,每24h泼一次,连泼3次。同时按0.05%的比例混入鸡蛋中做成诱饵,连续投喂3d。

(2) 吡哌酸加水溶解后全池泼洒,使池水成1mg/L浓度,每24h泼一次,连泼3次。同时按0.05%的比例加在鸡蛋中做成诱饵,连续投喂3d。

(3) 青霉素和链霉素合剂,各占50%,加水溶解,2~3mg/L全池泼洒,每12h泼一次,连泼3~5d。同时在每千克鸡蛋中加吡哌酸0.05%~0.1%,做成蛋糕投喂,连喂3~5d。此法在发病的初期使用效果明显,但到后期效果不显著,可能与细菌对青霉素和链霉素容易产生抗药性有关系。

八、荧光病 (Fluorescent disease)

【病原】弧菌。有报道为哈维氏弧菌(*Vibrio harveyi*),革兰氏阴性杆菌,菌体为短杆状,略为弯曲,极生单鞭毛运动,不发光,氧化酶阳性,发酵葡萄糖产酸,TCBS平板上生长呈蓝绿色。

【症状和病理变化】发病初期幼体活动能力下降,游于水的中下层,糠虾及仔虾弹跳无力，趋光性差或呈负的趋向性，摄食减少或不摄食；身体发白，尤其是头胸部呈乳白色；濒死或死亡的幼体在夜间或黑暗处会发荧光，荧光的亮度随发病的程度及幼体大小而不同，发病早期看不到荧光，当幼体处于濒死状态，即可见发微弱的荧光，幼体死亡后发荧光最强，可持续十多个小时，直到尸体分解后才看不到荧光。成体发病先是在鳃头胸部、腹部的腹面发荧光，严重时全身均发荧光；病虾的触须断，摄食减少或停止，缓慢游于水面池边，反应迟钝。镜检可见体内充满细菌。

夜间可见病虾身体发出光亮。晚上熄灯观察，宛若流星遍地。在明光下，可见发光幼体附肢已部分或全部发白，摄食减少，活力减弱，行为异常，继而伏底或侧卧，无抗逆流能力，随波逐流，最后虾体频频抽动，沉底死亡。

将发光物在显微镜下检查时，多为濒临死亡的仔虾。是病虾本身发光（无论在水中或离开水都一样），在病虾上找不到夜光虫。可发现在幼体头胸甲下、鳃部、肝胰腺、消化道乃至肌肉有大量的细菌在活动。成虾在黑暗中可见局部或全身发光，肌肉发白，镜检发光部位可见大量细菌。

【流行情况】自1986年以来，我国南方沿海的许多对虾育苗场几乎年年发生。几天内能使池虾死亡80%～90%，甚至全部死亡。该病发病急，传播快，致死率极高，防治十分困难，特别是对虾幼体发光病，是危害较大的暴发性流行病。感染严重时，仔虾尸体、丰年虫或仔虾都会发光。在3～5d内死亡率可达100%，给育苗场造成重大的经济损失。

幼体发病多在5～7月，尤以5～6月雨季为发病高峰期，因雨后陆地上大量有机物冲入海中，当天晴时水温突然升高至28～30℃，海水中大量有机物有利于病原菌繁殖，感染幼体引起发病；此外幼体密度大，附肢残缺、畸形体弱的容易发病。死亡的幼体除少数发现有少量丝状细菌、钟虫及聚缩虫外，没有其他寄生物。成虾发病多在养成中、后期，池中有机质多的7～9月高温季节，少数在10月份仍可发现有病虾，成虾发病率较低，且多为慢性型，当与红腿病、丝状细菌、累枝虫、壳吸管虫等病并发时，则加重病情，增大死亡率。

泰国、菲律宾、印度尼西亚、印度、我国台湾等国和地区也经常发生此病。

【诊断方法】间接ELISA技术检测。

【防治方法】同对虾幼体菌血病。可用二氧化氯1.0～1.5mg/L或福尔马林25mg/L泼洒。

九、丝状细菌病 (Filamentous bacterial disease)

【病原】丝状细菌最常见的为毛霉亮发菌（*Leucothrix mucor*），此外还有发硫菌（*Thiothrix* sp.）。

亮发菌属目前仅报道了这一种。菌体头发状，不分枝，基部略粗，尖端稍细，一般基部直径为$2.5\mu m$，尖端为$1.5\sim 2\mu m$；长度在各菌丝中相差悬殊，从几微米一直到$500\mu m$以上；菌丝一般透明无色，但有时发现菌体内呈颗粒状，这可能是较老的菌丝。丝状细菌的繁殖方法是产生分生孢子（conidium），在较老的菌丝上，特别是在近尖端部分，生出许多横隔，横隔逐渐收缩，两隔间就成为一个分生孢子。分生孢子形成后，可以单个地离开菌丝，也可以几个分生孢子成为链状一同离开菌丝，分生孢子散入水中，遇到适宜的基物时，例如水生甲壳类的身体、幼体和卵等，就附着上去，发育成为新菌丝。

菌丝基部的附着处并无根状构造，但有黏液样物质介于菌丝和附着基物之间。这些物质被认为是细菌本身分泌的。

在固体培养基上培养的菌落非常特殊，菌丝弯曲呈指纹状，老的菌丝顶部形成许多分生孢子。分生孢子排列成链状，不能动。

在液体培养基上，菌丝从液面下垂或附着在培养器的壁上，往往由许多长短不一的菌丝向四周伸出呈放射状。脱离菌丝的分生孢子在液体中能够滑行运动。

分离毛霉亮发菌最常用的培养基是普灵什姆（Pringsheim）培养基。该培养基有液体和固体两型。液体培养基的配方为：胰蛋白胨 0.4g，牛肉膏 0.2g，醋酸钠 0.2g，海水 1 000 mL，pH8.0～8.3；固体培养基为上述配方加 2% 的琼脂即成。也可用含营养成分较高的培养基。培养基组成为：胰蛋白胨 1g，酵母膏 1g，琼脂 15g，蒸馏水 500mL。分离时将附有菌丝的对虾鳃丝放在培养基上，最初只有杂菌生长，约 2 周以后丝状细菌才长出（Harold 等）。

毛霉亮发菌是革兰氏染色阴性菌，绝对需氧，最适生长温度为 25℃ 左右，能忍受的最高温度为 30～35℃，0℃ 时只能生存 1～2 周。但有些生长在热带的菌株，则适温范围很窄，在 15℃ 以下就不能生长。此菌必须在有氯化钠的水中才能生长，氯化钠的最适浓度为 1.6%，但在 2.0%～3.5% 时仍可生长。

发硫菌的外形和繁殖方法与亮发菌很相似，但在菌丝细胞质内有许多含硫颗粒。菌丝有横隔，菌丝外有一层纤维质鞘。它是一种专性化能营养生物，所需的能量是来自 H_2S 的氧化，因此，它的生长发育是依存于 CO_2、O_2 和 H_2S，所以作人工纯培养时很难成功。

【症状和病理变化】丝状细菌附着在对虾的卵、各期幼体、成虾的鳃和体表各处（图 8-21）。它仅以宿主作为生活基地，用黏液样物质黏附在宿主上，并不侵入宿主组织，不会从虾体上吸取营养成分，也未看到宿主组织对丝状细菌的附着有明显的反应，因此不属于寄生物，应属于体表附着物（epibiont）或外共栖生物（ectocommensal）。但是有人认为亮发菌内有一种内毒素，属于多脂糖（lipopolysaccharide）类，可能对虾体有毒害作用。附着在对虾鳃上时对虾的危害性最大，往往附生的数量很多，成丛的菌丝，布满鳃

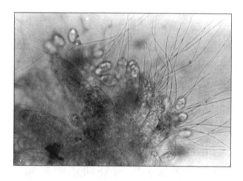

图 8-21　对虾鳃上的丝状细菌卵圆形的为固着类纤毛虫

丝表面，菌丝之间还往往黏附着许多原生动物、单细胞藻类、有机物碎屑或其他污物，因而使鳃的外观呈黑色。但在显微镜下检查时鳃丝组织一般并不变黑，仅有少数病例鳃丝内部有棕色点。鳃丝外观的黑色是菌丝间的黏附物造成的。这些菌丝和黏附的污物阻碍了水在鳃丝间的流通，隔绝了鳃丝与水的接触，妨碍了呼吸，并且细菌和污物也消耗氧，这是引起对虾死亡的主要原因。另外，在体表和鳃上附着丝状细菌数量很多的虾往往蜕皮困难，引起死亡。这可能是因为丝状细菌对于蜕皮有机械的阻碍，并且对虾在蜕皮时需氧比平时多，细菌阻碍了氧的供应所致。

卵膜表面上有丝状细菌附着时，卵一般停止发育而死。幼体上附着数量很多时，往往游泳迟缓甚至沉于水底，停止发育，蜕皮困难，最后死亡。但是现在在对虾的工厂化育苗中，虾卵和幼体上大量发生丝状细菌的情况较为少见。

【流行情况】丝状细菌不仅着生在各种对虾及其各个生活时期，而且在海水鱼类的卵上，其他虾、蟹等多种海产甲壳类的各个生活阶段以及海藻上都可发现。分布的地区几乎是世界

性的。在我国广西的长毛对虾、广东的墨吉对虾以及沿海各省市的中国对虾上都已发现，可见全国养虾地区无处不有，并且有些地方也引起了对虾的死亡。

丝状细菌的发生与养虾池中的水质和底质有密切关系。池水和底泥中含有机质多时最易发生。因此，丝状细菌也可作为水环境污染的指标之一。

丝状细菌往往与钟虫、聚缩虫等固着类纤毛虫和壳吸管虫、莲蓬虫等吸管虫类同时存在，这就更加重了它的危害性。

丝状细菌的发生没有明显的季节性，从春季对虾产卵时开始，一直到秋末冬初对虾收获时止都可发生，但主要发生在8~9月的高温季节。

【诊断方法】虾卵和幼体患病时将其整体做成水浸片在显微镜下镜检。养成期的虾和越冬亲虾患丝状细菌病时，主要剪取一部分病虾鳃丝做成水浸片镜检。丝状细菌的菌体较大，一般在低倍镜下就可看到，但要确诊必须在高倍镜下仔细观察菌丝的构造。

【防治方法】
预防措施：主要是保持水质和底质清洁，即在放养以前要彻底清除池底淤泥并消毒，在养殖期间要饲料营养丰富，投饵适当，促使对虾正常蜕皮和生长，蜕皮时丝状细菌就可随着老的甲壳一起蜕掉。另外，放养密度且勿过大，要经常换水。

治疗方法：

(1) 对虾幼体丝状细菌病的治疗，在药物的有效浓度下，幼体一般忍受不了，所以最好的方法是大量换水，并多喂适口饲料，促使病虾尽快生长蜕皮。全池泼洒漂粉精 0.5mg/L 浓度，或高锰酸钾 0.5~0.7mg/L，有一定疗效。

(2) 养成期的丝状细菌病治疗方法：①全池泼洒茶籽饼使池水成 10~15mg/L 浓度，促使对虾蜕皮。蜕皮后要大量换水。②全池泼洒高锰酸钾 5mg/L 浓度，6h 后大量换水。

据 Lightner（1988），美国用艾夸特灵（Aquatrine），一种螯合铜除藻剂，在水槽和水道中使用 0.1mg/LCu，24h 流水药浴，或 0.2~0.5mg/LCu，4~6h 静水治疗。Egusa 用 1mg/L 氯化铜对控制丝状细菌也有效。

注意：不能用促蜕皮的方法治疗封闭式纳精囊亲虾的丝状细菌病。

第三节 真菌性疾病

对虾的真菌病以卵和幼体的真菌病危害最大，其次为越冬期亲虾的真菌病，在养成期间我国很少发现真菌性虾病。

真菌的菌丝都比较粗大，在显微镜下一般都容易看到。真菌的分类主要根据有性生殖或无性生殖的特性。

一、对虾卵和幼体的真菌病（Mycosis of shrimp egg and larvae）

【病原】病原属于真菌门（Eumycophyta），卵菌纲（Oomycetes），链壶菌目（Lagenidiales），链壶菌科（Lagenidaiaceae）中的链壶菌属（$Lagenidium$）；离壶菌科（Sirolpidiaceae）中的离壶菌属（$Sirolpidium$）及水霉目（Saprolegniales），海壶菌科（Haliphthoraceae）中的海壶菌属（$Haliphthoros$）。这三属的病原都寄生在对虾的卵或幼体内，但在稚虾以至成虾上均未发现。

链壶菌的菌丝有不规则的分枝，不分隔，有许多弯曲，直径 7.5~40μm。菌丝吸收虾体营养,发育很快,不久就可充满宿主体内。到宿主中的营养物质被吸收殆尽时,靠近宿主体表的菌丝就形成游动孢子囊的原基,有隔膜与菌丝的其他部分分开,并生出一条排放管(discharge tube),排放管穿过宿主体表伸向体外。排放管长 37~500μm,直径为 4~10μm,顶端形成一个直径为 22.5~72.5μm、球形的顶囊(vesicle)。游动孢子囊原基中的原生质通过排放管流到顶囊中,在顶囊中形成许多游动孢子,并在其中剧烈游动,最后把顶囊壁冲破,逸到水中。游动孢子肾脏形,$8.7\mu m \times 12\mu m$,从侧面凹中生出两条鞭毛。游动孢子在水中游动片刻后,即附着到对虾卵或幼体上,停止活动,失去鞭毛,生出被膜,成为休眠孢子。休眠孢子经过短时间的休眠后,即向宿主体内萌发成为发芽管,管的末端变粗,伸长后即成为菌丝(图 8-22)。

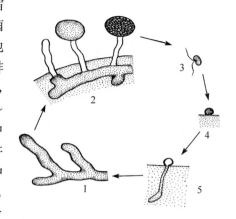

图 8-22 链壶菌生活史示意图
1. 菌丝 2. 从一部分菌丝上生出排放管,并在管端形成顶囊
3. 从顶囊中放出的游动孢子 4. 休眠孢子
5. 休眠孢子萌发成菌丝,伸入宿主组织内

像链壶菌这样,菌丝的任何部分都可形成游动孢子囊的,叫做整体产果;整个生活史中只有一次形成游动孢子的,叫做单游性。

离壶菌与链壶菌的主要区别在于游动孢子在于游动孢子囊内已充分形成,然后通过排放管,从管端的开孔放出于宿主体外,不形成顶囊(图 8-23A)。

海壶菌游动孢子的形成和放出与离壶菌相同,但游动孢子为多游性,即第一休眠孢子再生成第二游动孢子及第二休眠孢子,第二休眠孢子再生成第三、甚至第四游动孢子和休眠孢子。最后一次休眠孢子向宿主体内长出很细的发芽管,在发芽管的末端膨大成为菌丝体。菌丝的形态与链壶菌相似,但较老的菌丝由于细胞质浓缩而变为许多段,每段具有浓密的细胞质,大小和形状不一致,球形、长形或管形,往往有隆突,各段相连成念珠状,每段都可形成游动孢子囊(图 8-23B)。

【症状和病理变化】链壶菌、离壶菌和海壶菌都可寄生在虾卵和各期幼体内,但未曾在成虾上发现。这三个属所引起的症状和病理变化基本相同。受感染的对虾幼体,开始时游泳不活泼,以后下沉于水底,不动,仅附肢或消化道偶尔动一下。受感染的卵很快就停止发育。一般在发现疾病后 24h 以内,卵和幼体就大批死亡,并在已死的宿主体内充满了菌丝(图 8-23C、D)。

【流行情况】链壶菌、离壶菌和海壶菌在世界上的分布地区和宿主范围都很广,进行腐生生活。因此,几乎世界各地养殖的各种虾、蟹类和其他甲壳类的卵和幼体上都可发现。但成体只能是带菌者,可将真菌传播给其卵和幼体,成体本身不会发病,即菌丝不能生长在成体的内部。

对虾的卵和各期幼体都可被感染,但最容易受害的是溞状幼体和糠虾幼体,感染率高达 100%,受感染的卵和幼体都不能存活。在育苗池中发生疾病后如果不及时治疗,在 24~72h 内,可使全池幼体死亡。此病从育苗期间的发病率、感染率和死亡率总的看来,其危害性仅次于对虾幼体的弧菌病(菌血病)。

【诊断方法】将卵或游动不活泼的幼体做成水浸片,用显微镜检查,很容易看到菌丝,特别在头胸甲的边缘和附肢等比较透明的地方最容易观察到。但在糠虾幼体期和仔虾期,因

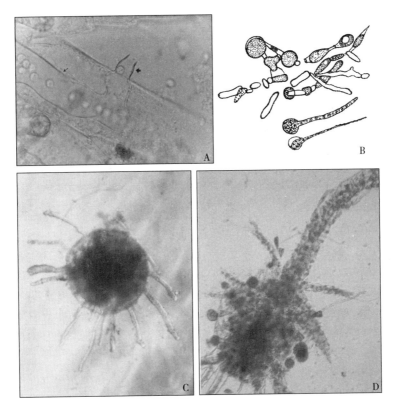

图 8-23 对虾卵和幼体的真菌病

A. 对虾溞状幼体内的离壶菌菌丝及其伸出体外的排放管，大箭头指排放管；小箭头指菌丝；菌丝内有许多圆球形游动孢子

B. 海壶菌的菌丝细胞质缩缢成许多段和由此形成的游动孢子囊和排放管（Hatai, 1980）

C. 感染真菌的对虾卵

D. 感染真菌中国对虾溞状幼体

为虾体变大变厚，特别在头胸部的中部透明度很小，必须轻压盖玻片，使标本压薄，然后仔细观察。如果要鉴定真菌的属名和种名，必须用显微镜观察孢子的形成方法和排放管的形态。检查时可以取患病的幼体直接观察，也可以将患病幼体直接放入 PYG 培养基（胰蛋白胨 5g，酵母粉 2.5g，葡萄糖 1g，海水 1 000mL，调整 pH 为 7.0，另外，每毫升培养基加青霉素 500U、链霉素 500μg，以抑制细菌的繁殖）或其他类似的真菌培养基中在 25℃ 下培养。将培养基放入培养皿中比在试管中容易培养，这可能与培养皿中氧气充足有关。这些培养物在培养基上，一般不形成排放管和游动孢子，只长菌丝。将培养的菌丝移入无菌海水（过滤或煮沸后冷却）中，过些时间后就可形成游动孢子和排放管。如果直接镜检带菌的幼体，对未形成游动孢子和排放管者，也可以采用此法处理。

【防治方法】

预防措施：

（1）育苗前池塘应彻底消毒，特别是已经发生过真菌病的育苗池，再次使用前更应严格消毒。

（2）产卵亲虾在产卵前先用亚甲基蓝 2～3mg/L 浓度浸洗 24h。

（3）进入育苗池的水应先进行砂滤。

（4）发病池塘使用过的工具必须消毒以后才能再用于其他池塘。

治疗方法：

(1) 用制霉菌素 60mg/L 浓度全池泼洒。

(2) 据 Lightner (1988)，用 0.01～0.1mg/L 浓度的氟乐灵（Treflan，Trifuralin）全池泼洒有效。

注意事项：氟乐灵是一种除草剂，为橙黄色结晶，不溶于水，必须先溶于丙酮，然后加水稀释后再使用。市售商品也有溶解的液体。

二、镰刀菌病（Fusariumsis）

【病原】镰刀菌（*Fusarium*）属于真菌界（Myceteae）、无鞭毛门（Amastigomycota）、半知菌亚门（Deuteromycotina）、半知菌纲（Deuteromycete）、丛梗孢目（Moniliales）、瘤座孢科（Tuberculariaceae）。

镰刀菌的菌丝呈分枝状，有分隔。生殖方法是形成大分生孢子（macroconidia）、小分生孢子（microconidia）和厚膜孢子（chlamydospore）。其最主要的特征是大分生孢子呈镰刀形，有 1～7 个隔壁。小分生孢子为椭圆形或圆形。厚膜孢子只在条件不良时产生，常出现在菌丝中间或大分生孢子的一端，圆形或长圆形，有时 4～5 个连在一起。大、小分生孢子和厚膜孢子在条件适宜时均能发芽并发育成为新菌丝体。镰刀菌的有性生殖尚未发现。

在中国对虾上已鉴定出 4 种镰刀菌：禾谷镰刀菌（*F. graminearum*）、三线镰刀菌（*F. tricintum*）、腐皮镰刀菌（*F. solani*）、尖孢镰刀菌（*F. oxysporum*）。其形态特性见图 8-24A、B、C、D、E。

镰刀菌属包括的种很多，同一种的形态变异较大，所以分类鉴定比较困难，应当非常慎重。镰刀菌的分离培养是将病灶处的组织碎片接种在真菌培养琼脂上，在 25～28℃下培养，一般在 24h 后开始生长。最初形成的菌落为白色棉花状，两三天后菌落的中心出现色素。菌落表面有许多水滴，镜检这些水滴中可看到许多分生孢子。培养 1d 后可产生小分生孢子，2～3d 后可产生大分生孢子。长时间培养或环境条件不良时（例如温度低或培养基干燥）会产生厚膜孢子（图 8-24F）。

分生孢子对环境的适应性很强。以禾谷镰刀菌为例。pH 低于 3 高于 12 时，分生孢子不能生活；pH4 和 11 时，分生孢子能萌发出菌丝，但生长很差，不能产生分生孢子；pH 5～10 时镰刀菌能很好地生长和繁殖。镰刀菌对 NaCl 含量的适应范围很广，含量在 0～10% 的范围中都可生长，以 0～5% 生长最好，可产生大量分生孢子；6%～7% 能生长，但产生分生孢子很少；8%～10% 时，分生孢子仅能萌发出菌丝，但不产生分生孢子。分生孢子在海水中温度为 -5℃ 时可存活 150d；25℃ 时可存活 300d；35℃ 可存活 180d；5℃ 和 10℃ 时 450d 后尚存活。在阳光照晒的干燥条件下，分生孢子可存活 140d。

【症状和病理变化】镰刀菌寄生在鳃、头胸甲、附肢、体壁和眼球等处的组织内。其主要症状是被寄生处的组织有黑色素沉淀而呈黑色，在日本对虾的鳃部寄生，引起鳃丝组织坏死变黑，中国对虾的鳃感染镰刀菌后，有的鳃丝变黑，有的鳃丝虽充满了真菌的大分生孢子和菌丝，但不变黑（图 8-24G）。有的中国对虾越冬亲虾头胸甲鳃区感染镰刀菌后，甲壳坏死、变黑、脱落，如烧焦的形状（图 8-24H）。黑色素沉淀是对虾组织被真菌破坏后的保护性反应。在组织切片中可看到变黑处是由许多浸润性的血细胞、坏死的组织碎片、真菌的菌丝和分生孢子组成的。在对虾体表甲壳表皮下层中的菌丝周围通常由许多层变黑的血细胞形

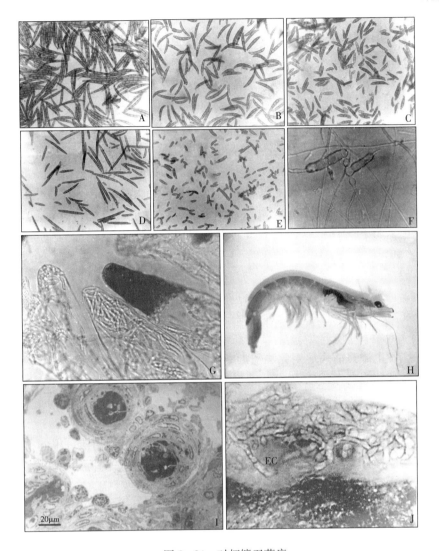

图 8-24 对虾镰刀菌病

A. 禾谷镰刀菌大分生孢子　B. 三线镰刀菌大分生孢子　C. 腐皮镰刀菌大分生孢子
D. 尖孢镰刀菌大、小分生孢子（PSA 培养基不含 NaCl）　E. 尖孢镰刀菌大、小分生孢子（PSA 培养基含 NaCl 2%）
F. 镰刀菌的厚膜孢子　G. 中国对虾感染镰刀菌的鳃丝，有的鳃丝变黑，有的不变黑
H. 中国对虾越冬亲虾的鳃区感染镰刀菌，鳃区甲壳坏死脱落
I. 加州对虾甲壳中镰刀菌周围形成的被囊，箭头指菌丝横断面，
颗粒状和透明的血细胞参与被囊的形成，也游离在组织空间（Lightner，1984）
J. 日本对虾甲壳内表皮中的镰刀菌菌丝（EC）（卞伯仲，1981）

成被囊（图 8-24I）；在内表皮中往往有大量菌丝存在，但没有形成被囊（图 8-24J）；上表皮一般完全被破坏。

镰刀菌寄生处除了对组织造成严重破坏以外，还能产生真菌毒素，使宿主中毒。

【流行情况】 镰刀菌是十足目甲壳类的一种危害性很大的病原，其宿主的种类和分布的地区很广，在海水和淡水中都存在。在我国有些地区人工越冬的中国对虾亲虾于 1985 年冬季曾因此病引起大批死亡。此病是一种慢性病。在养成期的对虾上尚未发现有此病发生。

日本养殖的日本对虾自 1968 年发现镰刀菌病后，经常发生此病，造成重大损失（Egusa 等，1972）。

美国的加州对虾对此病最敏感，感染率有时高达100%，死亡率有时高达90%。其次为蓝对虾和万氏对虾（Lightner，1984）。

镰刀菌为一种典型的机会病原，即对虾由于受到创伤、摩擦、化学物质或其他生物的伤害后，病原才能趁机侵入，逐渐发展成为严重的疾病，引起宿主的大批死亡。

上述镰刀菌的种都是陆生植物例如马铃薯，甘薯、番茄、香蕉、梨、甘蔗等农作物的病原。海产甲壳类的病原是否由陆地传入尚未证实。

【诊断方法】镰刀菌的症状有时与褐斑病相近，有时与黑鳃病相似，因此，单从外观症状不易确诊，必须从病灶处取受损害的组织做成水浸片，在显微镜下检查发现有镰刀形的大分生孢子才能确诊。有时在显微镜下只看到菌丝，看不到大分生孢子时，可用真菌培养基（PSA培养基：马铃薯浸出液500mL；蔗糖20g；琼脂20g；蒸馏水500mL；pH6.5；青霉素和链霉素或庆大霉素少许，以抑制细菌的生长）培养，形成大、小分生孢子，并产生褐色、黄棕色、红色或紫色色素。

【防治方法】
预防措施：

（1）对虾在放养前池底应彻底消毒。畑井、江草（1978）报告用二氯异氰尿酸钠（Sodium dichloroisocyanurate）6.9mg/L浓度在10min内可将分生孢子全部杀死。日本鹿儿岛的几家养虾场在发生镰刀菌病后用此法消毒虾池，第二年均未发生此病。

（2）亲虾入池前应消毒。

（3）池水入池前应经过砂滤。

（4）严防亲虾受伤。

治疗方法：目前尚无有效药物可以治疗镰刀菌病。在感染的初期，用制霉菌素（Nystatinum），每立方米水体200万IU，可以抑制真菌的生长发育，降低死亡率。

第四节　寄生虫病

一、细滴虫病（Leptomoniasis）

【病原】细滴虫（*Leptomonas* sp.），属于动鞭毛纲（Zoomastigophorea）、动基体目（Kinetoplastida）、锥体虫科（Trypanosomidae）。

在对虾的体内仅发现了这一种寄生鞭毛虫。虫体的形状变化较大。长度为7.8～11.7μm，平均9.4μm；有一个致密的胞核，圆形或卵圆形，直径2～3μm，其中部有一个大的核内体；细胞质内往往含有各种胞质含物。生活的虫体略呈梨形，顶端有一根鞭毛，用蛋白银染色后可清楚地看到一个基粒或叫生毛体。在进行性感染或严重感染的对虾幼体的血腔中，可发现可能是包囊期的虫体；有时可发现正在分裂期的虫体，此时胞核在分裂，但核膜不消失（图8-25）。

【症状和病理变化】Couch（1978）首先发现这种

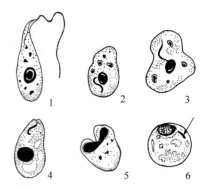

图8-25　寄生在对虾体内的一种细滴虫
1. 具鞭毛的活体　2～4. 在褐对虾血腔中的虫体用蛋白银染色后的几种形状，可能是无鞭期
5. 分裂期的虫体
6. 可能是包囊期，箭头指的为动核
（Couch，1978）

细滴虫寄生在褐对虾的溞状前期和糠虾期的血腔中以及腹部和附肢内。感染率为64%。活的、濒死的和已死的对虾幼体都可被感染，但病虾无明显症状。这种鞭毛虫通常与对虾白斑症病毒（WSSV）及纤毛虫类的拟尾丝虫（Parauronema sp.）同时出现，可使数百万幼体在48h内死亡95%。

【流行情况】细滴虫在美国发现于褐对虾的溞状前期和糠虾期幼体中。在3种并发的病原中以细滴虫的感染率最高，达89%。在中国对虾的育苗期间也常发现对虾幼体中有类似的鞭毛虫，但未进行详细鉴定。

由Couch（1978）的报道及在我国对虾幼体上发生的情况看，细滴虫很可能是体弱宿主的继发性感染。因为往往几种病原体同时存在，所以其危害性不能确定。

【诊断方法】将幼体做成水浸片，在显微镜下观察可看到虫体在血腔中不停地缓慢地伸缩变化其形态。但糠虾幼体则必须压破后虫体放出于水中才能看清其鞭毛的活动。

【防治方法】除一般预防疾病的方法外，没有专用于此病的防治方法。

二、微孢子虫病（Microsporidiasis）

【病原】寄生在对虾上的微孢子虫，已报告的有4种；寄生在海蟹中的微孢子虫主要有5种。

(1) 奈氏微粒子虫（*Ameson nelsoni*）　鲜孢子平均大小为 $2.5\mu m \times 1.5\mu m$，极管长度为 $20\sim25\mu m$，感染褐对虾、白对虾、桃红对虾的横纹肌。

(2) 对虾匹里虫（*Pleistophora penaei*）　母孢子直径为 $10\sim55\mu m$，内含16个至几百个孢子，鲜孢子呈梨形，大小为 $2.3\sim3.0\mu m \times 1.7\sim2.5\mu m$。极管长 $53\sim125\mu m$。感染褐对虾、白对虾和桃红对虾的横纹肌，偶见于心肌、肝胰脏、鳃、胃壁。

(3) 桃红对虾八孢虫 [*Agmasoma*（=*Thelohania*）*duorara*]　母孢子直径 $8.5\sim13.6\mu m$，内含8个孢子。鲜孢子梨形，大小为 $4.7\sim6.8\mu m \times 3.0\sim4.2\mu m$，粗细一致，感染桃红对虾、白对虾、褐对虾、加州对虾、巴西对虾。一般寄生在肌纤维之间，也寄生在心脏、生殖腺、神经组织。

(4) 对虾八孢虫（*Agmasoma penaei*）　母孢子直径 $7\sim12\mu m$（图8-26A）。孢子有大小两类。小孢子 $2.5\sim4.7\mu m \times 2.0\sim3.5\mu m$。大孢子 $5.5\sim8.2\mu m \times 3.5\sim4.2\mu m$。极管长 $65\sim87\mu m$，平均 $74\mu m$。近端粗细一致，较粗；远端较细，最后变尖。感染白对虾、褐对虾、桃红对虾，寄生在血管的平滑肌、前肠、生殖腺、心脏，以生殖腺为主要寄生部位。

(5) 米卡微粒子虫 [*Ameson*（=*Nosema*）*michaelis*]　寄生在蓝蟹的肌肉中。新鲜孢子卵圆形，大小为 $1.9\mu m \times 1.5\mu m$。

(6) 蓝蟹微粒子虫（*A. sapidi*）　寄生在蓝蟹肌肉中。新鲜孢子卵圆形，大小为 $3.6\mu m \times 2.1\mu m$。

(7) 普尔微粒子虫（*A. pulvis*）　寄生在绿蟹的肌肉中。孢子卵圆形，大小为 $1.25\mu m \times 1.0\mu m$。

(8) 微粒子虫一种（*Ameson* sp.）　寄生在蓝蟹的肌肉中。新鲜孢子椭圆形，大小为 $1.7\mu m \times 1.2\mu m$。

(9) 卡告匹里虫（*Pleistophora cargoi*）　寄生在蓝蟹的肌肉中。新鲜孢子椭圆形，大小为 $5.1\mu m \times 3.3\mu m$。

【症状和病理变化】对虾的4种微孢子虫中有3种主要感染横纹肌,使肌肉变白混浊,不透明,失去弹性。所以此病虾在国外也叫做乳白虾或棉花虾。在青岛市发生的微孢子虫病,这种症状非常明显。对虾八孢虫主要感染卵巢,使卵巢肿胀、变白色、混浊不透明。在鳃和皮下组织中出现许多白色瘤状肿块。中国对虾感染微粒子虫后,在孢子尚未形成以前,就已全身变白、不透明,此时就开始大批死亡(图8-26B)。墨吉对虾感染八孢虫后头胸部内的卵巢呈橘红色,用福尔马林浸泡以后,橘红色特别鲜艳。匹里虫感染的对虾表皮呈蓝黑色。

患微孢子虫病的海蟹不能正常洄游,在环境不良时容易死亡。被感染处的肌肉变白色,混浊不透明。因蟹类的甲壳较厚,隔着甲壳不易看清内部肌肉的颜色,但在附肢关节处的肌肉变混浊,白色比较容易看到。感染严重的蓝蟹横纹肌纤维被溶解。

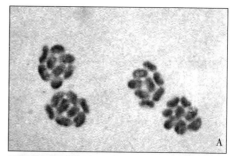

图8-26 对虾微孢子虫病
A. 对虾八孢虫的一个母孢子中有8个孢子,吉姆萨染色
B. 同池的中国对虾病虾与健康虾对照,上为较健康的虾,个体大,体色正常;下为感染微粒子虫的虾,体色白而不透明,个体明显小

【流行情况】微孢子虫病在我国已在山东、广东和广西发现。在广东和广西是一种较为常见的和危害较大的病,不仅在养殖对虾中发生,而且在野生对虾中也常发现,在市场上卖的对虾中经常可以看到病虾。池塘养殖的墨吉对虾和长毛对虾,体长在6cm以上者,常患八孢虫病,但往往为慢性型,即病虾逐渐衰弱消瘦,最后死亡。

在山东养殖的中国对虾,体长1.5~3.0cm,曾患微粒子虫病发生急性大批死亡,使数百亩①池的虾几乎全部死亡。在山东沿岸捕捞的天然对虾中也有少数感染微粒子虫。

此病的传播途径还不很清楚,一般认为健康虾或蟹捕食了病虾蟹而受感染。微孢子虫的营养体在宿主消化道结缔组织间血窦内的血细胞中进行发育和增殖,以后就扩展到全身的横纹肌中行孢子生殖。各种蟹子都可能被感染。

【诊断方法】从上述的外观症状可以初诊,但病毒性疾病、细菌性疾病和肌肉坏死病等,也可使对虾肌肉变白。因此,确诊时必须取变白的组织做成涂片或水浸片,在高倍显微镜下能看到孢子及其孢子母细胞,方可确诊。不过在疾病的初期,孢子尚未形成时,确诊就比较困难。

【防治方法】此病尚无治疗方法,主要应加强预防,发现受感染的虾或已病死的虾时,应立即捞出并销毁,防止被健康的虾吞食,或死虾腐败后微孢子虫的孢子散落在水中,扩大传播。养虾池在放养前应彻底清淤,并用含氯消毒剂或生石灰彻底消毒,对有发病史的池塘更应严格消毒。

---

① 亩为非法定计量单位,1亩≈667m²。

三、单孢子虫病（Haplosporidiasis）

【病原】一种单孢子虫 [*Haplosporidium* (=*Minchinia*) sp.]，隶属于怪孢门（Ascetospora）、星孢纲（Stellatosporea）、栎实孢子目（Balanosporida）、单孢子科（Haplosporidiidae）。

这种单孢子虫寄生在蓝蟹的血淋巴中，虫体球形。在血淋巴涂片中的虫体，大多数只有一个细胞核，但在组织切片中也有许多具有双核的虫体。单核的虫体最大直径为3.4～7.3μm。胞核泡状，有明显的核膜，直径为1.1～1.2μm。靠近核膜处有一个核内体。核质中往往含有一个至数个染色很浓的球形体。

【症状和病理变化】在蟹子受到感染的初期，不显露症状。到染病的后期，病蟹全身的血窦和血淋巴中都充满了这种单孢子虫。血淋巴细胞消失。血淋巴变为白色、混浊、黏度降低、不凝固。此时的病蟹行动不活泼，不久就死亡。

【流行情况】此病发生在美国的蓝蟹，感染率在1%以下，也寄生在赫氏拟武蟹（*Panopeus herbstiti*）和凹宽装蟹（*Eurypanopeus depressus*）的组织中。

【诊断方法】这种单孢子虫是蟹子血液内的寄生虫，诊断时必须用苏木精或吉姆萨染色的标本，在高倍显微镜下仔细观察核的构造。

【防治方法】无有效防治方法。

四、尾单孢子虫病（Urosporidiasis）

【病原】新月尾单孢子虫（*Urosporidium crescens*），隶属于栎实孢子目。孢子直径约5μm，孢子外壁延长成尾状（图8-27）。这是一种超寄生虫，即寄生在寄生虫内的寄生虫。有一种复殖吸虫叫做尼氏微茎吸虫（*Microphalus nicolli*）的囊蚴寄生在蓝蟹的肌肉中，新月尾单孢子虫就寄生在这些囊蚴内。

【症状和病理变化】尼氏微茎吸虫的囊蚴寄生在蓝蟹的肌肉、肝胰脏和鳃基部。感染新月尾单孢子虫的囊蚴体积明显增大，包囊的直径达1mm，未受感染的包囊直径仅为0.2mm。虽然在蓝蟹的上述组织内有时发现大量的囊蚴，但没有发现致死蓝蟹的迹象。不过受感染的囊蚴都变为黑色，散布在蟹的组织中，好像许多黑胡椒粒，所以也叫做胡椒蟹。这种病蟹已失去了商品价值。

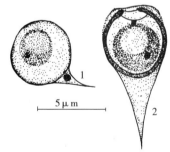

图8-27 新月尾单孢子虫的孢子
1. 未熟孢子 2. 成熟孢子
(Sprague, 1970)

【流行情况】胡椒蟹病发生在美国东部和南部沿海河口地区的蟹类。

【诊断方法】从蟹肉中散布如黑胡椒状的黑点可以初诊。摘取黑点压破后在显微镜下看到孢子可确诊。

【防治方法】除一般预防方法外，无治疗方法。

五、簇虫病（Gregarinidaosis）

【病原】在对虾中寄生的簇虫已报道有2属10种，属于复顶门（Apicomplexa）、孢子虫纲（Sporozoea）、簇虫亚纲（Gregarinia）、真簇虫目（Eugregarinida）。寄生在中国对虾的前肠和中肠内的锡纳洛线簇虫（*Nematopsis sinaloensis*）是其营养体（trophozoite）。离开宿主肠壁细胞在消化道内进行滑行活动的营养体也叫做滑行体（sporadin）。单个的营养体一般用外质隔膜分为2节，前节（protomerite）较小，呈半圆形，长18.8～25μm，宽18.8～43.8μm，后节（deutomerite）较长，长68.8～162.5μm，宽28.1～50μm。在后节内有一个较透明的圆形或椭圆形胞核。前节的前端有一透明的附着胞器，叫做先节（epimerite），呈伪足状，用以附着在宿主肠壁上，在离开宿主肠壁时间较长的滑行体一般看不到先节。滑行体由2～8个虫体连接在一起，即一个虫体的前端连接到另一个虫体的后端，并愈合成一个多核的并体子（syzygy）或叫连接体（association）。并体子多数呈直线形，少数呈两叉形，个别的为三叉形或四叉形。最前面的一个叫原簇虫（primite），后面的都叫做陪簇虫（satellite）。陪簇虫的前节都消失。并体子的前部较粗，向后渐细，末端较尖。多数在原簇虫的后节或第一及第二陪簇虫的前部有一个膨大处。并体子的长度最大的可达1 680μm。细胞质分为内质和

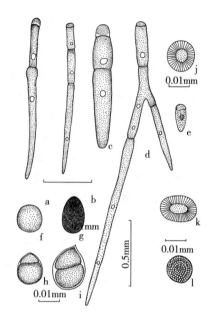

图8-28 寄生在海捕中国对虾消化道内的锡纳洛线簇虫

a～d. 并体子　e. 单个营养体　f～i. 配子母细胞　g. 已形成裸孢子　j、l. 裸孢子　j、k. 断面观　l. 表面观

（孟庆显，1993）

外质，外质略透明，内质中含有无数细小的颗粒，透明度很差，略呈淡黄色。除前节外一般每节有一个核，但有的节为2～3个核（图8-28）。

线簇虫的生活史中有对虾和贝类两种宿主。对虾消化道内的并体子生活到一定时期就下降到直肠，并成对地包在一个包囊内。包囊为白色，呈球形、卵形或桃形，附着在直肠前部的内壁上。包囊内的虫体再融合为1个细胞，叫做配子母细胞。配子母细胞内的核和细胞质经过反复多次分裂，形成大量裸孢子。裸孢子成熟后随着宿主粪便排出体外，落入水底，与软体动物（例如贻贝、心蛤、石鳖、牙螺等）接触后，便钻入其鳃、外套膜或消化道的上皮细胞内，发育成为配子，配子再成对地融合为合子，合子发育成为孢子，孢子内含一定数目的孢子体。孢子被软体动物排到水中，落入底泥，被对虾吞食后，孢子体就从孢子中逸出，并钻入对虾的消化道上皮细胞中，吸收宿主营养，生长发育成为营养体。营养体长大后冲破宿主上皮细胞，并暂时用先节附着在肠壁上，以后就脱离肠壁，游离在消化道内，并且互相连接成为并体子。

寄生在几种对虾消化道内的头叶簇虫与线簇虫的主要区别是没有真正的先节，在前节前端的边缘上有一圈形状不很规则的叶状突起，形成固着器（图8-29）。

【症状和病理变化】受感染的对虾外表无症状，肠道内寄生的虫体很多时，将对虾肠壁解剖开，肉眼就可看到许多白色棒状的并体子。另外在直肠前端往往附着大量的配子母细胞，因而使该处变为白色，膨大成球形，但没有发现消化道有其他病理变化，似乎对于幼虾和成虾危害不严重。

感染头叶簇虫的中国对虾糠虾幼体和仔虾的消化道中有时有几个虫体聚集成团，阻塞了消化道，引起对虾幼体死亡。

【流行情况】簇虫类寄生在对虾消化道内的例子，国内外均有报道，黄海、渤海中捕捞的野生对虾，感染率可达90%以上，但受感染的虾未发现任何症状，所以国外文献中一般认为簇虫对于对虾没有明显的致病性。发现有致病性的仅有在山东省一个对虾育苗场中培育的中国对虾糠虾幼体和仔虾被头叶簇虫所感染，感染率达90%以上，并引起了死亡。据了解该场进水的水源附近有养殖的贻贝和扇贝，在滩涂中并有大量天然生长的贝类。这些贝类可能是簇虫生活史中的一个宿主。

【诊断方法】将对虾解剖，取出消化道并纵行剪开，仔细观察，肉眼就可看到并体子，必要时将肠道内含物刮下，做成水浸片，进行镜检，可以看到活的虫体做滑行运动，也可以看到单个的虫体，或几个虫体愈合成一条直线或有分叉的并体子。患病幼体的诊断，可将整个幼体做成水浸片进行镜检，如果看不清楚，可用解剖针将幼体腹部剖开，挑出消化道，再进行镜检。

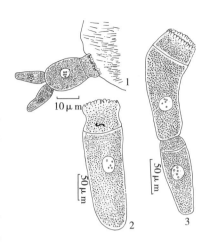

图 8-29 对虾头叶簇虫
1. 并体子附着在对虾胃内几丁质片上
2. 单个营养体 3. 最常见的并体子
(Kruse, 1959)

【防治方法】对虾育苗池进水时经过砂滤有可能防止此病的发生。

六、固着类纤毛虫病（Sessilinasis）

【病原】主要是固着类纤毛虫中的聚缩虫（*Zoothamnium* sp.）、钟虫（*Vorticella* sp.）、单缩虫（*Carchesium* sp.）等，属于纤毛门（Ciliophora）、寡膜纲（Oligohynenophora）、缘毛亚纲（Peritrichia）、缘毛目（Peritrichida）、固着亚目（Sessilina）中的许多种类。这些纤毛虫的身体构造大致相同，都呈倒钟罩形。前端为口盘，口盘的边缘有纤毛。胞口在口盘顶面，先是从口沟按时针方向盘曲，口沟两缘各有1行纤毛。口沟末端进入细胞内，即为胞口。体内有1个带状大核，大核旁边有1个球形小核。有1个伸缩泡，一般位于虫体前部。另外有位置和数目不定的颗粒形食物泡。虫体后端有柄，柄的基部附着在基物上。有些种类的柄呈树枝状分枝；有些种类的柄内有柄肌，使柄能伸缩，无柄肌的种类，其柄不能伸缩（图8-30）。固着类纤毛虫在对虾上的种类很多。宋微波（1986）仅在黄渤海沿岸的中国对虾上就发现了38种，分属于4科9属。这9个属中最为常见的为聚缩虫和钟虫。

【症状和病理变化】固着类纤毛虫是以细菌或有机碎屑为食，并不直接侵入宿主的器官或组织，仅以宿主的体表和鳃作为生活的基地，因此，不是寄生虫，

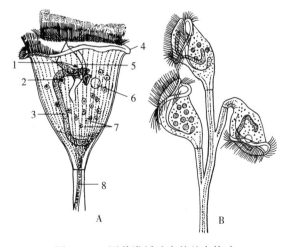

图 8-30 固着类纤毛虫的基本构造
A. 钟虫 B. 单缩虫
1. 前庭 2. 小核 3. 大核 4. 口盘边缘
5. 波动膜 6. 伸缩泡 7. 原纤维 8. 柄肌
(孟庆显，1993)

而是共栖动物。它们共栖在对虾生活史的各个时期，共栖数量不多时，肉眼看不出症状，危害也不严重，在宿主蜕皮时就随之蜕掉，但数量很多时，危害就非常严重。附着的部位是对虾的体表和附肢的甲壳上和成虾的鳃上，甚至眼睛上，在体表大量附生时，肉眼看出有一层灰黑色绒毛状物（图8-31A、B）。在幼体常出现在头胸甲附肢的基部和幼体的尾部（图8-31C），在成虾则常出现在鳃上和头胸甲的附肢上，感染严重的虾，鳃丝上布满了虫体，并且经常与丝状细菌或其他原生动物同时存在，在虫体之间还黏附一些单细胞藻类、有机碎屑和污物等，肉眼看去鳃部变黑，所以有人也称其为黑鳃。但在显微镜下检查时，发现鳃本身的组织并不变黑。外观变黑是虫体和污物的颜色。这些虫体和污物阻碍了水在鳃丝间的流通和鳃表面的气体交换，降低了对虾对缺氧的忍耐力，很容易发生窒息死亡。

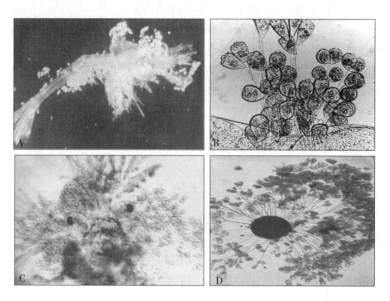

图8-31 对虾聚缩虫病
A. 体表布满聚缩虫的糠虾幼体呈绒毛状 B. 对虾体表聚集的聚缩虫
C. 对虾溞状幼体头胸部上附生的聚缩虫 D. 卤虫卵上的聚缩虫
（孟庆显，1993）

患病的成虾或幼体，游动缓慢，摄食能力降低，生长发育停止，不能蜕皮，就更促进了固着类纤毛虫的附着和增殖，结果会引起宿主的大批死亡。

虫体附着在蟹体表、附肢上，大量附生时如棉绒状（图8-32）。病蟹反应迟钝，行动缓慢，呼吸困难。幼蟹发育缓慢，不能蜕皮，严重者死亡。

【流行情况】固着类纤毛虫的分布是世界性的，在我国沿海各地区的虾蟹养殖场和育苗场都经常发生，尤其对幼体危害严重。在育苗期间的主要病原是钟虫和聚缩虫，在养成期间则主要是聚缩虫。此病在有机质多的水中最易发生。其传播是靠端毛轮幼虫进行的。

图8-32 聚缩虫附着在蟹体表、附肢上，大量附生时如棉绒状
（黄琪琰，1999）

在育苗场中此病的传播主要有两条途径：①有些育苗场在育苗以后利用蓄水池养殖虾蟹，池底沉积了大量有机物质，在下一年育苗前又没有彻底清理，池内的浒苔和礁膜等绿藻上往往附有大量固着类纤毛虫。这

些纤毛虫产生的大量端毛轮幼虫，在水中自由游泳。当从这样的蓄水池中向育苗池注水时，即使用 120 目的筛绢滤水亦不能阻止端毛轮幼虫随水进入，引起流行病。②虾蟹培育过程中投喂卤虫幼虫，在卤虫孵化期间往往在死卵的卵膜上产生大量的钟虫或聚缩虫（图 8-31D），如果在投喂前不加处理或处理不当带入育苗池后就会引起流行病。

在虾蟹养殖池中，此病主要是因为池底污泥多，投饵量过大，放养密度过大，水质污浊，水体交换不良等条件引起的。

此病的发生与虾蟹或其幼体的生长发育速度有很大关系，若虾蟹生长发育缓慢，不能及时蜕皮，就可大量发生此病；反之，如果饲料质优量足，环境条件适宜，虾蟹生长发育正常，及时蜕皮，即便有少量虫体附着，也可随着蜕皮时蜕掉，不至于引起疾病。

【诊断方法】从外观症状基本可以初诊，但确诊必须剪取一点鳃丝或从身体刮取一些附着物做成水浸片，在显微镜下看到虫体。患病幼体可用整体做水浸片进行镜检。

【防治方法】
预防措施：

(1) 保持水质清洁是最有效的预防措施。在放养以前尽量清除池底污物，并彻底消毒；放养后经常换水；适量投饵，尽可能避免过多的残饵沉积在水底。

(2) 育苗用水除采取严格的砂滤和网滤外，可用 10～20mg/L 浓度的漂白粉处理，处理 1d 后即可正常使用。

(3) 卤虫卵用漂白粉 300mg/L 或福尔马林 300～500mg/L 的浓度，消毒处理 1h，冲洗干净至无味后入池孵化。育苗期投喂卤虫幼虫时，可先镜检，发现有固着类纤毛虫附生时，可用 50～60℃ 的热水将卤虫浸泡 5min 左右，杀死纤毛虫后再投喂。

(4) 投喂的饲料要营养丰富，数量适宜；尽量创造优良的环境条件，例如经常换水，改善水质，控制适宜的水温等，以加速虾蟹的生长发育，促使其及时蜕皮。

治疗方法：如果虾蟹或其幼体上共栖的纤毛虫数量不多时，不必治疗，只要按上述预防措施促使其生长发育和蜕皮就会自然痊愈。如果固着类纤毛虫数量很多时，就应及时治疗。

(1) 养成期疾病的治疗：可用茶粕（茶籽饼）全池泼洒，浓度为 10～15mg/L。茶粕中含有 10% 的皂角苷，可以促进虾蟹蜕皮。待虾蟹蜕皮后，大量换水。此法效果较好。

(2) 亲虾越冬期疾病的治疗：可用福尔马林 25mg/L 的浓度浸洗病虾 24h。在越冬池中施药，可先将池水排掉 1/2～1/3，然后按剩余池水体积计算出福尔马林的用量。将所需福尔马林加水稀释后全池均匀泼洒，过 24h 后换水并灌满池水。浸洗后虫体死掉并脱落，效果很好。但此法在大面积的养成池中施用，用药量太大，用药后又不一定能够及时换水，并且福尔马林能污染水质，所以一般在养成池中不宜施用。在育苗池中此法更不能使用，因为对虾的幼体对福尔马林较敏感，在幼体能忍受的浓度下不能杀死固着类纤毛虫。

(3) 对于虾蟹幼体的固着类纤毛虫病，除了改善饵料、加大换水量、调整好适宜水温促进幼体蜕皮外尚无理想的治疗方法。

七、拟阿脑虫病（Paranophrysiasis）

【病原】蟹栖拟阿脑虫（*Paranophrys carcini*），属于纤毛门、寡膜纲、盾纤亚纲（Scuticociliatia）、盾纤目（Scuticociliatida）、嗜污科（Philasteridae）。虫体呈葵花籽形，前端尖，后端钝圆。虫体大小平均为 $46.9\mu m \times 14.0\mu m$，最宽在后 1/3 处。虫体大小与营养有密切关系。全身具 11～12 条纤毛线，多数略呈螺旋形排列，具均匀一致的纤毛。身体后端正中有 1 条较长的尾毛。体内后端靠近尾毛的基部有 1 个伸缩泡。身体前端腹面有 1 个胞口。蛋白银染色的标本可看到口内有 3 片小膜，口右边有 1 条口侧膜。大核椭圆形，位于体中部。小核球形，位于大核左下方，或嵌入大核内（图 8-33A～D）。

拟阿脑虫对环境的适应力很强，但不耐高温，生活的水温范围为 0～25℃，生长繁殖的最适水温为 10℃左右；生长繁殖的盐度范围 6～50，pH 为 5～11。繁殖方法为二分裂和接合生殖。

【症状和病理变化】病虾外观无特有症状，仅额剑、第二触角及其鳞片的前缘、尾扇的后缘、尾节末端和其他附肢等处有不同程度的创伤。有的病虾则具有褐斑病和红腿病的症状（图 8-33E）。拟阿脑虫最初是从伤口侵入虾体，达到血淋巴后迅速大量繁殖，并随着血淋巴的循环，到达全身各器官组织。在疾病的晚期，血淋巴中充满了大量虫体，使血淋巴呈混浊的淡白色，失去凝固性，血细胞几乎全部被虫体吞食；虫体侵入到鳃或其他器官组织后，因虫体在其中不停地钻动，使鳃及其他组织受到严重的机械损伤，最终造成呼吸困难，窒息死亡。

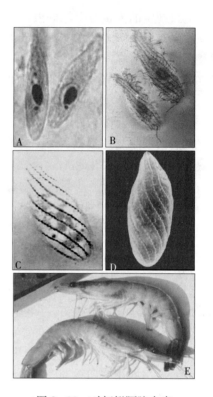

图 8-33 对虾拟阿脑虫病
A. 弗尔根染色显示细胞核器
B. 蛋白银染色显示体表均匀一致的纤毛及身体后端 1 条较长的尾毛
C. 银浸法示体表纤毛线 D. 扫描电镜示外观形态
E. 虾体损伤及鳃组织病变

【流行情况】拟阿脑虫目前仅发现在越冬亲虾上，并成为越冬亲虾危害最严重的一种疾病。其原因为：①蟹栖拟阿脑虫是一种兼性寄生虫，在海水中营腐生生活，以腐烂的有机质为食。从发病的亲虾越冬池池底吸取的饵料残渣中可发现许多虫体就可证明，当对虾受伤后，此虫就乘机从伤口侵入虾体，变为寄生生活，并在虾体内迅速繁殖。②亲虾在越冬期内最容易受到碰撞或摩擦而造成创伤，为拟阿脑虫的入侵提供了方便之门。③此虫生长和繁殖最适宜的水温为 10℃左右，与亲虾越冬期的水温相吻合。

此虫传入越冬池的途径有下列几种可能性：①灌水时从水源中带入；②鲜活饵料中带入，已在活的沙蚕和贝类中发现此虫；③亲虾放入越冬池时，体表上附有此虫。

此病于 1984 年冬季首先发现于辽宁省东沟县和山东省莱州市，以后几年已普遍流行于河北、辽宁、山东和江苏北部各对虾越冬场中。发病期一般从 12 月上旬开始，一直延续至 3 月亲虾产卵前。感染率和死亡率可高达 100%，死亡高峰在 1 月份。近几年因普遍推广了其防治方法，此病已很少发生。

【诊断方法】对感染初期的虾诊断时主要从伤口刮取溃烂的组织在显微镜下找到虫体，不过应注意伤口内的纤毛虫可能有几种，只有拟阿脑虫才能寄生在体内，应仔细鉴别。在感染的中、后期，拟阿脑虫已钻入了血淋巴，并大量繁殖，布满全身各器官组织内。此时最方便而可靠的诊断方法是用镊子从头胸甲后缘与腹部连接处刺破，吸取血淋巴在显微镜下观察，可看到大量拟阿脑虫在血淋巴中游动。在疾病的晚期，剪取少量鳃丝，在显微镜下也可看到虫体在鳃丝内钻动。此虫的人工培养比较容易，最好的方法是将带有虫体的血淋巴滴入装有 1‰ 的虾肉汤的试管中，在 10～15℃下培养 2～3d，就可繁殖大量虫体。其次也可将带有虫体的血淋巴滴入消毒海水中，或 PYG 液体培养基中，在 10～15℃下培养 2～3d。在采取血淋巴时要防止将虾体表的鞭毛虫或其他纤毛虫带入，否则培养液受到污染，拟阿脑虫就不易培养。

【防治方法】
预防措施：
(1) 亲虾在放入越冬池前，先用淡水浸洗 3～5min，或用 300mg/L 的福尔马林浸洗 3min。
(2) 在亲虾的捕捉、选择和运送时要细心操作，严防亲虾受伤。
(3) 亲虾入池后要注意遮光，防止亲虾见光后跳跃，必要时在池边设栏网。
(4) 鲜活饵料应先放入淡水中浸洗 10min 再投喂。
(5) 越冬池进水时应严格过滤。
(6) 病死的或濒死的虾应立即捞出，防止虫体从死虾逸出，扩大感染。
(7) 应每天清除池底残饵。

治疗方法：在疾病的初期，即虫体仅存在于伤口浅处时尚可治愈；当寄生虫已在血淋巴中大量繁殖时，则无有效治疗方法。
(1) 用淡水浸洗病虾 3～5min。
(2) 福尔马林 25mg/L 全池泼洒，12h 后换水。

八、吸管虫病（Acinetasis）

【病原】多态壳吸管虫（*Acineta polymorpha*）和莲蓬虫（*Ephelota* sp.）。分属于纤毛门、动基片纲（Kinetofragminophorea）、吸管亚纲（Suctoria）、吸管目（Suctorida）、壳吸管虫科（Acinetidae）和莲蓬科（Ephelotidae）。壳吸管虫属（*Acineta*）的特征是身体背腹扁，左右对称，体表被一透明的鞘，也叫兜甲（lorica）。从正面看去前部较宽，后部较窄，后端有一透明的柄，柄不能伸缩，用基部略扩大呈盘状的构造附着到虾体上。鞘的前端两侧角隆起，每个隆起上伸出一束透明的吸管，吸管末端膨大成球形。每条吸管可单独伸缩，或同时伸缩。胞核一般椭圆形，细胞质内有许多食物粒。多态壳吸管虫虫体形状变化很大。充分伸展的个体正面观呈倒钟罩形，外被透明的壳，前端左右两侧角上各有 1 束吸管，吸管末端膨大呈球形。壳长 $50～93\mu m$，宽 $31.3～50\mu m$。侧面观略呈橄榄形，两端较尖，中部最厚处为 $21.9～31.6\mu m$，前端有裂缝状开口，为吸管伸出处。多数个体壳后部往往收缩变形，因而使虫体呈四方形、僧帽形等多种形状。壳后端有 1 条很短的柄，但多数虫体柄不明显。虫体内有 1 个椭圆形大核，细胞质呈淡黄色。生殖方法为内出芽（endogenous budding）。莲蓬虫虫体呈莲蓬状或球形，体表无壳，宽略大于长。长度为 $42.8～145.4\mu m$，宽度为 $47.8～171\mu m$。虫体前端有 20～50 条放射状的触手，触手末端尖锐，不断伸缩。虫体有时收缩成球形。虫体后部有一透明的长柄，柄长 $85.5～581.4\mu m$，上部较下部稍粗，基部固着，不能伸缩。细胞质内有许多黄色颗粒和少数红色颗粒，不透明，制片的标本可看到细胞质内有许多分枝，并围成栅栏形的大核 1 个。壳吸管虫的有性生殖为接合生殖，无性生殖则为内出芽。内出芽是在体内的前部先形成圆形的芽胚，细胞核进行分裂，一个子核进入到芽胚内，同时胚内形成伸缩泡，体表长出几行纤毛，这就成为具有纤毛的幼虫。充分成熟的幼虫从前裂口逸出，游泳于水中，遇到适宜的宿主就附着上去，掉去纤毛，长出吸管、鞘和柄，发育成为新个体（图8-34）。

莲蓬虫属（*Ephelota*）虫体呈莲蓬状或球形，宽略大于长。长度为42.8～145.4μm，平均72.7μm；宽度为47.8～171μm，平均81.7μm。细胞质内有许多黄色颗粒，其中少数颗粒呈橘红色。身体前部有放射状排列的触手20～50根，及2～6根吸管。触手充分伸展后末端尖锐，吸管则末端较膨大。虫体基部有一透明无色的长柄，长85.5～581.4μm，直径一般上粗下细。柄的基部附着在宿主上。生殖方法分为有性生殖和无性生殖两种。有性生殖为接合生殖。无性生殖为外出芽生殖（exogenous budding），这是最常见的生殖方法。在虫体顶部形成5～9个芽体。芽体呈耳状，在突起的一面有许多纤毛。芽体形成后离开母体，随水流或爬行达到适宜宿主时，即固着上去，蜕掉纤毛，生出柄，成为一个新虫体（图8-35）。

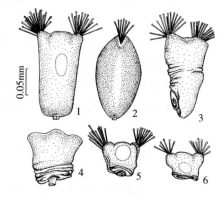

图8-34 多态壳吸管虫（×540）
1. 充分伸展的虫体正面观 2. 侧面观
3～6. 收缩成各种形状的虫体
（孟庆显，1993）

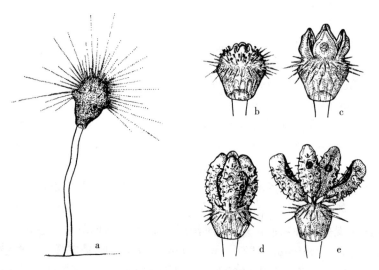

图8-35 莲蓬虫
a. 生活的虫体　b～e. 外出芽生殖的过程，虫体顶端为形成的芽体
（Grell，1973）

【症状和病理变化】两种吸管虫都共栖在对虾体表和鳃上，少量虫体共栖不显症状。在大量共栖时，由多态壳吸管虫引起的疾病，病虾体表和鳃呈淡黄色；由莲蓬虫引起的疾病，病虾体表和鳃呈铁锈色。附着在虾鳃和体表，影响对虾的呼吸和蜕皮，在池水溶氧量不足时，可引起死亡。

【流行情况】对虾的各个生活阶段都可被附着。此虫的分布非常广泛，全国各养虾场都可能发现。对宿主无严格选择性，各种对虾都可被共栖。流行季节为夏季和秋季，一般共栖数量不多，危害不大。若虫体密布对虾鳃和体表，严重影响对虾生长，有时引起部分虾死亡。

【诊断方法】刮取病虾体表附着物或剪取部分鳃丝,做成水浸片镜检,看到大量虫体就可诊断。

【防治方法】可参考固着类纤毛虫病。

九、孔肠吸虫病（Opecoeliodiasis）

【病原】皱缘似孔肠吸虫（*Opecoeloides fimbriatus*）的囊蚴（metacercaria）。隶属扁形动物门（Platyhelminthes）、吸虫纲（Trimatodea）、前口目（Prosostomata）、孔肠科（Opecoelidae）。囊蚴的包囊壁薄而透明,厚约 1.7μm,包囊的大小和形状依据感染时间的长短而有差别,时间短的近似圆形,时间长的呈香肠形。在多数情况下,成熟包囊的平均大小为 0.68mm×0.25mm,充分成熟的个体为 1.2mm×0.5mm。从包囊中取出的囊蚴平均为 0.84mm×0.3mm。囊蚴在形状上很像成虫,与成虫唯一不同点是没有达到性成熟（图 8-36）。生活史:据 Johnson（1989）假设性的描述。①感染阶段或尾蚴侵入虾体;②尾蚴迁移到适宜的组织内并发育为囊蚴;③鱼吞食了感染有囊蚴的对虾,对虾被消化,囊蚴在鱼的消化道内发育为成虫;④虫卵随鱼的粪便排出,卵在水中孵化为毛蚴;⑤毛蚴进入一种海螺体内,行无性繁殖,发育为胞蚴和尾蚴;⑥尾蚴自螺体逸出,在水中游泳,如遇到虾体即入侵（图 8-37）。

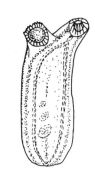

图 8-36 皱缘似孔肠吸虫的囊蚴
(Johnson, 1989)

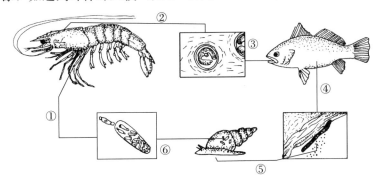

图 8-37 皱缘似孔肠吸虫的生活史
(Johnson, 1989)

【症状和病理变化】皱缘似孔肠吸虫的囊蚴寄生在对虾的肝胰脏及其周围的组织内,胃、心脏和生殖腺等器官组织内也曾发现过;其感染率不高,感染强度不大,因此症状和病理变化均不明显。

【流行情况】囊蚴寄生于美洲产桃红对虾（*Penaeus duorarum*）、白对虾（*P. setiferus*）等。我国产的对虾尚未发现。据有关资料记载,除孔肠科的囊蚴外,微茎科（Microphallidae）、棘口科（Echinostomatidae）和半尾科（Hemiuridae）中一些种类的囊蚴也有寄生于虾类的。

【诊断方法】解剖虾体取出肝胰脏,置入培养皿内并加入生理盐水;用镊子或解剖针剥开肝胰脏,在解剖镜下观察,如发现吸虫囊蚴即可诊断。

【防治方法】尚无研究。

十、原克氏绦虫病（Prochristianelliasis）

【病原】对虾原克氏绦虫（*Prochristianella penaei*）的实尾蚴（plerocercus），隶属扁形动物门、绦虫纲（Cestoda）、锥吻目（Trypanorhyncha）、真四吻科（Eutetrarhynchidae）。幼虫通常包在囊内，包囊呈圆柱状，囊壁薄而透明，大小平均为 1.1mm×0.52mm，厚 1.8μm，固着器未缩进胚泡内，仅被包围在囊壁内（图 8-38）。生活史：对虾原克氏绦虫的生活史尚未研究清楚。Johnson（1988）做了如下假设性的描述：①对虾吞食了感染有绦虫幼虫的桡足类或其他小甲壳动物；②幼虫在对虾的组织内发育为实尾蚴；③鳐类吞食了感染有实尾蚴的对虾；④实尾蚴在鳐的消化道（螺旋瓣）中发育为绦虫成虫；⑤虫卵随鳐类的粪便排出体外，并被桡足类吞食；⑥虫卵在桡足类体内孵化发育为幼虫（图 8-39）。

图 8-38　对虾原克氏绦虫的实尾蚴
（Kurss，1959）

【症状和病理变化】肉眼观察无明显症状。

【流行情况】对虾原克氏绦虫发现于美洲产桃红对虾、白对虾和褐对虾。我国产中国对虾上曾发现过绦虫的幼虫，但尚未鉴

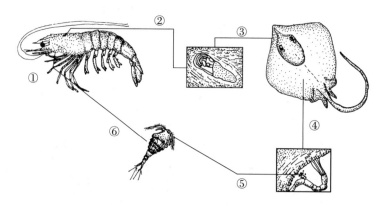

图 8-39　对虾原克氏绦虫的生活史
（Johnson，1989）

定。虾类的寄生绦虫据有关资料记载，还有肾球绦虫（*Renibulus*）、拟克氏绦虫（*Parachristianella*）以及圆叶目（Cyclophyllidae）、腔头科（Lecanicephalidae）等绦虫的幼虫。

【诊断方法】取对虾肝胰脏置于培养皿内，加入生理盐水，用镊子或解剖针剥开，肉眼或置于解剖镜下仔细观察，如发现有绦虫的幼虫，即可诊断。

【防治方法】尚无研究。

十一、线虫病（Nematosis）

【病原】已报道的有旋驼形线虫（*Spirocamallanus pereirai*）、纤咽线虫（*Leptolaimus* sp.）和拟蛔线虫（*Ascaropsis* sp.）等的幼虫，而最普遍的是对盲囊线虫（*Contracaecum*）的幼虫（图 8-40A）。

生活史：未研究清楚。Johnson（1989）对对盲囊线虫生活史的假设如图 8-40B 所示：①对虾吞食感染有线虫幼虫的桡足类或小型甲壳类；②幼虫在对虾组织内发育为下一阶段的幼虫；③蟾鱼捕食了感染有幼虫的对虾；④幼虫在鱼肠道内发育为成虫并排放虫卵；⑤虫卵随鱼的粪便排出以后被桡足类所吞食。

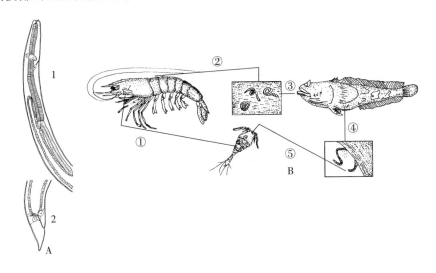

图 8-40　对盲囊线虫的形态及其生活史
A. 对盲囊线虫：1. 虫体前端　2. 虫体后端　B. 对盲囊线虫生活史
(Johnson，1989)

【症状和病理变化】幼虫寄生在对虾的肝胰脏、肝胰脏周围的组织或胃和肠内，不形成包囊。由于其感染率和感染强度不大，所以无明显症状。

【流行情况】我国养殖的对虾尚未发现有线虫幼虫的寄生。1979 年、1980 年 5 月曾先后在文登海区捕获的产卵亲虾中各发现一尾虾的肠道中有线虫的幼虫，幼虫不形成包囊，由于感染率和感染强度低，看不出对虾体的危害性。

【诊断方法】解剖对虾取肝胰脏或其周围组织和胃、肠等，置于培养皿内，加入生理盐水，用镊子或解剖针剥开，肉眼可见细线状能蠕动的幼虫，即可诊断，也可置于解剖镜下观察。

【防治方法】尚无研究。

第五节　其他生物性疾病

一、虾疣虫病（Bopyrusiasis 或 Epipenaeonsis）

【病原】病原为等足目（Isopoda）中的一些寄生种类。常见的有 *Bopyrus* 和 *Epipenaeon* 等（图 8-41），俗称为虾疣虫或鳃虱。雌雄异体，雌体略呈椭圆形或圆形；雄体长柱状，较雌体小得多，附着于雌体腹部，共同寄生于虾的鳃腔中。

【症状和病理变化】从外表可看到对虾头胸甲一侧鳃区或两侧鼓起，形成膨大的"疣肿"，"疣肿"直径 10mm 以上，高度 3～5mm。由于虫体的寄生可使虾鳃受到挤压和损伤，影响对虾的呼吸。有的引起生殖腺发育不良，甚至完全萎缩，使虾体失去繁殖能力。

【流行情况】养殖的中国对虾未发现此病，广西、广东沿海产（包括养殖）的短沟对虾

（*Penaeus semisulcatus*）和新对虾（*Metapenaeus* sp.）中发现该类寄生虫，但未进一步鉴定。感染率 2%左右。Johnson（1989）记载墨西哥湾的长臂虾科（Palaemonidae）和太平洋区域的经济虾类如对虾科（Penaeidae）常被感染。

【诊断方法】发现虾的鳃区隆起时，将甲壳掀起，如看到虾疣虫，即可诊断之。

【防治方法】未研究。

二、蟹奴病（Sacculinasis）

【病原】寄生在蟹类上的甲壳类仅蟹奴一种。蟹奴（*Sacculina* sp.）属于节肢动物门、甲壳纲、蔓足亚纲（Cirripedia）、根头目（Rhizocephala）、蟹奴科（Sacculinidae），在形态上为高度特化了的寄生甲壳类。成虫已经完全失去了甲壳类的特征。露在宿主体外的部分呈囊状，以小柄系于宿主蟹腹部基部的腹面，所以也叫做蟹荷包。体内充满了雌雄两性生殖器官。其他器官包括体外的所有附肢均已完全退化。伸入在宿主体内的部分为分枝状突起。分枝遍布宿主全身各器官组织一直到附肢末端。蟹奴就用这些突起吸收宿主体内的营养(图 8-42)。

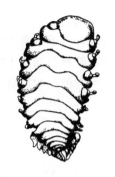

图 8-41 虾疣虫（♀）
(Sindermann, 1988)

蟹奴的生活史与其他甲壳类颇相似。成虫产的卵孵化出无节幼体，经 4 次蜕皮后到第五幼虫期，称为介虫幼虫（Cypris），与自由生活的介虫（Cypris）相似。介虫幼虫遇到适宜的宿主蟹时就用第一触角附着上去。游泳足和肌肉从两瓣的背甲之间脱落，仅剩下一团未分化的细胞，形成一个独特的幼虫，叫做藤壶幼虫（kentrogon）。藤壶幼虫的身体好像一个注射器，用其尖细的前端，从宿主刚毛的基部或其他角质层薄而脆弱的地方穿入，然后将体内的细胞团注射入宿主体内。细胞团再迁移到宿主肠的腹面，吸收宿主营养，开始生长，并

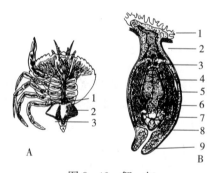

图 8-42 蟹 奴
A. 感染蟹奴的黄道蟹：1. 蟹奴的柄　2. 蟹奴　3. 外套腔开口
B. 蟹奴最宽处的切面：1. 根状突起的基部　2. 柄
3. 精巢　4. 卵巢　5. 外套腔中的卵
6. 黏液腺（开口于腔内）　7. 输卵管腔　8. 神经节
9. 外套腔的开孔
(Calman 等, 1956)

伸出许多分枝的吸收突起，遍布宿主全身各器官组织（图 8-43）。

蟹奴为雄雄同体。注入宿主体内的细胞团发育成为精巢和卵巢，体积增大以后，在宿主头胸部和腹部之间的腹面压迫皮下组织，妨碍了角质层的分泌，终于使该处的角质层变薄并破裂，使生殖腺团外露，就成为最容易看到的附着于蟹腹部的囊状部分。

在我国已报道的蟹奴类有网纹蟹奴（*Saacculina confragosa*），外露部分为椭圆的囊状，微黄白色，长 11mm，短径 5mm，有形成包被的外套膜，表面呈波状网纹。寄生于粗腿厚纹蟹（*Pachygrapsus crassipes*）、肉球近方蟹（*Hemigrapsus sanguineus*）及平背蜞（*Gaetice depressus*）等。还有寄居蟹蛄蟹奴（*Peltogaster paguri*），属于蛄蟹奴科（Peltogastridae）。外露部分细长，香蕉形，长 15mm，宽 4mm。寄生于寄居蟹的腹部。

【症状和病理变化】蟹奴病的外部症状主要是附着在腹部腹面的囊状部分。蟹奴的囊状

部分外露以后，宿主就不能再蜕皮，所以严重阻碍宿主蟹的生长发育，一般不能长到商品规格。

吸收突起伸入宿主全身各组织中吸收宿主的营养，破坏宿主的肝脏、血液、结缔组织和神经系统等。蟹奴还影响生殖腺的发育和激素的分泌，使雌、雄蟹的第二性征区别不明显。正常的蟹在接近性成熟时，雌、雄两性的第二性征很明显。即雌蟹腹部宽，分节完全，有4对颇发达的游泳足。雄蟹腹部窄而长，第Ⅲ、Ⅳ、Ⅴ节通常是愈合的，仅有第一和第二对游泳足，并且变为细长的交配器。但是雄蟹在幼小时感染蟹奴以后的发育，就有不同程度的雌性化，随着宿主种和在感染时的发育程度而有不同的表现。主要是腹部变宽，分节完全，游泳足近于雌性型。受感染的雌蟹雌性化的程度低或过度雌性化。病蟹生殖腺发育缓慢或完全萎缩，成为寄生性阉割，不能进行繁殖。

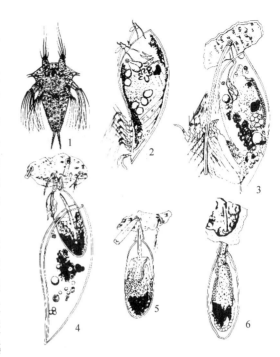

图8-43 蟹奴的发育
1. 无节幼体 2. 介虫幼虫 3. 介虫幼虫用第一蟹角附着到宿主上，其他器官脱落
4. 藤壶幼虫 5～6. 藤壶幼虫钻入宿主
(Baer, 1952)

【流行情况】蟹奴类在世界上分布的地区很广泛，种类也多，能侵害许多种蟹类，有时感染率比较高，但都是危害天然种群。在养殖的蟹中尚未见到报告。

【诊断方法】掀开蟹的腹部，肉眼就可看到蟹奴。

【防治方法】未进行研究。

三、海藻附生病（Seaweed caused disease）

【病原】附着在对虾上的藻类常见的有以下几类：

(1) 楔形藻（*Licmophora* spp.）为硅藻类（图8-44A、B）底栖、群体生活。每个群体具有树枝状分枝的透明柄，在每分枝的梢端有一个藻体。藻体呈楔形，内具金黄色色素体。群体的大小不一，大者100个以上的藻体，小的只有数个。楔形藻可附生在虾卵、各期幼体和养成期对虾的体表及附肢。

(2) 菱形藻（*Nitszchia* sp.）、双眉藻（*Amphora* sp.）和曲壳藻（*Achnanthes* sp.）等（Sindermann, 1988）为硅藻类，可附生在对虾的鳃、体表和附肢上。

(3) 颤藻（*Oscillatoria* sp.）、螺旋藻（*Spirulina* sp.）和钙化裂须藻（*Schizothrix calcicola*）等（Sindermann, 1980）为蓝藻类，可附生在对虾的体表附肢上。

(4) 浒苔（*Enteromorpha* sp.）为绿藻类（图8-44C），分布广。藻体呈管状，一般不分枝，管壁由一层细胞组成。藻体无柄，由基部的细胞延伸成假根固着于水中基物上。可附生在对虾的体表、附肢。

(5) 刚毛藻（*Cladophora* sp.）属于绿藻门。藻体为分枝的丝状体，以基部的假根固着

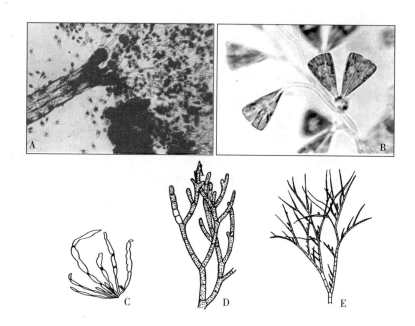

图 8-44 附着在对虾上的藻类
A. 楔形藻附生在溞状幼体 B. 楔形藻放大图
C. 浒苔（郑柏林） D. 刚毛藻（Smith）
E. 水云（Oltmanns）

于水中基物上，可附生在对虾的体表、附肢（图 8-44D）。

（6）水云（*Ectocarpus* sp.）隶属褐藻类（图 8-44E）。藻体为异丝体，分匍匐部和直立部。匍匐部通常固着于水中基质，直立部生出分枝，分枝顶端尖细，或延伸成无色毛。附生在对虾的体表和附肢。

【症状和病理变化】楔形藻的群体附生在对虾幼体的体表各处，以头胸甲和尾部最常见，附生数量多时，肉眼可看到幼体表面呈橙黄色绒毛状。幼体发育缓慢，停止变态。

菱形硅藻、月形藻等常以一端附着在对虾的鳃上或体表，显微镜下观察，成一簇簇的花朵状，淡褐色或黄色，使鳃和体表受到严重的污损。

颤藻、螺旋藻等缠附在对虾的附肢和刚毛上，可黏附上许多污物，患处色泽暗淡，呈蓝绿色棉絮状；如缠附在幼体眼睛上，可导致溃疡甚至瞎眼。

浒苔、刚毛藻、水云等，如在虾池中大量繁殖，可成丛地附生在对虾身上，严重时全身连眼部也被覆盖（图 8-45）。虾体身上的藻类飘飘摇摇，游动无力，妨碍摄食，导致生长缓慢和蜕皮困难，甚至停止生长，如在越冬亲虾上附生，则会影响性腺发育，以至失去产卵能力。

【流行情况】以上藻类虽然分属于不同门类，有的肉眼可见，有的只能借助显微镜才能观察到，其生活习性又各不相同，有底栖类、有固着类，也有浮游种类或其生活史有浮游阶段，但它们广泛分布于我国沿海和虾池。当养殖区内有良

图 8-45 浒苔附生在对虾体表

好的水质时，一般不会大量繁殖，无害于虾体。但在水质不良时，可导致某一种类大量繁殖，并附生于对虾的各个不同阶段，给养虾业带来危害。此类病害流行地区很广，季节也长，对宿主没有选择性，从对虾苗种期、养成期到冬季亲虾人工越冬期都可能遇到，对宿主的主要危害是影响对虾的运动和摄食，使其生长缓慢，蜕皮困难，在溶氧不足的虾池呼吸困难，严重时导致急性窒息和引起大批死亡。未死者则由于体表污损，虾体瘦弱，商品价值很低。

【诊断方法】以肉眼观察，发现虾体活动缓慢，体表、附肢、鳃呈现褐、绿、黄等颜色并带有棉絮状污物的虾体，即可初步诊断为藻类附生病。要证明是哪种藻类附生，可自患处刮取附生物制成水浸片（幼体可直接制成水浸片），在显微镜下检视，即可确诊。

【防治方法】

（1）彻底清池（同一般综合预防方法）。

（2）加强日常饲养管理，注意调节虾池水质，勿让某种藻类繁殖过盛。当发现某种藻类繁殖过盛对养殖的虾群构成威胁或虾体上已大量附生某种藻类时，可采取以下措施：①室内苗种池、越冬池增添遮光设备，降低透光率，使藻类光合作用受阻而自行消退；②养成池泼洒茶粕，使池水成 $10\sim15mg/L$ 的浓度，并投喂优质饵料，促使对虾蜕皮，而后大量换水；③池泼洒硫酸铜，使池水成 $0.7\sim1mg/L$ 的浓度（注意苗种池不能使用）。

四、水螅病（Hydrozoasis）

【病原】病原为水螅类（Hydrozoa）的一种。已记载过的有双齿薮枝螅（*Obelia bicuspidate*）（Johnson，1989）。

【症状和病理变化】水螅通常附生在甲壳的外表面，也有附生于头胸甲鳃区的内表面或腹部侧甲的内表面。附生处甲壳肿胀呈蜂窝状，有时肉眼可看到树枝状群体，多为淡棕黄色。患处的甲壳和组织受到破坏。

【流行情况】此病仅在大虾上偶尔发现，据现有资料看其感染率很低，危害性不大。曾发现在对虾育苗池的池壁上有许多白色、圆形、直径约 2cm 左右附着很牢固的水螅群体。凡有此水螅群体的育苗池，对虾幼体的成活率均较低，这可能与水螅摄食幼体有关。

【诊断方法】从患处镊取附生物，制成水浸片，在低倍显微镜下观察，如看到水螅群体或其个员，即可诊断。

【防治方法】尚无报道。

五、藤壶病（Balanusiasis）

【病原】病原为甲壳纲蔓足亚纲（Cirripedia）中的藤壶（Balanus），其成体固着在对虾甲壳的外表面，其幼体营自由生活。

【症状和病理变化】当藤壶固着在对虾体时，肉眼可见其外骨骼上（包括眼球上）有大小不一的圆锥状突起。固着数量多时，虾体活动缓慢，生长不良，蜕皮困难，甲壳受到破坏。

【流行情况】我国养殖的中国对虾上曾发现过（山东莱州市），国外也曾有记载（Johnson，1989），固着数量多时对虾体有一定危害，可影响对虾活动能力和摄食，最终因蜕皮困难，停止生长或在水环境质量下降时引起死亡。另外有报道，养殖的贝、藻类也有由于藤壶的大量固着而遭受损失的。

【诊断方法】 肉眼即可诊断，如要确定藤壶的种类，则要进行形态解剖和观察。

【防治方法】 未研究。

第六节　非寄生性疾病

一、白黑斑病（White and black spot disease）

【病原】 病原尚未确定。从发生白黑斑病的养虾场的饲养情况，了解到主要投喂配合饲料，很少喂鲜活饵料，即便有些鲜活饵料也是不鲜不活的，再从症状看与国外报道的维生素 C 缺乏病（黑死病）有些相近。因此，此病可能与配合饵料中缺乏维生素 C 有关。

【症状和病理变化】 最主要的症状是在对虾腹部每一节两侧甲壳的侧叶上出现一个白色斑点。斑点的直径约 0.5cm，形状不规则。肉眼看去，对虾侧面呈一列白斑。重者，附肢及全身腹面的甲壳也略呈白色。这时对虾就可能死亡。但多数的病虾，侧叶上的白斑随着疾病的进展逐渐变黑，到后期则成为一列黑斑（图 8-46）。同时肢鳃上也有黑斑，肉眼可看到鳃呈黑色。但在显微镜下仅看到肢鳃上有 1 个黑斑，其他鳃丝一般无异常变化。少数病虾在腹部的背面第一节与第二节的交界处的甲壳也有形状不规则的黑斑。因为先发生白斑，以后变为黑斑，故名白黑斑病。

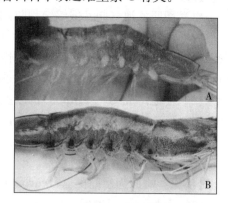

图 8-46　患白黑斑病的中国对虾
A. 示腹部侧叶上的一列白斑
B. 示发病后期腹部侧叶上的白斑变成黑斑

发生白斑或黑斑处甲壳的几丁质部分并未受到损伤。剖开病灶在显微镜下可发现在甲壳以下的组织中有一团棕色或黑色坏死的血细胞。

【诊断方法】 此病根据外观症状就可确诊。

【流行情况】 1984 年此病首先发生在山东半岛的几个县中。1985 年后则几乎整个山东沿海，及自福建省以北的沿海所有省市都发生了流行病，成为中国对虾的一种全国性的疾病。白黑斑病流行的季节一般为 7 月底至 9 月上旬。感染率和死亡率可达 90% 以上。病死的虾多数个体较大，一般体长在 8cm 以上。

【防治方法】 防治方法基本上与红腿病相同，但应特别注意在配合饲料上喷洒维生素 C 溶液，剂量为饵料重量的 0.1%～0.2%，喷完维生素 C 后，再喷一层植物油（花生油、豆油等），用量为饲料重量的 0.5%～1%，喷完后待油被饲料完全吸入后即可投喂。

因维生素 C 易溶于水并且很容易氧化分解，受到光、热和暴露在空气中时间稍长就可氧化分解，所以应放在密封的容器中和阴凉干燥处保存。使用时先溶解于水后，应立即喷洒在饲料上，不要久放，更不要阳光曝晒。等稍晾干后，再喷洒一层植物油，以防饲料投喂后维生素 C 很快溶失于水中。喷洒油后也不要久放，等油被饲料吸入后就可投喂。一般维生素 C 不要放在配合饲料的原料中加工，防止在加工过程中受到破坏。现有一种维生素 C 磷酸酯镁，性质较稳定，有抗氧化作用，可混入原料中制成配合饲料。

二、维生素 C 缺乏病（Vitamin C deficiency）

【病因】此病属于营养性疾病，即投喂缺乏维生素 C（抗坏血酸）或维生素 C 含量不足的配合饲料几周以后，并且池水内没有任何藻类时，易发生此病。

维生素 C 是白色结晶粉末，味酸，易溶于水，性质极不稳定，易受水分、空气、光热以及化学药物的破坏。在饲料的加工和储藏过程中很容易损耗，并且在饲料投入水中后很容易溶出。有人报道配合饵料原料中的维生素 C，在加工成形后，仅存 61%（抗坏血酸钠盐），再经过干燥后仅存 26%。维生素 C 在 20℃下储藏 6 个月后可损失 67%～83%。配合饲料中的维生素 C，在投喂于池塘中 3min 后，在水温 20℃时损失 36%，水温 28℃时损失 52%。

维生素 C 参与脯氨酸（proline）的羟基反应，生成羟脯氨酸（hydroxyproline）。后者为胶原蛋白合成的先趋物，与组织的再生有密切关系，所以对于对虾的伤口愈合有帮助，在附肢或尾扇损伤时能使其加速恢复。维生素 C 还能促进对虾蜕壳，因为它与钙的代谢有关。维生素 C 还有解毒和增强对虾对疾病的抵抗力的作用，但在虾体内不能合成，必须从食物中获得。

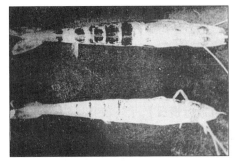

图 8-47　患维生素 C 缺乏病的对虾（上）与正常的对虾（下）比较
(Lightner, 1977)

【症状和病理变化】缺乏维生素 C 的病虾在腹部、头胸甲和附肢的几丁质层下面，尤其关节处或关节附近、鳃以及前肠和后肠的壁上出现黑斑。病虾通常厌食，且腹部肌肉不透明。一般在晚期继发性感染细菌性败血症（图 8-47）。

【流行情况】此病已知的有加州对虾、褐对虾、日本对虾和蓝对虾的幼体。但长期投喂维生素 C 缺乏或含量不足的人工配合饲料，养虾池中又没有藻类存在时，各种对虾都有可能发生此病。中国对虾有时也发现类似的症状存在。

【诊断方法】根据虾体表症状可做初步诊断，但确诊时还应了解投喂的饲料情况，并做组织检查，特别检查关节附近的表皮、前肠和后肠的肠壁、眼柄和鳃。

【防治方法】

（1）人工配合饲料中含有 0.1%～0.2% 的维生素 C，可以防止此病的发生和发展，对轻病可以治疗，但症状已很明显的虾就不能恢复。

维生素 C 添加于饲料中的方法一般是将每 100mL 水中溶解 4mL 维生素 C，再均匀喷洒入定量的饲料中，阴干 0.5h 左右。然后每 100kg 饲料喷洒植物油（豆油、花生油等）1～2kg，等油被吸入后就可投喂。喷洒植物油的作用一方面是在饲料表面形成一层油膜，保护维生素 C 不溶于水，另一方面可补充饲料中的固醇类和不饱和脂肪酸的含量。

（2）适当投喂一些新鲜藻类。因为新鲜藻类中含有较多的维生素 C。但要防止藻类在养虾池中大量繁殖，形成危害。

三、肌肉坏死病（Muscle necrosis）

【病因】肌肉坏死病主要由不适宜的环境因素引起，已证实的病因有：水温过高，盐度过高或过低，溶氧量低，放养密度过大，水质受化学物质污染等，特别是在这些因素发生突然变化时更易生病。有时对虾发生痉挛病、气泡病或体表附生大量共栖生物时也会引起肌肉坏死病。

Lakshmi 等（1978）用褐对虾进行试验，在最适盐度（8.5～17）和水温为 26℃时，褐对虾生活正常，仅有 1% 的虾发生肌肉坏死病，这可能是其他因素引起的，并且这些病虾均能恢复健康。但是，超出这个盐度范围，对虾发生肌肉坏死病的百分率和死亡率就显著增加。

温度的影响同样很明显，当水温为 26℃时，试验的对虾比在 21℃或 31℃时肌肉坏死发生率低，恢复率高，并且在 31℃时发生率最高，恢复率最低，症状出现得也最快。

【症状和病理变化】主要症状是对虾腹部肌肉，特别是靠近尾部腹节中的肌肉，局部变为白色，不透明，与周围正常的肌肉有明显的界限，即为坏死（图 8-48）。以后变白区域迅速扩大到整个腹部，此类虾一般在 24h 内即可死亡。

由盐度和温度不适引起的肌肉坏死，开始时对虾表现活动剧烈，不安地连续游泳，或企图跳出池塘，过 10～30min 后活动迅速减缓，以至静止不动，这时多数虾出现症状。

这种病往往有继发性细菌感染，形成尾部坏死、脱落。

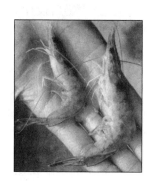

图 8-48 对虾肌肉坏死病

【流行情况】此病在我国以及其他养虾国家普遍存在。各种对虾都可受害。在中国对虾主要发生在 7 月中旬至 8 月底的高温季节，死亡率低，但也有高达 100% 的。将病虾与同池中不显症状的虾同时放在一个盆内进行暂养试验，病虾很快死亡，不显症状者仍能正常生活。

【诊断方法】从外观症状可以初诊。但确诊时应剪取病灶处变白的肌肉做成水浸片镜检，看看有无微孢子虫，注意横纹肌退化的情况。因弧菌病和某些病毒（如 IHHN）也能使局部肌肉变白，不透明，特别是在疾病的后期或慢性型，可继发性感染弧菌，在尾肢和腹足受到损伤时，也可能继发性感染镰刀菌。在诊断时应仔细检查，避免混淆，并找出原发性病因。

【防治方法】

预防措施：

(1) 放养密度勿过大。

(2) 在夏季高温季节，尽量保持虾池的高水位，防止水温过高和温度、盐度的突然变化，保持水质良好，溶氧充足。

(3) 防止暴雨后洪水流入虾池或低盐度的水突然流入虾池，骤然降低池水盐度。

(4) 防止受污染的水进入虾池。

治疗方法：发现症状后应尽快找出并消除致病因素，改善环境条件，可以使症状较轻和患病时间较短的虾恢复正常。较有效的治疗方法是大量换水并提高水位。

四、痉挛病（Cramp disease）

【病因】病因尚未完全清楚。一般认为是水温过高引起的，由该病都发生在盛夏高温时期可证明这个观点有一定的道理。在高温时期捕捞和触摸虾体，虾受到刺激后也易发生此病。不过在完全没有受到干扰的池塘养殖的对虾有时也可发生。

【症状和病理变化】病虾的腹部向腹面弯曲，严重者尾部紧贴在头胸部的腹面，身体僵硬，侧卧在水底，捕上后也不能将它拉直。病情较轻者虽尚可游泳，但游泳时身体腹部也呈驼背形,不能伸直(图8-49)。有些病虾腹部肌肉也局部变白,与肌肉坏死病的症状相似,但患肌肉坏死病的虾身体不呈驼背形。

【流行情况】痉挛病发生的地区和受害的虾类非常广泛。我国沿海养殖的中国对虾、墨吉对虾和长毛对虾等都常发生此病,有的养虾场因该病而遭受重大损失。美国养殖的各种对虾也发生此病。

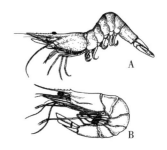

图8-49 患痉挛病的对虾
A. 病情较轻尚能游泳者
B. 病情较重已沉于水底者

我国长江以北养殖的中国对虾发生此病的季节为7月底至9月中旬的高温季节。

【诊断方法】将虾捕上后从外观症状就可确诊。

【防治方法】因为此病的病因尚不十分清楚,所以有关防治方法的研究不够,不过从发病季节都是在盛夏高温期间这一点考虑,在该病的流行季节内勤灌水,提高水位,改善水质,降低水温,可能对预防和限制该病的发展有较大作用。

另外,在高温季节,尽可能不要拉网捕捞,以免对虾受到惊扰后发生痉挛病。

五、蓝藻中毒(血细胞肠炎 Hemocytic enteritis,HE)

【病因】Lightner(1982)发现对虾摄食了底栖蓝藻后可中毒。已证明可引起中毒的蓝藻主要为颤藻科(Oscillatoriaceae)的钙化裂须藻(*Schizothrix calcicola*)。

此外,已通过实验证明颤藻科的咸淡水螺旋藻(*Spirulina subsalsa*)也具有致病性。大微鞘藻(*Microcoleus lyngbyaceus*＝*Lyngbya majuscula*)也很可能是致病蓝藻之一。

这些蓝藻体内含有一种藻毒,是由脂多糖类(lipopolysaccharides)组成的内毒素。当对虾吞食了这些蓝藻后,藻体被消化破碎,释放出毒素,对虾吸收后中毒。

【症状和病理变化】主要症状为血细胞肠炎(Hemocytic enteritis,简称HE)。有时伴有肝胰脏坏死和萎缩。病虾消化道中没有几丁质的部分,包括中肠、前中肠盲囊(或称胃上盲囊)及后中肠盲囊(或称后肠盲囊),发生黏膜坏死和血细胞浸润性炎症。黏膜上皮细胞从原来的柱状萎缩成矮立方形。细胞质内的空泡和自噬小体(autophagosome)增加,膜颗粒内质网减少,表面的微绒毛的高度降低。受毒害的细胞最后与基底膜分离、溶解或脱落到消化道内。血细胞浸润并大量积聚在上皮组织的基部(图8-50)。病虾嗜眠、厌食;体表略呈蓝色,表皮上带有棕黄色或浅黄色斑点,特别在表皮连接处;通常生长缓慢,体长明显小于健康虾;腹肌不透明;鳃及体表往往有共栖生物(如固着类纤毛虫、丝状细菌等)附着。

病虾的死亡率可达85%,不过一般在50%以下。致死的原因可能是中肠的黏膜受到破坏,使渗透压失去平衡并且丧失了吸收营养的机能,但是大多数的病例显然是由于继发性感染细菌性败血病引起的。从发生败血病血细胞肠炎的病虾血淋巴中分离出的细菌主要是弧菌。

中国对虾也发生血细胞肠炎,症状与Lightner(1982,1988)报道的有些差别,主要是胃部及中肠变红色,并且肿胀,后肠外观混浊,与中肠的界限不清。压片检查中肠色素细胞扩张,肠壁组织中有大量血细胞聚集(血细胞浸润)。在血细胞炎症这一点上与Lightner报道的HE是相同的。

【流行情况】据Lightner(1988),HE可发生在多种对虾。HE为对虾幼虾的早期和中期的疾病,成虾少见,对虾幼体和仔虾也未发现。在水浅、透明度大的虾池池边和池底容易

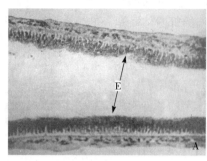
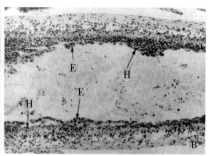

图 8-50 蓝对虾稚虾前中肠的切片
A. 正常虾的前中肠，有完整的柱状上皮组织（E）
B. 病虾的前中肠。黏膜上皮成为残屑或脱落到肠腔内（E），血细胞成团存在于肠腔表面和黏膜层之下（H）
（Lightner，1982）

产生蓝藻，在对虾吃食时很容易误食而中毒。

此病已发生在美国、巴西、菲律宾、以色列等许多地区。我国台湾省的斑节对虾也已发现此病。在中国对虾上发生的肠炎病，因症状有些特殊，是否与HE为同一病因，尚需进一步证实。

我国在对虾育苗期间有时仔虾期幼体发生原因不明的大批死亡，同时在虾池中有大量颤藻存在，甚至在仔虾体表也附着许多颤藻（图 8-51）。这些颤藻显然对对虾幼体是有害的，但其危害情况研究得还不够。

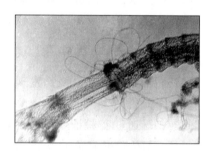

图 8-51 中国对虾仔虾腹部附着的颤藻

【诊断方法】HE 的初诊可用肉眼观察病虾的外观症状并结合池水情况。确诊须进行组织检查，发现中肠及中肠盲囊的黏膜上皮有坏死和明显的血细胞性炎症。肝胰脏小管的上皮有时也出现坏死和血细胞炎症。

【防治方法】防治蓝藻中毒病的最有效方法是防止底栖蓝藻（如钙化裂须藻等）的生长。具体做法是提高水位，并通过施肥、投饵等措施促进有益浮游植物的大量生长繁殖，以降低池水的透明度，使底栖蓝藻得不到足够的光照，自然就可消失。

六、黄曲霉素中毒（Aflatoxin toxicosis）

【病因】使用发霉的配合饲料或豆饼、花生饼等喂虾。这些发霉的饲料往往带有黄曲霉菌（*Aspergillus flavus*）和寄生曲霉菌（*A. parasiticus*），对虾吃了这些曲霉菌产生的黄曲霉毒素（aflatoxin）后会中毒。Wiseman（1982）用含有黄曲霉素 B 的饲料（每克饲料中含有 53～300μg）喂万氏对虾的幼虾 98d 后，发生黄曲霉素中毒，引起大批死亡。

【症状和病理变化】黄曲霉素中毒的主要症状和病理变化是肝胰脏、颚器官（mandibular organ）以及造血器官的坏死和炎症。急性和亚急性中毒时，肝胰小管的上皮组织坏死。坏死是先从肝胰脏中心开始，向四周发展到管的末端。亚急性和慢性中毒时，管间有明显的血细胞炎症，随着病情的进展，肝胰小管逐渐被囊化和纤维化，在急性中毒时则没有这种变化。中毒后的颚器官，腺体内索周围上皮细胞的坏死是从近端向中心的静脉进行，并有轻度的血细胞炎症（Lightner，1984）。

【流行情况】无论何种对虾、何时、何地，只要投喂发霉的饲料都可发生黄曲霉素中毒。对虾的养殖目前主要靠人工配合饲料。人工配合饲料及其原料如果长期储藏在潮湿而温暖的仓库中，就很容易产生黄曲霉素。我国许多地方因投喂了霉变的饲料，发生对虾大批死亡的事例已有多次。虽然未做深入的调查分析，估计很有可能是黄曲霉素中毒。

【诊断方法】初诊可根据病理组织检查结果，观察有否肝胰脏坏死、发炎和萎缩，下颚器官是否坏死，还应检查饲料或其原料是否发霉，必要时进行分析才能确诊。

【防治方法】预防措施主要是配合饲料及其原料的包装、保存和运输一定要注意防潮，防止产生曲霉，已发霉的绝对不能使用。

治疗方法尚无报道。发现饲料霉变，立即停喂，更换新鲜饲料，病情会很快好转。

七、畸形（Monstrosity）

【病因】①在对虾卵孵化期间如果水温过高或过低就可引起无节幼体畸形。例如中国对虾在孵化期内水温超过 21℃，长毛对虾孵化水温低于 23.5℃时，就出现畸形。卵在孵化过程中溶氧不足也可能是一个因素。②育苗用水中重金属离子浓度过高时也可出现畸形。已证明锌离子达到 0.03mg/L 时无节幼体就发生畸形。

【症状和病理变化】畸形多发生在无节幼体和溞状幼体阶段，主要症状是尾部和附肢的刚毛弯曲、变形、萎缩或消失，特别是尾刚毛弯曲最为常见，所以有人把它叫做尾棘弯曲病。溞状幼体的畸形除了上述症状外，也有的腹部弯曲，两眼合并，额突分叉等（图8-52）。畸形的幼体一般不能继续发育，在蜕皮时就死亡，极少数可生存到幼虾阶段。

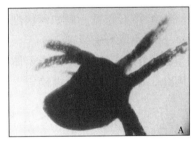

图 8-52 对虾幼体畸形
A. 无节幼体，附肢无刚毛 B. 溞状幼体，腹部扭曲缢缩

【流行情况】畸形主要发生在水质污染、水温不适宜的育苗池。此病在中国沿海各对虾育苗场中均可发现。

【诊断方法】从外观症状就可确诊，但应从水温水质等环境条件寻找原因。

【防治方法】畸形应以预防为主，因为已经变为畸形的不可能恢复。预防措施主要是保持优良的水质和适宜的水温。新建的育苗池在育苗前应预先加水浸泡，将水泥中的有毒物质基本上全部浸出后，才能进行生产。育苗池中的加热管道不能用镀锌管，以防锌溶解于水中。如果已发现水中含有较大量的重金属离子或已发现有少数畸形幼体，而水温正常时，可用乙二胺四乙酸（EDTA）钠全池泼洒，使池水呈 5～10mg/L 浓度。另外在收卵过程中应防止大量卵子长时间挤压在一起。

八、黑鳃病（Black gill disease）

【病因】此处所指的黑鳃病是由非生物引起的鳃丝组织坏死变黑。其原因有下列数项：

（1）水质受到化学物质的污染。已证明镉、铜、高锰酸钾、臭氧、原油、酸（pH 很低的海水）、氨、亚硝酸盐等物质的污染，均可引起黑鳃病。氨和亚硝酸盐主要是池底残饵过多，腐烂分解后产生的，在虾池中一般不会达到使对虾急性中毒的浓度，但可使虾产生慢性中毒从而引起黑鳃病。例如亚硝酸盐在 2～3mg/L 浓度时就可使对虾慢性中毒，发生黑鳃，引起少量死虾；浓度达到 10mg/L 以上则可引起严重黑鳃病，发生大批死亡。其他有毒物质多数是外来污染。

（2）防治虾病时使用的药物不当。例如用硫酸铜或高锰酸钾剂量过大。铜离子可直接损伤鳃丝，高锰酸钾的锰形成二氧化锰黏附在鳃丝表面，都可引起黑鳃。

（3）食物中长期缺乏维生素 C，特别是长期投喂人工饲料的虾池，易生黑鳃病（详见维生素 C 缺乏病）。

【症状和病理变化】病虾外观鳃区呈一条条黑色花纹。镜检时可看到鳃丝局部或弥漫性坏死，轻者呈深褐色，重者变为黑色，坏死的鳃丝呈皱缩状（图 8-53）。

【诊断方法】靠外观症状可以初诊，要确诊必须剪取部分鳃丝，做成水浸片进行镜检，必要时还要检查血淋巴。

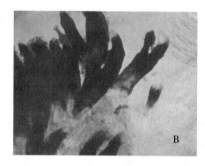

图 8-53　患黑鳃病的对虾症状
A. 患黑鳃病的中国对虾
B. 黑鳃病虾鳃的一部分放大

外观鳃部变黑有两类其他因素：

（1）鳃丝表面有污物附生，外观黑色，但鳃组织并不变黑。例如丝状细菌、固着类纤毛虫或其他污物引起的鳃部变黑。这一类在显微镜下容易与本病区别。

（2）鳃丝组织坏死变黑，除本病所述的非生物性的病因以外，还有由体内病原引起的黑鳃。例如病毒、弧菌、镰刀菌等引起的黑鳃。因此，必须仔细诊断以确定导致黑鳃病的主要原因。

【流行情况】黑鳃病多发生在有工业废水污染的海区和底质恶化严重的虾池。发生季节一般为 7～9 月。

鳃丝坏死，失去了呼吸机能，轻者影响对虾的摄食和生长，一般在蜕皮时就死亡。重者很快便死亡，特别是在早晨池水溶解氧含量不足时，可引起大批死亡。

【防治方法】
预防措施：
（1）池塘在养虾以前应彻底清除池底淤泥，并用生石灰处理池底。
（2）保持水质清洁，要适时适量换水。水源中如果有工业排水污染时，应暂停进水。
（3）使用硫酸铜和高锰酸钾治疗虾病时，应非常慎重，必须使用时，切勿过量，使用次数也不宜多，并且在施药数小时后应大量换水，将残留的药物排掉。
（4）长期投喂配合饲料时，应定期在配合饲料中添加维生素 C（方法见维生素 C 缺乏病）。

治疗方法：鳃组织已经坏死变黑者，没有办法可以使其恢复原状。但在发现有少数对虾发生黑鳃病时，应大量换入清洁新鲜的海水，同时在饲料中添加维生素 C，并多喂鲜活饲料，可以防止病情的进一步发展。

九、粘污病 (Smeared)

【病因】一般发生在池底残饵过多、水质污浊、幼体发育缓慢的育苗池。镜检患病幼体未发现病原生物。因此，真正的病因尚不清楚。

【症状和病理变化】此病一般发生在溞状幼体Ⅰ期至糠虾幼体Ⅰ期阶段。幼体附肢和尾部的刚毛上黏附着大量有机碎屑，呈淡黄色，并往往有单细胞藻类和鞭毛虫类附着，以及纤毛虫中的下毛类（Hypotrichida）在上面爬行（图8-54）。

【流行情况】此病主要发生在池底残饵过多的育苗池。从溞状幼体到仔虾期都可发病，从溞状幼体Ⅰ期到糠虾幼体期受害最重。

【诊断方法】做患病幼体的水浸片，进行镜检，除体表黏附污物外，没有发现其他病原生物，就可断定是粘污病。患病毒病、菌血病和肠道细菌病的幼体也经常在体表有污物附着，应仔细检查，正确诊断。

图8-54 对虾溞状幼体的粘污病

【防治方法】

预防措施：适量投饵，多喂活饵，加大换水量。

治疗方法：用高锰酸钾全池泼洒，使池水成0.5～0.8mg/L的浓度，过2～3h后大量换水。一般泼一次或第二天再泼一次可治愈。

注意事项：高锰酸钾对对虾幼体的毒性较大，用药切勿过量，并且要将高锰酸钾晶体完全溶解以后，再多加清洁海水尽量冲洗，然后均匀泼洒，边泼边充气。

十、软壳病 (Soft shell disease)

【病因】软壳病的病因可能有下列几种：

(1) 长期投饵不足，使对虾呈饥饿状态，或饲料的营养不全，钙和磷的含量不平衡。

(2) 饲料储存不当，腐败变质，对虾不愿摄食，即便吃后也可中毒。

(3) 换水量不足或长期不换水，使虾池中积累有害物质。

(4) 池水的pH升高和有机质的含量下降，从而使水中溶解磷的浓度下降（$<10^{-6}$），形成不溶性的磷酸钙沉淀，对虾就不能利用水中的磷。因为对虾甲壳的主要成分是钙质使它坚硬，这种钙又是以磷酸钙的形式存在，所以磷在对虾甲壳的形成和钙化过程中成为限制因子。

(5) 水中含有有机锡或有机磷杀虫剂。据报道有机锡杀虫剂浓度为0.015 4mg/L可使斑节对虾47%～60%发生软壳病。杀虫剂可抑制对虾甲壳中几丁质的合成。

【症状和病理变化】患病对虾的甲壳薄而柔软，壳与肌肉似乎分离，有的病虾在壳下有积水。病虾比同池的健康虾小1～2cm（在8月份）。病虾活力低下，捕上后很少弹跳。

软壳的斑节对虾的肝胰脏中，钙和磷的含量都明显偏高，但甲壳中磷的含量则较硬壳虾显著低。

【诊断方法】诊断主要靠手的感觉，轻捏病虾的腹部甲壳，有软薄感，并有壳与肉分离的感觉，病虾体色也较淡。

镜检对虾的各器官组织，未发现其他病原和症状。再按上述各种病因，仔细核查。

【流行情况】此病已报道在菲律宾的养殖斑节对虾中十分普遍，使该国的对虾养殖业受到严重打击。

我国近几年来已有许多地区养殖的中国对虾中发现此病。发病严重者大都是主要喂配合饲料，很少或不喂鲜活饲料。

发生软壳病的虾池，在同一池塘中一般仅有5%~10%的虾患病。病虾明显小于健康虾，可见生长缓慢，但未发现死亡，估计软壳病虾活动能力差，易被健康虾残食。此病不仅影响对虾产量，也降低了商品质量。

【防治方法】

(1) 适当加大换水量，改善水质。

(2) 多投喂鲜活饲料。据报道软壳的斑节对虾在投喂冷冻的贝肉后4周可改善软壳的情况。中国对虾在投喂鲜活饲料一段时间后，软壳病也明显减少。

十一、水疱病（Water blister disease）

【病因】水疱病的病因尚不清楚，在亲虾的水疱中有时发现拟阿脑虫，有时发现有细菌，估计这些都是继发性感染，因为大多数的病例在水疱中检查不到病原。

【症状和病理变化】中国对虾水疱病仅发现在越冬亲虾上。水疱位于头胸甲的鳃区（即鳃盖）的内壁上，形成长约2cm、宽约1.5cm的大水疱，将鳃区内壁的表皮与甲壳分开，使鳃区的内壁隆起，鳃区内壁边缘向外翻出。将水疱刺破后，流出淡黄色液体，略带黏稠性，有时液体浓缩成胶冻状。水疱压迫鳃丝。病虾重者可以死亡。

【流行情况】此病发生在亲虾越冬的后期。仅发现几例，发病率不高，一般为1%~2%，但患病后几乎100%死亡。

【诊断方法】将病虾头胸甲的鳃区掀起，肉眼就可看到水疱，再将水疱刺破，流出液体，就可确诊。

【防治方法】无报道。

十二、气泡病（Gas-bubble disease）

【病因】对虾气泡病发生的病因和原理与鱼类的气泡病基本相同，不过对虾气泡病主要发生在育苗池中，在充气的条件下，水温突然升高引起的。Lightner（1974）根据气泡病发生的原理做了人工导致对虾发生气泡病的试验。方法是用两个密闭的水热器，将水槽的水温从22℃提升到28.8℃，水槽中的水即成为空气过饱和，然后放入褐对虾的溞状幼体Ⅱ期，不久就有10%的幼体发生气泡病，因此病而死的5%，垂死的幼体在背甲下、消化道内或其周围的血腔中都有气泡。

他们还试验了压力对气泡病产生的影响。将褐对虾的稚虾放在密闭的水槽中，在槽中的水面以上留有一个空间，通入压缩空气，使压力达到3.4×10^5Pa，经过30min后，再排出压缩空气，使压力恢复正常，过36h后稚虾就发生气泡病。稚虾首先表现痉挛，游泳反常，不久就下沉水底，昏迷而死。虾的全身组织都有气泡，腹部、鳃和眼柄上的气泡最为明显，在表皮下像一层白色泡沫。

Lightner（1983）认为对虾因为海水中空气过饱和引起气泡病的阈限约为饱和度的118%，由氧过饱和引起的气泡病的阈限为饱和度的250%。

【症状和病理变化】养殖对虾自然发生的气泡病的症状，基本上与上述试验导致的症状相同。我国发生气泡病的养殖对虾大多数处于溞状幼体和糠虾幼体阶段，在幼体的消化道和头胸部内出现1～8个圆球形或长形气泡（图8-55），使幼体密度降低，浮于水面，失去平衡，不久就死掉。在对虾的养殖过程中也偶然发生气泡病，气泡存在于对虾的鳃、消化道和心脏中。

【流行情况】各种对虾都可发生气泡病。我国虽然在对虾育苗和养成过程中都曾发生过此病，但比较少见。

【诊断方法】对虾幼体的气泡病可将患病幼体做成整体水浸片，在低倍显微镜下就可看到气泡。幼虾的气泡病则取鳃丝做成水浸片镜检。

图8-55 患气泡病的对虾溞状幼体
示腹部内的2个大气泡和头胸甲的小气泡

【防治方法】

预防措施：养成池中防止浮游植物繁殖过量，适时适量换水，保持优良的水色和适宜的透明度。育苗期间升温时不应太快。

治疗方法：发现病后立即灌入新鲜海水，育苗池中需降低温度。

十三、浮头与泛池（Floating and suffocation）

【病因】浮头和泛池的定义及其发生的原因与鱼类的浮头和泛池完全相同。对虾对于最低溶解氧的忍受限度一般为1mg/L，但与虾的健康状况有很大关系，例如健康的褐对虾当水中溶氧量为1mg/L时尚能生存，但是患聚缩虫病的虾在水中溶解氧为2.6～3mg/L时就可窒息而死。

【症状和病理变化】对虾浮头和鱼类一样，浮在水面，但不像鱼类浮头时那样明显地张口吐气。虾死后沉于水底。

【诊断方法】诊断主要在早晨黎明时到虾池边观察虾的活动情况，如果发现大批的虾浮于水面，基本就可断定是缺氧浮头，必要时可测定池水溶氧量。

对虾的浮头和泛池主要发生在8～9月，因为这时水温较高，虾池中已经过3～4个月的投饵，水底沉积了大量的残饵和粪便等有机物质，池水污浊，当天气闷热无风、对虾放养密度过大、水体交换不良时，在半夜至天亮以前这段时间内就容易发生浮头和泛池。

我国各地养虾场，因发生泛池大批死虾甚至全池虾覆没的事例屡见不鲜。

【防治方法】

预防措施：我国的养虾池面积一般都很大，一旦发生浮头和泛池后，抢救十分困难。因此应以预防为重点。主要措施如下：

(1) 放养前应彻底清除池底淤泥，最好在清淤后再加翻耕曝晒，促进有机质的分解。

(2) 放养密度切勿过大。

(3) 投饵要适宜，尽量避免过多的残饵沉积池底。

(4) 定期适量换水，保持优良的水色，在7月下旬至9月期间应增加换水量，并缩短换水的间隔时间。

(5) 每天傍晚测氧，发现溶氧量降至2mg/L以下时，就应加注新水或换水。

(6) 设立增氧机定时开机增加池水溶氧量。

(7) 在 7 月底至 10 月上旬每天黎明前后到虾池巡视，发现浮头现象立即抢救。

治疗方法：发现浮头后最好的急救办法是灌注新鲜海水。如果没有海水可灌，也可将临池的水泵入浮头虾池，甚至将本池的水抽起并尽力向高处喷出，使水散开曝气后再落下。有条件的养虾场也可采取充气的方法。但要注意所有这些方法都要避免搅起池底，因为在浮头时表层的水中溶解氧还勉强维持虾的生存，越向下层溶氧越缺，此时如果操作不当，将底层水搅起与表层水混合，外界的氧又不能及时溶入，将促成对虾更迅速死亡。

第七节 虾类的敌害

对虾在幼体阶段，身体很小，游泳能力很差，与浮游生物一样成为多种水生动物的饵料。以后随着虾体长大，游泳能力增强，逃避敌害的能力也加大，有些原来为对虾幼体敌害的动物反过来又成为对虾的饵料生物，例如桡足类就是这样。但是总的看来，虾的避敌能力远比鱼类差，即便在成虾阶段也往往被鱼类和鸟类等大型敌害捕食，因此，在虾类的育苗和养成过程中，预防敌害的侵袭是养虾成败的关键问题之一。

一、鱼　　类

对虾在幼体时期，几乎为所有的鱼类（包括浮游生物食性鱼类和其他鱼类及其幼鱼）所吞食，但在养成过程中，则只有掠食性鱼类，如鲈、鲷类、弹涂鱼、刺鰕虎鱼、马鲅鱼、黄姑鱼等，才能成为其敌害。据顾昌栋、郑嘉谟（1958）的报道，在纳潮养鱼、虾的港养中，检查到的刺鰕虎鱼（*Acanthogobius hasta*）体长为 52～111mm，平均每尾鱼的消化道内有对虾 1.7 个；待刺鰕虎鱼长到 116～280mm 时，对虾也已长大，不可能被完整地吞下，但在 88 尾鰕虎鱼的胃中，仍有 53.8% 的消化道内含物为虾类的碎片，其中脊尾长臂虾（*Palaemon carinicauda*）占 25.2%，对虾占 28.6%，其余为鱼类。弹涂鱼（*Periophthalmus cantonensis*）也吃虾类，被检查的 71 尾弹涂鱼中，虾类的出现频率为 53.3%，平均每尾鱼的胃中有 1～4 个虾。这些鱼类除了捕食对虾外，还与对虾争夺饵料和消耗氧气。

预防鱼类敌害的方法主要是彻底清池，并且养虾池进水时需用拦网拦滤，拦网的网目一般为 40～60 目。

已放养对虾的虾池中如果已发现鱼类，可用茶粕（茶籽饼）毒杀，施用浓度为 15～20mg/L，先用水浸泡，然后全池泼洒。

二、水　　鸟

在养虾场中水鸟已成为危害严重的敌害。特别是在对虾生病时，虾池上空往往有大群水鸟盘旋，伺机捕捉游到水面和池边的对虾。患病的对虾一般喜欢浮于水面，游泳缓慢，反应迟钝，很容易被水鸟捕捉。所以虾池上有大批水鸟飞翔起落，成为池虾患病的征兆。

几乎所有的水鸟都可吃虾，而以鸥鸟类危害最大。驱除这些鸟类可设草人恫吓。

三、桡　足　类

浮游桡足类的种类很多，在对虾的育苗池中经常可以见到。作为对虾的敌害，主要危害对虾幼体。一些大型的捕食性种类，例如捷氏歪水蚤（*Tortanus derjugini*）、双刺唇角水蚤（*Labidocera bipinata*）和左突唇角水蚤（*L. sinilobata*）等已证明可以捕食对虾的无节幼体和溞状幼体Ⅰ期。但是对虾发育到仔虾后，这些桡足类反过来又成为仔虾的饵料（李德尚，1980）。

这几种水蚤在我国沿海分布较广，数量较多，并且它们是直接产卵于水中，卵子的直径又很小（一般为 $85\sim110\mu m$），孔眼稍大点的筛绢就过滤不住。因此，有些对虾育苗池在育苗开始刚灌水不久，水蚤的数量还很少，以后就与日俱增。

防除方法：主要加强育苗池进水时的过滤，必须采用孔径小于 $85\mu m$ 的筛绢做滤水网，才能将这些水蚤的卵子滤住。

四、其他虾蟹类

脊尾白虾在广西和台湾也叫做五须虾，很容易在对虾养成池中大量繁殖。因为虾池进水闸门上安装的过滤网，不能阻止脊尾白虾的卵或其无节幼体随水进入对虾池。这种虾繁殖很快，在对虾养殖的后期，往往在对虾池中大量存在，不仅抢食对虾的饵料，而且在对虾蜕壳期间趁对虾身体柔嫩又无抵抗和逃避的能力时对其进行袭击。此外白虾数量过多时，消耗池水的溶解氧，容易引起浮头和泛池。

防除方法：主要在放养虾苗前，虾池应彻底清池。如果对虾池中已出现大量白虾，可用定置网具捕捞。定置网设在池边，使定置网的网目仅能容许体形较小的白虾进入，对虾不能进入，晚间放置，早晨起网，这样可清除虾池内的大量白虾。

有些蟹类的大眼幼体出现在对虾孵化期间。其身体比对虾幼体大得多，常以对虾幼体为饵料，只要进水处用筛绢过滤，就可防止大眼幼体进入育苗池。蟹的成体也可吃对虾，并且能破坏池堤。防除方法是在晚上用人工捕捉。在虾池中，只要在放养前彻底清池，一般不会产生大量的蟹类。

复 习 题

1. 虾蟹类的病毒病有哪几种？各种细菌病的病原、症状、流行、诊断和防治方法怎样？
2. 虾蟹类的细菌性疾病有哪几种？各种细菌病的病原、症状、流行、诊断和防治方法怎样？
3. 链壶菌、海壶菌、离壶菌的形态和繁殖习性上有何异同点？它们易寄生在何种动物的什么发育阶段？能导致怎样的症状和危害？提出防治措施。
4. 镰刀菌危害对虾的哪一阶段？该病有何症状和流行规律？如何诊断和防治？
5. 虾疣虫病对对虾的危害如何？怎样诊断？
6. 蟹奴的形态和生活史如何？有何症状和危害？
7. 虾体附生藻类的种类、危害性和防治方法如何？
8. 水螅和藤壶病的病原、症状和危害如何？
9. 白黑斑病有何症状？可能的病因是什么？目前如何防治？
10. 维生素C缺乏病有何症状？危害如何？怎样有效防治？
11. 肌肉坏死和痉挛病的病因有哪些？有何症状及危害？怎样诊断和防治？
12. 蓝藻中毒和黄曲霉素中毒表现出何种症状及危害性？怎样防治？

13. 对虾畸形病、黑鳃病、粘污病、软壳病的病因是什么？怎样防治？
14. 水疱病和气泡病的病因是什么？二者如何鉴别诊断？如何防治？
15. 对虾出现浮头和泛池有什么症状？病因是什么？怎样防治？

第九章

贝类的病害

第一节 病毒性疾病

一、牡蛎的面盘病毒病

【病原】牡蛎幼虫面盘病毒（Oyster velar virus，OVV）。病毒粒子呈二十面对称体，平均直径（228±7）nm。病毒分为完整病毒颗粒、不完整病毒颗粒和中间型。组织化学显示病毒呈弗尔根和吖啶橙阳性，说明为 DNA 病毒，属于虹彩病毒（Iridovirus）。

【症状和病理变化】患病幼虫活性减退，内脏团缩入壳内，面盘活动不正常，面盘上皮组织细胞失掉鞭毛，并且有些细胞分离，脱落，最终幼虫沉于养殖容器的底部不活动。

病毒包涵体主要见于面盘上皮细胞内，其次是口、远端食管上皮细胞，极少见于外套膜上皮细胞，呈嗜酸性，有少量嗜碱性成分。受感染细胞肿胀，微绒毛等表面结构消失，线粒体疏松，球形肿胀，核肿胀变大且染色质分散，最终细胞脱落。

【流行情况】此病的传播可能是纵向感染，即来自潜伏感染的亲牡蛎。此病流行季节为 3～8 月，受害幼体的壳高大于 150mm。

此病发生在美国华盛顿的太平洋巨蛎（Crassostrea gigas）。Elston 等（1985）报道，牡蛎育苗场因牡蛎的面盘病毒病，产量损失达 50%。

另外虹彩病毒也引起葡萄牙的欧洲巨蛎（C. angulata）和法国的太平洋巨蛎发病，不过太平洋巨蛎的病毒出现在血细胞，而欧洲巨蛎的病毒发现在鳃和血细胞。

【诊断方法】在面盘、口部和食道的上皮细胞中有浓密的圆球形细胞质包涵体。受感染的细胞增大，分离脱落。脱落的细胞中含有完整的病毒颗粒。

【防治方法】
预防措施：
(1) 将感染病毒的牡蛎幼虫及牡蛎亲体及时销毁。
(2) 用含氯消毒剂彻底消毒养殖设施。
(3) 使用经检疫无携带病毒的牡蛎做亲体并保存作为长期的繁殖种群。
治疗方法：尚无报道。

二、疱疹病毒病

【病原】一种疱疹状病毒（Herpes-type virus）。病毒粒子六角形，直径 70～90nm，具单层外膜。有的病毒粒子具浓密的类核（nucleoid）。

【症状和病理变化】受感染的牡蛎消化腺呈苍灰色。

【流行情况】Fareley 等（1972）报道此病发生在发电站排出的热水中养殖的美洲巨蛎

（*C. virginica*），发病水温为 28~30℃，散发性死亡。在水温下降后，此病就消失。

【诊断方法】根据牡蛎消化腺的颜色即可初诊。

【防治方法】此病的发生显然与水温有密切的关系。因此，发现该病后将牡蛎转移到温度低的天然海水（12~18℃）中，就可能阻止继续感染和死亡。

三、鲍的"裂壳"病

【病原】球状病毒。病毒粒子呈球形，大小为 90~140nm，核衣壳大小为 60~120nm。具双层囊膜，厚 8~10nm，与核衣壳间距为 15~20nm，囊膜光滑。无包涵体。

【症状和病理变化】病鲍的足部变瘦、色泽变黄并失去韧性，表面常带有大量黏液状物，贝壳变薄、壳外缘外翻、壳孔间常因贝壳的腐蚀成为相互连通状。同时，鲍活力下降，对光反应不敏感，摄食量减少，生长缓慢，软体部消瘦，继而逐渐死亡。

电镜下可见病毒粒子广泛存在于病鲍的内脏团（包括肝、肠等）、外套膜、足的血细胞质中，致使结缔组织排列散乱，部分细胞坏死，上皮细胞也以坏死为主。

【流行情况】传播途径为水平传播，最大可能是经口进入体内。据王斌等（1997）报道，人工感染大小为 1.5cm 皱纹盘鲍的幼鲍，死亡率为 50%。

【诊断方法】用血清学诊断方法，可做出诊断。

【防治方法】目前尚无有效的治疗方法，只能以预防为主，防止发病；少量发病则应迅速隔离，以防相互感染。

四、栉孔扇贝的病毒病

【病原】王崇明等（2002）报道了栉孔扇贝（*Chlamys farreri*）大规模死亡是由一种球形病毒引起。病毒粒子近似圆形，大小为 130~170nm，核衣壳直径为 90~140nm。具有囊膜，厚度为 7~10nm，囊膜与核衣壳之间的间距为 13~16nm，囊膜表面覆有长 20~25nm 的纤突，囊膜纤突致密地镶嵌成规则的毛边样，无包涵体（图 9-1A）。引起扇贝大规模死亡的病原除球形病毒外，可能还有衣原体、立克次体（王运涛，1999）和支原体（李登峰，2002）。

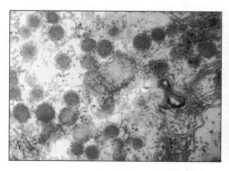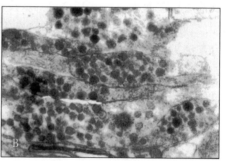

图 9-1 栉孔扇贝的病毒病
A. 栉孔扇贝组织中成熟的病毒粒子 B. 栉孔扇贝肝胰腺皮下结缔组织细胞质中病毒粒子
（贺桂珍，2003）

【症状和病理变化】患病扇贝的贝壳开闭缓慢无力，对外界刺激反应迟钝。外套腔中有大量黏液，并积有少量淤泥，消化腺轻微肿胀，肾脏易剥离，外套膜向壳顶部收缩，外套膜失去光泽。患病严重的扇贝鳃丝轻度糜烂，肠道空或半空，足丝脱落，失去固着作用。

电镜下可见在消化腺消化小管管间结缔组织、肠黏膜下层结缔组织以及肾小管管间结缔组织分布有大量的病毒粒子。病毒粒子以团聚的方式存在于结缔组织的细胞质内，形成囊泡样结构（图 9-1B）。

【流行情况】 据王秀华等（2002）报道，自 1985 年山东长岛县发现野生栉孔扇贝大量死亡以来，山东、辽宁两省栉孔扇贝的主要养殖区均多次发生过不同程度的病害，尤其在 1997 年至 1999 年间，病情更加严重，造成的死亡规模之大为历史上罕见。此病在青岛地区发病高峰在 7 月底至 8 月初，发病水温在 25℃以上，病贝大小为 4.5~6.0cm，扇贝出现上述症状 2~3d 后很快死亡，死亡率在 90%以上，呈暴发性。

【诊断方法】 根据症状可初步诊断，确诊需用电镜进行观察。

【防治方法】 目前尚无有效的治疗方法，只能采取预防措施。

第二节　衣原体病、立克次体病、支原体病

一、衣原体病

【病原】 衣原体（*Chlamydia* sp.）。该微生物呈现三个不同的发育时期：网状体期（reticulate bodies）、稠密体期（condensing bodies）和原粒体期（elementary bodies）。该微生物在组织细胞中形成颗粒状包涵体，一般早期包涵体含网状体和稠密体，而晚期包涵体含稠密体和原粒体。荧光抗体实验证实这类微生物享有衣形病毒的群特异性抗原，故认为该微生物属衣原体。

【症状和病理变化】 在硬壳蛤消化盲管上皮细胞之内发现一种呈紫色至蓝色包涵体，组织观察包涵体常呈粗颗粒状，内有 2~3 种不同大小的许多小体，大的包涵体可充满整个盲管腔。而 Morrison（1982）在加拿大的海湾扇贝的消化盲囊的上皮细胞中发现大小不一的嗜碱性颗粒状包涵体。王运涛等（1999）报告衣原体主要侵染栉孔扇贝外套膜平滑肌的肌纤维间质，破坏鳃丝细胞，使鳃丝细胞线粒体膨大变形。

【流行情况】 衣原体除感染硬壳蛤和海湾扇贝外，在大西洋深水扇贝、沙海螂、美洲巨蛎和加州贻贝（*Mytilus californianus*）等也发现有衣原体，但未发现其致病性。在加拿大的海湾扇贝的感染率为 40%。在我国山东半岛的胶州湾，衣原体可能是引起海湾扇贝大量死亡的原因之一（王文兴，1999）。同样，衣原体可能引起我国山东、辽宁两省栉孔扇贝的大规模死亡，死亡率达 60%以上。

【诊断方法】 光镜下观察到组织中有颗粒状的包涵体即可初诊，确诊需用电镜观察。

【防治方法】 未见报道。

二、立克次体病

【病原】 立克次体（*Richettsia*）。该微生物仅具一个发育时期和具有典型的细胞壁结构。寄生于大西洋深水扇贝（*Placopecten magellanicus*）细胞内的立克次体形成包涵体，直径为 $45\mu m$。包涵体内有大量的革兰氏染色阳性的棒状体。棒状体长 $1.9~2.9\mu m$，宽 $0.5\mu m$。在电子显微镜下可见棒状体外围有一层薄壁，内部含有核蛋白体状颗粒，中部电子密度小的部分类似为间体（mesosomes）。初步鉴定为立克次体。寄生于海湾扇贝（*Argopecten irradians*）肾脏上皮细胞内的立克次体，也形成许多嗜碱性包涵体。电镜观察该微生物呈环形，长轴 $0.4~0.7\mu m$，短轴 $0.3~0.6\mu m$，外周由双层 3 片层的结构膜包绕，具较低密度的核

区，核区中央具有一个电子密度颗粒样类核。从形态上看似衣原体的稠密形，但鉴于其仅具一个发育时期，故认为应属于立克次体。

【症状和病理变化】 深水扇贝的闭壳肌呈灰白色、松软、胶化，外套膜脱落，也变灰白色。组织切片观察闭壳肌变性，包括肌纤维破碎、玻璃样变（失去横纹），有变形细胞浸润的坏死病灶。在鳃、褶膜和体表的其他上皮细胞中有嗜碱性包涵体。被感染的细胞肥大，核偏于一边。而在海湾扇贝肾脏上皮细胞中观察到许多嗜碱性包涵体。王运涛等（1999）报道立克次体主要存在于栉孔扇贝的肝胰腺、肠和鳃组织，侵染这些组织细胞的核围隙（perinuclear space）及核膜周围的膜状结构，使核膜及膜状结构出现水肿、膨大，引起严重病变。

【流行情况】 1979—1980年秋冬季，美国罗德岛（Rhode Island）的大西洋深水扇贝发生此病，感染率为88%，出现大批死亡。1997年以来，立克次体可能引起我国北方诸省栉孔扇贝的大规模死亡。

【诊断方法】 根据外观症状即可初诊，确诊需用电子显微镜观察。

【防治方法】 未见报道。

三、支原体病

在深水扇贝消化盲管上皮细胞和美洲牡蛎肠杯状细胞内都发现一种支原体样微生物，其大小也呈现变异。

李登峰（2002）报道了从大规模死亡的栉孔扇贝的肝胰腺（含胃和消化道）中分离出一种微生物，该微生物由头尾两部分组成，头部呈椭球状、豆状或棒状，尾部细长，呈棒状或丝状，长短不一，无细胞壁，无固定形态，具多形性，初步鉴定为支原体。支原体可能是条件致病菌，在养殖环境不良时，可能出现原发感染立克次体或病毒后继发支原体感染致病。

第三节 细菌性疾病

一、牡蛎幼体的细菌性溃疡病

【病原】 鳗弧菌（*Vibrio anguillarum*）和溶藻酸弧菌（*V. alginolyticus*），可能还有气单胞菌属（*Aeromonas*）和假单胞菌属（*Pseudomonas*）的种类。

【症状和病理变化】 浮游的幼虫被感染后即下沉固着，或活动能力降低，突然大批死亡。镜检时发现幼虫体内有大量细菌，面盘不正常，组织发生溃疡，甚至崩解（图9-2）。

【流行情况】 弧菌在海水中、底泥内和健康牡蛎的体表都可能存在，是机会致病菌。所以，各地育苗场在培育各种牡蛎苗时，都可能发生此病。

牡蛎幼体受细菌的感染，疾病的发生和发展都很迅速。人工感染试验，幼体与细菌接触后4～5h内就出现症状，8h开始死亡，18h后试验的牡蛎幼体全部死亡。

【诊断方法】 诊断方法除用显微镜检查病菌外，用荧光抗体方法可以迅速而准确地鉴定病原的种类。此外，Elston等（1981）提出染色排除法，可用于疾病的早期诊断。具体方法是在1mL生活的牡蛎幼体的悬浮液中，加几滴0.5%的台盼蓝（Trypan blue）溶液，然后镜检。台盼蓝仅能染已死的细胞，活细胞不着色，这样就很容易将溃疡处的坏死组织和正常的健康幼体区别开。活的牡蛎幼体在感染细菌性溃疡病初期，两壳间就有死细胞从外套膜上脱落下来。这些细胞呈蓝色球形，容易辨认。此法诊断迅速，价廉，简单易行，能及早发现细菌病的初期病理变化，及时进行治疗（Sindermann，1977）。

【防治方法】

预防措施：

（1）保持水质清洁卫生，加强水体和沉积物的细菌学检查。

（2）发现患病幼体后应立即丢掉。

（3）投喂的单胞藻保证无弧菌污染。

（4）单独或联合使用过滤、臭氧和紫外光线消毒育苗用水。

图9-2 患细菌性溃疡病的双壳贝幼体
示已死的幼体和中心部有成堆的细菌的幼体

治疗方法：用复合链霉素 10mg/L 全池泼洒。不过一旦幼体出现症状，泼洒抗生素也无效。

二、幼牡蛎的弧菌病

【病原】弧菌（*Vibrio* sp.），生化特性近似于溶藻酸弧菌，可能不止一种。

【症状和病理变化】据 Sindermann（1988）报道，患病的幼牡蛎壳畸形，周边具有大而明显的未钙化的几丁质区域。往往与壳瓣分离，壳上有沉淀不均匀的钙化区。右壳比左壳生长过度，壳呈杯形。组织学检查韧带也被感染，细菌深入到韧带中，壳的几丁质也可被腐蚀，贝壳硬蛋白可能被细菌溶解。消化管内无食物，肠腔中有脱落的吸收细胞。感染能阻止壳的生长，妨碍韧带的功能。

【流行情况】此病发生在美国的美洲巨蛎和欧洲牡蛎（*Ostrea edulis*），可引起幼牡蛎种群的 20%～70% 死亡。传染途径可能是附着基物上有细菌繁殖，幼牡蛎附着后壳先受到感染，再进入韧带、外套膜和鳃，最后全身感染而亡。

【诊断方法】从壳的外观形态和韧带的病理组织学检查就可确诊。

【防治方法】

预防措施：养殖设施应清刷和药物消毒。

治疗方法：将已感染的种群用浓度为 10mg/L 的次氯酸钠溶液浸洗 1min 后，立即用海水冲洗干净。

三、海湾扇贝幼体的弧菌病

【病原】鳗弧菌和溶藻酸弧菌等。

【症状和病理变化】幼虫下沉，活动力降低，突然大批死亡。镜检患病幼体有细菌游动。

【流行情况】此病发生在美国东北岸的海湾扇贝。该病感染迅速，幼虫与病原接触 4～5h 后就出现疾病症状，8h 开始死亡，幼虫组织坏死和消散，一般在 18h 内幼虫 100% 死亡。

我国的海湾扇贝在育苗期中，往往幼虫发生面盘解体，即面盘上带鞭毛的细胞脱落，每个细胞上有 2 条弯曲成秤钩状的鞭毛，在水中机械地摆动，过去误认为是鞭毛虫，现证实为面盘上脱落的细胞。这些细胞的活动，只是鞭毛摆动，位置不变，活动时间为 30～45min，停止活动，鞭毛分解为多条细微的纤毛，然后细胞解体。扇贝幼虫面盘解体以后立即下沉死亡。这是扇贝育苗中危害最大的一种疾病，是育苗成败的关键问题。

【诊断方法】从濒死的或已死的幼虫中分离出弧菌。镜检幼虫壳内有面盘脱落的细胞活动。

【防治方法】

预防措施：

(1) 保持水质优良，对水质和沉淀物做常规的细菌学检查。

(2) 已感染的幼体要弃掉。

治疗方法：用抗生素（链霉素、复合链霉素、多黏菌素B、红霉素、新霉素）治疗，但一旦出现症状和幼虫开始死亡时，抗生素已无效，而且抗生素可使幼虫停止吃食，并且使用过量时可引起死亡。

四、鲍弧菌病

【病原】据 Sindermann（1988）报道，美国的红鲍（*Haliotis rufescens*）在幼体时容易发生弧菌病，分离出的病原弧菌的生化特性接近于溶藻酸弧菌。

【症状和病理变化】病菌从上皮组织穿入，引起上皮组织脱落，再侵入足、上足和外套膜。细菌往往聚集在组织的血窦中和神经纤维鞘内。在血液中可发现有活动的细菌。身体褪色，触手软弱无力，内脏团萎缩，足缩回。患病个体不活泼，濒死的个体对机械刺激无反应。

【流行情况】此病通常发生在环境紧迫的情况下，例如充氧过多或高温等。从幼体变态后到10mm大小的红鲍发生持久性的死亡，有时出现死亡高峰。发病时的水温为18~20℃。蓄养的鲍因为在捕捞时受伤，伤口感染细菌后化脓。夏季水温达20℃以上开始生病，25~27℃时发病率最高。

【诊断方法】从池底发现已死幼鲍的空壳和濒死的个体，根据上述症状即可确诊。

【防治方法】

预防措施：

(1) 培育幼鲍要保持适宜的环境条件，防止充氧过多或高温。

(2) 蓄养的鲍在捕捞时尽量小心，防止受伤。

(3) 蓄养的鲍受伤后可用药物浸泡伤口，方法同下述治疗方法。

治疗方法：

(1) 幼鲍的治疗未见报道。

(2) 蓄养的鲍可用浓度为25~50mg/L 的噁喹酸海水溶液浸洗0.5~1h，或用复方新诺明1％的海水溶液浸洗5min。也可将这两种药的任何一种用海水配成5％的水溶液涂洗伤口。注意用这些药物处理后，需将鲍放在空气中10~15min，使药液充分地渗入病灶后，再放回海水中饲养。必要时可第二天再重复治疗一次。

五、文蛤弧菌病

【病原】溶藻酸弧菌。在TCBS琼脂平板上培养1d后，形成黄色大菌落，菌落直径为3~5mm；细菌在固体培养基上能游动；发酵葡萄糖产酸不产气，甲基红试验阳性，V.P试验阳性，还原硝酸盐，精氨酸-碱反应阴性，赖氨酸、鸟氨酸脱羧酶阳性，对弧菌抑制剂O/129（150μg）及新生霉素敏感；能繁殖的温度是10~45℃，最适生长温度为20~37℃，在5℃和50℃不能发育；能生长的盐度为5~80，最适生长的范围是10~50，在5％~6％NaCl

的胨水中生长最旺盛，在无盐蛋白胨水中不能生长；pH 5~12 中均能生长，最适 pH 为 6~10。

台湾省杨前桂等（1978）报道文蛤（*Meretrix lusorin*）的病原菌是副溶血弧菌（*V. parahaemolyticus*）。刘军义等（1996）报道引起广西文蛤弧菌病的病原菌也是副溶血弧菌。其生物学性状为革兰氏阴性短杆菌（0.8~1.0μm×1.5~1.8μm），具偏端生单鞭毛；在 TCBS 琼脂平板上培养 24h 后，形成蓝绿笠状菌落，菌落直径 2~3mm；发酵葡萄糖产酸不产气，精氨酸-碱反应阴性，赖氨酸、鸟氨酸脱羧酶阳性，靛基质阳性；在温度 10~42℃、pH 5~11、盐度 5~80 的环境条件下都能生长。该菌具有较强的毒力。

【症状和病理变化】患病文蛤在退潮后不能潜入沙中，壳顶外露于沙面上；由于闭壳肌松弛无力，两片贝壳不能紧密闭合，对刺激的反应迟钝，壳缘周围有许多黏液。剖开贝壳，可见软体部十分消瘦，肉色大多由正常的乳白色变为淡红色，消化道内无食物，或仅有少量食物；肠壁发生病变；外套膜发黏，紧贴于贝壳上，不易剥离；同时，外套腔内几乎都有鱼蚤寄生，少则几只，多则 20~30 只，更加重病情。镜检肠壁、肝组织和外套膜液体，发现均有大量细菌。

【流行情况】自 1980 年以来，江苏省南部沿海文蛤常发生急性大批死亡，发病迅速，从发现个别文蛤钻出滩面到大批死亡，只有 3~4d 时间，滩面上呈现一片白茫茫的文蛤壳，死亡率可高达 85% 以上，未死的文蛤，也因体质衰弱，采捕第二天就有 50% 开壳，3d 全部死亡。流行季节 8~11 月，尤其是 9~10 月，不分潮位高低及文蛤大小，都发生死亡，死亡高峰大多在海水较差的小潮期，11 月份水温下降后，死亡亦即停止。8 月份除水温升高，有利于细菌繁殖外，文蛤产卵后肥满度显著降低，体质下降，也是一个原因。

另外，1992 年以来，广西沿海一些养殖场每到 6 月份左右常发生文蛤大批死亡现象，死亡率达 60%~80%，部分区域高达 95% 以上，与江苏南部沿海文蛤发生的死亡情况十分相似。

在病文蛤的外套腔液体中及肠道内发现有大量病原菌，推测病原菌的传播方式是文蛤在滤食时，将水中病原菌富集于外套腔中，或吞入消化道中，感染发病。

【诊断方法】根据症状、病理变化及流行情况进行初步诊断，确诊需进行病原菌分离、鉴定。

【防治方法】

预防措施：

（1）选择好暂养场地。暂养场的潮位选择要合理，潮位过高，干露时间长，影响摄食；潮位过低，流速大，作业时间短，不利于管理。要选择大潮流畅通、滩涂平坦的中潮区中部，而又无藤壶及绿藻繁生的海区。为保证底质不受污染、不老化，暂养场最好每年更换一次位置，有利于文蛤潜居和生长。

（2）文蛤移苗、增殖和暂养，密度必须适中。

（3）加强管理，当遇大风时，文蛤易被风浪打出滩面，必须组织人力及时将文蛤疏散。

（4）不从疫区移养苗种和成贝，并最好进行浸浴消毒。

（5）选择适宜的采捕和暂养时间，为了冬季出口能及时采捕到一定数量的活文蛤，必须在低温来临之前，抓紧采捕。夏末秋初，文蛤体质差，稍有环境不适，就会发病死亡，历年 9 月份，文蛤开始大批死亡，10 月下旬气温明显下降，文蛤的疾病也逐渐减少，这段时间文蛤潜居的深度仍不超过 1cm，起捕还比较容易，为避开文蛤死亡高峰期，以 10 月底开始采捕暂养为宜。

（6）缩短采捕、移养的间隔时间，尽量做到当天采捕当天放养。室内阴干试验表明，日平均温度 26.3℃（24.2～29.0℃）时，成贝阴干 3d，约死亡一半，阴干 4d 存活率为 10% 以下。

治疗方法：尚无有效的治疗方法。

六、点状坏死病

据 Fujita 等（1953，1955）、Takeuchi 等（1960）、Imai 等（1965）、Sindermann 等（1970）报道，日本广岛湾的太平洋巨蛎 1946 年以后曾多次发生点状坏死病。濒死的病牡蛎有点状的组织坏死，扩散的细胞浸润，并有大量的杆菌，使牡蛎大批死亡。这些杆菌尚未鉴定，可能是无色杆菌（*Achromobacter* sp.）。革兰氏染色阴性，能动，长 1～3μm。分离培养后人工感染已成功。不过该菌从健康的牡蛎上和海水中也能分离出来。

日本松岛湾的牡蛎在 1960 年曾发生大批死亡，其中有 20% 的个体具有革兰氏阳性杆菌。症状基本上与上述相同，当地叫做多发性脓肿。1965 年美国西岸从日本松岛湾引进的牡蛎种苗（年龄不超过一年的）也发生了类似的疾病。从种苗到成年牡蛎都可发生此病。病牡蛎的组织呈点状坏死，消化腺苍白色，壳张开，散发性死亡。病原也是革兰氏阳性，但未鉴定。

七、鲍的脓疱病

【病原】河流弧菌Ⅱ（*Vibrio fluvialis* - Ⅱ）。聂丽平等（1995）报道该病病原菌细胞呈杆状，大小为 0.6～0.7μm×1.2～1.5μm，以单极毛运动，革兰氏染色阴性，氧化酶阳性，接触酶阳性，对 O/129（150μg）敏感，对低浓度 O/129（10μg）不敏感，葡萄糖的 O/F 测定为发酵型产酸产气，能还原硝酸盐为亚硝酸盐，V.P 反应阴性，精氨酸双水解酶阳性，不液化明胶，不水解淀粉，阿拉伯糖阳性，木糖、肌醇阴性，可在 1%～7%NaCl 的肉汁培养基中生长，生长温度范围在 15～42℃。

【症状和病理变化】发病初期，病鲍行动缓慢，摄食量减少，病鲍从养成板上的背面爬行至养成板的表面或养殖水池的池壁。腹足肌肉表面颜色较淡，随着病情加重，腹足肌肉颜色发白变淡，出现若干白色丘状脓疱，脓疱破裂后形成 2～5mm 深的孔状创面（图 9-3），并有脓液溢出，继而创面周围的肌肉溃烂坏死。发病后期，病鲍基本停止摄食，腹足肌肉附着力明显减弱且腹足肌肉发生大面积溃疡，最终翻转死亡。

李太武等（1997）对皱纹盘鲍脓疱病的组织学和超微结构进行了研究，病理组织切片表明，病灶是从鲍足下表面开始逐渐扩展向足的深部，病鲍足的结缔组织、肌纤维坏死瓦解或破碎，病灶中只剩下鲍的血淋巴细胞、弧菌及细胞碎片。超微结构表明，早期病鲍足的肌原纤维排列混乱疏松，横纹肌的横纹模糊，继之细胞核肿大，核膜破裂，核质均质化，呈无结构状态，核仁消失，肌糖原消失，线粒体内嵴模糊，甚至破损。晚期病灶中含有大量的河流弧菌Ⅱ，该菌外壁薄，核区明显，

图 9-3 鲍脓疱病，示足部溃烂
（俞开康，2000）

胞质内含有颗粒（糖原）。该菌周围的组织被腐蚀成空斑。

【流行情况】 脓疱病是一种危害较严重的疾病，自1993年发病以来，山东和辽宁的一龄稚鲍至成鲍都出现了脓疱病，死亡率高达50%左右。

发病的部位均出现在足部有外伤的部位。在养殖生产中，稚鲍剥离时，受外伤的比率高，15～20d后往往出现脓疱病的发病高潮。

弧菌为条件致病菌。每年盛夏，特别是在海水温度超过20℃时，脓疱病的病原菌可迅速大量繁殖，致使脓疱病发病频繁，病情严重，死亡率高。到10月份左右，随着水温下降，病情得到逐步缓解，死亡率也随之大幅度下降。

【诊断方法】 根据症状可做诊断，确诊需对病原菌进行分离鉴定。

【防治方法】
预防措施：

(1) 稚鲍剥离时，尽量减少足部外伤。

(2) 保持饲养环境的清洁，为防止病原菌污染水体感染健康鲍，应将病鲍与健康鲍分开喂养。

(3) 选用健康亲鲍育苗，避免亲鲍携带病原菌。

(4) 避免放养密度太大，加大换水，适当控制水温。在保证鲍的生长速度的情况下，适当保持低温环境，特别是盛夏高温季节采取适当降温措施，可在一定程度上控制病原菌的大量繁殖。

(5) 投喂质优量适的饵料。

(6) 在高温季节来临之前，合理使用药物预防。可用浓度为3mg/L的复方新诺明，药浴3h，每天一次，连用3d为一疗程，隔3～5d再进行下一疗程。

治疗方法：在脓疱病暴发期间，使用浓度为6mg/L的复方新诺明或氟哌酸6mg/L，药浴3h，每天一次，连用3d为一疗程，隔3～5d再进行下一疗程。

八、三角帆蚌气单胞菌病

【病原】 嗜水气单胞菌（*Aeromonas hydrophila*）。革兰氏阴性短杆菌，单个或两个相连；极端单鞭毛，无芽孢。在血平板上呈β型溶血圈。生长适温25℃左右，4℃及41℃时生长缓慢，56℃，30min死亡；pH 5.5～8.5时生长良好。硫乙醇酸钠厌氧培养阳性，兼性厌氧，丁二醇脱氢酶阳性，甘油产酸产气，V.P试验阳性、阴性均有，赖氨酸脱羧酶阴性，在含7.5%NaCl营养肉汤中不生长。

【症状和病理变化】 发病初期，病蚌体内有大量黏液排出体外，蚌壳后缘出水管喷水无力，排粪减少，两壳微开，呼吸缓慢，斧足有时残缺或糜烂，腹缘停止生长。随着病情加重，病蚌体重急剧下降，闭壳肌失去功能，两壳张开，胃中无食，晶杆缩小或消失，斧足外突，用手触及病蚌的腹缘，只有轻微的闭壳反应，随即松弛，斧足多处残缺，不久即死。

鳃呼吸上皮细胞发生变性，纤毛脱落，甚至上皮细胞坏死、脱落，肝小管肿大破裂，管腔变小甚至完全堵塞，肝细胞肿大变性，胞浆内出现空泡，细胞核溶解，水肿变性直至坏死。外套膜边缘的生壳突起变形、肿大，以至褶纹消失，表皮细胞由柱形变为方形。斧足的表皮细胞肿大，由于水肿，肌肉群间形成空隙。

【流行情况】 自1985年以来，在江苏、上海、浙江、安徽、江西和湖北等地养殖的三角帆蚌均发生此病，以2～4龄的蚌最易感染发病，自4月中旬至10月均有发生，5～7月为发病高峰。病情发展迅速、流行季节长、发病率和死亡率均较高，死亡率一般在65%～90%，有的养殖场甚至育珠三角帆蚌全部死亡。

传染源是带菌蚌及病原菌污染的水体、工具。传播途径尚未完全查明，人工感染只有在肠区注射才能成功，高浓度菌液浸泡不能引起蚌发病致死。该菌是条件致病菌，广泛存在于水体中，当水体环境恶化、蚌养殖过密、缺少适口饲料、蚌体质下降、插片植珠后蚌受伤及排卵期蚌的体质较差时，均易暴发流行。

【诊断方法】根据症状、病理变化及流行情况进行初步诊断，确诊需从肝分离病原，进行鉴定。

【防治方法】

预防措施：

(1) 清除池塘中过多淤泥，用200mg/L生石灰或20mg/L漂白粉消毒。

(2) 加强饲养管理，合理混养和密养，及时施肥和灌注清水，使池水保持爽而肥，防止池水污浊。

(3) 不到疫区购买三角帆蚌。

(4) 选择健壮的蚌做手术蚌，提高插片技术，注意无菌操作。插片后，将手术蚌在2mg/L的氟哌酸溶液中药浴10min。

(5) 发病季节，定期泼洒生石灰、漂白粉等药物。

治疗方法：漂白粉挂袋或1mg/L全池泼洒。

第四节 真菌性疾病

一、牡蛎幼体的离壶菌病

【病原】动腐离壶菌（*Sirolpidium zoophthorum*）。菌丝弯曲并有少数分枝。在繁殖时菌丝末端膨大，形成游动孢子囊。游动孢子囊内的游动孢子形成以后，孢子囊上再生出排放管，伸到幼体以外。从排放管放出的游动孢子，在水中做短时间游泳后，再感染其他幼体。游动孢子生活时呈梨形，大小为$5\mu m \times 2\mu m$，具2根鞭毛，单游性。

【症状和病理变化】菌丝在牡蛎幼虫内弯曲生长，有少数分枝。被感染的牡蛎幼虫，不久就停止生长和活动，很快死亡，少数幸存者可获得免疫力。

【流行情况】根据报道，离壶菌可引起美洲巨蛎的各期幼虫和硬壳蛤（*Mercenaria mercinaria*）的幼虫大批死亡。

【诊断方法】诊断时可将牡蛎幼虫做水浸片镜检，发现组织内有菌丝存在；也可将患病的幼虫放入溶有中性红的海水中，则真菌菌丝的染色比幼虫组织深，更容易鉴别。

【防治方法】

预防措施：

(1) 育苗用水严格过滤或用紫外线消毒。

(2) 将患病的牡蛎幼体全部销毁，并消毒容器以防蔓延。

治疗方法：目前尚无有效的治疗方法。

二、鲍海壶菌病

【病原】密尔福海壶菌（*Haliphthoros milfordensis*）。菌丝直径为11～29μm，有较少

的分枝。繁殖时菌丝的任何部分都可产生游动孢子，并在该处的菌丝上生出直线形、波状或盘曲的排放管。管长 96~530μm，直径 7~10μm（图 9-4）。游动孢子生成后从排放管顶端的开口逸出，形状多样化，具 2 条侧生鞭毛。休眠孢子呈球形，直径 6~10μm。有性生殖未发现。发育水温为 4.9~24.2℃，最适温度为 20℃ 左右。

【症状和病理变化】病鲍的外套膜、上足和足的背面发生许多隆起，隆起内含有成团的菌丝。

【流行情况】海壶菌的繁殖适宜温度为 11.9~24.2℃，所以流行季节为春季至夏初及秋末至冬初。夏季捕捞的鲍放入 15℃ 的冷却海水的循环水槽中饲养，10d 内即可发病，再过几天就可死亡。我国沿海一些养鲍厂或蓄养场曾有发现。畑井（1982）报道日本饲养的西氏鲍（*Haliotis siebodii*）发生此病。其他种鲍也可能发生此病。

【诊断方法】剪取病鲍外套膜、上足或足背面的隆起，做成水浸片，在显微镜下检查发现菌丝基本就可确诊。要做真菌种类的鉴定，必须进行人工培养。

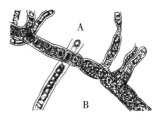

图 9-4 密尔福海壶菌
A. 营养菌丝 B. 形成孢子囊的菌丝
（畑井，1982）

【防治方法】
预防措施：用浓度为 1mg/L 的次氯酸钠可杀死海水中的游动孢子，有预防的效果。
治疗方法：尚无有效的治疗方法。

三、壳　病

【病原】绞纽伤壳菌（*Ostracoblabe implexa*），属于藻菌纲的一种真菌。菌丝常常有卵形，少数膨大为球形的厚壁孢子（chlamydospore）（图 9-5）。取壳的感染处疣状组织在酵母-蛋白胨培养基中于 15℃ 下培养可得纯培养。在低温（5℃）下培养时，厚壁孢子的数目和大小有明显的增加。

【症状和病理变化】初期症状是由于真菌菌丝在壳上穿孔，特别是在闭壳肌处最为严重，使壳的内壁表面有云雾状白色区域。以后白色区域形成 1 个或几个疣状突起，高出壳面 2~4mm，变为黑色、微棕色或淡绿色，严重者该区域有大片的壳基质沉淀。

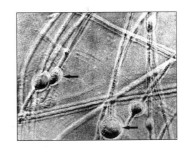

图 9-5 菌丝的膨大处和形成的厚壁孢子
（箭头指处）

世界各地关于壳病的报道中，壳的症状基本相同，但内部组织的病理变化有些差别。在欧洲的报道中认为壳的病变区域的邻近组织变性，使闭壳肌脱落，引起牡蛎死亡。但李铭芳（1983）未发现壳病对加拿大的牡蛎有严重伤害，仅在鳃、外套膜和消化管的组织中产生纤维组织，在内部组织中均未发现真菌菌丝。

【流行情况】壳病发生的地区很广，荷兰、法国、英国、加拿大和印度等国均发生此病。主要侵害欧洲牡蛎，在欧洲巨蛎和另外一种巨蛎（*Crassostrea gryphoides*）也发现此病。以秋季水温 22℃ 以上发病率最高。

【诊断方法】根据壳的病理变化可以初诊，确诊时应取病灶处的碎片，放入消毒海水中在15℃下培养3~4周后长出菌丝，进行鉴定。

【防治方法】无报道。

第五节 寄生虫病

一、寄生原虫疾病

（一）六鞭毛虫病　　病原为尼氏六鞭毛虫（Hexamita nelsoni）。此虫属于肉鞭动物门、动鞭纲、双滴虫目（Diplomonadida）、六鞭科（Hexamitidae）。身体一般为梨形。从前端生毛体上生出8条鞭毛。6根向前伸出，成为游离的前鞭毛，2根沿身体两侧向后伸，与身体之间形成2条轴杆，到身体后端再游离成后鞭毛。但其形态变化较大（图9-6）。

尼氏六鞭毛虫寄生在太平洋巨蛎、商业巨蛎（Crassostrea commercialis）、青牡蛎（Ostrea lurida）和欧洲牡蛎等多种牡蛎的消化道内。这是牡蛎的一种常见寄生虫，分布广泛，世界各地都有发现。我国台湾和山东的牡蛎中也存在，但是否为同一种尚待鉴定。

六鞭毛虫的致病性尚有争论。有些人认为它是荷兰的食用牡蛎或美国华盛顿州的青牡蛎的死亡病因。但也有人认为六鞭毛虫和牡蛎的关系是共栖还是寄生取决于主要环境条件和牡蛎的生理状况，可能不是牡蛎死亡的主要原因。在水温低和牡蛎的代谢机能低时，六鞭毛虫可以成为病原。但在水温适宜，牡蛎的代谢机能强时，牡蛎可以排除体内过多的六鞭毛虫，使牡蛎与六鞭毛虫成为动态平衡，变为共栖关系。

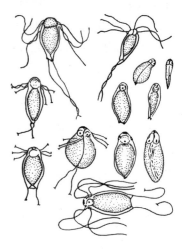

图9-6　尼氏六鞭毛虫
（Schlicht等，1970）

（二）扇变形虫病　　扇变形虫（Flabellula＝Vahlkampfia）属于肉鞭动物门、叶足纲（Lobosea）、变形目（Amoebida），是小型变形虫。形状常有变化，但一般为宽广的扇形。在行动时往往宽度大于长度，长度或行动时的宽度一般不超过75μm。前进时宽边向前，身体前部的原生质有时形成嵴或深裂，并迅速地展平或缩进，有时形成细长的和多瘤的尾状丝。内质颗粒状。边缘上可以伸出大小不一的圆尖锥形的伪足，有体长的2~3倍。胞核一个，呈泡状，通常有球形的核仁。

在美洲巨蛎的消化道内已发现了两种扇变形虫（Sprague，1970）：其一为帕特扇变形虫（F. patuxent），该虫在人工饲养的最初几天，长度约为20μm，但以后直径可达140μm。通常由外质构成一个宽大的扇形伪足。靠吃细菌生活。复分裂或出芽繁殖。偶然形成包囊。包囊球形，大小很不一致，具单核。其二为卡式扇变形虫（F. calkinsi），其宿主、寄生部位和形态构造与前一种很相似，主要不同的是它的包囊大小颇一致，背腹扁，外形不规则。这种变形虫与牡蛎的血细胞相似，但在染色后从核的形态可以区别。

扇变形虫未曾发现于牡蛎的组织和细胞内，因此，危害性不大。

（三）线簇虫病

【病原】病原为线簇虫，其营养体时期寄生在虾或蟹的消化道内，孢子时期寄生在软体动物。以牡蛎为宿主的已报道有下列3种：

Prytherch (1983) 报道了牡蛎线簇虫 (*Nematopsis ostrearum*)：寄生在蟹体内的营养体 (并体子) 长 220~342μm；包囊直径 80~90μm；裸孢子直径 4μm。在牡蛎体内产生的孢子长 16μm，宽 11~12μm。寄生部位以外套膜为最多，但可出现在所有的器官中 (图 9-7)。

Sprague (1949) 报道了普氏线簇虫 (*N. prytherchi*)：孢子长 19μm，宽 16μm。寄生于鳃。

线簇虫未定种 (*Nematopsis* sp.)：孢子很小，长 11μm，宽 7μm。寄生部位为鳃。

【症状和病理变化】寄生在牡蛎中的线簇虫对牡蛎的危害性不显著，没有证明它可以使牡蛎死亡或降低肉的质量。一般认为不是重要的致病因素。有人认为牡蛎在排出体内的线簇虫孢子和在感染之间成动态平衡，因而不可能有大量孢子长期聚集在牡蛎体内使其受害。但它的致病性也不可能完全排除，有时在牡蛎组织中存在大量孢子，很可能产生机械障碍。普氏线簇虫在严重感染时可阻塞牡蛎的鳃血管。

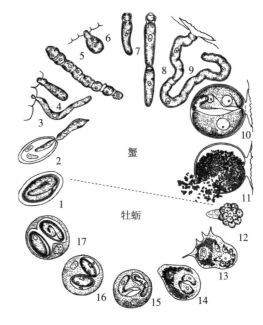

图 9-7 牡蛎线簇虫生活史图解
1. 在牡蛎中的孢子，含有一个孢子体 2. 在蟹肠中孢子体逸出 3. 附着到蟹肠的上皮细胞上 4. 生成细小的营养体 5. 并体子 6. 重新附着到肠壁上 7. 成熟的母孢子 8~10. 成为并体子的母孢子附着在蟹肠壁上，并形成配子母细胞 11. 配子母细胞破裂放出裸孢子 12. 单个的裸孢子准备进入牡蛎鳃 13. 裸孢子被牡蛎吞噬细胞吞入并分散成为营养体 14~17. 营养体在吞噬细胞内发育成为孢子

(Prytherch，1938)

【流行情况】牡蛎线簇虫寄生在美洲巨蛎中。在美国大西洋沿岸的牡蛎中是一种常见的寄生虫。另外有好几种瓣鳃类对这种线簇虫也具有敏感性，例如弯凸扇贝 (*Pectengibbus irradians*)、单纯不等蛤 (*Anomia simplex*)、等纹牡蛎 (*Ostrea equestris*)、偏顶蛤 (*Modiolus demissus*)、帘蛤 (*Venus ziczac*) 和楔形马特海笋 (*Martesia cuneiformis*) 等。因此，牡蛎线簇虫是对软体动物宿主专一性特别弱的一种寄生虫。甲壳类宿主有赫氏拟武蟹 (*Panopeus herbstii*)、凹宽装蟹 (*Eurypanopeus depressus*)、广适蟹 (*Eurytium limosum*) 等。

普氏线簇虫和寄生在鳃上的另一种线簇虫都寄生在美洲巨蛎，并且往往同时感染同一宿主。其甲壳类宿主为哲蟹 (*Menippe mercenaria*)。寄生在哲蟹鳃内。

我国台湾的巨蛎中也发现一种线簇虫。

【诊断方法】取牡蛎外套膜或鳃镜检发现孢子后可确诊。

【防治方法】未见报道。

(四) 派金虫病

【病原】海水派金虫 (*Perkinsus marinus*)，隶属于原生动物门中的顶复体门 (Apicomplexa)、派金虫纲 (Perkinsea)、派金虫目 (Perkinsida)、派金虫属 (*Perkinsus*)。其生活

史中最容易看到的是孢子。孢子近于球形，直径 3~10μm，多数孢子大小为 5~7μm。细胞质内有 1 个大液泡，偏位于孢子的一边。液泡内有较大的、形状不规则的折光性内含体，叫做液泡体（vacuoplast）。液泡体周围有一层泡沫状的细胞质。胞核位于细胞质较厚的部分，即偏于孢子的一边，呈卵圆形，核膜不清楚，周围有一圈无染色带。液泡体充分形成以后，有的近于球形，有的呈叶状或分叉，有的分成几个，有的伸到细胞质中（图 9-8）。

在宿主死后，孢子经过几个时期的变化，形成很多具 2 根鞭毛的游动孢子。游动孢子放出后在水中游泳，与牡蛎接触时就附着上去，脱掉鞭毛，变为变形虫状，通过牡蛎的鳃、外套膜或消化道侵入到上皮组织内，再被宿主的变形细胞吞食，带到牡蛎身体的各组织内，寄生在细胞内或细胞间，进行二分裂或复分裂繁殖。

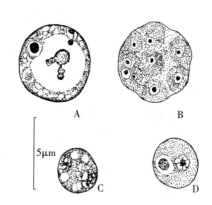

图 9-8　海水派金虫
A. 成熟孢子，具明显的液泡体　B. 复分裂，形成数个子细胞　C. 双核期，染色质弥散，胞质开始液泡化　D. 未熟孢子，具小液泡和囊状核
（Andrews，1988）

【症状和病理变化】病牡蛎全身所有软体部的组织都可被寄生并受到破坏，但主要伤害结缔组织、闭壳肌、消化系统上皮组织和血管。在感染的早期，虫体寄生处的组织发生炎症，随之就纤维变形，最后发生广泛的组织溶解，形成组织脓肿或水肿。慢性感染的牡蛎，身体逐渐消瘦，生长停止，生殖腺的发育也受到阻碍。感染严重的牡蛎壳口张开而死，特别是在环境条件不利时死亡更快。

【流行情况】派金虫病是牡蛎的最严重的疾病之一，自 1950 年发现在美国的美洲巨蛎、叶牡蛎（Ostrea frons）和等纹牡蛎，以后又发现在古巴、委内瑞拉、墨西哥和巴西等国家和我国台湾省。

第一年的牡蛎一般不患此病，主要受侵害的是较大的牡蛎。死亡率也随着年龄的增长而增加，但在各地区又有差别，感染率最高可达种群的 90%~99%。牡蛎的死亡发生在夏季和初秋（8~9 月），以后随着天气变冷、水温下降，死亡也减少。冬季一般不死亡。在发生流行病以前的环境条件是有较高的水温（30℃）和较高的盐度（30）。盐度在 15 以下，或水温低于 20℃或高于 33℃时，即使有派金虫寄生，牡蛎也不会死亡。

因派金虫的传播是靠放出的游动孢子随着水流直接传播给邻近的牡蛎，所以传播的范围一般是在病牡蛎周围 15m 以内。疾病的严重程度与高密度养殖有密切关系。

【诊断方法】将检查怀疑为有派金虫的活体组织放入含葡萄糖的巯基醋酸盐液体培养基中，在 25~30℃下培养 1d 以上，营养体或动孢子囊前期扩大并形成壁，用鲁哥氏碘液染成蓝黑色。或做组织切片染色后鉴定。

【防治方法】以预防为主。
预防措施：
(1) 在牡蛎固着生长前将附着基物彻底清刷干净，将老牡蛎完全除掉，除去蛎床之间附着的任何生物。
(2) 蛎床不要太密集，因为此病在较远的距离间传播较慢。
(3) 牡蛎生长到适当大小时尽早提前收获，以避免疾病的发生。
(4) 避免使用已感染的牡蛎作为亲牡蛎。

(5) 将牡蛎养在低盐度（<15）海区，可使疾病停止发展，减少死亡。

治疗方法：目前尚无有效的治疗方法。

（五）单孢子虫病

1. 尼氏单孢子虫病

【病原】尼氏单孢子虫（*Haplosporidium nelsoni* = 尼氏明钦虫 *Minchinia nelsorni*），属于怪孢门（Ascetospora）、星孢纲（Stellatosporea）、栎实孢子目（Balanosporida）、单孢子科（Haplosporidiidae）。尼氏单孢子虫最初在美国简称为 MSX（Multinucleated Sphere X），一直沿用到 1966 年 Haskin 定名为尼氏明钦虫，Sprague（1987）又定为尼氏单孢子虫，至今有的文献上还用 MSX 这个名称。

该虫的孢子呈卵形，长度为 6~10μm，一端具盖，盖的边缘延伸到孢子壁之外。在病牡蛎的各种内部组织中，都有尼氏单孢子虫的多核质体（plasmodia）。多核质体的大小很不一致，一般为 4~25μm，最大的可达 50μm，有数个至许多核。核内有一个偏心的核内体（图 9-9A）。

【症状和病理变化】病牡蛎肌肉消瘦，生长停止，在环境条件较差时则引起死亡。病牡蛎全身组织都受感染，组织中有白细胞状细胞浸润，组织水肿。严重感染的牡蛎组织细胞萎缩，组织坏死，含有大量的孢子（图 9-9B）。肝小管中因充满大量的成熟孢子而呈微白色，色素细胞增加。少数病牡蛎坏死的组织和濒死的尼氏单孢子虫沉积在壳内壁上，促使壳基质形成被囊，成为褐色大小不一的疱状物（图 9-9C）。

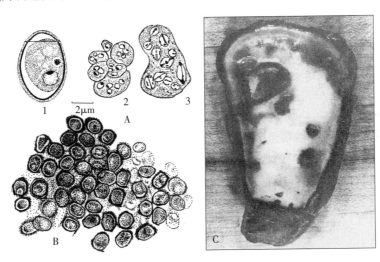

图 9-9 贝类尼氏单孢子虫病
A. 尼氏单孢子虫：1. 孢子　2. 具分裂期间的多核质体　3. 核进行有丝分裂的多核质体（仿 Sprague，1977）
B. 病牡蛎组织中的尼氏单孢子虫的孢子（仿 Andrews，1988）
C. 牡蛎壳表面由尼氏单孢子虫和坏死细胞形成的疱状壳基质被囊（Sindermann，1977）

【流行情况】此病发生在美国东岸德莱韦湾和切撒匹克湾的美洲巨蛎。我国台湾省和朝鲜的太平洋巨蛎也发现有类似的寄生虫。主要感染幼牡蛎。

发生流行病的季节为 5 月中旬到 9 月，发病时的盐度为 15~35，但大多数为 20~25。在非流行季节中，此病的潜伏期很长，一般为几个月，最长达 9 个月。6~7 月间牡蛎的发病明显，一般从 8 月开始死亡，9 月死亡达高峰。但有时在冬末（3 月），瘦弱牡蛎的死亡也可达到高峰。感染率有的地方可达 30%~60%。死亡率在低盐度区一般为 50%~70%，在高盐度区则为 90%~95%。

【诊断方法】显微镜检查染色的组织切片，可发现在所有的组织中有多核质体，在感染早期是局部的，多核质体发现在鳃上皮组织，有时在肝管和消化管的上皮组织中。全身强烈感染的可做血液涂片，用亚甲蓝染色后镜检，病原散布在所有组织的血窦中。

【防治方法】将已受感染的牡蛎移到低盐度（15 以下）海区养殖，疾病可以受到控制。在疾病流行的海区中只养殖牡蛎种苗，从病后幸存的牡蛎中选育抗病力强的作为亲体，繁殖的后代一般具有抗病力。

2. 沿岸单孢子虫病

【病原】沿岸单孢子虫（*Haplosporidium costale*），过去叫做 *Minchinia costalis*；简称 SSO，即 Seaside organism 之缩写。孢子较尼氏单孢子虫小，长 3.1μm，宽 2.6μm，具盖。盖的边缘突出在孢壳之外（图 9-10）。多核质体很小，在 5μm 以下，球形，具 1~2 个核。孢子形成开始于牡蛎死亡之前。在壳口张开的牡蛎中，孢子往往还不成熟。

【症状和病理变化】病牡蛎全身的结缔组织都可受到多核质体的破坏，生长停止，身体瘦弱，在 5 月中旬到 6 月中旬常常发生大批死亡。

【流行情况】沿岸单孢子虫病发生在美国维吉尼亚海湾的沿岸水体中的美洲巨蛎。此病有明显的季节性，在 5 月发展很快，5 月中旬到 6 月初就发生大批死亡。到 7 月就突然下降，很少再生病，直到下一年的 1~3 月不再发现死亡。死亡率为 20%~50%。该流行病来势猛烈，但持续时间短，消失得快。受害的主要为 2~3 年的老牡蛎。1 年的牡蛎似乎可以避免感染。

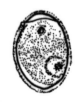

图 9-10 沿岸单孢子虫
（Couch，1970）

该病发生的海区限定于沿岸的高盐度水体。盐度通常为 30 左右，低限约为 25。所以也叫做高盐度疾病。

【诊断方法】取病牡蛎结缔组织作切片，染色后用显微镜检查多核质体、孢子囊和孢子。多核质体最早在 3 月出现，但通常出现在 5 月，孢子形成出现在 5~6 月，但孢子一般不成熟。成熟孢子在新鲜组织涂片中容易发现。孢子形成于除了上皮组织以外的所有组织中。病原 7 月份消失。保持临床症状不明显一直到第二年春季。

【防治方法】
预防措施：
（1）尽量加速牡蛎的生长，在流行病发生的季节以前收获。
（2）在 4 月份时将老牡蛎转移到低盐度海区中。
治疗方法：尚无有效的治疗方法。但由于该虫不能忍受低于 25 的盐度，所以将发现感染的牡蛎转移到低盐度海区，可能是有效的方法。

3. 马尔太虫病

【病原】折光马尔太虫（*Marteilia refringens*）属于怪孢门、星孢纲、闭合孢子目（Occlusosporida）、马尔太科（Marteiliidae）。多核质体在幼小时直径为 7~15μm，老的为 15~30μm。较老的多核质体中含有特殊的折光的包涵体，具强烈的嗜曙红性，相当于孢子形成期。

【症状和病理变化】折光马尔太虫寄生于消化道上皮细胞和消化腺细胞内，有原生质、孢子囊及孢子三期，虫体寄生使宿主消化管壁崩解、血细胞浸润，严重感染时生殖腺发育延迟和生长条件指数降低。

【流行情况】折光马尔太虫发现在法国的布列塔尼，主要侵害欧洲牡蛎。感染率2~6月为0~23%，7~9月为43%~50%，但有的地区在8~9月可高达100%。除欧洲牡蛎外，该地区的太平洋牡蛎也发现此病。

荷兰自1963年后每年从法国的布列塔尼进口牡蛎种苗和幼牡蛎，此病因而也传播到荷兰，使荷兰的牡蛎养殖业也受到严重威胁。西班牙的扁牡蛎也发现此病。

在澳大利亚东岸的水体中，有一种悉尼马尔太虫（*M. sydneyi*），引起商业巨蛎的大批死亡，发病没有明显的季节性。

【诊断方法】用显微镜检查染色的消化组织切片，可发现组织中有折光马尔太虫。

【治疗方法】未见报道。

4. 包纳米虫病

【病原】牡蛎包纳米虫（*Bonamia ostrae*）属于怪孢门。包纳米虫寄生在牡蛎的颗粒性血细胞（granular haemocyte或granulocyte）的细胞质内，所以包纳米虫病也叫做血细胞寄生虫病（haemocytic parasitosis）。这种寄生虫也发现在胃或鳃的上皮细胞之间或间质细胞之间游离存在。在坏死的结缔组织中，游离的寄生虫更易发现。

牡蛎包纳米虫为球形，直径2~3μm，具有嗜碱性的细胞核，细胞表面有一层膜，细胞质内含有具少数管状嵴的球形颗粒的线粒体和一个特殊的单孢子体（haplosporosomes）及一个浓密体（dense body）。每个血细胞中最多可达10个虫体。

【症状和病理变化】患病牡蛎的鳃丝或外套膜上有灰色的小溃疡，或有较深的穿孔性的溃疡。在病理组织的常规切片中，在疾病的早期往往看到在结缔组织、胃、外套膜，特别是鳃中，有分散的颗粒性血细胞增殖病灶，及至发现有浓密的血细胞浸润时，则认为是患病死亡的前期。

【流行情况】包纳米虫病（Bonamiasis）是在欧洲近几年才引起人们注意的一种流行病，1979年首先在法国西部的布列塔尼发现，使欧洲牡蛎发生大批死亡，以后蔓延到西班牙、荷兰、丹麦、英国、美国等国（Mialhe等，1998）。该病的传播方式最可能是从疫源地引进牡蛎种苗所致。

感染率在夏季一般为40%~60%，死亡率一般为40%~80%。死亡首先发现在3~4龄的牡蛎，2龄的甚至18个月龄的牡蛎也发现死亡。

【诊断方法】用显微镜检查染色的组织切片，可发现组织中有包纳米虫。

【防治方法】

预防措施：

（1）对引进种苗进行检疫。

（2）实行轮作养殖。

（3）不同种牡蛎混养。

（4）清理苗床，降低病原体的存在机会。

治疗方法：尚无有效的治疗方法。

（六）纤毛虫病 寄生在双壳贝类的常见纤毛虫如下：

1. 钩毛虫（*Ancistrocoma*） 属于腹口亚纲、转吻目（Rhynchodida）。该目的纤毛虫约有150种，都是寄生或共栖在双壳贝类的体内。宿主大多数为海产双壳贝类，包括巨蛎、硬壳蛤、贻贝、海螂、白樱蛤（*Macoma*）、蛤蜊（*Mactra*）等。这些纤毛虫有一些是共栖者，对宿主未发现有严重危害，但有些种无疑对宿主是有致病性的。

派塞尼钩毛虫（*A. pelseneeri*）发现于牡蛎的消化道内。身体较长，背腹略扁。长度为50～83（平均62）μm，宽度为14～20（平均16）μm，厚度为11～16（平均12.5）μm。前端尖，有一个能伸缩并有吸着力的触手，用以附着在宿主上皮细胞上。触手在虫体内向后延伸至身体的2/3处，弯曲成弧形。体中部有一个长形的大核和一个小核。身体的背面和腹面共有14条纵行的纤毛线，从前端开始向后延伸。但身体腹面中部的5条仅伸到离前端2/3处（图9-11A）。此虫在美国大西洋沿岸的牡蛎消化道中有时数量很多，但还不能确定其致病性。

2. 贻贝等毛虫（*Isocomides mytili*） 体长57～64μm，宽20～22μm。身体腹面前部的2/3处有14～18条纤毛线，其中6～7条在右面，8～11条在左面，另外1条短的纤毛线横列在其他纤毛线之后，上有若干长纤毛（图9-11B）。寄生在紫贻贝的鳃上。致病性尚不了解。

3. 楔形纤毛虫（*Sphenophrya* sp.） 属转吻目。虫体延长，如香蕉形。前端有一条触手，成虫无纤毛。出芽生殖。幼虫有几行纤毛。寄生在牡蛎鳃上形成大包囊，在美国引起牡蛎的疾病。

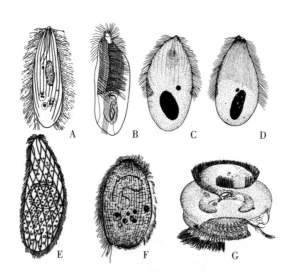

图9-11 贝类寄生纤毛虫

A. 派塞尼钩虫（仿Kudo，1977） B. 贻贝等毛虫（仿Kudo，1977）
C. 贻贝下毛虫 D. 考氏密毛虫 E. 海星精巢虫（仿Kudo，1977）
F. 贻贝弯钩虫（仿Kudo，1977） G. 海螂车轮虫
（Uzmann等，1954）

4. 贻贝下毛虫（*Hypocomides mytili*） 身体呈瓜子形，前端窄，后部圆，背腹略扁。腹面的前部稍凹入，后部和背面向外突出，左缘的前部不像右缘那样圆，一般稍凹进。身体最宽处近于中部，后部圆形。体长34～48μm，平均40μm；宽16～22μm，平均18μm；厚13～18μm，平均14.5μm。前端有一条短的能伸缩的触手，有吸吮力，能使虫体附着到贻贝的鳃和触须上并吸取其内容物。触手连到体内的一条管状沟，沟向后方延伸至体长的一半处（图9-11C）。

纤毛长约 9μm，具明显的趋触性。纤毛线分为 3 组。中组由 7 行组成，为身体长度的 1/3～1/2，自右向左逐渐加长。右组仅 2 行，约为体长的 1/2，开始于背面，弯向腹面。左组 8 行，自右向左逐渐加长，为体长的 1/3～1/2。身体中部有 1 个伸缩泡。大核 1 个为卵形或红肠形。小核为球形，位于大核之前或一边。

贻贝下毛虫在美国圣弗兰西斯科湾的紫贻贝的鳃和触须上往往大量寄生，感染率达 80%。致病性尚不了解（Kozloff，1946）。

5. 考氏密毛虫（*Crebricoma kozloffi=C. carinata*） 身体延长，背腹略扁，前部窄并向腹面弯曲。背面观，顶端斜截形，右边略高。身体后部的 1/3 处，背腹两面均为圆突形。体长 58～71μm，宽 27～39μm，厚 22～31μm。

纤毛线排列在身体腹面前部的浅凹内，长度为体长的 1/2～2/3。右边的两条最长。其余 30 多条从右向左逐渐加长。身体后半部内有 1 个香肠状或卵形的大核和 1 个球形小核。身体中部有 1 个伸缩泡。身体前端的右面有 1 条具吸吮力的触手。与触手相连接的内部管状沟在活体不易看到，但在铁苏木精染色的标本中可以区别，从背部斜向腹面（图 9-11D）。致病性尚不了解（Kozloff，1946）。

6. 海星精巢虫（*Orchitophrya stellarum*） 属于无口目（Astomatida）。全身具均匀一致的纤毛，成为平行斜列的纤毛线。在身体中部有一个球形大核。体长 35～65μm（图 9-11E）。此虫已知是海星的一种病原，破坏海星的生殖腺，但也发现在加拿大的美洲巨蛎的消化道内，严重感染时可侵入到肠上皮组织内。

7. 贻贝弯钩虫（*Ancistrum mytili*） 虫体背面观卵形，背面突出，腹面凹入。长 52～74μm，宽 24～38μm。全身具有浓密的纤毛。胞口在身体后端。围绕着胞口有围口曲线。身体背腹两面都有纵纤毛线，在围口部的边缘上有 3 条具长纤毛的纤毛线。身体中部有 1 个香肠状的大核，大核前端有 1 个染色浓密的小核（图 9-11F）。在美国紫贻贝的外套腔中有时虫体数量很多。致病性尚不了解。

8. 美国沙海螂（*Mya arenaria*） 触须上有时发现大量的海螂车轮虫（*Trichodina myicola*）（图 9-11G）。并且往往同时有海螂钩毛虫（*Ancistrocoma myae*）存在。海螂钩毛虫在丹麦的沙海螂感染率几乎为 100%。

二、寄生蠕虫病

（一）牡蛎的蠕虫病 寄生在牡蛎的蠕虫类有复殖吸虫和绦虫的幼虫。对牡蛎有一定的危害性，但一般不会引起急性的大批死亡。

在我国台湾省、欧洲和美国的牡蛎中寄生的复殖吸虫主要是腹口类、牛头科（Bucephalidae）、牛头吸虫（*Bucephalus*）（图 9-12A）。Lacaze-Duthiers（1854）首先报道在地中海的欧洲牡蛎中有海门牛头吸虫（*B. haimeanus*），在美国的美洲巨蛎中有巾带牛头吸虫（*B. cuculus*）。这些吸虫的包囊寄生在牡蛎的生殖腺和消化腺内，使牡蛎丧失了繁殖能力。它们是以牡蛎以及其他贝类作为其第一中间宿主，以鲻科鱼类为第二中间宿主，雀鳝为其终宿主。Hopkins 于 20 世纪 50 年代曾报道在美国有的地区的牡蛎种群 1/3 受到牛头吸虫的感染，但这种情况很少见。一般的感染率很低。

寄生在美洲巨蛎的牛头吸虫的包蚴有时被一种单孢子虫类超寄生，使包蚴变黑，牡蛎的外套膜和内脏也因而呈淡黑色。包蚴破裂后放出的单孢子虫进入牡蛎组织，使其附近呈明显的组织反应。超寄生在牛头吸虫包蚴中的还有道佛微粒子虫（*Ameson dollfusi*）。这种微粒

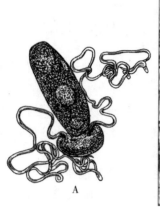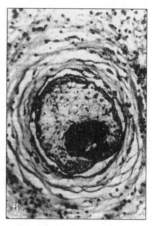

图 9-12 牡蛎的寄生蠕虫
A. 寄生在牡蛎组织中的牛头吸虫尾蚴
B. 寄生在美洲巨蛎组织中的疣头绦虫的钩球蚴
(Sindermann，1970)

子虫在包蚴破裂后放散于牡蛎组织中，可能促进牡蛎的死亡（Sprague，1970）。

Fujita（1925，1943）报道了日本的太平洋巨蛎在生殖腺内有牡蛎居肛吸虫（*Proctoeces ostrea*）的囊蚴。这种囊蚴无包囊，长椭圆形（1.5mm×0.4mm），也可寄生在合浦珠母贝（*Pinctada fucata*）。终宿主是黑鲷和真鲷。在太平洋巨蛎的鳃和外套膜中有东京拟裸茎吸虫（*Gymnophalloides tokiensis*）的囊蚴。欧洲牡蛎中有斑点居肛吸虫（*Proctoeces maculatus*）的幼虫。美国的美洲牡蛎中有多刺棘缘吸虫（*Acanthoparyphium spinulosum*）的囊蚴（Little 等，1996）。

Sparks（1963）报道了寄生在美洲巨蛎的胃和鳃中的疣头绦虫（*Tylocephalum*）的钩球蚴，使牡蛎的上皮组织发生明显的细胞反应（图 9-12B）。我国台湾省和日本的牡蛎中有一种绦虫的幼虫，很可能也是疣头绦虫的幼虫。疣头绦虫的成虫寄生在板鳃鱼类的消化道内。

（二）扇贝的蠕虫病　　美国的海湾扇贝中有一种复殖吸虫的包蚴和分叉的尾蚴，但未进一步鉴定，感染率也不高。

Cobb（1930）报道美国卡罗来纳的海湾扇贝中寄生一种叫做扇贝副异尖线虫（*Paraniskis pectinis*）的幼虫。Hutton（1964）报道在花纹海湾扇贝（*Argopecten gibbus*）中寄生一种线虫 *Porrocaecum pectinis* 的幼虫。幼虫在寄生处形成包囊，使扇贝的闭壳肌变为淡褐色。

澳大利亚西岸的鲨鱼湾中的巴氏日月贝（*Amusium balloti*）达到商品大小后，有63%感染了沟蛔虫（*Sulcascaris sulcata*）的幼虫，此虫在闭壳肌中形成褐色的包囊，直径3～7mm，使受感染的贝不适于出口。沟蛔虫的幼虫在软体动物中的中间宿主范围较广，除了巴氏日月贝外，也寄生在豹再生扇贝（*Anachlamys leopardus*）、斑点栉孔扇贝（*Chlamys asperrimus*）和门氏江珧（*Pinna menkei*）。在海湾扇贝、花纹海湾扇贝和一些其他贝类中也发现了可能是沟蛔虫的幼虫。沟蛔虫的成虫寄生在蠵龟（*Caretta caretta*）（Lester 等，1980）。

巴氏日月贝中还有颚口线虫中的棘头线虫（*Echinocephalus* sp.）的幼虫，虫体长 30～

50mm，但感染率不高。

（三）蛤类的蠕虫病 蛤类往往是许多种蠕虫（主要为复殖吸虫和绦虫）的中间宿主。青岛附近的菲律宾蛤仔（*Ruditapes philippinensis*）的体内经常发现有大量的复殖吸虫的包蚴、雷蚴和尾蚴。

据 Sindermann（1970），美国沙海螂的生殖腺和消化腺中寄生有裸茎吸虫（*Gymnophallus* sp.）的包蚴和尾蚴。沙海螂及许多其他蛤类的触须和鳃上有棘口吸虫类中的刺茎吸虫属（*Himasthla*）的囊蚴。

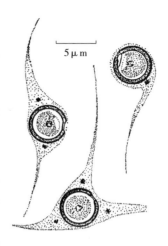

图 9-13 派氏尾单孢子虫
（孟庆显，1993）

斧蛤（*Donax* sp.）中有牛头科、裸茎科和斧蛤后独睾吸虫（*Postmonorchis donacis*）的幼虫。美国得克萨斯沿岸的变异斧蛤（*D. variabilis*）中有 3 种包蚴和尾蚴及 2 种囊蚴。有人认为复殖吸虫幼虫使法国的斧蛤的丰度减低。有人认为复殖吸虫（可能是斧蛤后睾吸虫）幼虫的寄生在加利福尼亚的高氏斧蛤（*D. gouldi*）的种群大小变动上起着重要作用。

截形斧蛤（*D. trunculus*）体内寄生的吸虫幼虫有时被派氏尾单孢子虫（*Urosporidium pelseneeri*）超寄生（图 9-13）。该种斧蛤数量的波动往往受这种三角关系平衡的变动影响。

Fujita 报道了日本的菲律宾缀锦蛤（*Tapes philipinarum*）体内寄生有裸茎科（Gymnophallidae）的杜氏小吸虫（*Parvatrema duboisi*）的囊蚴，感染率平均达 58.3%，最高达 87.7%。感染强度平均每个蛤内有 3.6 个。此外，还发现壮穴科（Fellodistomidae）的居肛吸虫（*Proctoeces* sp.）的囊蚴，但数量不多，危害较小。这些囊蚴可使宿主出现寄生性阉割。

MacGinitie 等（1949）报道了美国太平洋沿岸有许多种蛤内寄生着上槽绦虫（*Anabothrium*）的幼虫的包囊，例如纳氏开口蛤（*Schizothaerus nuttallii*）的足部肌肉中有时就有大量的包囊。上槽绦虫的终宿主是加州鲼（*Myliobatis californicus*）。Sharks 等（1966）报道了粗糙蛤仔（*Venerupis staminea*）体内的所有组织中都寄生了大量的四叶目的 *Echeneibothrium* 属绦虫的幼虫，使蛤仔非正常地暴露在沙滩之上。这种绦虫的成虫也寄生在同一海区的鲼鲾类。

（四）蛏类的蠕虫病

1. 蛏泄肠吸虫病

【病原】食蛏泄肠吸虫（*Vesicocoelium solenophagum*）的幼虫。该虫隶属于异肌亚目（Allocreadiata）、孔肠科（Opecoelidae）。该虫的整个生活史要经过成虫、虫卵、毛蚴、母胞蚴、子胞蚴、第 3~4 代胞蚴、尾蚴、囊蚴和童虫等世代发育，要经过两个中间宿主和一个终末宿主。缢蛏是作为该虫的第一中间宿主而受害。

虫卵随鱼类粪便排到滩涂上，经 4~7d 的发育，毛蚴从卵中孵化出来，在水中游泳经缢蛏的进水管进入蛏体，使缢蛏受到感染。毛蚴在蛏的鳃瓣附近脱去纤毛，钻入附近的结缔组织中发育成胞蚴，母胞蚴体中的胚细胞逐渐发育成子胞蚴，经 3~4 代，在每个子胞蚴体内形成 10~60 多个尾蚴，尾蚴从蛏体钻出在海水中游泳，被各种幼鱼、小鱼苗和脊尾长臂虾（*Palaemon carinicauda*）吞食后，发育成囊蚴。这些小、幼鱼或脊尾长臂虾被终宿主吞食后，就在终宿主肠道内发育为成虫（图 9-14）。

【症状和病理变化】食蛏泄肠吸虫自毛蚴钻入缢蛏体内后,在宿主组织中发育成为胞蚴,并通过无性繁殖形成大量的子胞蚴,以至尾蚴。在这一寄生阶段,一年蛏的内脏组织几乎被虫体消耗殆尽,使缢蛏不能繁殖;二年蛏的肥满度明显受到影响,病蛏的肥满度显著低于正常蛏,病蛏肉体重只有正常蛏的 1/5~1/4,严重的病蛏常常只剩下一层变色、干扁的外皮,蛏体的全部结缔组织几乎都被成堆的子胞蚴所代替。这不仅降低了缢蛏的产量,而且严重地影响其商品价值。

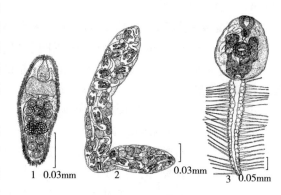

图 9-14 食蛏泄肠吸虫
1. 毛蚴 2. 子胞蚴 3. 成熟尾蚴
(唐崇惕等,1975)

【流行情况】该病发现于我国浙江、福建和广东等地区,感染率30%左右,死亡率50%以上。由于蛏埕所处的地势和地址不同,其感染率也有所差别,最低的感染率是5.1%,最高的感染率是46.1%,低潮区和沙底质的蛏埕感染率一般低于高潮区、土质底的蛏埕。

【诊断方法】剖开病蛏,几乎看不到内脏团组织,病蛏肉体只剩下一层变色、干硬的外皮,内部包裹着大量的胞蚴和尾蚴,病蛏由灰白色变为淡黄色、土褐色、乃至灰黑色。从壳口外套膜边缘可以见到颜色变化,因此,俗称"黑根病"。

【防治方法】
预防措施:
(1) 在缢蛏易受感染的 2~5 月份捕捉、杀灭作为终宿主的无大经济价值的小鱼,以减少感染强度。
(2) 根据寄生虫的发育季节,在受感染的缢蛏病症暴发之前收获。
(3) 采用在中潮区以下沙质地养殖二年蛏的方法,以减小受害程度。
治疗方法:目前尚无有效的治疗方法。

2. 缢蛏鳗拟盘肛吸虫病

【病原】独睾科(Monorchidae),拟盘肛吸虫属(*Proctotrematoides*),鳗拟盘肛吸虫(*P. pisodontophidis* Yamaguti,1938)的囊蚴。寄生于缢蛏鳃上的囊蚴形态近于圆形,直径为 0.5~0.58mm,囊蚴以身体纵轴向腹面弯折蜷曲于囊内,排泄囊弯成明显的"C"形。

体外脱囊后的后尾蚴,体表具小棘;腹吸盘较口吸盘小;前咽短小,咽肌质;在咽与食道连接部的两侧各有一眼点;阴茎上具棘,前列腺充塞于阴茎袋中。卵巢位于精巢右前侧,子宫前端与子宫末端囊相连,阴茎袋和子宫末端囊之间,有一具刺的盲囊,三者共同开口于腹吸盘的左前方。排泄囊长而粗,位于虫体正中,前端伸至肠支分叉处,后端由排泄孔开口于体正中末端。

缢蛏及鸭嘴蛤等贝类,是鳗拟盘肛吸虫的第二中间寄主。患病的缢蛏被蛇鳗等鱼类吞食后,后尾蚴在鱼的肠道内发育为成虫。成虫的形态结构与后尾蚴相似,只是有发育成熟的性腺和精子与卵。

【症状和病理变化】少量寄生时,没有明显症状,大量寄生时,可引起缢蛏鳃上黏液增多,生长缓慢,呼吸困难,甚至死亡。

【流行情况】汪昌寰（1983）报道浙江宁海地区滩涂养殖的缢蛏鳃上，寄生有鳗拟盘肛吸虫的囊蚴，当年 5 月放养的小蛏，至 7 月以后，感染率可高达 100%，感染强度平均每个蛏为 98 只（27～174 只）。此外，鳗拟盘肛吸虫的囊蚴还可感染鸭嘴蛤，感染率为 40% 左右。此病最早发现于日本。人工感染日本鳗鲡，也能发育为成虫。

【诊断方法】用显微镜镜检，在缢蛏鳃部发现有大量鳗拟盘肛吸虫的囊蚴时，即可确诊。

【防治方法】未见报道。

3. 大竹蛏吸虫囊蚴病

【病原】棘口吸虫科（Echinostomatidae）、棘缘吸虫属（Acanthoparyphium）的囊蚴。胞囊呈圆形，直径为 332～448μm，平均 387μm。囊蚴长约 780μm，宽约 290μm，口位于前端，口吸盘发达，上有一列排列整齐的棘，棘位于背部连续排列，棘数 23 个，腹吸盘位于中前腹部。

【症状和病理变化】棘口吸虫的囊蚴寄生在大竹蛏的鳃、外套膜、内脏团、斧足上，以斧足基部寄生得较多。胞囊呈白色米粒状，用肉眼可辨认出。

【流行情况】1991 年 8 月中旬，战文斌等在山东省潍坊市寿光县的某养殖滩面，发现大批竹蛏因患棘口吸虫囊蚴病而窜出滩面死亡的病例，经检查几乎 100% 的大竹蛏被棘口吸虫的囊蚴寄生。该病对大竹蛏的危害性很大。

【诊断方法】剖开病蛏，看到大竹蛏的斧足、鳃、外套膜、内脏团等处有白色米粒状的胞囊即可确诊。

【防治方法】未见报道。

（五）贻贝蠕虫病 寄生在贻贝中的复殖吸虫都是幼虫时期的。

英国威尔士的贻贝，在全身组织中有时寄生有大量的复殖吸虫胞蚴。这种胞蚴内包含着没有尾部的尾蚴，叫做瘦尾蚴（Cercaria tenuans）。胞蚴中含有大量的橙色素，使贻贝的组织也呈橘红色。美国长岛的贻贝中寄生有弥尔福尾蚴（Cercaria milfordensis）。开始时寄生在血管系统内，以后集中在外套膜的血管中，也使贻贝呈橘红色。此虫在贻贝体内继续发育，不仅妨碍贻贝的生殖，并在环境条件不利时可以使贻贝大量死亡。在贻贝中也发现有贻贝牛头吸虫（Bucephalus mytilis）的幼虫。

有些复殖吸虫的囊蚴可使贻贝的外套膜分泌物围绕它形成珍珠。例如 Herdman（1904）报道英国的贻贝由于绒鸭双盘吸虫［Distomum (Gymnophallus) somateriae］的囊蚴寄生，形成珍珠的情况很普遍。据 Garner（1872）报道，法国沿岸的贻贝中寄生有成珠双盘吸虫［D. (G.) margaritarum］的囊蚴，呈红褐色点状，也能形成珍珠。其他地方的贻贝由裸茎吸虫属的囊蚴引起珍珠形成的例子也不少。

（六）珍珠贝蠕虫病 寄生在珍珠贝中的蠕虫类绝大多数是复殖吸虫、绦虫和线虫的幼虫。例如斯里兰卡的珍珠蚌［Margaritifera (Pinctada) vulgaris］在鳃中有一种复殖吸虫（Muttua margaritiferae）的囊蚴，有时大量出现。另一种复殖吸虫（Musalia herdmani）的囊蚴发现在珍珠贝的肌肉、外套膜和足内。珍珠蚌盾腹虫（Aspidogaster margaritiferae）寄生在珍珠蚌的围心腔中。在日本的合浦珠母贝的生殖腺、肝、肾、围心腔、心房壁等器官组织中寄生有牡蛎居肛吸虫的囊蚴，这种囊蚴为非包囊型。寄生数量多时，贝体显著衰弱。锥吻目（Trypanorhyncha）线虫的幼虫寄生在珍珠蚌的消化腺和鳃内，形成纤维质包囊，往往大量出现。有几种线虫幼虫的包囊发现在生殖腺、口腔壁和闭壳肌内。

日本的马氏珠母贝（*Pinctada martensii*）中，通常有马氏珠母贝牛头吸虫（*Bucephalus margaritae*）的胞蚴和尾蚴寄生。还发现有变异牛头吸虫（*B. varicus*）的幼虫，这些幼虫的成虫是寄生在六带鲹（*Caranx sexfasciatus*）和真鲹（*C. ignobilis*）的消化道内，这两种鱼类在感染牛头吸虫严重的养珍珠贝的海区中是常见的鱼类。胞蚴可在宿主体内越冬，到春季水温上升时产生尾蚴。被感染的珠母贝在插核以后容易发生大批死亡，产生的珍珠质量也低劣。

（七）鲍蠕虫病　在大不列颠水体中，鲍的内脏团、外套膜和鳃内有一种复殖吸虫的包蚴，可能属于孔肠科（Opecoelidae），呈橘黄色。

美国南加利福尼亚的桃红鲍（*Haliotis corrugata*）中寄生一种属于颚口类（Gnathostomatid）的假钩棘头线虫（*Echinocephalus pseudouncinatus*）的第二期幼虫。幼虫的平均长度为20mm，宽0.65mm。身体前端围绕头球有6行40～50个钩子。第三、四期幼虫及成虫寄生在弗氏虎鲨（*Heterodontus francisci*）和加州鳐的肠中。鲍可能是感染海水中自由游泳的第一期幼虫。这种幼虫寄生在鲍的足的腹部内，形成包囊，使寄生处产生疱状突起。由于疱状突起的影响和幼虫形成包囊前在足内的钻穿，使鲍的肌肉明显变瘦，并且降低了足的附着能力，容易从岩石上掉下来（Millemann，1951，1963）。Shipley 等（1904）报道这种线虫的稚虫发现在硬骨鱼类中。Johnston 等（1945）指出板鳃类可能是吞食了贝类中间宿主而受感染，硬骨鱼类为转送宿主。

（八）才女虫病

1. 扇贝才女虫病

【病原】才女虫（*Polydora*）属环节动物门（Annelida）、多毛纲（Polychaeta）、管栖目（Sedentaria）、稚海虫科（Spinidae）。分布最广又最为常见的为凿贝才女虫（*P. ciliata*）。虫体长一般为10～35mm，头部有一对长大的触手。身体分许多节，每节的两侧都有一簇刚毛，尾节呈喇叭形，背面有缺刻（图9-15）。虫体柔软，容易拉断。

凿贝才女虫的繁殖期和附着期，随着水温的不同略有差别。在日本北部每年有2个产卵期，为5～6月和10～11月。水温在20℃左右时，在泥管中产卵，卵在卵袋内发育，1～9d孵化出幼虫，幼虫冲破卵袋，浮游于水中，此时虫体长为0.26mm，发育15d达0.5mm。整个浮游生活期为30～40d。然后幼虫附着到扇贝壳外面鳞片状薄片的内侧或其他附着物的后面，变为成虫。成虫分泌黏液，固定周围沉淀的泥土，做成细长而弯曲的泥管，开始进行管栖生活。在扇贝壳外进行管栖生活的时期为2～3个月，5～6月产卵的，栖着到6～8月，10～11月产卵的，栖着到11～12月。以后虫体长大，开始钻穿贝壳，在壳内进行管栖。

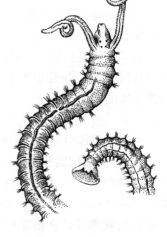

图9-15　凿贝才女虫
（Campbell 等，1979）

日本养殖的虾夷扇贝上的才女虫除凿贝才女虫外还有2种：杂色才女虫（*P. variegata*），体长1.5～30mm，触手上有9～13条黑带，尾节背部无缺刻；板才女虫（*P. concharum*），体长1～15mm，触手透明，口前叶的前端分为2叶，尾节分为4叶，背面2叶比腹面2叶小。

【症状和病理变化】才女虫对扇贝一般不会直接致死，但能妨碍生长。当才女虫的管道穿通扇贝壳的内表面时，扇贝受到刺激，就加速珍珠层的分泌，企图封闭管口，防止虫体侵入。这样虫体不断地向内钻，扇贝就不断地分泌珍珠层，在壳内表面就不断地形成弯弯曲曲隆起于壳面的管道。由于管道的形成，使贝壳受损，特别使闭壳肌周围的壳变得脆弱，在养殖操作过程中容易破裂。在收割闭壳肌时，闭壳肌的组织也会破裂，并且还能产生一种特殊的臭味，严重地降低商品价值。

【流行情况】才女虫病在沿海的世界各国都有发生。日本北海道增殖的虾夷扇贝有60%以上受其害，陆奥湾中的虾夷扇贝受害的达80.6%。日本养殖的虾夷扇贝上，除寄生凿贝才女虫外，还寄生杂色才女虫和板才女虫。

【诊断方法】从壳内、外的症状，基本可以诊断，如果用镊子从管中将虫体轻轻取出，更可确诊。

【防治方法】以预防为主。

预防措施：

（1）摸清才女虫在当地的附着期，扇贝放流时应避开附着期，放流的地点应尽量避开才女虫喜欢生活的多泥和沙泥质海区。

（2）适时洗刷贝壳外面的沉泥和杂藻，使才女虫无法附着和造管。

治疗方法：目前尚无有效的治疗方法。

2. 珍珠的才女虫病（黑心肝病、黑壳病）

【病原】凿贝才女虫（*Polydora ciliata*）。

【症状和病理变化】才女虫分泌腐蚀贝壳的物质，使壳内面接近中心部形成黑褐色的痂皮，因此俗称黑心肝病或黑壳病。病贝生长缓慢。当虫体钻穿贝壳达到软体部时，则直接侵害内脏团。在闭壳肌痕范围内虫体最多，被侵组织周围发生炎症，局部形成脓肿和溃疡，引起细菌继发性脓疡（图9-16）。也有些凿贝才女虫分泌黏液，吸附淤泥包裹本身，连泥带虫地附着于贝壳内表面的近边缘部分，随着珠母贝分泌珍珠质和贝壳的增长，虫体又不断地在壳缘部分分泌酸性物质腐蚀贝壳，因而逐步形成开口于壳外表的"U"形虫管。

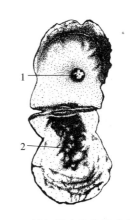

图9-16 黑心肝病珍珠贝壳内面观
1. 凿贝才女虫钻穿的小洞 2. 壳内软体部溃烂
（谢玉坎，1984）

【流行情况】我国广东的徐闻、广西的合浦的珠母贝受害严重，主要危害2~3龄的珠母贝和3~4龄的育珠贝，每个贝上的虫体多达十几个，感染率达100%，死亡率达71%，育珠贝的死亡率高达89%。流行高峰期为7月份。

【诊断方法】外观珍珠贝壳上有洞穴或"U"形虫管，壳内软体部有脓肿溃疡，基本可以诊断，如果用镊子从管中将虫体轻轻取出，更可确诊。

【防治方法】以预防为主。适时洗刷贝壳外面的沉泥和杂藻，使才女虫无法附着和造管。对已附有才女虫的珍珠贝可用盐水治疗：用饱和食盐水（每升用335g食盐）或2/3饱和浓度（每升用224g食盐）或1/2饱和浓度（每升用167g食盐），浸洗5~20min。操作程序是将要洗的珍珠贝捞来后先放在海水中浸5min左右，到不出气泡为止再放入淡水中10~15min，再用盐水浸5~20min，捞出阴干约15min，然后放回海水中。此法治疗效果较好，但应特别注意不要在珍珠贝开口时放入盐水，否则盐水浸入壳内会将贝杀死。将珍珠贝放入海水和淡水中处理，就是要珍珠贝放出壳内气体，双壳紧闭，防止浓盐水浸入。

3. 鲍的才女虫病 小岛（1982）报道了日本南部的杂色鲍（*Haliotis diversicolor aquatilis*）上发现有5种才女虫：刺才女虫（*Polydora armata*）占64.5%，韦氏才女虫（*P. websteri*）占25.6%，东方才女虫（*P. orientalis*）占9.0%，凿贝才女虫（*P. ciliata*）占0.8%，还有少数的贾氏才女虫（*P. giardi*）。

鲍的壳长度在29mm以上时才受才女虫的侵害，穿孔的数目随着壳的长大而增加。带有虫体多的鲍，肉的重量明显下降。

三、寄生甲壳类疾病

（一）贻贝蚤病

【病原】 危害贝类的贻贝蚤有3种：

1. 东方贻贝蚤（*Mytilicola orientalis*） 是寄生在贝类中的桡足类。大多数虫体为橘红色，但也有的呈淡黄色或黄褐色。雄虫较小，最长的为3.55mm。雌虫长为雄虫的2～3倍，长6～11mm。身体呈蠕虫状，各体节愈合在一起。身体横断面观，背面扁平，腹面略圆。胸部从背侧向左右两侧伸出5对突起。头部背面有单眼。第一触角在头前端，很短，分为4节，各节都有短刚毛。第二触角2节，第二节钩状。大颚退化，很小。在上唇两侧的上方，具2根短刚毛。小颚退化消失。第一颚足单节，形状和位置与自由生活的桡足类的相同，前端有棘状突起。第二颚足在雌虫完全消失。上唇三角形，下唇椭圆形。第一至第四对胸肢很短。尾叉多数

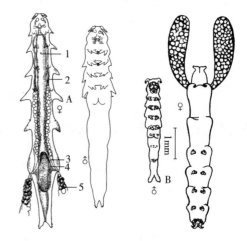

图9-17 危害贝类的贻贝蚤
A. 东方贻贝蚤腹面观：1. 消化管 2. 卵巢 3. 输卵管
4. 受精囊 5. 卵囊（Mori，1935）
B. 肠贻贝蚤（Sindermann，1970）

具4根小刚毛，但有的少于4根或完全没有（图9-17A）。

2. 肠贻贝蚤（*M. intestinalis*） 形态构造与东方贻贝蚤很相似，但以下区别：①胸部的5对侧突不如东方贻贝蚤的发达；②雄虫第一胸节也有侧突，东方贻贝蚤第一胸节无侧突；③雄虫上唇圆形、边缘波状，东方贻贝蚤雄虫的上唇呈三角形，下缘有缺刻（图9-17B）。

3. 伸长贻贝蚤（*M. porrecta*）

【症状和病理变化】 东方贻贝蚤寄生在牡蛎消化道内。被寄生的牡蛎生长不良，肌肉消瘦，失去商品价值，散发性死亡。解剖时可发现牡蛎消化道内有微红色蠕虫状虫体，被寄生处的组织受到损害，可破坏黏膜组织。

寄生在贻贝消化道内的肠贻贝蚤，在数量很少时，对贻贝无明显影响。但每个贻贝中有5～10个肠贻贝蚤时，贻贝就明显地变瘦，生长停滞；肝脏呈奶油色，而不是暗褐色；足丝

发育不良；组织呈暗淡的红棕色；生殖腺的重量比健康的贻贝降低 10%～30%；容易从附着的绳上掉下。

【流行情况】东方贻贝蚤寄生在日本和美国的太平洋巨蛎、青牡蛎、紫贻贝和厚壳贻贝（*Mytilus crassitesta*）。肠贻贝蚤发现在英国、法国、德国、荷兰、西班牙、意大利、比利时等许多欧洲国家的贻贝中，但有时也发现在欧洲的牡蛎中。伸长贻贝蚤寄生在墨西哥湾的下弯贻贝（*M. recurvus*）。从贻贝的种苗到不同大小的成体都能因此病发生死亡。东方贻贝蚤对贻贝的致病性不显著。

肠贻贝蚤在温暖季节繁殖快，所以贻贝的死亡多出现在夏季，有时发生大量死亡，已严重威胁欧洲的贻贝养殖业。贻贝的密度与贻贝蚤的增殖及贻贝的成活率有密切关系，在密度小的地方和靠近水面的水层中感染较轻。在潮流弱的近岸处感染率较大，其垂直分布在 6m 长的绳上，在强流的海区中感染率上下相同，在弱流的海区中则越向深处，感染率越大，在河口附近水流较快的地方感染也较少。

贻贝蚤病的传播是靠贻贝蚤的浮游幼体的活动、水流的携带、受感染贻贝种苗和亲贝的运输，以及船底附有受感染的贻贝（Sindermann，1970）。

【诊断方法】解剖贝类肠道，发现蠕虫状虫体。

【防治方法】
预防措施：
(1) 从国外引进种苗时应严格检疫。
(2) 将贻贝养殖架放在水流较快的地方或河口的两边养殖，并且要离开海底有较大的距离。

治疗方法：尚无报道。

(二) 豆蟹病

【病原】豆蟹（*Pinnotheres*）属于甲壳纲、十足目、短尾亚目、豆蟹科（Pinnotheridae）。成体的形态与自由生活的蟹子相差不大，仅体色变为白色或淡红色，头胸甲薄而软，眼睛和螯退化。

寄生在我国贝类中的豆蟹有 4 种：

1. 中华豆蟹（*P. sinensis*） 雌蟹头胸甲近于圆形，宽度为 11.2mm，长度为 8.0mm，表面光滑，稍隆起，前后侧角呈弧形，侧缘拱起，后缘中部凹入，额窄，向下弯曲，眼窝小，呈圆形，眼柄甚短，腹部很大。雄蟹头胸甲呈圆形，长 3.4mm，宽 3.7mm，较雌蟹的坚硬，额向前方突出，腹部窄长(图 9-18A)。

2. 近缘豆蟹（*P. affinis*） 头胸甲长 12.7mm，宽 13.5mm。

3. 戈氏豆蟹（*P. gordanae*） 头胸甲长 3.3mm，宽 3.5mm（图 9-18B）。

4. 玲珑豆蟹（*P. parvulus*） 头胸甲长 10mm，宽 11mm。

此外，在国外的报道中有牡蛎豆蟹（*P. ostreum*）、斑豆蟹（*P. maculatus*）和豌豆形豆蟹（*P. pisum*）。

朱崇俭等（1982）报道，秦皇岛地区的中华豆蟹的繁殖期为 6 月下旬至 10 月下旬，盛期在 7 月下旬至 9 月上旬。这段时期的旬平均水温为 23～26℃，也就是该海区全年中的高温季节。

雌豆蟹抱卵后约 1 个月，卵就孵化出第一期溞状幼体，在一般水温下约 40d，就可经过第二期溞状幼体、第三期溞状幼体、大眼幼体，变态到幼蟹。有些雌豆蟹（占总数的 14%～

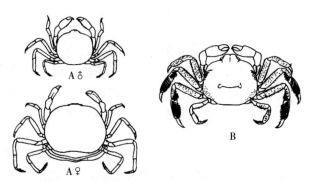

图 9-18 贝类寄生豆蟹
A. 中华豆蟹 B. 戈氏豆蟹
(自《中国动物图谱》甲壳动物, 1980)

26%) 在一年内可繁殖两次。

雌豆蟹个体越大的产生的幼体越多。头胸甲宽度为 4.5~13.2mm 的雌豆蟹,第一次繁殖时产的幼体数为 817~11 965 个,第二次繁殖时产的幼体数就较少。每尾雌豆蟹两次繁殖共产幼体为 1 588~16 398 尾。第二次繁殖后的雌豆蟹最多生活 1~2 月就死亡。

7 月中旬前后孵化出的幼体,经过变态发育到 8 月下旬至 9 月初,就潜入贻贝体内营寄生生活。到 10 月下旬豆蟹一般生长到头胸甲宽 1~2mm,最大的为 8mm,11 月停止生长,到第二年 5 月下旬再开始生长。第一次繁殖的后代,到第二年身体已长大成熟,可以繁殖两次,然后死亡。第二次繁殖的后代,因为身体较小,成熟较晚,第二年只能繁殖一次,第三年再繁殖一次后死亡。

上述是中华豆蟹在秦皇岛海区的繁殖情况。在不同海区中或不同种类间会有一些差别。

【症状和病理变化】豆蟹寄生在牡蛎、扇贝、贻贝、杂色蛤子等瓣鳃类的外套腔中,能夺取宿主食物,妨碍宿主摄食,伤害宿主的鳃,并使触须发生溃疡,使贝类身体瘦弱。还可使雌牡蛎变为雄牡蛎,重者可引起死亡。

【诊断方法】将贝壳掀开,就可发现豆蟹。

【流行情况】豆蟹可寄生在牡蛎、扇贝、杂色蛤子等贝类的外套腔中。被豆蟹寄生的贻贝肉的重量比正常的贻贝减少 50% 左右,能降低养殖贝类的产量和质量,是我国贻贝养殖的主要病害。据国外报道,牡蛎豆蟹寄生在美洲牡蛎内,感染率高达 90%,每只牡蛎最多有 4~6 只豆蟹寄生,可引起牡蛎死亡。其宿主和分布地区如下:

(1) 中华豆蟹寄生在褶牡蛎 (*Ostrea pilcatula*)、贻贝、杂色蛤子和其他双壳贝类中。分布在辽东半岛、朝鲜和日本等地。

(2) 近缘豆蟹寄生于密鳞牡蛎 (*Ostrea densalameilosa*)、凹线蛤蜊、厚壳贻贝、扇贝等。分布于我国山东、日本、菲律宾、泰国等地。

(3) 戈氏豆蟹寄生于牡蛎、贻贝、杂色蛤子等。分布于我国山东半岛、辽东半岛、日本等地。

(4) 玲珑豆蟹寄生于扇贝的外套腔中。分布于我国广东、日本、泰国等地区。

【防治方法】此病尚无治疗办法,只能预防。

预防措施:

(1) 查明当地海区豆蟹的繁殖季节,当观察到出现幼蟹后,立即在贝类养殖架上悬挂敌百虫药袋，每袋装药 50g，挂袋数量视养殖密度和幼蟹数量而定。

（2）在豆蟹的生殖季节开始以前就将贝类收获，使豆蟹没有繁殖的机会，可以降低感染率或消灭豆蟹。

（三）扇贝蚤病 据 Nagasawa 等（1980），扇贝蚤（*Pectenophilus ornatus*）属于甲壳纲、桡足亚纲。雌体略近于圆形，身体不分节，无附肢，全身共有 5 个略相等的隆起，背面 1 个，两侧各 2 个，这些隆起形成一个宽大的孵化囊，整个孵化囊在隆起之间的凹处由 2 对隔膜分隔开。囊内充满卵和无节幼体。身体后背面有 1 个产孔。因为没有头、尾、附肢和分节的外部特征，所以不易区分虫体的前端或后端，但在对着宿主鳃的一边上，约与生殖孔相对的一面，有 1 个构造简单的口。因此，有口的一面可为前面，有肛门的一面可为后面。成熟的雌虫宽度大于长度。宽度为 5～6mm，最宽的可达 8mm，长度一般为 4mm 左右。身体呈橘黄色，围绕雄虫囊的部分呈微红色（图 9-19）。

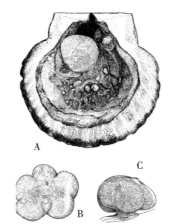

图 9-19 扇贝蚤
A. 除去右边壳的虾夷扇贝，示附着在鳃上的大小共 5 个虫体
B. 成虫雌虫的后背面观，示产孔和通过透明的雄虫囊壁可看到的 2 个雄虫
C. 雌虫的右面观（Nagasawa 等，1988）

在雌虫体内有一个雄虫囊，囊内含有 1～6 个雄虫。雄虫很小，身体卵形，长度为 370～420μm，最大宽度为 304μm。最大的雄虫可达 500μm×465μm。

扇贝蚤的无节幼体在秋季开始从母体中游出进入水中，以后如何再寄生在扇贝上的过程尚不了解。

在日本喷火湾中移植放流的虾夷扇贝（*Patinopecten yessoensis*）1969 年扇贝蚤的寄生率达 100%。每个扇贝上寄生的扇贝蚤数多达 100 个以上。扇贝的产肉率随着寄生的扇贝蚤的数目增加而相应地降低。

在秋季进行扇贝的收获，可以防止扇贝蚤病的流行。

四、其他寄生虫病

（一）海绵动物病和腔肠动物病 加拿大的大西洋深水扇贝上有一种钻孔海绵，将扇贝的壳钻成蜂窝状，引起壳基质在壳的内面过度沉淀。扇贝的软体部瘦弱、缩小，最后死亡。严重感染的个体，闭壳肌的重量还不到正常个体的一半。此病仅发生在较大的扇贝（8～9 龄）上（Medcof，1949）。

腔肠动物中的贝螅（*Hydractinia echinata*）是一种群体水螅，每个个体都具有刺细胞。贝螅附着后，扇贝的外套膜受到刺细胞的刺激而收缩。贝壳是外套膜分泌而形成的。外套膜因受刺激收缩后继续分泌，这样就产生了边缘加厚的畸形壳，或局部变形成为不对称的壳（Merrill，1967）。

（二）齿口螺病 齿口螺（*Odostomia* spp.）属于软体动物门、腹足纲、前鳃亚纲、小塔螺科（Pyramidellidae）。壳高度为 5～7mm。齿口螺是瓣鳃纲的体外寄生虫。有数种齿口螺寄生在各种扇贝上，附着在扇贝壳的外面，一般靠近壳的边缘，用长管状向外翻的吻刺穿宿主的外套膜和内脏团，吸食宿主的血淋巴，使宿主死亡。

第六节 非寄生性疾病

一、气泡病

【病因】原因迄今尚无一致的看法，大致有如下几种分析：

(1) 生理机能性的，由于高温期间稚幼鲍的消化机能下降，对配合饲料消化不良，饵料被细菌分解时在消化道内产生过量的气体所致。

(2) 稚幼鲍对人工配合饲料消化能力弱，消化道内的微生物体系被打乱所致。

(3) 病原菌感染所致。

(4) 在稚鲍的集约化静止系统中，由于投喂各种海藻，在强烈的光照下，并且水流不畅时，海藻进行光合作用，产生大量氧溶解于水中，有时使水的溶解氧达到饱和度的 150%～200%，就可使稚鲍发生气泡病。

【症状和病理变化】患气泡病的鲍在上皮组织之下形成许多气泡，严重时使鲍上浮于水面。Elston (1983) 用壳长 8～10mm 的幼红鲍试验，放入氧饱和度为 150%～200% 的海水中，3h 后鲍口部的色素消退，齿舌异常扩张。12h 后红鲍就停止活动，牢固地附着到基质上，头和足上的触角都不能伸出，口、足、外套膜和上足肿胀，特别是上足变为鳞茎状，不能动。41h 后足两边的黑色素和口部的红色素消失，足的腹面光滑肿胀，触角松弛肿胀，在所有的肌肉和结缔组织中也有气泡，血管也有气泡栓塞。

神经系统的纤维性神经鞘与神经细胞及神经鞘周围的组织明显分离。血细胞也发生明显的变化，在氧过饱和水中的红鲍，3～6h 后，大血细胞中的液泡扩大，使大血细胞在组织中很容易发现；小血细胞过 24h 后才受到损伤，在细胞核附近出现一个清楚的液泡。

患气泡病的鲍可继发性感染溶藻弧菌，可能会造成更严重的后果。

【流行情况】鲍的气泡病发生在集约化养殖系统中，由于海藻多，强光照射，水交换不良，高温季节，较易发生此病。主要危害幼鲍。

【诊断方法】根据病鲍饲养环境条件和症状，结合镜检，发现气泡即可确诊。

【防治方法】由于病因不十分清楚，因此对该病无有效的治疗方法，只能以预防为主。

预防措施：

(1) 投喂的海藻勿过量。

(2) 投喂大量海藻时应避免强光照射，增添遮光设施，如黑窗布。

(3) 加大水槽中的流水量，有条件的可降低水温 2～3℃。

(4) 高温期间少喂或停喂人工配合饲料。

治疗方法：无报道。

二、鲍外伤感染

【病因】采捕或剥离时鲍受到机械损伤。

【症状和病理变化】受伤鲍的伤口流出大量乳白色体液，伤口周围出现程度不同的组织坏死。对损伤较轻者，坏死部分可能出现自溶现象，再逐渐形成薄膜而自然愈合；但多数个体的伤口容易感染化脓，导致死亡。

【流行情况】鲍受伤后的感染化脓及其死亡率的高低与环境水温及伤口的部位、大小、深度等因素有关。鲍的软体部受伤部位不同，受伤后死亡率明显不同，一旦伤及其软体部的某些稍重要的部位,其死亡率非常高。

【诊断方法】根据病鲍饲养环境条件和症状,结合镜检,即可确诊。

【防治方法】

预防措施:

(1) 适当降低饲育水温。

(2) 使用磺胺类或抗生素药物对损伤部位涂擦。

(3) 磺胺异噁唑 1‰浓度浸洗 1min 或 0.1‰浓度浸洗 5min,再干露 10min。

治疗方法:无报道。

三、瘤

(一) 乳头及息肉状瘤 Hueper(1963)报道了美国切撒匹克湾中的沙海螂的前端有乳头状瘤,有的地区沙海螂的发病率达 2%。Taylor 和 Smith(1996)报道了一种蛤(*Tresus nuttalli*)的足上有增生的息肉状和乳头状损伤,一个瘤大 4mm×7mm。在组织学上的特征是由白血细胞和成纤维细胞浸润形成的严重炎症反应。Pauley(1976)报道了大奶酪蛤(*Saxidomus giganteus*)的足产生一种息肉状瘤,在组织学上的主要特征是正常的肌肉组织盖着盘曲的具分裂相的柱状上皮组织。

(二) 血瘤病 目前在世界范围内已发现 15 中双壳贝类患有血瘤病(neoplasia),包括 4 种牡蛎、6 种蛤和 5 种贻贝。血瘤的病因有三种推测:一种认为该病的发生与碳氢化合物污染有关;一种认为是病毒或传染性病因;一种认为可能是遗传性的。

血瘤病的主要特征是异常大的间质细胞呈全身性增生,造成细胞增殖紊乱。患病贻贝囊样结缔组织浸润有增大的细胞,细胞质透明嗜碱性,浸润的部位是胃和消化腺区内肠段的结缔组织中,浸润的细胞是血细胞。在相差显微镜下,瘤细胞较正常细胞大而圆,不能正常黏附玻璃片,易流动;扫描电镜下正常血细胞具有伪足的不规则的分叶体,而瘤细胞是具有不规则折叠表面的球形体。

复 习 题

1. 怎样预防牡蛎的面盘病毒病?
2. 简述鲍的"裂壳"病的症状及病理变化。
3. 哪些病原可引起栉孔扇贝的大规模死亡?
4. 如何区分衣原体和立克次体?
5. 立克次体引起深水扇贝发生哪些症状和病理变化?
6. 牡蛎幼体的细菌性溃疡病的诊断方法有哪些?
7. 幼牡蛎的弧菌病有哪些症状和病理变化?
8. 哪些病原可引起海湾扇贝幼体的弧菌病和文蛤弧菌病?
9. 如何治疗鲍的弧菌病?
10. 鲍的脓疱病的症状有哪些?如何防治此病?
11. 三角帆蚌气单胞菌病的防治方法有哪些?
12. 牡蛎幼体的离壶菌病有哪些诊断方法?
13. 鲍的海壶菌病的病原是什么?其特点有哪些?

14. 简述壳病的症状及病理变化。
15. 如何辨别帕特扇变形虫与卡式扇变形虫？
16. 简述牡蛎线簇虫与普氏线簇虫的区别。
17. 牡蛎派金虫病的症状和病理变化有哪些？如何预防此病？
18. 鲍的单孢子虫病的症状和病理变化有哪些？
19. 如何诊断尼氏单孢子虫病？
20. 荷兰因从法国进口牡蛎而传染马尔太虫病，对此，我们得到什么教训？
21. 包纳米虫寄生在牡蛎的哪些组织中？
22. 哪些种类的纤毛虫可引起双壳贝类发生疾病？
23. 牛头吸虫、绦虫、线虫可引起哪些双壳贝类患病？
24. 简述食蛏泄肠吸虫的生活史。为何称蛏泄肠吸虫病为"黑根病"？
25. 怎样区别凿贝才女虫、杂色才女虫、板才女虫？如何预防扇贝的才女虫病？
26. 为何称珍珠的才女虫病为黑心肝病或黑壳病？对已附着才女虫的珍珠贝如何治疗？
27. 东方贻贝蚤与肠贻贝蚤的形态构造有什么区别？它们分别引起牡蛎及贻贝疾病的症状如何？
28. 寄生在我国贝类中的豆蟹有哪几种？其宿主和分布地区如何？
29. 如何预防鲍的气泡病和外伤感染？

第十章

海参、鳖、龟、蛙的病害

第一节 海参的疾病

据报道,全球海参种类为1 400多种,我国海域发现有140多种。全世界约有40种,我国约有20种海参可食用。

海参的养殖近十多年来发展较快,病害问题也随之表现出来。因此,海参病害问题也引起了研究者关注,发表了相关学术论文,但目前研究还不够系统和全面。现将海参的主要病害介绍如下。

一、溃烂病 (Skin ulcer disease)

【病原】多数认为是细菌引起的,病原主要有:灿烂弧菌 (*Vibrio splendidus*)、假交替单胞菌 (*Pseudoalteromonas* sp.)、杀鲑气单胞菌 (*Aeromonas salmonicida*)、溶藻弧菌 (*V. alginolyticus*) 以及黄海希瓦氏菌 (*Shewanella marisflavi*) 等。

另外,在具有溃烂和口围肿胀症的刺参触手、肠、呼吸树等组织中电镜观察到具有囊膜的病毒。该病毒粒子近似球形,直径为80～100nm,具有囊膜,囊膜内可见高电子密度的核衣壳(图10-1),病毒的种类、特性以及致病性有待确认。

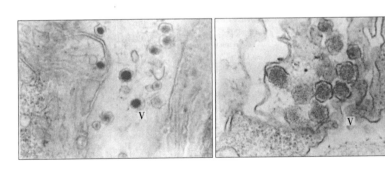

图10-1 刺参体内的一种囊膜病毒
(王品红等,2005)

【症状和病理变化】患病刺参活力减弱,摄食能力下降,对外界刺激反应迟钝,继而身体收缩,附着力减低、下沉;体表溃烂,伴随着摇头、口围肿胀、排脏等症状。发病后期刺参溃烂面积逐步增大,有些严重个体溶化为胶体状,最后导致刺参死亡(图10-2)。

【流行情况】该病在刺参养殖中最为常见,危害也大,在室内越冬和室外养成期均可发生。流行水温为5～13℃,常发生于1～4月份。底质老化池塘的发病率明显高于新池塘。

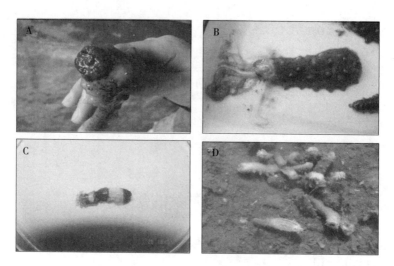

图 10-2　患病刺参症状
A. 肿嘴　B. 吐肠　C. 溃烂皮　D. 池中患溃烂病刺参

【诊断方法】根据症状一般可以初步做出诊断。但当刺参与腐蚀性强的消毒剂或接触油脂时，也会呈现溃烂症状，因此，诊断时应辨别清楚。进一步诊断需进行细菌分离和鉴定。

【防治方法】
预防措施：
（1）放养健康参苗，选择体表无损伤、活力好、摄食能力强参苗。
（2）运输、倒池等避免刺参受伤和应激反应。
（3）养殖池用 0.5～1.0mg/L 二氧化氯消毒处理。
治疗方法：
（1）聚维酮碘 0.5～1.0mg/L、二氧化氯 0.5～1.0mg/L 等消毒剂全池泼洒。
（2）恩诺沙星、甲砜霉素 0.5～1.0mg/L 浸浴 2h。或 1% 添加饵料中投喂。

二、烂胃病（Stomach ulcer disease）

【病原】主要由弧菌（*Vibrio* spp.）感染引起。也与幼体密度过高、投喂老化单胞藻有关。

【症状和病理变化】患病幼体摄食能力明显下降或不摄食，生长和发育迟缓，变态率较低。患病幼体胃壁增厚、粗糙，界限变得模糊不清，严重时整个胃壁发生糜烂（图 10-3）。高倍显微镜下在被感染幼体胃中可观察到大量的短杆状运动细菌。

【流行情况】该病多发生在中耳和大耳幼体时期，以大耳幼体后期发生率较高。在刺参育苗期的 5～7 月份流行，高温和幼体培育密度过高时更容易发病，严重时死亡率高达 70%～90%。

【诊断方法】显微镜观察一般可以初步做出诊断，确诊需病原分离鉴定。

【防治方法】
（1）合理的幼体培育密度，投喂新鲜单胞藻饵料。
（2）聚维酮碘 0.3～0.5mg/L 全池泼洒。
（3）恩诺沙星、甲砜霉素 0.5mg/L 全池泼洒。或 1% 添加饵料中投喂。

  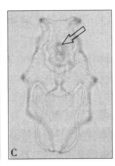 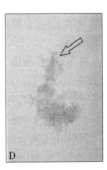

图 10-3 刺参耳状幼体烂胃病的病变过程
A. 正常的耳状幼体　B. 胃壁增厚，粗糙
C. 胃萎缩，变小　D. 死亡解体的幼体
（王印庚，2006）

三、脱板病（Adhesion dysfunction disease）

【病原】病原多种，有病毒、细菌、环境不良等。

【症状和病理变化】稚幼刺参发病初期，在附着基上收缩不伸展，触手收缩，活力下降，附着力差。中后期，表面黏液增多，局部出现溃烂，摄食量降低，严重时稚参完全失去附板能力而脱板，其后逐渐溶化为胶体状。因此，又称化板、滑板和解体病。

【流行情况】该病发生在五触手幼虫至稚参的阶段，尤其在稚参附板后 10d 左右最易发生。该病发病急，病程短，死亡率高。5～7月份流行。

【防治方法】
(1) 及时清除残饵、粪便等，适时倒池，改善水质。
(2) 聚维酮碘 0.3～0.5mg/L 全池泼洒。
(3) 甲砜霉素 0.5mg/L 全池泼洒。
(4) 发现幼参异常，及时镜检。对病原菌感染引起的，用恩诺沙星 1% 拌饵投喂。

四、腹足类寄生病（Pleopodiasis）

寄生在海参上的腹足类有 16 属 33 种，其中内寄螺属（*Entocolax*）6 种，巨穴螺属（*Megadenus*）5 种，瓷螺属（*Balcis*）4 种，其余 13 属各 1～3 种。

寄生腹足类寄生在海参的体表、体腔、消化道、血管、呼吸树等组织器官。

深海豆怪螺（*Pisolamia brychius*）寄生在变梦参（*Oneirophanta mutabilis*）上，用吻吸附在变梦参的体表，并用吻刺入海参的体壁，穿过体壁达到体腔，用吻突从宿主组织、体液、血液摄取营养（图 10-4），在吻穿入体壁的部位出现肿块。Smith（1984）发现吻在穿入体壁时排出一种分泌物，能使寄主的结缔组织迅速松弛。内寄生的种类用吻吸附在寄主的体壁、消化道、呼吸树等组织器官上，从中摄

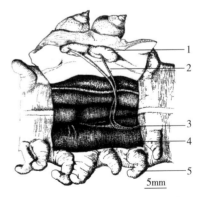

图 10-4 深海豆怪螺寄生在变梦参上，
吸取寄主的血液
1. 吻　2. 吻突　3. 血管　4. 肠　5. 管足
（Jangoux，1987）

取营养，由于腹足类的寄生，海参生长发育受到影响，消瘦，生长缓慢，性腺不能发育。

据报道（Jangoux，1987）在 16 属 26 种海参上有腹足类的寄生。

五、猛水蚤病

【病原】由猛水蚤（*Microsetella* sp.）引起。猛水蚤在海参培育和养殖池内大量繁殖，严重时水体呈白浊色。猛水蚤的主要危害是伤害稚参表皮，引发细菌感染，还与刺参争夺饵料和生存空间。

【症状】海参生长缓慢，运动能力和附着力均下降，身体萎缩，体表溃疡。

【流行情况】主要危害当年培育的刺参苗种，幼体长到 5mm 以上时危害较小。

【防治方法】
(1) 采用二级砂滤的方法严格过滤养殖用水，并用敌百虫消毒饵料后再投喂。
(2) 用敌百虫 0.5～1.0mg/L 泼洒。

第二节 鳖的疾病

一、鳖红脖子病（Red neck disease of soft-shelled turtle）

【病原】该病的病原目前有多种说法：

(1) 由细菌引起。嗜水气单胞菌嗜水亚种（*Aeromonas hydrophila* subsp *hydrophila*）是该病主要病原之一（杨臣等，1998）。此外，黄印尧（1995）从患红脖子病的鳖分离到温和气单胞菌（*A. sobria*），黄琪琰（1999）认为该病是豚鼠气单胞菌（*A. caviae*）及迟缓爱德华氏菌野生型（*Edwarsiella tarda* wild type）等革兰氏阴性杆菌共同引起。

(2) 由病毒引起。翁少萍等（1996）认为是一种弹状病毒。江育林等（1997）、陈在贤等（1998）认为其病原是一种虹彩病毒。

(3) 由细菌与弹状病毒共同引起。

【症状和病理变化】发病早期，病鳖咽喉部充血、红肿，食欲减退，反应迟钝，腹甲轻度充血，少数鳖颈部溃烂、坏死；中后期鳖颈部充血红肿，不吃食，常爬上岸，脖子伸缩困难是该病的主要症状。有的病鳖周身水肿，腹甲严重充血，甚至出血、溃疡。多数病鳖表现为烦躁不安，时而浮于水面，时而伏于沙地或遮阴处，时而钻入泥中，脖子常伸出壳外不能摆动，呼吸困难，最后因呼吸系统障碍而导致死亡。解剖病鳖，肠道内无食物，消化道（口腔、食管、胃、肠）的黏膜呈明显的点状、斑块状或弥散性出血。肝脏肿大，呈土黄色或灰黄色，有针尖大小的坏死灶；胆囊内充满胆汁，肺有出血斑，脾肿大，心脏苍白，严重贫血，膀胱积水。病理观察肝细胞发生颗粒变性，并有小的坏死灶；肾小球萎缩，囊腔相对扩大；肾小管上皮细胞混浊肿胀，部分上皮细胞坏死、解体，颗粒落入管腔。

【流行情况】该病对各种规格的鳖都有危害，尤其对成鳖危害最为严重。温度在 18℃ 以上时流行，我国长江流域各省以及天津、河南、河北均有此病发生。该病的发病率高，死亡率可达 20%～30%，最高可达 60%。长江流域的流行季节为 3～6 月，华北为 7～8 月，有时可持续至 10 月中旬，温室养殖一年四季均可发生。

【诊断方法】
(1) 根据病症、流行情况及病理变化可做出初步判断。

(2) 采集濒死鳖的肝脏、脾、肾等内脏组织涂片，固定后用革兰氏染色，油镜观察，若发现呈革兰氏阴性，两端着色较深的红色的小杆菌，可初步认定为该病。

(3) 将上述病料接血清琼脂平板，30℃培养24～48h，若长出灰白色的小菌落，将此菌落用生理盐水洗下后与抗鳖红脖子病嗜水气单胞菌的免疫血清进行平板凝集试验，若呈阳性，则可确诊。

(4) 对于病毒性病原的诊断，除病原分离外目前尚无其他方法。

【防治方法】
预防措施：
(1) 做好分级饲养，避免鳖互咬受伤，受伤的鳖不要放入池中。
(2) 定期用浓度2mg/L的漂白粉或浓度0.5mg/L漂白粉精泼洒消毒。
(3) 每千克鳖用15万～20万IU的庆大霉素或卡那霉素投喂，每天一次，连续3～6d。
(4) 人工注射鳖嗜水气单胞菌灭活疫苗或红脖子病病鳖脏器土法疫苗，注射剂量为：500g以下的鳖0.2～0.5mL，500g以上的鳖0.5～1mL（疫苗浓度为2%～2.5%）。

治疗方法：
(1) 用庆大霉素、卡那霉素、链霉素等抗菌药物注射患病鳖的后腿肌肉，注射量为每千克鳖体重20万IU，注射后立即放入较大水面的隔离池饲养。
(2) 将池水放至10cm，用浓度50mg/L的链霉素浅水泼洒（适用于温室），维持3h后加水，每天一次，连续三次。
(3) 用浓度3～4mg/L的漂白粉或0.4mg/L的二氧化氯泼洒，连续2次，隔1～2d一次。
(4) 磺胺甲基异噁唑和甲氧苄氨嘧啶（TMP），每千克鳖体重，分别80mg和20mg（4∶1），药饵投喂，每天一次，连用6d，首次用量加倍。
(5) 每100kg鳖，每天用先锋霉素7.5g、病毒灵2g、维生素C 1.2g、维生素E 0.5g，药饵分2次投喂，连续6d。

二、鳃腺炎 (Parotitis of soft-shelled turtle)

【病原】该病又称病毒性出血病、肿颈病。有人认为该病是细菌引起，也有人认为是霉菌引起，但根据发病高、死亡快以及人工感染的特点，该病由病毒引起的可能性较大。

【症状和病理变化】病鳖因水肿导致运动迟缓，不愿入水，常静卧食台或晒台引颈呼吸，不食不动。病鳖颈部异常肿大，但不发红；后肢窝隆起，全身浮肿，腹面两侧有线肿现象，但体表光滑（图10-5）；眼呈白浊状而失明。有的病鳖腹甲上有出血斑，有的雄性生殖器外露。发病后期还可见口、鼻流血。解剖特征有两种情况：①鳃腺灰白糜烂，胃部和肠道有大块暗红色淤血或凝固的血块；②鳃腺呈红色，糜烂程度较轻，胃部和肠道贫血，呈纯白色状，腹腔则积有大量的血水。

【流行情况】该病发病范围广，死亡率也高，常年均可发生，但主要流行季节在5～6月，6月为发病高峰期。发病水温25～30℃。

图10-5 鳃腺炎病
示全身浮肿，脖颈肿胀
（杨先乐，2001）

【诊断方法】
(1) 常根据鳖龄、症状、流行情况及病理变化，进行判断。患病幼鳖脖颈肿胀、全身浮肿、鳃腺充血糜烂、眼睛出现白浊和失明。鳖临死时,脖颈均长长伸出。

(2) 进行病原分离、培养。若分离不到病原菌也可推断由病毒感染引起本病。超薄切片,电镜观察找到病毒颗粒,即可确诊。

【防治方法】

预防措施:

(1) 改革养殖模式,变有沙养殖为无沙养殖。

(2) 用浓度 10mg/L 的漂白粉等含氯消毒剂对鳖池泥沙、池壁和工具彻底消毒。

(3) 投喂新鲜的饵料,增强鳖的抵抗能力。

(4) 发现病死鳖及时销毁。

治疗方法:

(1) 用浓度 2~3mg/L 的漂白粉或浓度 0.4~0.5mg/L 二氧化氯泼洒 2~3 次,每隔 3d 一次,并按每千克鳖体重投喂庆大霉素 50~80mg/d、病毒灵 10~20mg/d。

(2) 用 15% 的 PVP-Ⅰ 0.3mg/L 浓度全池泼洒,并结合按每千克鳖体重口服庆大霉素 50~80mg/d、病毒灵 10~20mg/d,连用 3d;或板蓝根 15mg/d,连用 10d。

(3) 每千克鳖体重,每天用盐酸黄连素 30mg、先锋霉素 0.6g、病毒灵 0.3g,药饵连续投喂 7d。

三、红底板病 (Red abdominal shell disease of soft-shelled turtle)

【病原】点状产气单胞菌点状亚种 (*A. punctata* subsp *punctata*) 是该病病原之一,也有人认为该病为病毒引起,如类呼肠孤病毒、类腺病毒、类核糖核酸病毒、类嵌杯样病毒等。还有人认为存在着其他病原体,如嗜水气单胞菌 (*A. hydrophila*)、温和气单胞菌、豚鼠气单胞菌、脑膜炎败血性黄杆菌 (*Flavobacterium meningosepticum*)、金黄色葡萄球菌 (*Staphylococcus aureus*)、迟缓爱德华氏菌等。该病常因捕捞运输、撕咬或池底堤岸粗糙使鳖腹部受伤,一旦遇到水质恶化、饲养条件恶劣而导致病原侵入,诱发此病。

【症状和病理变化】病鳖腹部有出血性红斑,重者溃烂,露出骨甲板;背甲失去光泽,有不规则的沟纹,严重时出现糜烂状增生物,溃烂出血;口鼻发炎充血,舌呈红色,咽部红肿;肺充血,肝脏肿大,呈紫黑色,严重淤血,肾脏严重变性,血管扩张,甚至出血,肠道发炎充血,内无食。病鳖停食,反应迟钝,常一动不动地躺在池塘斜坡、晒台或食台上,极易捕捉,该类鳖一般数天后即死亡。

【流行情况】该病主要危害成鳖、亲鳖,传染性强,可导致成批死亡,也有报道幼鳖被感染者。死亡率为 10%~25%。流行温度是 20~30℃。一般每年越冬之后(4月中旬)开始发病,5~6 月是发病高峰季节,8~9 月上旬仍可发现该病,如果长期阴雨,极易导致此病流行。

【诊断方法】

(1) 根据外部症状(底板有红色斑块、溃烂)可进行初步判断。

(2) 对濒死病鳖的肝、肾等内部器官,进行病原菌分离纯化,革兰氏染色,油镜观察,若见两端钝圆、着红色的阴性短杆菌,可得出进一步结论。

(3) 确诊可用抗点状产气单胞菌点状亚种进行血清凝集试验。

【防治方法】

预防措施:

(1) 避免在运输和养殖过程中导致鳖体受伤。发现病鳖及时隔离。

(2) 发病季节，每半月轮换以浓度 2～4mg/L 的漂白粉和 50mg/L 的生石灰全池泼洒，并每天对食台进行清洗消毒。

(3) 保持池水清洁，定期加注清水，每次注水 3～5cm。

治疗方法：

(1) 土霉素，每千克鳖 0.2g 投喂，连喂 5d。对于病情晚期拒食的，硫酸链霉素，每千克鳖 20 万 IU，从病鳖后腿肌肉或皮下注射，1 天 1 次，连续 2～3 次。

(2) 用浓度 30～40mg/L 的土霉素浸浴病鳖 30min，对早期治疗有一定的效果。

(3) 复方新诺明，每千克鳖 400mg，连喂 6d，第二天后用量减半。

(4) 氟苯尼考，每千克鳖 20～30mg，拌饲投喂，1 天 1 次，连用 5～7d。

(5) 全池泼洒 0.5mg/L 的二氧化氯，每隔 3～5d 一次，连续 2～3 次；最后一次泼洒 7d 后用浓度 60mg/L 的生石灰泼洒一次。

四、出血性肠道坏死症（Heamorrhage intestinal necrosis of soft-shelled turtle）

【病原】该病病原较复杂，包括细菌性病原与病毒性病原。细菌性病原有嗜水气单胞菌、迟缓爱德华氏菌、假单胞杆菌（*Pseudomonas* spp.）、普通变形杆菌（*Proteus vulgaris*）等。病毒病原分类地位尚不明了，初步认为，病毒病原为原发性感染，细菌性病原为继发性感染。投喂不新鲜的饲料，饲料营养成分单一，养殖环境恶劣或发生剧烈变化，或从外地引入带病的亲、幼鳖，均可导致本病的发生。

【症状和病理变化】病鳖外观体表完好无损伤，底板大部分呈乳白，偶尔个别布满血丝；头颈肿胀伸长，全身性水肿，背甲稍微发青。解剖可见腹腔内大量积液。肝、肾肿大质硬，土黄色；心肌淡白，松软扩张，胆囊肿大，肾脾变黑缩小，结肠后段坏死，内壁脱落出血，血液常淤积在直肠中，肠管内有凝结的血块。病理观察，胃肠黏膜呈局灶性坏死出血，坏死部位黏膜上皮和固有层中的肠腺均坏死，部分坏死深达肌层，固有层中有大量淋巴细胞及巨噬细胞浸润，黏膜层萎缩，肠绒毛缩短且数量减少。

【流行情况】该病主要感染亲鳖和成鳖，稚鳖也有可能感染。该病流行时间长，春、夏、秋均可发生该病，以越冬后刚出温棚的成鳖发病较多。疾病流行季节为 4～10 月，5～9 月为高峰期，流行温度 25～30℃。气温与水温的波动可加速该病的发展进程。该病是较为严重、死亡率高、治疗难度大的鳖病之一。该病流行较广，其中湖北、福建、河南等省的鳖养殖地区最为严重，湖北省鳖养殖区几乎都有该病发生。

【诊断方法】目前仅能通过症状并结合流行季节与环境条件进行初诊，确诊要进行病原菌分离和电镜观察。该病与鳃腺炎症状较为相似，都表现为底板苍白、以失血为典型症状，肠内都有血水或血凝块，故应加以区别。从病理解剖来看：

(1) 该病鳃腺基本正常，而鳃腺炎则鳃腺充血糜烂，咽喉充血。

(2) 鳃腺炎有全身浮肿症状，而该病体形则较正常。

(3) 该病卵膜常有出血点或出血斑，而鳃腺炎则表现为苍白无光泽。

【防治方法】

预防措施：

(1) 严格检疫，不从疫区引种。

(2) 温室的鳖最好推迟到 6 月上中旬出温室。
(3) 加强水质管理,保持生态环境的相对稳定。
(4) 在饲料中添加一些鲜活饵料,并注意其质量与消毒。

治疗方法:目前对此病尚无有效的治疗方法,发病后可采取以下措施:
(1) 用浓度 0.5mg/L 的二氧化氯连续泼洒 2~3 次,每隔 3d 一次。
(2) 投喂吗啉胍、维生素 B_{12}、板蓝根、苦参、穿心莲、虎杖等对控制病情的发展有一定的作用。
(3) 每千克饲料中拌入氟哌酸或诺氟沙星 2g,药饵投喂,一天两次,连用 7d 为一疗程。

五、腐皮病 (Ulcerate disease of soft-shelled turtle)

【病原】该病由嗜水气单胞菌、温和气单胞菌、假单胞杆菌和无色杆菌 (*Achromdacter* spp.) 等多种细菌所引起,大多是由于鳖相互撕咬或与地面摩擦受伤后细菌感染所致。

【症状和病理变化】发病初期,鳖精神不振,反应迟钝,腹甲轻度充血;后期,体表糜烂或溃烂,病灶部位可发生在颈部、背甲、裙边、四肢以及尾部(图 10-6)。病鳖肝脏和胆囊肿大,肝颜色发黑、易碎。肝细胞轻则发生颗粒样变性,重则细胞核固缩,甚至碎裂溶解。肾脏肿大,肾小管尤其是近曲小管的上皮细胞发生肿胀变性、坏死,管腔中存在均质粉红染液体,肾小球毛细血管扩张,红细胞清晰可见。脾脏黑褐色、肿大,失去正常结构;肠道充血发炎,肠腔内无食物。

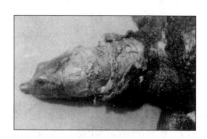

图 10-6 腐皮病
示颈部糜烂,表皮脱落

【流行情况】该病主要危害高密度囤养育肥的 0.2~1.0kg 的鳖,尤其是 0.45kg 左右者。该病发病率高,持续期长,危害较严重,死亡率可达 20%~30%。我国从南到北各个鳖养殖区都有此病流行,尤以长江流域一带严重。流行季节是 5~9 月,7~8 月是发病高峰季节,温室中全年均可发生。该病的发生与水温有较密切的关系,水温 20℃ 以上,易发生流行,温度越高,该病发生率越高,且常与疖疮病并发。

【诊断方法】根据外部溃烂等症状即可判断,确诊需进行病原分离与血清学试验。

【防治方法】
预防措施:
(1) 放养时,要挑选平板肉肥、背甲呈褐色、腹甲呈乳白色或带浅红色、体健灵活、无病无伤、规格大小均匀的鳖,且雌雄搭配要合理。入池前用浓度 20mg/L 的高锰酸钾浸洗 30min,或用 1% 的聚维酮碘 (PVP-I) 浸洗 20~30min。
(2) 控制养殖密度,及时分养,防止鳖的相互撕咬,尤其是温室养殖的鳖,须经常更换池水,注意水质清洁。

治疗方法:
(1) 每隔 2~3d 用浓度 3~4mg/L 的漂白粉或 0.5mg/L 二氧化氯泼洒一次,反复 3~4 次。
(2) 对病症较轻的病鳖用浓度 30mg/L 高锰酸钾浸浴 20~30min。
(3) 病情较重的鳖,用浓度 10mg/L 的磺胺类药物或链霉素浸浴 30~48h;或按每千克体重注射 20 万 IU 金霉素。

(4) 每千克鳖体重每天投喂磺胺类药物 0.2g，连喂 6d（第 2～6 天减半），同时以浓度 0.5mg/L 二氧化氯泼洒一次。

六、穿孔病（Caverred disease of soft-shelled turtle）

【病原】该病病原有嗜水气单胞菌、普通变形杆菌、肺炎克雷伯氏菌（*Klebsiella pneumoniae*）、产碱菌（*Alcaligemes* spp.）等多种细菌。养殖环境恶劣、饲养不良而导致细菌感染，是诱发该病发生的原因。

【症状和病理变化】发病初期，稚鳖行动迟缓，食欲减退。病鳖背腹甲、裙边和四肢出现一些成片的白点或白斑，呈疮痂状，直径 0.2～1.0cm，周围出血，揭出疮痂可见深的洞穴，严重者洞穴内有出血现象（图 10-7）。该病的病理变化主要为：肺局部泡壁上皮细胞和毛细血管内皮细胞肿胀、变性、坏死。肝内黑色素增多，淤血，肝细胞混浊肿胀，坏死。肾小管上皮细胞混浊肿胀，坏死。肠壁充血、出血。

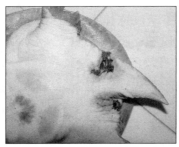

图 10-7 鳖的穿孔病
示尾部、后肢穿孔，形成洞穴

【流行情况】该病的流行温度为 25～30℃，流行季节是 4～10 月，5～7 月是发病高峰。该病对各年龄段的鳖均有危害，尤其是对温室养殖的幼鳖危害最大，发病率可达 50%左右。温室养殖的中华鳖一般于 9 月底、10 月初开始发病，10～12 月是主要流行季节。

【诊断方法】根据病鳖症状，在背、腹甲有疮痂并见洞穴基本为此病。

【防治方法】
预防措施：

(1) 加强水质管理，投喂丰富的饵料，控制放养密度，避免撕咬，防止鳖体受伤，营建与鳖的生态习性相适应的环境。

(2) 40%甲醛溶液与高锰酸钾（1∶2），每 1m³ 养殖空间，4.5～7.5mL，放养前对温室蒸熏消毒。

(3) 鳖池、底质用浓度 100～200mg/L 生石灰或 10～20mg/L 漂白粉消毒；养殖用水用浓度 2～4mg/L 漂白粉消毒。

(4) 鳖体用 1%的聚维酮碘浸浴 20～30min 或高锰酸钾 10mg/L 浸浴 10～15min。

治疗方法：

(1) 用浓度 100mg/L 的土霉素浸浴病鳖 40min 左右，一天一次，连用 3d。

(2) 复方新诺明，每千克鳖体重每天 0.2g，连喂 6d（第 2～6 天减半）。

(3) 每千克鳖体重肌肉注射卡那霉素 1 万 IU 或庆大霉素 8 万～15 万 IU。

(4) 养殖池用浓度 0.5mg/L 的二氧化氯泼洒 2 次，隔 2d 一次；7d 后再用 50mg/L 浓度的生石灰泼洒 1 次。

七、疖疮病（Furuncle of soft-shelled turtle）

【病原】 病原报道较多，有嗜水气单胞菌、温和气单胞菌、点状产气单胞菌点状亚种、嗜水气单胞菌点状亚种、大肠埃希氏菌、肺炎克雷伯氏菌和小肠结肠炎耶尔新氏菌（*Yersinia enterocolitica*）等。当养殖条件恶化、饲料腐败或营养不全面、鳖相互撕咬受伤时，病原菌极易感染而使鳖致病。

【症状和病理变化】 初期病鳖颈部、背腹甲、裙边、四肢基部长有一个或数个黄豆大小的白色疖疮，以后疖疮逐渐增大，向外突出，最后表皮破裂（图10-8）。病情进一步发展，疖疮自溃，内容物散落，炎症延展，皮肤溃烂成洞穴，成为溃烂病与穿孔病并发。但一般未到此步病鳖大多已经死亡。病鳖皮下、口腔、气管有黄色黏液，腹部和颈部皮下呈胶冻样浸润，肺充血；肝脏暗黑色或深褐色，略肿大，质脆；胆囊肿大，脾淤血，肾充血或出血，肠略充血，体腔中有较多黏液。

【流行情况】 从稚鳖到成鳖都会被该病感染，尤其对稚幼鳖的危害较大，体重为 20g 以下的稚鳖发病率可达 10%～50%，如治疗不及时，15d 左右即会死亡；250g 以上的鳖感染死亡率可达 30%～40%。该病的流行季节是 5～9 月，发病高峰是 5～7 月；流行温度是 20～30℃，如果气温较高，10 月份也会继续流行。在我国湖南、湖北、河南、河北、安徽、江苏、上海、福建等省市曾发现此病流行。

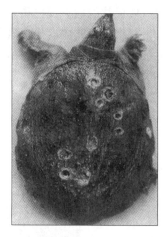

图 10-8 疖疮病
示颈部、背腹甲、裙边、四肢基部出现病灶，深层呈豆腐渣样

【诊断方法】

(1) 根据病鳖体表疖疮病灶，可进行初步判断。

(2) 以无菌手段将濒死鳖的肝、肾、血液、腹水或未破灭的疖疮的黄白色粉状物等涂片，固定，革兰氏染色，若发现较多的大小相似、两端着红色的短杆菌，基本可确诊。

(3) 用该病的阳性血清与其病灶的内容物做凝集试验，发生凝集者，则为该病。

【防治方法】

预防措施：

(1) 进行科学的饲养管理，采用合理的养殖密度与雌雄比例，室外池搭建有效的晒背台，温室要为鳖营造一定的陆地休息场所；投喂新鲜、营养合理的饲料。

(2) 保持良好的养殖水质；室外池，每 15d 左右加注一次新水，温室每 5～7d 加注或更换部分新水。

(3) 发病季节，用浓度 50mg/L 的生石灰泼洒（前后间隔 7d 左右）。

治疗方法：

(1) 庆大霉素，每千克鳖 8 万～15 万 IU 腹腔注射，病情严重者注射 2～3 次。

(2) 用浓度 50mg/L 的土霉素或四环素或链霉素浸浴 12～24h。

(3) 每千克鳖体重每天用复方新诺明或土霉素 0.2g 拌饲投喂,连续 5～7d,同时用浓度 0.4mg/L 二氧化氯泼洒 2～3 次,每隔 2d 一次。

八、爱德华氏菌病 (Edwardsiella disease of soft-shelled turtle)

【病原】 病原为迟缓爱德华氏菌。温室养殖中因水质恶化,极易导致该病的发生。

【症状和病理变化】 病鳖精神不振,动作缓慢无力,悬浮于水面或岸边呆滞不动,较易捕捉。病鳖表皮脱落,腹面中部可见暗红色的淤血,背腹甲内壁有淤血,腹腔有腹水,浮肿。肝肿胀、质脆、淤血,呈现局部坏死灶。脾深紫色,呈出血状,脾窦扩大,脾窦间充满炎症细胞。肺炎性水肿,肺泡肿大,肺泡壁血管充血,肺泡内充满红细胞、嗜中性粒细胞及渗出液。

【流行情况】 该病主要危害温室养殖的稚、幼鳖,出温室后的幼鳖也易患此病,一般病情发展较缓慢,不会出现暴发性死亡。该病流行季节为 5～9 月,流行水温为 20～33℃,30℃左右最易流行。气温突变(如寒潮、连续阴雨天等)容易诱发该病,多年未清淤的池塘以及曾经患过该病的池塘发病率高。

【诊断方法】 本病主要表现为"肝脏型",解剖病鳖若见肝有结节状肉芽肿,且有坏死灶,一般可判别为该病。确诊需用抗鳖爱德华氏菌病血清进行凝集试验。

【防治方法】
预防措施:
(1) 严格检疫,不从疫区引入鳖;加强水质管理,池水定期消毒,注意养殖池内卫生;不投变质发霉的饲料,营养要全面,适当搭配投喂动物内脏和新鲜鱼,适量添加维生素(如维生素 C、维生素 A、维生素 E、维生素 K 等)或在饲料中添加 50% 新鲜蔬菜,提高鳖机体的抗病能力,预防该病的发生。

(2) 发病季节,用浓度 2mg/L 的漂白粉或 50mg/L 的生石灰全池泼洒,每隔 15～20d 泼洒一次。

治疗方法:
(1) 全池泼洒 2mg/L 浓度的漂白粉或 60mg/L 的生石灰。
(2) 每千克鳖每天投喂 50mg 卡那霉素,或 20～60mg 庆大霉素,或 100mg 新霉素,连喂 5～7d。

九、白毛病 (White down disease of soft-shelled turtle)

【病原】 病原是一种丝囊霉菌 (*Aphanomyces* sp.) 和腐霉属的一种腐霉 (*Pythium* sp.)。鳖体受伤、水质恶化、水温过高是诱发本病发生的外部原因。

【症状和病理变化】 病鳖的颈部、背甲、四肢或全身长有柔软的灰白色绒毛状物,在水中呈絮状,当其上面粘有污物时,绒毛呈褐色或污物的颜色,绒毛覆盖全身时,病鳖像披了一层厚厚的棉絮(图 10-9)。病鳖血液淡化,由于霉菌分泌大量的蛋白分解酶分解鳖组织中的蛋白,使其受到刺激而分泌大量黏液。病鳖焦躁不安,或在水中狂游,消耗体力,或与其他固体物摩擦,

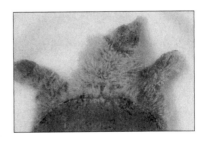

图 10-9 白毛病
示病鳖脖颈和四肢长满呈灰褐色绵毛状物
(朱心玲等,1998)

引起更大面积的创伤,当菌丝体寄生于脖颈时,病鳖伸缩困难,游泳失常,食欲减退或拒食,最终消瘦死亡。

【流行情况】该病主要危害稚、幼鳖,偶或也有成鳖受感染。主要流行于夏季,水温30℃左右,发病率较高,但一般不会造成较大的死亡,只有当霉菌大量寄生鳖脖颈或寄生体表达2/3以上面积时,病鳖才会死亡。

【诊断方法】本病一般发生于气温较高的季节,菌体一般呈较纤细的绒毛状。确诊需要镜检和经过培养。

【防治方法】
预防措施:
(1) 加强饲养管理,尽量避免鳖体受伤,造成继发性感染。
(2) 保持良好的水质,既要避免水质发黑发臭,又要避免水色过清,透明度增大。
(3) 创造鳖良好的晒背和岸边休息场所。
(4) 夏季每隔15~20d用浓度50mg/L的生石灰泼洒一次。
(5) 在饲料中添加维生素E,增加鳖的抗霉能力。

治疗方法:
(1) 用浓度100mg/L的食盐与小苏打合剂(1∶1)全池泼洒。
(2) 用浓度100ml/L甲醛浅水浸泡消毒。

十、鳖钟形虫病 (Vorticella of soft-shelled turtle)

【病原】病原为钟形虫(*Vorticella* spp.)、累枝虫(*Epistylis* spp.)、聚缩虫(*Zoothamnium* spp.)、单缩虫(*Carchesium* spp.)等缘毛亚纲、缘毛目、固着亚目的种类。

【症状和病理变化】该类纤毛虫附生在鳖体表各处,最初一般固着在鳖四肢窝部和脖颈处,严重感染时,背甲、腹甲、裙边、四肢、头颈等处都被寄生,肉眼可见鳖表面有一层灰白色或白色的毛状物簇拥成棉絮状物(图10-10),当池水呈绿色时,虫体的细胞质和柄也随之变成绿色,因而病鳖也会呈绿色状。患病的稚鳖活动缓慢,摄食困难,摄食量很小,生长发育停止,体质日渐消瘦,最终导致死亡。

【流行情况】该类纤毛虫分布广泛,我国一年四季水体中均有分布,特别是水质较肥,营养较丰富的水体中。本病没有明显的季节性。它们以寄主为附着的生活基地,虽不侵袭宿主组织,但当它们大量附生后,影响鳖的行动和摄食。

【诊断方法】该病肉眼观察易与水霉病混淆,两者都有"生毛"症状。确诊应在显微镜下观察到缘毛目类虫体。

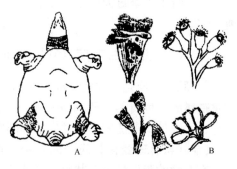

图10-10 钟形虫病
A. 后肢窝下和脖颈长毛的幼鳖
B. 钟形虫病病原体的形态
(杨先乐,2001)

【防治方法】
预防措施:
(1) 保持水质清洁,常向养鳖池加注消毒后的清洁水,并及时捞出池中吃剩的残饵。
(2) 每隔15~20d用浓度40~50mg/L的生石灰或2~3mg/L的漂白粉对鳖池消毒。

治疗方法：
(1) 硫酸铜硫酸亚铁合剂（5∶2），0.8～1mg/L 全池泼洒，一天一次，连用两次。
(2) 高锰酸钾，5～10mg/L 全池泼洒。
(3) 治疗期间，幼鳖饲料中每千克添加 100mg 氟哌酸，连续投喂 5d，控制细菌感染性并发症。

十一、萎瘪病（Atrophy of soft-shelled turtle）

【病原】该病发生的原因较多，如动物性饲料与植物性饲料比例不当造成的营养失调；池中残饵或排泄物增多引起的水质恶化，导致鳖轻度中毒、拒食，造成萎瘪；鳖的种质下降，孵出后个体较小，摄食能力弱，常吃不饱，患有某些慢性病等。此外，也有人认为某些病原微生物，如病毒、细菌等寄生，也是造成该病的原因。

【症状和病理变化】患此病的鳖极度虚弱，背甲骨骼外凸明显，轮廓清晰可见，枯瘦干瘪，体表暗黑色，失去光泽（图 10-11）；腹甲柔软发红，亦可见明显的肋骨轮廓；裙边向上卷缩，边缘呈刀削状。有的病鳖四肢基部有水肿现象，偶或颈部也出现水肿，但不发红，以至颈部难以缩进甲内。病鳖反应迟钝，活动迟缓，像死了一样躺在岸边或食台上。稚、幼鳖一旦患此病，很难恢复，往往萎瘪消瘦而死亡。

图 10-11　萎瘪病
左：病鳖枯瘦干瘪，背甲骨骼清晰可见；右：正常鳖

【流行情况】该病是稚、幼鳖养殖阶段危害较大的疾病之一，发病率较高，造成稚、幼鳖的死亡率也较大。稚鳖脱壳后的室外养殖池，尤其是温室高密度养殖的条件下极易发生此病。该病一般发生在 8～10 月，我国各鳖养殖区均有该病发生。

【诊断方法】由于病因不明，目前尚无确切的诊断方法，根据稚、幼鳖萎瘪、不爱活动等病症可以做出初步判断。

【防治方法】
预防措施：
(1) 注意饲料的搭配，一般来说，除保证动物性饲料要占 70%～80%外，还要搭配一定的植物性饲料，以促进饲料的消化、吸收与利用。
(2) 及时清除残饵与排泄物，注意水质清洁，防止水质恶化。
(3) 每隔 15～20d 用浓度 40～50mg/L 的生石灰全池泼洒，以改良水质。
(4) 及时按大小分档稀养，投喂营养全面的饲料，必要时添加赖氨酸与蛋氨酸，也可添加些鲜鸡蛋和吸收较快的葡萄糖钙粉等。

治疗方法：由于病因不清楚，目前仅能采取一些间接的方法治疗，如全池泼洒漂白粉，使其浓度达 2～4mg/L；在饲料中增加适量的活饵料，如牛肝、鸡肝、螺蚌的肉糜等，并添加 1%左右的鱼油、2%的玉米油、2%的酵母粉、50%的血粉，以增加其营养成分。

十二、脂肪代谢不良症（Bat fat metabolism of soft-shelled turtle）

【病原】鳖长期食用腐烂的鱼虾肉、变质的干蚕蛹、过期配合饲料，氧化酸败变性的脂肪则可在体内积累，造成肝肾机能障碍，诱发该病。此外，饲料如长期缺乏某些维生素（如维生素 C，维生素 E 等）则也是诱发该病的原因之一。

【症状和病理变化】病鳖偏食，摄食与活动能力减弱，常浮于水面缓慢游动。鳖体浮肿或极度消瘦。浮肿者表皮下出现水肿，一般颈部、四肢肿烂，外观上全身有营养失调之感；消瘦者甲壳表面和裙边形成皱纹。病鳖外观变形，背甲失去光泽，明显隆起，手拿有厚重感，腹甲由乳白色变成薄锈色，且出现浓厚的灰绿色斑纹，呈暗褐色，有明显的绿色斑纹。四肢基部柔软无弹性。剖开腹腔，病鳖的肉质恶化，有一股恶臭味，肝脏变黑色；结缔组织将脂肪组织包成囊状，使其硬化；骨骼软化，脂肪由正常的白色或粉红色变成土黄色或黄褐色。

病情较轻时，一般外部症状不明显，但机体内已有明显的病变，此病常常可由急性转为慢性，不易恢复，最后会因停食而死亡。

【流行情况】该病对各养殖阶段的鳖均有危害，尤其是摄食旺盛的鳖，其发病率在 10% 左右。该病病程较长，患病不死的鳖，商品价值明显降低，如果被人误食，也会严重影响人的健康。该病的流行季节为 6～10 月，7～8 月为发病高峰期。此病也是温室养殖常发病之一。

【诊断方法】若外观有以下症状，可做初步诊断：

（1）因病鳖腹腔内脂肪积累，肥大与硬化，病鳖体较高，有厚重感，如果鳖体高与体长之比达 0.31 以上者，可能为病鳖；0.30 以下者，可能为健康鳖。

（2）病鳖腹甲为薄锈色（正常为乳白色），并有浓厚的绿色斑纹。

（3）病鳖裙边有皱褶。

（4）颈部肿大，表皮下有水肿的现象，严重者出现水泡；四肢基部无充实感，用手压时有柔软无弹性之感。确诊需解剖，若脂肪组织病变，肝硬化，体腔散发出恶臭味，即为此病。

【防治方法】

预防措施：

（1）保持饲料新鲜，尤其夏季和温室投饲时，一定要用鲜活料或人工配合饲料，不投喂腐败变质的饲料。

（2）饲料台设置在阴凉处或采取遮阴措施，防止饲料在烈日曝晒下变质。

（3）采取少量多次的方式投饲，保证饲料在 1.5～2h 内吃完，未吃完的残饵应及时清除。

治疗方法：

（1）发现此病，及时更换池水。

（2）目前无药物治疗，主要是注意饲料不变质，不吃变质油脂食物等。一开始发病时，立即在饲料中添加较多的鲜活料与蔬菜、瓜果等，以逐步恢复健康。

（3）按每千克鳖体重每天投喂维生素 E（或维生素 B 或维生素 C）60～120mg，连续投喂 15～20d。

十三、氨中毒症（Ammonia poisoning of soft-shelled turtle）

【病原】水中氨的含量过高即可诱发此病，其原因有：①由于大量投饵，鳖的排泄物和残饵沉积在池中，腐败后产生大量的氨气；②在静水池和越冬温室由于某些因素，限制了经常换水，造成水质恶化，氨氮的含量达 100mg/L 以上；③生活或工业污水，或施洒了农药残毒水进入了鳖池。

【症状和病理变化】病鳖精神差，浑身瘫软无力，离水上岸。四肢、腹甲出血，或出现溃疡状，或起水泡，严重时，甲壳边缘长满疙瘩，裙边溃烂成锯齿状；稚、幼鳖若患此病，腹甲柔软并充血发红，身体萎瘪，肋骨明显外露；背甲边缘逐渐向上卷缩，边缘呈刀削状；病鳖食欲不振，常爬在岸边不吃不动，稚、幼鳖一旦患此病较难恢复，陆续死亡。

【流行情况】该病对稚鳖、幼鳖、成鳖和亲鳖均可引起危害，特别是投饵量大、透明度较低的鳖池易发此病。患病后的鳖（尤其是稚、幼鳖）一般较难恢复，常会引起大量死亡，暂时不死的鳖生长严重受阻，最终也会陆续死亡。该病主要在夏季流行，温室养殖池冬天也极易发生此病，我国各地均有此病流行，长江流域为主要流行区域。

【诊断方法】具有以下特征的，可判断为此病：

(1) 患病鳖一般具有腹甲溃疡性出血，起水泡，甲壳边缘长满疙瘩，或烂成锯齿状，裙边向上卷等。

(2) 养殖水质为暗灰色，有异臭味，水透明度低，悬浮物多，水体无日变化，池水淤泥厚，发臭。

【防治方法】

预防措施：

(1) 及时清除水中残饵及排泄物，定期更换池水，保持水质清洁、肥嫩。

(2) 室外养殖池每年或隔年要清除淤泥，补充新沙；温室每年要对池底做一次彻底清理，更换新沙，避免池底氨氮和亚硝酸盐的大量积累，在气温高时向池水中释放出氨，造成氨中毒。

(3) 设置蓄水池，水先经蓄水池沉淀，消毒后再引入养殖池。

(4) 严格把好进水关，杜绝污染水、有毒水流入鳖池。

治疗方法：发现此病，全部更换新水，一般 10d 左右可自愈。温室池隔 5d 再换一次，一般可以控制此病。

第三节　龟的疾病

一、龟颈溃疡病（Neck ulcer of tortoise）

【病原】该病可能是由病毒引起。由于皮肤溃烂或受伤，可导致水霉菌或细菌的继发性感染。

【症状和病理变化】病龟颈部基部肿大，呈灰色环状斑，但不充血发红，病情严重者可引起颈部溃烂。龟颈伸缩困难，食欲减退，活动减弱，不吃不动，若不及时治疗，数天内即会死亡。金钱龟感染该病时，除了颈部表现病症外，四肢、尾部和甲壳边缘也会发生病变，出现皮肤发白，直至发黄坏死，严重时肌肉溃疡腐烂，露出骨骼，脚趾脱落。

【流行情况】该病对大多数水龟如乌龟、黄喉水龟、金头龟、金钱龟、绿毛龟、巴西彩龟等均可造成感染。该病流行很广，危害较大，发病率和死亡率较高，在整个养殖阶段均会出现，但主要流行于 6～9 月，5～8 月是流行高峰期。如果是温室养殖，则无明显的流行季节。该病可危害从稚龟到商品龟各个养殖阶段的龟，但对稚龟的感染率和死亡率都不太高。

【诊断方法】根据龟颈溃烂症状进行判断。

【防治方法】

预防措施：

(1) 长途运输和捕捉时应避免龟体受伤，放养密度要适宜，并按规格分池饲养。

(2) 发病季节每隔 10~15d 用浓度 2~3mg/L 的漂白粉泼洒一次，并在饲料中添加一定量的动物肝脏，以增强龟的营养，提高其抗病力。

治疗方法：

(1) 泼洒。浓度 2.5mg/L 二氧化氯全池泼洒，隔天一次，连续 2~3 次。

(2) 浸浴。用 3% 的食盐水浸浴病龟 1h，每天一次；或用 5% 的食盐浸洗患处，每天 3 次，每次 10~20min；或用浓度 3~10mg/L 的漂白粉溶液进行药浴 4h，每周 1 次。

(3) 涂抹。浸洗后用土霉素、金霉素或红霉素等抗生素软膏涂抹病龟患处，每天 3 次。

(4) 口服。用抗生素类药物或磺胺类药物拌饲料投喂，每次每千克体重投 0.1~0.2g，每天 2 次，连续 3~5d；同时用福尔马林对池水进行消毒，用量为每立方米水 100mL。

(5) 注射。每千克体重注射丁胺卡那霉素 20 万 IU，必要时注射 2~3 次。

二、腐甲病（Shell ulcer of tortoise）

【病原】其病因目前尚不清楚，可能由细菌引起。

【症状和病理变化】患病的绿毛龟背甲某一块或数块角质缘或椎盾腐烂发黑，腐烂处基质藻难以着生；患病的巴西彩龟背甲最初出现白色斑点，慢慢形成红色斑块，用力压时盾片有松动感，并有血水渗出；二者严重时背甲被细菌腐蚀成小洞或形成缺刻，影响观赏价值。与此同时，龟腹甲、四肢、颈部和尾部的皮肤组织坏死、变白或变黄、糜烂，有时爪脱落，骨骼外露。

【流行情况】该病主要危害绿毛龟、黄喉水龟和巴西彩龟。一般情况发病率和死亡率均不高，但常年均可发生。春季、冬季、越冬期间或越冬后期易发生此病。

【诊断方法】甲壳腐烂，有刻缺，绿毛龟影响藻类着生者可能为本病。

【防治方法】

预防措施：

(1) 加强饲养管理，增强龟的抗病能力。

(2) 养龟容器用 10% 的食盐水浸泡处理。

(3) 用 8% 的食盐水浸浴病龟 30~60min。

治疗方法：

(1) 发现此病后及时隔离病龟，用浓度 10mg/L 的磺胺类药物或抗生素浸洗龟体 48h，对于发病龟池同时投喂牛肝、羊肝等动物内脏，增强其抗病力。

(2) 将患处表皮挑破，挤出血水，用 1% 的聚维酮碘或 3% 的食盐水涂擦患处，60min 后再用清水冲洗干净，每天一次，连续 7d。

(3) 龟池用浓度 2mg/L 的二氧化氯全池泼洒，两天一次，连用 3 次，用药前需更换池水。

三、烂板壳病（Ulcerous shell disease of tortoise）

【病原】该病由嗜水气单胞菌、普通变形菌、产碱菌等多种病原体引起，由于细菌的侵入而使龟壳糜烂。

【症状和病理变化】患病初期，病龟背甲、腹甲、四肢等处最初出现白色斑点，进而白斑处逐渐溃烂成红色斑块，并有血水流出，最终龟甲穿孔，严重时可见肌肉。病龟活动能力减弱，摄食减少，随着病程进展出现死亡。

【流行情况】该病主要危害幼龟，常发生于春秋二季，温室养殖全年均可发病。发病率和死亡率均较低，一般发病率在10%左右，但高发期死亡率却较高。

【诊断方法】背、腹壳板溃烂成红色炎症者，基本为此病。

【防治方法】

预防措施：

(1) 做好常规的清塘消毒和水体消毒工作，及时捞除因烂壳而死亡的病龟。

(2) 用浓度2mg/L的二氧化氯全池泼洒，每隔15d一次。

治疗方法：

(1) 土霉素或磺胺类药物放在未凝猪血中拌匀，待凝固后投喂，投喂量为每千克体重每天100mg，连续投喂3d。

(2) 将病龟患处表皮挑破，挤出血水，用10%的食盐水反复擦涂，然后立即冲洗，每天一次，连用5~7d。

(3) 用已消毒的牙签，挑出病龟患处洞内黄白色的渣样内容物，用洁净的水冲洗患处，再用紫药水或酒精或高锰酸钾溶液对伤口进行消毒，然后将土霉素药粉填充在洞穴内，再涂上红霉素软膏，置于不带水的空桶内，2d之后换药，消毒。换好药后再用透明胶布或创可贴封贴好患处，半天后放回塘中。

四、肠胃炎（Enterogastritis of tortoise）

【病原】初步认为该病病原是点状气单胞菌、大肠杆菌。该病常因投喂腐败变质的饲料或因水质恶化而引起；当环境温度突然下降、环境温度变化较大而导致龟消化不良时，也易诱发该病。

【症状和病理变化】病龟起初精神不振，反应迟钝，食量明显下降，运动能力减弱，消瘦无力，对外界惊扰无反应。腹部红肿，肠胃发炎充血，肠壁变薄，腹泻，粪便稀软不成形，呈红褐色、黑色、灰褐色或黄褐色，严重时水泻呈强碱性的蛋清状、有恶臭味。发病后期眼球下陷，皮肤干燥松弛，无弹性，无光泽，若不及时治疗，可导致病龟脱水死亡。

【流行情况】该病主要危害乌龟、黄喉拟水龟、黄缘闭壳龟、潘氏闭壳龟等。幼、成龟均易发病。春、夏、秋季是流行季节，尤其夏季高温时，冬天温室养殖的龟也易发病。

【诊断方法】腹部红肿，肠发炎充血并有腹泻与下痢现象者可初步判断为此病，确诊需进行病原分离，血清学判断。

【防治方法】

预防措施：

(1) 加强养殖环境的清洁消毒。养龟池放养前每平方米水用70~100g的生石灰清塘，放养后每隔15d每平方米水面用生石灰40g化水后全池泼洒，并及时清除水中杂物和龟的排泄物，严防水质恶化；产卵场每平方米用生石灰125g化浆遍洒；养殖观赏龟的容器，要经常反复消毒和清洗。

(2) 加强饲养管理。饲料要求新鲜干净，应根据龟的食性，经常更换饵料种类，以保持龟的食欲和摄食量；高温季节，要控制投饵量，不让龟吃得过饱；要及时清除残饵，以免污染水质；要防止水温的急剧变化，要使冬季龟池不结冰，夏季能防暑。

(3) 发现病龟及早隔离治疗，以免传染。

治疗方法：

(1) 用土霉素或氟哌酸拌饲投喂，用量为每天每千克体重100mg，连用7d。

(2) 复方新诺明拌饵投喂，用量为每天每千克体重100mg，连用6d。第一天用量加倍。

(3) 每只龟（250g以上）注射金霉素10万IU，或每千克龟体重注射庆大霉素4万～5万IU。

五、口腔炎（Stomatopathy）

【病原】病原主要是以念珠菌（*Candida* sp.）为主的真菌。长期使用抗生素，抑制了龟体内的正常微生态平衡，易诱发该病。此外龟由于误食锐利棘物或缺乏维生素C，使龟口腔表皮受损，发生溃疡和炎症，也是该病发生的原因之一。

【症状和病理变化】患病初期病龟舌、吻端、颊、颚等部位黏膜充血，有分散的雪白色微突小点，随着病程的进展，这些微突小点相互融合，形成白色丝绒状斑片。揭开白色绒膜，可见鲜红的创面与出血点。咽部黏膜常形成乳黄色干酪状物，并可蔓延至食道和胃，导致黏膜肿胀、出血、糜烂和溃疡，或有薄膜被覆其上；病龟烦躁不安，精神不振，拒食，排稀粪。可从病龟的消化道和粪便分离到该病的致病菌，人也有可能被该菌感染。

【流行情况】该病是龟养殖中的易发症，虽不会造成大批量死亡，但影响龟的生长。如不治愈，病龟会失去商品价值和观赏价值。

【诊断方法】

(1) 根据病症，可做初步判断。

(2) 确诊需取病灶制成水浸片镜检，判断有否念珠菌。

【防治方法】

预防措施：

(1) 正确使用抗生素类药物，保持养殖水体和龟体内的正常微生态平衡。

(2) 按浓度40～50mg/L的用量定期泼洒生石灰。

(3) 避免给龟投喂尖锐的食物（如带刺的鱼、带额刺的虾、带硬壳片的螺等），并注意在日粮中补充适量的维生素C。

治疗方法：

(1) 用2%～4%的碳酸氢钠洗涤口腔，再在患处涂抹1%～2%的龙胆紫或美蓝，或用10%的制霉菌素甘油，每天涂抹3～4次。

(2) 用消毒棉棒抹去病龟口腔边的脓液，再以西瓜霜喷剂喷患处。

(3) 每千克龟体重用2万IU的制霉菌素拌饵投喂，每天一次，连续4～5d。

六、溃烂病（Skin ulcer of tortoise）

【病原】病原有气单胞菌、假单胞菌和无色杆菌。该病主要是因龟相互搏斗咬伤或因捕捉、运输等受伤，导致病原菌感染引起。

【症状和病理变化】病龟四肢、颈部、尾部等处皮肤组织坏死，皮肤发白或变黄或有红色伤痕，进而皮肤糜烂，有的爪脱落，四肢骨骼外露。

【流行情况】主要危害稚、幼龟，成龟和亲龟也有被感染的可能。主要流行季节是5～9

月。该病发病率较高,特别是在高温的情况下,死亡率为 10%～20%。稚龟由于体质较弱,患该病后死亡率可超过 20%。主要流行地区有上海、江苏、浙江、湖北、湖南等地。

【诊断方法】皮肤溃烂者可基本判断为该病。

【防治方法】

预防措施:

(1) 捕捉及运输过程中应谨慎操作,谨防受伤。

(2) 绿毛龟最好单个饲养,以避免相互撕咬,其他龟应注意合适的放养密度。

(3) 定期使用浓度 20～30mg/L 的生石灰对水体消毒,尽可能使水体酸碱度保持在 pH 7.2～8.0。

(4) 在饲料中适当添加维生素 E、维生素 C、维生素 B_5、维生素 B_6、维生素 B_{12} 等,以增强机体的免疫力。

治疗方法:

(1) 小水体养殖的观赏龟按每毫升溶液含 20～30 IU 青霉素或 20～30mg 的链霉素,或浓度 100mg/L 的氟哌酸泼洒,控制病原感染,促进伤口愈合。

(2) 发病初期用 2%～3% 漂白粉药浴,隔日一次,连续 30d;用浓度 10mg/L 链霉素或磺胺噻唑或 0.4% 食盐浸洗 48h,暂养 1d 后再浸洗一次,3～5 次可痊愈。

(3) 对于病重的龟用庆大霉素、卡那霉素、链霉素等抗菌药物,后腿皮下或肌肉注射,注射量为每千克龟体重 20 万 IU,注射后立即放入较大水面的隔离池饲养。

(4) 每 100kg 龟每天用庆大霉素 2 000 万 IU、维生素 K_3 300mg、维生素 C 12g、维生素 E 5g 拌饵投喂,连续 10d。

七、绿毛秃斑症(Moult of adhesive algae of tortoise)

【病原】背摇蚊幼虫(*Chironomus dorsalis*)、水蚯蚓的仙女虫(*Nais* sp.)、杆吻虫(*Stylaria* sp.)等水生昆虫以绿毛龟背甲上着生的基质藻为食,而造成此病。

【症状和病理变化】病龟背甲上的基枝藻呈被割除状,而使基枝藻秃了一块,形成绿毛秃斑状或丝状藻生长不好,参差不齐。在秃斑处或丝状绿藻丛中粘有长条形脏物,其上附着水中杂屑,包裹着摇蚊幼虫或扭动的红色水蚯蚓。

【流行情况】主要危害观赏的绿毛龟,破坏丝状藻生长,影响观赏价值。在体长 8.8cm,体重 140g 的绿毛龟背甲上,摇蚊幼虫可多达 21 条。该病从春季到秋季都会发生,在我国江苏、湖北、广西、上海等地均有发现。

【诊断方法】发现绿毛龟背甲上绿毛呈秃斑状或绿丝状藻生长不好,藻丛中有脏物,并可在背上发现摇蚊幼虫或红色虫体者可诊断为该病。

【防治方法】

预防措施:

(1) 绿毛龟放养前用浓度 50mg/L 的漂白粉对水体、容器、用具进行消毒。

(2) 饲养绿毛龟的水最好用井水,若用河、湖水时,应沉淀 2～3d 后再取上中层不含摇蚊幼虫卵及小幼虫的清水,避免将它们带入容器。

(3) 避免用水蚯蚓作饵料,若用水蚯蚓作饵料时,要充分洗净,仔细检查,防止把摇蚊幼虫带入养殖水体中以及防止水蚯蚓黏附在绿毛上。

(4) 在饲养绿毛龟的鱼缸中放入 1～2 尾小型肉食性鱼类,如叉尾斗鱼、圆尾斗鱼、柳条鱼、孔雀鱼等，以便吃掉摇蚊幼虫。

治疗方法：

（1）用5%的食盐水浸洗龟体5min，每天一次，连续2次。

（2）清理龟体上的绿毛时，应仔细检查，若发现摇蚊幼虫与水蚯蚓，应立即用镊子除掉。

第四节 蛙的疾病

一、红腿病（Red-leg disease of frog）

【病原】主要为嗜水气单胞菌及乙酸钙不动杆菌（Acinetobacter calcoaceticus）的不产酸菌株等革兰氏阴性菌。据报道豚鼠气单胞菌也能引起该病。

【症状和病理变化】该病可分为急性和慢性两种类型。急性型病症的病蛙精神不佳，四肢瘫软，低头伏地或潜入水中，不动，不吃食。跳跃力弱，腹部胀气，临死前呕吐，拉血便。头部、嘴周围、腹部、背部、腿和脚趾上有绿豆至花生米粒大小不等、粉红色的溃疡或坏死灶，后腿水肿呈红色，严重时后腿关节有花生米粒大的脓疮，脓疮破裂后，流出淡红色脓汁，形成光滑、湿润、边缘不整齐的溃疡。解剖可见病蛙皮下及腹内有大量淡黄色透明或微红色混浊液，肝、肾、脾肿大，特别是脾、肾，肿大至正常的一倍以上。肝、脾呈黑色，脾髓切面呈暗红色，似煤焦油状。从发病起3d内可引起死亡，治疗难度较大。慢性型的病蛙病情较轻，病程长，身体无水肿现象，腹部和四肢皮肤无明显充血发红。发病初期尚能主动摄食，一般20d内不会引起死亡，较易治疗。

【流行情况】危害对象包括棘胸蛙、美国青蛙、牛蛙、林蛙等所有的养殖蛙，多发生于幼蛙和成蛙。该病一年四季均可发生，但主要流行季节为3～11月，5～9月是发病高峰期。流行水温10～30℃，20～30℃发病更为普遍和严重。流行地区主要是广东、福建、江苏等省。该病传染快、发病急（从发病到死亡时间少则3～4d，多则7～15d）、死亡率高，常与肠炎病并发。发病率一般为20%～80%，其中体重100～300g的个体发病率可高达60%～100%；死亡率为80%左右。

【诊断方法】①将病蛙腹部及后腿皮剥离，观察肌肉有点状淤血，或后腿肌肉严重充血而呈红色者可初步诊断为该病。②进行病原的分离、培养与鉴定。③血清学试验。

【防治方法】

预防措施：

（1）适当控制放养密度，根据池大小、水温高低和牛蛙规格及时分养，调整放养密度。

（2）用浓度1.4mg/L硫酸铜和硫酸亚铁合剂（5∶2）全池泼洒。

（3）用浓度0.3mg/L的三氯异氰尿酸或浓度30mg/L的生石灰全池泼洒消毒；或用浓度3mg/L的高锰酸钾全池泼洒进行池水消毒，改善水质。

（4）注射牛蛙红腿病疫苗，每只0.3～0.4mL。

治疗方法：

（1）发现病蛙及时将它们隔离饲养，并用0.05%的高锰酸钾，或浓度2mg/L漂白粉全池消毒，每周一次，连续3周。

（2）选用以下药物混饲口服：磺胺脒、土霉素、病毒灵等，添加量为饲料的0.1%，连续3～5d；复方新诺明，每千克蛙体重用量200mg，第2～7d减半；氟哌酸，每千克蛙体重用量30mg，每天一次，连喂4～5d。

（3）选用以下方法对病蛙进行浸浴和肌肉注射：3％～5％的盐水浸浴20～30min或浓度30mg/L的高锰酸钾溶液浸浴病蛙5～10min，然后再注射庆大霉素（40 000IU）2～4mL，次日再重复治疗一次。

二、肠胃炎（Enterogastritis of frog）

【病原】主要病原是肠型点状气单胞菌（*A. punctata* f. *intestinalis*），也有人认为此病由双链球菌（*Diplococcus* sp.）感染引起。

【症状和病理变化】发病初期病蛙栖息不定，四处窜动，喜欢钻入泥里、草丛、角落、池边。后期四肢无力，伏于池边或岸上，瘫软无力，不怕惊扰，捕捉时或缩头弓背，或伸腿闭眼；有时会在水中不停地打转，有时会突然大叫，半沉半浮死于水中。解剖可见肝、脾、肾充血，肠胃内壁充血发炎，肠内少食或无食，有较多红黄色黏液，大肠内粪便常有黏液包围，肛门周围红肿。患病蝌蚪腹部略带红色，膨胀，活动减缓，常浮于水面，不摄食，发病1～2d后即死亡。

【流行情况】该病从蝌蚪到成蛙均有危害，但主要危害30日龄左右蝌蚪；5～9月是主要发病季节，具有发病快、危害较大、传染性强、死亡率较高等特点。

【诊断方法】通过症状予以判断：如蛙体色暗淡，伏于食台附近，弓背，且解剖发现胃肠黏膜充血，而其余内脏器官无病变者可初步诊断为该病。

【防治方法】

预防措施：

（1）保证饲料质量，不投变质、发霉或营养成分不全、适口性差的饲料；防止饵料单一，提倡饲料多元化，少投干粉饲料；在饵料中添加一些中草药，如大蒜、生姜、黄连等。

（2）注意水质清洁，定期排污换水，保持水质的"嫩、活、爽"。

（3）注意降温防暑，在养蛙池中种养水生植物。

（4）每半月用食母生等助消化治胃肠药物添加于饲料中投喂一次。

（5）每隔半月用浓度1～2mg/L漂白粉或30mg/L生石灰全池泼洒。

治疗方法：

（1）用浓度0.3～0.5mg/L三氯异氰尿酸全池泼洒，隔天一次，连续2次。

（2）发现有患病蝌蚪时，立即减少投喂量，同时用0.05％～0.1％食盐溶液浸浴蝌蚪15～30min。

（3）每千克饵料添加增效磺胺脒1g、酵母片2g；或氟哌酸1g；或土霉素2～3g；或黄连素1～2g。连续投喂3～5d。

三、脑膜炎黄杆菌病（Encephalitis of frog）

【病原】该病主要病原菌为脑膜炎败血黄杆菌（*Flavobacterium meningosepticum*）。该菌为革兰氏阴性菌，杆状，具荚膜，菌落微隆起，略呈乳黄色，半透明，边缘光滑整齐，圆形。最适生长温度为15～20℃，最适pH为7.8～8.3。

【症状和病理变化】病蛙精神不振，行动迟缓，食欲减退，全身发黑，个别病蛙有类似神经性疾病症状，在水中打转。肛门红肿，有腹水，眼球外突、充血，以致双目失明，故有人又称此病为"瞎眼病"。患病蝌蚪常见后腹部有明显出血点和血斑，腹部膨胀，严重者在水中仰泳或螺旋状挣扎游动,不久便死亡。解剖可见肝脏发黑、肿大,脾脏缩小、脂肪层变薄,脊椎两侧有出血点和血斑,肠道也有充血现象。

【流行情况】主要发生于5~9月,水温20℃以上时。该病主要危害100g以上的成蛙,具有病程长、传染性强、死亡率高等特点。病程与水温呈明显的正相关,水温高时从发病到死亡只需2~3d,低时则要15d以上。该病死亡率可高达90%以上。

【诊断方法】

(1) 该病诊断时应注意与胃肠炎、红腿病相区别。病蛙头部歪斜、眼球外突、双目失明、身体失去平衡、浮于水面打转等是该病明显的特征。此外脾脏缩小、脊椎两侧有出血点和血斑等症状也是重要的解剖特征。

(2) 进行病原的分离和鉴定可确诊。

【防治方法】

预防措施:

(1) 杜绝从疫区引种,加强对引进种苗的检疫。

(2) 种苗入池前用浓度20~30mg/L的高锰酸钾浸浴15~20min,或用浓度50mg/L的碘伏浸浴5~10h。

(3) 定期用浓度0.3mg/L的三氯异氰尿酸对水体进行消毒,食台及陆地用浓度10mg/L的三氯异氰尿酸喷雾消毒;或用浓度50~100mg/L生石灰全池泼洒,每天一次,连续3d。

(4) 病蛙要深埋或烧毁,不可乱扔。

治疗方法:

(1) 用0.01%的红霉素溶液浸浴病蛙,每次10min,每天3次,连续3d。

(2) 每千克蛙用红霉素50mg或强力霉素30mg混饲投喂,每天1次,连续5~7d;也可用磺胺噻唑或复方新诺明200mg混饲投喂,连喂7d,第二天起减半。

四、链球菌病(Strepto coccicosis of frog)

【病原】病原为链球菌(*Streptococcus* sp.)。蛙池长期不清理消毒,水质条件恶劣是诱发该病的主要原因。

【症状和病理变化】病蛙蛙腹膨大,口腔常有黏液流出,舌头有血丝,并常将舌头露出口腔之外;精神不振,失去食欲,大多集中于岸边阴湿的草丛中死亡。主要解剖特征是肝脏、胃肠严重病变,有充血型和失血型两种。充血型心脏有暗红或紫黑色凝血块,有的心肌上有出血点;肺出血,腹腔内有血水,肝脏充血呈暗红色、肿大;胃空,无内容物;肠壁薄而充血,肠内有红色或黑色黏液。失血型的心脏、肝脏呈灰白色或花斑样,胃、肠道白色无炎症,也有的为紫色、充血,胆汁浓呈墨绿色;大多数病蛙的前肠缩入胃中,呈结套状。

【流行情况】该病在高温持续的夏秋季较易发生,发病季节一般为5~9月,7~8月是发病高峰期,全国各地均有发生。发病水温在25℃以上,温度越高,温差越大,密度越大,发病率就越高。该病还具有暴发性和传染性、危害性大、死亡率高等特点。各种规格的蛙均可被感染,100g以上的成蛙更易被感染。

【诊断方法】该病与胃肠炎症状较为相似,常易误诊。

1. 初诊 发病过程中基本无停食期,出现症状后很快死亡,呈暴发性;病蛙瘫软,肌肉无弹性,口腔时有出血及舌头外吐现象;解剖观察肠呈白色,肝脏充血或失血,肠套节明显。

2. 确诊 进行病原分离和鉴定。

【防治方法】

预防措施：

(1) 不从病区引种，避免将病原体引入。

(2) 放养前15d，彻底清除蛙池淤泥，尤其是老池。

(3) 种苗下池前用浓度20～30mg/L高锰酸钾浸浴15～20min；或用浓度50mg/LPVP-I浸浴5～10min。

(4) 用浓度200～300mg/L生石灰全池泼洒进行消毒，每15～20d一次。

(5) 不喂变质、发霉且营养成分单一的饲料，干鱼虾、蚕蛹等也不宜长期投喂。

(6) 发病季节蛙池水深保持在0.8～1m以上，防止高温及暴雨引起水温剧变，同时定期泼洒沸石粉和光合细菌，每15d一次。

治疗方法：水体消毒与内服药物同时进行，治疗期间尽量少换水。

(1) 用浓度0.3mg/L漂白粉精泼洒，每天一次，连续2d。

(2) 食台、蛙池沿岸、四周陆地、围网等用浓度10mg/L漂白粉精喷雾消毒。

(3) 用大剂量青霉素治疗，用量为2万IU/只。

(4) 每千克蛙用红霉素5 000IU，或强力霉素30mg混饲投喂，每天一次，连用5～7d。

五、腹水病（Ascitic disease of frog）

【病原】该病病原为嗜水气单胞菌。水质恶化，放养密度过高时较易发生此病。

【症状和病理变化】患病蝌蚪腹部膨胀，严重腹水。解剖可见肠内充气，后肠近肛门处时有结节状阻塞物，肝、胆等无明显变化。蝌蚪活动能力明显减弱，食量减少。患病蛙发病后，懒动厌食，四肢乏力，体表无明显病灶，但腹部膨胀，解剖可见腹腔内有大量积水，腹水呈淡黄色或红色，肠胃均发红、充血，部分病蛙有肝肿大现象。

【流行情况】主要危害对象为蝌蚪。该病多发于春夏季（5～9月），水温20℃以上时。该病有很强的传染性，蝌蚪从发病到死亡通常为3～5d，个别池在1周内蝌蚪全部病死。

【诊断方法】

(1) 目检：病蛙腹部膨大，剪开后，有大量腹水流出，肠胃有明显炎症。

(2) 病原培养：对肝等组织进行常规细菌培养，可分离到大量嗜水气单胞菌。

【防治方法】

预防措施：

(1) 不从发病地区引进蝌蚪，蝌蚪放养前用高锰酸钾消毒。

(2) 合理控制蝌蚪的放养密度，及时换水，使水质保持清新。

(3) 饲料用1‰的PVP-I浸浴后投喂，并保证饲料多样、适口和新鲜。

治疗方法：

(1) 发病后，对池水用浓度1～2mg/L PVP-I消毒。

(2) 按每千克蛙体重用氟哌酸50mg混饲投喂，连用3d。

六、爱德华氏菌病（Edwardsiellosis of frog）

【病原】病原为野生型迟缓爱德华氏菌。养殖环境急剧变化，应激反应过大时易诱发该病。

【症状和病理变化】蛙体发黑，体瘦，四肢无力，全身肿胀，腹部膨大，下眼睑由透明转变为乳白色，且不能上翻覆盖眼球；躯体或四肢有时可见充血或点状出血或炎症反应。解剖可见肝肾肿大、充血或出血性坏死，肝脏一般肿大呈黄色，肠道发炎，腹腔有较多腹水。肝脏、肾脏、心脏等实质器官细胞变性、坏死以及呈渗出性和纤维素性炎症变化。

【流行情况】该病主要危害变态后的幼蛙和成蛙。流行季节不明显，周年均可发病，但多发于秋季。发病率在5%左右，但死亡率可高达100%。该病一般出现外部症状15～20d后才会发生死亡。

【诊断方法】病蛙腹水多，皮肤有充血或点状出血症状，肝、肾充血肿大可初步判断为该病。确诊要对病蛙进行细菌分离鉴定，确定其病原菌为野生型迟缓爱德华氏菌。

【防治方法】

预防措施：

（1）在饲养过程中，应尽量避免对蛙过度的刺激，尤其是要保持水质的稳定性。

（2）用浓度0.3mg/L三氯异氰尿酸和30～50mg/L生石灰间隔全池泼洒消毒，一周一次。

治疗方法：

（1）用浓度0.3～0.5mg/L三氯异氰尿酸泼洒，连续2次。

（2）在饲料中拌入甲砜霉素，每千克蛙每天用量30～50mg，连用5～7d。

七、车轮虫病（Trichodiniasis of frog）

【病原】病原为车轮虫（*Trichodina* spp.），该虫呈圆盘状，在圆盘周围均匀分布有整齐的纤毛，中央有一个明显的圆形齿杯，似车轮状。当放养密度过高、饵料供应不足、水质恶化时极易导致该病发生。

【症状和病理变化】车轮虫寄生在蝌蚪体表和鳃上，以纤毛摆动在蝌蚪体表滑行，以胞口吞噬蝌蚪组织细胞和血细胞为营养，并刺激其分泌黏液。车轮虫寄生后肉眼可见体表和鳃出现青灰色斑点，尾部黏膜发白，并深入组织；严重时尾部被腐蚀，发白，鳃丝颜色变淡，黏液增多，蝌蚪食欲减退，呼吸困难，游动缓慢，离群或浮于水面喘息，最后漂浮于水面窒息而死亡。

【流行情况】该病主要危害蝌蚪，发病时间一般在春季，每年的4～6月（棘胸蛙5～8月）春夏之交为发病高峰期，发病水温20～25℃。发病率为10%～30%，若发病后不及时治疗，可导致蝌蚪大批死亡。

【诊断方法】

（1）将患病蝌蚪捞出，置于盛有清水的白瓷盘中，观察尾部，见有蚀斑或鳍膜发白者可初步诊断为该病。

（2）剪下一小段鳃或尾鳍置显微镜下观察，见大量车轮虫时可确诊。

【防治方法】

预防措施：

（1）放养前用生石灰清池消毒，控制合理的放养密度，条件许可时，尽量稀养并及时分养。

（2）4～6月水温20～25℃时，要预防此病发生，做到定时换水，保持水质清新。

(3) 蝌蚪入池前用浓度 30mg/L 的高锰酸钾浸浴 30min。
(4) 饲养过程中定期用浓度 1.0mg/L 硫酸铜消毒。
治疗方法：
(1) 每平方米水面用切碎的韭菜 0.4g 与黄豆混合磨浆，均匀泼洒，连续进行 1~2 次，可控制发病蝌蚪不至于病情恶化死亡；或用浓度 1.0~1.5mg/L 硫酸铜与硫酸亚铁（5:2）合剂全池泼洒，24h 换水后，再用 1.0mg/L 浓度泼洒一次。
(2) 用 2% 的食盐浸浴蝌蚪 15min，每天一次，连续 5d，同时用 0.5mg/L 浓度的硫酸铜全池泼洒，每天一次，连续 3d。
【注意事项】蝌蚪对福尔马林敏感，在防治蝌蚪的车轮虫病时，应避免使用福尔马林。

八、纤毛虫病（Sessilinasis of frog）

【病原】病原为舌杯虫（$Apiosoma$ spp.）及其他纤毛虫（如斜管虫、杯体虫等），该病由于放养密度过高、管理不善、水质恶化而引起。

【症状和病理变化】患病蝌蚪游动缓慢，浮于水面，体表及尾部长满毛状物，形似水霉，严重时蝌蚪尾部被腐蚀，最后停食而亡。

【流行情况】该病主要危害蝌蚪，以 4cm 以下的蝌蚪为多。发病季节一般在春季，每年 4~6 月份春夏之交为发病高峰期，水温 20~25℃时，可形成暴发。

【诊断方法】将患病蝌蚪捞出，放入盛有清水的白瓷盘中，观察尾部可见蚀斑或黏膜发白，同时剪下一小段尾鳍或毛状物置显微镜下观察，见有大量舌杯虫等纤毛虫，即可诊断。

【防治方法】
预防措施：同车轮虫病。
治疗方法：用浓度 1.0~1.5mg/L 硫酸铜加硫酸亚铁（5:2）合剂全池泼洒，24h 换水后，再用 1.0mg/L 浓度泼洒一次。
【注意事项】在防治蝌蚪纤毛虫病时，应避免使用福尔马林。

九、锚头鳋病（Lernaeosis of frog）

【病原】病原为锚头鳋。虫体头部钻进蝌蚪肌肉组织内，吸取蝌蚪的营养，虫体其他部分则留在蝌蚪体外。雌性成虫营永久性寄生生活，在繁殖季节，虫体后端常挂有 1 对卵囊。

【症状和病理变化】蝌蚪体表寄生处充血、发炎、肿胀。被寄生的蝌蚪绕池边游动，时而缓慢，时而急躁。锚头鳋寄生较多时，蝌蚪显得十分焦躁不安。肉眼可见蝌蚪体表，尤其是尾部、肛门附近有寄生的虫体，尾部、肛门交界处的肌肉组织发炎红肿，甚至溃烂，导致蝌蚪生长停滞、消瘦，严重时死亡。若蝌蚪有 3~4 个或更多锚头鳋寄生时，则会很快死亡。

【流行情况】全国各地养蛙地区均有发生。危害对象为蝌蚪，流行季节为春夏季，发病后影响蝌蚪正常生长，以致不能变态，且会引起死亡。

【诊断方法】将蝌蚪捞出，检查体表，若见附着的锚头鳋虫体则可确诊。
【防治方法】
预防措施：定期换水，保持良好水质，流行季节用浓度 0.5~1.0mg/L 晶体敌百虫泼洒。
治疗方法：
(1) 用浓度 10~20mg/L 的高锰酸钾溶液浸浴患病蝌蚪 10~20min，每天 1 次，连续治疗 2～3d。

(2) 用浓度 1.0mg/L 晶体敌百虫泼洒，每周 1 次，连续 2～3 次。

(3) 用鲜松树叶汁全池泼洒。

【注意事项】 用高锰酸钾浸浴蝌蚪时，蝌蚪会浮头，可在浸浴后用清水洗去蝌蚪鳃上少量被高锰酸钾氧化的黏液。

复 习 题

1. 海参有哪些疾病？如何防治？
2. 引起鳖红脖子病的主要病原是什么？简述其病原的特征。
3. 鳖鳃腺炎和出血性肠道坏死症在症状上有些什么相同之处？在病理解剖上有何区别？
4. 为什么在防治鳖出血性肠道坏死症时要避免大量换水和减少其他应激性的刺激？
5. 怎样防治鳖的红底板病？
6. 简述鳖穿孔病和爱德华氏菌病的病理特征。
7. 鳖的白毛病和钟形虫病如何防治？
8. 脂肪代谢不良症引起的主要原因是什么？如何预防？
9. 鳖的氨中毒症在症状上与哪些鳖病有相似之处？如何诊断？
10. 危害龟较严重的疾病有哪些？怎样预防和治疗？
11. 导致龟口腔炎的主要病原体是什么？针对发病的原因如何预防？
12. 牛蛙红腿病的主要病原是什么？有哪些特征？不同的蛙患病后在症状上有什么区别？
13. 诱发肠胃炎的原因有哪些？如何防治？
14. 脑膜炎黄杆菌病最突出的表观症状是什么？该病有哪些流行特点？
15. 哪些蛙病主要危害蝌蚪？哪些蛙病主要危害成蛙？如何预防？

生物名称索引

第一章 绪论

白斑症病毒（White spot syndrome virus，WSSV） ………………………………………… 4
鰤本尼登虫（*Benedenia seriolae*） ……………………………………………………………… 6
刺激隐核虫（*Cryptocaryon irritans*） ……………………………………………………………… 6
内寄生物（endoparasite） ………………………………………………………………………… 6
外寄生物（ectoparasite） ………………………………………………………………………… 6

第二章 水产动物病原学

衣壳（capsid） ……………………………………………………………………………………… 12
核衣壳（nucleocapsid） …………………………………………………………………………… 12
包膜（envelope） …………………………………………………………………………………… 12
螺旋对称（helical symmetry） …………………………………………………………………… 12
二十面对称（icosahedral symmetry） …………………………………………………………… 12
立体对称（complex symmetry） ………………………………………………………………… 12
正黏病毒（*Orthomyxovirus*） …………………………………………………………………… 14
反转录病毒（*Retrovirus*） ………………………………………………………………………… 14
急性感染（acute infection） ……………………………………………………………………… 16
慢性感染（chronic infection） …………………………………………………………………… 16
潜伏感染（latent infection） ……………………………………………………………………… 16
慢发病毒感染（slow virus infection） …………………………………………………………… 16
金黄色葡萄球菌（*Staphylococcus aureus*） …………………………………………………… 18
二分裂法（binary fission） ……………………………………………………………………… 19
生长曲线（growth curve） ………………………………………………………………………… 19
致病性（pathogenicity） …………………………………………………………………………… 20
毒力（virulence） …………………………………………………………………………………… 20
外毒素（exotoxin） ………………………………………………………………………………… 20
内毒素（endotoxin） ……………………………………………………………………………… 20
毒血症（toxemia） ………………………………………………………………………………… 21
菌血症（bacteremia） ……………………………………………………………………………… 21
败血症（septicemia） ……………………………………………………………………………… 21
脓毒血症（pyemia） ……………………………………………………………………………… 21

壶菌门（Chytridiomycota） ········· 21
接合菌门（Zygomycota） ········· 22
子囊菌门（Ascomycota） ········· 22
担子菌门（Basidiomycota） ········· 22
半知菌门（Deuteromycota） ········· 22

第三章 渔药的药物学基础

渔药（fishery drug） ········· 29
致癌（carcinogenesis） ········· 32
致畸（teratogenesis） ········· 32
致突变（mutagenesis） ········· 32
量效关系（dose effect reactionship） ········· 32
吸收（absorption） ········· 33
分布（distribution） ········· 33
代谢（metabolism） ········· 33
排泄（excretion） ········· 33
药时曲线（time-concentration curve） ········· 33
最高残留限量（maximum residue limits，MRL） ········· 40

第四章 病理学基础

充血（hyperemia） ········· 42
动脉性充血（arterial hyperemia） ········· 42
静脉性充血（venous hyperemia） ········· 43
出血（hemorrhage） ········· 43
血栓（thrombus） ········· 44
栓塞（embolism） ········· 46
缺血（ischemia） ········· 46
梗死（infarct） ········· 46
水肿（edema） ········· 46
积水（hydrops） ········· 46
萎缩（atrophy） ········· 48
变性（degeneration） ········· 49
颗粒变性（granular degeneration） ········· 49
脂肪变性（fatty degeneration） ········· 49
透明变性（hyaline degeneration） ········· 51
黏液样变性（mucoid degeneration） ········· 51
淀粉样变性（amyloid degeneration） ········· 52
纤维素样变性（fibrinoid degeneration） ········· 52
坏死（necrosis） ········· 52
凋亡（apoptosis） ········· 54

适应 (adaptation) ·· 55
修复 (repair) ··· 55
代偿 (compensation) ··· 55
化生 (metaplasia) ··· 55
肥大 (hypertrophy) ··· 56
再生 (regeneration) ··· 56
肉芽组织 (granulation tissue) ·· 57
机化 (organization) ··· 58
创伤愈合 (wound healing) ·· 58
炎症 (inflammation) ·· 59
变质 (alteration) ·· 60
渗出 (exudation) ·· 61
增生 (proliferation) ··· 63

第五章 水产动物疾病的检查与病原的检测技术

直接凝集试验 (direct agglutination) ··· 70
间接凝集试验 (indirect agglutination) ··· 70
间接血凝试验 (indirect hemagglutination) ··· 70
协同凝集试验 (co-agglutination) ·· 70
沉淀反应 (precipitation) ·· 70
补体 (complement) ··· 71
溶血试验 (hemolysis test) ·· 72
补体结合试验 (complement fixation test, CFT) ··· 72
酶联免疫试验 (enzyme linked immunosorbent assay, ELISA) ························ 72
荧光免疫技术 (immunofluorescence technique) ·· 74
免疫电镜技术 (immune electron microscopic technique) ······························· 75
多聚酶链式反应 (polymerase chain reaction, PCR) ····································· 75
斑点印迹 (Dot blotting) ·· 79

第七章 鱼类的病害

草鱼呼肠孤病毒 (Grass carp reovirus, GCRV) ··· 90
传染性胰脏坏死病毒 (Infectious pancreatic necrosis virus, IPNV) ·················· 93
神经坏死病毒 (Nervous necrosis virus) ·· 95
鲫腹水病毒 (Yellowtail ascites virus, YAV) ··· 96
红鳍东方鲀吻唇溃烂病毒 (*Takifugu rubripes* snout ulcer virus, TSUV) ········· 97
疱疹病毒 (*Herpesvirus*) ·· 99
斑点叉尾鮰病毒 (Channel catfish virus, CCV) ··· 100
鲑疱疹病毒 (*Herpesvirus salmonis*) ··· 102
大菱鲆疱疹病毒 (*Herpesvirus scophthalmi*) ··· 103
淋巴囊肿病毒 (Lymphocystis disease virus, LCDV) ···································· 104

真鲷虹彩病毒（Red sea bream iridovirus，RSIV） …… 106
传染性脾肾坏死病毒（Infectious spleen and kidney necrosis virus，ISKNV） …… 107
牙鲆弹状病毒（Hirame rhabdovirus，HRV） …… 110
传染性造血器官坏死病毒（Infectious hematopoietic necrosis virus，IHNV） …… 111
艾特韦病毒（Egtved virus） …… 113
鲤春病毒血症病毒（Spring viremia of carp virus，SVCV） …… 115
鲤鳔炎症病毒（Swim bladder inflammation of carp virus，SBIV） …… 117
鲑立克次体（Piscirickettsia salmonis） …… 118
柱状黄杆菌（Flavobacterium columnaris） …… 120
鱼害黏球菌（Myxococcus piscicola） …… 120
柱状屈挠杆菌（Flexibacter columnaris） …… 120
柱状嗜纤维菌（Cytophaga columnaris） …… 120
荧光假单胞菌（Pseudomonas fluorescens） …… 124
水型点状假单胞菌（Pseudomonas punctata f. ascitae） …… 126
嗜水气单胞菌（Aeromonas hydrophila） …… 128
肠型点状气单胞菌（A. punotata f. intestinalis） …… 130
点状气单胞菌点状亚种（A. punctata subsp. punctata） …… 132
疖疮型点状产气单胞菌（A. punctata f. furumutus） …… 133
鮰爱德华氏菌（Edwardsiella ictaluri） …… 134
鲑亚科肾形杆菌（Renibacterium salmoninarum） …… 136
弧菌属（Vibrio） …… 138
鳗弧菌（V. anguillarum） …… 138
副溶血弧菌（V. parahaemolyticus） …… 138
溶藻胶弧菌（V. alginolyticus） …… 138
哈维氏弧菌（V. harveyi） …… 138
创伤弧菌（V. vulnificus） …… 138
恶臭假单胞菌（P. putida） …… 141
美人鱼发光杆菌杀鱼亚种（Photobacterium damselae subsp. piscicida） …… 142
杀鱼巴斯德氏菌（Pasteurella piscicida） …… 142
迟缓爱德华氏菌（Edwardsiella tarda） …… 144
沿海屈挠杆菌（Flexibacter maritimus） …… 145
海豚链球菌（Streptococcus iniae） …… 147
卡姆帕其诺卡氏菌（Nocardia kampachi） …… 148
海分枝杆菌（Mycobacterium marinum） …… 149
偶发分枝杆菌（M. fortuitum） …… 149
水霉（Saprolegnia） …… 151
绵霉（Achlya） …… 151
鳃霉（Branchiomyces spp.） …… 153
异枝水霉（Saprolegnia diclina） …… 153
霍氏鱼醉菌（Ichthyophonus hoferi） …… 154

丝囊霉菌（*Aphanomyces* spp.） ……………………………………………………… 155
眼点淀粉卵涡鞭虫（*Amyloodinium ocellatum*） ………………………………… 157
锥体虫（*Trypanosoma* spp.） …………………………………………………… 159
隐鞭虫（*Cryptobia* spp.） ………………………………………………………… 160
飘游鱼波豆虫（*Ichthyobodo necatrix*） ………………………………………… 161
血簇虫（*Haemogregarina* spp.） ………………………………………………… 162
艾美虫（*Eimeria* spp.） …………………………………………………………… 162
弯曲两极虫（*Myxidium incurvatum*） …………………………………………… 165
小碘泡虫（*Myxobolus exiguus*） ………………………………………………… 166
角孢子虫（*Ceratomyxa* sp.） ……………………………………………………… 167
尾孢子虫（*Henneguya* sp.） ……………………………………………………… 167
肌肉单囊虫（*Unicapsula muscularis*） ………………………………………… 167
库道虫（*Kudoa* sp.） ……………………………………………………………… 167
金枪鱼六囊虫（*Hexacapsula neothunni*） ……………………………………… 168
安永七囊虫（*Septemcapsula yasunagai*） ……………………………………… 168
鲢碘泡虫（*Myxobolus driagini*） ………………………………………………… 169
饼形碘泡虫（*M. artus*） …………………………………………………………… 169
野鲤碘泡虫（*M. koi*） ……………………………………………………………… 169
鲫碘泡虫（*M. carassii*） …………………………………………………………… 169
圆形碘泡虫（*M. ratundus*） ……………………………………………………… 169
异形碘泡虫（*M. dispar*） ………………………………………………………… 169
微山尾孢虫（*Henneguya weishanensis*） ……………………………………… 169
鲢旋缝虫（*Spirosuturia hypophthalmichttydis*） ……………………………… 169
脑黏体虫（*Myxosoma cerebralis*） ……………………………………………… 169
中华黏体虫（*M. sinensis*） ………………………………………………………… 169
时珍黏体虫（*M. sigini*） …………………………………………………………… 170
两极虫（*Myxidium* spp.） ………………………………………………………… 170
鲢四极虫（*Chloromyxum hypophthalmichthys*） ……………………………… 170
鲮单极虫（*Thelohanellus rohitae*） ……………………………………………… 170
吉陶单极虫（*T. kitauei*） …………………………………………………………… 170
大眼鲷匹里虫（*Plistophora priacanthicola*） …………………………………… 172
鰤小孢子虫（*Microsporidium seriolae*） ………………………………………… 172
格留虫（*Glugea* spp.） …………………………………………………………… 172
肤孢虫（*Dermocystidium* spp.） ………………………………………………… 175
鲤斜管虫（*Chilodonella cyprini*） ………………………………………………… 175
车轮虫（*Trichodina* spp.） ………………………………………………………… 176
小车轮虫（*Trichodinella* spp.） ………………………………………………… 176
多子小瓜虫（*Ichthyophthirius multifiliis*） …………………………………… 178
刺激隐核虫（*Cryptocaryon irritans*） …………………………………………… 179
海水小瓜虫（*Ichthyophthirius marinus*） ……………………………………… 179

石斑瓣体虫（*Petalosoma epinephelis*） ... 181
海马丽克虫（*Licnophora hippocampi*） ... 182
指状拟舟虫（*Paralembus digitiformis*） ... 182
指环虫（*Dactylogyrus* spp.） ... 186
三代虫（*Gyrodactylus* spp.） ... 188
锚首虫（*Ancyrocephalus* spp.） ... 188
片盘虫（*Lamellodiscus* spp.） ... 189
本尼登虫（*Benedenia* spp.） ... 189
异尾异斧虫（*Heteraxin heterocerca*） ... 191
真鲷双阴道虫（*Bivagina tai*） ... 192
鲀异沟虫（*Heterobothrium tetrodonis*） ... 193
长散杯虫（*Choricotyle elongata*） ... 193
血居吸虫（*Sanguinicola* spp.） ... 195
双穴吸虫（*Diplostomulum* spp.） ... 197
日本侧殖吸虫（*Asymphylodora japonica*） ... 198
乳体吸虫（*Galactosomum* sp.） ... 198
异形吸虫（*Heterophyes* sp.） ... 199
鲤蠹（*Caryophyllaeus* spp.） ... 200
许氏绦虫（*Khawia* sp.） ... 201
九江头槽绦虫（*Bothriocephalus gowkongensis*） ... 201
马口头槽绦虫（*B. opsariichthydis*） ... 201
舌状绦虫（*Ligula* sp.） ... 202
双线绦虫（*Digramma* sp.） ... 202
阔节裂头绦虫（*Diphyllobothrium latum*） ... 203
毛细线虫（*Capillaria* sp.） ... 205
嗜子宫线虫（*Philometra* spp.） ... 205
鰤拟嗜子宫线虫（*Philometroides seriolae*） ... 206
球状鳗居线虫（*Anguillicola globiceps*） ... 207
乌苏里似棘头吻虫（*Acanthocephalorhynchoides ussuriense*） ... 209
长棘吻虫（*Rhadinorhynchus* spp.） ... 209
鲷长颈棘头虫（*Longicollum pagrosomi*） ... 210
尺蠖鱼蛭（*Piscicola geometrica*） ... 211
中华颈蛭（*Trachelobdella sinensis*） ... 211
中华湖蛭（*Limnotrachelobdella sinensis*） ... 211
中华鳋（*Sinergasilus* spp.） ... 212
锚头鳋（*Lernaea* spp.） ... 214
鱼虱（*Caligus* spp.） ... 216
长颈类柱鱼虱（*Clavellodes macrotrachelus*） ... 217
鲺（*Argulus* spp.） ... 218
日本鱼怪（*Ichthyoxenus japonensis*） ... 220

多瘤破裂鱼虫（*Rhexanella verrucosa*） …… 222
微囊藻（*Microcystic* spp.） …… 226
三毛金藻（*Prymnesium* spp.） …… 227

第八章　虾蟹类的病害

白斑症病毒（White spot syndrome virus，WSSV） …… 235
对虾杆状病毒（*Baculovirus penaei*，BP） …… 238
桃拉综合征病毒（Taura syndrome virus，TSV） …… 239
黄头病毒（Yellow head virus，YHV） …… 241
传染性皮下和造血组织坏死病（Infection hypodermal and hematopoietic necrosis virus，IHHNV） …… 242
肝胰脏细小病毒状病毒（Hepatopancreatic parvo-like virus，HPV） …… 244
斑节对虾杆状病毒（*Penaeus monodon baculovirus*，MBV） …… 245
中肠腺坏死杆状病毒（Baculoviral midgut gland necrosis virus，BMNV） …… 247
疱疹状病毒（Herpes-like virus，HLV） …… 250
呼肠孤病毒状病毒（Reolike virus，RLV） …… 251
细小核糖核酸病毒（Picorna-like virus） …… 251
副溶血弧菌（*Vibrio parahaemolyticus*） …… 252
鳗弧菌（*V. anguilarum*） …… 252
溶藻弧菌（*V. alginolyticus*） …… 252
气单胞菌（*Aeromonas*） …… 252
假单胞菌（*Pseudomonas*） …… 252
黄杆菌（*Flavobacterium*） …… 254
嗜水气单胞菌（*Aeromonas hydrophila*） …… 255
豚鼠气单胞菌（*A. caviae*） …… 255
索布雷气单胞菌（*A. sobria*） …… 255
哈维氏弧菌（*Vibrio harveyi*） …… 258
毛霉亮发菌（*Leucothrix mucor*） …… 259
发硫菌（*Thiothrix* sp.） …… 259
链壶菌属（*Lagenidium*） …… 261
海壶菌属（*Haliphthoros*） …… 261
镰刀菌（*Fusarium*） …… 264
腐皮镰刀菌（*F. solani*） …… 264
尖孢镰刀菌（*F. oxysporum*） …… 264
三线镰刀菌（*F. tricintum*） …… 264
禾谷镰刀菌（*F. graminearum*） …… 264
细滴虫（*Leptomonas* sp.） …… 266
奈氏微粒子虫（*Ameson nelsoni*） …… 267
对虾匹里虫（*Pleistophora penaei*） …… 267
桃红对虾八孢虫［*Agmasoma*（=*Thelohania*）*duorara*］ …… 267

对虾八孢虫（*Agmasoma penaei*） ······ 267
米卡微粒子虫［*Ameson*（=*Nosema*） *michaelis*］ ······ 267
蓝蟹微粒子虫（*A. sapidi*） ······ 267
普尔微粒子虫（*A. pulvis*） ······ 267
卡告匹里虫（*Pleistophora cargoi*） ······ 267
新月尾单孢子虫（*Urosporidium crescens*） ······ 269
锡纳洛线簇虫（*Nematopsis sinaloensis*） ······ 269
聚缩虫（*Zoothamnium* sp.） ······ 271
钟虫（*Vorticella* sp.） ······ 271
单缩虫（*Carchesium* sp.） ······ 271
蟹栖拟阿脑虫（*Paranophrys carcini*） ······ 273
多态壳吸管虫（*Acineta polymorpha*） ······ 275
莲蓬虫（*Ephelota* sp.） ······ 275
皱缘似孔肠吸虫（*Opecoeloides fimbriatus*） ······ 277
对虾原克氏绦虫（*Prochristianella penaei*） ······ 278
旋驼形线虫（*Spirocamallanus pereirai*） ······ 278
纤咽线虫（*Leptolaimus* sp.） ······ 278
拟蛔线虫（*Ascaropsis* sp.） ······ 278
蟹奴（*Sacculina* sp.） ······ 280
楔形藻（*Licmophora* spp.） ······ 281
菱形藻（*Nitszchia* sp.） ······ 281
双眉藻（*Amphora* sp.） ······ 281
曲壳藻（*Achnanthes* sp.） ······ 281
颤藻（*Oscillatoria* sp.） ······ 281
螺旋藻（*Spirulina* sp.） ······ 281
钙化裂须藻（*Schizothrix calcicola*） ······ 281
浒苔（*Enteromorpha* sp.） ······ 281
刚毛藻（*Cladophora* sp.） ······ 281
水云（*Ectocarpus* sp.） ······ 282
双齿薮枝螅（*Obelia bicuspidate*） ······ 283

第九章 贝类的病害

牡蛎幼虫面盘病毒（Oyster velar virus，OVV） ······ 297
疱疹状病毒（Herpes-type virus） ······ 297
衣原体（*Chlamydia* sp.） ······ 299
立克次体（*Richettsia*） ······ 299
鳗弧菌（*Vibrio anguillarum*） ······ 300
溶藻酸弧菌（*V. alginolyticus*） ······ 300
气单胞菌属（*Aeromonas*） ······ 300
假单胞菌属（*Pseudomonas*） ······ 300

无色杆菌（*Achromobacter* sp.） ········· 304
河流弧菌（*Vibrio fluvialis*） ········· 304
嗜水气单胞菌（*Aeromonas hydrophila*） ········· 305
动腐离壶菌（*Sirolpidium zoophthorum*） ········· 306
密尔福海壶菌（*Haliphthoros milfordensis*） ········· 306
绞纽伤壳菌（*Ostracoblabe implexa*） ········· 307
尼氏六鞭毛虫（*Hexamita nelsoni*） ········· 308
扇变形虫（*Flabellula*） ········· 308
帕特扇变形虫（*F. patuxent*） ········· 308
卡式扇变形虫（*F. calkinsi*） ········· 308
牡蛎线簇虫（*Nematopsis ostrearum*） ········· 309
海水派金虫（*Perkinsus marinus*） ········· 309
尼氏单孢子虫（*Haplosporidium nelsoni*） ········· 311
沿岸单孢子虫（*Haplosporidium costale*） ········· 312
折光马尔太虫（*Marteilia refringens*） ········· 312
悉尼马尔太虫（*M. sydneyi*） ········· 313
牡蛎包纳米虫（*Bonamia ostrae*） ········· 313
钩毛虫（*Ancistrocoma*） ········· 313
派塞尼钩毛虫（*A. pelseneeri*） ········· 314
贻贝等毛虫（*Isocomides mytili*） ········· 314
楔形纤毛虫（*Sphenophrya* sp.） ········· 314
贻贝下毛虫（*Hypocomides mytili*） ········· 314
贻贝弯钩虫（*Ancistrum mytili*） ········· 315
牛头吸虫（*Bucephalus*） ········· 315
海门牛头吸虫（*B. haimeanus*） ········· 315
巾带牛头吸虫（*B. cuculus*） ········· 315
牡蛎居肛吸虫（*Proctoeces ostrea*） ········· 316
斑点居肛吸虫（*Proctoeces maculatus*） ········· 316
东京拟裸茎吸虫（*Gymnophalloides tokiensis*） ········· 316
多刺棘缘吸虫（*Acanthoparyphium spinulosum*） ········· 316
疣头绦虫（*Tylocephalum*） ········· 316
扇贝副异尖线虫（*Paraniskis pectinis*） ········· 316
沟蛔虫（*Sulcascaris sulcata*） ········· 316
裸茎吸虫（*Gymnophallus* sp.） ········· 317
刺茎吸虫属（*Himasthla*） ········· 317
斧蛤后独睾吸虫（*Postmonorchis donacis*） ········· 317
杜氏小吸虫（*Parvatrema duboisi*） ········· 317
上槽绦虫（*Anabothrium*） ········· 317
食蛏泄肠吸虫（*Vesicocoelium solenophagum*） ········· 317
拟盘肛吸虫属（*Proctotrematoides*） ········· 318

鳗拟盘肛吸虫（P. pisodontophidis） ……………………………………………………… 318
棘缘吸虫属（Acanthoparyphium） ………………………………………………………… 319
珍珠蚌盾腹虫（Aspidogaster margaritiferae） …………………………………………… 319
马氏珠母贝牛头吸虫（Bucephalus margaritae） ………………………………………… 320
变异牛头吸虫（B. varicus） ………………………………………………………………… 320
假钩棘头线虫（Echinocephalus pseudouncinatus） ……………………………………… 320
才女虫（Polydora） …………………………………………………………………………… 320
凿贝才女虫（P. ciliata） ……………………………………………………………………… 320
杂色才女虫（P. variegata） …………………………………………………………………… 320
板才女虫（P. concharum） …………………………………………………………………… 320
刺才女虫（Polydora armata） ………………………………………………………………… 322
韦氏才女虫（P. websteri） …………………………………………………………………… 322
东方才女虫（P. orientalis） ………………………………………………………………… 322
凿贝才女虫（P. ciliata） ……………………………………………………………………… 322
贾氏才女虫（P. giardi） ……………………………………………………………………… 322
东方贻贝虱（Mytilicola orientalis） ………………………………………………………… 322
肠贻贝虱（M. intestinalis） ………………………………………………………………… 322
伸长贻贝虱（M. porrecta） ………………………………………………………………… 322
豆蟹（Pinnotheres） ………………………………………………………………………… 323
中华豆蟹（P. sinensis） ……………………………………………………………………… 323
近缘豆蟹（P. affinis） ………………………………………………………………………… 323
戈氏豆蟹（P. gordanae） …………………………………………………………………… 323
玲珑豆蟹（P. parvulus） …………………………………………………………………… 323
扇贝虱（Pectenophilus ornatus） …………………………………………………………… 325
贝螅（Hydractinia echinata） ………………………………………………………………… 325
齿口螺（Odostomia spp.） …………………………………………………………………… 325

第十章 海参、鳖、龟、蛙的病害

灿烂弧菌（Vibrio splendidus） …………………………………………………………… 329
假交替单胞菌（Pseudoalteromonas sp.） ………………………………………………… 329
杀鲑气单胞菌（Aeromonas salmonicida） ………………………………………………… 329
溶藻弧菌（V. alginolyticus） ………………………………………………………………… 329
黄海西瓦氏菌（Shewanella marisflavi） …………………………………………………… 329
内寄螺（Entocolax） ………………………………………………………………………… 331
巨穴螺（Megadenus） ……………………………………………………………………… 331
瓷螺（Balcis） ………………………………………………………………………………… 331
深海豆怪螺（Pisolamia brychius） ………………………………………………………… 331
猛水蚤（Microsetella sp.） ………………………………………………………………… 332
嗜水气单胞菌嗜水气亚种（Aeromonas hydrophila subsp hydrophila） ……………… 332
温和气单胞菌（A. sobria） ………………………………………………………………… 332

豚鼠气单胞菌（*A. caviae*） …… 332
迟缓爱德华氏菌（*Edwarsiella tarda*） …… 332
点状产气单胞菌点状亚种（*A. punctata* subsp *punctata*） …… 334
假单胞杆菌（*Pseudomonas* spp.） …… 335
普通变形杆菌（*Proteus vulgaris*） …… 335
无色杆菌（*Achromdacter* spp.） …… 336
肺炎克雷伯氏菌（*Klebsiella pneumoniae*） …… 337
产碱菌（*Alcaligemes* spp.） …… 337
肠炎耶尔新氏菌（*Yersinia enterocolitica*） …… 338
丝囊霉菌（*Aphanomyces* sp.） …… 339
腐霉（*Pythium* sp.） …… 339
钟形虫（*Vorticella* spp.） …… 340
累枝虫（*Epistylis* spp.） …… 340
聚缩虫（*Zoothamnium* spp.） …… 340
单缩虫（*Carchesium* spp.） …… 340
念珠菌（*Candida* sp.） …… 346
背摇蚊幼虫（*Chironomus dorsalis*） …… 347
仙女虫（*Nais* sp.） …… 347
杆吻虫（*Stylaria* sp.） …… 347
乙酸钙不动杆菌（*Acinetobacter calcoaceticus*） …… 348
肠型点状气单胞菌（*A. punctata* f. *intestinalis*） …… 349
双链球菌（*Diplococcus* sp.） …… 349
脑膜炎败血黄杆菌（*Flavobacterium meningosepticum*） …… 349
链球菌（*Streptococcus* sp.） …… 350
车轮虫（*Trichodina* spp.） …… 352
舌杯虫（*Apiosoma* spp.） …… 353

主要参考文献

安云庆.1998.免疫学基础.北京：中国科学技术出版社.
卞伯仲,孟庆显,俞开康.1987.虾类的疾病与防治.北京：海洋出版社.
陈锦富,胡玖.2001.淡水养殖病害诊断与防治.上海：上海科学技术出版社.
陈宗尧,王克行.1987.实用对虾养殖技术.北京：农业出版社.
杜念兴.1985.兽医免疫学.上海：上海科学技术出版社.
龚非力.1998.基础免疫学.武汉：湖北科学技术出版社.
郭光雄,上野洋一郎,陈秀男.1993.鱼类病理组织学.台北：淑馨出版社.
国家质量监督检验检疫总局译.2000.水生动物疾病诊断手册.第3版.北京：中国农业出版社.
湖北省水生生物研究所.1973.湖北省鱼病病原图志.北京：科学出版社.
黄琪琰.1993.水产动物疾病学.上海：上海科学技术出版社.
黄文林.2002.分子病毒学.北京：人民卫生出版社.
江育林,陈爱平.2003.水生动物疾病诊断图鉴.北京：中国农业出版社.
李爱杰等.1994.水产动物营养与饲料学.北京：中国农业出版社.
李明远.2001.微生物学与免疫学.北京：人民卫生出版社.
李义.1999.名特水产动物疾病诊治.北京：中国农业出版社.
林庆华.1991.兽医药理学.第2版.成都：四川科学技术出版社.
林曦.2000.家畜病理学.第3版.北京：中国农业出版社.
凌熙和等.2001.淡水健康养殖技术手册.北京：中国农业出版社.
刘玉斌等.1987.微生物学及免疫学基础.长春：中国人民解放军兽医大学出版社.
卢圣栋.1999.现代分子生物学实验技术.北京：中国协和医科大学出版社.
陆承平.2001.兽医微生物学.北京：中国农业出版社.
陆德源.1995.现代免疫学.上海：上海科学技术出版社.
孟庆显.1991.对虾疾病防治手册.青岛：青岛海洋大学出版社.
孟庆显,俞开康.1996.鱼虾蟹贝疾病诊断和防治.北京：中国农业出版社.
孟庆显.1993.海水养殖动物病害学.北京：农业出版社.
倪达书.1982.鱼类水霉病的防治研究.北京：农业出版社.
倪达书,汪建国.1999.草鱼生物学与疾病.北京：科学出版社.
农业部《渔药手册》编辑委员会.1998.渔药手册.北京：中国科学技术出版社.
潘炯华,张剑英.1990.鱼类寄生虫学.北京：科学出版社.
钱利生.2000.医学微生物学.上海：上海医科大学出版社.
单迪,马杰.2001.养龟经.北京：国际文化出版公司.
沈萍.2000.微生物学.北京：高等教育出版社.
宋大祥,匡溥人.1980.中国动物图谱——甲壳动物（第四册）.北京：科学出版社.
唐大由,李贵生等.1999.人工养龟.北京：中国农业出版社.

汪开毓.2000.鱼病防治手册.成都：四川科学技术出版社.

王殿坤.1992.特种水产养殖.北京：高等教育出版社.

魏景超.1982.真菌鉴定手册.上海：上海科学技术出版社.

吴宗文.1995.特种水产养殖实用技术.北京：中国农业出版社.

武建国.1989.实用临床免疫学检验.南京：江苏科学技术出版社.

武忠弼.2000.病理学.第4版.北京：人民卫生出版社.

谢忠明.1999.经济蛙类养殖技术.北京：中国农业出版社.

徐叔云.2000.临床药理学.第2版.北京：人民卫生出版社.

徐宜为.1997.免疫检测技术.北京：科学出版社.

薛清刚，王文兴.1992.对虾疾病的病理与诊治.青岛：青岛海洋大学出版社.

杨先乐等，2000.特种水产动物疾病的诊断与防治.北京：中国农业出版社.

余传霖等，1998.现代医学免疫学.上海：上海医科大学出版社.

俞开康，战文斌，周丽.2000.海水养殖病害诊断与防治手册.上海：上海科学技术出版社.

张剑英，邱兆祉，丁雪娟.1999.鱼类寄生虫与寄生虫病.北京：科学出版社.

周德庆.1993.微生物学教程.北京：高等教育出版社.

竺心影.1995.药理学.第3版.北京：人民卫生出版社.

江草周三.1978.魚の感染症.東京：恒星社原生閣.

江草周三.1983.魚病学.東京：恒星社厚生閣.

江草周三，窪田三郎，宮崎照雄.1979.魚類の病理組織学.東京：東京大学出版會.

伊沢久夫等.1983.水産動物疾病学.東京：朝倉書店.

佐野德夫.1979.魚類寄生虫.東京：恒星社厚生閣.

Austin B. 1987. Bacterial fish pathogens: disease of farmed and wild fish. New York: Springer.

Conroy D A, Herman R L. 1970. Textbook of fish diseases. New York: TFH Publications Inc.

Edward J N. 1995. Fish disease diagnosis and treatment. New York: Wiley-Blackwell.

Ellis A E. 1985. Fish and shell fish pathology. London: Academic Press Inc.

Herwig N. 1979. Handbook of drugs and chemicals used in the treatment of fish diseases. Springfield, Illinois: Charles C. Thomas Publisher.

Iwama G, Nakanishi T. 1996. The Fish immune system. London: Academic Press.

Johnson S K. 1989. Handbook of shrimp diseases. Texas: Texas A&M University.

Kinne O. 1990. Diseases of marine animals. Volume III~IV. Hamburg: Biologische anstalt Helgoland.

Kudo R R. 1977. Protozoology. Springfield, Illinois: Charles C. Thomas Publisher.

Lydyard P M, Whelan A. 2000. Instant notes in immunology. Oxford: BIOS Scientific Publisher.

Muir J F, Ronald J R. 1988. Recent advances in aquaculture. Volume 3. London & Sydney: Croom Helm.

Nelson P E. 1982. Fusarium: diseases, biology, and taxonomy. Pennsylvania: Pennsylvania State University Press.

Oren O H. 1981. International biological programme 26. aquaculture of grey mullets. Cambridge: Cambridge University Press.

Post G. 1987. Textbook of fish health. New York: TFH Publications Inc.

Roberts R J, Shepherd C J. 1986. Handbook of trout and salmon diseases. England: Fishing News Books Ltd.

Roberts R J. 1978. Fish pathology. London: Bailliere Tindall.

Roberts R J. 1982. Microbial disease of fish. New York: Academic Press.

Russell F S. 1963. Advance in marine biology. Volume I. New York: Academic Press.

Sindermann C J. 1970. Principal disease of marine fish and shellfish. New York: Academic Press.

Sindermann C J, Lightner D V. 1987. Disease diagnosis and control in North American marine aquacul-

ture. New York: Elsevier Science Publishing Company Inc.
Stickney R R. 1979. Principal of warmwater aquaculture. New Jersey: John Wiley & Sons Inc.
Stolen J S. 1968. Fish immunology. New York: Elsevier Science Publishing Company Inc.
Snustad D P, Simmons M J. 1997. Principles of genetics. 2nd. New Jersey: John Wiley & Sons Inc.
Van Duijn Jnr C. 1973. Disease of fishes. London: Water Life.
Wolf K. 1988. Fish viruses and fish viral disease. London: Comstock Publishing Associates.
Yamaguti S. 1958, 1959, 1961, 1963. Systema and helminthum. Volume. Ⅰ, Ⅱ, Ⅲ, Ⅳ. New York: Interscience Publisher.
Yamaguti S. 1963. Parasitic copepod and branchiura of fishes. New York: Interscience Publisher.